深基坑支护技术指南

中国土木工程学会土力学及岩土工程分会　主编

中国建筑工业出版社

图书在版编目(CIP)数据

深基坑支护技术指南/中国土木工程学会土力学及岩土工程分会主编. —北京：中国建筑工业出版社，2012.3 (2023.3 重印)

ISBN 978-7-112-13992-7

Ⅰ.①深… Ⅱ.①中… Ⅲ.①深基础-坑壁支撑-指南 Ⅳ.①TU473.2-62

中国版本图书馆 CIP 数据核字(2012)第 012647 号

本指南由全国从事深基坑设计的专家学者共同编制。内容涉及深基坑设计的各个方面。指南给出了与深基坑设计相关内容的基本原则及设计方法，同时，对具体的基坑支护技术均从概述、适用范围、设计要点、构造、施工要点、检测与监测、常见工程问题及对策几方面进行阐述。内容精炼、全面。

本书适合从事基坑工程的设计、施工、监理人员参考使用。

* * *

责任编辑：杨 允 王 梅 咸大庆

责任设计：陈 旭

责任校对：张 颖 王雪竹

深基坑支护技术指南

中国土木工程学会土力学及岩土工程分会 主编

*

中国建筑工业出版社出版、发行（北京海淀三里河路 9 号）

各地新华书店、建筑书店经销

北京科地亚盟排版公司制版

北京盛通印刷股份有限公司印刷

*

开本：880×1230 毫米 1/16 印张：27¾ 字数：800 千字

2012 年 3 月第一版 2023 年 3 月第十次印刷

定价：**78.00** 元

ISBN 978-7-112-13992-7

(22046)

《深基坑支护技术指南》
编辑委员会

前言 PREFACE

随着我国交通、能源和城镇建设的不断发展，推动了为各种建（构）筑物地下结构施工创造条件的基坑工程技术的进步和发展，特别是改革开放三十多年来，我国已完成的各类深基坑工程的规模之大、技术之复杂，解决之困难，都是史无前例和世无先例的。目前开挖深度超过30m、明挖长达1000m、护壁桩打入地下40多米深的基坑已不鲜见。我国科技工作者紧密结合工程实践，成功地开发了一系列具有创新意义的深基坑支护技术，在诸多复杂地质及困难环境条件下确保了工程建设的安全，取得了令人瞩目的巨大成就，积累了正反两方面的极其珍贵的经验。对这些成就和经验进行全面的梳理和总结，对推进基坑工程技术的进步，指导基坑工程的实践，无疑是十分有益的。为此，中国土木工程学会土力学与岩土工程分会组织了我国具有丰富经验和较高学术造诣的专家，共同编写了这本《深基坑支护技术指南》。我们希望本指南能成为岩土工程师手中的一本有用的工具书。同时，也真诚地期待读者提出宝贵的批评意见和建议，以期在今后的修订工作中使本指南日臻完善。

中国土木工程学会土力学及岩土工程分会

名誉理事长　陈祖煜

理事长　张建民

2012年2月19日

目录 CONTENTS

CHAPTER 1

第1章 总 论

1.1 基坑工程发展简况

基坑工程主要包含岩土工程勘察、基坑支护结构的设计和施工、地下水控制、基坑土方开挖、工程监测和周围环境保护等内容，通常有开挖和支护系统两大工艺体系，其主要作用是为各种建（构）筑物的地下结构施工创造条件。

近30年来，随着我国城市建设的迅猛发展，高层、超高层建筑不断涌现，地铁车站、铁路客站、明挖隧道、市政广场、桥梁基础等各类大型工程日益增多，地下空间开发规模越来越大，都极大地推动了基坑工程理论与技术水平的快速发展，在基坑支护结构、地下水控制、基坑监测、信息化施工、环境保护等诸多方面呈现出过去难以涉猎的新特点以及前所未有的新趋势。

1. 基坑尺度大深化

近年来我国基坑深度已发展至30m以上，如广深港铁路客运专线深圳福田火车站明挖基坑长近1000m，宽近80.0m，深度达32.0m，是目前国内最大的地下铁路客运车站。成都国际金融中心的深基坑工程深度已达35m，支护基坑使用的护壁桩打入了地下43m深的位置。基坑的开挖面积亦在不断增大，许多基坑的平面面积已超过1万m^2，如天津市117大厦基坑开挖面积为9.6万m^2，上海虹桥综合交通枢纽工程开挖面积达到了35万m^2。

2. 变形控制严格化

大量的基坑工程主要集中在繁华市区，由于周围存在建筑物、地下管线、既有隧道、道路桥梁等复杂环境条件，流变性土体、高地下水位等不良地质条件，使得这些基坑工程不仅要保证支护结构及基坑本身的安全，还要严格控制基坑开挖引起的周围土体变形，以保证邻近建（构）筑物的安全和正常使用。随着对位移要求越来越严格，基坑开挖工程正在从传统的稳定控制设计向以变形控制设计方向发展。

3. 支护形式多样化

基坑的支护方式已从早期的放坡开挖，发展至现在的多种支护方式。目前常用支护形式主要有：放坡开挖；土钉墙支护和复合土钉墙支护；悬臂式排桩墙支护结构；内撑式排桩墙支护结构；锚拉式排桩墙支护结构；水泥土重力式支护结构；型钢水泥土墙支护结构；地下连续墙支护结构；组合型支护结构等。

4. 施工监控信息化

目前深基坑监测技术已从原来的单一参数人工现场监测，发展到现在的多参数远程监测。在基坑施工过程中，根据监测结果，以正确方便地评判出当前基坑的安全等级，然后根据这些评判结果，采取相应的工程措施，及时指导施工，减少工程失效概率，确保工程安全、顺利的进行，施工监控信息化愈显重要。

随着基坑开挖深度和规模的增大，基坑工程的难度更加突出。近些年来，基坑工程在技术上取得了长足的进步，但也有不少失败的案例，轻则造成邻近建筑物开裂、倾斜，道路沉陷、开裂，地下管线错位，重则造成邻近建筑物倒塌和人员伤亡，不但延误了工期，而且产生了不良的社会影响。究其原因，在地质勘察、设计计算、施工与监测等方面均存在不足，这些对基坑工程的进一步发展提出了挑战。

1.2 基本要求

1.2.1 基坑工程支护体系的效用和要求

基坑工程支护体系的效用是：

提供基坑土方开挖和地下结构工程施工作业的空间，并控制土方开挖和地下结构工程施工对周围环境可能造成的不良影响。

为满足上述效用，对基坑工程支护体系有如下要求：

1）在土方开挖和地下结构工程施工过程中，基坑四周边坡保持稳定，提供足够的土方开挖和地下结构工程施工的空间，而且支护体系的变形也不会影响土方开挖和地下结构工程施工。

2）土方开挖和地下结构工程施工范围内的地下水位降至利于土方开挖和地下结构工程施工的水位。

3）因地制宜控制支护体系的变形，控制坑外地基中地下水位，控制由支护体系的变形、基坑挖土卸载回弹、坑内外地下水位变化、抽水可能造成的土体流失等原因造成的基坑周围地基的附加沉降和附加水平位移。

4）当基坑紧邻市政道路、管线、周边建（构）筑物时，应严格控制基坑支护体系可能产生的变形，严格控制坑外地基中地下水位可能产生的变化范围。

5）对基坑支护体系允许产生的变形量和坑外地基中地下水位允许的变化范围应根据基坑周围环境保护要求确定。

1.2.2 基坑工程的主要特点

1）基坑支护体系是临时结构，具有较大的风险性。除少数基坑支护结构同时用作地下结构的“二墙合一”支护结构外，基坑支护结构一般是临时结构。临时结构与永久性结构相比，设计标准考虑的安全储备较小，因此基坑工程具有较大的风险性，对设计、施工和管理各个环节提出了更高的要求。

2）岩土工程条件区域性强。场地工程地质条件和水文地质条件对基坑工程性状具有极大的影响。软黏土地基、砂性土地基、黄土地基等地基中的基坑工程性状差别很大。同是软黏土地基，天津、上海、杭州、宁波、温州、福州、湛江、昆明等各地软黏土地基性状也有较大差异。地下水，特别是承压水对基坑工程性状影响很大。但各地承压水特性差异很大，承压水对基坑工程性状影响差异也很大。基坑工程具有很强的区域性。

3）环境条件影响大。基坑工程不仅与场地工程地质条件和水文地质条件有关，还与周围环境条件有关。如周围环境条件较复杂，需要保护周围的地下周边的建（构）筑物，需要严格控制支护结构体系的变形，基坑工程设计需要按变形控制设计。如基坑处在空旷区，支护结构体系的变形不会对周边环境产生不良影响，基坑工程设计可按稳定控制设计。基坑工程设计一定要重视周边环境条件的影响。

4）时空效应强。基坑工程空间大小和形状对支护体系受力具有较大影响，基坑土方开挖顺序对基坑支护体系受力也具有较大影响，因此基坑工程的时空效应强。土具有蠕变性，随着蠕变的发展，变形增大，抗剪强度降低，因此基坑工程具有时间效应。在基坑支护设计和土方开挖中要重视和利用基坑工程时空效应。

5）设计计算理论不完善，需重视概念设计理念。作用在支护结构上的主要荷载是土压力。一方面，作用在支护结构上的土压力大小与土的抗剪强度、支护结构的位移、作用时间等因素有关，很复杂，加之基坑支护结构本身又是一个很复杂的体系，基坑支护结构设计计算理论不完善，基坑支护结构设计中应重视概念设计理念；另一方面，基坑支护设计中不仅涉及土力学中稳定、变形和渗流三个基本课题，而且涉及岩土工程和结构工程两个学科。基坑支护结构体系受力复杂，要求设计人员系统地掌握岩土工程和结构工程方面的知识。

6）系统性强。基坑支护结构设计，支护结构施工，土方开挖，地下结构施工是一个系统工程。支护结构设计应考虑施工条件的许可性，尽量便于施工。支护结构设计应对基坑工程施工组织提出要求，对基坑监测和变形允许值提出要求。基坑工程需要加强监测，实行信息化施工。

7）环境效应强。基坑支护体系的变形和地下水位下降都可能对基坑周边的道路、地下管线和建筑物产生不良影响，严重的可能导致破坏。基坑工程环境效应强，设计和施工一定要予以重视。

1.2.3 基坑支护形式分类及适用范围

在基坑工程中应用的支护形式很多，对基坑支护工程形式进行合理分类中，包括各种支护形式是很困难的。这里将基坑工程常用的支护形式分为下述四大类：

1. *放坡开挖及简易支护*

放坡开挖及简易支护的支护形式主要包括：放坡开挖；放坡开挖为主，辅以坡脚采用短桩、隔板及其他简易支护；放坡开挖为主，辅以喷锚网加固等。

2. *加固边坡土体形成自立式支护*

对基坑边坡土体进行土质改良或加固，形成自立式支护。包括：水泥土重力式支护结构；各类加筋水泥土墙支护结构；土钉墙支护结构；复合土钉墙支护结构；冻结法支护结构等。

3. *挡墙式支护结构*

挡墙式支护结构又可分为悬臂式挡墙式支护结构、内撑式挡墙式支护结构和锚拉式挡墙式支护结构三类。另外还有内撑与拉锚相结合挡墙式支护结构等形式。

挡墙式支护结构中常用的挡墙形式有：排桩墙、地下连续墙、板桩墙、加筋水泥土墙等。

排桩墙中常采用的桩型有：钻孔灌注桩、沉管灌注桩等，也有采用大直径薄壁筒桩、预制桩等不同桩型。

4. *其他形式支护结构*

其他形式支护结构常用形式有：门架式支护结构、重力式门架支护结构、拱式组合型支护结构、沉井支护结构等。

每种支护形式都有一定的适用范围，而且随工程地质和水文地质条件，以及周围环境条件的差异，其合理支护高度可能产生较大的差异。如：当土质较好，地下水位以上十多米深的基坑可能采用土钉墙支护，而对软黏土地基土钉墙支护极限高度只有5m左右，且变形较大。常用基坑支护形式分类及适用范围如表1.1所示。对表中提及的适用范围应慎重，应根据当地经验合理选用。

常用基坑支护形式分类及适用范围　　表1.1

类别	支护形式	适用范围	备注
放坡开挖及简易支护	放坡开挖	地基土质较好，地下水位低，或采取降水措施，以及施工现场有足够放坡场所的工程。允许开挖深度取决于地基土的抗剪强度和放坡坡度	费用较低，条件许可时采用
	放坡开挖为主，辅以坡脚采用短桩、隔板及其他简易支护	基本同放坡开挖。坡脚采用短桩、隔板及其他简易支护，可减小放坡占用场地面积，或提高边坡稳定性	
	放坡开挖为主，辅以喷锚网加固	基本同放坡开挖。喷锚网主要用于提高边坡表层土体稳定性	

续表

类 别	支护形式	适用范围	备 注
加固边坡土体形成自立式围护	水泥土重力式支护结构	可采用深层搅拌法施工，也可采用旋喷法施工。适用土层取决于施工方法。软黏土地基中一般用于支护深度小于6m的基坑	可布置成格栅状，支护结构宽度较大，变形较大
	加筋水泥土墙支护结构	基本同水泥土重力式支护结构，一般用于软黏土地基中深度小于6m的基坑	常用型钢、预制钢筋混凝土T形桩等加筋材料。采用型钢加筋需考虑回收
	土钉墙支护结构	一般适用于地下水位以上或降水后的基坑边坡加固。土钉墙支护临界高度主要与地基土体的抗剪强度有关。软黏土地基中应控制使用，一般可用于深度小于5m、而且可允许产生较大的变形的基坑	可与锚、撑式排桩墙支护联合使用，用于浅层支护
	复合土钉墙支护结构	基本同土钉墙支护结构	复合土钉墙形式很多，应具体情况，具体分析
	冻结法支护结构	可用于各类地基	应考虑冻融过程中对周围的影响，全过程中电源不能中断，以及工程费用等问题
挡墙式支护结构	悬臂式排桩墙支护结构	基坑深度较浅，而且可允许产生较大变形的基坑。软黏土地基中一般用于深度小于6m的基坑	常辅以水泥土止水帷幕
	排桩墙加内撑式支护结构	适用范围广，可适用于各种土层和基坑深度。软黏土地基中一般用于深度大于6m的基坑	常辅以水泥土止水帷幕
	地下连续墙加内撑式支护结构	适用范围广，可适用于各种土层和基坑深度。一般用于深度大于10m的基坑	
	加筋水泥土墙加内撑式支护结构	适用土层取决于形成水泥土施工方法。SMW工法三轴深层搅拌机械不仅适用于黏性土层，也能用于砂性土层的搅拌；TRD工法则适用于各种土层，且形成的水泥土连续墙水泥土强度沿深度均匀，水泥土连续墙连续性好，加固深度可达60m	采用型钢加筋需考虑回收。 TRD工法形成的水泥土连续墙连续性好，止水效果好
	排桩墙加锚拉式支护结构	砂性土地基和硬黏土地基可提供较大的锚固力。常用于可提供较大的锚固力地基中的基坑。基坑面积大，优越性显著；采用浆囊式锚杆可用于软黏土地基	尽量采用可拆式锚杆
	地下连续墙加锚拉式支护结构	常用于可提供较大的锚固力地基中的基坑。基坑面积大，优越性显著	
其他形式支护结构	门架式支护结构	常用于开挖深度已超过悬臂式支护结构的合理支护深度，但深度也不是很大的情况。一般用于软黏土地基中深度7m～8m，而且可允许产生较大的变形的基坑	
	重力式门架支护结构	基本同门架式支护结构	对门架内土体采用深层搅拌法加固
	拱式组合型支护结构	一般用于软黏土地基中深度小于6m、而且可允许产生较大的变形的基坑	辅以内支撑可增加支护高度、减小变形
	沉井支护结构	软土地基中面积较小且呈圆形或矩形等较规则的基坑	

1.3 基坑工程设计

1.3.1 设计原则

基坑工程的设计是在收集和整理设计依据的基础上，根据设计计算理论，提出支护结构、地基加固、基坑开挖方式、开挖支撑施工、施工监控等各项设计。在进行基坑工程设计时，应考虑以下几个方面。

1. 基本原则

在基坑工程设计中，要坚持保证支护体系安全可靠、保护环境、方便施工和经济性的原则。

首先要保证支护体系在基坑土方开挖和地下结构工程施工过程中安全可靠，不产生失稳，变形在控制范围内。与此同时应保证在基坑土方开挖和地下结构工程施工过程中基坑周边市政道路、地下管线、周边建（构）筑物的变形在允许范围内。基坑工程是系统工程，设计要方便施工，且要坚持经济的原则。支护方案选型、变形控制、安全储备控制的要求均要合理。

在基坑工程设计中，要善于根据场地工程地质和水文地质条件，基坑形状和大小，认真分析该支护结构体系中的主要矛盾，是支护体系的稳定问题，还是需要控制支护体系的变形问题。基坑支护体系产生稳定和变形问题的主要原因是土压力问题，还是地下水控制问题。根据基坑支护结构体系中的主要矛盾，合理选用基坑支护形式。

在基坑工程设计中，要根据基坑周围环境保护要求分别采用按稳定控制设计和按变形控制设计。当基坑周围空旷，如市政道路、地下管线、周边建（构）筑物在基坑工程影响范围以外，可以允许基坑周围地基土体产生较大的变形时，基坑支护设计应按稳定控制设计；当基坑紧邻市政道路、管线、周边建（构）筑物，而不允许基坑周围地基土体产生较大的变形时，基坑支护设计应按变形控制设计。

在基坑工程设计中，按稳定控制设计基坑支护体系只要求支护体系满足稳定性要求，可以产生较大位移。按变形控制设计基坑支护体系不仅要求支护体系满足稳定性要求，并且支护体系变形要求小于变形控制值。由于作用在支护结构上的土压力值与位移有关，在按稳定控制设计和按变形控制设计中，作为荷载的土压力设计取值差别很大。因此，对同一工程，按稳定控制设计比按变形控制设计工程投资要小。

按变形控制设计中变形控制量应根据基坑周围环境条件因地制宜确定，不是要求基坑支护变形愈小愈好，也不宜简单地规定一个变形允许值，应以基坑变形对周围市政道路、地下管线、建（构）筑物不会产生不良影响，不会影响其正常使用为标准。

2. 基坑安全等级

基坑工程可根据支护体系破坏可能产生的后果，包括危及人的生命、造成经济损失、产生社会影响的严重性，以及对周围环境，如邻近建筑物、地下市政设施、地铁等影响，采用不同的安全等级。

不少基坑工程技术规范将基坑工程安全等级分为三级，有的以支护体系破坏可能产生的后果划分，如表 1.2 所示。

基坑安全等级　　表 1.2

安全等级	破坏后果	安全等级	破坏后果
一	很严重	三	不严重
二	严重		

基坑工程安全等级的影响因素主要有下述几方面：基坑周围环境条件，需保护的邻近建（构）筑物、地下市政设施等的复杂性和重要性；工程地质和水文地质条件；基坑开挖深度、形状和大小。

一个基坑工程的安全等级应综合考虑上述影响因素确定。

3. 基坑工程支护体系设计荷载

基坑工程支护体系设计应考虑以下荷载：

（1）土压力，水压力；

（2）地面超载；

（3）施工荷载；

（4）邻近建筑物荷载；

（5）其他不利于基坑工程支护体系稳定的荷载。

如支护结构作为主体结构一部分时，还应根据具体情况确定设计应考虑的荷载。

4. 设计前基本资料准备

基坑工程支护体系设计前应具有以下资料：

（1）地下结构施工图，包括：总平面图、基础平面和剖面图，地下工程平面和剖面图等；

（2）岩土工程勘察报告，内容包括：基坑工程影响范围内土层分布，各土层物理力学指标，全年地下水变动情况等；

（3）工程用地红线图和基坑周围环境状况的资料，包括：基坑周边现有和施工期内可能建设的市政道路、建筑物、地铁、人防工程、各种市政管线等的平面位置、基础类型、埋深及结构图；

（4）相邻地下工程施工情况，包括地下工程支护体系设计和施工组织计划。

5. 基坑支护形式选用

应根据场地工程地质和水文地质条件、基坑开挖深度和周边环境条件，选用合理的支护形式。

基坑支护形式很多，每一种基坑支护形式都有其优点和缺点，都有一定的适用范围。一定要因地制宜，具体工程具体分析，选用合理的支护形式。

在支护形式的选用过程中应抓住该基坑支护中的控制性因素。如：该基坑支护的主要矛盾是支护体系的稳定问题，还是控制支护体系的变形问题；该基坑支护体系的不稳定因素主要来自土压力，还是来自地下水控制问题。

饱和软黏土地基中的基坑需采用排桩墙加内支撑的支护形式以解决土压力引起的稳定和变形问题。若基坑比较深，可采用地下连续墙加内支撑的支护形式。若基坑较浅（一般小于5m），且周边可允许基坑有较大的变形，亦可采用土钉墙或复合土钉墙支护，或采用水泥土重力式挡墙支护。采用土钉或复合土钉支护，基坑深度一定要小于其临界支护高度。土钉支护临界支护高度主要取决于地基土体的抗剪强度。

对粉砂、粉土地基的基坑支护主要是地下水控制问题。控制地下水有两种思路：止水和降水。止水帷幕施工成本较高，有时施工还比较困难，特别当坑内外水位差较大时，止水帷幕的止水效果往往难以保证。有条件降水时应首先考虑采用降水的方法。在降水设计时要合理评估地下水位下降对周围环境的影响。为了减小基坑降水对周围的影响，如需要也可通过回灌提高地下水位。在粉砂、粉土地基地区，有条件采用土钉支护时应首先考虑采用土钉支护。如基坑较深，可采用浅层土钉支护，深部采用排桩墙加锚或加撑支护。如需要采用止水帷幕和排桩加内支撑或锚杆支护也要采取措施尽量降低基坑内外水位差，并且当止水帷幕漏水时，应有应对漏水的对策。

表 1.3 给出软黏土地基和砂性土地基中不同开挖深度可供选用的基坑支护形式。表中基坑深度一栏中的具体数字仅供参考，具体应用时请根据场地工程地质和水文地质条件、周边环境条件作加减。

基坑支护形式选用建议 **表 1.3**

土层特点	基坑深度	可选用支护形式	备 注
软黏土地基	小于 3m	放坡开挖为主，辅以坡脚采用短桩隔板及其他简易支护	
	小于 5m	土钉墙或复合土钉墙	周围环境允许产生较大变形
	小于 6m	悬臂式排桩墙支护结构	周围环境允许产生较大变形
		水泥土重力式支护结构	周围环境允许产生较大变形
		加筋水泥土墙支护结构	周围环境允许产生较大变形
		排桩墙加内撑式支护结构	周围环境不允许产生较大变形
		冻结法支护结构	周围环境限制，采用其他支护形式较困难
	大于 6m	排桩墙加内撑式支护结构	
		加筋水泥土墙加内撑式支护结构	
	大于 10m	地下连续墙加内撑式支护结构	

续表

土层特点	基坑深度	可选用支护形式	备　注
砂性土地基	小于 5m	放坡开挖，加降水	
	小于 8m	土钉墙或复合土钉墙，加降水	
	大于 8m	排桩墙加内撑式或锚拉式支护结构，加止水帷幕	
		浅层土钉墙加降水，深层排桩墙加内撑式或锚拉式支护结构，加止水帷幕	
	大于 15m	地下连续墙加内撑式或锚拉式支护结构，加止水帷幕	

基坑支护方案合理选用是基坑支护结构优化设计的第一层面，基坑支护结构优化设计的第二层面是指选定基坑支护方案后，对具体设计方案进行优化。因此除应重视基坑支护方案的合理选用外，还应重视具体设计方案的优化。

6. 地下水控制设计原则

当基坑工程影响范围内存在承压水层，或地基土体渗透性好且地下水位高的情况下，控制地下水往往是基坑支护设计中的主要矛盾。已有基坑工程事故原因调查表明，由于未处理好地下水控制问题而造成的工程事故在基坑工程事故中占有很大比例。

止水和降水是控制地下水的主要手段。有时也可以采用止水和降水相结合。通过止水还是降水控制地下水需要综合分析，有条件降水的就尽量不用止水，一定要采用止水措施时也要尽量降低基坑内外的水头差。形成完全不漏水的止水帷幕施工成本较高，而且很难做到。特别当止水帷幕两侧水位差较大时，止水帷幕的止水效果往往难以保证。坑内外高水头差可能造成止水帷幕局部渗水、漏水，处理不当往往会酿成大事故。止水帷幕两侧保持较低的水头差时，既可减小渗水、漏水发生的可能性，也有利于发生局部渗水、漏水现象后的堵漏补救。当基坑深度在 18m 以上，地下水又比较丰富时，通过坑外降水尽量降低基坑内外的水头差显得十分重要。

基坑止水帷幕外侧降水既有有利的一面也有不利的一面，有利的是可以有效减小作用在支护体系上的水压力和土压力。不利的是降水会引起地面沉降，产生不良环境效应。因此，在降水设计时需要合理评估地下水位下降对周围环境的影响。场地条件不同，降水引起的地面沉降量可能有较大的差别。新填方区降水可能引起较大的地面沉降量，而在老城区降水引起的地面沉降量就要小得多。特别是降水深度在历史上大旱之年枯水位以上时，降水引起的地面沉降量较小。当基坑外降水可能产生不良环境效应时，也可通过回灌以减小其对周围环境的影响。

当基坑较深时，经常会遇到承压水，使地下水控制问题更加复杂。控制承压水有两种思路：止水帷幕隔断和抽水降压。通过止水帷幕隔断还是抽水降压需要综合分析确定。在分析中应综合考虑承压水层的特性，如土层特性、承压水头、水量及补给情况，还应考虑承压水层上覆不透水土层的厚度及特性，分析止水帷幕隔断的可能性和抽水降压可能产生的环境效应。

另外，基坑周围地下水管的漏水也会酿成工程事故。需要通过详细了解地下管线分布，认真分析基坑变形对地下管线的影响，以及做好监测工作，避免该类事故发生。

在冻土地区，要充分重视冻融对边坡稳定的影响。冻前挖土形成的稳定边坡，在冻土期边坡是稳定的，冻融后边坡发生失稳事故已见多处报道，应予重视。

1.3.2 设计内容

1. 基本内容

基坑支护体系设计一般包括：根据场地工程地质和水文地质条件，工程用地红线图和基坑周围环境状况，地下结构施工图等资料，对技术可行的基坑支护方案进行比选，选用合理的基坑支护方案；对基坑支护结构和支护体系的稳定和变形设计计算；对地下水控制体系的设计计算；对基坑工程施工环境效应的评估；提出基坑挖土施工组织要求；提出基坑工程监测要求以及相关报警值；提出处理突发状况的应急措施的要求。

2. 设计文件

基坑支护设计文件一般应包括：基坑支护设计依据；工程概况和周围环境条件分析；工程地质和水文地质条件分析；基坑支护方案比选，确定基坑支护形式；支护体系设计计算；基坑支护体系设计图纸；基坑工程施工要求；监测内容、要求以及相关的报警值；应急措施等内容。其中，支护体系设计计算一般包括：设计参数的选用说明、计算方法说明，计算结果并附图；基坑支护体系设计图纸一般包括：基坑总平面图（包含周边环境条件）、典型地质剖面图（可引自勘察文件）、支护结构和地下水控制施工详图、监测方案图；基坑工程施工要求一般包括：支护结构和止水帷幕施工要求、基坑降水要求、基坑挖土施工组织要求等。

1.3.3 监测方案设计

监测单位根据设计文件的要求以及相关的报警值，编制监测方案，确定各类监测点的数量、位置，监测频率以及报警应急措施。

基坑工程只有做好监测工作，才能实行信息化施工，所以一定要重视监测工作。对重要工程，可对监测方案设计实行专项审查。

1.3.4 设计管理

不少基坑工程事故与设计质量有关。因为基坑支护体系是临时结构，不少人对支护设计的重要性重视不够，对基坑工程区域性强、个性强、综合性强以及土压力的复杂性等特点缺乏足够认识，对支护设计的技术要求重视不够。不少从事基坑支护设计的技术人员缺乏必要的结构工程和岩土工程基础知识或专业训练，甚至有人认为买个设计软件就可以进行基坑支护设计。加强基坑工程设计管理，既有利于提高从事基坑支护设计人员的技术水平，也有利于提高对基坑工程重要性的认识。不少地区的经验均表明：加强基坑工程设计管理是减少基坑工程事故非常有效的措施。

基坑工程设计管理主要包括建立和完善审查制度和招投标制度。审查制度包括设计资格审查制度和设计图审查制度。各地应结合本地具体情况建立基坑支护设计图专项审查和管理制度。设计图审查专家组应由从事设计、施工和教学科研以及管理工作的专家组成。实行基坑工程设计招投标制度可引进竞争，促进技术进步，优化设计方案，从而使社会和经济效益最大化。

1.4 基坑工程施工

1.4.1 施工组织设计要点

基坑工程施工前应完成以下技术准备工作：

1. 施工组织设计文件和图纸

基坑设计施工文件应包括以下内容：

(1) 工程目标，设计及施工要求，实施关键点及技术难点和总体解决思路；

(2) 施工计划安排，包括施工流程，在时间和空间上穿插施工的流水作业，总工期及分项进度要求；

(3) 各分项工程所需劳动力、施工机械以及材料供应量，汇总后编制各阶段组织实施安排，以及相应的配套用水、用电、施工作业面安排；

(4) 分阶段的施工现场临房、堆场、施工道路平面布置、大型垂直运输施工机械、临时给排水、强弱电平面布置图；

(5) 各专项工程实施技术要求以及详细施工方案，专项方案主要包括测量定位、支护结构、止水帷幕、支撑、坑内加固、基坑降水、土方开挖、支撑拆除、大型垂直运输设备使用、基坑监测、季节性施工专项措施等。

2. 其他文件

除上述施工组织设计文件，还应提供环境保护技术方案，技术、质量、安全、文明施工保证措施以及基坑工程应急预案等。

1.4.2 施工全过程控制

施工全过程控制包括以下要点：

1. 确保施工条件与设计条件一致性

(1) 保证基坑开挖全过程与设计工况保持一致。严禁超越工况或合并工况施工；

(2) 周边保护与设计条件一致性。坑顶堆载条件、周边保护管线、建（构）筑物边界条件及保护要求；

(3) 开挖地层条件、水文地质条件与勘察报告反映情况一致。个别区域由于孔距过大未能反映情况，包括河浜、填土、障碍物等，应及时调整设计或施工参数。

2. 注意全过程质量检验

应按施工期、开挖前和开挖期三个阶段进行。

(1) 施工期质量检验包括机械性能、材料质量、掺合比试验等材料的验证，以及定位、长度、标高、垂直度、水泥掺量、喷浆速度、浇灌混凝土速度、充盈系数、外加剂掺量、水灰比、施工起止时间、支护体均匀、搭接桩施工间歇时间等；

(2) 基坑开挖前的质量检测包括支护结构强度的验证和数量的复核、止水效果检查、出水量验证；

(3) 基坑开挖期的质量检测主要通过外观检验开挖面支护体的质量以及支护结构和坑底渗漏水情况。

3. 开展信息化施工

基坑施工及开挖过程中，严格按照既定监测方案实施监测，及时了解由于基坑施工产生的变化，判断影响程度，调整相关施工参数，如施工顺序、施工速度、监测频率等，发现异常情况启动应急预案，防止事故发生。

1.4.3 支护体系施工要点

施工前应熟悉支护体系图纸、周边环境及各种计算工况，掌握开挖及支护设置的方式、形式及周围环境保护的要求。

施工参数与地层条件匹配，结合土层特点选取合适的施工机械和施工方法，配置合适的动力设备，调整施工参数，必要时配以合理辅助措施，使施工质量满足设计要求。如在硬黏土区施工搅拌桩应采用大功率电机，在浅层松散砂土施工灌注桩、地下连续墙可辅助低掺量搅拌桩地基加固等。

注意施工对周边环境影响，许多支护结构施工本身对周边环境的影响很大，如搅拌桩或高压旋喷桩的挤土效应，地下连续墙成槽的水平位移等，有些变形甚至超过基坑开挖造成的影响，因此施工时应针对各种工艺特点，严格控制施工参数，防止出现“未挖先报警”

现象。

施工连贯性与整体性。工程经验表明，施工参数合理，现场条件合适，施工连贯，一气呵成的支护体系往往施工质量稳定，缺陷和问题较少，事前准备不充分，计划安排不合理，或现场限制较多，往往造成施工冷缝、强度质量不稳定、少打漏作现象，成为开挖阶段的隐患。

施工质量及时检验与控制。施工阶段及时检验施工质量有利于及时发现问题并补救，调整后期施工参数，加强监控措施，防止整个支护体系质量问题。施工过程控制是确保支护体系质量最为关键环节。

1.4.4 基坑开挖控制原则

基坑开挖分为无支护结构基坑开挖、有支护结构基坑开挖和基坑暗挖。基坑开挖应综合考虑基坑平面尺寸、开挖深度、工程地质与水文地质条件、环境保护要求、支护结构形式、施工方法、气候条件等因素。

基坑开挖前，应根据基坑支护设计、降排水方案和场地条件等，编制基坑开挖专项施工方案，其主要内容应包括工程概况、地质勘探资料、施工平面及场内交通组织、挖土机械选型、挖土工况、挖土方法、排水措施、季节性施工措施、支护变形控制和环境保护措施、监测方案、应急预案等，专项施工方案应按照规定履行审批手续。

基坑开挖宜按照"分层、分块、对称、平衡、限时"的原则确定开挖的方法和顺序，挖土机械的通道布置、挖土顺序、土方驳运、建材堆放等，都应避免引起对支护结构、工程桩、支撑立柱、降水管井、坑内监测设施和周围环境等的不利影响。

基坑开挖前，基坑支护结构的强度和龄期应达到设计的要求，且降水及坑内加固应达到要求。

无内支撑基坑的坡顶或坑边不宜堆载，有内支撑基坑的坡顶应按照设计要求控制堆载。

当挖土设备、土方运输车辆等直接入坑进行施工作业时，应采取必要的措施保证坡道的稳定，其入坑坡道宜按照不大于1∶8的要求设置，坡道的宽度应保证车辆正常行驶。

施工栈桥应根据基坑形状、支撑形式、周边场地及环境、施工方法等情况进行设置。

施工过程中应按照设计要求对施工栈桥的荷载进行严格控制。

采用混凝土支撑体系或以水平结构作为支撑体系的，应待混凝土达到设计强度后，才能开始下层土方的开挖。采用钢支撑的，应在施加预应力并符合设计要求后方可进行下层土方的开挖。

基坑开挖应符合下列要求：

(1) 机械挖土宜挖至坑底以上200mm～300mm，余下土方应采用人工修底。机械挖土过程中应通过控制分层厚度、坑底及桩侧留土等措施，防止桩基产生水平位移。基坑开挖至设计标高，并经验槽合格后，应及时进行垫层施工。工程桩顶处理可在垫层浇筑完毕后进行。

(2) 若挖土区域存在较厚的杂填土、暗浜、暗塘等不良土质，应采取针对性的处理措施。

(3) 电梯井、集水井等局部深坑的开挖，应根据设计要求、地基加固、土质条件等因素确定开挖顺序和方法。

(4) 雨期基坑开挖宜逐段逐片地进行，并应采取针对性的措施保证边坡稳定。

(5) 施工过程中，挖土机械应避让工程桩，若机械无法避开工程桩，应采取桩顶铺设路基箱等保护措施。

(6) 基坑开挖应根据设计工况、基坑安全等级和环境保护等级，采用分层开挖或台阶式开挖的形式，分层厚度不宜大于 3m。分层的坡度应根据地基加固、降水和土质情况确定，一般不宜大于 1：1.5。

（7）基坑开挖应实行信息管理和动态监测，确保信息化施工。

1.5 基坑工程监测

1.5.1 监测目的

基坑工程监测是为了确保在基坑施工过程中支护结构和邻近建（构）筑物、地下管线的安全，通过对基坑本身内部有关结构的位移、内力以及基坑外的环境保护对象的变形参数的监测，验证基坑支护结构设计和基坑开挖施工组织设计的正确性；并对基坑支护体系的稳定性、可靠性和安全性进行预测预报，及时掌握在施工中支护结构的应力和变形以及环境的变化情况，并根据现场实际情况，科学、合理地调整施工步骤，从而实现信息化施工管理。此外，对基坑进行全面的监测，获得大量的数据，为以后同类基坑的设计和施工提供参考，验证基坑的有关理论研究。

1.5.2 监测内容

基坑监测可分为基坑工程本身的监测和周边环境的监测，监测项目可参见本指南第 16 章。设计单位应根据具体情况，为确保施工安全和保护环境提出具体监测项目，表 1.4 可供设计参考。

监测项目表　　表 1.4

序号	施工阶段 / 基坑等级 / 监测项目	开挖前	开挖阶段					
			重力式支护体系		墙式支护体系			放坡开挖
		支护体系	一级 二级	三级	一级	二级	三级	
1	支护体系观察		√	√	√	√	√	√
2	支护墙（边坡）顶部水平位移		√	√	√	√	√	√
3	支护墙（边坡）顶部垂直位移		√	√	√	√	√	√
4	支护体系裂缝		√	○	√	√	○	
5	支护墙侧向变形（测斜）		√	○	√	√	○	
6	支护墙侧向土压力				○	○		
7	支护墙内力				√	○		
8	冠梁及围檩内力				√	○		
9	支撑内力				√	√	○	
10	锚杆或土钉拉力		○		√	√	○	
11	立柱垂直位移				√	√	○	
12	立柱内力				○	○		
13	基坑外地下水水位	√	√	√	√	√	√	√
14	基坑内地下水水位	○	○		○	○		
15	孔隙水压力	○	○		○			
16	土体深层侧向变形（测斜）	○	○		√	○		
17	土体分层垂直位移		○		○			
18	坑底隆起（回弹）		○		○	○		
19	地表垂直位移	○	√		√	○		○
20	邻近建（构）筑物垂直位移	√	√	√	√	√	√	√

续表

序号	施工阶段 / 基坑等级 / 监测项目	开挖前	开挖阶段					
		支护体系	重力式支护体系		墙式支护体系			放坡开挖
			一级 二级	三级	一级	二级	三级	
21	邻近建（构）筑物水平位移	○	○	○	○	○	○	○
22	邻近建（构）筑物倾斜		○		○	○		
23	邻近建（构）筑物裂缝、地表裂缝	√	√	√	√	√	√	√
24	邻近地下管线水平及垂直位移	√	√	√	√	√	√	√

注：√应测项目；○选测项目（视监测工程具体情况和相关单位要求确定）。

1.6 基坑工程风险管理

1.6.1 一般要点

基坑工程风险管理指以基坑作为风险环境和目标，对基坑工程风险分析和处置进行决策的过程。工程风险管理通常包括两大环节、四个步骤。两大环节为：工程风险分析，制定和实施风险处置方案。四个步骤包括：风险源辨识、风险估计、风险评价和风险处置。风险源是导致风险事件发生的主要因素，产生基坑工程风险的风险源主要在地层、环境、设计、施工等方面，引发的风险事件包括：

（1）支护漏水，导致水土流失及周边建筑物沉降；

（2）基坑产生局部坍塌、滑坡；

（3）支护位移过大；

（4）流砂、管涌；

（5）坑底回弹量过大；

（6）承压水突涌。

针对不同风险事件采取的风险控制措施可参考表1.5。

风险控制措施 表1.5

风险事件	风险控制措施
支护漏水、流砂和管涌	设置引水孔，及时坑内堵漏； 坑外低压双液注浆； 重新设置止水帷幕； 周边环境允许，设置坑外降水
基坑产生局部坍塌、滑坡	及时回填，坑内外加固； 坡顶卸土，坡脚压重，削坡放缓； 重新设置降水系统，加快土体固结； 分段分块跳挖施工基础垫层及底板
支护位移大	增设支撑； 分段分块跳挖限时施工基础垫层及底板； 信息化施工
坑底回弹量过大	减少开挖面积，及时浇筑垫层及基础底板； 加强坑内降水
承压水突涌	保证上覆土重大于承压水水头； 降低承压水水头

1.6.2 环境效应控制设计方法

因基坑开挖会影响周边环境，故基坑设计不仅需要确保自身的施工安全，还要确保其对周边环境的影响控制在允许范围。由于基坑环境效应影响因素涉及设计和施工，故基坑设计应与监测、施工相结合，采用基坑环境效应控制的思路进行设计，具体设计流程见图 1.1。

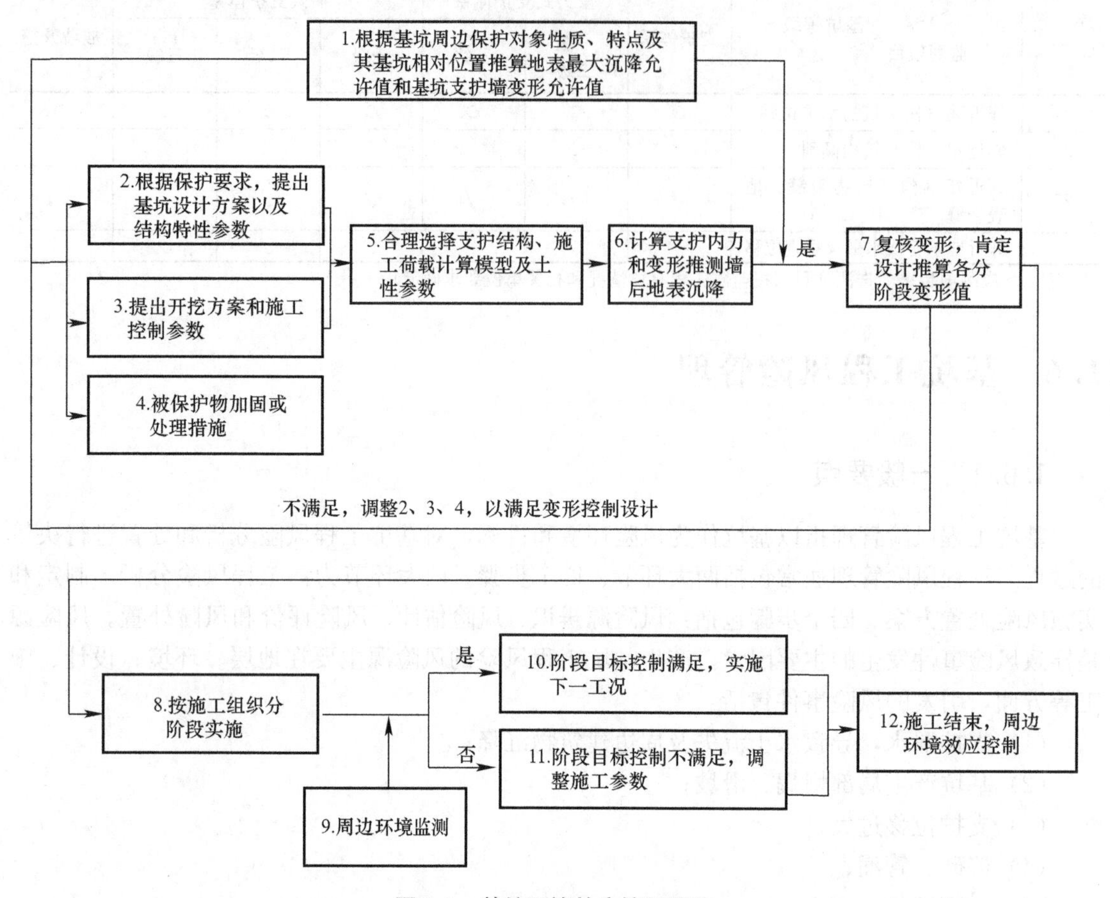

图 1.1　基坑环境效应控制流程

1.6.3　减少对环境不良影响的有效措施

根据基坑规模、周边环境、场地土性，选择合理的支护方案和加固方案。

选择适宜的降水方法和隔水措施，开挖前增加坑内降水时间。

运用基坑时空原理，分层分块，均匀、对称开挖，减少基坑无支撑暴露时间，基坑见底及时浇注垫层，减少基坑流变变形量。

基坑周边场地进行调查，尽量减小基坑超载。

对被保护物事先采取保护措施（比如地基加固，隔离保护，管线架空等），对施工中根据监测数据对被保护物采用跟踪注浆等应急保护预案。

对基坑和周边环境加强监测，根据工况进行分阶段控制，根据监测数据分析调整施工参数，利用信息化指导施工。

1.7　基坑工程新技术发展展望

基坑工程技术伴随着我国近几十年工程建设的快速发展而不断进步。目前，我国工程建设规模进一步加大，经初步统计，仅“十二五”期间我国城市轨道交通建设的投资将超过7000 亿，其车站作为综合性换乘枢纽向地下纵深发展；到 2020 年我国铁路将新建（800～1000）个铁路客运车站，其设计理念趋于从地面向地下延伸，实现与公共交通零换乘，构建立体交通。另外，随着我国城市化进程的进一步加快，受土地资源缺乏及地面空间发展的制约愈加突出，必将促进对地下空间的深度开发利用。这些意味着未来较长一段时间内将涌现大量深基坑工程，凸显出深基坑工程在基础设施建设中的重要地位。

深基坑工程是一门不断发展着的综合性很强的学科，涉及土力学、工程地质、结构力学、环境科学等诸多基础科学及应用。多年来我国在深基坑的建设中累积了许多宝贵经验，其理论和技术水平得到长足进步，但仍不能完全满足目前深基坑工程的技术要求。这些问题已经成了制约深基坑工程建设的瓶颈，引起了学术界和工程界的普遍关注，大量专业技术人员投身于这一领域中，理论结合实践，不断挑战工程中出现的新问题，促进深基坑设计理论及支护技术的不断发展。综合来讲，深基坑技术呈现以下发展趋势：

1. 制定深基坑支护土工试验标准，推广原位勘探技术

根据土质和地下水位的不同，深基坑设计中多采用“水土分算”和“水土合算”两种计算模式，这两种模式需采用不同的土体物理力学性质指标，目前不同的规范对这些指标的规定不尽相同，需要加强研究，提高认识水平。

室内试验得到的土强度参数，由于对土体的扰动或是操作人员技术水平的原因，较难真实反映土体原位状况，对于灵敏度高的软黏土等来说，则应尽可能地采用原位测试结果。目前常用的静力触探、十字板等原位测试技术在操作及精度方面尚有改进和提高的空间。随着深基坑工程对勘探技术要求的提高，需要加强该领域的研究，提高原位测试技术水平。

2. 优化设计计算的理论和方法

传统的库仑主动土压力理论主要适用于重力式挡土墙等刚性支护结构，而不适合柔性支挡结构。对于柔性支挡体系，Terzaghi 和 Peck 曾经提出过一个经验方法，被西方文献和规范采用，而我国规范推荐方法是建立在经典的朗肯和库仑土压力理论上，用于原状土和柔性支挡结构中不尽合理，需对此进行补充完善。作用在挡墙上的土压力大小与挡墙位移大小有关，应发展考虑位移影响的土压力理论。

目前深基坑的设计中常采用传统的极限平衡法，其结果误差往往比较大，尤其不适用于多层内支撑的支护结构。随着计算机的发展，有限元分析方法理论趋于成熟。有限元法可以考虑多种因素如土体的非线性、弹塑性、流变性和应力路径等复杂因素的影响，得到分析和设计基坑所需的重要信息如墙后地面沉降情况、土体内的塑性区发展情况等，应予以重视。但有限元法在应用中有土体本构模型和模型参数难以确定、边界条件难处理等问题，在目前尚难以大范围推广应用。如何结合实际工程对现有的设计方法进行完善，研究出实用可靠的深基坑设计计算方法，特别是发展按变形控制基坑设计理论，将是未来深基坑工程理论的一个重要发展方向。

3. 完善相关的工程控制标准

深基坑工程事故可分为两类：一类是支护体系的自身破坏；另一类是开挖支护过程中引起相邻建（构）筑物及市政设施破坏或影响其正常使用。对在城市建筑物密集地区设计的深基坑支护结构来说，需要严格控制周边地面沉降，因而多采用基于变形控制的预警制度，重视对其周边建筑及管线的保护。在《建筑地基基础工程施工质量验收规范》GB 50202 中给出了基坑施工时各类基坑的地面最大沉降的监控值，但深基坑工程具有极强的区域性和个性，同时又是一门交叉性的学科，其建造过程中存在很多不确定性，很难给出一个统一的沉降变形控制标准。因此，在设计时如何控制周围地面沉降以及如何确定变形控制的临界值仍是一个难题，相关控制标准亟须完善。

4. 发展新型支护结构形式

深基坑支护技术的发展带动了一批新型支护结构的出现，它们有各自的优点和适用范围。未来大量深基坑工程的建设也必然催生更多新型支护结构的出现，如何根据实际工程情况研发新的支护形式，以及如何将主体结构与支护结构有机结合起来，将是下一步深基坑支

护技术的重要发展方向。

5. 重视时空效应，推广动态设计和信息化施工技术

目前在深基坑工程的设计中，静态设计思路占相当大比例，很多基坑支护设计只考虑了开始和最终工况，没有考虑施工过程的工况影响。而深基坑的设计施工具有很强的时空效应，基坑每步开挖土方的大小、深度、形状等空间因素以及开挖面无支撑暴露时间、开挖速度、开挖顺序等时间因素对基坑支护结构及周围土体的变形影响显著。实际工程中，支护结构所承受的土体压力是随过程而变化的，支护结构适应的是动态变化的环境条件。时空效应理论的一个重要特点就是采用动态设计，主要把施工工序和施工参数作为必需的设计依据，并以切实执行施工工艺和施工参数作为实现设计要求的保证。深基坑工程施工条件的复杂性和多变性决定了其设计不可能一蹴而就，合理的设计方案应是根据实际的工程状态而不断作出新的调整。因此应在深基坑的设计施工中大力推广动态设计和信息化施工技术，及时根据现场情况变更设计方案，确保设计方案的合理性、实用性，以建造安全、经济的深基坑工程。

6. 加强特殊工程基坑设计理论及施工技术的研究

与建筑基坑相比，铁路（地铁）等特殊深基坑由于线路较长，在基坑开挖中遭遇的地质条件可能会更为复杂。同时，铁路基坑纵向尺寸往往远大于横向尺寸，其坑壁支护条件更接近于平面应变情况。铁路基坑中可能存在曲线段路线，如果基坑壁也呈曲线状，则凸向坑内的基坑壁处于更加不利的受力状态下，在设计时需对其单独考虑。铁路基坑的设计中可能还需要考虑列车动载的影响。这些都是铁路深基坑建设不同于寻常基坑的地方，随着铁路与城市轨道交通建设的大力发展，必然会出现更多的铁路深基坑，需要加大对这一领域的研究。

随着地球人口的增加和资源的减少以及人类活动范围的不断加大，工程技术的发展正逐步从平面走向立体。除了地面以上空间的发展，另一个重要的发展方向是地下空间的开发。从普通的建筑物地下结构到未来地下高速管道运输交通方式的发展，无一不涉及开挖和支护技术。工程的应用必将推动深基坑技术的不断进步和完善，同时，深基坑技术的发展也将为人类地下工程的开发提供更为广阔的空间。

参考文献

[1] 刘国彬，王卫东主编. 基坑工程手册（第二版）[M]. 北京：中国建筑工业出版社，2009.

[2] 龚晓南主编. 深基坑工程设计施工手册 [M]. 北京：中国建筑工业出版社，1998.

[3] 顾宝和. 谈谈岩土工程特点 [J]. 岩土工程界，2007 (1).

[4] 龚晓南主编. 基坑工程实例 (3) [M]. 北京：中国建筑工业出版社，2010.

[5] 龚晓南. 关于基坑工程的几点思考 [J]. 土木工程学报，2005 (9)，第38卷，第9期，99.

CHAPTER 2

第2章 工程勘察及成果使用

2.1 概述

岩土工程勘察成果是工程建设项目基坑工程方案设计与施工质量控制的法定依据。岩土工程勘察及相关工作应遵守国家相关法规，接受国家主管部门的监管。

岩土工程勘察、测试资料的完整性及其数据的合理性，是保证基坑支护设计、施工质量和安全的基础。本章围绕岩土工程勘察工作成果在基坑工程中的使用，简要介绍与基坑工程部分紧密相关的勘察、试验方法及勘察成果与测试、试验参数的使用等要点。基坑工程的勘察、设计应注意以下事项和问题：

（1）在具有地方标准的地区和特殊土地区（如黄土、膨胀土、冻土），岩土分类和岩土工程勘察策划和评价应首先依据所在地区的地方规范和相应的特殊土技术标准进行。对地方标准未包括的内容，可按照国家或行业标准进行相关分析评价。国外工程项目应根据设计所依据的标准及岩土分类体系进行勘察方案策划。

（2）不同建筑场地的工程地质条件及水文地质条件差异很大，这往往对支护结构的形式及支护措施起到控制性作用。一般的岩土工程勘察报告常常对基坑工程设计与施工所需的参数及勘探深度考虑不足，获得岩土参数所采用的试验方法也不一定适合具体基坑的工程设计与施工要求，必要时可提出专门或者补充勘察。

（3）土的抗剪强度指标是基坑边坡或基底的稳定性验算和支护结构的土压力计算关键参数，可以通过多种试验方法确定。试验方法应尽可能符合工程师对工况（潜在破坏形式）的预测分析。

（4）应注意岩土取样和试验条件的限制。取样过程不可避免地会对土样产生不同程度的扰动（包括原位应力解除、含水量或饱和度的改变以及样品运输中和制样中的扰动等）。因此，室内试验所测得的“原状土”的物理力学性质指标并不能完全真实反映土层的原始性状。由于取得高质量的原状土样比较困难，对软黏土（淤泥）和砂土、卵砾石等应侧重采用原位测试方法评价其工程性状。

（5）现场原位测试所取得的指标常常并非基坑支护设计直接依据的参数，可以借鉴的相关关系多不具有普适性，在使用时应结合地区经验进行综合分析。

（6）地下水条件对基坑支护稳定及环境安全的影响显著，大部分基坑事故均与水有直接的关系。除高强度降雨的极端天气、地下管线破裂等导致基坑工程失稳外，有些是源于勘察阶段对地下水条件调查不清，或者设计阶段对基坑工程中地下水的影响估计不足及地下水控制措施失当。

（7）基坑工程的设计者宜参与岩土工程勘察纲要的制订，使岩土工程勘察成果更符合设计需求。

（8）我国幅员辽阔，地域性很强，地区经验非常重要，应不断总结和研究。即使同一地区，相同成因和岩性的土层，试验与测试也会有不同的结果。对试验、测试结果的应用应根据实际工程经验确定，对基坑支护设计参数的选取还应充分考虑地区的经验。

本章用技术标准缩写代号代表有关技术标准，可参考本章附录。对应关系如下：

- 中国国家、行业、地方标准代号：相关标准；
- ASTM：美国试验与材料协会（American Society for Testing and Materials）标准；
- BS：英国标准学会（British Standards Institution）出版的英国标准；
- AASHTO：美国高速公路运输官方协会（American Association of State Highway and Transportation Officials）标准；
- NAVFAC：美国海军装备工程司令部（Naval Facilities Engineering Command）编制的手册。

2.2　土的分类体系

2.2.1　概述

不同国家选用的岩土分类体系及其具体标准不尽相同，我国铁路、公路、水电等部门的分类体系与建筑工程的分类体系也有较大差异。在基坑工程设计中，指标的选取直接影响设计计算结果，不同土类的工程性质有很大差别。基坑工程设计者应清楚这些差异，在对不同行业的基坑工程设计时，根据其行业的分类特点，选取相应的指标，对于国外工程更应注意这些不同之处。

岩土分类及命名，国内建筑基坑工程应以《岩土工程勘察规范》GB 50021 和建筑工程方面的地方标准为准。

我国铁路工程相关规范的细粒土采用与《岩土工程勘察规范》GB 50021 基本相同的分类定名标准，但粗粒土的颗粒组成仍有一些区别。我国公路工程相关规范的粗粒土定名标准与《岩土工程勘察规范》GB 50021 相同，但细粒土定名（确定界限含水量）所依据的圆锥仪试验的圆锥入土深度与《岩土工程勘察规范》GB 50021 要求不同。我国水电工程系统主编的岩土分类则在总结我国经验的基础上，采用与西方主要国家相似的分类体系，但其取得定名所需指标的具体试验标准与国外略有不同。

因取得分类依据的特定指标的试验方法不尽相同，国内与国外土的工程分类标准体系不同，故同一土类定名，如英译中的黏土（clay）、粉土（silt）、砾石（gravel）、卵石（cobble），中外同名的土其颗粒组成并不完全相同，工程性能也因此可能存在一定差异，故不应在工程评价中简单直接套用。

2.2.2　国内工程岩土分类

国内除了水利行业标准《土工试验规程》SL237—1999 将土划分为细粒土、粗粒土和巨粒土三大类以外，其他标准一般都将土分为细粒土和粗粒土两大类。

1. 细粒土

建筑工程采用塑性指数（$I_P=w_L-w_P$）划分黏土、黏质粉土和粉土。确定 I_P 依据的液限（w_L）通过圆锥仪试验确定，其为 76g 锥沉入土中深度为 10mm 时对应的含水量；塑限（w_P）则通过搓条法确定。

公路相关规范采用圆锥仪确定液限 w_L。水利系统采用与部分国外体系相似的方法，通过塑性图（图 2.1*a*）为细粒土定名，但其确定 w_L 的标准是圆锥仪 76g 锥沉入土中深度为 17mm 时对应的含水量。

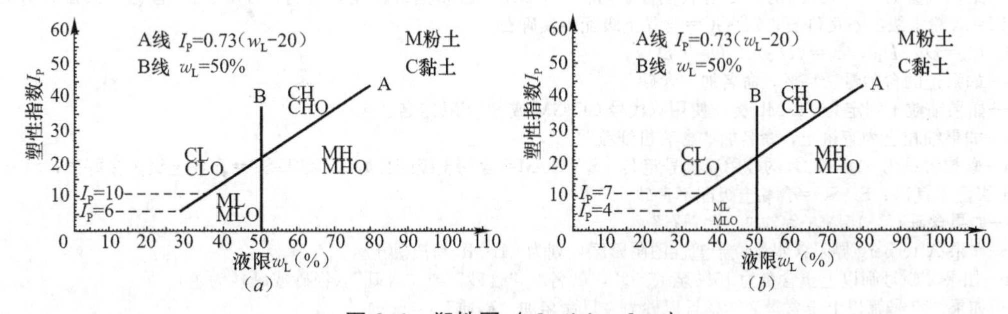

图 2.1　塑性图（plasticity chart）

(*a*) SL237-1999 的塑性图；(*b*) 表 2.1 的塑性图

2. 粗粒土

对于粗粒土（砂土、碎石土），国内各行业的分类标准均通过筛析试验测定的颗粒级配定名。需注意的是在通过某级筛的粒组的粒径规定上，建筑工程的标准与国内其他行业标准有所不同。

2.2.3 国外工程岩土分类

西方主要国家（美、德、英、法等）及日本的工程岩土分类原则大体相同，以“土的统一分类法”（Unified Soil Classification System，USCS）为代表，其分级定名标准如表 2.1 所示。但在具体界限值的取值上各自之间有一些差别。代表性的标准包括 ASTM D2487（美国）、DIN18196（德国）、BS5930（英国）。表中的塑性图如图 2.1（*b*）所示。

土分类表（ASTM D2487） 表 2.1

采用室内试验进行土的分组命名标准				土的分类[a]	
				分组代号	分类命名[b]
粗粒土（200 号筛余留土重>50%）	砾石（4 号筛余留粗粒组土重>50%）	纯净砾石（细粒<5%）[c]	$C_u \geq 4$ 且 $1 \leq C_c \leq 3$[d]	GW	级配良好砾石[e]
			$C_u < 4$ 及/或（$C_c < 1$ 或 $C_c > 3$）[d]	GP	级配不良砾石[e]
		含细粒砾石（细粒>12%）[c]	细粒分类定名为 ML 或 MH	GM	含粉土砾石[e][f][g] silty gravel
			细粒分类定名为 CL 或 CH	GC	含黏土砾石[e][f][g] clayey gravel
	砂（通过 4 号筛的粗粒组土重≥50%）	纯净砂（细粒<5%）[h]	$C_u \geq 6$ 且 $1 \leq C_c \leq 3$[d]	SW	级配良好砂[i]
			$C_u < 6$ 及/或（$C_c < 1$ 或 $C_c > 3$）[d]	SP	级配不良砂[i]
		含细粒砂（细粒>12%）[h]	细粒分类定名为 ML 或 MH	SM	粉土质砂[f][g][i] silty sand
			细粒分类定名为 CL 或 CH	SC	黏土质砂[f][g][i] clayey sand
细粒土（通过 200 号筛的土重≥50%）	粉土、黏土（液限<50%）	无机土	$I_P > 7$ 且在塑性图 A 线或以上[j]	CL	贫黏土（低液限黏土）[k][l][m] lean clay
			$I_P < 4$ 或在塑性图 A 线以下[j]	ML	粉土[k][l][m]
		有机土	$w_{L烘干}/w_{L天然} < 0.75$	OL	有机黏土[k][l][m][n] 有机粉土[k][l][m][o]
	粉土、黏土（液限≥50%）	无机土	在塑性图 A 线或以上	CH	富黏土（高液限黏土）[k][l][m] fat clay
			在塑性图 A 线以下	MH	弹性粉土（高液限粉土）[k][l][m] elastic silt
		有机土	$w_{L烘干}/w_{L天然} < 0.75$	OH	有机黏土[k][l][m][p] 有机粉土[k][l][m][q]
高有机土		主要为有机物，色暗，可嗅有机物气味		PT	泥炭

注：a—基于可通过 3 英寸筛（75mm）的土。

b—若现场土样包含卵石（cobble）或漂石（boulder）或均有，命名增加“含卵石（或漂石）”或“含卵石、漂石”。

c—细粒含量为 5%～12%的砾石用双代号定名：GW-GM=含粉土级配良好砾石；GW-GC=含黏土级配良好砾石；GP-GM=含粉土级配不良砾石；GP-GC=含黏土级配不良砾石。

d—$C_u = D_{60}/D_{10}$，$C_c = (D_{30})^2/(D_{10} \cdot D_{60})$。

e—如果土的含砂量≥15%，命名加“含砂”。

f—如果细粒土划定为 CL-ML 类，使用双代号 GC-GM 或 SC-SM 定名。

g—如果细粒土为有机土，命名加“含有机细粒”。

h—黏粒含量为 5%～12%的砂用双代号定名：SW-SGM=含粉土级配良好砂；SW-SC=含黏土级配良好砂；SP-SM=含粉土级配不良砂；SP-SC=含黏土级配不良砂。

i—如果含砾石≥15%，命名加“含砾石”。

j—如果 Atterberg 界限含水量位于塑性图阴影区，划为 CL-ML 粉质黏土。

k—如果 200 号筛以上土含量为 15%至<30%，命名加“含砂”或“含砾”（视砂或砾孰为主）。

l—如果 200 号筛以上土含量≥30%且以砂为主，命名加“砂质”（sandy）。

m—如果 200 号筛以上土含量≥30%且以砾为主，命名加“砾质”（gravelly）。

n—$I_P \geq 4$ 且在塑性图 A 线或以上。

o—$I_P < 4$ 或在塑性图 A 线以下。

p—I_P 在塑性图 A 线或以上。

q—I_P 在塑性图 A 线以下。

1. 细粒土

塑性图中所用的液限、塑限多通过 Atterberg 界限含水量试验确定，其主要使用卡氏碟式仪。国外学者也对通过圆锥仪试验确定的液限和塑限做过对比研究[21]，认为采用圆锥仪确定的液限比通过卡式碟式仪更可靠，因此国外也有采用圆锥仪确定液限的做法（如英国）。

2. 粗粒土

通过筛析试验测定的级配情况确定主要定名，其各级筛的孔径与国内不尽相同。表 2.2 是美国的 ASTM 与我国土工试验方法标准的筛孔尺寸比较。

标准筛规格对比 表 2.2

美国 ASTM D 6913—04（2009）		《土工试验方法标准》GB/T 50123—1999
标准筛规制	孔径（mm）	孔径（mm）
3in	75	60
2in	50	
1-1/2in	37.5	40
1in	25	—
3/4in	19	20
3/8in	9.5	10
4 号筛	4.75	5
10 号筛	2.00	2
20 号筛	0.841	1
40 号筛	0.420	0.5
70 号筛	0.210	0.25
100 号筛	0.150	—
200 号筛	0.075	0.075

2.3 工程勘察前期准备与策划

2.3.1 概述

工程勘察前期准备与策划以保证基坑工程及建筑物的质量与安全（包括正常使用）为最终目标，工程勘察成果应为实现以下目标提供依据和建议：

（1）合理利用有利的自然和地质条件，规避不利的地质和环境风险；

（2）为基坑工程设计和问题分析构建地质（地基）模型提供所需岩土层资料和适用参数（建议）；

（3）针对拟建场地（场区）潜在问题提出相关方案和措施建议。

2.3.2 背景环境调查

工程勘察前应进行如下背景环境调查工作：

（1）搜集场地及周边已有勘察资料，初步了解建筑场地及其周边的工程地质、水文地质单元分布情况，以及地表至基坑底面标高以下一定深度范围内的地层结构、土（岩）的物理力学性质，地下水分布、含水层性质、渗透系数和施工期地下水位可能的变化等资料；

（2）取得标有建筑红线、施工红线的总平面图及基础结构设计图；

（3）调查建筑场地内及周边的地下管线、地下设施的位置、深度、结构形式、埋设时间及使用现状，综合确定管线的允许变形量及监控方案；

（4）调查邻近已有建筑的位置、层数、高度、结构类型、完好程度、已建时间、重要性、沉降观测资料以及基础类型、埋置深度、主要尺寸，对变形的敏感性程度，查明其与基坑平面和剖面的关系；

(5) 调查可能对基坑工程产生影响的周边地表水体的汇流、排泄等情况；

(6) 调查基坑周围的地面排水情况，地面雨水、污水、上下水管线排入或漏入基坑的可能性及其管理控制体系资料；

(7) 分析并考虑施工期间基坑周边的地面堆载及车辆、施工设备的动、静载情况。

2.3.3 勘察工作方案策划

工程勘察的勘探与测试、试验策划工作在国内主要由工程勘察单位（部门）岩土工程师承担，并根据有关技术标准进行。在西方国家则多由设计单位或岩土工程顾问单位负责。

工程勘察的勘探与测试、试验策划应搜集工程地质和水文地质资料，进行必要的工程地质调查，在岩土工程条件分析的基础上，预测基坑工程中可能产生的主要岩土工程问题。应分析施工过程中水位变化对支护结构和基坑周边环境的影响，提出相应措施建议。

基坑工程相关勘察工作策划主要包括勘探、测试、试验，其要点包括：

(1) 明了平面上基坑周围边界外（2～3）倍基坑设计开挖深度范围内相邻建（构）筑物情况。调查内容包括地基基础类型、基础埋深及建成时间、沉降变形和损坏情况并分析其原因。

(2) 明了平面上基坑边界（2～3）倍基坑设计开挖深度开挖范围内的地下物情况（地铁、道路、管线等的类型及其重要性，地下、地面贮水、输水等用水设施及其渗漏情况）。当已有资料不能满足要求时，对拟采用的坑探或物探方法进行策划。

(3) 根据预测岩土层情况，拟定适用的勘探方法（一般主要采用钻探，必要时可辅以坑探和物探）、测试方法和取样、测试的数量、间距和深度范围计划。对取样及现场原位测试进行策划：对一般黏性土、粉土，应采取不扰动试样；对软土宜进行静力触探；对砂土和碎石土应进行标准贯入试验或圆锥动力触探试验；松散的人工堆积层应视其成分采取试样或进行轻型动力触探、标准贯入试验或重型动力触探，不得仅进行地层描述。

(4) 根据可能的基坑设计分析需要和地区工程经验，拟定适用的室内试验方案，保证试验成果的适用性和完整性。除岩土分类和基本物理力学性质指标试验外，对计划取得岩土抗剪强度指标的剪切试验，应明确取得相关指标的试验方法（主要是固结及排水条件要求）。其他特定试验（如残余抗剪强度试验、侧压力系数试验、特殊土试验）应一并纳入工作计划。

(5) 场地水文地质勘察应达到以下要求：

1) 查明水文地质单元与基坑工程涉及的地下水含水层（包括上层滞水、潜水、承压水）和隔水层的层位、埋深、分布情况和补给条件与水力联系；

2) 对于含水层，宜分层提供渗透系数，渗透系数宜通过现场试验确定，对试验方法进行策划，当设计需要且模拟工况适合时，可进行适量的室内渗透试验；

3) 如缺少基坑工程影响范围内的地下水动态变化资料，应及早布设地下水位、孔隙水压力监测孔，取得相关水位、孔隙水压力的动态变化数据，为设计、施工提供依据。

4) 进行场地发生突涌、流土、管涌等渗透失稳的评价。

2.3.4 勘探点布设

勘探点布设需要重点考虑勘察范围、勘探深度的因素。

1. 勘察范围

勘探的范围应按基坑的复杂程度及工程地质与水文地质条件确定。对于水平方向分布稳定的地层单元，勘探、取样、测试的范围不应小于基坑周边范围。当基坑稳定性分析需要和地层空间分布不稳定、跨越工程地质单元，涉及基坑边线外围的围护、拉锚结构设计等需查明的专门问题时，勘探范围应根据支护设计的需要扩大，以查明不利地质条件的分布。

勘探点宜沿基坑边线布置，基坑的转角处应设控制性勘探孔，当基坑面积较大时，其内部应设置勘探孔。勘探点间距应按基坑的复杂程度及工程地质与水文地质条件确定，一般为20m～50m。当地层水平方向变化较大，有相对不利的岩土层或软弱结构面时，应增加勘探点，查清其分布。但相邻勘探孔间距不宜小于10m。

2. 勘探深度

勘探深度应按基坑的复杂程度、工程地质与水文地质条件和工程分析计算（包括整体稳定性分析、支护结构地基承载力及变形等）的需要确定。

控制性勘探孔不宜少于基坑勘探点总数的1/3，且其深度不宜小于基坑深度的（2～2.5）倍。一般性勘探点应穿过支护结构底部的相对软弱地层。在基坑工程勘探深度内为密实砂层、卵石层及中等风化及微风化岩石时，可根据岩土类别及支护要求适当减少深度。

2.4 岩土工程勘察成果使用要点

2.4.1 概述

拟建工程项目的勘察成果应包括基坑工程设计、施工所需的场地、岩土地层和地下水等基础资料及有关技术参数，对基坑工程与支护方案设计与施工提供技术建议。当项目详细勘察（详勘）资料不能满足基坑工程设计需要时，应为基坑设计进行专门的（补充）勘察。

当场地水文地质条件复杂，在基坑开挖过程中需要对地下水进行控制，且已有资料不能满足需要时，应进行专门的水文地质勘察。

2.4.2 地层划分的正确合理性

岩土工程师应以工程性能相同为准则，以工程地质调查测绘的宏观推断、勘察现场的观察鉴别、室内外试验与测试数据的统计分析及地区工程经验判断为基础，综合判定工程地质单元，对岩土层进行分层或并层，作为建筑基坑工程设计与施工的关键基础依据，用于构建适于工程分析的2D～3D地基空间模型（如地基变形、土水压力等计算）。

在一些地区（如上海、天津），岩土层构成相对简单和稳定，在地方规范中对区域岩土层的层序、编号已进行了统一规定，并提供各层岩土的指标范围值作为校核的依据。对岩土层构成复杂的其他地区，对岩土层（体）进行合理工程划分的控制一般通过满足以下准则实现：

（1）位于同一地貌单元、工程地质单元，未经过不同的人为活动扰动；

（2）地质年代、成因类型相同，岩性相同或相近，颜色（母岩主要矿物成分或有机物含量）相同；

（3）工程性质（主要为力学性能）指标较均一，宜通过同种室内试验或原位测试指标统计的变异性控制进行分层。

2.4.3 岩土工程勘察成果的使用

表2.3总结了勘察成果的内容和主要用途。

岩土工程勘察成果中与基坑工程密切相关的内容及主要用途　　**表2.3**

序　号	信息、数据	成果内容或材料	需注意事项
1	场地、拟建物平面位置坐标	1 总平面图 2 坐标数据表（正文中或附表）	1 比例尺应符合工作阶段的要求，坐标数据应为绝对坐标； 2 不同地区采用的坐标系可能不同； 3 应有现状地形信息和现状地物； 4 不同国家（地区）的图例不同

续表

序　号	信息、数据	成果内容或材料	需注意事项
2	周围建成环境情况	正文（专门章或节叙述）	1 供考虑新建项目基坑工程与环境相互影响问题； 2 宜包括对紧邻建（构）筑物与基础设施的结构类型、基础类型和埋置深度等调查得到的信息资料，特别是地下管线相关资料
3	场区岩土层空间分布	1 工程地质剖面图 2 正文（专门章或节叙述）	1 应包括绝对高程数据； 2 钻孔间地层界面（线）通过专业准则和经验推断生成或绘制； 3 地层图例可能因地区（国家）而异； 4 勘察条件具备时，应包括基坑外一定范围的地层分布情况； 5 岩土层编号因地区而异。有的地区按照地方标准统一编号，有的地区具体工程单独编号； 6 国外承包商提供的岩土工程勘察成果可能不包括工程地质剖面图，仅提供单孔柱状图
4	场区岩土层工程性质指标	1 地层岩性及其物理力学性质指标综合统计表 2 正文中的专项分类汇总表 3 岩土试验成果分层汇总表	1 综合统计表中的岩土层描述一般包括成因、地质年代、岩性、颜色的描述，部分有特定的代表性含有物、粒径和级配情况（具体描述项目在有关勘察规范中有相关规定）； 2 综合统计表一般包括分层试验、原位测试的统计结果，应注意样本数的充分性、分层指标及其他重要指标的变异性。室内试验数据宜根据其试验方法与设计分析工况的适用性选用； 3 综合统计表可包括地基与基坑工程设计分析所需强度、变形参数的建议值或建议范围值，部分参数为经验值或经验统计值； 4 综合统计表可包括渗透系数等水文地质参数经验值或试验值； 5 抗剪强度指标与试验方法密切相关，工程分析计算应结合相关规范选择与分析工况（破坏模式）条件相近的试验结果； 6 基坑变形计算参数：侧向基床系数 k_h 及其系数 m，以及坑底地基土的回弹模量 E_{ur} 或回弹指数 C_s，应结合基坑开挖深度合理确定
5	勘探点位处地层构成及岩土参数	钻孔柱状图	1 钻孔记录的分层及原位测试、室内试验数据； 2 包含地层特征描述； 3 应包含地下水位量测情况（初见水位应深于稳定水位） 4 可用于特定（不利）位置的设计校核
6	地下水	1 正文（专门章或节叙述） 2 专项汇总表	1 应明确地下水性质（滞水、潜水、层间潜水、承压水），注意含水层和承压水对基坑工程的影响； 2 应包含初见水位、稳定水位标高值； 3 需注意勘察期间水位量测的时间（季节），判断是否是年内高水位； 4 应提供调查的历史高水位记录和各层地下水近年动态变化情况，以考虑在预计的基坑工程施工期内采取潜在风险的技术防范措施
7	地下水对基坑工程的影响	正文（专门章或节叙述）	应提供地下水控制方法的建议
8	基坑支护方案选择	正文（专门章或节叙述）	一般为在工程的详细设计条件尚不完全具备的条件下，基于地区经验或在一定的简化和假定条件下分析提出的支护方案建议
9	基坑工程与周边环境的相互影响	正文（专门章或节叙述）	1 应提供设计、施工应注意的事项和必要的保护措施的建议； 2 对施工过程中形成的流砂、流土、管涌及整体失稳等现象的可能性进行评价并提出预防措施建议； 3 对特殊性岩土应分析其对基坑工程的影响，并提供对设计施工的相应措施建议
10	基坑工程开挖监控方案建议	正文（专门章或节叙述）	对监控的目的、监测的项目、监控的重点部位等提出建议

2.5 室内试验

2.5.1 概述

多样化的岩土工程原位测试方法对工程应用来说更具有现实意义，但目前大多数岩土材料的物理力学指标仍需要通过室内试验取得。基坑工程设计中的稳定性分析、土压力和变形计算等所依据的岩土的主要指标（密度、孔隙比、天然含水量、界限含水量、抗剪强度指标、变形模量等）目前多数通过室内试验取得，但室内试验与原位测试应当是相互补充、相辅相成的。对于取样困难、易受扰动的土类，宜通过原位测试确定有关指标。

岩土材料试验需针对工程问题事前设计并避免分散布置，测定主要和关键地层的典型参数，针对具体工程分析设计问题，结合实际工况、应力历史、应力状态及其变化和环境条件，选用不同的试验方法。

本节简要介绍与基坑支护相关的细粒土（黏性土、粉土）强度试验等成果使用应注意的问题，取得岩土指标的试验方法可参阅有关标准、文献。

2.5.2 基本物理性质指标

部分具有普遍意义的基本物理指标试验列于表2.4中。

基本物理指标　　表2.4

指标名称	符号	单位	物理意义	试验项目方法	取土要求
含水量	w	%	土中水的质量与土颗粒质量之比 $w\%=\frac{m_w}{m_s}\times100\%$	含水量试验 烘干法 酒精燃烧法 比重瓶法 炒干法	保持天然湿度
相对密度（比重）	d_s	—	土颗粒质量与同体积的4℃时水的质量之比 $d_s=\frac{m_s}{V_s\rho_w}$（$\rho_w$为水4℃时的密度）	比重试验 比重瓶法 浮称法 虹吸筒法	扰动土
密度	ρ	g/cm^3	土体的总质量与其体积之比即单位体积土的质量 $\rho=\frac{m}{V}$	密度试验 环刀法 蜡封法 注砂法	Ⅰ～Ⅱ级土试样

表2.4所示的三个物理指标是可以直接从室内试验测定的，其中土的含水量和密度试验与土后期所受压密作用和取样及运输期间的扰动相关，主要用于土压力计算。

2.5.3 抗剪强度试验及成果使用

抗剪强度试验和成果使用需要遵循相关的原则。

1. 抗剪强度试验

建筑基坑设计中，边坡或坑底的稳定性验算和支护结构的土压力计算所需的土的抗剪强度指标是关键参数，可通过多种试验方法确定。工程中多采用三轴试验和直剪试验，其中又都有不同的试验方法，对应不同的工作条件。

基坑工程施工过程中不同部位地基土的应力路径不同，并且十分复杂。条形基坑的中段接近于平面应变条件；支挡结构物后的土体接近于减压缩的应力路径（$\Delta\sigma_3<0$）；而坑底以下墙前的土体属于水平压力增加，竖向应力减少的伸长试验。在有效应力强度指标（φ'）中，常规三轴压缩试验（$\Delta\sigma_3=0$）确定的值一般是偏低的。另外，由于不同应力路径产生的

超静孔隙水压力不同，所对应的固结不排水强度指标也是不同的，常规三轴压缩的固结不排水试验确定的强度指标常常也是偏小的。

在一般情况下，土的抗剪强度指标取剪切试验的峰值，对二次破坏工况应考虑残余强度。取得指标的试验方法应尽可能符合工程师对工况（潜在破坏形式）的预测。在工程分析中，宜考虑土的抗剪强度因所处破坏面的位置不同的影响。

2. 三轴试验装置及成果使用

通过三轴试验每取得一组抗剪强度指标，需要 3 个及以上、在同一位置采取土样制备的试样。三轴试验因采取的试验方法不同，取得的抗剪强度指标也不同。饱和土的常规三轴压缩试验有以下 3 种试验方法。

（1）固结排水剪（CD，consolidated drained）：试样饱和后，施加一定的围压（$\sigma_1=\sigma_2=\sigma_3$）进行排水固结，其后继续在排水条件下增加轴向应力（$\Delta\sigma_1>0$），至试样发生剪切破坏，剪切过程中控制孔隙水压力 u 使其充分消散。通过 CD 试验可获得有效应力指标（φ'、c'）。

（2）固结不排水剪（CU，consolidated undrained）：试样饱和后，施加一定的围压（$\sigma_1=\sigma_2=\sigma_3$）进行充分排水固结，其后关闭排水阀，在不排水条件下增加轴向应力（$\Delta\sigma_1>0$），直至试样发生剪切破坏，剪切过程中可量测孔隙水压力（u）。这样通过 CU 试验就可同时获得总应力强度指标（φ_{cu}、c_{cu}）、有效应力路径（图 2.2）及有效应力强度指标（φ'、c'）。

（3）不固结不排水剪（UU，unconsolidated undrained，可简称不排水剪）：试样饱和后，在不排水条件下施加一定的围压（$\sigma_1=\sigma_2=\sigma_3$），在不排水条件下增加轴向应力（$\Delta\sigma_1>0$），至试样发生剪切破坏。通过 UU 试验可获得不排水抗剪强度 c_u，饱和土的 $\varphi_u=0$。

对于地下水以上的非饱和土或者不完全饱和土，也可进行类似的三轴试验，这时不排水试验的内摩擦角 $\varphi_u>0$，如图 2.3 所示。上述三种排水条件也可通过不同的固结应力比和不同的应力路径进行三轴试验，如表 2.5 和表 2.6 所示。

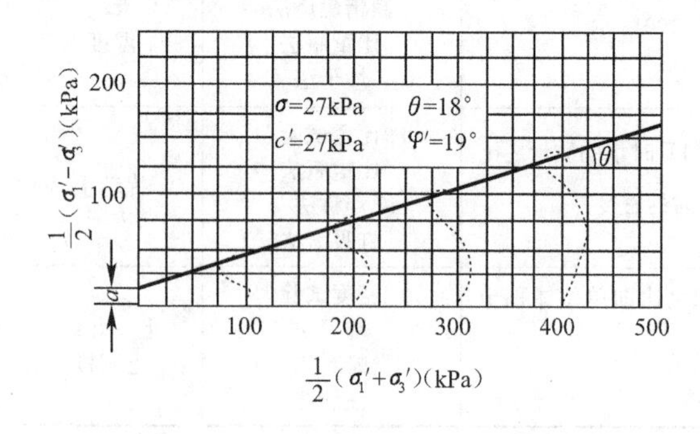

图 2.2 固结不排水三轴试验（CU）的有效应力路径

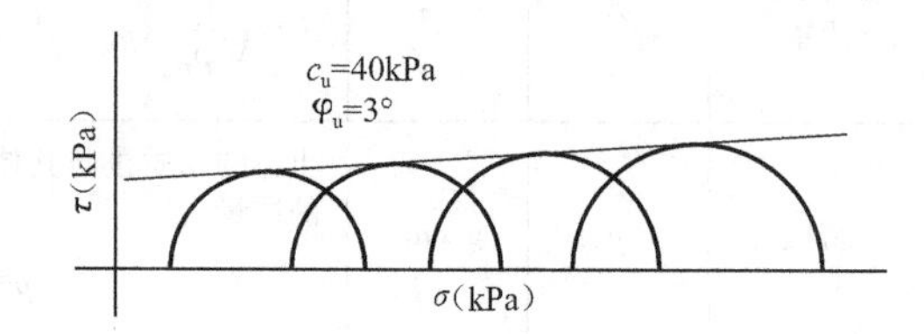

图 2.3 不固结不排水三轴试验（UU）的强度包线

在工程应用研究中，三轴试验也可设置不同的固结应力比条件，获得特定工况下的抗剪强度指标，如表 2.5 所示。我国的三轴压缩试验标准见 GB 50123—1999，美国和英国的相关标准包括 ASTM D4767（CU 黏性土）、ASTM D2850-03a（UU 黏性土）、ASTM D3080（DS 黏性土）和 BS 1377。

不同固结条件下的 CU、CD 试验　　　表 2.5

方法类别	代　号	说　明
CU	CIU	等向固结不排水剪：固结阶段 $\sigma_1=\sigma_2=\sigma_3$（I：isotropic）
	CKU	等应力比固结不排水剪：固结阶段 $\sigma_1/\sigma_3=K$，$\sigma_2=\sigma_3$
	CK_0U	K_0 固结不排水剪：固结阶段 $\sigma_3/\sigma_1=K_o$，$\sigma_2=\sigma_3$
CD	CID	等向固结排水剪：固结阶段 $\sigma_1=\sigma_2=\sigma_3$
	CKD	等应力比固结排水剪：固结阶段 $\sigma_3/\sigma_1=K$，$\sigma_2=\sigma_3$
	CK_oD	K_0 固结排水剪：固结阶段 $\sigma_3/\sigma_1=K_0$，$\sigma_2=\sigma_3$

三轴试验宜根据不同的工况需要进行，合理选用相应的试验结果（表 2.6）。CD 试验方法适于粗粒土，CU、UU 试验方法较适于正常固结的黏性土。在黏土、软黏土中的短期基坑支护（如三个月内），一般可采用 CU 的强度指标计算地基土自重土压力，也可用总应力法的固结不排水和不排水抗剪强度指标进行稳定分析。对于欠固结土进行稳定分析中，不应采用 CU 试验强度指标，应采用 UU 强度指标。

三轴试验指标的使用（Hunt，1984）　　**表 2.6**

种　类	方　法	可测定指标	说　明
三轴压缩试验	CD	φ'，c'（有效应力强度指标）	取得有效应力指标的相对最可靠方法。适于渗透性好的土；及施工速度慢，在施工期不产生超孔隙水压力或其可充分消散
	CU	φ_{cu}，c_{cu}（固结不排水强度指标） φ'，c'（有效应力强度指标） c_u（不排水抗剪强度）	固结不排水强度指标适于在一定应力条件下已固结排水、但剪应力增加时不排水的土体
	UU	c_u（不排水抗剪强度）	适于渗透系数小的饱和黏土在施工加荷速度快超孔隙水压力难以消散的工况（例如坑壁地面上的近期建筑和施工引起的超载）；以及欠固结土；为减少取样、制样的扰动，也可采用在原位有效压力下预固结的不排水试验，无侧限压缩试验可认为是其中的一种特殊情况（也用其测定土的灵敏度）

3. 直剪试验装置及成果使用

在直剪试验中，自同一位置取样，制备基本在同一深度的 3 个或以上试样进行剪切试验，强迫试样产生水平破坏面，取得不同加荷速率下的抗剪强度指标。在剪切过程中，主要根据土的渗透系数和剪切速率来认定排水条件，我国《建筑基坑支护技术规程》JGJ 120—99 规定“当有可靠经验时可采用直接剪切试验”。

直剪试验宜根据不同的工况分析需要进行设计，通过分析合理选用相应试验结果（表 2.7）。

直剪试验不同方法的适用性　　**表 2.7**

方　法	测定指标	试验条件	说　明
快剪	φ_q，c_q	在施加竖向压力后，立即快速施加水平剪应力	固定的破坏边界条件，排水不可控。土层破裂面方位与试验破裂面相同时可参考使用。 可用于砂土，对软黏土不适用。 适于测定不扰动土样的残余强度（φ_r）
固结快剪	φ_{cq}，c_{cq}	允许试样在竖向压力下排水固结，然后快速施加水平剪应力	
慢剪	φ_s，c_s，φ_{sr}（残余抗剪强度指标）	允许试样在竖向压力下排水固结，然后在规定速率下缓慢地施加水平剪应力	

4. 残余抗剪强度指标

残余强度试验仪器应能使试样产生大应变，能满足这一要求的环剪仪并未普及。目前大多利用直剪仪，对试样进行反复剪切。残余抗剪强度指标 φ_r 和 c_r 通过（3～4）个试样、在不同的竖向应力 σ_n 下进行的剪切试验取得。对于正常固结黏土，其峰值强度与残余强度差别不大。对于超固结黏土，峰值强度比残余强度大，超固结比 OCR 愈大，其差值愈大。

2.5.4　其他指标试验

1. 无侧限单轴抗压试验

（1）抗剪强度的确定

饱和黏土中的基坑稳定性分析主要基于土的不排水强度 c_u，宜通过原位测试的相关关系确定。当采用室内试验评价时，可通过无侧限单轴抗压强度试验测定的结果 $q_u=2c_u$。

无侧限单轴抗压强度 q_u 实际上是不施加围压的三轴 UU 试验，根据轴向应力 σ_1—轴向应变 ε_1 曲线图确定。如曲线有峰值，则取峰值应力作为无侧限抗压强度。如无峰值，则取与轴向应变 15%相应的应力作为无侧限抗压强度。

（2）灵敏度的确定

原状黏性土的无侧限抗压强度 q_u 与其试样重塑后强度 q_u' 之比值为灵敏度（$S_t=q_u/q_u'$）。具有高灵敏度的土质边坡在快速施加剪应力时易发生破坏，国外及国内规范对灵敏度的分级对照可参见表 2.8。

土的灵敏度分级对照表 **表 2.8**

S_t	Skempton[19]（1953）和 Bjerrum[2]（1954）分级	国内规范《软土地区工程地质勘察规范》JGJ 83—91
<2	不灵敏（insensitive）	—
2～4	较不灵敏（moderately insensitive）	中灵敏性
4～8	灵敏（sensitive）	高灵敏性
8～16	很灵敏（very sensitive）	极灵敏性
16～32	轻微流性（slightly quick）	流性
32～64	中等流性（medium quick）	
>64	流性（quick）	

注：判定软土的灵敏度应采用现场十字板剪切试验，也可采用无侧限抗压强度的试验方法。无侧限抗压强度试验土样应用薄壁取土器取样。

2. 静止侧压力系数 K_0

可通过静止侧压力系数测定仪或三轴仪测定 K_0。

用三轴仪测定 K_0 值时，同时增加竖向应力 σ_1 与侧向应力 σ_3，通过侧向变形指示器等装置控制试样的直径。在 K_0 值试验过程中，始终保持试样直径 D_0 不变。

对于饱和土和非饱和土，可采用 CD 试验方法测定排水条件下的 K_0。

正常固结沉积黏土的 K_0 一般介于 0.4～0.7 之间，砂土约为 0.4，自然沉积的超固结土的水平应力可以大于竖向应力，故 K_0 常大于 1.0，如图 2.4 所示。相关内容可参见本指南第 3 章。

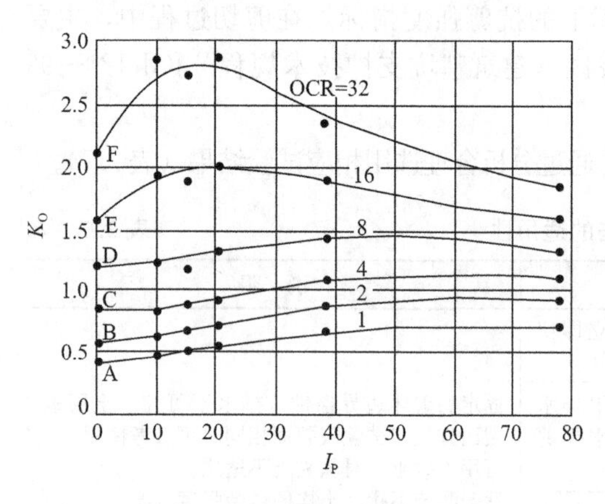

图 2.4 不同黏性土静止土压力系数 K_0 与 OCR 的关系[3]

2.6 原位测试与试验

2.6.1 概述

对于难以取得高质量原状土样的土类（如软塑—流塑软黏土、砂类土、碎石土），应主要通过原位测试的试验方法取得试验指标，并基于其试验指标与土的工程性质间理论或经验的相关关系，评价土的工程性能，确定岩土工程设计参数。有些土类虽然可以取得原状土样，但因取样后的条件变化等，其试验结果与实际之间仍然存在差异，因此应积极推进原位测试方法。本节简要介绍在基坑工程设计中与土的抗剪强度等参数评价相关的常用原位测试和试验方法及有关工程应用。

2.6.2　标准贯入试验（Standard Penetration Test，SPT）

1. 试验简介

标准贯入试验是在钻孔内的预定深度采用质量为63.5kg锤、以落距76cm自由落锤，预击15cm后，记录每10cm和累计30cm的锤击数N，并可通过对开管式的贯入器采集扰动样。试验要求可参见GB 50021、ASTM D1586。

SPT击数N主要用于评估试验土体的密实程度。对于基坑工程，主要通过标准贯入击数N估算不排水抗剪强度、砂性土密实程度、内摩擦角等参数和指标。

2. 关于标准贯入试验指标的修正

标准贯入试验在基坑工程中是一种很有用的现场测试方法，多年来在国内外建立了很多标贯击数N与土的物理力学指标间的经验关系，如土的相对密实度、砂土的内摩擦角、饱和黏性土的不排水强度、饱和砂土的液化势等。但试验表明，标贯击数与很多影响因素有关，同一种土在不同条件下的标贯击数可以相差很多。

美国的ASTM和工程师兵团（USAACE）从锤击能量的角度对标贯击数进行了归一化，提出N_{60}这一归一化的击数。N_{60}是指$E_1/E^*=60\%$时的标贯击数。其中，E_1为现场试验时对探头实际作用的能量，实际上可通过在锤砧以下一定位置处，用荷载盒与应变计量测后计算；E^*为63.5kg的锤、76cm自由落体产生的能量。这样可以通过式（2.1）从实际击数N_0（对应于E_1）推算出N_{60}

$$N_{60}=N_0\frac{E_1/E^*}{60\%} \tag{2.1}$$

其中能量比E_1/E^*与钻孔机械、锤击处的能量传递方式、锤杆长度、钢丝绳的布置与质量和操作者的技术等有关。如果没有实测的能量E_1，则需要针对上述因素分别进行修正。

N_{60}与土的有关物理力学指标间的关系还受到标贯试验点的有效竖向应力影响，所以有时再对N_{60}作进一步的修正。AASHTO建议的修正方法为：

$$(N_1)_{60}=C_N N_{60} \tag{2.2}$$

$$C_N=(p_a/\sigma'_{ov})^n \tag{2.3}$$

式中　N_{60}——能量比为60%时的标贯击数；

p_a——大气压力，与σ'_{ov}的量纲相同；

C_N——有效竖向应力修正系数；

σ'_{ov}——有效竖向应力；

n——指数，对于黏性土取$n=1$，对于砂土$n=0.5\sim0.6$。

我国对于标贯击数的修正目前尚不统一，勘察报告所提供的标贯击数N是未加修正的。对于N值是否修正及用何种方法修正，应根据建立统计关系时的具体情况而定。

3. 标准贯入试验成果在基坑工程中应用

（1）《建筑工程勘察技术措施》建议方法[30]

砂性土相对密实度 D_r 划分　　**表 2.9**

N（击/30cm）	≤10	10<N≤15	15<N≤30	>30
D_r值	≤0.33	0.33<D_r≤0.40	0.40<D_r<0.67	≥0.67
密实程度	松散	稍密	中密	密实

注：N为实测值

黏性土的状态划分 表 2.10

N（击/30cm）	≤2	2<N≤4	4<N≤8	8<N≤30	N>30
液性指数 I_L	I_L>1.0	0.75<I_L≤1.0	0.25<I_L≤0.75	0<I_L≤0.25	I_L<0
状态	流塑	软塑	可塑	硬塑	坚硬

注：N 为实测值

（2）AASHTO 建议方法

砂性土相对密实度划分 表 2.11

$(N_1)_{60}$（击/30cm）	0～4	5～10	11～24	25～50	>50
密实程度	非常松散	松散	中密	密实	非常密实

注：$(N_1)_{60}$——修正后 N 值。取值按式（2.4）计算

（3）Liao and Whitman 建议方法[6]

$$\frac{(N_1)_{60}}{D_r^2}=60 \tag{2.4}$$

式中 D_r——砂土密实度；

$(N_1)_{60}$——修正后 N 值。

4. 估算饱和黏性土不排水抗剪强度 c_u 及无侧限抗压强度 q_u

美国工程师兵团（USACE）UFC-3-220-10N 建议的方法（图 2.5）

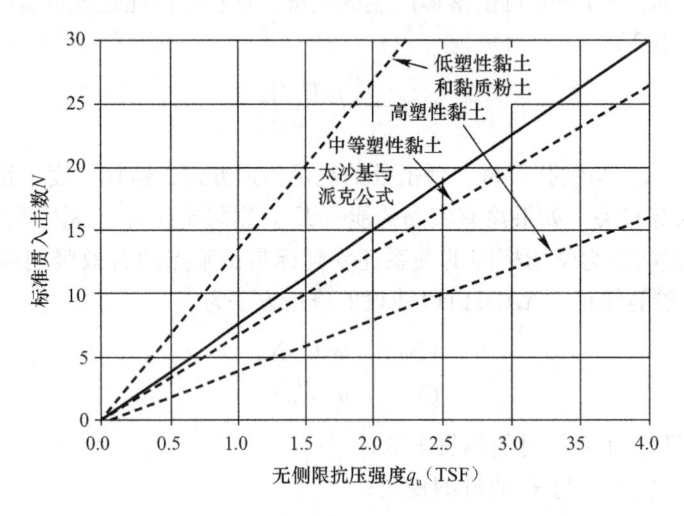

图 2.5 标贯击数 N 与黏土无侧限抗压强度 q_u 关系

注：1TSF(T/ft²)≈107.5kPa

5. 估算砂性土内摩擦角

（1）Meyerhof 建议方法[12]

砂土内摩擦角估算 表 2.12

密实程度	相对密实度 D_r（%）	标贯击数 N（击/300mm）	有效内摩擦角 φ'（°）
非常松散	<20	<4	<30
松散	20～40	4～10	30～35
稍密	40～60	10～30	35～40
密实	60～80	30～50	40～45
非常密实	>80	>50	>45

（2）Schmertmann 建议方法[16]

$$\varphi'=\tan^{-1}[N_{60}/(12.2+20.3\sigma'_{v0}/p_a]^{0.34} \tag{2.5}$$

式2.5和图2.6表示了标贯击数N与无黏性土的内摩擦角φ'关系，它们考虑了有效竖向应力的影响。

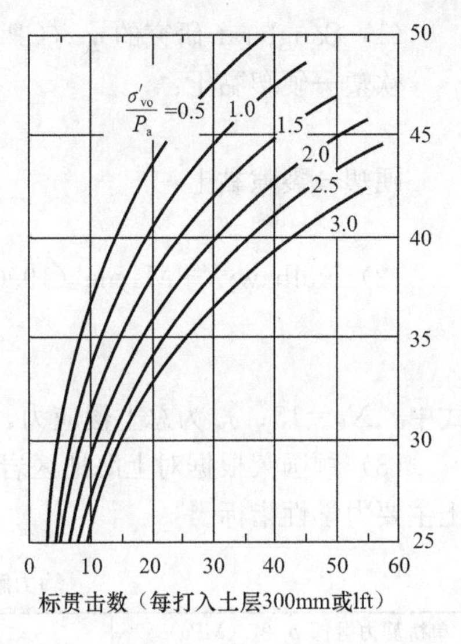

图2.6　标贯击数（N）与无黏性土的内摩擦角φ'关系

2.6.3　静力触探试验（Cone Penetration Test，CPT）

静力触探试验是按固定速率用静力向土中压入圆锥形触探器，根据触探器的传感器测定贯入阻力及孔隙水压力等。试验触探器见图2.7，记录信息见图2.8。有关试验方法可参考GB 50021、ASTM D3441。

静力触探有单桥探头（测定比贯入阻力p_s）、双桥探头（同时测定锥尖阻力q_c、侧壁摩阻力f_s）或带孔隙水压力量测（CPTu，或称piezocone test，同时测定贯入时的孔隙水压力u）的单、双桥探头。对于基坑工程，可用于估算黏性土状态、不排水抗剪强度，砂性土密实程度、内摩擦角等参数。

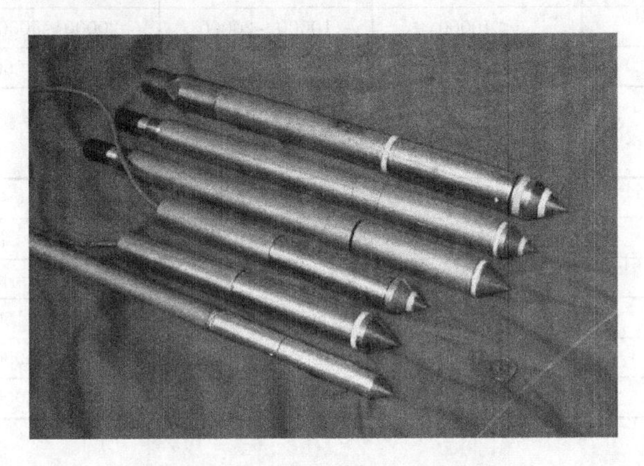

图2.7　原位CPT探头（触探器）

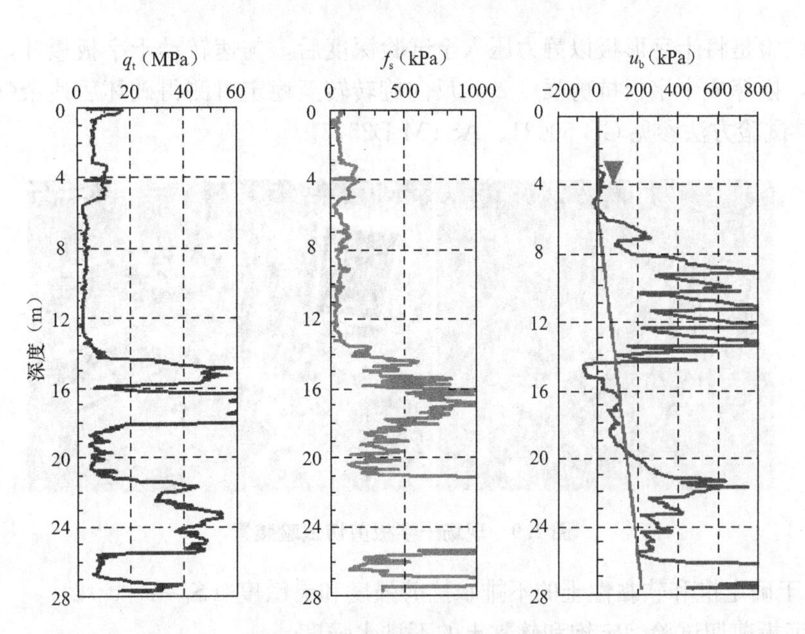

图2.8　CPT试验记录的表达

静力触探试验成果在基坑工程中应用包括以下方面：

(1) Sanglerat 研究的 q_c（CPT 试验锥端阻力）—c_u（不排水抗剪强度）关系[14]：

软塑—硬塑黏土：

$$c_u \approx q_c/15 \tag{2.6}$$

硬塑—裂隙黏土：

$$c_u \approx q_c/30 \tag{2.7}$$

(2) Kulhawy 与 Mayne（1990）给出了饱和黏性土的不排水强度与 q_c 间的关系：

$$c_u = \frac{q_c - \sigma_{v0}}{N_k} \tag{2.8}$$

式中：$N_k=15$；σ_{v0}为总上覆应力，与 q_c 同量纲。

(3) 顾国荣根据对上海地区岩土特性的研究，建议按表 2.13～表 2.14 确定黏性土和砂土主要力学性指标[23]。

静力触探试验确定砂土主要力学性指标 表 2.13

单桥静力触探 p_s 值（MPa）	≤2.6	$2.6<p_s\leq5$	$5<p_s\leq10$	>10
密实程度	松散	稍密	中密	密实
内摩擦角 φ（°）	<30	30～33	33～40	>40
基床系数 k（kN/m³）	<10000	10000～20000	20000～50000	>50000
比例系数 m（kN/m⁴）	<4000	4000～6000	6000～10000	>10000

静力触探试验确定黏性土主要力学性指标 表 2.14

单桥静力触探 p_s 值（MPa）	≤0.6	$0.6<p_s\leq1.0$	$1.0<p_s\leq2.0$	$2.0<p_s\leq5.0$	>5.0
液性指数 I_L	$I_L>1$	$0.75<I_L\leq1$	$0.25<I_L\leq0.75$	$0<I_L\leq0.25$	$I_L\leq0$
塑性状态	流塑	软塑	可塑	硬塑	坚硬
不排水抗剪强度 c_u（kPa）	<30	30～50	50～100	100～250	>250
基床系数 k（kN/m³）	<5000	5000～15000	15000～30000	30000～50000	>50000
比例系数 m（kN/m⁴）	<2000	2000～4000	4000～6000	6000～8000	>8000

2.6.4 十字板试验（Vane Shear Test，VST）

十字板试验是将十字形板以静力压入至试验深度后，匀速转动十字板板叶，通过测得转动扭矩峰值，换算成十字板抗剪强度 c_u，反向旋转转至稳定可测得破坏后残余强度 c_r。装置参见图 2.9。试验方法参见 GB 50021、ASTM D2573。

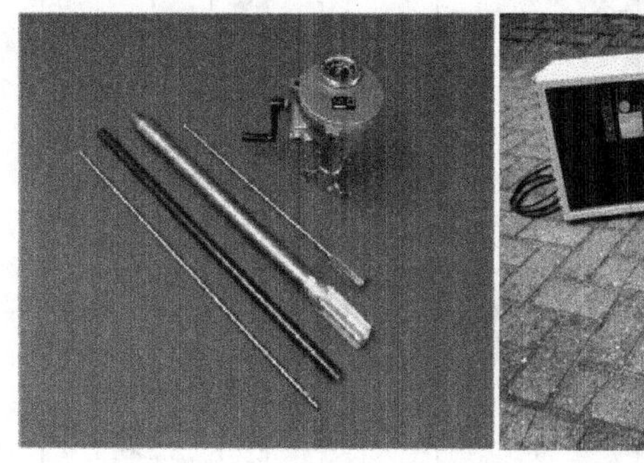

图 2.9 现场十字板剪切试验装置

VST 适于确定饱和软黏性土的不排水抗剪强度和灵敏度（$S_t=c_u/c_r$）。

(1) 十字板剪切试验确定饱和软黏土的不排水强度

用十字板剪切试验可直接测定饱和软黏土的不排水强度 c_u，对于开口钢环式十字板试验，其计算公式为：

$$c_u = K \cdot C(R_Y - R_R) \tag{2.9}$$

$$K = \frac{2R}{\pi D^2(D/3 + H)} \tag{2.10}$$

式中　K——十字板常数（m^{-2}），可按式（2.10）计算；

C——钢环系数（kN/0.01mm）；

R_Y——原状土剪损时量表最大读数（0.01mm）；

R_R——钻杆与土摩擦时量表最大读数（0.01mm）；

R——转盘半径（m）；

D——十字板头直径（m）；

H——十字板头高度（m）。

对于重塑土，式（2.9）中的 R_Y 变成重塑土剪损时量表最大读数 R_c 即可。

对于电阻式十字板剪切试验，其计算不排水抗剪强度的公式为：

$$c_u = K\xi R_Y \tag{2.11}$$

式中　ξ——电阻式十字板板头传感器率定系数（kN/$\mu\varepsilon$）；

R_Y——原状土剪损时量表最大微应变（$\mu\varepsilon$）。

对于重塑土，式（2.11）中的 R_Y 变成重塑土剪损时量表最大读数 R_c 即可。

（2）强度的修正系数

十字板测得的不排水抗剪强度峰值强度，其数值偏高。其长期强度低于峰值强度（图2.10），因此测得的强度常需修正才可用于设计计算。《岩土工程勘察规范》GB 50021—2001（2009年版），建议采用Daccal的修正系数 μ 进行折减，见图2.11。

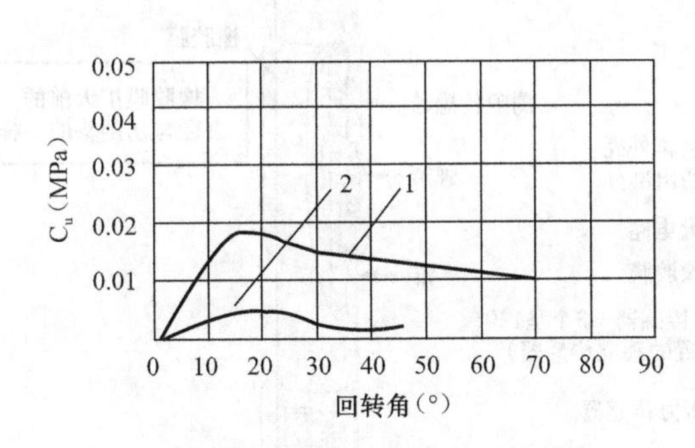

图2.10　抗剪强度与回转角关系曲线

（1—原状土；2—扰动土）

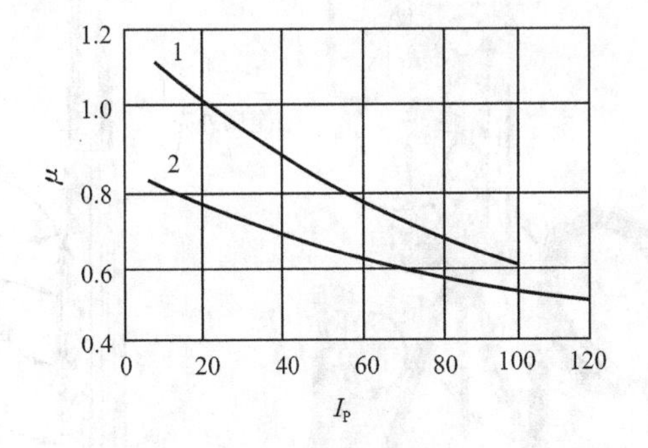

图2.11　修正系数 μ

（曲线2用于液性指数大于1.1的土；曲线1适用于其他软黏土）

（3）c_u 随深度的变化

饱和黏性土的不排水强度是随深度增加而增加的。十字板剪切试验可以较好地反映这一规律。因而在稳定分析时，应按照滑动面的位置合理地选取具有代表性深度土的不排水强度 c_u。

对于深厚均匀的饱和软黏土层，不排水抗剪强度与深度间大体上呈线性关系，如果该直线在地面点强度接近于0，则该土层属于正常固结土；如果强度大于0，则为超固结土。通过直线的斜率与在地面的截距，也可以推算出该土层的固结不排水强度指标 c_{cu} 和 φ_{cu}。如果直线与地面线有负的截距，则应为欠固结土。

（4）与其他试验结果对应关系

大量对比结果表明，十字板试验结果与其他原位测试结果具有较好对应关系，不排水抗剪强度 c_u 与单桥静力触探比贯入阻力 p_s 相关性较好，一般而言软土地区可通过建立与静探关系获得其他物理力学指标：

$$c_u = p_s/20 \tag{2.12}$$

式中　c_u——十字板不排水抗剪强度（kPa）；

p_s——单桥静探比贯入阻力（MPa），适用范围 $p_s \leqslant 1.5$MPa

（5）骆方荣等提出通过十字板剪切试验测定的不排水强度 c_u 估算超固结比及计算前期固结应力的方法[24]：

$$p_c = 22 \times c_u \times I_p^{-0.5} \tag{2.13}$$

$$OCR = p_c / \sigma'_{vo} \tag{2.14}$$

式中　p_c——前期有效固结压力；

I_p——塑性指数；

OCR——超固结比。

2.6.5 旁压试验（Pressuremeter Test，PMT）

旁压试验分为预钻和自钻两类成孔一试验方法。试验时，将旁压仪腔体置入土体中，通过测定不同压力下的腔体膨胀量确定地基土的初始状态的侧压力 p_0、临塑压力 p_f 和极限压力 p_L，并可计算旁压模量 E_M 以评定地基土承载力和地基变形特性。该法适用于黏性土、粉土、砂土、碎石土、残积土、极软岩和软岩等。旁压试验装置如图 2.12 所示。旁压试验要求可参见 GB 50021、ASTM D4719。

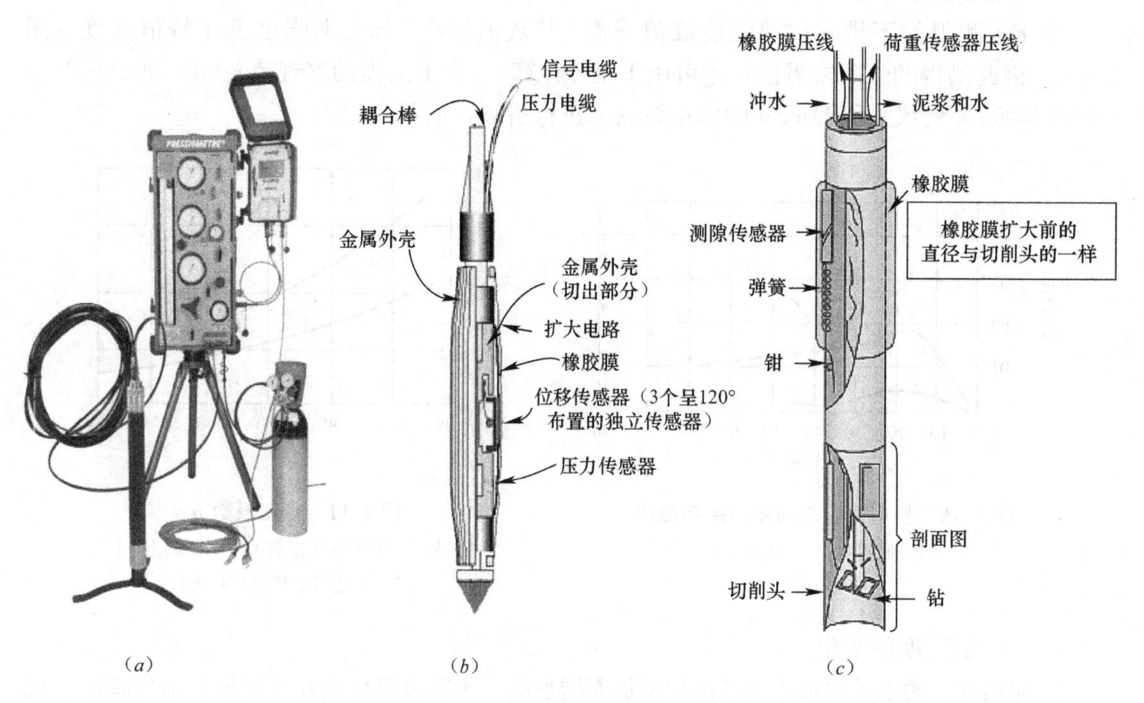

图 2.12　旁压试验装置

(*a*) PMT 设备；(*b*) 预钻式 PMT 探头；(*c*) 自钻式 PMT 控头

对于基坑工程，可用旁压试验结果估算黏性土状态、不排水抗剪强度，砂性土密实程度、内摩擦角等参数。

试验成果在基坑工程中应用包括以下方面：

（1）Menard 提出的 PMT 试验指标与饱和黏土不排水抗剪强度之间的关系[11]

$$c_u = (p_L - p_0)/(2K_b) \tag{2.15}$$

式中　p_0——PMT 试验中土体静止状态时的横向压力；

K_b——随 E_M/p_L 变化的系数。

黏土的 K_b 代表值为 5.5[8]（Lukas & de Bussy，1976）。

(2) 上海《岩土工程勘察规范》采用的 Lukas 与 de Bussy 的研究成果[8]

该规范按式（2.16）估算上海地区饱和软黏性土的不排水抗剪强度；按式（2.17）估算砂土的有效内摩擦角 φ'；按式（2.18）计算土的侧向基床反力系数 K_h。

$$c_u = (p_L - p_0)/N_p \tag{2.16}$$

式中，N_p 为系数，可取 5.5；

$$\varphi' = 5.77\ln\frac{P_L - P_0}{180} + 24 \tag{2.17}$$

$$K_h = \Delta P/\Delta r \tag{2.18}$$

式中　ΔP——压力增量；

　　Δr——ΔP 对应的半径增量。

2.6.6　扁铲试验（Dilatometer Test，DMT 或 DLT）

扁铲侧胀试验是将带有膜片的扁铲压入土中预定深度，充气使膜片向孔壁土中侧向扩张至设定侧胀量，根据测得压力获得土的模量及其他有关指标。DMT 适用于软土、一般黏性土、粉土、黄土和松散—稍密的砂土。DMT 试验装置见图 2.13，试验要求可参考 GB 50021、ASTM D6635。

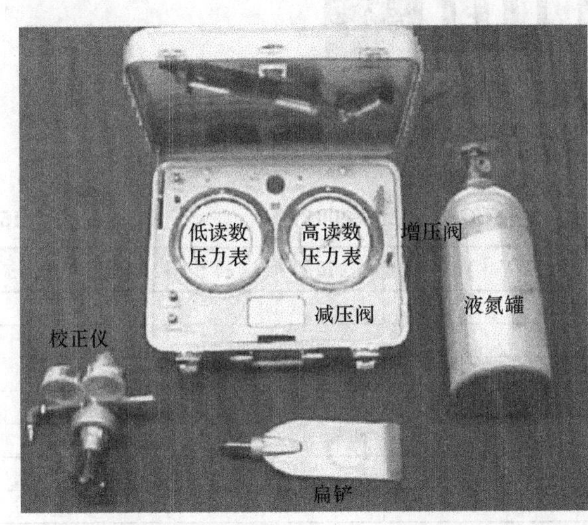

图 2.13　扁铲试验装置[7]

扁铲试验成果在基坑工程中应用包括以下方面：

对于基坑工程，用 DMT 可用于估算黏性土状态、不排水抗剪强度，砂性土密实程度、内摩擦角等参数。Marchetti 建议按式（2.19）计算土的不排水抗剪强度[9]：

$$c_{u,DMT} = 0.22\sigma'_{v0}(0.5K_D)^{1.25} \tag{2.19}$$

式中　σ'_{v0}——试验深度处土的有效上覆压力；

　　K_D（侧胀水平应力指数）$=(p_0 - u_0)/\sigma'_{v0}$；

　　u_0——试验深度处的静水压力；

　　p_0——向土中膨胀前的膜片接触压力。

按式（2.20）计算土的内摩擦角：

$$\varphi_{safe,DMT} = 28° + 14.6\log K_D - 2.1\log^2 K_D \tag{2.20}$$

2.6.7　动力触探试验（Dynamic Cone Penetrometer Test，DCP）

动力触探（圆锥）试验方法与标准贯入试验方法基本相似，标准重量的落锤以固定落距贯入土层，根据贯入击数评判土层性质，所不同的是动力触探探头为实心锥形。与标准贯入试验一样，其贯入击数也需要进行杆长修正、地下水以下修正等。是否进行修正及如何修正应根据建立统计关系的具体情况而定。

根据锤重、落距差别，DCP 又分为多种类型（图 2.14，表 2.15）。轻型动力触探试验适用于一般黏性土及填土。重型动力触探试验和超重型动力触探试验适用的岩土层为：强风化、全风化的硬质岩石、各种软质岩石及砂、圆砾（角砾）和卵石（碎石），可用于判断地层的密实度和内摩擦角。

图 2.14　DCP 设备

动力触探试验类型（根据 GB 50021—2001）　　**表 2.15**

类　型		轻型（N_{10}）	重型（$N_{63.5}$）	超重型（N_{120}）
落锤	锤的质量（kg）	10	63.5	120
	落距（cm）	50	76	100
探头	直径（mm）	40	74	74
	锥角（°）	60	60	60
探杆直径（mm）		25	42	50～60
贯入指标	贯入深度（cm）	30	10	10
	锤击数	N_{10}	$N_{63.5}$	N_{120}

辽宁省地方标准《建筑地基基础技术规范》DB 21-907 中规定，根据动力触探击数标准值确定砂土、碎石土内摩擦角标准值时，应符合表 2.16 的规定。

砂土、碎石土内摩擦角标准值 φ_k　　**表 2.16**

重型动力触探锤击数 $N_{63.5}$	内摩擦角标准值 φ_k（°）			
	卵石	圆砾、砾砂	中、粗砂	粉、细砂
2	34.5	31.5	28.5	21.0
4	35.5	32.5	29.5	23.0
6	36.4	33.4	30.4	25.0
8	37.5	34.4	31.4	27.0
10	38.4	35.4	32.4	29.0
12	39.4	36.4	33.4	30.0
14	40.0	37.4	34.4	31.0
16	41.3	38.3	35.3	32.0
18	42.3	39.3	36.3	33.0
20	43.3	40.3	37.3	34.0
25	45.7	42.7	39.7	—
30	48.2	45.2	42.2	—

2.6.8　基坑工程中原位测试方法的应用

表2.17总结了各种原位测试方法适用的土层，测试的用途以及可取得土的物理力学性质指标。

基坑工程中常用的原位测试方法表　　　表2.17

<table>
<tr><th>试验方法</th><th>取得指标</th><th>适用土层</th><th>测试目的</th><th>物理力学指标</th></tr>
<tr><td>标准贯入试验（SPT）</td><td>标贯击数N</td><td>砂土、粉土、一般黏性土</td><td>采取扰动试样，定土名
判断砂土、粉土密实度
估算砂土、粉土内摩擦角；
判断黏性土状态；
估算饱和黏性土不排水强度；
估计砂土、粉土液化势；
估算地基土的变形指标</td><td>D_r，φ'，
I_L，
c_u，
E_0，E_s</td></tr>
<tr><td>静力触探试验（单桥）（CPT）</td><td>比贯入阻力p_s</td><td rowspan="2">黏性土、粉土、砂土、素填土、有机土</td><td rowspan="2">获得直观连续的土层变化的柱状图，划分土层；
估算饱和黏性土不排水强度；
判断砂、粉土的密实度，黏性土的状态；
判断黏性土的应力历史；
可测孔压的探头进行孔压消散试验，估算土的固结系数；
估算地基土的变形指标</td><td rowspan="2">c_u，
I_L，
k_h，m，
σ'_p，OCR，
D_r，
E_0，E_s
K_0</td></tr>
<tr><td>静力触探试验（双桥）（CPT）</td><td>锥尖阻力q_c，
侧壁摩阻力f_s</td></tr>
<tr><td>十字板剪切试验（VST）</td><td>软黏土不排水抗剪强度c_u</td><td>饱和软黏土、某些粉土、有机土</td><td>测定饱和软黏土原位土和扰动土的不排水强度；
估算土的灵敏度；
判断黏性土的应力历史</td><td>c_u，
S_t，
OCR</td></tr>
<tr><td>旁压试验（PMT）</td><td>初始压力p_0
临塑压力p_f
极限压力p_L</td><td>黏性土、粉土、砂土、有机土</td><td>估算土的旁压模量；
地基土的水平基床系数；
估算饱和黏土的不排水强度；
估算砂土的内摩擦角；
自钻式旁压仪可测定地基土的原位水平压力</td><td>E_M
k_h
K_0
c_u
φ'</td></tr>
<tr><td>扁铲试验（DMT）</td><td>扁胀指数I_D
水平应力指数K_D
侧胀指数E_D
孔压指数U_D</td><td>黏性土、粉土、松散一中密砂土、有机土</td><td>获得直观连续的土层变化的柱状图，划分土层；
估算水平基床系数；
估算静止土压力系数；
估算饱和软黏土的不排水强度；
估算土的变形指标</td><td>k_h，
K_0
c_u
φ'
E_D，E_s</td></tr>
<tr><td>轻型动力触探试验（DCP）</td><td>轻型动力触探锤击数N_{10}</td><td>黏性土、粉土、粉细砂</td><td rowspan="2">获得直观连续的土层变化的柱状图，划分土层；
判断土的密实程度；
估算图的内摩擦角；
估算土的变形指标；
查明土洞、软硬土界面及滑动面</td><td rowspan="2">D_r，
φ'，
E_0，E_s</td></tr>
<tr><td>重型、超重型动力触探试验（DCP）</td><td>重型、超重型动力触探锤击数$N_{63.5}$、N_{120}</td><td>砂土、碎石土、极软岩、软岩（超重型）</td></tr>
</table>

在上述的原位测试各种方法中，十字板剪切试验测定的饱和软黏土不排水抗剪强度与自钻式旁压仪和扁铲试验测得的原位水平应力是直接法，数据较为稳定可靠。用旁压仪推算饱和黏性土的不排水强度及砂土的内摩擦角是基于试验结果通过理论分析得到，也有一定理论根据。其他从测试结果估算土的物理力学指标，都是从统计结果根据经验建立的关系，有很强的经验性与地域性。

土的室内试验与野外原位测试都有很大的离散性或者变异性，室内试验的变异可能源于土层本身的变异，取样、运输、制样过程的扰动，室内试验设备与操作者的条件等。原位测试的优点是避免了取样制样的扰动，但其试验条件不如室内可控性好。其中影响因素很多，例如试验点的深度、外部条件、设备和操作者的水平等，所以原位测试的结果常常需要进行修正。另外，原位测试往往通过间接估算取得土的有关指标，其中的误差难以估计。

但是原位测试毕竟是在原位土层中进行的，避免了取样、运输和制样的扰动。对于基坑工程它有突出的优点。应当积极推进，深入研究，积累经验，推广使用。

2.7 勘探

2.7.1 工程地质勘探方法

1. 概述

工程地质勘探包括钻探、挖探（坑探或槽探）以及工程物探等方法，在勘探进程中采取试验所需的岩样、土样、地下水样，量测地下水位，并通过原位测试、工程物探获取有关测试指标。通过钻探或挖探中对所采取或揭示的岩土材料的直观鉴别，了解并记录人工堆积层和天然岩土层的成因年代、地层结构及相关重要特征，结合岩土试样的室内试验和原位测试的结果，判定勘察范围内不同岩土层的分布情况。在地质条件复杂的山区、岩溶地区，工程物探在判断岩层和不良地质情况中具有十分重要的作用。

2. 基坑工程常用勘探方法

深基坑支护工程钻探方法根据勘察目的和岩土的特性选用回转钻进、冲击钻进、振动钻进以及北京铲（洛阳铲）、小螺纹钻、小口径勺钻等钻探方法，适用条件和影响因素如表2.18所示。

钻进方法适用地层及影响因素一览表　　表2.18

钻探方法	适用地层	钻探目的	影响因素
回转岩心钻进	各种地层	直观鉴别，采取扰动试样	冲洗液的冲蚀和钻具振动影响岩芯采取率
冲击钻进	粉土、砂土、碎石土	直观鉴别，采取扰动试样	冲击振动对土体结构有所破坏
振动钻进	粉土、黏性土、砂土、粒径较小的碎石类土	直观鉴别，采取扰动试样	振动对土体结构有所破坏，振动可引起液化土层的液化
北京铲（洛阳铲）	粉土、黏性土、砂土	直观鉴别，采取扰动试样	深度受限，钻探深度一般为10m
小螺纹钻	粉土、黏性土、砂土	直观鉴别，采取扰动试样	深度受限，一般探深在6m以内
小口径勺钻	粉土、黏性土、砂土	直观鉴别，采取扰动试样	深度受限，常用于干砂中跟管钻进

勘探进程中须对钻探、挖探所揭示的岩土层信息进行及时记录，相关标准参见GB 50021、JGJ 87—92、ASTM D2488。

（1）冲（锤）击钻进

它又可分为钻杆冲击钻进和钢丝绳冲击钻进。

对细粒土层一般采用圆筒形钻头的刃口借钻具冲击力切削土层钻进，可采取岩芯进行直观鉴别。由于冲击振动对土体结构的扰动破坏，当钻进深度距标贯试验等孔内原位测试位置或取原状土样深度为1m时，应改用回转钻进。

对基岩和碎石类土一般采用孔底全面冲击钻进，该方法可成孔，也可根据钻进情况和沉碴推断岩土类别，但无法采取岩芯和进行直观鉴别。

孔内锤击钻进（如SH30型轻型钻机）可采取土样和进行直观鉴别。

(2) 回转钻进

回转钻进可分为孔底全面钻进和孔底环状钻进（岩芯钻进），一般采用岩芯钻进，如钻进采用泥浆则不能保证准确判别地层岩性变化。

回转钻进可采取比冲击钻进质量好的土样。

(3) 振动钻进

振动钻进速度较快，主要适用于粉土、黏性土、砂土和粒径较小的碎石类土。由于振动可引起液化土层的液化，该方法不适用于可液化粉土、粉细砂中的钻进。

(4) 其他轻型钻进方法

1) 北京铲（洛阳铲）

北京铲（图 2.15）俗称“洛阳铲”，但其规制与考古发掘用的洛阳铲有所不同。采用北京铲勘探由人力操作，可采取扰动土样。最大钻探深度一般为 10m，在黄土层中可达 30m。北京铲也是基坑开挖后进行槽底土质核验的辅助手段。北京铲勘探每次钻进应不超过 10cm～20cm，以随时掌握钻探过程中的地层情况。

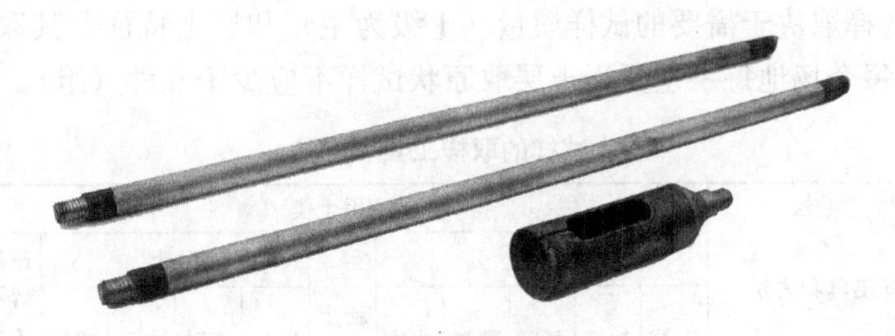

图 2.15 北京铲

2) 小螺纹钻

小螺纹钻由人工加压回转钻进，能取出扰动土样，一般探深在 6m 以内。

3) 小口径勺钻

小口径勺钻是人力回转带动勺形钻头钻进，能取出扰动土样。适用于北京铲难以取得扰动土样的饱和软土地层。在干砂层里，因无法形成冲洗液循环，加水又会漏失，常采用勺钻、跟进套管钻进。

(5) 挖探

挖探的类型及用途可参见表 2.19。槽探、探井展示图如图 2.16 所示。

挖探的类型及用途 表 2.19

类 型	特 点	用 途
坑探	深度一般不超过 3m，形状不定	局部剥除地表覆土，揭露基岩
探槽	一般在覆盖层厚度小于 3m 时使用。在地表垂直岩层走向或构造线走向挖掘成深度不大的（小于 3m～5m）长条形槽子，当覆盖层较厚，土质松散易塌时，挖掘宽度需适当加大，甚至侧壁需挖成斜坡或台阶形	追索构造线，了解破碎带宽度、不同地层的分解线、岩脉宽度及其延伸方向等
竖井	一般适用于不含水或地下水量甚小的较稳固的地层中进行。从地表垂直向下，断面呈圆形（直径为 0.6m～1.0m）或方形，深度可超过 20m，一般在平缓山坡、漫滩、阶地等，对井壁易坍塌和较深的探井应采取支护措施，以策安全	直观观察覆盖层厚度和性质、滑坡的滑动面、观测地下水位及毛细水上升高度、采取原状土样、载荷试验，渗水试验等，岩层倾角较缓时效果较好

(6) 物探

在基坑工程中，物探可以作为钻探的先行探测和补充，用以了解隐蔽的地质界面、地下管线和地下构筑物的位置以及地下的地质缺陷等。在岩溶地区，物探与钻探和野外调查结合，是不可缺少的勘探方法。

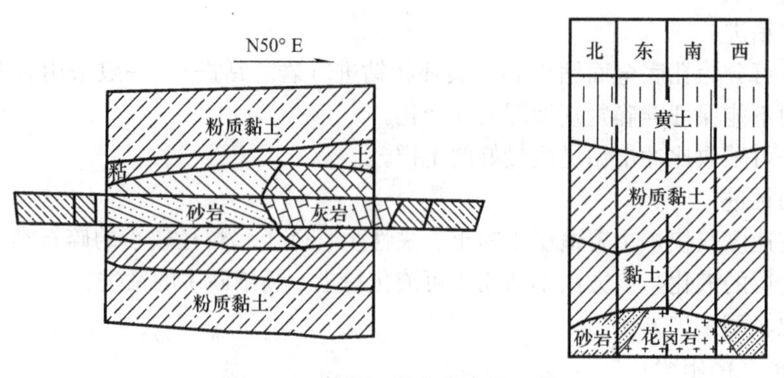

图 2.16 槽探、探井井壁展示图

2.7.2 岩土、地下水取样方法

1. 概述

取样方法的选择取决于需要的试样质量（Ⅰ级为主）和岩土特征，其取样方法和工具可按表 2.20 选取。每个场地每一主要岩土层取原状试样不应少于 6 件（组）。

土试样的取样工具和方法　　表 2.20

质量等级	扰动程度	取样工具和方法		适用土类											贯入方法	试验内容
				黏性土					粉土	砂土				砾砂碎石土软岩		
				流塑	软塑	可塑	硬塑	坚硬		粉砂	细砂	中砂	粗砂			
Ⅰ	不扰动	薄壁取土器	固定活塞	★	★	☆	×	×	☆	☆	×	×	×	×	压入	土类定名含水量密度强度试验固结试验
			水压固定活塞	★	★	☆	×	×	☆	☆	×	×	×	×		
			自由活塞	×	☆	★	×	×	☆	☆	×	×	×	×		
			敞口	☆	☆	☆	×	×	☆	☆	×	×	×	×		
		回转取土器	单动二（三）重管	×	☆	★	★	☆	★	★	★	×	×	×	旋转压入	
			双动二（三）重管	×	×	×	☆	★	×	×	×	★	★	☆		
		探井（槽）中刻取块状土样		★	★	★	★	★	★	★	★	★	★	★	分块	
Ⅱ	轻微扰动	薄壁取土器	水压固定活塞	★	★	☆	×	×	☆	☆	×	×	×	×	压入	
			自由活塞	☆	★	★	×	×	☆	☆	×	×	×	×		
			敞口	★	★	★	×	×	☆	☆	×	×	×	×		
		回转取土器	单动二（三）重管	×	☆	★	★	☆	★	★	★	×	×	×	旋转压入	
			双动二（三）重管	×	×	×	☆	★	×	×	×	★	★	★		
		厚壁敞口取土器		☆	★	★	★	★	☆	☆	☆	☆	☆	×	击入	
Ⅲ	显著扰动	厚壁敞口取土器		★	★	★	★	★	★	★	★	★	☆	×	击入	土类定名含水量
		标准贯入器		★	★	★	★	★	★	★	★	★	★	×		
		螺纹钻头		★	★	★	★	★	☆	×	×	×	×	×	旋转	
		岩芯钻头		★	★	★	★	★	★	☆	☆	☆	☆	☆		
Ⅳ	完全扰动	标准贯入器		★	★	★	★	★	★	★	★	★	★	×	击入	土类定名
		螺纹钻头		★	★	★	★	★	☆	×	×	×	×	×	旋转	
		岩芯钻头		★	★	★	★	★	★	★	★	★	★	★		

注：★适用；☆部分适用；×不适用。

（1）薄壁取土器是获取高质量原状土样的取样设备，但对较硬（密实）的粉土、黏性土的土样，取样操作和运输扰动的影响仍可能比较明显（如无法准确确定前期固结压力）；

(2) 采取砂土试样应有防止试样失落的补充措施，取原状砂宜用取砂器；

(3) 在工程技术要求允许的情况下可用Ⅱ级土试样进行物理、力学项目的试验，力学试验结果可作为参考值，与经验值对比分析后酌情使用。

2. 岩土取样方法

(1) 原状土

1) 钻孔内取样

薄壁取土器（图2.17）是获取相对原状的土样的最适宜设备。根据土体特性（如塑性状态、颗粒大小、含量），可使用不同的取样设备来获取名义上的原状样品，如固定活塞取土器、水压固定活塞取土器、单（双动）二（三）重管回转取土器（丹尼森、皮切尔取土器）。有关取土器的使用提示见表2.21，取样技术要求见JGJ89、ASTM D3550、ASTM D6151。

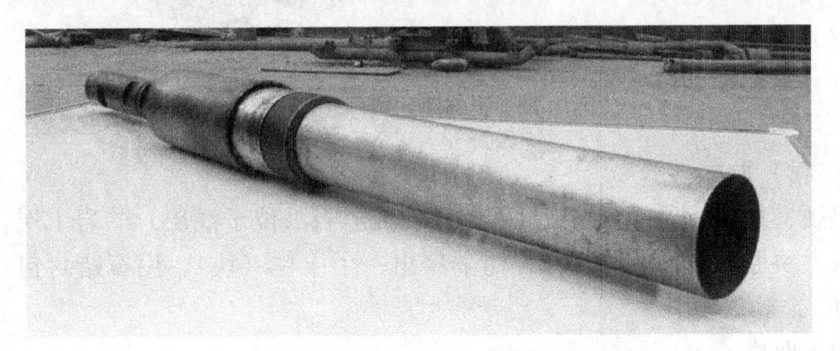

图2.17 固定活塞式薄壁取土器

原状土取土器使用 **表2.21**

取土器	典型尺寸	最适用的土类	贯入方法	扰动或收集样量低的原因	备 注
Shelby 薄壁取样管	外径76mm与内径73mm最为常见；取样器标准长度为760mm	黏性细颗粒土或软土	相对较快和平稳地压入；可使用锤子小心击入但这会导致部分扰动	取样期间所采用的压力不稳定，锤打、砾石颗粒、管子边缘折边，土类不适合该取土器，管子下压超过管子长度的80%	用于收集原状土的最简单装置；取土器下放之前先对钻孔进行清理；取样管内未使用到的区域很少；砾石质土和非常坚硬的土会使管子折边，不适合硬土、密实土或砾石质土
固定活塞取土器	外径75mm和100mm最为常见；长度：黏性土（10～15）D_e，砂土（5～10）D_e	流塑到软塑的黏性土或软土	用连续稳定压入	取样期间压力不稳定，活塞杆在推压期间移动，土类不适合该取土器	取土器端部活塞阻止了水进入且要求采用带有液压钻头的重型架式钻机；与Shelby管相比，样品所受扰动较小；不适合硬土、密实砂土或砾石质土
水压活塞取土器	外径75mm和100mm最为常见；长度：黏性土（10～15）D_e，砂土（5～10）D_e	流塑到软塑的黏性土或软土；一些砂土	水压和压缩气压入	钻杆箍位不够充分，压力不稳定	只能使用标准钻杆，要求足够的水量或空气量以驱动取土器；与Shelby管相比，样品所受扰动较小；不适合硬土、密实砂土或砾石质土
单动二（三）重管回转取土器（丹尼森取土器）	外径75～89mm与108mm最为常见；取样器标准长度400mm、550mm	可塑到硬塑的黏性土以及部分固结的粉细砂	旋转和液压	取土器操作不当，钻孔程序不好	内管面突起超出了旋转的外管面；突起量可调整；一般取得的样品很好；不适合散砂、软土
皮切尔取土器	外径105mm；使用直径76mm的Shelby管；样品长度610mm	可塑到硬塑的黏性土以及部分固结的粉细砂	旋转和液压	取土器操作不当，钻孔程序不好	与丹尼森取样器的不同点在于其内管突起受弹簧控制；对软硬交替的成层土尤为适用，通常在非粘结性土中效率很低

厚壁取土器（图 2.18）为国内特别是北方地区常用，取土质量低于薄壁取土器。目前国内大量工程评价统计关系是基于该类取土器采取土样的试验数据，计算分析时应根据当地经验考虑这些因素的影响。

图 2.18　上提活阀式厚壁取土器

2）探井（槽）取样

对非常坚硬、很脆、局部胶结或含有粗砾石或岩石（位于浅层）的岩土层，应通过分块取样方法获取大块原状土样。分块取样需隔离出一个土柱（块），用石蜡封包，并用敞口盒子或管子盖好。

（2）扰动土取样

为了目测检查评估地层情况以及填补难于采取原状试样的不足，需进行扰动取样。通常利用的还是劈管取土器，也可通过使用手动螺旋钻和试验坑取得浅层扰动样品。推压式取样等直接推进方法可用于获取连续扰动样本，但在取样深度上与实心杆螺旋钻和铲斗式螺钻有着类似的局限性。离散的直接推进样品可利用自由浮动式或收缩式活塞取土器在深处取样。

（3）岩石、地下水取样

岩石试样可利用钻探岩芯制作或在探井、探槽、试坑和平洞中刻取。采取的毛样尺寸应满足试块加工的要求。为了减少对脆弱的存在裂隙的岩体产生的干扰，且要有更高的岩芯采取率，宜采取单动双管取芯钻具；对于深度超过 25m 的岩石取芯可采用钢索取芯技术。

采取水样进行水质分析试验用于判定环境水的腐蚀性。每层地下水不应少于 2 件（组），水样数量要求、时间限定和采取方法等技术要求参见 GB 50021、TB10104、ASTM D5903。

存在天然气、瓦斯等有害气体，应进行气体的现场测试和取样，其取样方法见 GBZ 159。

3. 试样储运防护要求

试样应密封，防止湿度变化，严防曝晒或冰冻，在运输中应避免震动。土试样保存时间不宜超过三周，对易于振动液化和水分离析的土试样就近试验；水、气物理性和化学成分具动态性，应及时分析。有关技术要求见 GB 50021、ASTM D4220。

2.8　水文地质勘察

2.8.1　概述

水文地质勘察的目的是查明与工程有关的水文地质条件，并根据工程需要和水文地质的特点，评价地下水对岩土体及建筑物的作用和影响，预测地下水对基坑工程施工可能产生的后果并提出防治措施。

地下水的赋存状况和岩土层的渗透性是基坑工程设计的关键要素，地下水是基坑垮塌事故的主要诱因，因此对地下水的水文地质勘察十分重要。一般情况下，水文地质勘察工作可与工程勘察一同策划和实施，其评价分析结论包含在工程勘察报告之中。对于与地下水相关的特定问题（如需要一定监测时间才能获得对地下水相关特性认识），应单独策划和进行水文地质勘察工作。

2.8.2　水文地质勘察孔

（1）水文地质勘察孔主要用于了解工程场地及其周边地区与基坑工程有关的含水层分布情况和地下水的赋存状态

1）查明影响基坑工程设计与施工的含水层层数、性质（上层滞水、潜水、承压水）；

2）查明各含水层的空间分布规律、含水层岩性；

3）了解各含水层的地下水位、水头（压力）。

（2）水文地质勘探孔的数量，见表2.22。

水文地质勘探孔的数量表　　表2.22

水文地质条件 \ 已有资料丰富程度	好	中等	差
简单	0	2	4
中等	2	4	6
复杂	4	6	8

2.8.3　地下水位量测与监测

1. 地下水位（孔隙水压力）量测

（1）地下水水位

地下水水位可在钻孔、探井或测压管内直接测得。凡遇地下水的钻孔、探井，均应测定初见水位和稳定水位。多层含水层的水位，应采取止水措施分层测定。承压含水层应测定承压水头。地下水位量测的具体要求可参见GB 50021。

（2）孔隙水压力

在具有中等和中等以上渗透性的土层中，可采用敞开式立管孔压计量测孔隙水压力变化。在弱渗透性土层中宜采用孔隙水压力探头测定。有关测试标准可参见CECS55、TB10041。

孔隙水压力根据量测读数分别按下列公式计算：

振弦式孔隙水压力计：

$$u = K_f(f_0^2 - f^2) \tag{2.21}$$

电阻式孔隙水压力计：

$$u = K_\varepsilon(\varepsilon_i - \varepsilon_0) \tag{2.22}$$

差动变压式孔隙水压力计：

$$u = K_A(A - A_0) \tag{2.23}$$

液压式孔隙水压力计：

$$u = p + \gamma_w h \tag{2.24}$$

气压式孔隙水压力计：

$$u = c + \alpha p \tag{2.25}$$

式中　u——孔隙水压力（kPa）；

K_f——振弦式孔隙水压力计的灵敏度（kPa·HZ^{-2}）；

f_0——孔隙水压力计在零压时的频率（Hz）；

f——孔隙水压力计在量测时的频率（Hz）；

K_ε——电阻式孔隙水压力计的灵敏度（kPa/$\mu\varepsilon$）；

ε_i——孔隙水压力计的测读值（$\mu\varepsilon$）；

ε_0——孔隙水压力计在受压前的初读数（$\mu\varepsilon$）；

K_A——差动变压式孔隙水压力计的率定系数（kPa/V）；

A——孔隙水压力计的测定值（V）；

A_0——孔隙水压力计的初始值（V）；

p——压力表读数（kPa）；

γ_w——水的重度（kN/m^3）；

h——孔隙水压力计至压力表基准面的高度（m）；

α——压力表标定系数；

c——压力表标定常数（kPa）。

2. 地下水位监测

地下水动态监测，包括地下水位、抽（排）水量、含砂量等各种动态数据。在施工过程中应利用地下水位监测井、孔压计、测压计定期监测地下水水位和孔隙水压力及其对降雨量、地表水变化的动态反应。

地下水位长期观测孔的深度不应小于最大可能降深以下 1m，并应针对上层滞水、潜水、承压水分别设置。地下水位监测井结构示意图如图 2.19 所示，监测井数量策划参见表 2.23。

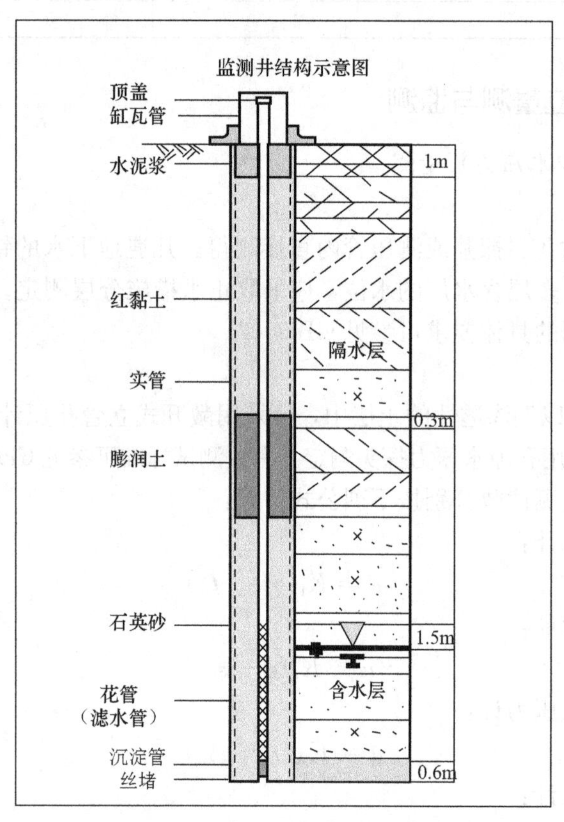

图 2.19 地下水位监测井构造

地下水监测井的数量表　　表 2.23

水文地质条件 \ 已有资料丰富程度	好	中等	差
简单	1	2	2
中等	2	3	3
复杂	3	4	5

2.8.4　土层渗透性试验

水文地质参数的精度将决定基坑降水设计的合理性、可行性、安全性。根据基坑降水预定目标、基坑支护结构设计、工程地质及水文地质条件的复杂程度及对周边环境的影响控制要求等不同，基坑工程场地降水设计时所需的水文地质参数会有所不同。基坑降水设计所需要的水文地质参数主要有：渗透系数 k 与导渗系数 T、透水率 q、影响半径 R、给水度 μ 等。

测定或确定水文地质参数的方法有室内渗透试验、原位抽水（或注水或压水）试验及渗透性计算（根据含水层颗粒分布等用公式计算）。原位抽水（或注水或压水）试验在三类方法中获得参数的可靠性相对最高，所以基坑降水水文地质参数的获得宜采用原位抽水（或注水、压水）试验。

现场抽水试验分为多种方法，包括：稳定流抽水试验与非稳定流抽水试验，分层抽水试验与混合抽水试验，完整井抽水试验与非完整井抽水试验。试验方案包括单孔抽水试验、多孔抽水试验、群井抽水试验。具体实施时可根据场地水文地质条件及试验目的制定具体的抽水试验方案。

室内渗透试验可获得对单一土层渗透性的认识，但受取样代表性的影响，变异可能较大。

1. 室内渗透系数试验

根据工程分析需要，室内渗透试验一般采用常水头和变水头两种试验方法。有关试验标准可参见 GB/T 50123、ASTM D2434。

2. 现场渗透系数试验

含水层的渗透系数宜采用钻孔或探井抽水试验、压水试验、注水试验求得。试验孔应布置在不同含水层（组）且富水性较强的地段，并应分层或分段进行试验。针对不同类型的地下水（潜水、承压水，咸水与淡水），应分别进行试验。有关试验标准可参见 GB 50027、DZ/T 0132、TB 10049、ASTM D4050。

（1）抽水试验（表 2.24）

抽水试验方法和应用范围表　　表 2.24

试验方法	应用范围
钻孔或探井简易抽水	粗略估算弱透水层的渗透系数
不带观测孔抽水	初步测定含水层的渗透性参数
带观测孔抽水	较准确测定含水层的各种参数

1）抽水试验是深基坑现场获取渗透系数最重要最常见的方法。要准确评价含水层的渗透系数，抽水试验宜采用带观测孔抽水方法，观测孔宜垂直或平行地下水流向；抽水试验应在单一含水层中进行，以避免其他含水层的干扰。

2）抽水孔深度的确定与试验目的、含水层厚度有关，分为完整井和非完整井。

3）抽水试验一般采用稳定流抽水，宜 3 次降深，最大降深应与施工降水状态接近。抽水过程中应绘制测量值图如图 2.20 和图 2.21 所示。抽水结束后，应恢复水位进行观测直至稳定。

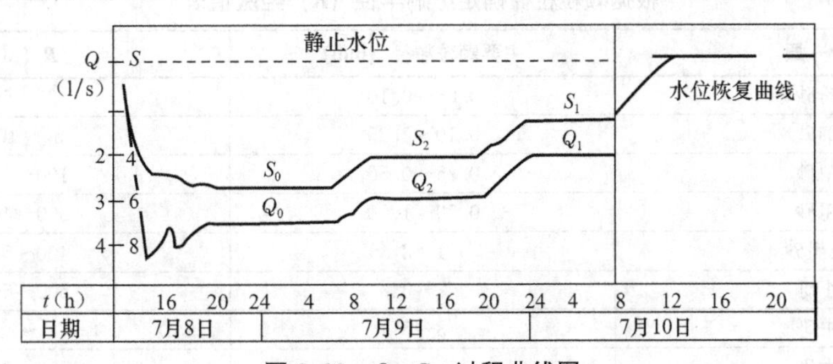

图 2.20　Q、S-t 过程曲线图

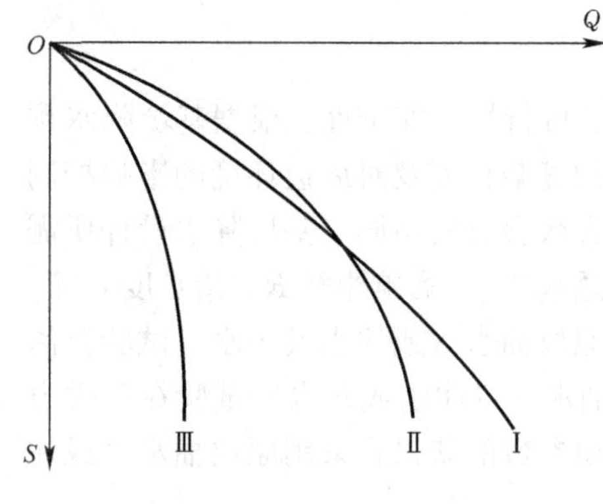

图 2.21 $Q=f(s)$ 曲线

在图 2.21 中，Q 为抽水流量；曲线 I 表示含水层的渗透性及补给条件好、出水量大的情况；曲线 II 表示含水层的渗透性及补给条件较好、出水量较大的情况；曲线 III 表示含水层的分布范围较小、渗透性及补给条件较差的情况。

4）在选用计算渗透系数的公式时，应充分考虑适用条件，符合现场水文地质条件。当利用水位下降资料计算渗透系数时，可根据适用条件按承压水、潜水、完整井、非完整井等水文地质学原理，选择相应的计算公式。表 2.25 给出了稳定流抽水试验的水文地质参数计算方法。非稳定流抽水试验水文地质参数计算可采用配线法、直线法、汉图什（Hantush）拐点半对数法等。其他相关经验值见表 2.26～表 2.28。

稳定流抽水试验主要水文地质参数计算公式表　　表 2.25

类　型	无观测孔	有观测孔
承压完整井稳定流	$k=\frac{Q}{2\pi MS_w}\ln\frac{R}{r_w}$ $R=10S_w\sqrt{k}$	$k=\frac{Q}{2\pi M(S_1-S_2)}\ln\frac{r_2}{r_1}$ $\lg R=\frac{S_1\lg r_2-S_2\lg r_1}{S_1-S_2}$
潜水完整井稳定流	$k=\frac{Q}{\pi(H^2-h_w^2)}\ln\frac{R}{r_w}$ $R=2S_w\sqrt{Hk}$	$k=\frac{Q}{\pi(h_2^2-h_1^2)}\ln\frac{r_2}{r_1}$ $\lg R=\frac{S_1(2H-S_1)\lg r_2-S_2(2H-S_2)\lg r_1}{(2H-S_1-S_2)(S_1-S_2)}$

注：式中：S_W 为井内水位降深；R 为影响半径；h_w 为抽水井中水位；r_w 为抽水井半径；H 为含水层初始水位；k 为渗透系数；M 为承压含水层厚度；S_1 与 h_1 分别为距主井距离为 r_1 观测孔内水位降深和水位高度；S_2 与 h_2 分别为距主井距离为 r_2 观测孔内水位降深和水位高度。

黄淮海平原地区渗透系数经验值表　　表 2.26

土　类	渗透系数 k (m/d)	土　类	渗透系数 k (m/d)
砂卵石	80	粉细砂	5～8
砂砾石	45～50	粉砂	2～3
粗砂	20～30	砂质粉土	0.2
中粗砂	22	砂质粉土-粉质黏土	0.1
中砂	20	粉质黏土	0.02
中细砂	17	黏土	0.001
细砂	6～8		

注：此表系根据冀、豫、鲁、苏北、淮北、北京等省市平原地区部分野外试验资料综合。

根据颗粒粒径确定影响半径（R）经验值表　　表 2.27

地　层	主要颗粒粒径（mm）	R（m）
粉砂	0.05～0.10	25～50
细砂	0.10～0.25	50～100
中砂	0.25～0.50	100～300
粗砂	0.50～1.00	300～400
极粗砂	1～2	400～500
小砾	2～3	500～600
中砾	3～5	600～1500
大砾	5～10	1500～3000

根据含水层岩性确定给水度 μ 经验值　　表 2.28

土　类	给水度 μ	土　类	给水度 μ
粉砂与黏土	0.1～0.15	粗砂及砾石砂	0.25～0.35
细砂与泥质砂	0.15～0.20	黏土胶结的砂岩	0.02～0.03
中砂	0.20～0.25	裂隙矿岩	0.008～0.1

注：以上三表引用于《工程地质手册》（第四版），《工程地质手册》编委会，中国建筑工业出版社。

（2）注水试验

1）钻孔注水试验是野外测定岩（土）层渗透性的一种比较简单的方法，其原理与抽水试验相似，仅以注水代替抽水。通常用于地下水位埋藏较深，而不便于进行抽水试验，或干的透水岩（土）层。有关试验标准可参见 YS5214、TB 10049、SL345、ASTM D4050。

2）钻孔注水试验分为常水头试验和降水头试验，常水头试验适用于砂、砾石、卵石等强透水地层，降水头试验适用于粉砂、粉土、黏性土等弱透水地层。常水头试验比降水头试验易得出更准确的结果，但降水头试验更易于实施。

3）假定试验土层是均质的，渗流为层流，由达西定律（Darcy's law）得渗透系数公式：

常水头试验：

$$k=\frac{Q}{AH} \tag{2.26}$$

式中　k——渗透系数（cm/min）；

Q——注入流量（cm^3/min）；

H——试验水头（cm）；

A——形状系数（cm），由钻孔和水流边界条件确定。

降水头试验：

$$k=\frac{\pi r^2}{A}\cdot\frac{\ln\frac{H_1}{H_2}}{t_1-t_2} \tag{2.27}$$

式中　H_1——试验开始后在 t_1 时间（min）测量的水头（cm）；

H_2——试验开始后在 t_2 时间（min）测量的水头（cm）；

r——套管内径（cm）；

A——形状系数（cm）。

（3）压水试验

1）压水试验是利用水泵或自然地形等方法，将水压入钻孔中的野外水文地质试验。压水试验可以了解地下不同深度岩层的裂隙性和渗透性。有关试验标准可参见 DZ/T0132、SL31。压水试验一般采用 3 个压力阶段，根据压水试验数据整理的 p—Q 曲线（压力—流量曲线）可以获得透水率和渗透系数等重要参数。

2）透水率：当试段压力为 1MPa 时每米试段的压入水流量（L/min）。试段的透水率采用第三阶段的压力值（p_3）和流量值（Q_3）按式（2.28）计算：

$$q=\frac{Q_3}{Lp_3} \tag{2.28}$$

式中　q——试段的透水率（单位：吕荣，Lu），取两位有效数字；

L——试段长度（m）；

Q_3——第三阶段的计算流量（L/min）；

p_3——第三阶段的试验压力（MPa）。

3）渗透系数：当试段位于地下水位以下，透水性较小（q＜10Lu）、p-Q 曲线为层流型时，可按式（2.29）计算岩体渗透系数：

$$k=\frac{Q}{2\pi HL}\cdot\ln\frac{L}{r_0} \tag{2.29}$$

式中 k——渗透系数（m/d）；

Q——压入流量（m^3/d）；

H——试验水头（m）；

r_0——钻孔半径（m）；其他符号同式（2.28）。

当试段位于地下水位以下，透水性较小，p-Q 曲线为紊流型时，可用第一阶段的压力 p_1（换算成水头值，以米计）和流量 Q_1 代入式（2.29）近似地计算渗透系数。

参考文献

[1] Bjerrum L. Embankments on soft ground，State-of-the art Report：Proceedings of Specialty Conference on Performance of Earth and Earth-supported Structures，Lafayette [C]. ASCE，1972：2，1-54.

[2] Bjerrum L. Geotechnical Properties of Norwegian marine Clays [J]. Geotechnique，1954，4 (2)：49.

[3] Brooker E，Ireland H. Earth pressures at rest related to stress history [J]. Canadian Geotechnical Journal，1965，2 (1)：1-15.

[4] Fletcher G F A. Standard Penetration Test：Its Uses and Abuses [J]. Journal Soil Mechanics & Foundations，Div，ASCE，1965，91 (4)：67-75.

[5] Koumoto T，Housby G. Theory and Practice of the Fall Cone Test [J]. Geotechnique，2001，51 (8)：701-712.

[6] Liao，S. C，Whitman R V. Overburden correction factors for SPT in sand [J]. Journal of Geotechnical Engineering，ASCE，1986，112 (3)：373-377.

[7] Look B. Handbook of Geotechnical Investigation and Design Tables [M]. London，UK：Taylor & Francis Group，2007.

[8] Lukas R，de Bussy B. Proc. Pressuremeter and Laboratory Test Correlations for Clays [J]. Journal of Geotech. Engg Division，ASCE，1976：102 (GT9)，945-962.

[9] Marchetti，Silvano. In-Situ Tests by Flat Dilatometer [J]. Journal of the Geotechnical Engineering Division，ASCE，1980，106 (3).

[10] Marcuson，W. F.，Ill，W. A. Bieganousky，SPT and Relative Density in Coarse Sands [J]. Journal of the Geotechnical Engineering Division.，ASCE，1977，103 (6)：565-588.

[11] Menard L. Rules for the Computation of Bearing Capacity and Foundation Settlement Based on Pressuremeter Result [C]. Proc. 6th Intl. Conf. Soil Mech. and Found，Engg，Montreal，ASCE，1965：2，295-299.

[12] Meyerhof G G. Penetration tests and bearing capacity of cohesionless soils [J]. Journal of the soil mechanics and foundation division，ASCE，1956，82 (1)：1-19.

[13] Phoon K，Kulhawy F H. Characterization of geotechnical variability [J]. Canadian Geotechnical Journal，1999，36：612-624.

[14] Sanglerat G. The Penetrometer and Soil Exploration [M]. Amsterdam：Elsevier Publishing Co，1972.

[15] Schmertmann. Use the SPT to Measure Dynamic Soil Properties [M]. Dynamic Geotechnical Testing (STP 654)，1977.

[16] Schmertmann J H. Measurement of in situ shear strength, keynote lecture, Proceedings of the conference on in-situ measurement of soil properties [C]. ASCE, 1975: 2 (6), 1-4.

[17] Schofield A N, Wroth, Peter. Critical state soil mechanics [M]. London, New York: Mc Graw-Hill, 1968.

[18] Skempton A W. "Discussion on the design and planning of Hong Kong Airport" [J]. Proceedings of the Institution of Civil Engineers, 1957: 7.

[19] Skempton A. The Colloidal Activity of Clays [C]. Proc. of 3rd Intl. Conf. Soil Mech And Found, Engg, Zurich 1953, 1: 57-61.

[20] Stroud M A. The Standard Penetration Test-its Application and Interpretation, Institution of Civil Engineers Conference on Penetration Testing [C]. Birmingham, United Kingdom, Thomas Telford, London, 1989: 29-49.

[21] Wasti Y. Liquid and Plastic Limits as Determined from the Fall Cone and the Casagrande Methods [J]. Geotechnical Testing Journal, 1987, 10 (1).

[22] 钱家欢，殷宗泽. 土工原理与计算（第2版）[M]. 北京：中国水利水电出版社，1996.

[23] 顾国荣. 上海市岩土工程勘察设计研究院有限公司研究报告 [R]. 2010.

[24] 骆方荣，王卓琦. 根据十字板试验判定软土地基应力史 [J]. 土工路基工程：2003，5 (100)，60-75.

[25] 上海市城乡建设和交通委员会. 基坑工程技术规范（DG/TJ08-61-2010）[S]. 2010.

[26] 常士骠，张苏民. 工程地质手册（第四版）[M]. 北京：中国建筑工业出版社，2007.

[27] Geotechnical Engineering Office. Geoguide 7, Guide to soil nail design and construction. Hong Kong. 2008.

[28] 北京地区建筑地基基础勘察设计规范 DBJ 11-501-2009 [S]. 北京：中国计划出版社，2009.

[29] 刘国彬，王卫东. 基坑工程手册（第二版）[M]. 北京：中国建筑工业出版社，2009.

[30] 曹佑裕. 建筑工程勘察技术措施 [M]. 合肥：合肥工业大学出版社，2007.

[31] 岩土工程勘察规范 GB 50021—2001（2009年版）[S]. 北京：中国建筑工业出版社，2009.

附录　建筑工程岩土工程勘察、测试与试验相关规范和指南一览表

序号	标准名称	标准编号	属　性	适用性
1	岩土工程勘察规范	GB 50021—2001	国家强制性	通用
2	冻土工程地质勘察规范	GB 50324—2001	国家强制性	通用
3	建筑地基基础设计规范	GB 50007—2002	国家强制性	通用
4	供水水文地质勘察规范	GB 50027—2001	国家强制性	通用
5	地下铁道、轻轨交通岩土工程勘察规范	GB 50307—1999	国家强制性	城规交通
6	建筑边坡工程技术规范	GB 50330—2002	国家强制性	通用
7	土工试验方法标准	GB/T 50123—1999	国家推荐性	室内试验
8	土的工程分类标准	GB/T 50145—2007	国家推荐性	土的分类
9	工作场所空气中有害物质监测的采样规范	GBZ 159—2004	国家职业卫生标准	采样
10	建筑基坑支护技术规程	JGJ 120—99	行业强制性	初勘，详勘
11	建筑工程地质钻探技术标准	JGJ 87—92	行业强制性	建筑行业
12	公路桥涵地基与基础设计规范	JTG D63—2007	行业强制性	土的分类
13	土工试验规程	SL 237—1999	行业强制性	水电行业
14	铁路工程地质勘察规范	TB 10012—2001/J124-2001	行业强制性	铁路行业
15	岩土工程勘察技术规范	YS5202—2004 J300-2004	行业强制性	冶金行业
16	软土地区工程地质勘察规范	JGJ 83—91	行业标准	勘察
17	原状土取样技术标准	JGJ 89—92	行业标准	钻探取样
18	水利水电工程注水试验规程	SL 345—2007	行业标准	水文地质
19	铁路工程岩土分类标准	TB 10077—2001	行业标准	土的分类
20	铁路工程水质分析规程	TB 10104—2003	行业标准	室内试验
21	建筑基坑工程技术规范	YB 9258—97	行业标准	详勘、补勘
22	基坑土钉支护技术规程	CECS96：97	工程建设标准化协会标准	详勘、施工勘察、补勘
23	建筑基坑支护，熊智彪主编	ISBN 978-7 112-09102-7	指南	初勘、详勘、施工勘察
24	北京地区建筑地基基础勘察设计规范	DB 11-501-2009	地方强制性	勘察、测试与试验
25	北京市地方标准，建筑基坑支护技术规程	DB 11/489-2007	地方强制性	通用
26	上海市工程建设规范，地基基础设计规范	DGJ 08-11-2010	地方强制性	通用
27	上海市工程建设规范，岩土工程勘察规范	DGJ 08-37-2002	地方强制性	通用
28	福建省工程建设地方标准，岩土工程勘察规范	DBJ 13-84-2006	地方标准	通用
29	广东省标准，建筑地基基础设计规范	DBJ 15-31-2003	地方标准	通用
30	深基坑支护设计与施工 余志成 施文华编著	ISBN 7-112-3089-7	指南	参考
31	土工试验技术手册，南京水利科学研究院土工研究所编著	ISSN 7-114-01595-6	指南	参考
32	建筑工程勘察技术措施，曹佑裕主编	ISBN：9787810935661	指南	勘察、测试与试验
33	工程地质手册（第四版），常士骠，张苏民主编	ISBN：9787112088287	指南	勘察、测试与试验
34	深基坑工程（第一版），高大钊主编	ISBN：711107496X	指南	基坑勘察参考

续表

序号	标准名称	标准编号	属　性	适用性
35	Methods of testing soils for engineering purposes-Soil strength and consolidation tests-Determination of permeability of a soil-Constant head method for a remoulded specimen	AS 1289.6.7.1-2001	澳大利亚 AS 标准	室内试验
36	Erd-und Grundbau-Bodenklassifikation für bautechnische Zwecke（Earthworks and foundations）-A1 Benennung，Beschreibung und Klassifizierung von Boden und Fels（Amendment 1 Soil classification for civil engineering purposes，2010）	DIN18196-2006	德国 DIN 标准	土的分类
37	Standard Test Methods for Laboratory Compaction Characteristics of Soil Using Modified Effort（56，000 ft-lbf/ft^3（2，700 kN-m/m^3））	ASTM D1557-09	美国 ASTM 标准	室内试验
38	Standard Test Method for Standard Penetration Test（SPT）and Split-Barrel Sampling of Soils	ASTM D1586-08a	美国 ASTM 标准	原位测试
39	Standard Test Method for Permeability of Granular Soils（Constant Head）	ASTM D2434-68（2006）	美国 ASTM 标准	水文地质
40	Standard Practice for Classification of Soils for Engineering Purposes（Unified Soil Classification System）	ASTM D2487-10，	美国 ASTM 标准	土的分类
41	Standard Practice for Description and Identification of Soils（Visual-Manual Procedure）	ASTM D2488-09a	美国 ASTM 标准	土的分类
42	Standard Test Method for Field Vane Shear Test in Cohesive Soil	ASTM D2573-08	美国 ASTM 标准	原位测试
43	Standard Test Method for Unconsolidated-Undrained Triaxial Compression Test on Cohesive Soils，2007	ASTM D2850-03a（2007）	美国 ASTM 标准	室内试验
44	Standard Test Method for Direct Shear Test of Soils Under Consolidated Drained Conditions，2004	ASTM D3080-04	美国 ASTM 标准	室内试验
45	Standard Test Method for Mechanical Cone Penetration Tests of Soil	ASTM D3441-05	美国 ASTM 标准	原位测试
46	Standard Practice for Thick Wall，Ring-Lined，Split Barrel，Drive Sampling of Soils	ASTM D3550-01（2007）	美国 ASTM 标准	钻探取样
47	Standard Test Method for（Field Procedure）for Withdrawal and Injection Well Tests for Determining Hydraulic Properties of Aquifer Systems	ASTM D4050-96（2008）	美国 ASTM 标准	水文地质
48	Standard Practices for Preserving and Transporting Soil Samples	ASTM D4220-95（2007）	美国 ASTM 标准	钻探取样
49	Standard Test Method for Prebored Pressuremeter Testing in Soils	ASTM D4719-07	美国 ASTM 标准	原位测试
50	Standard Test Method for Consolidated Undrained Triaxial Compression Test for Cohesive Soils，2004	ASTM D4767-04	美国 ASTM 标准	室内试验
51	Standard Test Method for Rapid Determination of Percent Compaction，2008	ASTM D5080-08	美国 ASTM 标准	室内试验

续表

序号	标准名称	标准编号	属 性	适用性
52	Standard Guide for Planning and Preparing for a Groundwater Sampling Event	ASTM D5903-96（2006）	美国 ASTM 标准	水文地质
53	Standard Practice for Using Hollow-Stem Augers for Geotechnical Exploration and Soil Sampling	ASTM D6151-08	美国 ASTM 标准	钻探取样
54	Standard Test Method for Performing the Flat Plate Dilatometer	ASTM D6635-01（2007）	美国 ASTM 标准	原位测试
55	Standard Test Methods for Particle-Size Distribution（Gradation）of Soils Using Sieve Analysis	ASTM D6913-04（2009）	美国 ASTM 标准	室内试验
56	Standard Test Method for Laboratory Compaction Characteristics of Soil Using Standard Effort（12 400 ft-lbf/ft^3（600 kN-m/m^3））	ASTM D698-07e1	美国 ASTM 标准	室内试验
57	Standard Test Method for Determination of Water（Moisture）Content of Soil by Direct Heating	ASTM D 4959-07	美国 ASTM 标准	测试与试验相关
58	Standard Practice for Soil Exploration and Sampling by Auger Borings	ASTM D1452-09	美国 ASTM 标准	勘察、测试与试验相关
59	Standard Test Method for Unconfined Compressive Strength of Cohesive Soil	ASTM D2166-06	美国 ASTM 标准	测试与试验
60	Standard Classification Practice for Soils for Engineering Purposes（Unified Soil Classification System）	ASTM D2487-10	美国 ASTM 标准	测试与试验
61	Standard Practice for Description and Identification of Soils（Visual-Manual Procedure）	ASTM D2488-09a	美国 ASTM 标准	外业勘察
62	Methods of Test for Soils for Civil Engineering Purposes	BS 1377：1990	英国 BS 标准	室内试验
63	Code of practice for site investigations	BS 5930：1999	英国 BS 标准	勘察、测试与试验
64	Code of practice for earth retaining structures	BS 8002-1994	英国 BS 标准	通用
65	Code of practice for foundations	BS 8004：1986	英国 BS 标准	勘察、测试与试验相关
66	Review Of Design Methods For Excavations. Geotechnical Engineering office，Civil Engineering and Development Department，HK	GCO PUBLICATION No. 1/90	香港地区指南	勘察、测试与试验相关
67	Guide To Retaining Wall Design，Geotechnical Engineering office，Civil Engineering and Development Department，HK	Geoguide 1	香港地区指南	试验、监测
68	Guide To Soil Nail Design And Construction，Geotechnical Engineering office，Civil Engineering Department and Development，HK	Geoguide 7	香港地区指南	试验相关
69	Canadian Foundation Engineering Manual. 2006. Fourth Edition Canadian Geotechnical society	ISBN 0-920505-28-7	国外指南	勘察、测试与试验
70	Soil Mechanics，Unified Facilities Criteria	USACE，UFC 3-220-10N	国外指南	试验与测试

续表

序号	标准名称	标准编号	属 性	适用性
71	Deep Excavations-A Practical Manual (2nd ed)，Puller M.	ISBN：0-7277-3150-5	国外指南	测试与试验
72	Geotechnical Engineering Investigation Manual，Hunt R.	New York，ISBN：0070313091	国外指南	勘察、测试与试验
73	Manual on Estimating Soil Properties for Foundation Design，Kulhawy FH & Mayne P W	Rpt. EL-6800，Electric Power Research Inst.，Palo Alto	国外指南	测试与试验
74	Evaluation of Soil and Rock Properties P. J. Sabatini，R. C. Bachus，P. W. Mayne，J. A. Schneider，T. E. Zettler	Geotechnical Engineering Circular No. 5，FHWA-IF-02-034	国外指南	测试与试验

CHAPTER 3

第3章　土压力计算与基坑稳定分析

3.1　概述

土压力是土力学中的经典课题之一，与刚性挡土墙相比，基坑工程中的挡土结构物承受的土水压力荷载与抗力有其自身的特点，需在分析计算中予以重视。

1. 水土压力计算

(1) 它所支挡的原状土存在着结构强度；土在非饱和状态下存在吸力及其产生的强度。与重塑土相比，其抗剪强度更高，室内试验测得的强度常会因取样和制样等引起的扰动与回弹而偏低。

(2) 天然土层在空间的变化很大，工程勘察不可能完全准确地给出每一个断面的土层分布及其特性指标。

(3) 地下水的分布、赋存形式和时空变化复杂，尤其是我国的北方一些城市，由于大量抽取地下水，使其呈多层分布，滞水、潜水、层间潜水和承压水通常交错分布，并且各层地下水之间有水力联系，加上目前采用多种手段的地下水控制，使水土压力之间呈十分复杂的相互耦合关系。

(4) 支挡结构物一般不是刚性的，除整体的移动外，还伴随着结构物本身的变形，不同高度的墙前后土体一般处于不同的状态，很难达到刚性挡土墙中的全断面主动与被动极限状态的土压力。

(5) 基坑开挖、支挡不同的次序使墙前后土体应力路径不同于一般挡土墙。墙前后地基土的应力路径既不同于一般的地基和土工建筑物，也不同于常规三轴试验的应力路径。这种施工过程涉及一个时空效应问题，结构的同一部位在不同的施工阶段承受不同的荷载和产生不同的抗力，支护结构的每一个断面都必须能够承担全过程中的最大荷载，亦即需按过程的最大荷载包络线设计，而不仅仅是挖到坑底时的状态设计。

(6) 与地基及其他土工构造物相比，基坑的三维效应更为突出。很多基坑平面上两个尺度相差不大，与平面应变问题的假定差别较大。而基坑平面上的凸、凹、阳角，基坑两侧几何形状、地质条件与荷载的不对称，使问题进一步复杂化。

2. 地下水的影响

在基坑工程中，地下水的影响是至关重要的，基坑事故几乎都与土中水有关。土中水对基坑工程的影响主要包括：

(1) 土中水破坏了土的结构，降低非饱和土的吸力，从而使土的抗剪强度降低；

(2) 地下水对支挡结构物产生的水压力；作用于土体上的渗透力会产生附加的土压力；

(3) 渗流造成坑底土的渗透变形；产生流土、液化和侧壁冲蚀等引起整体或局部塌陷；

(4) 在外部作用下，产生超静孔隙水压力，这就涉及不同排水条件试验强度指标的合理选用问题；

(5) 人工降水引起的周边土层和相邻建筑物的沉降；

(6) 不同含水量改变了土的重度。

综上所述，基坑设计施工是一个复杂的系统工程，是过程设计而非简单的状态设计，是概念设计而非准确的定量设计。经验的作用是非常重要的，

3. 基坑的稳定性分析

基坑的稳定是基坑工程设计的最基本要求，基坑的稳定性包括三个方面，即结构物的稳定性、土的抗剪强度稳定性和渗透稳定性。基坑失稳的形式很多，但都可归于这三个方面，或者由于三者间共同作用的综合表现。

结构物的自身稳定包括结构物的抗剪、抗拉、抗弯和抗压屈稳定等。土的抗剪强度稳定

问题包括重力式挡土墙的抗滑移稳定、支挡结构物的抗倾覆稳定、坑底土承载力稳定、锚杆和土钉的抗拉拔稳定和挡土构筑物的整体的抗滑稳定等。基坑的渗流稳定也十分重要，包括基坑的抗流土（突涌）稳定、抗管涌稳定，砂土的抗液化稳定等。

坑底的隆起也是土的抗剪强度稳定分析的重要内容。坑底的隆起主要是由于软土地基的承载力问题，也可能由于桩、墙的插入深度不足发生的倾覆失稳，有时是由于支挡的桩、墙抗弯刚度不足产生的失稳形式。

4. 基坑工程中的荷载及其组合。

关于地基基础工程的荷载组合问题可参考《建筑地基基础设计规范》GB 50007[1]中的有关规定。但基坑工程属于临时工程，其中荷载的定性与取值与地基基础有很大不同。例如支护结构上的土水压力荷载一般就不属于永久荷载，而是随着施工过程变化的可变荷载，因而设计一般是以可变荷载控制的，另外与可变荷载取值有关的设计基准期很短。对于基坑工程设计的荷载组合，《建筑基坑支护技术规程》JGJ 120[2]已经给出了一些规定，这里给出如下一些建议：

当计算支护结构的内力，确定配筋及验算材料的强度时，应按承载能力极限状态下作用的基本组合，采用相应的分项系数。基本组合应按可变荷载控制的情况：

$$S = \gamma_G S_{Gk} + \gamma_{Q1} S_{Q1k} + \sum_{i=2}^{n} \gamma_{Qi} \psi_{ci} S_{Qik} \tag{3.1}$$

式中 S_{Gk}——土与结构物的自重荷载标准值；

S_{Q1k}——土水自重引起的土水压力标准值；

S_{Qik}——其他可变荷载的标准值；

ψ_{ci}——可变荷载的组合值系数。

（1）在计算支挡、锚固结构中土的抗剪强度稳定问题时，采用的是安全系数法。作用按承载能力极限状态下的荷载效应基本组合，但其分项系数均为1.0。

（2）在按承载力计算内支撑立柱的基础面积或按单桩承载力确定桩数时，与建筑地基基础工程一样，传至基底的作用可按正常使用极限状态下作用的标准组合。

（3）一般地基基础的沉降主要是黏性土的固结沉降，需要较长的时间。所以短期施加的可变荷载对地基土的固结变形影响较小。而基坑及相邻地面的变形主要是瞬时沉降，对饱和软黏土则是在土体积不变情况下的侧向位移引起的沉降。所以不宜采用正常使用极限状态下作用的准永久组合，应按正常使用极限状态下作用的标准组合。

（4）对于支护结构与主体结构相结合的情况，应按永久的地基基础工程和临时的基坑工程的荷载要求分别进行验算。

3.2 土压力分析计算

3.2.1 主动土压力

经典的主动土压力理论包括朗肯和库仑两种[3]。这一体系是早期针对重力式挡土墙的土压力建立起来的。对于作用于柔性支挡的结构，会产生与刚性挡土墙的不同移动方向、大小与运动形式，其主动土压力会有所不同，但目前还在有关稳定分析中，还采用这两种理论。

1. 朗肯土压力理论

假设挡土结构物后的土体表面水平，墙背竖直、光滑，可用朗肯土压力理论计算支挡结构物墙后的主动与墙前的被动土压力。在基坑工程设计中，一般均采用朗肯理论计算土压力。设 K_a 为主动土压力系数，按照朗肯土压力理论：

$$K_a = \tan^2(45° - \varphi/2) \tag{3.2}$$

其中 φ 为土的内摩擦角。主动土压力强度 p_a 可以表示为：

$$p_a = K_a\sigma_1 - 2c\sqrt{K_a} = K_a\gamma z - 2c\sqrt{K_a} \tag{3.3}$$

对砂土，由于黏聚力 $c=0$，只有土的自重应力时，$p_a = K_a\gamma z$。作用于高度为 H 的挡土结构物上的单宽总土压力 E_a（kN/m）为：

$$E_a = \frac{1}{2}K_a\gamma H^2 \tag{3.4}$$

对于黏性土，当 $c>0$ 时，从式（3.3）可见，主动土压力由两部分组成，见图 3.1。

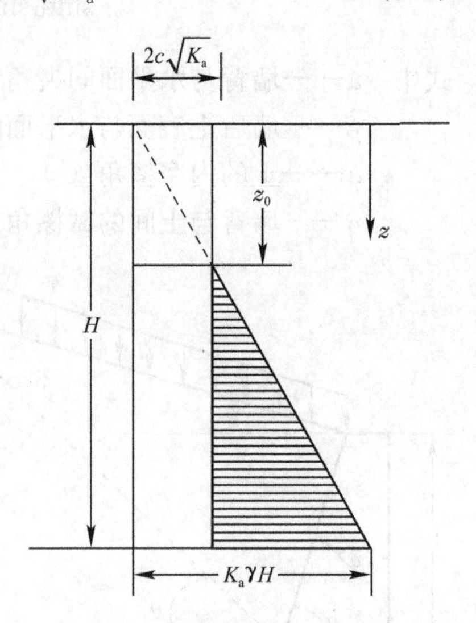

图 3.1 黏性土主动土压力分布

从图 3.1 可以看出，按照式（3.3），当主动土压力 p_a 为 0 时，$z=z_0$，可以得出：

$$z_0 = \frac{2c}{\gamma\sqrt{K_a}} \tag{3.5}$$

当 $z<z_0$ 时，由于墙背面与土体间不能传递拉应力，所以可认为 $z<z_0$ 部分发生了拉裂缝，主动土压力 $p_a=0$。这时的总单宽主动土压力为：

$$E_a = \frac{1}{2}K_a\gamma(H-z_0)^2 \tag{3.6}$$

当墙后地面存在大面积均布荷载 q 时，式（3.3）中的竖向的大主应力 σ_1 除了有效自重应力外，还包括地面超载 q，这样式（3.3）与式（3.5）可分别写为：

$$p_a = K_a(\gamma z + q) - 2c\sqrt{K_a} \tag{3.7}$$

$$z_0 = \frac{1}{\gamma}\left(\frac{2c}{\sqrt{K_a}} - q\right) \tag{3.8}$$

当 $qK_a \geqslant 2c\sqrt{K_a}$ 时，则无负应力区及拉裂缝，总主动土压力 E_a 为：

$$E_a = \frac{1}{2}K_a\gamma H^2 + H(qK_a - 2c\sqrt{K_a}) \tag{3.9}$$

当 $qK_a < 2c\sqrt{K_a}$，$z_0>0$ 时，仍可按式（3.8）和式（3.6）计算总单宽主动土压力 E_a。

如果计算点以上有多层土，则其有效竖向自重应力为：

$$\sigma_v = \sigma_1 = \sum_{i=1}^{n}\gamma_i h_i \tag{3.10}$$

式中 γ_i——第 i 层土的重度；
h_i——第 i 层土的厚度；
n——计算点以上土层数。

在地下水以下时，有效竖向自重应力为：

$$\sigma'_v = \sigma'_1 = \sigma_1 - u \tag{3.11}$$

式中 σ_1——竖向总自重应力（kPa）；
u——计算点处的孔隙水压力（kPa）。

对于地下水位以下的土层，也可直接用其浮重度直接计算有效竖向自重应力。

2. 库仑土压力理论

当墙后土体表面倾斜，或墙背倾斜，或考虑墙背与土之间的摩擦时，计算土在极限平衡状态下的土压力，可用库仑土压力理论。该理论假定土体内的滑动面是平面，考虑该平面与墙背平面之间所夹的刚性楔形土体的静力平衡，搜索对应于极值土压力的滑裂面，就可以计算出墙上的主动或被动土压力。砂土的库仑主动土压力系数 K_a 为：

$$K_a = \frac{\sin^2(\alpha+\varphi)}{\sin^2\alpha\sin(\alpha-\delta)\left[1+\sqrt{\dfrac{\sin(\varphi-\beta)\sin(\varphi+\delta)}{\sin(\alpha+\beta)\sin(\alpha-\delta)}}\right]^2} \tag{3.12}$$

式中 α——墙背与水平面间夹角（°）；

β——墙后土表面与水平面的夹角（°）；

φ——土的内摩擦角（°）；

δ——墙背与土间的摩擦角（°）。

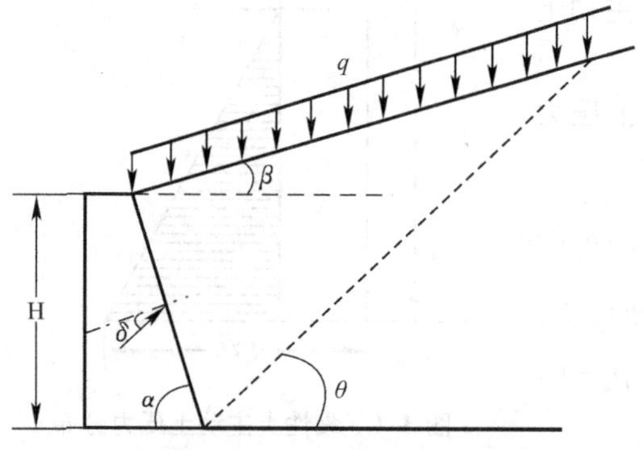

图 3.2 库仑土压力计算示意图

上述各角度参见图 3.2。

$$E_a = \frac{1}{2}\gamma H^2 K_a \tag{3.13}$$

E_a 与墙背的外法线成 δ 的夹角，在无地面超载的情况下，砂土的主动土压力呈三角形分布，合力作用点在距墙底 $H/3$ 高度处。

对于黏性土（$c>0$）及墙后有大面积地面荷载时，一般采用图解法求解。也有相应的主动土压力计算公式，这时的库仑主动土压力系数可表示为式（3.14）[4][5]：

$$K_a = \frac{\sin(\alpha+\beta)}{\sin^2\alpha\sin^2(\alpha+\beta-\varphi-\delta)}\{K_q[\sin(\alpha+\beta)\sin(\alpha-\delta)+\sin(\varphi+\delta)\sin(\varphi-\beta)] + 2\eta\sin\alpha\cos\varphi\cos(\alpha+\beta-\varphi-\delta) - 2\sqrt{K_q\sin(\alpha+\beta)\sin(\varphi-\beta)+\eta\sin\alpha\cos\varphi} \times \sqrt{K_q\sin(\alpha-\delta)\sin(\varphi+\delta)+\eta\sin\alpha\cos\varphi}\} \tag{3.14}$$

式中：

$$K_q = 1+\frac{2q\sin\alpha\cos\beta}{\gamma H\sin(\alpha+\beta)} \tag{3.15}$$

$$\eta = \frac{2c}{\gamma H} \tag{3.16}$$

式中各符号参见图 3.2。总主动土压力 E_a 仍用式（3.13）计算。

式（3.14）是一般条件下的库仑主动土压力系数公式。用式（3.14）计算总主动土压力，适用于墙高较大时。它没有考虑黏性土主动土压力分布中上部可能的拉力区和拉裂缝的影响，实际上计入了墙土间的拉力。

3. 墙后地面上有超载的情况

基坑支挡结构后的地面上常常有各种形式的地面超载，其中包括既有建筑物、施工临时堆土和建材堆放、运土车辆、施工机械等。这些荷载常常呈十分复杂的情况，例如相邻建筑物可能是已建成几十年的，也可能是新建的。施工荷载及新建楼房产生的荷载施加的时间不长，在饱和黏性土中产生的超静孔压不会完全消散，土也不会完全固结，如果与正常固结地基土的自重应力一样，采用固结不排水或固结快剪强度指标计算土压力和进行稳定分析，是不合适的。

（1）墙后的大面积均布超载。对于符合朗肯土压力理论的情况，可用式（3.8）、式（3.6）或式（3.9）计算；其他情况可用库仑土压力理论的式（3.12）和式（3.14）计算主动土压力系数以后，通过式（3.13）计算主动土压力。

（2）局部荷载情况。对于与坑边平行的条形荷载，按照弹性理论，地面局部荷载在土体内将发生扩散，在墙上会产生水平附加应力，其分布曲线分布范围很广，有一个相对集中区[9]。在这种情况下，严格地讲，墙后的大小主应力不再是竖直和水平方向。朗肯的主动应力状态就不存在，但人们还是常用朗肯土压力理论近似计算。

图 3.3 表示的是上海规范在弹性理论基础上提出的土压力计算的近似方法示意图[6]。

根据弹性理论，可以得到作用于支挡结构物上 z 深度处的附加水平土压力为

$$\Delta p_H = \frac{2q}{\pi}(\beta - \sin\beta\cos2\alpha) \tag{3.17}$$

式中 Δp_H——附加侧向土压力（kPa）；

q——地表局部均布荷载（kPa）；

α、β——如图 3.3 所示的角度（°），可以根据计算点深度 z 与荷载边缘距基坑边缘的距离 a 计算；

a——局部荷载内侧距墙边的距离（m）。

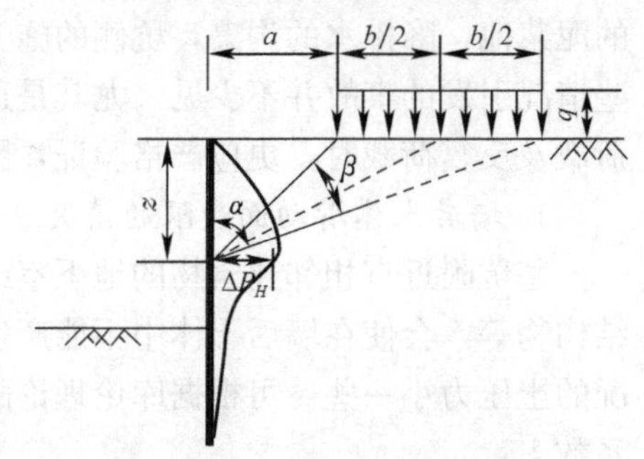

图 3.3 地表局部均布荷载引起的附加水平土压力计算示意图

式（3.17）计算的土压力并不是主动土压力，而是弹性状态下的土压力，适于应用在变形计算中。

当墙后土体处于极限平衡状态时，局部荷载产生的土压力有几种近似计算方法，一种是荷载沿着墙后土体滑动面的方向 θ 向墙体传递，在朗肯理论情况下设 $\theta=45°-\varphi/2$，如图 3.4 所示，可见它产生的附加主动土压力均匀地作用于一段墙面上[5][7]，$\Delta p_a=K_a q$。

另一种做法是将这个局部荷载先沿着竖向均匀扩散，随着深度的增加，竖向应力 $\Delta\sigma_z$ 减少，产生的主动土压力也减小，如图 3.5 所示[8][14]，其土压力的传递深度是无穷的。

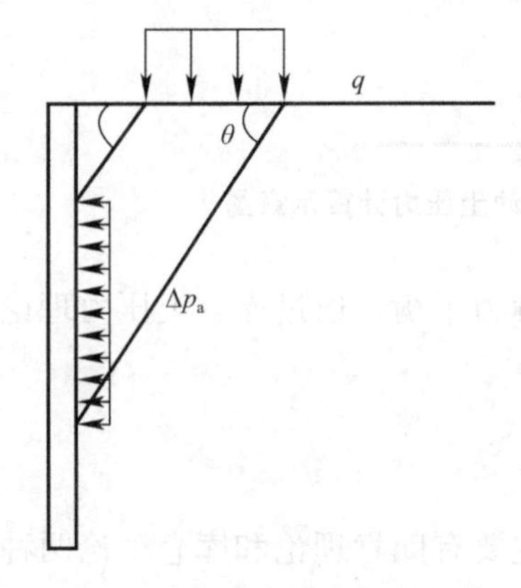

图 3.4 土压力按方向 θ 传递

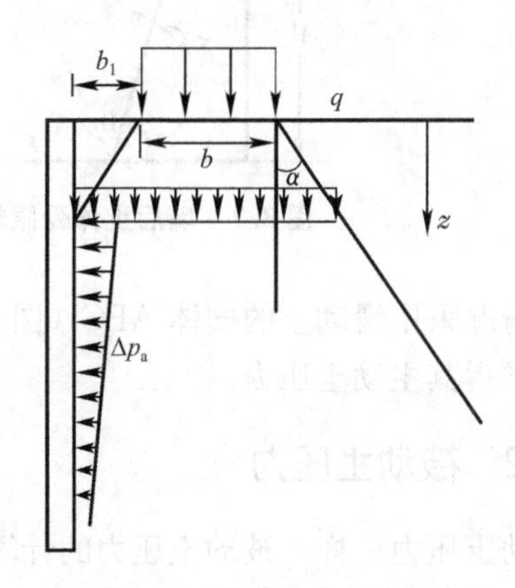

图 3.5 荷载按 α 角扩散

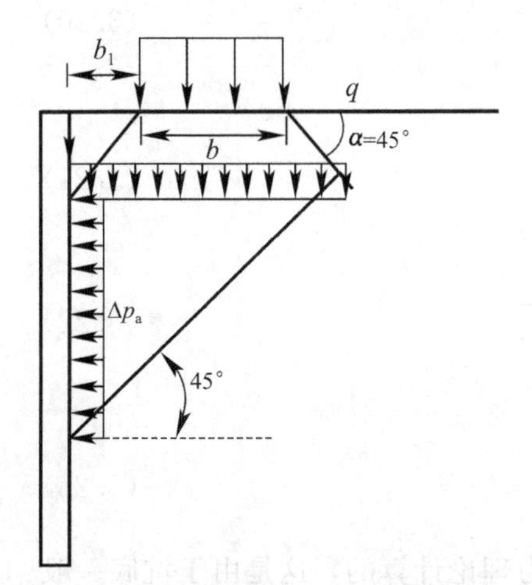

图 3.6 荷载先扩散成均布荷载后计算主动土压力

当 $z<b_1/\tan\alpha$，$\Delta p_a=0$；当 $z\geqslant b_1/\tan\alpha$ 时，$\Delta p_a=K_a q_z$，假设 $\alpha=30°$，则有

$$q_z=\frac{qb}{b+b_1+z\tan\alpha} \tag{3.18}$$

也有的将上述二者结合起来[2]，即先按一定的角度竖向扩散到深度 $b_1\tan\alpha$ 处，可设 $\alpha=45°$。然后将扩散后的均布荷载传递到墙背，形成均布土压力，如图 3.6。与图 3.4 比较，作用于墙上的主动土压力范围更大些，但土压力强度减小了。

按照朗肯或者库仑土压力理论，如果 qb 荷载沿滑裂面倾角全部作用在墙背，则图 3.4 的方法较为合理。其他两种方法计算的主动土压力可能偏小。

在基坑工程中，坑边的地面超载与作用是影响基坑安全性十分重要的因素。在一般情况下假设大面积超载为

q=20kPa～30kPa 是足够的。但是施工中大面积违章堆土及堆放建筑材料，设置钻孔灌注桩的泥浆池，降排水的沟渠，坑侧的施工人员宿舍及生活设施，需进行专门的论证和验算，这些情况引发的事故并不少见。尤其是这些设施可能会改变基坑侧壁土的含水量，或者产生动荷载及反复荷载时，更应严格验证，因其影响并不单纯是引起主动土压力。

4. 墙后土体滑动面受限的情况

基坑附近有相邻建筑物的地下室或其他地下工程、原有或在建的其他建筑物的基坑支挡结构物等，会使在墙后土体中不能产生完整的朗肯或库仑的主动滑动面，这时会比不受限情况的土压力小一些。可根据库伦理论的图解法计算主动土压力，也可按下式计算主动土压力系数[4]：

$$K_a = \frac{\sin(\alpha+\beta)}{\sin(\alpha-\delta+\theta-\varphi)\sin(\theta-\beta)} \times \left[\frac{\sin(\alpha+\theta)\sin(\theta-\varphi)}{\sin^2\alpha} - \eta\frac{\cos\varphi}{\sin\alpha}\right] \tag{3.19}$$

式中：θ 为最大可能的滑动面与水平面夹角（°）；η 见式（3.16）；其他符号见图 3.7。

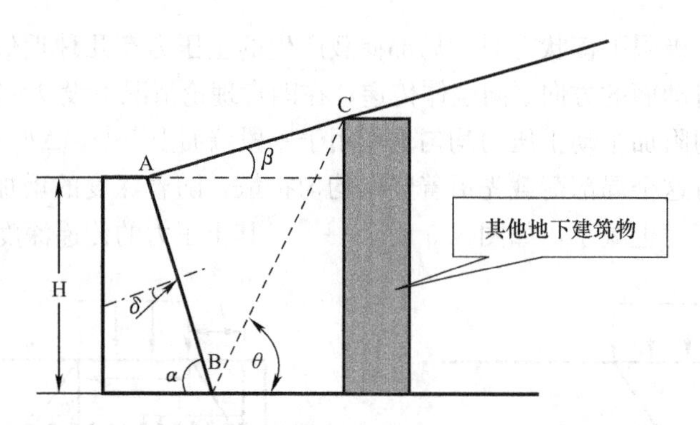

图 3.7　墙后土体受限情况下的主动土压力计算示意图

这种情况采用滑动土的楔体 ABC（图 3.7）的静力平衡，通过库仑土压力理论的图解法也很容易求得其主动土压力。

3.2.2　被动土压力

和主动土压力一样，被动土压力的计算方法也主要有朗肯理论和库仑理论两种。朗肯被动土压力系数 K_p 可用下式计算：

$$K_p = \tan^2\left(45° + \frac{\varphi}{2}\right) \tag{3.20}$$

被动土压力强度为水平方向，其值为：

$$p_p = \gamma z K_p + 2c\sqrt{K_p} \tag{3.21}$$

被动土压力按照直线分布，总被动土压力为：

$$E_p = \frac{1}{2}\gamma H^2 K_p + 2cH\sqrt{K_p} \tag{3.22}$$

对于砂土，$c=0$，总被动土压力为：

$$E_p = \frac{1}{2}\gamma H^2 K_p \tag{3.23}$$

基坑支挡构件上的被动土压力一般都是按照朗肯土压力理论计算的，这是由于坑底一般都是水平的，朗肯理论计算的被动土压力由于忽略了墙土间的摩擦力，计算值偏小，也偏于安全。库仑土压力理论有时会给出偏大的被动土压力。

被动土压力用库仑理论进行计算，计算的示意图见图 3.8。

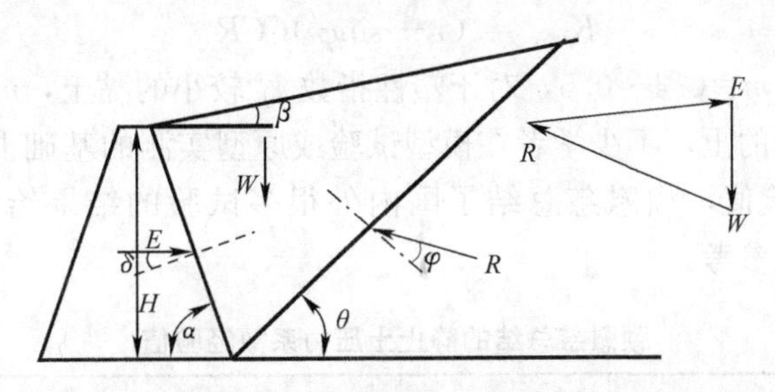

图 3.8 库仑的被动土压力

当墙后土为砂土时，可以推导出被动土压力系数的表达式为：

$$K_p = \frac{\sin^2(\alpha-\varphi)}{\sin^2\alpha\sin(\alpha+\delta)\left[1-\sqrt{\dfrac{\sin(\varphi+\beta)\sin(\varphi+\delta)}{\sin(\alpha+\beta)\sin(\alpha+\delta)}}\right]^2} \tag{3.24}$$

$$E_p = \frac{1}{2}\gamma H^2 K_p \tag{3.25}$$

当墙后土为黏性土时，可采用图解法计算。也可推导出与式（3.14）类似的被动土压力系数公式，但是公式形式十分复杂[5]。此外，相应被动土压力的滑裂面以对数螺旋线更为合理[3]。

基坑中主动区土的应力路径更接近于从 K_0 状态减压的三轴压缩试验（RTC），这与常规三轴压缩试验（CTC）的应力路径相差较大，尤其是固结不排水试验。RTC 试验可能产生负的超静孔压，使固结不排水的强度指标有较大的提高。

3.2.3 其他条件下的土压力

1. 静止土压力

水平方向的静止土压力与竖向有效自重应力之比称为静止土压力系数，用 K_0 来表示。静止土压力系数主要与土的强度、应力历史等因素有关，同时也与土的类别、相对密实度、含水量等因素有关。按照弹性理论的虎克定律，当两个水平方向的位移与应变都为 0 时，相应的静止土压力系数为：

$$K_0 = \frac{\sigma_h}{\sigma_v} = \frac{\nu}{1-\nu} \tag{3.26}$$

式中，ν 为泊松比。当 $\nu=0.5\sim0.25$ 时，$K_0=1.0\sim0.33$。

土在卸载时的泊松比小于加载时的泊松比，因而超固结情况下 K_0 增大，甚至可以大于 1.0。实际上土也不是弹性材料，在卸载时存在不可恢复的变形及残余应力。在土力学的历史上，人们提出不少静止土压力系数的经验公式与数值。但与主动和被动土压力可在土的极限平衡理论基础上确定不同，静止土压力系数无法从土力学的经典理论推导，它多是在模型试验与实测的基础上归纳出来的。但在试验中，当位移极小时，其土压力的变化增幅较大，尤其是密度较大的土，所以准确地测定静止土压力系数的难度较大。

在水平地面情况下，对于砂土和正常固结黏性土的静止土压力系数的经验公式如下：

$$K_0 = 1-\sin\varphi' \tag{3.27}$$

$$p_0 = K_0\gamma z \tag{3.28}$$

式中 p_0——静止土压力强度（kPa）；

φ'——有效应力内摩擦角（°）；

γ——土的重度，地下水以下按浮重度计算（kN/m^3）。

超固结土的静止土压力系数大于正常固结土，数值与超固结比 OCR 有关，在水平地面

情况下

$$K_{0,\alpha}=(1-\sin\varphi')OCR^{m} \tag{3.29}$$

式中，m 为经验系数，$m=0.4\sim0.5$，对于塑性指数 I_p 较小的黏土，m 取大值。

对不同类型和状态的土，不少学者在模型试验或原型实测的基础上，给出了不尽相同的静止土压力系数的经验值，顾慰慈总结了国内外很多试验的结果给出了如表 3.1 的建议值[9]，可结合地区经验参考。

顾慰慈总结的静止土压力系数经验值　　表 3.1

土类及物性		K_0	土类及物性		K_0
砾石土		0.17	黏土	硬黏土	0.11～0.25
砂土	e=0.5	0.23		紧密黏土	0.33～0.45
	e=0.6	0.34		塑性黏土	0.61～0.82
	e=0.7	0.52	泥炭土	有机质含量高	0.24～0.37
	e=0.8	0.60		有机质含量低	0.40～0.65
粉土与粉质黏土	w=15%～20%	0.43～0.54	砂质粉土（砂壤土）		0.33
	w=25%～30%	0.60～0.75			

2. 支挡构件上的土压力分布

朗肯和库仑土压力理论都规定或假设在土体自重下的主动和被动土压力是直线分布的，对于无黏性土是三角形分布的。理论分析、数值计算、模型试验和现场测试都表明墙后土压力的分布与刚性挡土墙的运动形式，也与柔性挡土墙的自身变形等因素有关（图 3.9）。

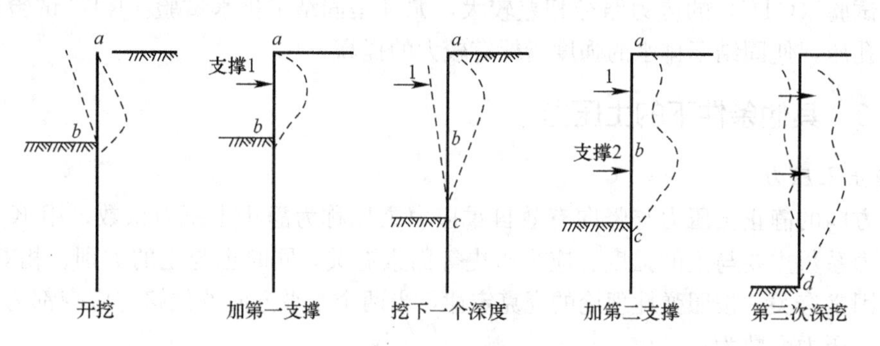

图 3.9　基坑各开挖与支撑阶段的墙后土压力分布示意图

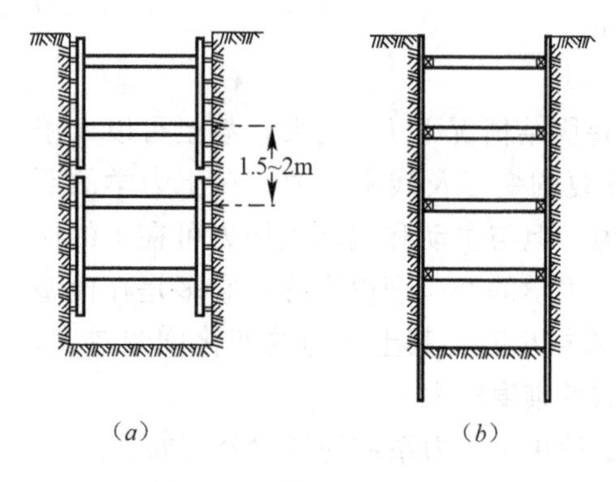

图 3.10　管沟的开挖支撑

(*a*) 分层支护；(*b*) 板桩支护

在早期的管沟明挖工程中，一般是先开挖一定深度，随即用梁柱和挡板支挡，然后用水平横梁支撑；这样逐层开挖，逐层支护，其挡板支柱等插入坑底的深度较小，对于砂土只有 1m 左右。对于黏土最后的 $H_c/2$ 可不支挡，H_c 为横撑的竖向间距。见图 3.10（a）[3][10]。即使用板桩支护，其插入深度也较小。如图 3.10（b）所示。

另外一种支护结构如图 3.11 所示[3]。即首先将 H 型钢沿着坑边打入地下，到预计坑底以下 2m～3m，然后边开挖边在型钢的翼板之间插入挡板挡土，在开挖过程中，再逐层用水平梁或锚杆来支撑。在这种情况下，当开挖第一层并设置 I 排横撑时，土体无明显的变形与位移，也没达到极限平衡状态，土的初始应力无明显的变化；在随后开挖到 II、III 排支撑时，由于第 I 排支撑的限制，在 II 排支撑设置之前，H 型钢已发生绕坑顶的转动，当开挖到坑底设计深度时，侧壁由 ab 变形到 ab_1，锚杆的情况与此相似。如果 bb_1 达到一定数值时，土体会达到极限平衡状态，形成图 3.11（*b*）那样的绕墙顶的运动形式和土压力分布。可见它不同于朗肯和库仑土压力分布，是非线性的。

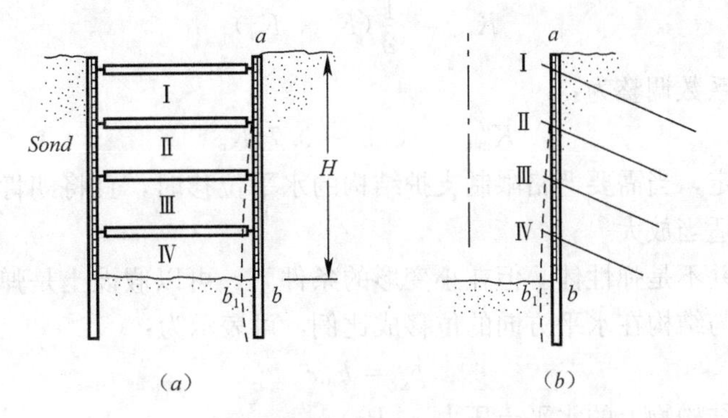

图 3.11　明挖基坑的支撑土压力与变形示意图

（*a*）横向支撑；（*b*）锚拉加固

对于这种支护方式，太沙基对一些实际基坑各层横向内支撑的支撑轴力进行实测，将实测的轴力除以它所承担的挡土面积，得到该层的表观平均土压力，绘出了各层表观平均土压力的分布图，建议设计横向支撑力时参考。见图 3.12[3][10]。

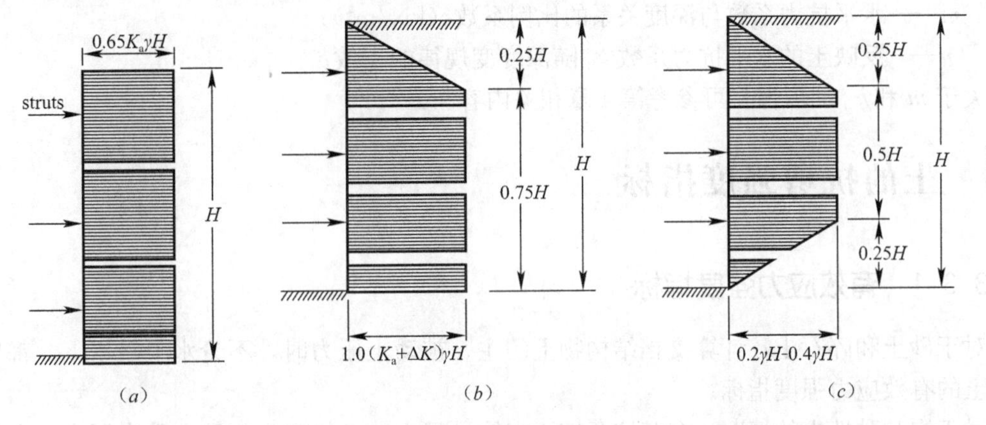

图 3.12　太沙基建议的基坑中用于横向支撑力设计时表观土压力分布图

（*a*）砂土基坑中；（*b*）饱和的中软－软黏土基坑中；（*c*）硬的裂隙黏土基坑中

太沙基总结了不同地区、不同土质中的基坑工程的表观土压力分布，由于同一层中不同位置的支撑实测的轴力也不相等；不同工程即使是同样的土质，实测的结果相差也很大，为设计的安全，他认为应按照每一层支撑实测的最大值进行设计。这样就绘出相当于最大表观土压力的包络线，给出了概化后的设计土压力参考值。其结果见图 3.12。在图 3.12（*a*）中，砂土的总主动土压力 $E_a=0.65K_aH^2$，明显大于通常计算的 $E_a=0.5K_aH^2$。图 3.12（*b*）及（*c*）给出的土压力及其分布也是明显偏大和偏保守的，它是在设计横向支撑时使用的，在设计计算挡土板桩的弯矩时，采用的土压力应当比它小。对太沙基建议方法的讨论可详见文献［3］。

3. 非极限应力状态下的土压力

一般讲，在基坑的稳定分析中，采用承载能力极限状态设计理论，支护结构上的土压力采用主动土压力或者被动土压力，并满足一定的安全系数要求。在满足变形要求的情况下，则应采用正常使用极限状态设计理论，土压力的计算则应进行调整。这时与支护结构相邻的土体尚未达到极限应力状态，应以满足变形要求为准，可采用弹性地基梁法或有限元法计算支护结构变形所对应的实际土压力。在初步设计时，有的规范建议对主动被动土压力系数进行一定的调整。例如《建筑基坑工程技术规范》YB 9258-97 建议[11]，主动侧土压力系数调整为：

$$K_{ma}=\frac{1}{2}(K_0+K_a) \tag{3.30}$$

被动侧土压力系数调整为：

$$K_{mp}=(0.5\sim0.7)K_p \tag{3.31}$$

也有的规范规定，当需要严格限制支护结构的水平位移时，宜将朗肯理论计算的主动土压力根据地区经验适当放大[2]。

严格地讲，土并不是弹性体。但在小变形的条件下，可以假设土是弹性的。这样支挡结构物上的土压力就与结构在水平方向的位移成比例，可表示为：

$$p_x=k_h x \tag{3.32}$$

式中 p_x——支挡结构物上的水平土压力（kPa）；

k_h——土的水平抗力系数（或称基床系数）（kN/m^3）；

x——支挡结构物上的水平位移（m）。

由于土的变形模量与其所受的围压有关，则水平抗力系数 k_h 应当与地基土的深度有关，一般可表示为：

$$k_h=mz^n \tag{3.33}$$

式中 m——水平抗力系数与深度关系的比例系数（kN/m^4）；

n——反映土的水平抗力系数 k_h 随深度变规律的指数。

关于 m 和 k_h 的取值，可参考第 4 章相关内容。

3.3 土的抗剪强度指标

3.3.1 有效应力强度指标

对于砂土和碎石土，计算支挡结构物上的主、被动土压力时，不论水上与水下，都应当使用土的有效应力强度指标。

对于饱和黏性土的情况，在基坑开挖、支撑过程中，必将产生超静孔隙水压力，由于基坑属于临时工程，超静孔压不易在施工期消散，所以在计算和分析中一般使用总应力强度指标，如固结不排水（CU）和不固结不排水（UU）试验的强度指标。但是如果基坑开挖很慢，支护结构延续的时间很长，或者基坑开挖高度不大且由密实的超固结土组成，由于土的孔隙率变化不大，可通过绘制流网等渗流分析准确地确定渗流场的孔隙水压力（参见 3.5.1 节的讨论），这时也可采用有效应力强度指标计算土压力和进行稳定分析。这与土石坝中的黏性土防渗体在稳定渗流期的分析是相同的。对于正常固结黏性土，$c'=0$，$\varphi'=15°\sim25°$[10]，φ'的值有时更高一些。

黏性土的有效应力强度指标可以通过三轴排水试验、直剪的慢剪试验确定，也可通过三轴固结不排水试验，同时量测孔隙水压力来确定。用有效应力强度指标计算的主动土压力较小，被动土压力较大。如果考虑墙体前移在墙后土体中产生负的超静孔压，相应应力路径的固结不排水三轴试验的强度指标甚至可能高于有效应力强度指标。而用常规三轴压缩的固结不排水（CU）试验测得的强度指标一般是偏低的。

对于高灵敏性的土、强超固结土和流变性土，如果基坑结构物挡土的时间很长，随着变形的增加和环境的影响，会发生蠕变变形，土的结构强度将会逐渐下降，由峰值强度降到残余强度，结构上的主动土压力会逐渐增加，被动土压力减小。在这种土质下，如果基坑工程可能延续时间长，墙的位移很大，可考虑采用残余强度进行校核。

有关吸力对非饱和土强度的影响的讨论可详见相关文献[18]。

3.3.2 总应力强度指标

总应力强度指标系指饱和黏土或非饱和黏土在不排水条件下测定的摩尔库仑强度参数 c_u 和 φ_u。对于排水性能好的砂土和碎石土，不存在测定其总应力强度指标和进行总应力法分析计算的问题。

国内的基坑规范普遍采用固结不排水或固结快剪强度指标计算基坑的土压力。这类试验的强度指标受取样的扰动影响较小，另外也可反映强度随深度增加的现象。但正如 3.2 节所述，由于实际的应力路径与试验应力路径的差别，使计算的土压力不尽合理。在很多情况下饱和软黏土属于欠固结土，这时用固结不排水强度指标就会使设计偏于危险。而采用现场十字板等方法测定其强度指标是较为合理的。

常规试验要求提供的总应力强度指标包括不固结不排水强度指标（UU）和固结不排水强度指标（CU）两种。

1. 不固结不排水强度指标（UU）

不固结不排水强度指标（UU）通常是测定非饱和黏土在不排水条件下的强度的近似方法。它在黏性土堤坝填筑和地下水位以上的黏性土地基的稳定分析中有广泛应用。

对于饱和黏性土，由于所有的试样都是在相同的孔隙比条件下破坏的，因此，其强度包线近似为水平线（参见图 2.3）。因此，对饱和黏性土，有

$$\varphi_{uu} = 0^\circ \tag{3.34}$$

$$c_{uu} = S_u \tag{3.35}$$

其中，S_u 为“$\varphi=0$”总应力法分析中采用的总强度指标。

无侧限压缩试验得到的强度 q_u 有时也叫做无侧限抗压强度。它是 UU 试验的一种特殊情况，亦即施加的围压为 0。用这种试验同样可以得到不排水抗剪强度 $c_u=q_u/2$。无侧限压缩试验对试样的要求很高，条件是：(1) 试样完全饱和；(2) 试样必须是原状、均匀、无缺陷的；(3) 只有在黏土情况下，初始的有效围压等于残余孔压 u_r，没有回弹及再固结；(4) 取样后，试样必须快速地试验到破坏（5min～15min），以免发生水分蒸发和表面干燥[19]。

需要注意的是，S_u 或 q_u 是相应于试样所处的特定深度而言的。换一个深度，因其孔隙比不同，应会有另一个 S_u。本组 UU 试验的成果对同土层其他深度的 S_u 无预测能力。由于同一层土的不排水强度是随着土层的深度增加的，这就涉及代表性试样的取样深度问题。鉴于不可能沿深度连续取样进行 UU 试验，饱和黏性土的不固结不排水的强度指标常常无法直接应用于土压力或边坡稳定分析中。但在对不同方法和手段获得的强度指标进行综合分析，以最终确定设计指标，仍有参考价值。

2. 固结不排水强度指标（CU）

在某一土层取样，在不同的有效应力 σ_3' 条件下固结，然后在不排水的条件下施加 σ_1 的增量直至破坏。对相应的应力圆绘制切线，可获固结不排水强度参数 c_{cu} 和 φ_{cu}。水利行业土石坝和边坡设计规范和手册提出相应的强度关系的表达式为[26,27]

$$\tau_f = c_{cu} + \sigma_c' \tan\varphi_{cu} \tag{3.36}$$

其中 σ_c' 为水位降落前或边坡开挖前的法向有效应力。σ_c' 近似代表了 CU 试验中的有效固结应力 σ_3'。

我国基坑支护规范对朗肯土压力计算的公式要求使用 c_{cu} 和 φ_{cu}。但规定使用天然重度（在水下即为饱和重度）计算的垂直方向的总应力 σ_v，这一处理方法不符合有效应力的强度理论，也无视了 c_{cu} 和 φ_{cu} 是在有效应力 σ_3' 条件下获取这一事实，由此引起关于“土水合算”和“土水分算”的讨论，参见 3.4.3 节。

一些规范提出在原位有效自重压力下预固结的不排水三轴试验确定黏性土的不排水强度[1][2][13]，这种等向预固结压力应等于原位有效自重应力的平均主应力，可详见相关文献。

直剪试验的快剪强度有时也接近于不排水强度 c_u，但是有条件的。实际上只有渗透系数 $k<10^{-7}$cm/s 的饱和黏性土其快剪强度才接近于不排水强度，而淤泥类土的直剪试验常常由于土被从仪器的间隙中挤出而使试验结果不合理。由于试验的应力状态与应力路径、取样的扰动程度、仪器设备的影响有关，通过现场十字板剪切试验、无侧限压缩试验、不排水三轴试验和直剪试验的快剪试验得到的结果可能不完全一致，但现场测试的结果更可信。

3.3.3 原位试验

原位试验作为岩土工程勘察的一种重要手段，具有人为干扰少、可重复性高的优点，是基坑工程有效的测试手段。原位测试成果应与原型试验、工程经验等结合使用，并应进行综合分析。对重要的工程或缺乏使用经验的地区，应与工程反算参数作对比，检验其可靠性，同时原位测试方法应根据岩土条件、设计对参数的需要、地区经验和测试方法的适用性等因素综合确定。

大部分原位试验都不可能直接给出土的物理力学参数。需要建立原位试验测定的参数和土的物理力学参数之间的相关经验关系。第 2 章给出了这些关系，需要注意的是，任何一种原位测试技术，只能提供强度指标的一个参数。对于砂性土，原位测试提供的是其排水强度指标 φ'，相应的 c'为零。对于饱和黏土，原位测试提供的是其不排水强度 S_u，相应的 φ_u 为零。

3.4 “土水合算”和“土水分算”

3.4.1 “土水分算”方法

图 3.13 为 Terzaghi-Peck-Merrsi[3] 对墙后土存在地下水位和静水压力情况下计算朗肯主动土压力的简图。其中 q 为地面均布垂直荷载。γ'和 γ 分别为土的浮重度和饱和重度，γ_w 为水的重度。K_a 为使用式（3.2）计算的主动土压力系数。计算时应使用相应的不排水强度指标 φ'。图中三角形 edf 所代表的面积即为“分算”的静水压力。

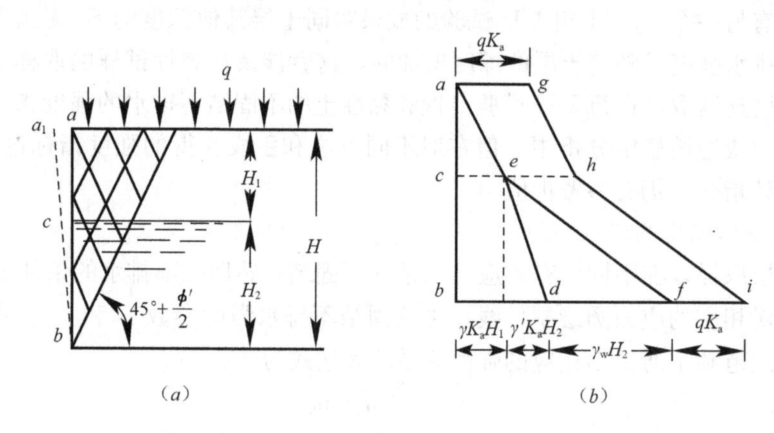

图 3.13 “土水分算”计算简图

当顶层土具有黏性力 c'时，还应按图 3.1 的模式扣除一个数值与 c'相应的均布荷载。

3.4.2 “土水合算”方法

国外的一些文献中提出了对于饱和黏性土采用总强度指标 S_u 的“土水合算”方法。此时，其不排水强度指标为 $\varphi_u=0°$，只有黏聚力 $c_u=S_u$。根据朗肯土压力理论，由于 $\varphi_u=0°$，各种土压力系数与水压力系数相等，即 $K_a=K_p=K_w=1.0$。式（3.3）变为

$$p_a=\gamma_{sat}z-2c_u \tag{3.37}$$

鉴于

$$p_w=\gamma_w z \tag{3.38}$$

我们可以把式（3.37）写为

$$p_a=p_w+p'_a \tag{3.39}$$

其中

$$p'_a=\gamma' z-2c_u \tag{3.40}$$

在上述计算中，我们事实已分离出了一个作用于墙上的静水压力。因此水土合算方法与3.4.1节介绍的分算方法有一定的相关性。但土压力区 z_0 是不等的，分算时，$z'_0=2c_u/\gamma'$，合算时，$z_0=2c_u/\gamma_{sat}$，且分算时，z_0 区是有水压力的，合算时则水土压力均为0。美国的“基础工程手册”用不排水强度指标计算土压力时，注意到了零压力区的问题，规定在合算时墙上部的水土压力不应小于 $\gamma_{sat}z/3$[10]。

对于这种情况，太沙基在库仑土压力理论的基础上，提出了一种楔体平衡的计算方法[3]：

$$E_a=\frac{1}{2}\gamma H^2-2c_u H \tag{3.41}$$

如果将主动土压力按照三角形分布，则主动土压力 E_a 和主动土压力系数 K_a 按下列公式计算：

$$E_a=\frac{1}{2}\gamma H^2 K_a \tag{3.42}$$

$$K_a=1-\frac{4c_u}{\gamma H} \tag{3.43}$$

其使用条件是 $H>4c_u/\gamma$。用式（3.41）和式（3.42）计算的总土压力数值是相同的，但土压力的分布不同。其合力的作用点是假设的。

3.4.3 对国内一些“土水合算”方法的讨论

《建筑基坑支护技术规范》明确了要用土的天然重度（在水下就是饱和重度）和固结不排水强度指标来计算土压力。对朗肯土压力计算的公式规定式（3.3）中 σ_1 为使用天然重度（在水下即为饱和重度）计算的垂直方向的总应力 σ_v，同时使用固结不排水强度指标 c_{cu} 和 φ_{cu}。这一处理原则相继被一些国标和行标普遍采用[2][3][11][10][15][16]。但这一作法曾受到了学者的质疑，认为饱和黏性土水土压力的这一土水合算方法有悖于有效应力原理，也是不科学的[21]。

需要指出的是，在基坑支挡结构物前后土体为饱和碎石土、砂土和粉土，或者是黏性土的孔压可以可靠地确定（如在运用期处于稳定渗流状态时）的情况下，应使用浮重度而不是天然重度计算土压力，相应的是有效应力强度指标 c' 和 φ' 而不是固结不排水强度指标 c_{cu} 和 φ_{cu}，同时要单独计算水压力，荷载或者抗力为二者之和。

对于施工期的饱和黏性土，其主动与被动土压力可用水土合算，亦即用饱和重度和不排水剪强度 S_u 计算土压力，不另计水压力。即3.4.2节介绍的方法。在3.3.2节中，我们曾指出，c_{cu} 和 φ_{cu} 是在有效固结应力 σ'_3 条件下获取，与 σ_v 没有关系。因此，在使用 c_{cu} 和 φ_{cu} 时，应先用式（3.39）确定 τ_f，即 S_u，此时 φ 为零，再按3.4.2节介绍的方法进行水土合算。

我国近30年来开展了大规模的经济建设，完成了大量的基坑工程，工程技术人员感到经典的土压力计算方法往往与实际情况相差甚大，从而使设计偏于保守，尤其是在有地下水的情况。因而提出了《建筑基坑支护技术规范》中介绍的水土合算这一算法，并已经在工程

设计施工中应用，但应明确其使用的条件、机理及相应的误差。

1. 水土合算的几种适用情况

在基坑工程的某些情况下，采用水土合算是不违背有效压力原理的，合算的结果比较近似实际情况。

地下水竖直向下渗流的情况。一般讲在基坑外含水层中人工降低地下水的情况，在分层土与分层地下水的情况，对饱和黏性土采用固结不排水强度指标进行水土合算，饱和砂土用有效应力强度指标进行水土分算是可以接受的。

2. 一些不宜用水土合算的情况

以下的情况下对黏性土用水土合算是不合理的，也是不安全的。

(1) 在有向上的渗流情况下，如在基坑内集水井排水，此时渗透力是向上的，减小了有效竖向应力，会使计算的被动土压力偏大。

(2) 对于粉土的水土合算要慎重，如果地下水向下渗流，且粉土以下是渗透系数大得多的砂土层，合算的误差不大；如果粉土以下为渗透系数更小的黏土层，则粉土中的水压力应按静水压计算，亦即水土分算，这时水土合算会使计算的荷载偏小，而抗力偏大。尤其是粉土的固结快剪内摩擦角可能很高，会大大扭曲了土压力值。

(3) 对于承压水土层及其上下的黏性土应合理考虑水压力，不宜简单地合算，例如，当承压水大到接近于使坑底黏土层流土或突涌时，竖向有效应力为零，再用合算就自相矛盾了。

(4) 由于城市大量抽取地下水，使天然土层中的地下水呈十分复杂的形态，加之目前强调地下水控制，排、降、截、灌、回渗等手段综合应用，水土压力十分复杂，应提倡进行渗流分析、渗流计算及孔压观测，合理确定水土压力。

由于基坑问题的复杂性，使其支护结构的水土压力计算存在许多不确定因素。基于多年来工程实践的经验，目前规范规定的水土压力计算和一些工程技术人员常用的计算有一定实用性与合理性，在工程实践中也起到了重要的指导作用。但进一步分析和总结这些因素，认识到哪些是有利的，哪些是不利的，对于科学地指导具体基坑工程的设计与施工是有重要意义的。表 3.2 总结了目前基坑水土压力计算的一些影响因素，对于具体过程应明确哪些因素是主要的。

基坑水土压力计算影响因素的分析总结 **表 3.2**

有利因素	不利因素
原状地基土的结构性及结构强度	对于欠固结土使用固结不排水或固结快剪强度指标
非饱和土的基质吸力	对于地面超载 q 使用固结不排水或固结快剪强度指标
平面应变情况下土的较高的内摩擦角	对于承压水的上下黏土层采用水土合算计算主动土压力
基坑平面尺寸的三维拱效应	对于有向上渗流的墙前坑底土采用水土合算计算被动土压力
墙后土体的小主应力 σ_3 减小的应力路径，可能产生的负孔压	对于振动及反复荷载下，地基土可能的损伤，渐进破坏
墙前坑底以下土的应力路径与超固结性：黏聚强度与负孔压	在降雨、管道漏水条件下，排水不畅对地基土的损伤和破坏作用
坑外人工降低地下水及竖直向下渗流的地下水	基坑平面上的凸凹、阳角和两侧地质、地形、荷载的不平衡等三维效应的影响
坑底加固措施	坚硬地基土可能发生的渐进破坏
朗肯土压力理论计算的主动土压力偏大，被动土压力偏小	

3.5 孔隙水压力和渗透稳定性分析

3.5.1 稳定渗流的分析计算

在二维稳定渗流问题中，反映流量平衡的微分方程式为

$$\frac{\partial}{\partial x}\left(k_x\frac{\partial h}{\partial x}\right)+\frac{\partial}{\partial y}\left(k_y\frac{\partial h}{\partial y}\right)=-\frac{1}{1+e}\frac{\partial e}{\partial t} \tag{3.44}$$

式中　h——水头；

u——孔隙水压力；

t——时间；

k_x 和 k_y——x 和 y 方向的渗透系数；

y——垂直方向坐标值；

e——孔隙比，e 的变化是由有效应力的增量导致的。

应力增量需要通过求解反映静力平衡的微分方程式获得。此时的问题，本质上是个固结问题。严格地求解静力和流量平衡，称为比奥理论。

如果骨架的体积压缩模量较大，可以认为不变形，则孔隙水压力主要是由水的自重引起坝体内的渗流场确定的。这一类情况相应于稳定渗流期，或半透水的砂壳在基坑内抽水的情况。此时，式（3.44）右边为零，对于满足达西定律的渗流场，反映流量平衡的微分方程式为

$$\frac{\partial}{\partial x}\left(k_x\frac{\partial h}{\partial x}\right)+\frac{\partial}{\partial y}\left(k_y\frac{\partial h}{\partial y}\right)=0 \tag{3.45}$$

式中各符号的意义与式（3.44）中相同。

式（3.45）为稳定渗流或骨架不可压缩土体非稳定渗流的拉普拉斯方程。结合相应边界条件，可用有限元法确定坝体各点的孔隙水压力，也可用图解法确定。图 3.14 所示的流网均是在这一基础上形成的。

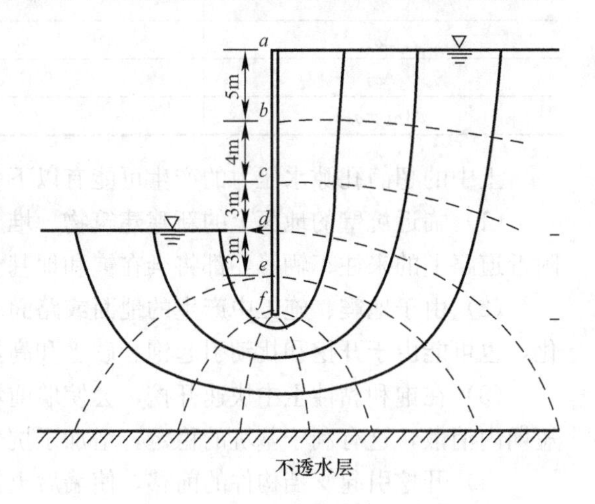

图 3.14　坑内排水情况下的流网

3.5.2　土中的超静孔隙水压力

对于渗透系数小、骨架的体积压缩模量大的饱和软黏土，式（3.44）的右侧不再为零，此时不宜使用。此时，由于基坑墙后土体产生的超静孔隙水压力，可根据 Skempton 的公式确定。

$$\Delta u = B[\Delta\sigma_3 + A\Delta(\sigma_1-\sigma_3)] \tag{3.46}$$

可以推导出孔隙水压力增量为：

$$\Delta u = \frac{(1-A)(K_a-K_0)\gamma' z}{A(1-K_a)+K_a} \tag{3.47}$$

表 3.3 为各类土的孔压系数 A 的数值范围。

各类土的孔压系数 A 的数值范围　　表 3.3

土　类	孔压系数 A
高灵敏度土	0.75～1.5
正常固结黏土	0.5～1.0
轻超固结黏土	0～0.5
重超固结黏土	−0.5～0

对于正常固结饱和黏土，设 $B=1.0$，$A=2/3$，$\varphi'=30°$，将上述 $\Delta\sigma_3$ 和 $\Delta(\sigma_1-\sigma_3)$ 代入式（3.47），则 $\Delta u=-\gamma' z/14$。

由于 $K_0>K_a$，所以产生的孔隙水压力是负的。从式（3.47）可以发现，当孔压系数 $A=1.0$ 时，$\Delta u=0$，而只有对于 $A>1.0$ 的高灵敏度饱和黏土才可能产生正的超静孔压。这

种应力路径与常规三轴压缩的固结不排水试验的应力路径相差很大，后者总是产生正的孔隙水压力的。同样，坑底土也会由于开挖减载 $\Delta\sigma_3<0$ 而出现负的孔隙水压力，开挖产生的负孔压是基坑工程中一个有利的因素。而采用常规三轴压缩的固结不排水试验强度指标则低估了土的抗剪强度。表 3.4 给出饱和土开挖前后墙后土体的应力状态。

饱和土开挖前后墙后土体的应力状态表　　表 3.4

应　力	开挖前	开挖后
u	$\gamma_w z$	$\gamma_w z+\Delta u$
σ_1	$\gamma_{sat} z$	$\gamma_{sat} z$
σ_3	$(K_0\gamma'+\gamma_w)z$	$(K_a\gamma'+\gamma_w)z+(1-K_a)\Delta u$
σ_1'	$\gamma' z$	$\gamma' z-\Delta u$
σ_3'	$K_0\gamma' z$	$K_a(\gamma' z-\Delta u)$
$\Delta\sigma_1$	0	
$\Delta\sigma_3$	$(K_a-K_0)\gamma' z+(1-K_a)\Delta u$	
$\Delta(\sigma_1-\sigma_3)$	$(K_0-K_a)\gamma' z-(1-K_a)\Delta u$	

土中的超静孔隙水压力的产生可能有以下多种原因及后果：

（1）临近坑壁的地面上的新建建筑物、堆土、堆放建筑材料、施工车辆和机械运行以及附近道路上的来往车辆等，都将会在饱和地基土中产生正的超静孔压；

（2）由于地震、施工中产生的地面或路面动荷载引起的超静孔隙水压力会使饱和砂土液化，也可能由于开挖和扰动引起饱和砂土和高灵敏度黏性土的流滑等；

（3）在饱和黏性土中快速开挖，会使墙前坑底土层中卸载而生成负的超静孔压，且不易短期内消散，这有利于基坑的稳定，增加了抗力，随着负孔压的消散，使其成为超固结土；

（4）开挖引起支挡构件的前移，使墙后土体的小主应力减少，也会在饱和黏性土中产生负孔压，从而减少了荷载，也有利于基坑稳定。

在饱和软黏土中的基坑工程中，坑壁土中产生超静孔压的情况十分普遍，除了坑壁上方的堆载、车辆和机械等荷载外，建筑商常常是先建楼，后开挖地下车库、污水处理的生化池等基坑工程，这些新建楼房的荷载在地基土中产生的超静孔压不会很快消散，它在基坑侧壁支挡结构上产生很大的水压力，或者根据 $\varphi_u=0$，而产生很大的土压力。对于这种情况，应当用不排水强度指标（$\varphi_u=0$）的水土合算计算土压力，或考虑超静孔压的有效应力法的水土分算计算荷载。而对于已建几十年的相邻楼房，地基土在其附加应力下已经完成了固结，对黏性土可以用固结不排水或者固结快剪强度指标计算土压力。

3.5.3 基坑内排水对挡土结构物上的水土压力的影响

当地下水位高于设计坑底时，需要进行地下水的控制。其主要的措施是排水、抽水和截水，有时还可能使用回灌和引渗等措施。在一般情况下常常是如以上所述的一维渗流，但在深厚的土层中也会产生二维的渗流，这时就需要绘制流网或进行渗流数值分析。在不同的地下水控制情况下，常常会发生很复杂的水土压力分布，常常会减少抗力和增加荷载，是应当引起重视的。

采用人工墙外抽降水时，由于水是向外向下渗流的，当为分层土层时，这时砂土采用水土分算、黏性土采用水土合算计算主动与被动土压力较为合理。当降水时间较长时，上层土基本成为非饱和土，应不计水压力。有时在基坑内集水井集中排水，由于坑内地下水是向上渗流的，向上的渗透力抵消了部分有效自重应力，这对于被动土压力是不利的。

考虑渗流对水土压力的影响是很必要的，在有地下水控制的工程中，应当了解不同措施对于水土压力的影响，简单的水土分算与合算有时是不合理与不安全的。

图3.14表示的是在均匀土层中基坑内排水时处于稳定渗流情况的流网，这时由于土中各点主应力方向与大小都不等，不宜用朗肯土压力理论计算。可根据流网和库仑土压力理论，搜索主动与被动侧的滑动面，变化墙后滑动面与水平面夹角，对应最大水土压力，即为主动土压力；变化墙前滑动面与水平面夹角，对应最小水土压力，即为被动土压力。

如果采用固结不排水强度指标进行水土合算，由于被动侧的向上渗流，用饱和重度计算被动土压力偏大；而由于主动侧向下渗流，主动土压力的计算值误差偏小。

也可用一个近似的平均水力梯度计算渗透力，与有效自重应力叠加后用朗肯理论计算主动与被动土压力。在这种工况下，在基坑施工期的水压力分布有各种计算方法[6][8][19][20]，见图3.15。归纳起来有以下几种：

(1) 如果墙底进入低透水性土层，两侧的水不相通，两侧都是静水压力，分别为$\gamma_w z$和$\gamma_w z'$，水压力叠加后的净水压力如图3.15 (a) 所示，当在低渗透性土层中的插入足够深度时，这是合理的；

(2) 如果在深厚的均匀土层中，已经形成了稳定渗流，各点水压力按沿墙壁渗流的平均水力梯度$i=h/(h+2t)$近似计算，两侧水压力分布可近似表示为图3.15 (b)；

(3) 如果在深厚的均匀土层中，开挖很快，未能形成稳定渗流，有的文献仍然表示两侧静水压力之差为图3.15 (c)，与图3.15 (a) 相同[17]。但是在墙底处两侧水头差突变，水力梯度$=\infty$，显然不合理；

(4) 上海工程建设规范《基坑工程设计规范》DG/TJ 09-61规定[6]，对于在深厚的均匀土层中，施工期的两侧水压力分布给出了图3.15 (d) 的模式。在坑底以上部分为静水压力；坑底以下各点水压力可按等水力梯度的直线比例法计算，这也一定程度上考虑了非稳定渗流的影响。

(5) 如按图3.14所示的流网绘制的支挡结构上的水压力分布图，如图3.15 (e) 所示。它与3.15 (b) 的分布接近，都是按稳定渗流情况下计算的。

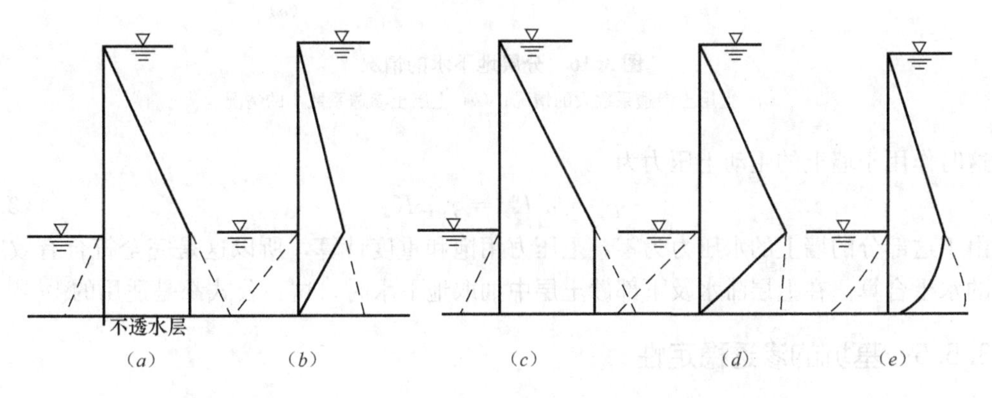

图3.15 支挡结构物上的水压力分布（实线为两侧水压力差）

上述都是针对深厚均匀土层的情况，对于分层土层及分层的地下水，还是应按实际情况进行渗流分析确定土、水压力。其实无论何种情况，都可以进行渗流分析来确定支挡结构物上的水压力。在二维的情况下可以通过绘制流网进行近似的分析。香港的《挡土墙设计导则》对于不同的土质和水力边界条件的挡土墙水压力，通过流网进行分析是很有效的[21]。

3.5.4 地下水渗流对水土压力的影响

分层地下水的情况：近年来城市大量抽取地下水，使一些城市的地下水赋存形式复杂化，滞水、潜水、层间潜水以及承压水分层分布，而实际天然土层很难说是完全不透水的，越层的渗流不可避免。另一方面，在基坑和地下工程施工中，综合采用抽、灌、渗、排、截等地下水控制的综合措施，会使土中水的问题进一步复杂化，除了上述的越层渗流以外，还涉及与时间有关的不稳定渗流问题。

竖向越层的稳定渗流，需要按照渗流理论来确定每一深度土中的孔隙水压力及竖向的渗透力，这一渗透力改变了土的竖向有效自重应力，在主动和被动土压力计算中需要考虑渗透力的影响。

当地基土互层，相邻土层的渗透系数相差很大时，例如渗透系数之比值相差100倍，则渗透系数大的土层中的水力损失和水力梯度都小到可以忽略，可认为其中孔压按照静水压力分布。

如在图3.16（*a*）中，砂土Ⅰ层中的竖向渗透损失可以忽略，所以其中的孔隙水压力可按静水压计算。在图3.16（*b*）中，有两层地下水，上部土层为黏性土，下部为砂土；上层水位与地面齐平，砂土中含有层间潜水。这时由于黏性土层的上下两端点的水压力都是零，所以黏性土层中水沿竖直向下渗流，土层中各点的孔隙水压力就都是零。水力梯度 $i=1.0$，向下的渗透力为 $j=\gamma_w$，这样在地面以下 z 处，其竖向有效应力为：

$$\sigma_z' = \gamma' z + jz = (\gamma' + \gamma_w)z = \gamma_{sat} z \tag{3.48}$$

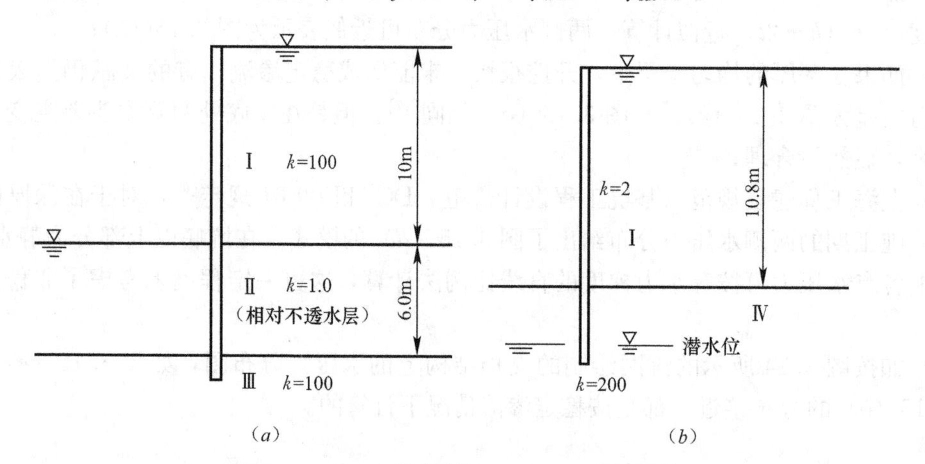

图3.16 分层地下水的情况

（*a*）上层土渗透系数大的情况；（*b*）上层土渗透系数小的情况

这时作用于墙上的主动土压力为

$$p_a = \sigma_z' K_a = \gamma_{sat} z K_a \tag{3.49}$$

由于这部分的墙上的水压力为零，土压力用饱和重度计算，所以这是完全符合有效应力原理的水土合算。在上层滞水及下部砂土层中抽取地下水时，这一公式都是适用的[17][19]。

3.5.5 基坑的渗透稳定性

对于基坑的渗透稳定性问题，针对不同的土层，主要发生的渗透破坏为流土、管涌和突涌。

1. 土的渗透变形

渗透变形也叫渗透破坏，实际上它只有两种基本形式，即流土和管涌。土的渗透变形的本质是水在土的孔隙中渗流对土的骨架作用有渗透力，这种渗透力大到一定程度，会带动土粒运动及使土骨架变形。

对于流土，应当明确的是：（1）流土时渗流的方向是向上的；（2）流土一般发生在地表；（3）不管黏性土还是粗粒土都可能发生流土。砂土中的流土也叫“砂沸”。

管涌特点是：（1）它是沿着渗流方向发生的；（2）是粗细颗粒间的相对运动，在粗细两层土间的渗流，也可将细粒土从粗粒土层的孔隙中带走，可称为接触管涌；（3）黏性土不会发生管涌现象；（4）级配均匀的砂土不会发生管涌；级配不均匀，但级配连续的砂土一般也不易发生管涌；(5) 管涌发生后有两种后果：一种是继细粒土被带走后，粗粒土也被渗流带走，最后导致土的渐进破坏，所以也叫潜蚀；另一种是细粒土被带走，粗粒土形成的骨架尚能支持，渗漏量加大但不一定随即发生破坏。

在基坑工程中，另一种与地下水有关的失稳被称为“突涌”，见图3.17。在黏性土相对隔水层之下存在承压水，当隔水层的自重不足以对抗承压水向上的扬压力时，就会发生坑底的失稳现象，被称作突涌。如果在黏性土中已经形成了稳定渗流，则其突涌与流土本质上是一致的。如果在黏性土中未形成稳定渗流，甚至黏性土没有达到完全饱和，那就是简单的竖向静力平衡问题。这时的突涌并不属于土的渗透变形问题。

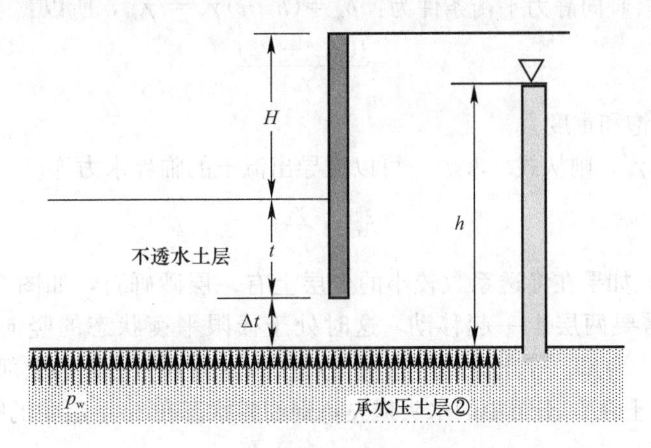

图3.17 基坑抗突涌稳定验算示意图

2. 渗透稳定条件

(1) 管涌。在基坑工程中，管涌发生并不普遍。其对象是级配不均匀、不连续的无黏性土。在城市地基中，基坑工程中的土层一般较均匀，级配也多是连续的，一般不会发生管涌。但在临河临水的基坑情况下，如果土层中的砂砾石土级配不连续，也可能发生管涌。关于管涌的判断与验算水利水电部门的规范规定得更准确和详细[22]。

可以通过以下条件判断是否为管涌型土：

1) 不均匀系数 $C_u>5.0$ 的无黏性土；

2) 土的细颗粒含量 $P_c<25\%$，关于“细颗粒”的定义：对连续级配的土，粗、细颗粒的界限是 $d_f=\sqrt{d_{70}d_{10}}$；其中 d_{70} 和 d_{10} 分别为小于该粒径的土粒质量占土粒总质量的70%和10%，以mm计。

管涌型土发生管涌的临界水力梯度为：

$$i_{cr}=2.2(d_s-1)(1-n)^2\frac{d_5}{d_{20}} \tag{3.50}$$

或者：

$$i_{cr}=\frac{42d_3}{\sqrt{k/n^3}} \tag{3.51}$$

式中 d_s——土颗粒的相对密度；

n——土的孔隙率（以小数计）；

k——土的渗透系数（cm/s）；

d_3、d_5、d_{20}——小于该粒径的土粒质量占土粒总质量的3%、5%和20%，以mm计。

在水利水电规范中，一般允许水力梯度为临界水力梯度除以1.5～2.0的安全系数。

表3.5是无黏性土在无试验资料时允许水力梯度的参考数值。

管涌对于水利工程的后果是十分严重的，会造成堤（坝）溃决，酿成大祸。在基坑工程中危害相对轻一些。因为它不是突发的，施工和监理人员很容易发现，也可及时处理。但在勘察阶段还是应对于可能发生管涌的条件加以提示，表 3.5 供设计参考。

无黏性土的允许水力梯度　　表 3.5

允许水力梯度	渗透变形的形式					
	流土型			过渡型	管涌型	
	$C_u \leqslant 3$	$3<C_u \leqslant 5$	$C_u \geqslant 5$		连续级配	不连续级配
$i_{允许}$	0.25～0.35	0.35～0.50	0.50～0.80	0.25～0.40	0.15～0.25	0.10～0.20

（2）流土。流土是针对有向上的渗流的一种渗透破坏现象。如图 3.18 所示，如果试样处于极限平衡状态，竖向静力平衡条件为：$p_w=(h+l)\gamma_w=l\gamma_{sat}$，所以：

$$h=\frac{l(\gamma_{sat}-\gamma_w)}{\gamma_w} \tag{3.52}$$

式中　γ_{sat}——土的饱和重度。

由于 $\gamma_{sat}=\gamma'+\gamma_w$，则从式（3.52）可以推导出流土的临界水力梯度

$$i_{cr}=\frac{\gamma'}{\gamma_w} \tag{3.53}$$

另外一种情况，如果在渗透系数较小的土层上有一层砂砾石，如图 3.19 所示，如果土要被“抬起”，则需要两层土一起移动，这时处于极限平衡状态的竖向静力平衡条件是：$[h+(l_1+l_2)]\gamma_w A=(l_1\gamma_{sat1}+l_2\gamma_{sat2})A$。其中，$\gamma_{sat1}$、$\gamma_{sat2}$ 分别为下部和上部土的饱和重度。如果 $\gamma_{sat1}=\gamma_{sat2}$，忽略土在 l_2 土层中的水头损失，则临界状态在 l_1 土层中的临界水力梯度为：

$$i_{cr}=\frac{\gamma'}{\gamma_w}\frac{l_1+l_2}{l_1} \tag{3.54}$$

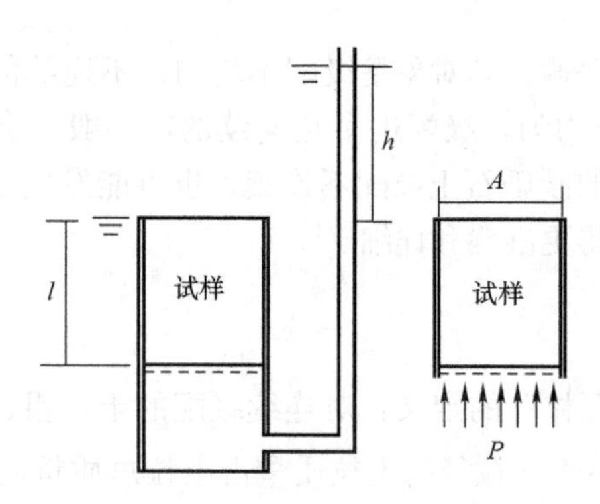

图 3.18　流土的发生条件示意图

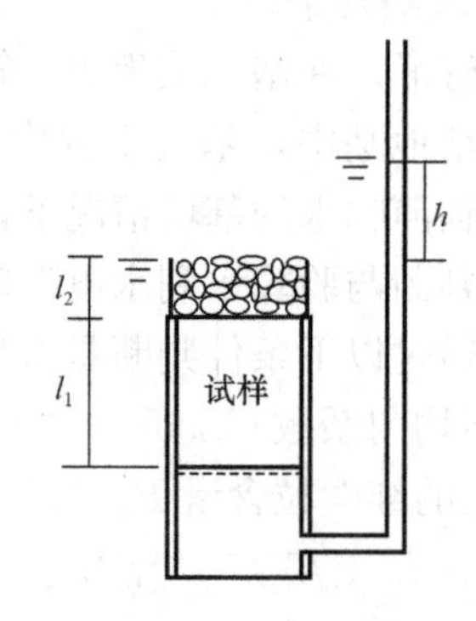

图 3.19　有压重时的流土

这比式（3.53）中的临界水力坡降大，所以可以在流土层的上部设置渗透系数很大的粗粒土作为压重是有效的。

（3）突涌。通常将在承压水作用下坑底被拱起的现象称为突涌，在图 3.19 中，对于饱和土体中的稳定渗流，突涌的条件与流土是一致的，亦即 $p_w=l\gamma_{sat}$。当土体尚未饱和时，则为 $p_w=l\gamma$，其中 γ 为土的天然重度。

3. 基坑中的渗透稳定问题

在基坑工程中，渗透破坏具有很大的威胁，而地下水的赋存形式及运动方式和人们对于地下水的处理方法不同，会使实际情况比较复杂，不能不认真进行渗流分析，一旦失察，就可能铸成大错。

流土的临界水力坡降如式（3.53）所示。但是由于黏性土存在着黏聚力，所以实际上可能承受更大一些的水力坡降，尤其对于土层均匀，尺寸较小的基坑。有人建议对于黏性土，按双向板的计算确定其可承受的承压水压力及水力梯度。但地基土及基坑开挖不确定性很大，土层的薄厚也不均匀，还是以稍保守为宜。

管涌的判断也是以临界水力梯度为准。无黏性土的抗流土和管涌的安全系数都应满足式(3.55)的要求。

$$\frac{i_{cr}}{i} \geqslant K_p \tag{3.55}$$

式中，K_p 为抗渗透破坏的安全系数，可取1.75。无黏性土的流土与管涌的允许水力梯度也可参考表3.5取值。

在图3.17中，对于坑底为黏性土，不透水层下有承压水时，基坑抗突涌稳定性验算公式为：

$$\frac{\gamma_{sat}(l_1+l_2)}{p_w} \geqslant K_h \tag{3.56}$$

式中　K_h——黏性土抗突涌安全系数，不小于1.1。

可见，黏性土比无黏性土的抗渗透变形设计安全系数小得多，这主要是由于黏性土具有黏聚力。

在地下水以下施工封底时，如果是水下浇筑混凝土，需要其凝固到一定强度后再排干基坑。如果是在基坑内通过集水井排水，然后直接封底，在图3.17情况下，由于封底以后无法再排水，混凝土底板以下形成承压水。承压水在未凝固的混凝土中向上渗流，会将混凝土中水泥浆及砂骨料中的细粒带出，这也是一种管涌。导致底板混凝土强度降低，止水失效，是应当注意的。

3.6　基坑稳定分析

3.6.1　无支护基坑的稳定

基坑的无支护开挖要求的条件较严格：土质较好，地下水埋深大或者人工降水，场地开阔，周边无重要建筑物和市政工程，近年来在大城市市区已经很难有这样的条件了。由于城市向外扩展，某些位于城市郊区的建筑基浅坑可能采用无支护开挖。

无支护开挖包括放坡开挖和竖直开挖，一般开挖深度 $H<5\text{m}$ 的土质基坑可采用放坡开挖；在同样条件下，如果 $5\text{m}<H<10\text{m}$，则常需对坡面给予一定的保护，如插筋、挂网、水泥抹面及喷射混凝土等，进一步发展就变成了土钉墙。土质好，地下水较深，也可无支护竖直开挖，但有临界开挖深度的限制。

无支护开挖要求的条件严格，风险也较大。首先由于基坑工程是临时性工程，时间因素很重要。例如在地下水以上的非饱和土体中，可利用其基质吸力而无支护开挖，而一旦降雨或管线漏水，使基坑侧壁土的基质吸力丧失殆尽，就会造成基坑坍塌，发生事故。

1. 无支护竖直开挖

对于竖直开挖的无支护土体，滑动面在土体中，见图3.20，临界深度可用下面的方法根据滑动楔体上W、R、C三个力的静力平衡条件得到[8]：

$$H_{cr}=\frac{4c}{\gamma}\tan\left(45°+\frac{\varphi}{2}\right)=\frac{4c}{\gamma\sqrt{K_a}} \tag{3.57}$$

如果对饱和软黏土 $\varphi_u=0$，则变成：

$$H_{cr}=\frac{4c_u}{\gamma}=\frac{2q_u}{\gamma} \tag{3.58}$$

其中 q_u 为无侧限单轴抗压强度。

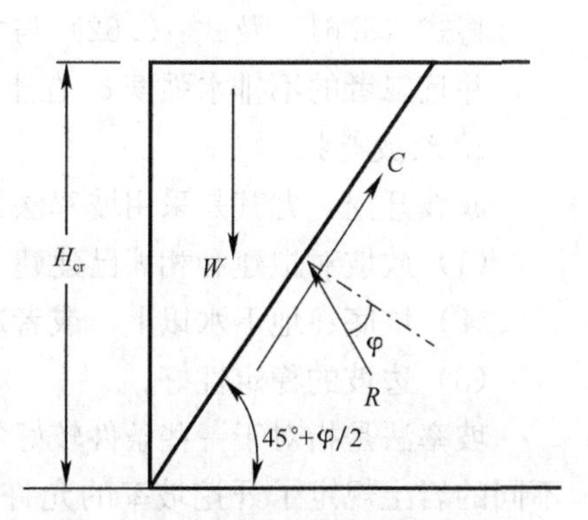

图3.20　竖直无支护开挖的临界深度

当存在地面超载 q 时，式（3.57）变成：

$$H_{cr}=\frac{4c}{\gamma}\tan\left(45°+\frac{\varphi}{2}\right)-\Delta H \tag{3.59}$$

式中，$\Delta H=2q/\gamma$。

在这种无支护竖直开挖的情况下，还应注意以下问题：

（1）在黏性土基坑侧壁可能会发生拉裂缝。并且一旦拉裂缝中进入积水，水压力会产生劈裂作用。

（2）对于一些特殊土，由于具有较强的结构性，其强度可能很高。例如原状黄土可以壁立几十米，而一旦湿陷则会坍塌；膨胀土由于裂缝发育，也会限制其临界开挖深度。

（3）在工程设计中，设计开挖深度为临界深度除以安全系数：

$$H=\frac{H_{cr}}{K} \tag{3.60}$$

由于基坑属于临时性工程，在一些规范和手册中常常给出一些无支护竖直开挖深度的经验数值[23]。

在软黏土中的竖直开挖尚需验算坑底地基的承载力，以防止坑底隆起，见图 3.21。

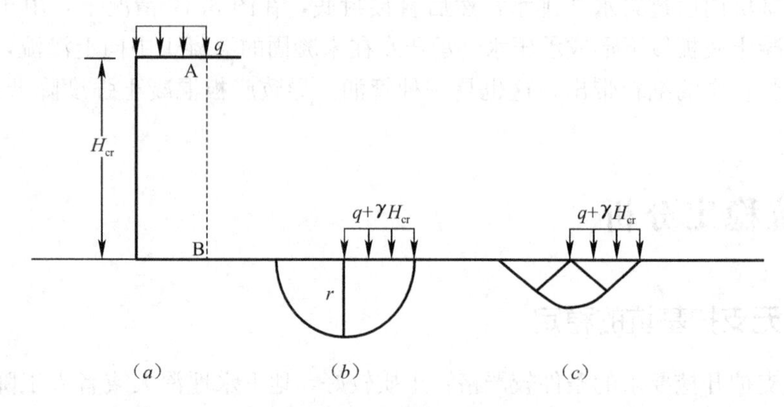

图 3.21　地基承载力验算

（a）无支护竖直开挖；（b）整体圆弧法计算地基承载力；（c）普朗特（Prandtl）公式计算承载力

在图 3.21（b）中，对于 $\varphi_u=0$ 的饱和软黏土不排水情况，忽略 AB 侧面的阻力，采用滑动面为半圆弧的整体圆弧法可以得到：

$$H_{cr}=\frac{2\pi c_u-q}{\gamma} \tag{3.61}$$

在图 3.21（c）中，如果采用普朗特（Prandtl）公式计算承载力，可以得到：

$$H_{cr}=\frac{(2+\pi)c_u-q}{\gamma} \tag{3.62}$$

将式（3.61）及式（3.62）与式（3.58）比较，可以发现这两式计算的临界深度稍大一些，并且二者的不排水强度 c_u 在土层中的位置不同。

2. 放坡开挖

放坡开挖，尤其是采用坡率法开挖，需要满足以下条件：

（1）放坡对拟建和相邻已建建筑物无不利影响；

（2）坑底在地下水以上，或者通过人工降低地下水降到坑底以下；

（3）边坡的稳定性好。

坡率法是指对于一些条件较好的基坑，可采用有关规定的坡率放坡开挖。一些规范对于不同的岩土规定了开挖坡率的允许值[1][4][11][14][15]，数值大体上接近，可以查有关规定的表格。其规定的在各种岩土条件下的允许坡率见表 3.6[14]。当坡顶有超载时，特别是有动荷载时，应适当放缓边坡坡度。

土质边坡坡率允许值　　表 3.6

边坡土质类型	状　态	坡率允许值（高宽比）	
		坡高 $H<5m$	坡高 5～10m
碎石土	密实	1∶0.35～1∶0.50	1∶0.5～1∶0.75
	中密	1∶0.50～1∶0.75	1∶0.75～1∶1.00
	稍密	1∶0.75～1∶1.00	1∶1.00～1∶1.25
黏性土	坚硬	1∶0.75～1∶1.00	1∶1.00～1∶1.25
	硬塑	1∶1.00～1∶1.25	1∶1.25～1∶1.50
残积黏性土	硬塑	1∶0.75～1∶0.85	1∶0.85～1∶1.00
	可塑	1∶0.85～1∶1.00	1∶1.00～1∶1.15
全风化黏性土	坚硬	1∶0.50～1∶0.75	1∶0.75～1∶0.85
	硬塑	1∶0.75～1∶0.85	1∶0.85～1∶1.00

注：1. 表中碎石土的充填物为坚硬或硬塑的黏性土；
2. 对于砂土或充填物为砂土的碎石土，边坡坡率的允许值宜按天然休止角确定；
3. 表中残积土主要指花岗岩残积黏性土，全风化黏性土主要指花岗岩黏性土。

3.6.2　边坡稳定分析

对于饱和软黏土地基中的基坑，在放坡开挖时可采用不排水强度指标，$c=c_u$，$\varphi_u=0$，使用整体圆弧法进行稳定分析。如图 3.22 所示。

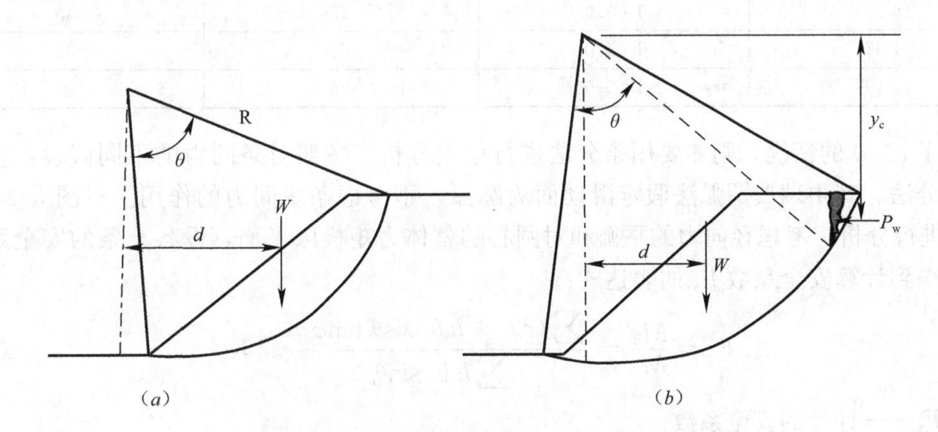

图 3.22　整体圆弧法土坡的稳定分析

（a）整体圆弧法的稳定分析；（b）有充水拉裂缝的整体圆弧法稳定分析

对于图 3.22（a）的情况，以抗滑力矩与滑动力矩之比为计算安全系数：

$$F_s=\frac{c_u R^2\theta}{Wd}\geqslant K_s \tag{3.63}$$

式中　F_s——计算的安全系数；

K_s——整体稳定设计安全系数；

W——滑动土体的自重，对饱和土按饱和重度计算（kN）；

d——自重 W 作用点与滑弧圆心水平距离（m）；

R——滑动圆弧的半径（m）；

θ——滑弧段的圆心角，以弧度计。

对于图 3.22（b）的情况，由于拉裂缝中充满了水，一方面减少了抗滑力矩的弧长，另一方面增加了一个水压力，安全系数公式变成：

$$F_s = \frac{c_u R^2 \theta}{Wd + P_w y_c} \geqslant K_s \tag{3.64}$$

式中 P_w——竖直拉裂缝中总水压力（kN）；

y_c——P_w 作用点与滑弧圆心间的竖向距离（m）。

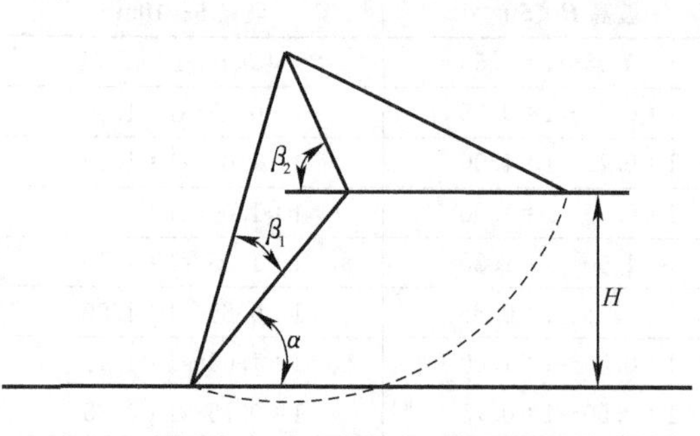

图 3.23 $\varphi_u=0$ 最危险滑动面圆心的确定

计算安全系数 F_s 最小的滑动面是最可能的滑动面，这就必须对大量的圆弧滑动面进行计算，以搜索最危险的滑动面。费伦纽斯（W. Fellennius）对于均匀的黏性土提出了经验方法，认为最危险滑动面一般过坡角。其中对于 $\varphi_u=0$ 这一滑动面可以通过图 3.23 所示方法确定。滑动面的圆心位置可通过 β_1、β_2 的交点确定[7]。各种坡角下的 β_1、β_2 值见表 3.7。

各种坡角下的 β_1、β_2 值　　表 3.7

坡角 α	坡度 1∶m	β_1（°）	β_2（°）
60°	1∶0.58	29	40
45°	1∶1.0	28	37
33°41′	1∶1.5	26	35
26°34′	1∶2.0	25	35
18°26′	1∶3.0	25	35
14°02′	1∶4.0	25	36
11°19′	1∶5.0	25	39

对于 $\varphi>0$ 的情况，则需要用条分法进行稳定分析。按照对条间力的不同假设，存在着各种条分法。其中瑞典圆弧法假定滑动面为圆弧，不考虑条块间力的作用。对图 3.24 中的土条 i 进行分析，考虑径向力的平衡和对圆心的整体力矩极限平衡，设各土条的安全系数相等，可得到计算安全系数 F_s 的表达式：

$$F_s = \frac{M_R}{M_S} = \frac{\sum (c_i l_i + h_i b_i \cos\theta_i \tan\varphi_i)}{\sum h_i b_{ii} \sin\theta_i} \leqslant K_s \tag{3.65}$$

式中 F_s——计算的安全系数；

K_s——整体稳定设计安全系数；

b_i，l_i——第 i 土条的宽度和底部弧长（m）；

c，φ——对粗粒土用有效应力强度指标，对黏性土用固结不排水或者固结快剪强度指标。

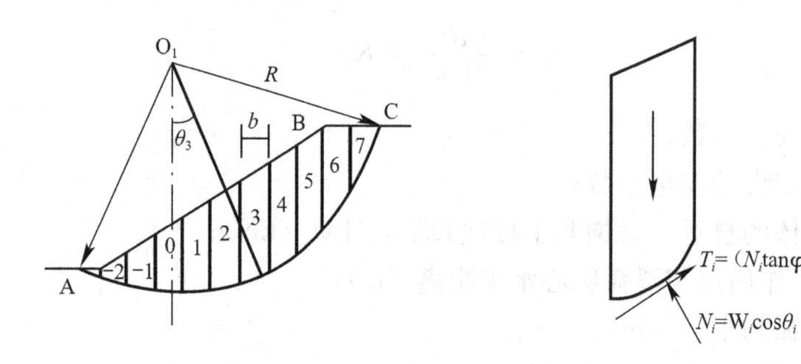

图 3.24 瑞典圆弧法分析示意图

瑞典圆弧法由于忽略了条间力，计算的安全系数偏小，在圆弧中心角较大和孔隙水压力较大时，计算的安全系数的误差较大，甚至会出现异常。它的优点是能够写出关于安全系数的显式表达式，计算简便。在边坡稳定分析中，对三轴排水（CD）、固结不排水（CU）和不固结不排水（UU）强度指标的合理应用，是值得特别注意的。

根据有效应力原理，在边坡稳定分析中，只要是能够确定土中的孔隙水压力，就应当用有效应力指标计算。对于堆石、碎石和砂土，在静载条件下一般不会产生或保持超静孔隙水压力，应选用有效应力强度指标；对于黏性土坡，如果在荷载作用下产生的超静孔隙水压力完全消散或者可以较准确地确定，也可采用土的有效应力强度指标。

由于很多土坡稳定问题都与土中水有关，并且在很多情况下，土中的超静孔隙水压力是不易准确确定的，因而总应力强度指标也经常被用于边坡稳定分析中。具体采用什么指标及测试方法，应根据土的渗透性和排水条件、荷载施加速度等条件确定。饱和软黏土的开挖边坡会发生渗流，但不一定达到稳定渗流，可以采用不排水强度指标（$c=c_u$，$\varphi_u=0°$），这时可以用上述的整体圆弧法进行分析。

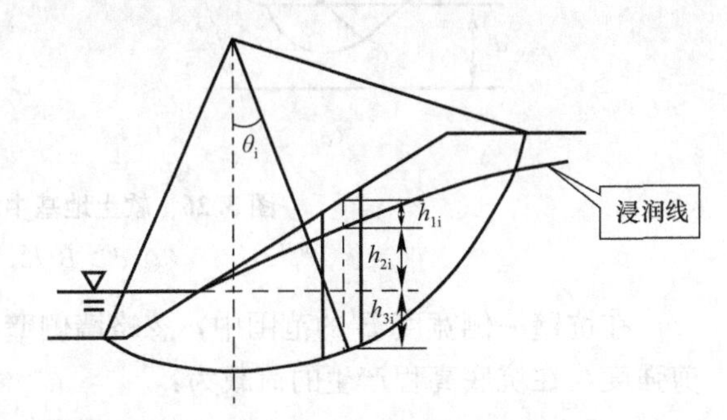

图3.25　有地下水情况下的圆弧条分法分析示意图

在稳定渗流情况下，如果采用排水或者固结不排水强度指标，可以采用替代法近似计算安全系数（图3.25）：

$$F_s=\frac{M_R}{M_S}=\frac{\sum[c_il_i+(h_{3i}\gamma'+h_{2i}\gamma'+h_{1i}\gamma)b_i\cos\theta_i\tan\varphi_i)}{\sum(h_{3i}\gamma'+h_{2i}\gamma_{sat}+h_{1i}\gamma)b_i\sin\theta_i}\geqslant K_s \tag{3.66}$$

式中　h_{3i}，h_{2i}，h_{1i}——第i土条滑动面到地下水位之间高度（m）、地下水位与浸润线间的高度（m）和浸润线以上的高度（m）；

γ'，γ，γ_{sat}——土的浮重度、天然重度和饱和重度。

也可通过绘制稳定渗流的流网，确定各土条的静孔隙水压力进行稳定分析：

$$F_s=\frac{M_R}{M_S}=\frac{\sum[c_il_i+(W_i\cos\theta_i-u_il_i)\tan\varphi_i]}{\sum W_i\sin\theta_i}\geqslant K_s \tag{3.67}$$

式中，W_i为第i土条的自重（kN），下游水位以下部分（h_{3i}）用浮重度计算，h_{2i}部分用饱和重度计算，h_{1i}部分用天然重度计算；u_i为第i土条底部滑动面处的孔隙水压力（kPa），只计下游水位以上部分水头的水压力。

在式（3.67）中，对于黏性土，如果孔压u中包含有开挖引起的超静孔压，或者用于边坡开挖产生的超静孔压已经消散，则强度指标采用有效应力指标；如果u只包含静水压力包括稳定渗流场的压力，而不包含开挖引起的超静孔压，则可采用固结不排水指标，或者固结快剪指标。在上述各式中K_s为设计要求的安全系数，一般可取1.2～1.3[6][14]左右。

在上述的瑞典圆弧法稳定计算中，F_s为对于所选的圆弧得到的计算安全系数，实际上还需搜索具有最小计算安全系数的滑动面，使其满足$F_s\geqslant K_s$。

3.6.3　坑底隆起的稳定验算

在软土地基基坑中，坑底隆起不但会给基坑内的施工造成影响，而且也会使基坑周边地面和建筑物沉降，引发的事故亦不少见。目前对坑底隆起的验算方法主要有坑底地基承载力方法和整体圆弧滑动法。国内各种规范的计算方法大体一致，但参数的取值、安全度的规定各有不同，加之勘察部门给出的强度指标的差异性与离散性，使设计计算结果有很大不确定性。

1. 坑底承载力验算法

在太沙基的时代，基坑的支挡结构物本身一般不插入坑底，或插入很浅，基坑的宽度和深度也都不大，图 3.26 所示的宽度为 B'，基坑土可能沿支挡墙外侧下滑使坑底隆起[3]。

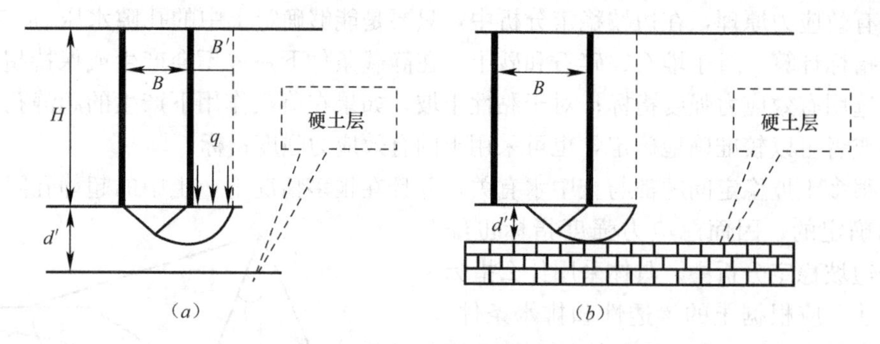

图 3.26 软土地基中坑底隆起验算示意图

(a) $d'>B/\sqrt{2}$；(b) $d'\leqslant B/\sqrt{2}$

在坑壁一侧宽度 B' 的范围中，忽略墙侧壁与土间的摩擦力，对于饱和软黏土的不排水抗剪强度，在坑底高程产生的荷载为：

$$q=(HB'\gamma-c_uH)/B' \tag{3.68}$$

而软土地基坑底的承载力可根据太沙基公式计算为：

$$f=N_cc_u=5.7c_u \tag{3.69}$$

根据图 3.26（a），$B'=B/\sqrt{2}$，则安全系数可以计算：

$$\frac{f}{q}=\frac{1}{H}\frac{5.7c_u}{\left(\gamma-\frac{\sqrt{2}c_u}{B}\right)}\geqslant K_h \tag{3.70}$$

如果硬土层在坑底以下的深度 $d'<B/\sqrt{2}$ 时，则 $B'=d'$，式（3.70）变为：

$$\frac{f}{q}=\frac{1}{H}\frac{5.7c_u}{\left(\gamma-\frac{c_u}{d'}\right)}\geqslant K_h \tag{3.71}$$

对于基坑宽度很大，并且软土层深厚时，可以忽略 c_uH 这部分阻力，上式变成：

$$\frac{5.7c_u}{\gamma H}\geqslant K_h \tag{3.72}$$

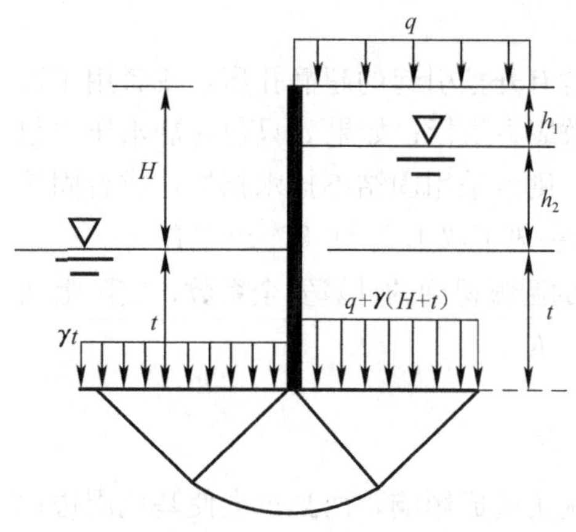

图 3.27 高插入比基坑支挡的基坑隆起验算

与图 3.26 这样早期的基坑支护形式相比，目前我国的基坑支护发生了很大变化。那就是预先浇筑桩、墙，底部埋入深度大大超过设计坑底，然后边开挖边支撑。目前在我国软土地基中连续墙或者咬合桩等挡土结构物的插入比 t/H 很大，基坑的宽度也很大。这时基坑坑底承载力引起的隆起问题可见图 3.27。

对于深大基坑，可忽略 $c_u(H+t)$ 部分的阻力，但插入比很高的情况，插入深度 t 产生的承载力增量不能忽视，式（3.72）变成式（3.73）。

$$\frac{5.7c_u+\gamma t}{\gamma(H+t)+q}\geqslant K_h \tag{3.73}$$

其中 γ 为（$H+t$）深度内土的平均重度，水下取饱和重度。

对于这种情况下的地基承载力，由于不存在刚性基础的基底与地基土间的摩擦而形成的“刚（弹）性核”，所以也有不少人采用普朗特-瑞斯纳（Prandtl-Reissner）的承载力公式：

$$p_u = \gamma t N_q + c N_c \tag{3.74}$$

当 $\varphi_u = 0°$ 时

$$p_u = 5.14c + \gamma t \tag{3.75}$$

则抗隆起公式变为：

$$\frac{5.14c_u + \gamma t}{\gamma(H+t)+q} \geqslant K_h \tag{3.76}$$

可见这时用普朗特-瑞斯纳公式比太沙基公式计算的承载力低一些。

当采用固结不排水强度指标时，式（3.74）中的承载力系数 $N_q > 1.0$，这就涉及各部分的土体的重度取值问题。对于图3.27这种情况，抗隆起的安全系数验算公式为：

$$\frac{cN_c + \gamma' t N_q}{(\gamma h_1 + \gamma_{sat} h_2 + \gamma' t) + q} \geqslant K_h \tag{3.77}$$

式中　h_1——墙外地下水以上土层厚度（m）；

h_2——墙内外水位之间的土层厚度（m）；

t——墙内地下水与墙底间土层厚度（m）；

γ——土的天然重度（kN/m^3）；

γ'——土的浮重度（kN/m^3）；

γ_{sat}——土的饱和重度（kN/m^3）。

N_q、N_c——地基土的承载力系数，按下列公式计算。

$$N_q = \tan^2\left(45° + \frac{\varphi}{2}\right)e^{\pi\tan\varphi} \tag{3.78}$$

$$N_c = (N_q - 1)/\tan\varphi \tag{3.79}$$

其中，K_h 为抗隆起设计安全系数，对于一、二、三级安全等级的支挡结构 K_h 可取 1.6 ± 0.2。式（3.76）和式（3.77）是当前常用的验算基坑隆起的公式。

在软黏土地基中，由于坑底承载力而发生隆起的验算，国内各规范的计算方法、强度参数和安全度数值各有不同，从如下几个方面进行讨论：

（1）由于坑底隆起的情况多发生于饱和软黏土地基，这时采用不排水强度较为合理，其中以十字板测试最合适。但由于不排水强度 c_u 是随深度增加的，应当取墙底以下一定深度土的不排水强度验算。这时土的重度可以用饱和重度，也无需考虑渗流。

（2）有的规范规定用固结不排水强度指标，在饱和软黏土情况下，这就涉及土的重度取值：地基土是在原位有效自重压力下固结的，所以计算承载力时，应当用土的浮重度，计算荷载时，坑底水位到坑外水位间的土则应当用饱和重度。或者考虑渗流，流线大体上与土体隆起的运动方向一致，这是不利的，增加了荷载，减少了抗力。在式（3.77）中，假设水力梯度按墙壁渗径平均计算可以表示为：

$$\frac{cN_c + (\gamma' - \gamma_w i)tN_q}{[\gamma h_1 + (\gamma' + \gamma_w i)h_2 + (\gamma' + \gamma_w i)t] + q} \geqslant K_h \tag{3.80}$$

式中：$i = H/(H+2t)$。

（3）国内规范中都忽略了墙外土体两侧（$H+t$）部分的摩阻力；忽略了墙内 t 部分土体的阻力，这对基坑深度和插入深度都较大的情况是偏于保守的，对于较窄的基坑，可以考虑用太沙基的公式（式（3.70），式（3.71））。

（4）由于基坑的承载力与一般浅基础的承载力不同，采用普朗特-瑞斯纳承载力公式是合适的，但深基坑的实际情况毕竟与浅基础不同，如上所述，普朗特-瑞斯纳承载力公式偏保守。

总结关于坑底隆起的验算，可见它是含有很多有利与不利因素的半经验方法，应充分认识这一点。表3.8指出了目前常用计算方法的近似性。

验算坑底隆起的总结表　　　　表 3.8

公式（3.77）	有利方面	不利方面
$K_h=\dfrac{cN_c+\gamma tN_q}{\gamma(H+t)+q}$	忽略墙外（$H+t$）两侧摩阻力对荷载的减少	采用固结不排水强度指标，未考虑欠固结土情况
	未计基础宽度对承载力的增加	室内试验强度指标的不确定性
	忽略了墙内侧 t 深度土体抗剪强度对承载力的增加	坑内排水时，没有考虑渗透力影响
	没考虑坑内土由于开挖的超固结强度及内外土体的应力路径	用固结不排水强度和饱和重度水土合算计算承载力偏大
	未计坑底加固与降水的作用	超载 q 部分，一般不宜用固结不排水强度指标
	未计坑底以下可能的硬土层影响	
	未计基坑的三维效应	

实际上，在目前的基坑工程设计与规范中，大多数属于半经验的方法，有利、不利因素同时存在，共同起作用，结果是根据经验尚可接受。但对于这些因素还是应有所了解，特别是在一种不利因素起主要作用时，应特别警惕。

2. 圆弧滑动法验算坑底隆起

对于软黏土地基，验算坑底隆起的另一种方法是圆弧滑动法。如果考虑的是整体稳定的滑动面，这时各种支撑、锚固力产生额外的抗滑力矩，采用整体圆弧法（$\varphi_u=0$）或者圆弧条分法（$\varphi_u=0$）计算。

圆弧滑动可能有各种形式，并且都会有支挡桩墙、支撑力等加入抗滑部分，所以对此有不同的假设，也就对应于不同的方法。

在图 3.28 中表示了 3 种可能的圆弧滑动形式。在图 3.28（a）中，圆弧中心为坑底面与支挡墙的交点 O，半径等于 t。产生滑动力矩的是 H 段土体自重和超载 q，抗滑力矩包括圆弧段的阻力和桩墙自身的抗弯力矩 M_p。抗隆起安全系数 K_h 可通过式（3.81）计算。

$$\frac{M_p+\int_0^{\pi}\tau_0 t\mathrm{d}\theta}{(q+\gamma H)t^2/2}\geqslant K_h \tag{3.81}$$

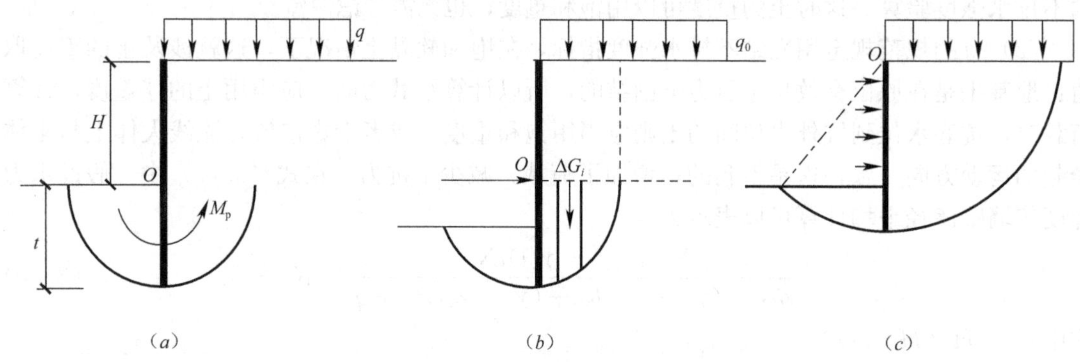

图 3.28　几种圆弧滑动的形式

如果 τ_0 是由十字板剪切试验确定的不排水强度，可以用分段叠加代替积分；如果 τ_0 是通过固结不排水强度指标计算，则应使用条分法计算代替积分。图 3.28（b）表示的是以最下面一道支撑与墙的交点为圆心的圆弧滑动，见图 3.29，可用条分法验算[2]。抗隆起安全系数可通过下式验算：

$$\frac{\sum\{c_i l_i+[(q_i b_i+\Delta G_i)\cos\theta_i-u_i l_i]\tan\varphi_i\}}{\sum(q_i b_i+\Delta G_i)\sin\theta_i}\geqslant K_h \tag{3.82}$$

式中 K_h——抗隆起安全系数，可取1.3，对1、3级安全等级的基坑可分别上下增减0.1；

G_i——第 i 土条的自重，水下用饱和重度计算（kN）；

u_i——第 i 土条下的孔隙水压力（kPa）。

可见它计入了部分坑底以上土的抗力，但也忽略了最下一道支撑以上部分土的两侧阻力及桩墙自身的抗弯强度。

对于图3.28（c）的情况属于整体稳定问题。

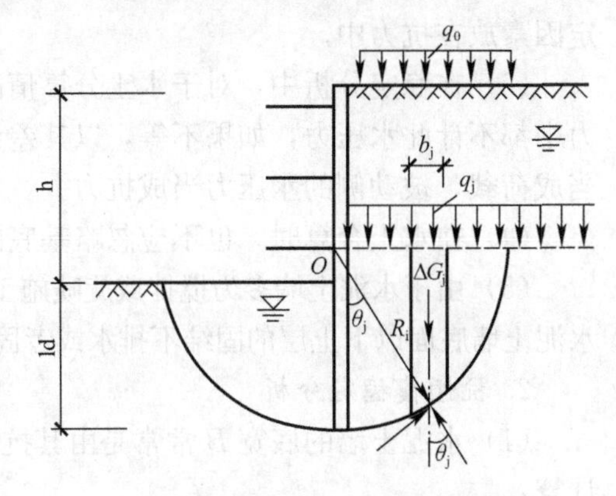

图3.29 以最下层支点为圆心的圆弧滑动坑底隆起验算

3.6.4 支挡结构物的稳定分析

基坑支挡结构物主要有重力式和板式两种，重力式支挡结构包括重力式水泥土墙，也包括与其他支挡结构物结合使用的小型重力式挡土墙。板式支挡结构有地下连续墙、排桩和型钢水泥土墙等。两类支挡结构物都应满足结构自身强度，整体滑动稳定和抗倾覆稳定。重力式支挡结构物尚需满足抗滑移稳定。

1. 重力式挡土墙的抗滑移稳定分析

在基坑工程中，有些挡土结构物属于重力式，例如水泥土墙。这一类挡土墙的稳定包括抗滑移稳定、抗倾覆稳定、整体稳定和地基承载力问题。水泥土墙的厚度一般是由墙的抗倾覆稳定决定的，而其埋置深度则由整体稳定性决定。

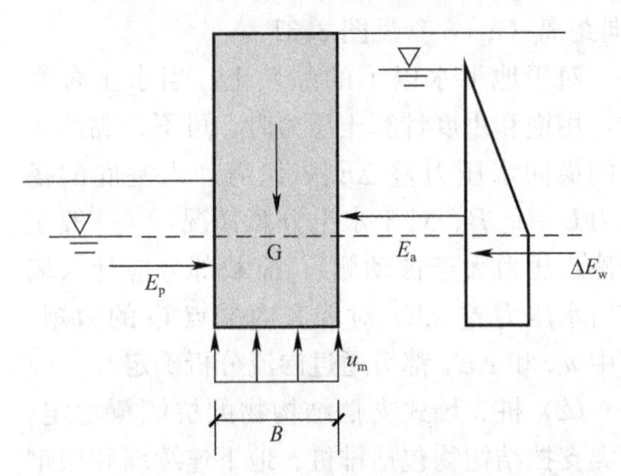

图3.30 重力式水泥土墙抗滑移稳定验算示意图

重力式挡土结构主要靠自身的重力产生的摩阻力保持其抗滑移稳定，但水泥土墙由于有较大的埋深，其墙前的被动土压力一般不能忽略。几乎所有规范都用朗肯土压力理论计算其主动和被动土压力，因而土压力都被假定为水平方向的，参见图3.30。抗滑移稳定安全系数可通过下式计算：

$$\frac{E_p+(G-u_m B)\tan\varphi+cB}{E_a+\Delta E_w}\geqslant K_s \tag{3.83}$$

式中 K_s——抗滑移稳定设计安全系数，可取1.2；水土合算时，可取1.40；

E_a、E_p——作用于水泥土墙上的主动、被动土压力（kN）；

E_w——作用于水泥土墙上的两侧水压力差（kN），水土合算时，可不计此项；

G——水泥土墙的自重（kN）；

u_m——水泥土墙底面的平均孔隙水压力（kPa）；

c、φ——水泥土墙底面以下土层的黏聚力（kPa）、内摩擦角（°）；

B——水泥土墙底面的宽度（m）。

对此，在目前的有关规范中有如下一些问题值得讨论：

（1）在抗滑移稳定分析中，按承载能力极限状态设计理论和采用安全系数法设计，其作用应采用基本组合，但分项系数为1.0。在安全系数法公式中，不宜用 γ 表示安全系数，也不应出现重要性系数 γ_0，可对不同安全等级的基坑侧壁规定不同的安全系数。

（2）同样大小的安全系数与分项系数所表现的安全度是无法相比的。主要由于二者的作用（荷载）分项系数不同。有的规范用抗力分项系数来代替安全系数，而将荷载（作用）分项系数取为1.0[6]，这实际上混淆了不同设计理论间的区别，分项系数法是基于可靠度理论的非定值设计方法，其中将荷载与抗力分别当成两个随机变量，不能将荷载随机变量的不确定因素放在抗力中。

（3）在稳定分析中，对于水土分算情况，墙前后的横向水压力如果相等，则在荷载和抗力中都不计此水压力，如果不等，以其差计入荷载（或抗力）中，而不应将主动侧的水压力当成荷载，被动侧的水压力当成抗力。

（4）在水土合算时，也不应忽略基底的扬压力。

（5）由于水泥土墙多为搅拌或旋喷施工，与地基土间结合紧密，难以界定接触面，所以用水泥土墙底面以下土层的固结不排水或者固结快剪试验的黏聚力和内摩擦角计算较为合理。

2. 抗倾覆稳定分析

（1）水泥土墙的底宽 B 常常是由其抗倾覆稳定决定的。抗倾覆稳定安全系数可通过下式计算：

$$\frac{E_p z_p + (G - u_m B) x_G}{E_a z_a + \Delta E_w z_w} \geqslant K_{ov} \tag{3.84}$$

式中 K_{ov}——抗倾覆稳定安全系数，其值可取 1.3；

z_a、z_p——主动、被动土压力合力作用点至墙底内端点 O 的水平距离（m）；

x_G——墙体自重 G 与墙底孔隙水压力 u_{mB} 合力作用点至点 O 的水平距离（m）；

ΔE_w——墙前后水压力之差（kN），水土合算时，可不计此项；

z_w——ΔE_w 作用点至墙底内端点 O 的竖向距离（m），参见图 3.31。

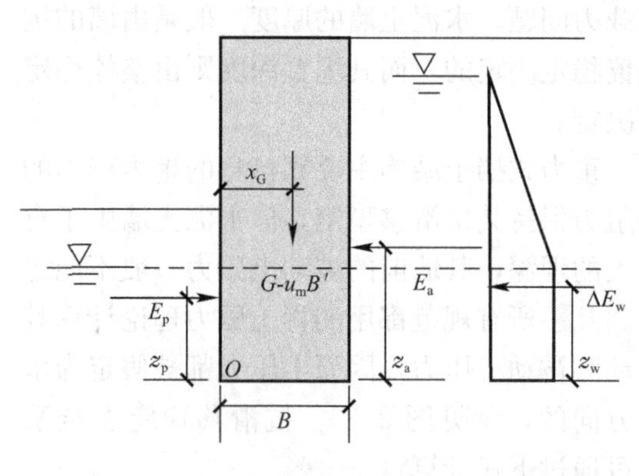

图 3.31　重力式水泥土墙抗倾覆稳定验算示意图

对于地下水以下的黏性土，当水土合算时，用饱和重度计算土压力时，可不计黏性土中的横向水压力差 ΔE_w，但需计入基底的扬压力 $U = u_m B$。对于水土分算情况，（一般主动侧水压力大于被动侧），荷载部分应计入墙前后水压力差 ΔE_w 对墙底内端点 O 的力矩。其中 u_m 和 ΔE_w 都可通过渗流分析确定。

（2）桩、墙式支挡结构物的抗倾覆稳定。这类支挡结构物包括排桩、地下连续墙和型钢水泥土墙。对于地下连续墙和型钢水泥土墙可取单位宽度的荷载与抗力进行抗倾覆稳定分析，而对于排桩的结构内力计算可取单桩承担的宽度进行计算。一般桩、墙式支挡结构物的嵌固深度是由抗倾覆稳定性决定的，所以也称为锚固稳定性。

1）绕墙底转动的抗倾覆稳定。悬臂式护坡桩、地下连续墙结构物的抗倾覆稳定分析与重力式结构抗倾覆稳定分析的式（3.84）类似，但由于桩墙的自重及底宽可以忽略，其抗倾覆安全系数可按下式验算：

$$\frac{E_p z_p}{E_a z_a + \Delta E_w z_w} \geqslant K_{ov} \tag{3.85}$$

式中各符号见图 3.32。对二级安全等级的基坑，设计安全系数 K_{ov} 一般可取 1.1。对一级可取 1.2，对于三级可取 1.05。通过式（3.85）确定桩墙的锚固深度。对于黏性土水土合算时，可不计水压力差 ΔE_w，对于水土分算，水

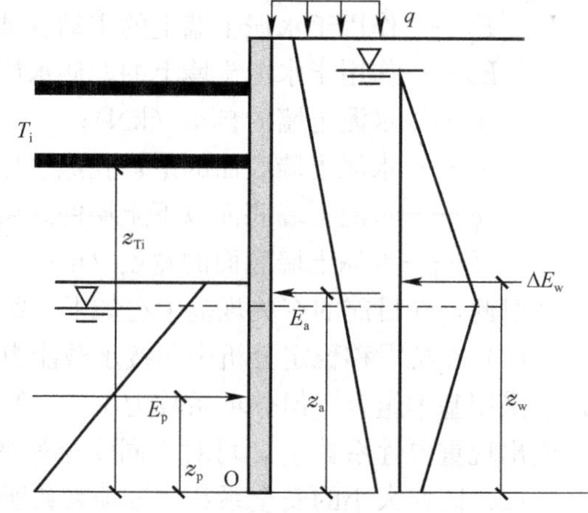

图 3.32　支撑（锚杆）式支挡结构物的抗倾覆稳定验算示意图

压力差 ΔE_w 可通过渗流分析计算。

对于如图 3.32 所示的有支撑或者锚杆的桩墙，其绕墙底转动的稳定安全系数可按下式验算：

$$\frac{E_p z_p + \sum_{i=1}^{n} T_i z_{Ti}}{E_a z_a + \Delta E_w z_w} \geqslant K_{ov} \tag{3.86}$$

式中　T_i——第 i 层支点处水平力的标准值（kN），可用弹性支点法计算；

z_{Ti}——第 i 层支点至桩墙底面的距离（m）。

2）绕最下一道支撑（或锚杆）转动的抗倾覆稳定。在有支撑或锚杆的桩墙结构中，当锚固深度不足时，也有可能发生绕最下一道支撑（锚杆）的转动而失稳，亦即俗称的“踢脚”。见图 3.33。当发生这种失稳时，最下一道支撑（锚杆）以上的各支撑（锚杆）的位移与设计情况相反，可以认为已经失效；最下一道支撑（锚杆）以上的土压力方向也相反，并且有向被动土压力转化的趋势。但是当发生踢脚时，墙后土体下沉，向坑内挤出，所以从安全角度考虑，不计这部分土的抗力。其抗倾覆安全系数可按下式验算：

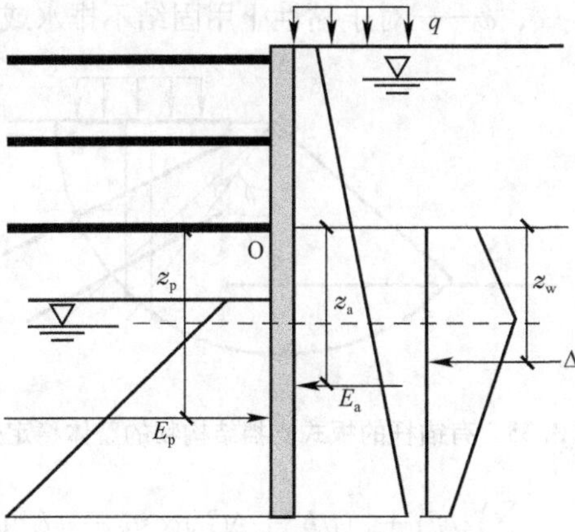

图 3.33　多层锚板式支挡结构物的抗倾覆稳定验算示意图

$$\frac{E_p z_p}{E_a z_a + \Delta E_w z_w} = K_{ov} \tag{3.87}$$

式中，抗倾覆稳定安全系数 K_{ov} 可取 1.2，对 1、3 级支护结构可分别上下调整 0.1。

（3）支挡结构物的整体稳定分析。对于支挡结构物的整体稳定分析包括以下几个部分：

1）水泥土墙的整体稳定。水泥土墙的埋置深度 t 是由其整体稳定性决定的。这种稳定分析通常采用瑞典圆弧法进行分析，见图 3.34。对于饱和软黏土，也可采用不排水强度指标进行分析，可用式（3.63）进行整体圆弧法计算分析。强度指标 c_u 可以通过现场测试（如十字板剪切试验）测得；也可采用“在有效自重压力下预固结的”不排水强度。采用 $\varphi_u=0$ 的整体圆弧法，由于强度指标 c_u 会随深度增加，在一定程度上可反映开挖（被动）侧土的超固结性，这比用固结不排水指标可能更合理，对于欠固结土也较合理。

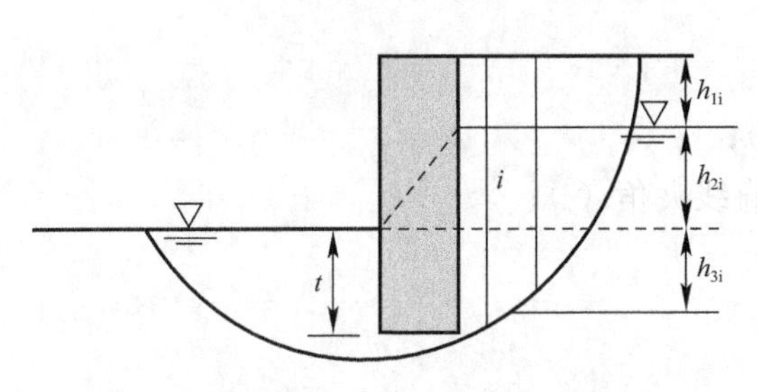

图 3.34　两侧地下水位不等时的整体稳定分析

国内大多数规范规定对于无黏性土采用有效应力强度指标。对于黏性土使用固结不排水或固结快剪强度指标。由于采用固结不排水强度指标，土条的强度对应于有效固结应力，所以计算抗滑力矩应当用浮重度，对于有地下水的情况可用式（3.88）的替代法近似计算整体稳定安全系数：

$$F_s = \frac{\sum\left[c_i l_i + (h_{3i}\gamma' + h_{2i}\gamma' + h_{1i}\gamma) b_i \cos\theta_i \tan\varphi_i\right]}{\sum (h_{3i}\gamma' + h_{2i}\gamma_{sat} + h_{1i}\gamma) b_i \sin\theta_i} \geqslant K_s \tag{3.88}$$

式中，K_s 为设计的安全系数，可取 1.2。其中水泥土墙的 h_{2i} 可按两侧水位差计算，也可通过绘制流网来确定。

当已经进行了渗流分析或绘制流网，可准确确定各土条的底部孔隙水压力 u_i 时，可通过式（3.89）计算整体稳定。

$$F_s=\frac{\sum\{c_il_i+[(q_ib_i+\Delta G_i)\cos\theta_i-u_il_i]\tan\varphi_i\}}{\sum(q_ib_i+\Delta G_i)\sin\theta_i}\geqslant K_s \tag{3.89}$$

式中 q_i——作用于土条 i 上的地面附加分布荷载标准值（kN/m²）；

G_i——第 i 土条的自重，地下水以下按饱和重度计算（kN）；

b_i、l_i——分布为第 i 土条的宽度和底部弧长（m）。

u_i——第 i 土条底部滑动面处的孔隙水压力，水泥土墙底的扬压力，可取平均孔隙水压力（kPa）；

c、φ——对于黏性土用固结不排水或者固结快剪强度指标，粗粒土用有效应力强度指标。

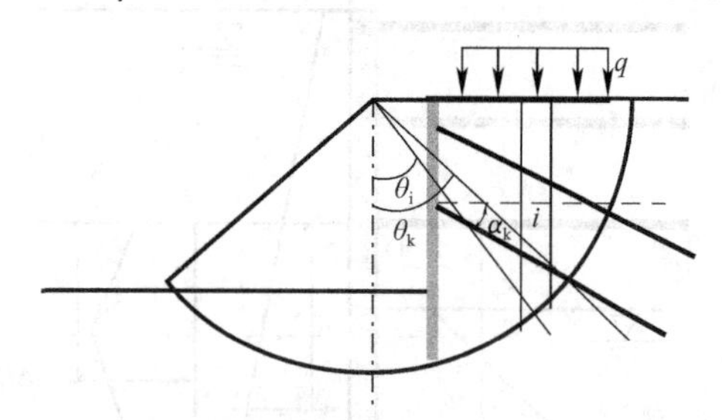

图 3.35　有锚杆的板式支挡结构物的整体稳定分析

2）排桩、地下连续墙等板式支挡结构物的整体稳定。板式的支挡结构物的整体稳定分析与水泥土墙的情况相似，见图（3.35）。也可以用式（3.66）或式（3.89）分析。对于设置了支撑（锚杆）的板式结构，还应在抗滑动力矩中加入支撑（锚杆）部分的抗滑力矩。其整体稳定安全系数可按式（3.90）计算。

$$F_s=\frac{\sum\limits_{i=1}^{n}\{c_il_i+[(q_ib_i+\Delta G_i)\cos\theta_i-u_il_i]\tan\varphi_i\}+\sum\limits_{k=1}^{m}R_k[\cos(\theta_k+\alpha_k)+0.5\sin(\theta_k+\alpha_k)\tan\varphi]/s_{xk}}{\sum(q_ib_i+\Delta G_i)\sin\theta_i}\geqslant K_s \tag{3.90}$$

式中 K_s——圆弧滑动整体稳定安全系数，一、二、三级安全等级的基坑，可取1.3±0.5。

R_k——第 k 层锚杆对滑动土体的极限拉力，取锚杆在滑动面以外极限抗拔承载力与杆体受拉承载力中的较小值（kN）；

s_{xk}——第 k 层锚杆的水平间距（m）；

θ_i——第 i 土条中点半径与竖直线夹角（°）；

θ_k——第 k 层锚杆与滑动面交点半径与竖直线夹角（°）；

α_k——第 k 层锚杆与水平线夹角（°）；

n——土条数；

m——锚杆层数。

对于有内支撑的情况，如果滑动面的终点在基坑内，则各支撑产生的力矩为抗滑力矩。

对于支挡结构物的整体稳定的分析，可以得出如下结论：

① 这些计算还需要搜索最小安全系数对应的滑动面，在有软弱下卧层时也应考虑复合滑动面的情况。

② 各规范基本上推荐使用瑞典条分法，也有同时建议简化毕肖甫法的[11]。应当注意到瑞典条分法计算的安全系数偏小8%～10%左右。

③ 对于整体稳定分析，还是应采用安全系数，不宜使用抗力分项系数。

④ 由于水泥土墙多用于饱和软黏土地基中，当采用不排水强度 c_u，$\varphi_u=0°$时，可用整体圆弧法分析。采用不排水强度 c_u，$\varphi_u=0°$的分析，由于抗滑力矩与土的自重无关，整体圆弧法计算中滑动力矩的自重部分可采用饱和重度，不计水压力，亦即水土合算。

⑤ 当黏性土采用固结不排水强度指标时，有渗流情况下最好绘制流网，进行稳定分析。近似的计算是采用“替代法”，亦即坑内地下水位与浸润线之间部分土体抗滑力矩计算采用浮重度计算，滑动力矩采用饱和重度计算。采用水土合算是不安全的。

水泥土墙的地基承载力问题，实际上与整体稳定问题和抗坑底隆起问题有关。一般规范没有另作规定。

3.6.5　土钉支护边坡的稳定分析

土钉墙支护稳定性验算由下式计算：

$$\sum_{i=1}^{n}(q_i b_i + w_i)\sin\theta_i \leqslant \frac{1}{K_s}\left\{\sum_{i=1}^{n}[c_i l_i + (w_i + q_i b_i)\cos\theta_i \tan\varphi_i] + \sum_{j=1}^{m}\left[\cos(\alpha_j + \theta_j) + \frac{1}{2}\sin(\alpha_j + \theta_j)\tan\varphi_j\right]\frac{T_j}{S_h}\right\} \tag{3.91}$$

式中　c_i、φ_i——土条 i 沿滑裂面处土体黏聚力（kPa）、内摩擦角（°）；

θ_i——第 i 土条滑裂面切线与水平方向夹角（°）；

w_i、q_i——土条 i 自重（kN）和该土条处超载；

l_i——土条 i 沿滑裂面长度（m）；

b_i——土条 i 宽度（m）；

n——土条总数；

α_j——第 j 排土钉与水平方向的夹角（°）；

θ_j——第 j 排土钉所在滑弧中点的切线与水平线的夹角（°）；

φ_j——第 j 排土钉穿过滑裂面处的土体内摩擦角（°）；

T_j——第 j 排土钉在滑弧外的极限抗拔力（kN）；

S_h——土钉水平间距（m）；

K_s——整体稳定性分项系数，取值与基坑安全等级相关，一般大于1.2。

该方法是在计算边坡稳定的瑞典圆弧法的基础上发展起来的，计算简图如图3.36所示。基本假定：

（1）滑裂面假定为圆弧；

（2）不考虑土条条间力；

（3）位于圆弧外的土钉提供锚固力。

该方法适用于土质较均匀软土、强度较低黏性土中土钉墙稳定验算。

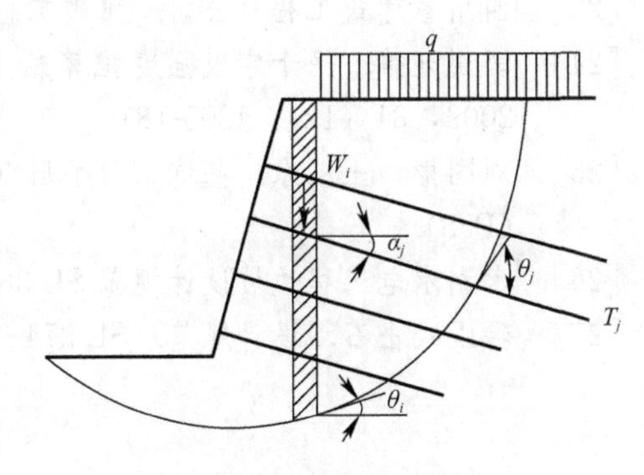

图3.36　圆弧法计算简图

参考文献

[1]　建筑地基基础设计规范 GB 50007—2002 [S]. 北京：中国建筑工业出版社，2002.

[2]　建筑基坑支护技术规范（JGJ 120—2010，J—2010）报批稿 [S]. 2010.

[3]　K. Terzaghi and R. B. Peck, Soil Mechanics in Engineering Practice [M]. New York: John Wiley and Sons, inc, 1967.

[4]　建筑边坡工程技术规范 GB 50330—2002 [S]. 北京：中国建材工业出版社，2002.

[5]　工程地质手册（第4版）[M]. 北京：中国建筑工业出版社，2007.

[6]　上海市工程建设规范. 基坑工程技术规范 DG/TJ 08-61-2010 [S]. 上海：上海市建筑材料业市场管理总站. 2010.

[7]　陈仲颐，周景星，王洪瑾. 土力学 [M]. 北京：清华大学出版社，1994.

[8]　龚晓南，高有潮. 深基坑设计施工手册（第一版）[M]. 北京：中国建筑工业出版社，1998.

[9] 顾慰慈. 挡土墙土压力计算手册（第一版）[M]. 北京：中国建材工业出版社，2005.
[10] Hans F. Winterkorn and Hsai-Yang Fang. Foundation Engineering Handbook [M], Van Nostrand Reinhold Company，1975.
[11] 建筑基坑工程技术规范 YB 9258—97 [S]. 北京：冶金工业出版社，1998.
[12] 杨光华. 深基坑开挖中多支撑支护结构的土压力问题 [J]. 岩土工程学报，1998，6：113-115.
[13] 建筑桩基技术规范 JGJ 94—2008 [S]. 北京：中国建筑工业出版社，2008.
[14] 深圳市基坑支护技术规范 SJG 05—2011 [S]. 北京：中国建筑工业出版社，2011.
[15] 广州地区建筑基坑支护技术规定 GJB 02—98 [S]. 广州：广东省工程建设标准化协会，1998.
[16] 北京市地方标准. 建筑基坑支护技术规程 DB 11/489—2007 [S]. 2007.
[17] 李广信. 基坑支护结构上水土压力的分算与合算 [J]. 岩土工程学报，2000，22 (3)：348-352.
[18] D. G. 弗雷德隆德，H 拉哈尔佐，陈仲颐等译. 非饱和土力学 [M]. 北京：中国建筑工业出版社，1997.
[19] 李广信. 高等土力学 [M]. 北京：清华大学出版社，2004.
[20] 陈仲颐，叶书麟. 基础工程学 [M]. 北京：中国建筑工业出版社，1990.
[21] Guide to Retaining Wall Design [S]. Geotechnical Engineering Office，Civil Engineeering of The Hong Kong.
[22] 水力发电工程地质勘察规范 GB 50287—2006 [S]，北京：中国计划出版社，2008.
[23] 四川省建筑工程总公司. 爆破工程施工及验收规范 GBJ 201—83 [S]. 1983.
[24] 闫澍旺等. 用十字板强度推算黏土抗剪强度指标的方法及应用 [J]. 岩土工程学报，2009，31 (12)：1805-1810.
[25] 刘国彬，王卫东. 基坑工程手册（第二版）[M]. 北京：中国建筑工业出版社，2009 (P58).
[26] 水利水电工程边坡设计规范 SL 386—2007. 北京：中国水利水电出版社，2007.
[27] 碾压式土石坝设计规范. SL 274—2001. 北京：中国水利水电出版社，2002.

CHAPTER 4

第4章 基坑变形与支护结构内力计算

4.1 概述

4.1.1 基坑工程施工可产生的变形

除基坑开挖可引起支护体系和坑内外土体产生变形外，实际上，在施工全过程中，还可因其他原因产生变形。根据基坑工程施工全过程可产生的变形的机理、危害及控制方法，可将基坑施工全过程划分为基坑支护结构施工、基坑降水、基坑开挖、基坑使用、支撑拆除、地下水位恢复等 6 个阶段[1]，其中基坑开挖产生的变形已得到工程技术人员的高度重视，然而，仍然有一些变形还不为工程技术人员所认识或重视。各阶段可能产生的变形的机理、危害及控制方法系统总结如下。

1. *支护结构施工阶段*

工程实践及理论研究均表明，当采用水泥搅拌桩作为基坑止水帷幕或重力式挡土墙时、地下连续墙成槽时、大直径密排灌注桩成孔时以及锚杆施工时，均可能导致土体产生变形，其变形产生原因、机理及控制措施见表 4.1。

支护结构施工阶段可产生的编写变形风险及控制 **表 4.1**

产生阶段	产生原因	产生机理	变形形式及危害	治理措施
支护结构施工	水泥搅拌桩止水帷幕施工	注水、注浆搅拌导致土体失去强度	地表下沉； 邻近建筑物沉降	搅拌桩与建筑物之间设置隔离排桩
		软土中因注浆及搅拌在周围土中产生超净孔隙水压力	软土地表隆起和侧移； 影响邻近管线或荷载小的结构（如围墙）上抬	减小施工速度、减少注水量
	地下连续墙成槽	槽段内泥浆不能补偿槽段开挖前槽壁应力	地表下沉； 邻近建筑物沉降； 邻近管线变形； 邻近地下隧道变形； 邻近建筑物、桥梁桩基位移、产生附加弯矩	与建筑物之间设置隔离排桩或隔离墙、减小槽段长度、膨润土泥浆护壁
		塌槽		
	大直径、密排灌注桩成孔	孔内泥浆不能补偿钻孔前孔壁应力		桩实行跳打、设置隔离排桩或隔离墙、膨润土泥浆护壁
		塌孔		
	锚杆施工	高水位砂、粉土中锚杆钻孔过程中水土流失	地表下沉； 邻近建筑物沉降；邻近管线变形	锚杆施工时采取防止水、砂流失措施； 采用其他内支撑形式

地连墙施工引发周边土体位移的影响程度，主要与沟槽的宽度、深度及长度，以及泥浆的护壁效果紧密相关。一般认为，由于地连墙成槽施工引发的土体的位移占整个基坑开挖变形总量的比例很小，但是在一些工程中，地连墙成槽施工引发的沉降量却占总沉降量的 40%～50%，尤其是对于基坑周边环境保护要求较高的情况，其影响需要给予足够的重视。

Farmer & Attewell[2] 在伦敦地区进行地连墙开挖的现场试验，其中地连墙厚度 0.8m，长度 6.1m（分为 A、B、C 三段），深度 15m，如图 4.1 所示。监测结果表明：在开挖 A 段和 B 段时，监测点孔 1～孔 4 处地层的位移很小，当开挖 C 段时，各个监测孔的水平位移随开挖深度增大而增大，且随着与地连墙相对距离的增大而减小。其中监测孔 1 的最大水平位移发生在地表下 5m 深度处，其值为 15mm，即为开挖深度的 0.1%，当闲置 7 天后其值增大到 16mm，且在距离地连墙 6.1m 的孔 4 基本不受槽段开挖的影响。此外，孔 1 及孔 2 处的地表沉降分别约为 3mm 及 0.5mm，且孔 1 处的最大沉降值发生在地表下 7.7m 深度处，其值为 6mm。由此可见，地连墙的开挖对于周边的地层位移将产生一定的影响，需给予足够的重视。

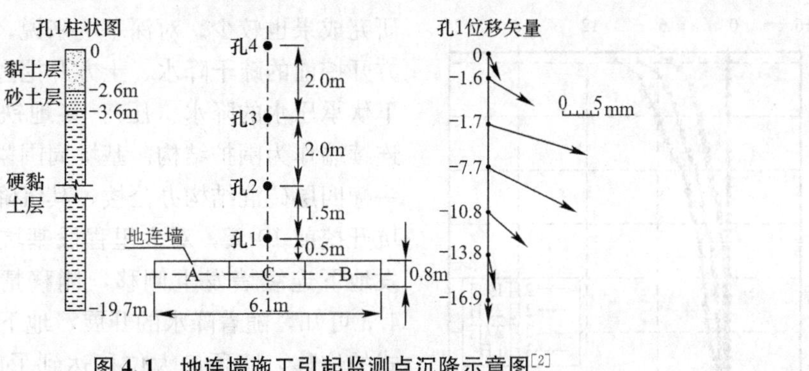

图 4.1 地连墙施工引起监测点沉降示意图[2]

Clough & O'Rourke[3] 总结了砂土、软到中等硬度黏土、坚硬到极其坚硬黏土地层条件下，地连墙施工造成的槽段周边地表的沉降情况，如图 4.2 所示，成槽施工导致的周边地表沉降区域达到两倍左右的槽深，虽然沉降值与槽深比例并不是很大，但当槽深较大时，周边的地表沉降就十分显著，如图中香港地区的某一基坑地连墙深度为 37m 时，其地表沉降的最大值达到了 50mm，而其他工程的最大沉降值则一般为 5mm～10mm。

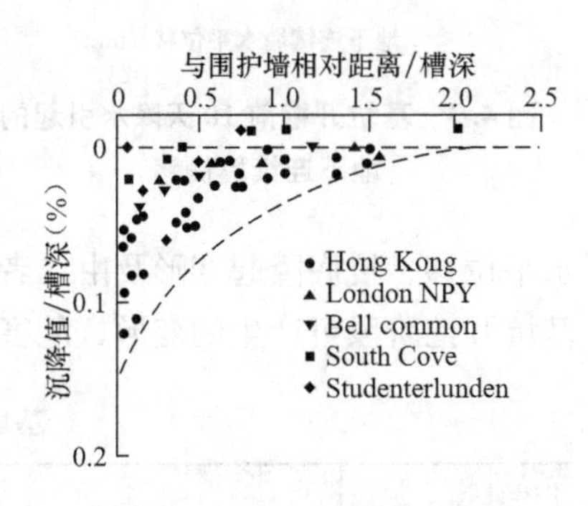

图 4.2 地连墙施工引发的地表沉降[3]

除了地连墙成槽施工对周边土体产生影响外，灌注桩或咬合桩的施工也将对周边地层产生一定的影响。工程实践表明，灌注桩与咬合桩引发的周边土体位移不仅包含竖向沉降，还包含水平方向的位移，其中，沉降影响范围约为 2 倍的桩深，最大沉降值一般为 0.05%桩深，而最大侧移的影响范围约为 1.5 倍的桩深，对应于灌注桩与咬合桩，其最大位移分别可达 0.08%和 0.04%的桩深。

2. 基坑降水阶段

根据实际工程中基坑降水可能产生的沉降影响，将基坑降水又进一步分为基坑开挖前的降水阶段、基坑疏干降水阶段以及基坑开挖至一定深度、进入承压含水层的降压井抽降承压水三个阶段，各阶段可产生的变形、危害及治理措施见表 4.2。关于后二者可能产生的变形，一般工程技术人员已较为熟悉，因各种原因也可引起基坑内外土体变形并造成环境影响，有时甚至是危害，如表 4.2 所示。

基坑施工全过程可产生的变形风险及控制 **表 4.2**

产生阶段	产生原因	产生机理	变形形式及危害	治理措施
基坑降水	基坑开挖前的坑内降水	降水导致降水深度范围内土体有效应力增加；在墙产生水平位移前墙两侧降水产生压力差	桩、墙产生水平位移 引起坑外地面和建筑物沉降	先设置水平支撑 分段（分仓）降水 分层降水
	基坑疏干降水	止水帷幕未进入隔水层，导致坑外地下水位下降	地表下沉； 邻近建筑物沉降； 邻近地下隧道变形； 管线变形曲率过大； 邻近建筑物、桥梁桩基位移、产生附加弯矩	止水帷幕进入隔水层 坑外回灌
		地下水产生自坑外向坑内的渗流，坑外竖向		
	基坑开挖开始后抽降承压水	承压含水层水头下降，有效应力增加		截断承压含水层； 减少抽水量；缩短工期 减少承压水水头下降；承压含水层回灌
		弱透水层失水固结		
		相邻含水层产生越流，水头下降，有效应力增加		

但是，在基坑开挖前的降水可能产生的变形，目前尚未被多数工程技术人员认识到，其

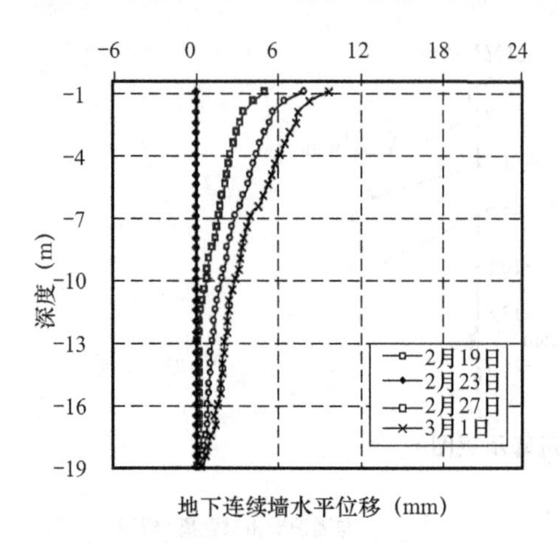

图 4.3 基坑开挖前 10 天降水引起的地下连续墙侧移

研究成果也较少。对深基坑来说，基坑降水可包括土方开挖前的疏干降水、土方开挖过程中的降水和基坑下伏承压水的降水（压）。某地铁车站基坑采用地下连续墙作为围护结构。基坑周围紧邻多幢居民住宅和一幢四层砖混结构办公楼，其沉降应严格控制。在基坑开挖前 10 天，对大里程段基坑进行降水，由此引发地下连续墙发生侧移，侧移情况见图 4.3。由图 4.3 可知，随着降水的开展，地下连续墙发生了悬臂式的位移，墙顶最大位移达到了 9.7mm，可见基坑开挖前的降水对地连墙的位移产生了明显的影响，可相应引起坑外地面和建筑物沉降。

3. 基坑开挖阶段

将基坑开挖阶段引起的变形分为围护桩（墙）的水平位移、坑底隆起变形及由二者共同引起的坑内外土体变形，这三者之间是相互关联的。基坑开挖阶段可产生的变形、危害及治理措施见表 4.3。

基坑开挖阶段可产生的变形及控制　　表 4.3

产生阶段	产生原因	产生机理	变形形式及危害	治理措施
基坑开挖	桩、墙水平位移	坑内开挖卸荷，造成坑内外压力差； 坑内灌注桩桩孔不回填； 支撑安装不及时； 土方开挖方案不合理； 坑外荷载过大 水平支撑因温差膨胀、收缩	地表下沉； 邻近建筑物沉降； 邻近地下隧道变形； 邻近管线变形； 邻近建筑物、桥梁桩基位移、产生附加弯矩	合理选择桩、墙及支撑刚度； 及时设置支撑 合理的开挖方案 控制坑外荷载
		基坑因开挖深度、坑外荷载、土质条件、土方开挖、坑外注浆等原因造成不对称，基坑发生整体位移	同上	进行考虑不对称的基坑整体计算； 采取减小不对称所产生变形的控制措施
	坑底隆起	坑底地基土承载力不足； 桩、墙插入深度小； 被动区支挡结构物向基坑前移（踢脚）； 坑底开挖减载土体回弹； 地下水自坑外向坑内渗流； 坑底下承压水的扬压力	桩墙附加水平位移（引起的环境影响同上）； 水平支撑的支撑柱向上位移； 桩、墙向上位移； 逆作法（盖挖逆作法）施工时中间柱、墙出现差异变形并产生附加内力； 工程桩中产生拉应力，严重时工程桩断裂； 降低坑底工程桩竖向承载力与竖向刚度	增大桩、墙插入深度； 被动区土体加固； 坑内隆起变形大的区域设置减小隆起的桩； 分块开挖土方、分块施工基础底板； 缩短基坑暴露时间； 减小地下水渗流的水力梯度 降低承压水水头

4. 基坑使用阶段

当基坑开挖至设计坑底标高后，进入基坑使用阶段。在这个阶段中，可产生的变形、危害及治理措施见表 4.4。

5. 基坑拆除支撑阶段

当基坑开挖到底后，随着基础底板的施工，水平支撑可逐渐拆除。已有的工程实践表明，在达到拆除支撑条件前提前拆除支撑、地下室外墙与桩、墙之间回填土不密实、没有按照设计要求在拆除支撑时进行换撑等，均会产生围护桩的附加水平位移，其产生影响与“基坑开挖”中“桩、墙水平位移”产生的影响相同。其控制措施是，按设计要求拆除支撑、按设计要求换撑、回填土按要求压实、在地下室楼板标高处设置素混凝土传力带等。

基坑使用阶段可产生的变形 表4.4

产生阶段	产生原因	产生机理	变形形式及危害	治理措施
基坑使用阶段	地面静荷载	堆土、堆料引起附加土压力	桩墙附加水平位移（危害与“基坑开挖”中“桩、墙水平位移”相同。）	控制地表荷载大小、距离
	坑外动荷载	扰动土体，降低土体强度 产生超净孔隙水压力		控制动荷载大小、距离； 设计考虑动荷载影响
	止水帷幕渗漏	坑外水土流失 排桩与止水帷幕之间桩间土流失		提高止水帷幕质量；及时封堵渗漏点 减小桩距防止桩间土流失
	坑外注浆（堵漏、注浆纠倾）	作用在墙体上土压力加大		控制注浆压力； 增加坑内支撑； 选择合理的注浆介入时间
	土体固结	开挖阶段产生的负孔压消散，土体有效应力减小	坑底隆起变形增加	分块开挖土方、分块施工基础底板； 缩短基坑暴露时间
			桩、墙水平位移增大	
			稳定安全系数减小	
	土体流变	土体蠕变	桩、墙变形持续增加	减小基坑工作时间； 坑底土体加固； 分块开挖土方、分块施工基础底板
		应力松弛	导致主、被动区土体对墙体作用力重分布	
	温度变化	温差导致水平支撑膨胀或收缩	温度升高导致支撑轴力增加、墙体向外位移并导致土压力增加；反之则墙体向坑内位移	设计阶段予以考虑； 对钢支撑进行覆盖； 必要时对钢支撑进行浇水降温等措施
		墙后土体冬季冻结	增加墙后土压力、墙体向坑内位移	设计阶段予以考虑

6. 地下水位恢复阶段

当基坑坑底以下分布有隔水层，其下为承压含水层时，如基坑底在承压水水头作用下不满足抗突涌稳定安全系数时，需对隔水层以下承压含水层进行抽排承压水，降低承压水水头以满足坑底抗突涌稳定安全系数。但当基坑基础及地下室结构施工进度达到停止抽降承压水的条件前停止抽降承压水。将可能导致基础底板上浮增大基坑底隆起量，对工程桩造成不利影响。当基坑停止降水时如已施工的地下结构的重量小于地下水的浮力，还将会引起地下结构上浮。此外，当地下室外墙与围护桩之间土方回填质量不高，当地下水位上升可造成松散回填土湿陷时，也可能造成围护桩的水平位移，并引起地面沉降，此时，除应保证回填土质量外，还应在围护桩与地下室之间在楼板标高处设置传力带。

因此，对基坑变形的严格控制应考虑其施工全过程可能产生的变形。同时，基坑降水、基坑开挖引起的支护结构变形和坑内外土体变形之间是相互关联的，欲控制某一种变形，需要同时考虑直接针对欲控制的变形和其相关联的变形的控制。例如，控制坑底隆起量，可对围护桩（墙）的变形和坑外土体沉降起到减小作用。

4.1.2 基坑工程变形的时空效应

1. 基坑变形的空间效应

实际工程中，基坑的变形可因如下因素存在空间效应：

（1）基坑平面形状产生的空间效应，只要平面尺寸上不是无限大的基坑，总会存在空间效应；

（2）基坑不同部位土层分布、土质条件差异产生的空间效应；

（3）基坑不同部位开挖深度不同产生的空间效应；

（4）基坑不同部位坑外荷载等影响因素不同引起的空间效应；

（5）基坑不同位置不同步降水引起的空间效应；

（6）土方开挖顺序造成的空间效应；

（7）基坑不位置采用不同长度、不同刚度（包括横向刚度和竖向刚度）围护桩（墙）产生的空间效应；

（8）水平支撑安装顺序引起的空间效应；

（9）水平支撑布置产生的空间效应。只要水平支撑不是水平平面内刚度无限大且连续的板时，总会引起不同位置支撑刚度的不同；

（10）温度变化产生的空间效应。例如冬季基坑一些位置在围护桩（墙）后土体产生冻胀、水平支撑不同位置温度变化不同等也可产生空间效应；

（11）基坑底回弹、立柱回弹及围护桩（墙）竖向位移引起的空间效应。

实际工程中，需根据具体每个工程中上述空间效应的影响，采用针对性的变形计算方法。

2. 基坑变形的时间效应

当在地下水位以下的黏性土中进行基坑开挖时，基坑工程除了具有显著的空间效应，还存在一定的时间效应。基坑的变形［包含围护桩（墙）、锚杆、水平支撑等］还与时间有关：

（1）支护结构施工对土扰动产生的时间效应；

（2）基坑开挖引起土体中超静孔隙水压力的固结引起的时间效应；

（3）水平支撑设置及土方开挖顺序产生的时间效应；

（4）土体流变产生的时间效应；

（5）地下水渗流产生的时间效应等。

4.2 围护桩（墙）与水平支撑内力与变形计算

基坑支护是一个由基坑竖向围护结构（排桩、墙体等）、支撑（或锚杆）、坑内外土体组成的一个系统，基坑的变形是由竖向围护结构、撑（锚）、土三者之间的相互作用决定的，并较大受基坑开挖过程中的时空效应影响；同时，由于地下水的存在及土体的固结与流变，基坑的变形还与时间相关。因此，进行基坑变形计算时，也应根据实际情况，选择合理的变形计算方法，对基坑各个阶段可能产生的变形进行考虑和计算。

经过三十余年的工程实践，我国已积累了基坑变形计算的经验，在工程实践经验基础上提出了基坑变形计算的方法。

4.2.1 二维平面分析方法

1. 围护桩（墙）内力与变形平面计算方法

（1）平面弹性地基梁法

如图 4.4 所示，平面弹性地基梁方法是将围护桩墙简化为竖直放在土中的弹性地基梁，将土体简化为竖向的温克尔弹性地基，计算因基坑开挖造成基坑围护桩内外的压力差而引起的围护桩变形和内力。该法在《建筑基坑支护技术规程》JGJ 120[4]中也称为弹性支点法。

挡土结构采用排桩且取单根支护桩进行分析时，排桩外侧土压力计算宽度 b_a 应取排桩间距，排桩嵌固段上的土反力 p_s 的计算宽度 b_0 应按《建筑基坑支护技术规程》JGJ 120 规定取值（图 4.4*b*），土反力 p_s 和初始土反力 p_{s0} 可按《建筑基坑支护技术规程》JGJ 120 的有关规定确定。

锚杆和内支撑对挡土构件的约束作用应按弹性支座考虑，其刚度确定方法可按《建筑基坑支护技术规程》JGJ 120 确定。

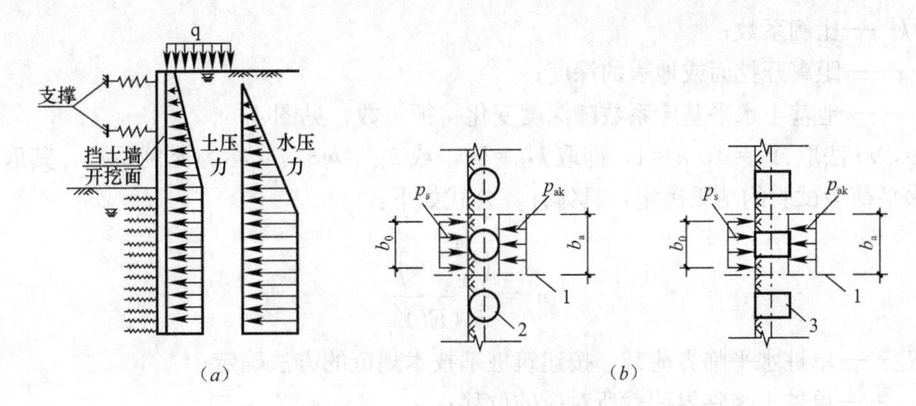

图 4.4　弹性地基梁计算模型

(a) 平面弹性地基梁法计算简图；(b) 排桩计算宽度

1—排桩对称中心线；2—圆形桩；3—矩形桩或工字形桩

1) 支撑刚度计算

对于采用十字交叉对撑的钢筋混凝土撑或钢支撑，其支撑刚度为：

$$K_{Bi} = EA/SL \tag{4.1}$$

式中　A——支撑横截面积；

E——支撑材料的弹性模量；

S——支撑的水平间距；

L——支撑的计算长度。

其中，当支撑系统由复杂的杆系结构组成，其支撑刚度较为复杂，为合理考虑其空间协同作用，需将围护结构与支撑系统进行综合分析。

对于梁板式水平支撑，其支撑刚度为：

$$K_{Bi} = EA/L \tag{4.2}$$

式中　A——计算宽度范围内楼板横截面积；

E——楼板材料的弹性模量；

L——楼板的计算长度，一般取开挖宽度的一半。

2) 支撑反力计算

当支撑刚度已知，任意一道支撑的反力 T_i 即可通过下式计算：

$$T_i = K_{Bi}(y_i - y_{0i}) \tag{4.3}$$

式中　y_i——第 i 道支撑处的侧向位移；

y_{0i}——未架设第 i 道支撑时该处的侧向位移。

3) 土弹簧刚度计算

坑内开挖面以下土弹簧刚度 K_H 为：

$$K_H = k_H bh \tag{4.4}$$

式中　k_H——地基土水平基床系数 (kN/m)；

b——土弹簧的水平计算间距 (m)；

h——土弹簧的竖向计算间距 (m)；

其中，地基土水平向基床系数 k_H 可以通过图 4.5 所示的五种形式进行计算，具体计算公式为：

$$k_H = A_0 + kz^n \tag{4.5}$$

式中　A_0——开挖面或地表处的地基土水平基床系数，一般取零；

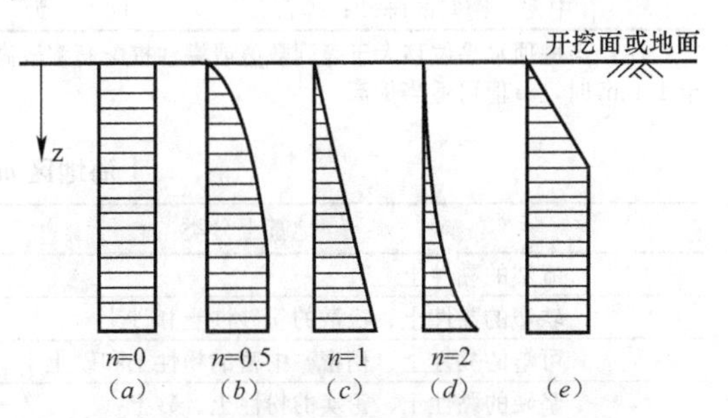

图 4.5　地基土水平基床系数分布形式

(a) 常数法；(b) C 法；(c) m 法；(d) K 法

k——比例系数；

z——距离开挖面或地表的深度；

n——地基土水平基床系数随深度变化特征指数，见图 4.5。

其中，m 法取 $A_0=0$，$n=1$，即取 $k_H=kz$，或 $k_H=mz$，m 亦为比例系数，其取值可根据单桩水平荷载试验的结果确定，具体计算公式如下：

$$m=\frac{\left(\frac{H_{cr}}{x_{cr}}v_x\right)^{\frac{5}{3}}}{b_0(EI)^{\frac{2}{3}}} \tag{4.6}$$

式中 H_{cr}——单桩水平临界荷载，按建筑桩基技术规范的方法确定；

x_{cr}——单桩水平临界荷载所对应的位移；

v_x——桩顶位移系数，按建筑桩基技术规范方法确定；

b_0——计算宽度；

EI——桩身抗弯刚度。

当没有单桩水平荷载试验成果时，可采用《建筑基坑支护技术规程》JGJ 120 的经验方法进行计算，即：

$$m=\frac{1}{\Delta}(0.2\varphi_k^2-\varphi_k+c_k) \tag{4.7}$$

式中 φ_k——土的固结不排水快剪内摩擦角标准值；

c_k——土的固结不排水快剪黏聚力标准值；

Δ——基坑开挖面处的位移，可按地区经验确定，当无经验时可取 10mm。

必须注意到，式（4.7）是一个基于统计而在土体的抗剪强度指标与土的变形指标之间建立的一个经验方法，并无理论上的任何意义。

除了上述的计算方法外，《建筑桩基技术规范》JGJ 94、上海地区也提出了 m 的经验取值范围，具体如表 4.5 和表 4.6 所示。

地基土水平抗力系数的比例系数 m 值[5] **表 4.5**

序号	地基土类别	预制桩、钢桩		灌注桩	
		m（MN/m^4）	桩顶水平位移（mm）	m（MN/m^4）	桩顶水平位移（mm）
1	淤泥；淤泥质土；饱和湿陷性黄土	2～4.5	10	2.5～6	6～12
2	流塑（$I_L\geqslant1$）、软塑（$0.75<I_L\leqslant1$）状黏性土；$e>0.9$ 粉土；松散粉细砂；松散、稍密填土	4.5～6.0	10	6～14	4～8
3	可塑（$0.25<I_L\leqslant0.75$）状黏性土；湿陷性黄土；$e=0.75\sim0.9$ 粉土；中密填土；稍密细砂	6.0～10	10	14～35	3～6
4	硬塑（$0<I_L\leqslant0.25$）、坚硬（$I_L\leqslant0$）黏性土；湿陷性黄土；$e<0.75$ 粉土；中密的中粗砂、密实老填土	10～22	10	35～100	2～5
5	中密、密实的砾砂；碎石	为	为	100～300	1.5～3

注：当桩顶水平位移大于表列数值或灌注桩配筋率较高（≥0.65%）时，m 值应适当降低，当预制桩的水平向位移小于 10mm 时，m 值可适当提高。

上海地区 m 的经验取值[6] **表 4.6**

地基土分类		m（kN/m^4）
流塑的黏性土		1000～2000
软塑的黏性土、松散的粉砂性土和砂土		2000～4000
可塑的黏性土、稍密～中密的粉性土和砂土		4000～6000
坚硬的黏性土、密实的粉性土、砂土		6000～10000
水泥土搅拌桩加固，置换率>25%	水泥掺量<8%	2000～4000
	水泥掺量>13%	4000～6000

当土体的标准贯入锤击数 N 值已知时，地基土水平基床系数 k_H 亦可采用如下经验公式进行计算：

$$k_H = 2000N(\text{kN/m}^3) \tag{4.8}$$

当假定地基土水平基床系数 k_H 沿深度方向或在一定深度以下取值为常数时，可采用表4.7给出的经验取值。

地基土水平基床系数经验值 **表4.7**

地基土类别	黏性土和粉性土				砂性土			
	淤泥质	软	中等	硬	极松	松	中等	密实
k_H（10^4kN/m^3）	0.3～1.5	1.5～3	3～15	15以上	0.3～15	1.5～3	3～10	10以上

此外，一些行业和地区规范也给出了各类土的水平基床系数经验参考值，具体如表4.8和表4.9所示。

地基土水平基床系数经验值[23] **表4.8**

地基土的类别	k_H（10^4kN/m^3）
流塑黏性土 $I_L \geqslant 1$、淤泥	1～2
软塑黏性土 $1 > I_L \geqslant 0.5$、粉砂	2～4.5
硬塑黏性土 $0.5 > I_L \geqslant 0$、细砂、中砂	4.5～6
坚硬黏性土 $I_L < 0$、粗砂	6～10
砾砂、角砾砂、圆砾砂、碎石、卵石	10～13
密实卵石夹粗砂、密实漂卵石	13～20

地基土水平基床系数经验值[6] **表4.9**

地基土的分类	k_H（10^4kN/m^3）
流塑的黏性土	0.3～1.5
软塑的黏性土和松散的粉性土	1.5～3
可塑的黏性土和稍密～中密的粉性土	3～15
硬塑的黏性土和密实的粉性土	15以上
松散砂土	0.3～1.5
稍密砂土	1.5～3
中密砂土	3～10
密实砂土	10以上

各规范给出的地基土水平抗力系数 k_H 或其比例系数 m 值差别很大。这是由于土本身并不是线弹性材料，其模量与应变有关，亦即 m 不是常数；土的变形特性与排水条件有关；由于开挖引起的超固结，在开挖面（或者坑底）以下 z' 与天然地基地面以下深度 z 处的比例系数 m 值也不会相同。所以在使用该法时，主要由自己的经验或者地方的经验来合理地确定参数。

（2）改进的平面弹性地基梁方法

图4.5所示的计算模型仅能考虑排桩（墙）向坑内变形的情形。实际上，在一些情况下（例如非对称基坑、土方非均匀开挖），排桩（墙）可能会产生向坑外的位移。此时，不能简单将基坑外的土压力视为主动土压力。此时，可采用支护体位移时土压力变化的弹性抗力法计算模型[7]，如图4.6所示。该模型在基坑开挖面以上也加入模拟弹簧，基坑开挖前，作用在支护结构上的土压力为静止土压力；基坑开挖过程中，

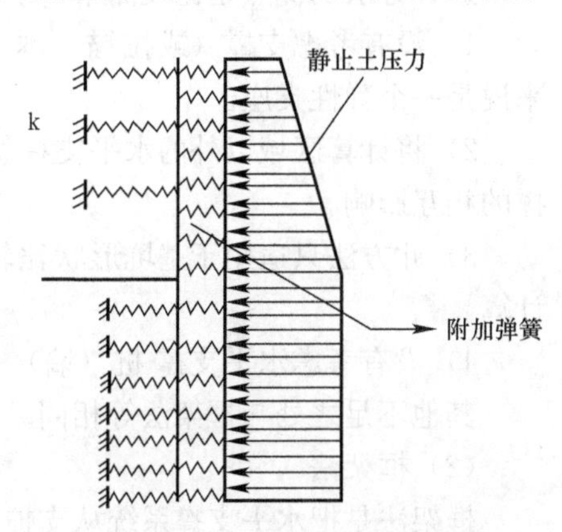

图4.6 改进弹性地基梁方法计算模型

当支护桩体向基坑内位移时，作用在支护结构上的土压力减小但不小于主动土压力；当支护桩体向基坑外位移时，作用在支护结构上的土压力增大但不大于被动土压力。

进一步，根据工程计算的需要，还可在计算分析时考虑如下改进：

1）围护桩（墙）在基坑底以上的部分：弹簧模拟桩土相互作用，根据桩土相互作用模式不同，该弹簧可以为线性弹簧，也可以为非线性弹簧。基坑底面以上支护结构任一位置处的位移和土压力的关系可以分为分段线性和非线性两种形式。

2）围护桩（墙）在基坑底以下嵌固部分：可对弹簧刚度设置限值，反映被动区局部土体进入塑性、弹簧刚度不再随位移增大的特点。这对围护桩插入深度偏小、被动区土体可能局部进入塑性是有必要的。

弹性地基梁方法积累了大量的工程经验，但当围护桩（墙）的变形控制要求很严格时，应用弹性地基梁法也要考虑如下问题：

1）弹性地基梁法实质上是一个简化计算方法，将地基假设为弹性且离散为相互独立的线性弹簧，不同的土质条件下，可能会产生不同程度的误差；

2）没有考虑水平支撑、桩（墙）、土的相互作用（包括接触面的影响）；

3）只能反映桩（墙）在水平荷载作用下的变形，没有反映基坑回弹、地下水渗流等作用对围护桩（墙）水平位移及竖向位移的影响；

4）由于为平面分析方法，即假定基坑属于平面应变情形，不能反映基坑受力与变形的空间效应；

5）不能反映土体非线性、各向异性、固结及流变等因素的影响，更不能考虑坑内土体因开挖、降水等诱发的土超固结、剪胀等复杂因素的影响。

2. 水平支撑内力与变形平面计算方法

除了计算桩（墙）变形外，还需计算水平支撑的内力与变形。对于水平支撑系统的内力与变形，目前主要的计算方法有如下几种。

（1）连续梁法

该法是将支撑体系的某一段帽梁（或腰梁）隔离出来作为结构设计的控制段，建立多跨连续梁的计算模型，假定一定的荷载条件（比如从静力平衡法或弹性地基梁法中得到的帽梁对支护结构的作用力，或者提出一个经验数值），将支撑（或拉锚）按链杆支座条件处理，求得帽梁内力和支座反力，然后根据支座反力求得支撑（或拉锚）内力，这样就可对帽梁和支撑系统进行设计，如图 4.7 所示。

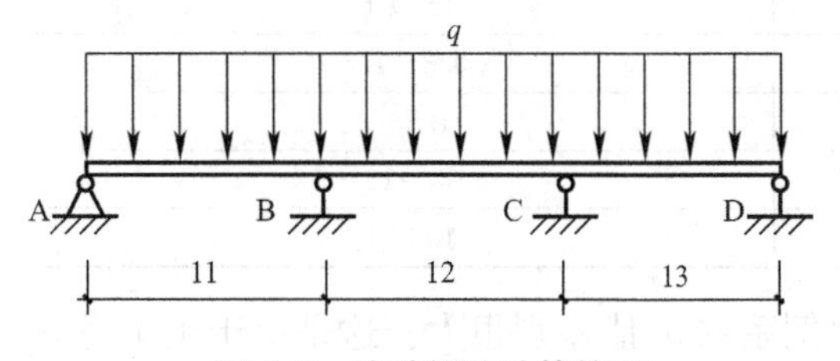

图 4.7　连续梁法计算简图

这种方法的优点是比较简单，手算即可得到结果，但也存在显著的缺点：

1）没有考虑支撑（或拉锚）本身的变形，实际上支撑（或拉锚）对于帽梁（或腰梁）来说是一个弹性支座。

2）将计算区域以外的水平支撑忽略，改为梁端约束，用支座进行模拟，简略了水平支撑的相互影响。

3）此方法只适用于基坑形状比较规则（如长方形）、支撑为对撑或角撑的情况的近似计算。

4）没有考虑水平支撑-桩（墙）-土的相互作用，不能考虑基坑空间效应的影响。

其他不足之处与框架法等相同。

（2）框架法

框架法是把水平支撑系统从支护体系中隔离出来，将桩（墙）传递至水平支撑作用点处的荷载作为作用在水平支撑周围的均布荷载（均布荷载值可从挡土结构计算中得到，支撑对挡土结构的影响通过假设支撑刚度或位移来实现）。水平支撑体系计算模型如图 4.8 所示，此法尚需根据其实际的受力和变形特点，人为地添加一定的约束条件，如固定铰支座等，使其成为静定或超静定结构才能够计算，约束添加的位置和形式对计算结果会产生较大的影响。

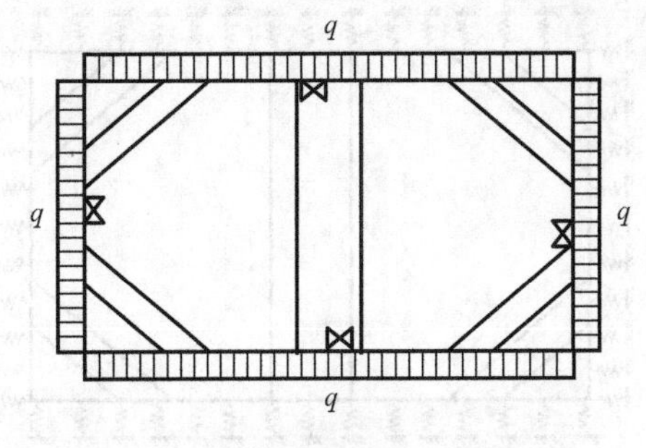

图 4.8 框架法计算简图

该法主要优点如下：

1）将水平支撑系统作为一个整体进行分析，相对于连续梁法来说，对基坑形状不规则、支撑布置比较复杂的情况都能够计算。

2）当具有经验时，特别是基坑平面形状规则、水平支撑受力较为均匀时，如设置的约束条件合理，可得到较为接近实际情况的计算结果。

3）计算比较简便，适于工程应用。

但是，该法也存在如下缺点：

1）支护体作用于帽梁（或腰梁）上的荷载仍采用均布荷载，没有体现出支护结构与支撑体系之间的相互作用，特别是当土方开挖不均匀、基坑四周荷载不均匀、不同位置基坑深度差异较大、基坑形状不均匀时，水平支撑受到的荷载可能是不均匀的。因此，水平支撑系统计算得到的变形与围护桩（墙）相应位置的变形是不协调的。

2）由于将水平支撑系统从水平支撑、桩（墙）、土相互作用的一个系统中隔离出来单独进行计算，因此，需要人为在水平支撑上设置虚拟约束支座，使之成为静定或超静定结构，然后才能进行计算，这使计算结果增加了人为的影响因素。如果支座添加合理，计算结果才有参考价值，否则计算结果将与实际情况相差较大。

3）不能反映支护体系中因基坑开挖土体回弹、地下水渗流等产生的竖向变形引起的桩（墙）、立柱等的竖向变形及其对水平支撑系统的受力与变形的影响。

4）不能考虑水平支撑系统因温度变化等产生的附加内力与变形。

（3）迭代法[8]

上述两种方法都假设梁或框架上的作用力是均布的，实际上，由于空间效应，水平支撑体系各点的位移值是不等的，导致围护桩（墙）在基坑不同平面位置作用在水平支撑上的力也是不等的。迭代法的基本计算步骤如下：

1）先假设作用在水平支撑上的荷载 $\{Q\}_1$ 是均布的，计算水平支撑的内力 $\{F\}_1$ 与变形 $\{\Delta\}_1$；

2）根据计算所得各点的不同位移 $\{\Delta\}_1$，调整作用在水平支撑上的荷载 $\{Q\}_1$ 得到 $\{Q\}_2$，求得 $\{Q\}_2$ 作用下的水平支撑位移 $\{\Delta\}_2$；

3）在此基础上继续进行迭代计算，直至水平支撑在帽梁（或腰梁）处的位移 $\{\Delta\}_i$（由围护桩（墙）的变形计算得到）与桩（墙）在支撑点处的位移 $\{\Delta\}_{桩i}$ 相一致。

迭代计算会产生迭代误差，而且迭代后的作用力大小，仍未考虑水平支撑、桩（墙）与土的相互作用，没有实质克服框架法存在的缺点。同时，该法仍需在水平支撑系统一定的部位添加某种类型的支座如：固定支座、铰支座、滑动支座等。此外，采用迭代法时，当单元数量较多时，可能会有明显的累积误差；对于多道支撑的计算，难以考虑不同标高水平支撑的影响。

（4）弹簧支座法

上述各种方法都需要在支撑体系的计算模型中人为加入支座条件。为了去掉人为添加约束条件的影响，工程界提出了采用如图 4.9 所示的弹簧支座计算模型[9][10][11]。

这种方法在计算简图中不用再需要人为加入支座约束，而用分布的弹簧支座来考虑水平

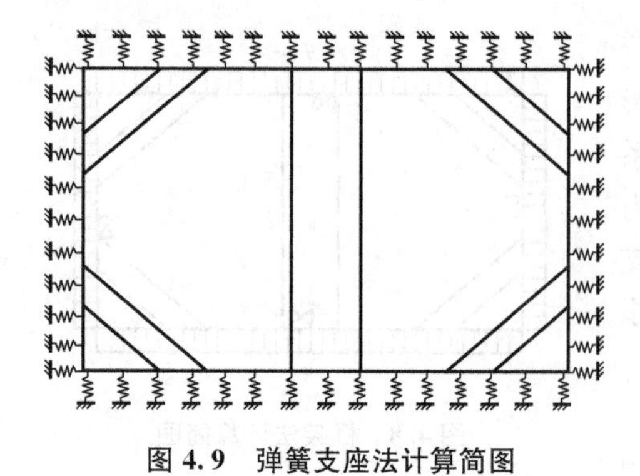

图 4.9 弹簧支座法计算简图

支撑与围护桩（墙）的相互作用，来代替集中支座的影响，这无疑是一个进步。该法可一定程度上考虑水平支撑的空间效应。但是，也仍未在实质上克服框架法存在的缺点。

(5) 有限元法

当水平支撑中除了杆件外，还包括板时，可采用有限元法，建立平面分析模型计算水平支撑的内力与变形。图 4.10 是采用平面有限元法分析的某基坑水平支撑的变形图与水平支撑平面内压应力云图，可以较好反映水平支撑的变形与受力状态，特别是分析水平支撑中复杂部位的变形与受力情况。当然，该法也需要像框架法那样确定作用在水平支撑上的荷载并给水平支撑给定约束条件，故也存在着与框架法在这两个方面的局限性。

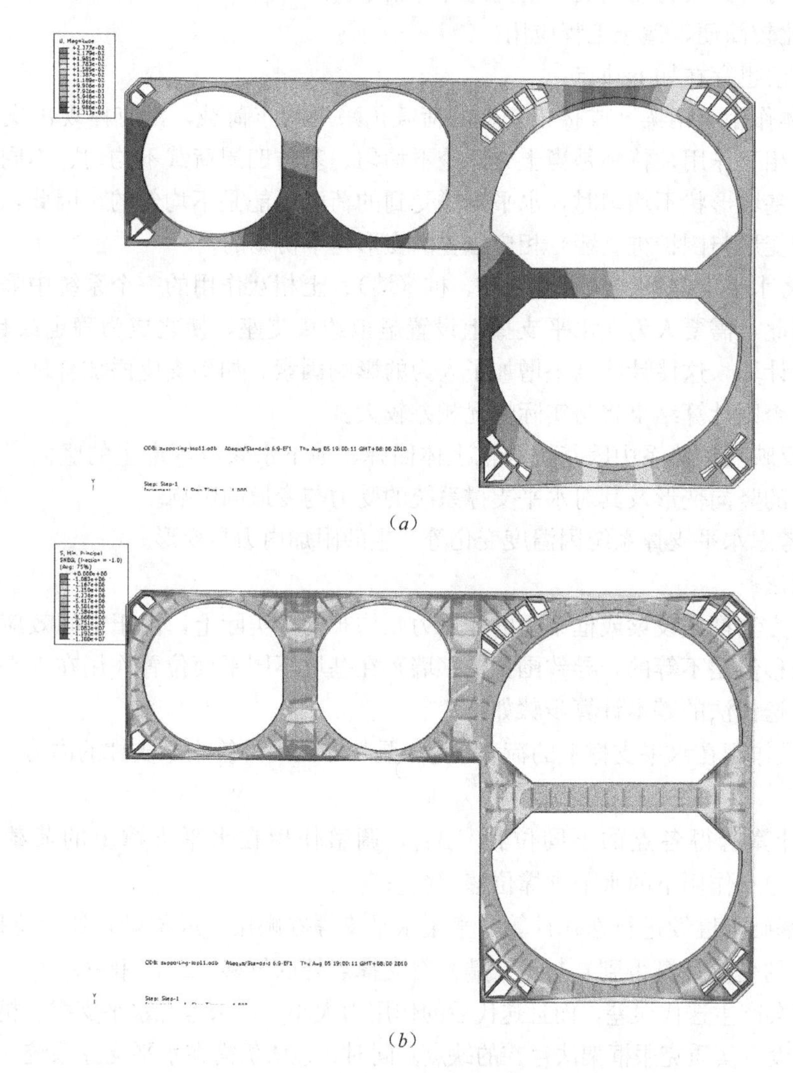

(*a*)

(*b*)

图 4.10 水平支撑的平面有限元法计算结果示例

(*a*) 水平支撑变形云图；(*b*) 水平支撑压应力云图

4.2.2 三维分析方法

1. 空间弹性地基梁法[10]

鉴于以上围护桩（墙）的平面计算及水平支撑的平面计算最大的缺点是没有考虑水平支

撑-桩（墙）-土的相互作用及由此产生的空间效应，发展了空间弹性地基梁法，把支护结构体系从土体中隔离出来，采用空间杆系有限单元法，将帽梁（腰梁）、支撑、和支护桩体同时划分单元，共同进行计算。其上作用的荷载为基坑外侧由土体的平面假定（其确定方法如图4.4、图4.5所示）确定的主动土压力，基坑底面以下的土体作用仍然用土弹簧来模拟。其计算简图如图4.11所示。

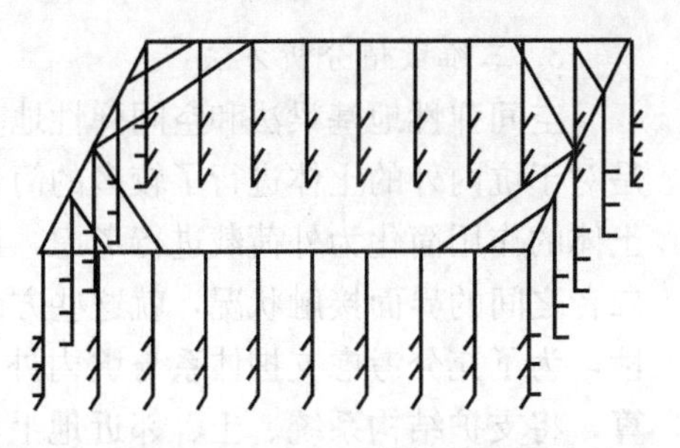
图4.11　空间弹性地基梁法

空间弹性地基梁法与上述平面计算方法相比，具有了明显的进步：

(1) 空间弹性地基梁法把挡土结构、支撑体系当作了一个整体进行计算，解决了平面弹性抗力法中支撑刚度确定较为困难的问题；

(2) 一定程度上考虑了水平支撑-桩（墙）-土的相互作用，与支撑体系实际受力情况比较接近；

(3) 可部分考虑基坑空间效应；

(4) 不必人为对水平支撑增加支座约束，避免不合理约束带来的影响；

(5) 空间弹性地基梁法不用迭代，可以一次计算出结果，不会产生累积误差。

当然，空间弹性地基梁法也存在着一定的不足之处：

(1) 没有体现土压力随支护结构的位移而变化的情况，当出现基坑形状比较复杂的情况时，某些部位的支护体可能向坑外运动，有时还可能会出现基坑整体向某一方向移动的现象，这时计算结果会与实际有一定的出入；

(2) 基坑周围的土压力仍然采用平面土压力理论，没有考虑土压力的空间效应；

(3) 这种计算方法程序编制比较复杂，且将相同类型的支护桩体逐一划分单元，纳入整体运算中，会造成计算时间长，占用空间大；

(4) 只能部分考虑基坑的空间效应。

2. 空间弹性地基板法[12,13]

当围护结构采用地下连续墙时，仍可基于图4.12所示模型进行计算，其计算原理与平面弹性地基梁法相同，计算模型纳入了围护结构、水平支撑体系、竖向支撑系统、坑内土弹簧单元及坑外水土荷载。由于地下连续墙在竖向和横向均可产生弯矩和承担剪力，因此，围护结构采用板单元进行模拟，水平支撑系统采用梁单元或板单元进行模拟，竖向支撑体系采用梁单元进行模拟，坑底下土体采用土弹簧进行模拟，其弹簧刚度的取值类似于平面弹性地基梁法，而坑外水土压力则作为外荷载施加于墙面上。通过上述的模拟和简化，通过有限元程序即可求得墙体的变形。其计算模型示例见图4.12，根据该模型建立的三维有限元分析模型示例见图4.13。

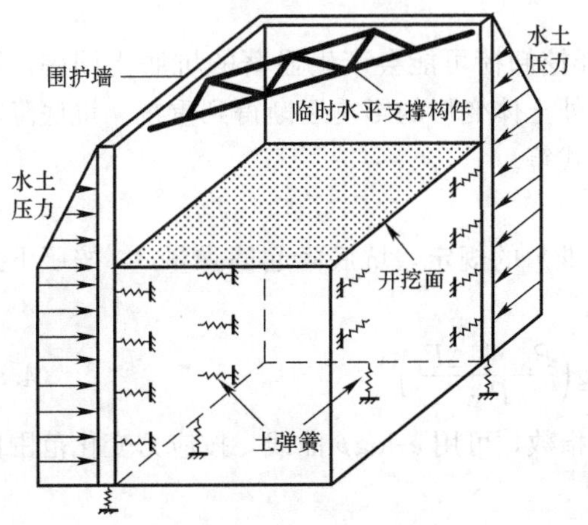

图4.12　空间弹性地基板法

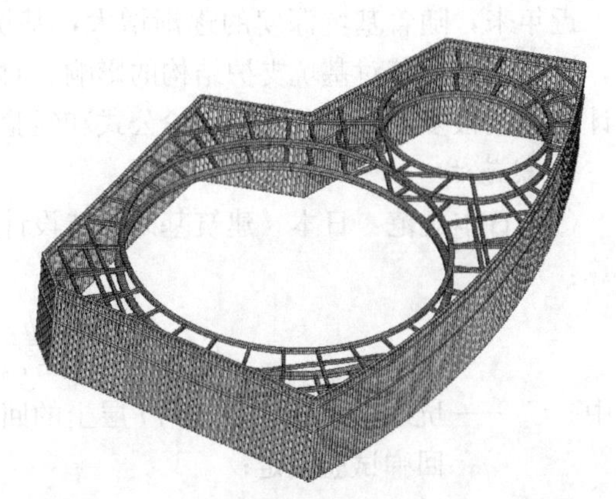
图4.13　空间弹性地基板法基坑三维计算模型

3. 三维数值分析方法

空间弹性地基梁法和空间弹性地基板法虽然在一定程度上考虑基坑的三维空间效应，但是对于坑内外的土体进行了较多的简化，坑内土体仅考虑为具有一定刚度的土弹簧，而坑外土体的作用简化为外荷载进行考虑，没有考虑围护桩（墙）与土体的相互作用，尤其未考虑二者之间的界面接触状况，就这些方面来说，空间弹性地基板法的计算结果具有一定的局限性，为了充分考虑支护体系与坑内外土体的相互作用，则需采用三维数值分析方法进行计算，将支护结构系统、土、邻近地上和地下建（构）筑物、管线等建立整体模型进行计算。图 4.14 是天津地下变电站采用圆形地下连续墙作为竖向支挡结构、利用各层水平楼板作水平支撑（盖挖逆作）的三维有限元分析模型。

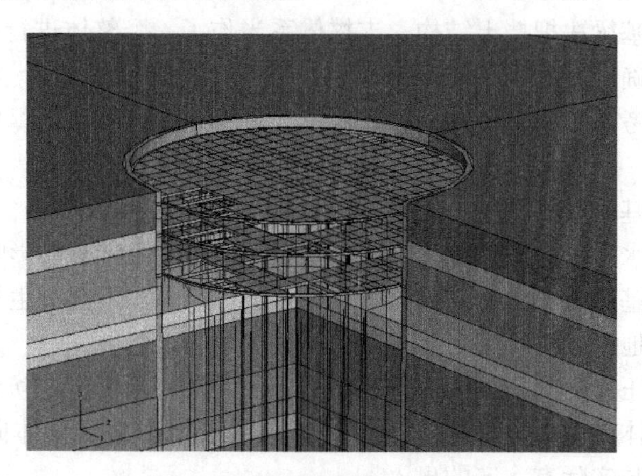

图 4.14　三维有限元分析计算模型

为了保证三维数值分析方法能得到较为合理的计算结果，需要注意以下主要方面：

(1) 本构关系的选取与模型计算参数准确性。在土体本构模型的选取上，应根据土体自身的变形特性，选择合乎其变形特点的本构关系。除了选择合理的本构关系外，需要通过有效的室内外试验，得到模型所需的计算参数；

(2) 施工过程简化模拟的合理性；

(3) 流固耦合考虑的必要性；

(4) 空间效应考虑的必要性。

在三维计算过程中，为了减小计算量，缩短计算时间，通常可根据基坑的对称性，仅取基坑的 1/4 或 1/2 模型进行计算，这样即可取得较为合理的计算结果。

4.3 基坑回弹变形计算

近年来，随着基坑深度的逐渐增大，基坑开挖卸荷可能会产生显著的坑底土回弹。因此，坑底回弹及其对基坑支护结构的影响、对坑外土体变形的影响逐渐得到重视。坑底隆起的计算公式很多，有规范法、理论公式和经验公式等。

1. 规范法

(1) 日本规范：日本《建筑基础构造设计基准》的规定，坑底隆起回弹量 δ，按照下式计算：

$$\delta = \sum_{1}^{i} \frac{C_{si} h_i}{1 + e_{0i}} \log\left(\frac{P_{Ni} + \Delta P_i}{P_{Ni}}\right) \tag{4.9}$$

式中　C_{si}——坑底开挖面以下，第 i 层土的回弹指数，可用 e-$\log p$ 曲线，按应力变化范围做回弹试验确定；

h_i——第 i 层土的厚度；

e_{0i}——相应于 P_{Ni} 第 i 层土的孔隙比；

P_{Ni}——第 i 层土中心的原有土层上覆荷载；

ΔP_i——由于开挖引起的第 i 层土的荷载变化量。

(2)《建筑地基基础设计规范》GB 50007[14]

当建筑物地下室基础埋置较深时，地基土的回弹变形量可按下式进行计算：

$$s_c = \psi_c \sum_{i=1}^{n} \frac{p_c}{E_{ci}} (z_i \bar{\alpha}_i - z_{i-1} \bar{\alpha}_{i-1}) \tag{4.10}$$

式中　s_c——地基的回弹变形量（mm）；

ψ_c——回弹量计算的经验系数，无地区经验时可取1.0；

p_c——基坑底面以上土的自重压力（kPa），地下水位以下应扣除浮力；

E_{ci}——第 i 层土的回弹模量（kPa），按现行国家标准《土工试验方法标准》GB/T 50123中土的固结试验回弹曲线的不同应力段计算。

该类方法与带有实际开挖边界的半空间的应力应变状态有较大出入，一般适合于宽基坑且支护结构可靠的基坑，计算结果一般为基坑中心的最大隆起量。该方法卸荷变形参数的确定是该法最大的误差所在，计算结果往往与实际值相差较大，且多数公式不能计算开挖面以下任意深度的回弹量。但该法计算简单，在建立有回弹模量与压缩模量之间统计关系的地区仍为工程中最适宜的方法。

2. *模拟试验经验公式*

(1) 同济大学对基坑隆起进行了系统的模拟试验研究，提出了如下基底隆起量 δ 的经验计算公式[15]：

$$\delta = -29.17 - 0.167\gamma H' + 12.5\left(\frac{D}{H}\right)^{-0.5} + 5.3\gamma c^{-0.04} \cdot (\tan\varphi)^{-0.54} \tag{4.11}$$

$$H' = H + \frac{p}{\gamma} \tag{4.12}$$

式中　δ——基坑隆起量（cm）；

γ——土体重度（t/m³）；

H——基坑开挖深度（m）；

p——地表超载（t/m³）；

c——土的黏聚力（kg/cm²）；

φ——内摩擦角（度）；

D——墙体入土深度（m）。

该方法适用于开挖宽度较大、开挖深度不小于7m的场合。

(2) 宰金珉[16]提出基坑开挖回弹预测的简化算法：

$$s_0^t = 2.3Q(1-\mu_0^2)/(\pi E_0) = 0.732Q(1-\mu_0^2)/E_0 \tag{4.13}$$

式中　Q——单位开挖厚度的土体总质量；

E_0——土体回弹模量；

μ_0——泊松比。

此方法考虑了土体开挖后的实际应力和应变状态，比传统的计算方法更接近实际。

3. *残余应力分析法*

刘国彬等[17]提出了考虑应力路径的计算坑底隆起量的残余应力分析法，该方法采用分层总和法的原理，并依照开挖面积、卸荷时间、墙体插入深度进行修正，基坑开挖时坑底以下 z 深度处回弹量 δ 计算公式如下：

$$\delta = \eta_a \eta_t \sum_{i=1}^{n} \frac{\sigma_{zi}}{E_{ti}} h_i + \frac{z}{h_r} \Delta\delta \tag{4.14}$$

式中 δ——基坑隆起量（m）；

n——计算厚度的分层数；

σ_{zi}——第 i 层土的卸荷量（kPa）；

E_{ti}——第 i 层土的卸荷模量；

h_i——第 i 层土的厚度（m）；

η_a——开挖面积修正系数；$\eta_a=\frac{\omega_0 b}{26.88}\leqslant 3$，$\omega_0$ 为布辛奈斯克公式的中心点影响系数；

η_t——坑底暴露时间修正系数；根据上海经验，当基坑在某工况下放置时间超过 3 天，应根据实际情况，时间修正系数 η_t 取 1.1～1.3；

h_r——残余应力影响深度（m）；$\Delta\delta$ 为考虑插入深度与超载修正系数，可查表 4.10。当基坑边有超载 q 存在时，以等代高度 H'（$H'=H+\gamma/q$）代替基坑的开挖深度 H，即以 D/H' 值查表 4.10 进行修正。

不同插入深度下的基坑坑底回弹量的增量（单位：cm） **表 4.10**

D/H	≥1.5	1.4	1.3	1.2	1.1	1.0	0.9	0.8	0.6	0.4	0.2	0.1
$\Delta\delta_D$	0	0.15	0.31	0.5	0.7	0.9	1.2	1.5	2.41	3.9	7.19	11.88

该方法基于残余应力的概念，即基坑在开挖卸载后，土体内部颗粒间会因为变形协调而存在一定的约束，这个约束即为残余应力。针对基坑工程中开挖卸荷土压力特点，为了描述基坑开挖卸荷对基坑内土体应力状态的影响，引入残余应力系数的概念，即：

$$\text{残余应力系数}\ \alpha=\frac{\text{残余应力}}{\text{卸荷应力}} \tag{4.15}$$

对于某一开挖深度，α 值随着上覆土层的厚度 h 的增加逐渐增大，到某一深度以后，其值趋向于极限 1.0，说明这一深度以下土体中没有卸荷应力，处于初始应力状态。为了方便，将 $\alpha=0.95$ 对应的 h 称为残余应力影响深度，用 h_r 表示。上海地区经验关系：

$$h_r=\frac{H}{0.0612H+0.19} \tag{4.16}$$

式中 H——基坑的开挖深度（m）；

h_r——残余应力影响深度（m）。

开挖面以下土体的残余应力系数 α 的计算公式如下：

$$\alpha=\begin{cases}\alpha_0+\dfrac{0.95-\alpha_0}{h_r^2}\cdot h^2 & (0\leqslant h\leqslant h_r)\\ 1.0 & (h\geqslant h_r)\end{cases} \tag{4.17}$$

式中，α 为开挖面上的残余应力系数，对于上海地区软黏土 $\alpha_0=0.30$，h 为计算点处上覆土层厚度。

由（4.14）式可知只有准确地确定值 σ_{zi} 和 E_{ti} 值，才能得到正确的隆起量。第 i 层土的卸荷应力平均值 σ_{zi} 由下式计算确定

$$\sigma_{zi}=\sigma_0(1-\alpha_i) \tag{4.18}$$

式中，σ_0 表示总卸荷应力；α_i 为第 i 层土的残余应力系数。

在基坑开挖施工过程中，基坑底部土体中的应力路径在不断地变化，研究表明，软土的模量和应力路径密切相关，因此卸荷模量 E_{ti} 可由下式计算：

$$E_{ti}=\left[1+\frac{(\sigma_{Vi}-\sigma_{Hi})(1+K_0)(1+\sin\varphi)-3(1-K_0)(1+\sin\varphi)\sigma_{mi}}{2(c\cdot\cos\varphi+\sigma_{Hi}\cdot\sin\varphi)(1+K_0)+3(1-K_0)(1+\sin\varphi)\sigma_{mi}}\cdot R_f\right]^2\cdot\overline{E}_{ui}\cdot\sigma_{mi} \tag{4.19}$$

式中 σ_{Vi}、σ_{Hi}、σ_{mi}——第 i 层土体垂直方向的平均应力、水平方向的应力和平均固结应力，

σ_{Vi}、σ_{Hi}、σ_{mi}的选取需要考虑基坑的空间效应，具体取值见式（4.20）；

c——黏聚力；

φ——内摩擦角；

K_0——静止土压力系数；

R_f——破坏比，R_f 值一般在0.75～1.0之间；

$\bar{E}_{ui}$——初始卸载模量系数，$\bar{E}_{ui}$值变化范围一般在80～250之间，根据应力路径和土的类别取值。

$$\left.\begin{aligned}\sigma_{Vi} &= \alpha_i\sigma_0 + \sum_{i=1}^{n}\gamma_i h_i \\ \sigma_{Hi} &= K_0\left(\sigma_0 + \sum_{i=1}^{n}\gamma_i h_i\right) - \frac{1}{R}\sigma_0(1-\alpha_i) \\ \sigma_{mi} &= \frac{1+2K_0}{3}\left(\sigma_0 + \sum_{i=1}^{n}\gamma_i h_i\right)\end{aligned}\right\} \tag{4.20}$$

其中，R为加卸荷比；γ_i为第i层土体的重度。

4. *数值模拟计算方法*

数值模拟计算方法能选用适宜的土的弹塑性应力—应变模型，能很好地考虑基坑开挖的时空效应问题，尤其对土—水—结构共同作用的复杂基坑工程越来越显示出巨大的优势。但岩土工程是经验性非常强的学科，在数值计算中，所采用分析方法的适用条件、土工参数的测定方法和选取、参数与安全系数的相互配套及技术人员的水平等问题一直在制约着该方法的大量使用。因此认为，复杂深大基坑离开数值计算不行，但只依靠数值计算进行设计也不行，还必须结合工程师的综合判断。

目前来看，计算基坑卸荷回弹的计算方法和公式繁多，但各种方法的计算结果差异极大。表4.11为上海环球金融中心塔楼区基坑不同计算方法结果的对比[18]。可见，目前还没有一种方法能有效地解决所有问题，实际工程应用时还应具体问题具体分析。

不同计算方法计算结果比较[18]　　**表4.11**

计算方法	日本规范	规范公式	模型试验法（2）	有限元法	有限元法	实测值
回弹量/cm	10.96	14.52	22.91	19.8（未考虑桩）	5.1（考虑桩及降水）	2.2

4.4　坑外地面沉降计算

4.4.1　经验曲线法

1. *Peck经验曲线法*[19]

基于Peck（1969）提出的经验曲线，坑外地表沉降可通过下式计算：

$$\delta = K \times a \times H \tag{4.21}$$

式中　K——修正系数，对于壁式围护墙取$K=0.3$，柱列式支护结构取$K=0.7$，板墙取$K=1.0$；

H——基坑开挖深度（m）；

a——地层沉降值与基坑开挖深度的比值，以（%）表示，具体数值可以通过图4.15查得。

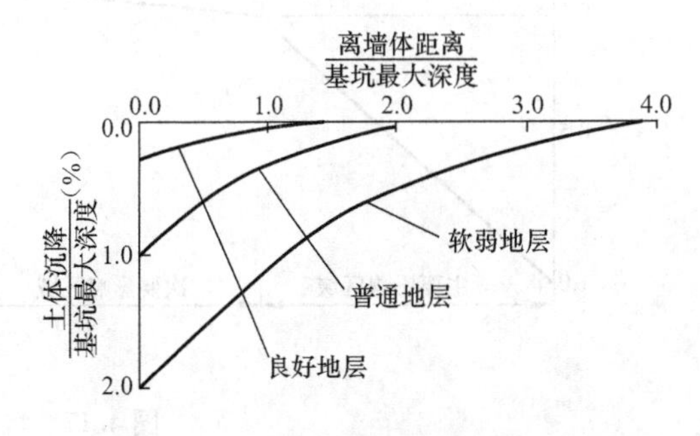

图4.15　地表沉降与开挖深度关系

通过对经验曲线的修正，该经验公式可以用

于不同的支护结构形式，同时可以用于不同的地质条件，计算简单实用，但该法的预估结果偏于保守，仅可用于初步估算，且仅适用于开挖深度不大、主要采用钢板桩支护的基坑。

2. Clough & O'Rourke 经验曲线

Clough & O'Rourke[3]根据若干工程案例数据的分析给出了墙后地表沉降的分布，如图4.16所示。其中，(*a*) 对于砂土，其沉降曲线模式为三角型，最大的沉降点发生在墙边，沉降区域范围为2倍的开挖深度。(*b*) 对于硬黏土，其沉降曲线模式为三角型，最大的沉降点发生在墙边，沉降区域范围为3倍的开挖深度。(*c*) 对于中等硬度黏土及软土，$\delta_{vm} \leqslant 0.25\% H_e$，且最大沉降值$\delta_{vm}$值的大小依赖于坑底抗隆起安全系数和基坑支护的刚度，其地表沉降曲线模式为梯型，最大的沉降点发生在距离墙体0.75倍开挖深度的位置，同时将墙体到最大沉降点的沉降曲线简化为直线，并假设沉降区域范围分别为2倍的开挖深度。

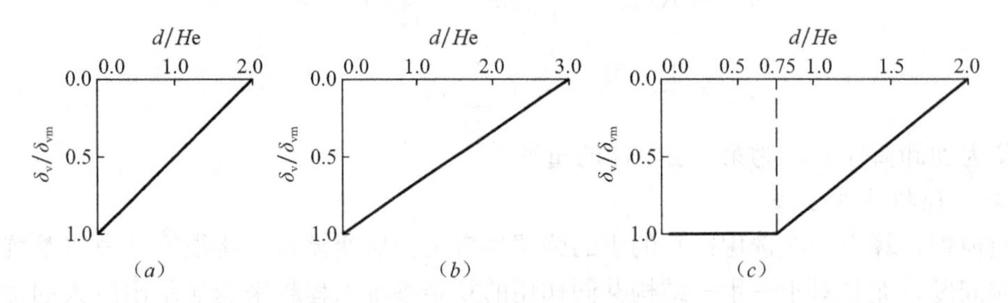

图 4.16 不同土体类型中的基坑开挖墙后地表沉降的分布[3]

(*a*) 砂土；(*b*) 硬黏土；(*c*) 中等硬度黏土及软黏土

Ou et al.[20]通过对10个工程实例的监测数据进行分析，指出基坑开挖引起的地表沉降曲线有三角型和凹槽型两种形态，并且认为发生这两种形态的最主要原因在于围护结构变形的大小和形式。三角型的最大沉降发生在紧靠墙后的土体处，而凹槽型的最大沉降发生在离开墙体的一定距离处。

3. Hsieh 经验曲线法

Hsieh et al.[21]在 Ou et al.[20]的研究的基础上，更进一步地给出了三角型和凹槽型两种沉降形态的预测方法，如图4.17所示，并提出了主影响区域和次影响区域的概念。三角型和凹槽型沉降的影响范围均包括主影响区域和次影响区域，并假设影响区域宽度约为4倍的开挖深度，其中主影响区域的范围为2倍的开挖深度，而次影响区域为主影响区域之外的2倍开挖深度。在主影响区域的范围内，沉降曲线较陡，会使建筑物产生较大的角变量，而次影响区域的沉降曲线较缓，对建筑物的影响较小。对于三角型沉降，其预测曲线如图4.17 (*a*) 所示，曲线在2倍开挖深度处发生转折，由主影响区进入次影响区，转折点的沉降值为0.1倍的最大沉降值。对于凹槽型沉降，如图4.17 (*b*) 所示，曲线分为三段折线，分别为

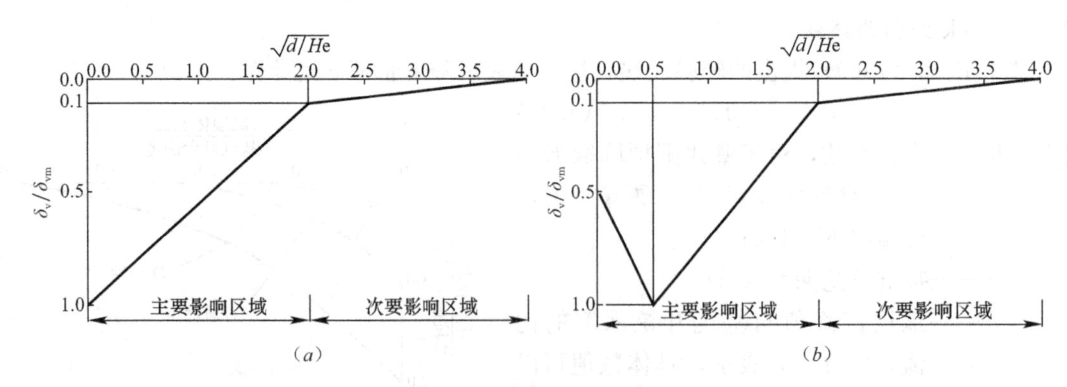

图 4.17 坑外地表沉降模式[21]

(*a*) 三角型；(*b*) 凹槽型

主影响区内沉降最大点两侧的两条直线及次影响区内的一条直线，认为最大沉降发生在距离墙后 $0.5H_e$ 的位置处，紧靠墙体处的沉降为最大沉降值的0.5倍，主次沉降影响区的转折点沉降值仍为0.1倍的最大沉降值，其中 H_e 为开挖深度。

4. 欧章煜经验曲线法

通过数值计算及工程实测结果的综合分析，欧章煜[22]对上述的坑外土体沉降模式又进行了修正，如图4.18所示。修正后的主要影响区域范围 PIZ 不直接与基坑开挖深度进行联系，而是根据基坑开挖深度、开挖宽度及硬土层埋置深度等情况。修正后的主次影响区域分界点的沉降值取1/6的最大沉降值，而不是0.1倍的最大沉降值，同时凹槽型的最大沉降点与墙体相对距离为主要影响范围的1/3，而不是0.5倍的基坑开挖深度。

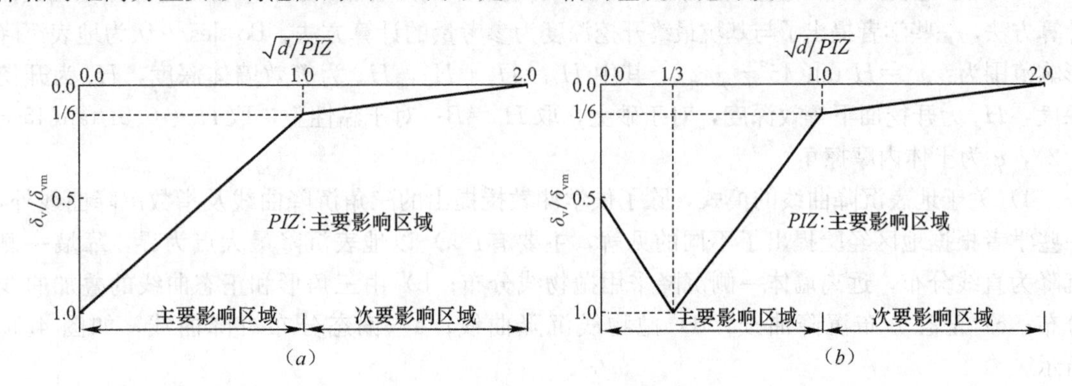

图4.18 坑外地表沉降模式[22]

(a) 三角型；(b) 凹槽型

软土地区的一些工程实测表明，图4.18 (b) 所示的凹槽型沉降模式可较好地预测坑外沉降。

4.4.2 地层损失法

地层损失法[23]利用墙体水平位移和地表沉降相关，先利用杆系有限元法或弹性地基梁法求得围护墙体的变形曲线，然后根据墙体位移与地面沉降二者的地层移动面积相关的原理，求得地面沉降曲线。根据墙体位移与地表沉降的关系的假设，可以分为如下两种主要方法：

1. 面积相关性

(1) 利用杆系有限元法计算墙体的变形曲线，即挠度曲线；

(2) 计算墙体挠度曲线与原始轴线之间的面积 S_w，即

$$S_w = \sum_{i=1}^{n} \delta_i \Delta H \tag{4.22}$$

此外，上述计算所得的面积 S_w 可根据地质条件、支护类型、基坑深度等各种因素进行经验修正。

(3) 假设地表沉降影响范围为 $x_0 = H_w \tan(45° - \varphi/2)$，其中 H_w 为围护墙的高度，φ 为土体的平均内摩擦角。

(4) 选取典型的地表沉降曲线，并根据地表沉降曲线面积 S_s 与围护墙侧移面积 S_w 相等的原则，求得地表沉降曲线。Bowles[10]认为可通过 S_w 直接求得坑外地表最大沉降值，即 $\delta_{vmax} = \dfrac{2S_w}{x_0}$，然后可以根据 $\delta_v = \delta_{vmax} \cdot \left(\dfrac{x}{x_0}\right)^2$ 求得坑外地表任意点沉降值。

其中，在地表沉降曲线和围护墙挠度曲线的计算上，诸多学者分别提出各自不同的见解，主要包含以下内容：

1) 关于围护墙的挠曲线，除了采用杆系有限元法进行计算，还可以采用最小二乘法，

通过前期施工工序的监测结果拟合出墙体的位移曲线，并逐步根据后续工序检测结果进行调整修正，从而得出较为合理的挡墙侧移曲线。Hsiao et al.[24]采用可靠度对墙体的变形曲线进行可靠度分析，利用二次项分别对基坑开挖深度、宽度、支撑刚度及土体的强度进行考虑，从而预测墙体的变形曲线，并根据先前开挖工序的监测结果对预测曲线进行调整，从而得到较为准确的墙体位移曲线。

2）关于围护墙侧移面积 S_w 与地表沉降曲线面积 S_s 之间的关系有待于进一步的研究，有学者认为二者相等，而有些学者认为二者只是存在一定的比例关系，并不相等，应根据各个地区经验进行选择，侯学渊教授认为需要对求得的围护墙侧移面积 S_w 根据具体情况进行修正。

3）关于地表沉降影响范围的讨论，诸多学者也有不同的看法，除了采用与墙体深度相关的计算方法，一些学者提出了与基坑最终开挖深度为参考量的计算方法。Bowles[10]认为地表沉降影响范围为：$x_0=H_t\tan(45°-\varphi/2)$，其中 $H_t=H_e+H_p$，H_w 为等效墙体深度，H_e 为开挖深度，H_p 为开挖面下等效深度，对于砂土，取 $H_p=B$；对于黏性土，取 $H_p=0.5B\tan(45+\varphi/2)$，$\varphi$ 为土体内摩擦角。

4）关于地表沉降曲线的模式，除了侯学渊教授提出的三角沉降曲线及指数沉降曲线外，一些学者根据地区经验提出了不同的见解，主要有：a）以地表沉降最大点为界，靠墙一侧沉降为直线分布，远离墙体一侧沉降采用抛物线分布；b）由三角形和正态曲线的叠加曲线分布；c）正态分布沉降曲线；d）抛物线沉降曲线；e）偏态分布沉降曲线，如图 4.19 所示。

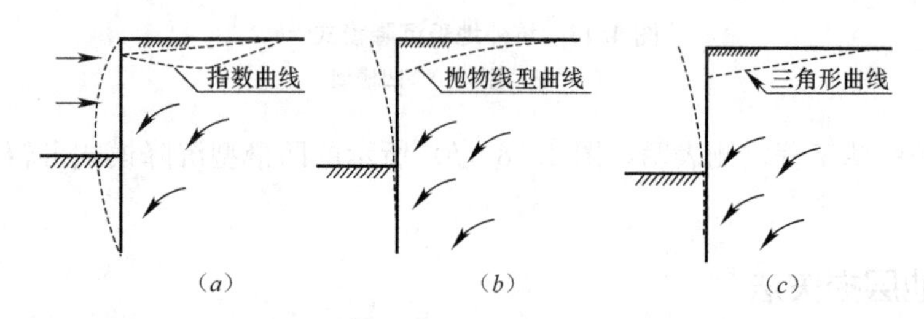

图 4.19　地表沉降曲线类型

因此，关于地层补偿法的计算，应该结合各个地区的相关经验，并同具体工程实际紧密联系，选择合适的围护墙变形曲线及地表沉降曲线，并利用适用的面积相对关系，才能得到合理的地表沉降分布曲线。

2. 位移相关性

Ou et al.[21]根据墙体最大变形与坑外地表最大沉降值之间的相互关系，提出坑外地表沉降曲线的预测步骤如下：

（1）预测挡墙水平位移最大值 δ_{hm}，可采用有限元方法或者弹性地基梁的方法进行计算；

（2）通过挡墙的变形情况，确定沉降曲线模式，即通过如下方式进行：

1）分别计算初始阶段和最终开挖阶段的挡墙变形量，包括 A_{c1}、A_{c2}、A_s，其具体计算如图 4.20 所示，并取

$$A_c=\max(A_{c1}, A_{c2});$$

2）当 $A_s\geqslant 1.6A_c$，沉降模式为凹槽型；当 $A_s<1.6A_c$，沉降模式为三角型；

3）通过 $\delta_{vm}=(0.5\sim0.7)\delta_{hm}$ 的关系，确定地表沉降最大值 δ_{vm}；当然对于极软的黏性土，也可能出现 $\delta_{vm}>\delta_{hm}$ 的情况；

4）根据第②步的曲线模式选择和第③步计算得到的 δ_{vm}，确定相应的地表沉降曲线。

如果不进行墙体横向变形的分析，可以采用 Clough & O'Rourke[25]提出的稳定安全系数法进行粗略的估算，而随着基坑开挖的进行，可以根据现场监测结果反馈有限元分析，从而预估各个后续开挖阶段的较为合理的地表沉降曲线。

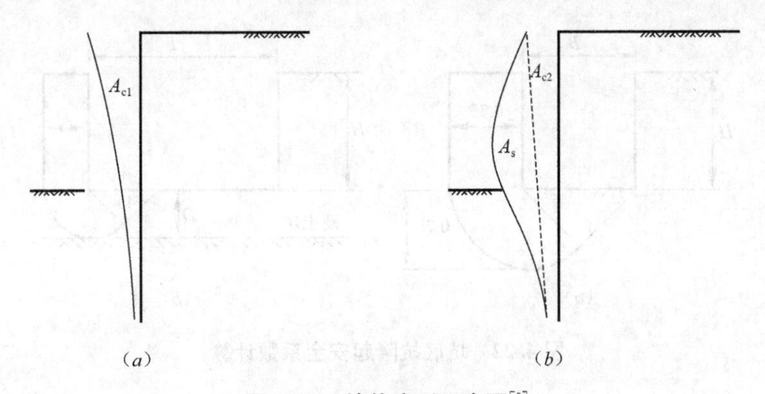

图 4.20 墙体变形示意图[3]

(a) 开挖初始阶段；(b) 最终开挖阶段

此外，坑外地表沉降最大值与墙体最大水平位移之间的相互关系可以通过各个地区的经验进行修正，如上海市隧道工程设计院等单位根据工程经验，提出了考虑施工和地质条件的经验系数 α，以使通过弹塑性模型计算出来的结果能够考虑时间效应，从而使其与实测结果更加接近，即

$$\delta_{\mathrm{vm}}=\frac{\alpha\delta_{\mathrm{hm}}}{\beta} \tag{4.23}$$

其中，经验系数 α 可按土的性质，土体加固条件，各施工工序历时、开挖至设计标高处坑底暴露时间以及支撑的及时性和应力程度等；β 为围护墙实际最大水平位移与施工阶段墙后地面最大沉降量的比值。

4.4.3 稳定安全系数法

稳定安全系数法是 Mana & Clough[26] 首先提出的，是一种基于有限元和工程经验的简化方法，用于估算围护墙体最大位移和墙后地面的最大沉降值。

工程实践及有限元分析结果表明，围护墙的最大水平位移与坑底的抗隆起安全系数存在一定的关系，如图 4.21 所示，对于不同的坑底抗隆起安全系数，墙体最大水平位移与开挖深度的比值始终落在一定的范围之内，因此，在基坑抗隆起安全系数已知的前提下就可以估算出墙体的最大水平位移。

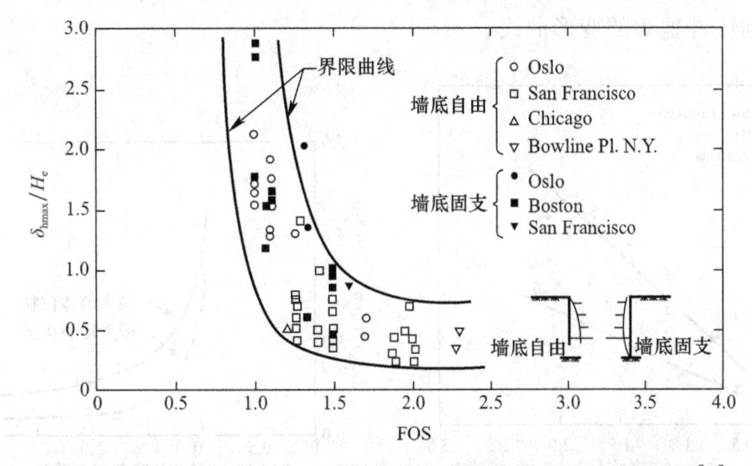

图 4.21 归一化墙体最大水平位移与坑底抗隆起安全系数的关系[26]

其中，坑底抗隆起安全系数可根据 Terzaghi 方法进行计算，如图 4.22 所示，具体可分为如下两种情况进行考虑：

(1) 如图 4.22 (a) 所示，坑底以下硬土层埋深 D 较大，即 $D>0.7B$ 时，F_s 可采用下式计算：

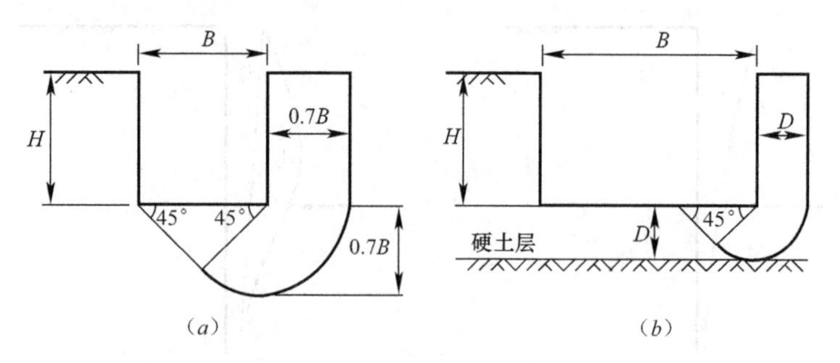

图 4.22 坑底抗隆起安全系数计算

$$F_s = \frac{1}{H} \cdot \frac{S_u N_c}{\gamma - \frac{S_u}{0.7B}} \tag{4.24}$$

（2）如图 4.22（b）所示，坑底以下硬土层埋深较小时，F_s 可采用下式计算：

$$F_s = \frac{1}{H} \cdot \frac{S_u N_c}{\gamma - \frac{S_u}{D}} \tag{4.25}$$

式中 S_u——土体的不排水抗剪强度；

N_c——坑底抗隆起稳定系数；

H——基坑开挖深度；

B——基坑宽度；

γ——土体重度。

同时，根据工程监测数据的统计可知，墙体最大水平位移同坑外土体最大沉降值之间有一定的关系，如图 4.23 所示。

因此，坑外土体最大沉降值同坑底抗隆起安全系数存在一定的关系，根据这一关系，可以采用有限元分析，根据一定的墙体刚度、支撑刚度、基坑尺寸、土体模量等参数，得出墙体最大水平位移、坑外地表沉降最大值与坑底抗隆起安全系数之间的关系，如图 4.24 所示。此时，该曲线对应于某些工程特定条件下的墙体最大水平位移和坑外土体最大沉降，当工程只要满足相应的条件，即可根据坑底抗隆起安全系数计算墙体最大水平位移和坑外土体最大沉降，从而得到坑外地表的变形曲线。

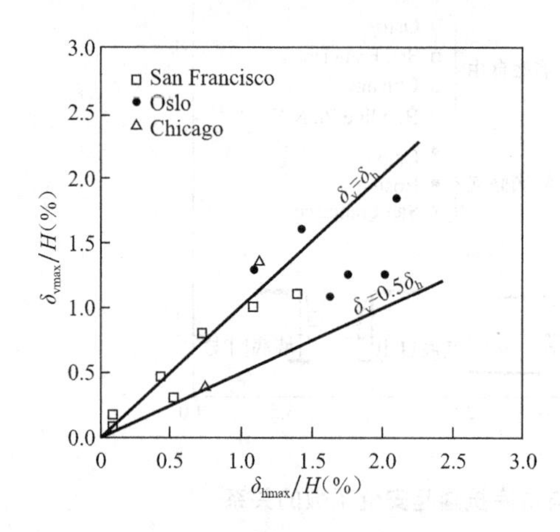

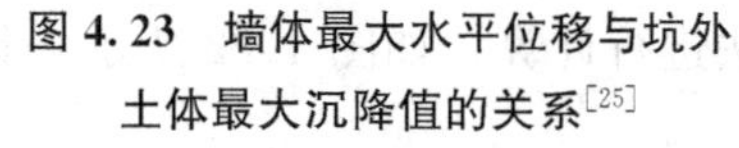
图 4.23 墙体最大水平位移与坑外土体最大沉降值的关系[25]

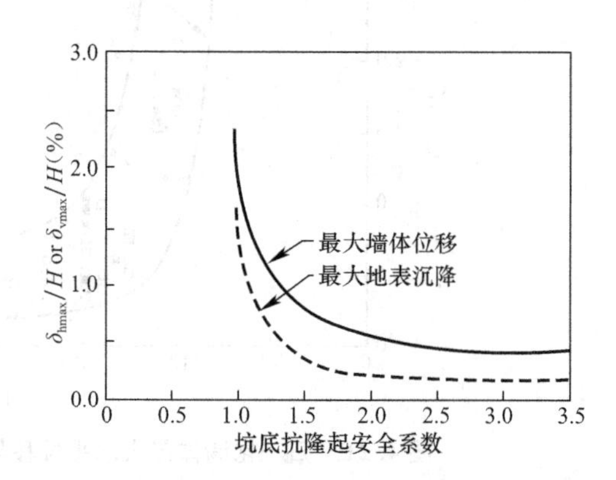

图 4.24 墙体最大水平位移、坑外土体最大沉降与坑底抗隆起安全系数关系[25]

当然，该曲线仅仅对应于某种特定的工程条件，即对应于一定的基坑形式、土质条件及支护方式，对于与该条件存在差异的工程，需要对曲线的上述计算结果进行修正，可包含以下几个方面：

(1) 围护墙刚度和支撑横向间距，修正系数为 α_W；

(2) 支撑刚度与间距，修正系数为 α_s；

(3) 硬土层埋深，修正系数为 α_D；

(4) 基坑宽度，修正系数为 α_B；

(5) 支撑预加轴力，修正系数为 α_p；

(6) 土体模量乘子，即模量与不排水抗剪强度之间的关系系数，修正系数为 α_M。

修正后的墙体最大水平位移为

$$\delta'_{hmax} = \alpha_W \alpha_s \alpha_D \alpha_B \alpha_p \alpha_M \delta_{hmax} \tag{4.26}$$

修正后的坑外土体最大沉降为

$$\delta'_{vmax} = \alpha_W \alpha_s \alpha_D \alpha_B \alpha_p \alpha_M \delta_{vmax} \tag{4.27}$$

其中，上述各修正系数可根据图 4.25 到图 4.30 进行确定。

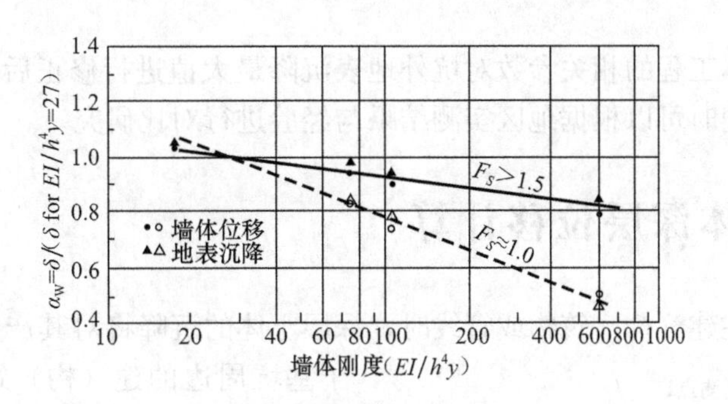

图 4.25　墙体刚度的影响

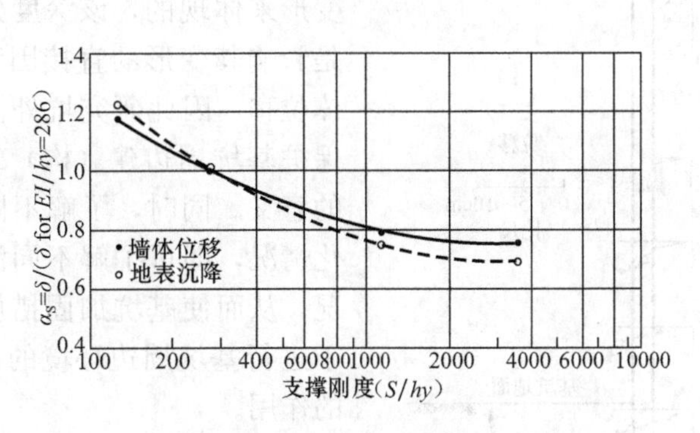

图 4.26　支撑刚度的影响

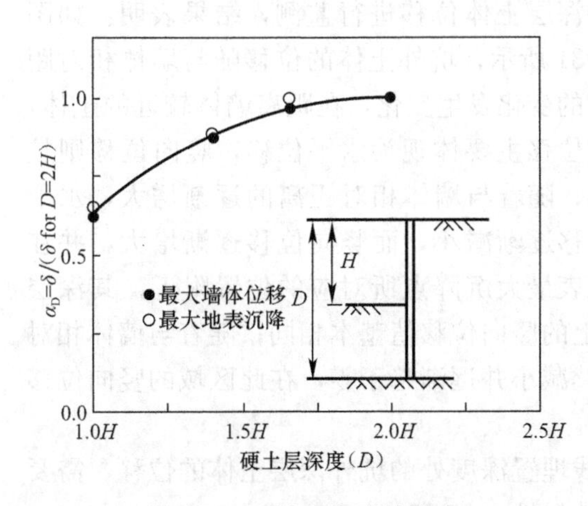

图 4.27　硬土层深度的影响

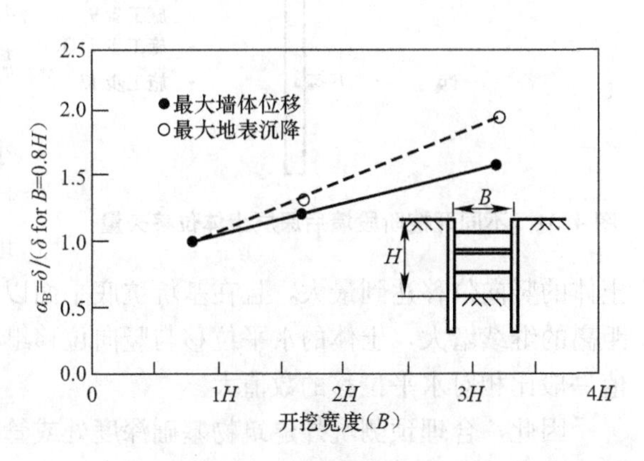

图 4.28　开挖宽度的影响

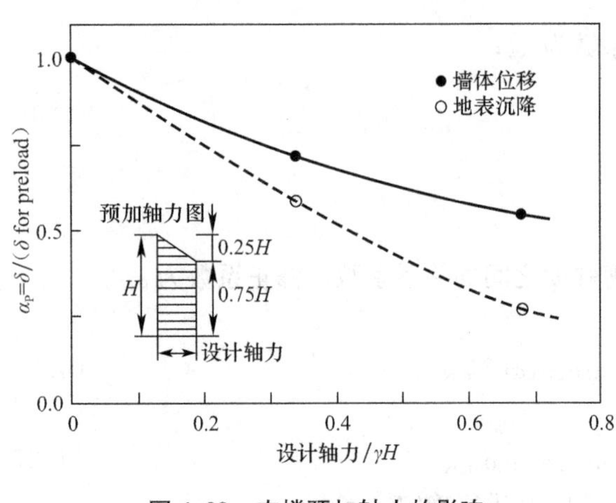

图 4.29 支撑预加轴力的影响

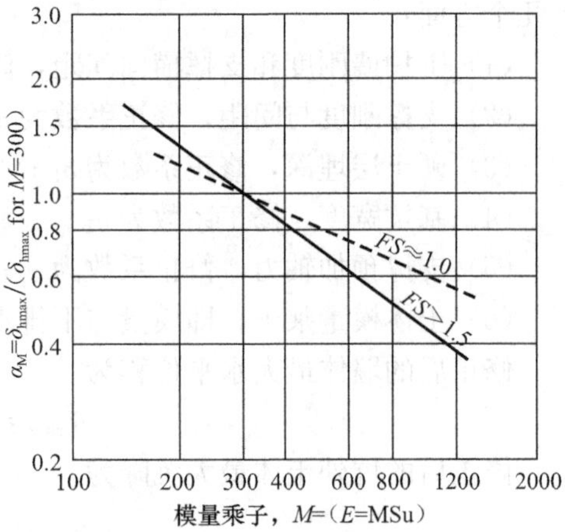

图 4.30 模量乘子的影响

因此，根据具体工程的相关参数对坑外地表沉降最大值进行修正后，即可得到较为准确可靠的预测结果，同时可以根据地区实测结果与经验进行对比研究。

4.5 坑外土体深层位移计算

当基坑周边存在建（构）筑物或管线时，深层土体的沉降将对其产生重要影响，因为对于基坑周边的建（构）筑物或管线，土体的变形影响是通过基础深度处或埋深处的土体变形来体现的，该深度处的土体位移大小才是影响其变形的直接因素，而非地表处的土体位移，因此研究坑外深层土体的位移对于保护基坑周边建（构）筑物及管线有着重要的意义。同时，了解不同深度土体的位移变化情况，即可了解不同深度处土体的应变状况，从而使基坑加固措施更加有的放矢，对于进行基坑周边环境的加固保护也有着重要的作用。

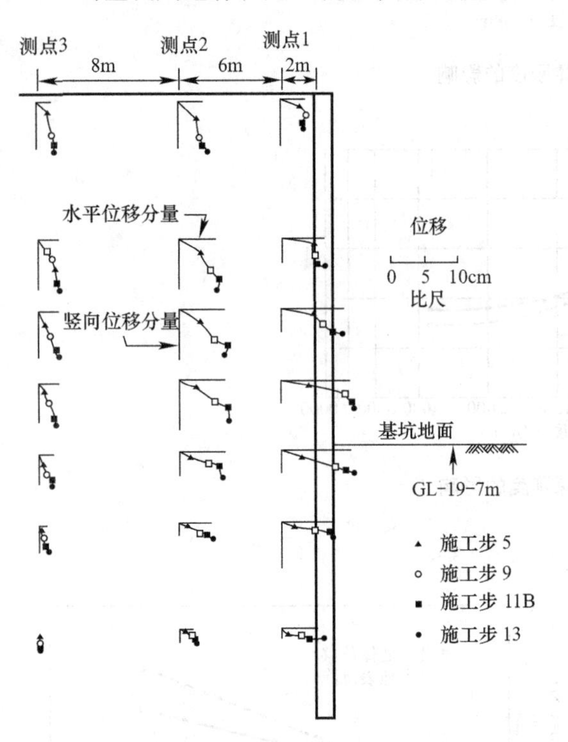

图 4.31 不同开挖阶段墙后深层土体位移矢量[27]

Ou et al.[27]对台北 TNEC 基坑工程的坑外深层土体位移进行监测，结果表明：如图 4.31 所示，坑外土体的位移随与墙体相对距离的变化发生变化，在距离墙体较近的土体，其位移主要体现为水平位移，竖向位移则较小；随着与墙体相对距离的逐渐增大，水平位移逐渐减小，而竖向位移逐渐增大，并在地表最大沉降点所对应的位置附近，其深层土体的竖向位移达到最大，且在基坑坑底平面以上的竖向位移值基本相同；随着与墙体相对距离的继续增大，土体的水平位移与竖向位移继续减小并逐渐趋于零，在此区域的竖向位移值一般比相对水平位移的数值大。

因此，合理预测坑外建筑物基础深度处或管线埋置深度处的坑外深层土体的位移，需要针对坑外土体位移分布规律，从而对环境进行有效保护。

1. 通过坑外地表沉降曲线预测深层土体沉降

为了有效保护基坑周边管道的安全，李佳川[28]通过对某长条形基坑的三维有限元分析，研究坑外土体不同深度处土体的沉降状况。李佳川认为沿坑边纵向方向，任一深度处的土层沉降面形状与地表沉降曲线的形状相似，并提出沉降传递系数 *CST*（Coefficient of Settlement Transmission）的概念，即土体中任一深度处的沉降值与其相应位置处的地表沉降值之比值，并得出距离墙体不同位置处，*CST* 的变化规律，具体如式（4.28）所示。

$$CTS=\begin{cases}1 & 0\leqslant y<0.25H\\ 1-0.030h & 0.25H\leqslant y<0.5H\\ 1-0.017h & 0.5H\leqslant y<0.75H\\ 1-0.009h & 0.75H\leqslant y\leqslant H\end{cases} \tag{4.28}$$

式中 h——土层的深度；

H——开挖深度。

由此可见，在距离墙体 0.25 倍开挖深度范围内的土体，土体的沉降不随土层深度增大变化，即任意深度处的土体沉降与地表处沉降值一致；随着与墙体相对距离的增大，沉降传递系数的下降幅度逐渐减小，表明随着相对距离增大，任意深度处土体的沉降量逐渐趋近于地表的沉降量，并逐渐趋近于 0。当然，该文主要的研究重点为常规的管道保护，针对的土层主要为浅层土体，一般不超过 6m～7m，故其分析结果具有一定的局限性。

2. 通过坑外地表沉降曲线预测深层土体水平位移

Schuster et al.[29]根据部分工程实测数据及有限元分析结果，证明坑外地表土体的水平位移存在与 Hsieh et al.[21]建议的沉降模式类似的位移模式，且随着土体深度的变化，其位移模式发生变化，如图 4.32 所示，Schuster et al. 认为水平位移的影响范围达到 5 倍的基坑

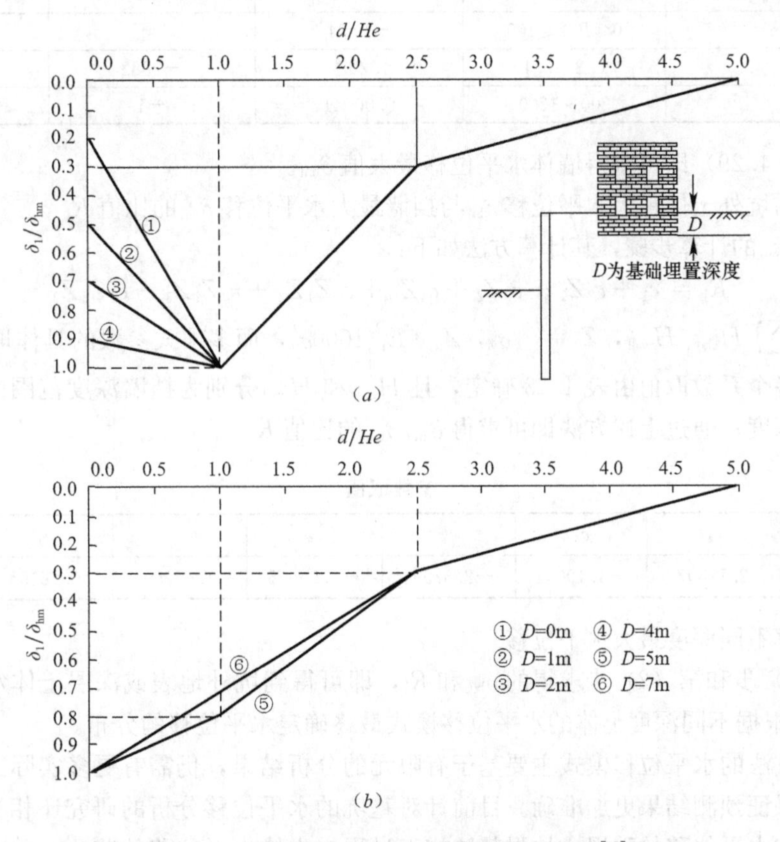

图 4.32 不同深度处土体水平位移变化模式[28]

（*a*）凹槽型；（*b*）三角型

开挖深度，且在2.5倍的基坑开挖深度以外的范围，土体的水平位移较小，在2.5倍的开挖范围之内，土体的水平位移模式随研究土体深度变化而变化。

为了预测不同深度土体的水平位移，Schuster et al. 提出了采用了可靠度理论预测土体深层水平位移，其具体步骤如下：

（1）预测基坑开挖导致的挡墙最大水平位移 δ_{hm}

假设 δ_{hm} 表达式如下：

$$\delta_{hm} = a_0 + a_1X_1 + a_2X_2 + a_3X_3 + a_4X_4 + a_5X_5 + a_6X_1X_2 + a_7X_1X_3 + a_8X_1X_5 \quad (4.29)$$

式中多项式的系数取值分别如表4.12所示，且各多项式均由 $X=t(x)=b_1x^2+b_2x+b_3$ 进行表示，即 $X_1=t(H_e)$，$X_2=t(\ln(EI/\gamma_w h_{avg}^4))$，$X_3=t(B/2)$，$X_4=t(s_u/\sigma_v')$，$X_5=t(E_i/\sigma_v')$。

多项式参数的取值　　表4.12

参数	a_0	a_1	a_2	a_3	a_4	a_5	a_6	a_7	a_8
取值	−13.41973	−0.49351	−0.09872	0.06025	0.23766	−0.15406	0.00093	0.00285	0.00198

其中，H_e 为基坑开挖深度，B 为基坑宽度，E、I 分别为挡墙弹性模量及惯性模量，γ_w 为水的重度，h_{avg} 为平均支撑间距，s_u 为土体不排水剪切强度，σ_v' 为土体的竖向有效应力，E_i 为土体的初始弹性模量；同时，针对不同的变量 H_e、$\ln(EI/\gamma_w h_{avg}^4)$、$B/2$、$s_u/\sigma_v'$、$E_i/\sigma_v'$，X的表达式中 b_1、b_2、b_3 值也不一样，其值如表4.13所示。

各变量对应参数取值　　表4.13

变量 x	适用范围	$X=t(x)=b_1x^2+b_2x+b_3$		
		b_1	b_2	b_3
H_e	0～30	−0.4	24	−50
$\ln(EI/\gamma_w h_{avg}^4)$	⩾0		−295	2000
$B/2$ (m)	$0\leqslant B/2\leqslant 100$	−0.04	4	90
s_u/σ_v'	0.2～0.4	3225	−2882	730
E_i/σ_v'	200～1200	0.00041	−1	500

故由式（4.29）即可求得墙体水平位移最大值 δ_{hm}。

（2）预估坑外土体最大水平位移 δ_{lm} 与挡墙最大水平位移 δ_{hm} 的比值 R_l

类似于 δ_{hm} 的计算步骤，其计算方法如下：

$$R_l = c_1 + c_2Z_1 + c_3Z_2 + c_4Z_3 + c_5Z_1Z_2 + c_6Z_1Z_3 + c_7Z_2Z_3 \quad (4.30)$$

式中，$Z_1=\sum H_{clay}/H_{wall}$，$Z_2=s_u/\sigma_v'$，$Z_3=E_i/1000\sigma_v'$，而多项式参数的具体取值如表4.14所示。其余各个系数取值由表4.13确定，且 H_{clay} 和 H_{wall} 分别为挡墙深度范围内黏性土的厚度及挡墙的深度；通过上述方法即可求得 δ_{lm}/δ_{hm} 的比值 R_l。

参数取值　　表4.14

参数	c_1	c_2	c_3	c_4	c_5	c_6	c_7
取值	2.17807	−1.19041	−2.87994	−0.96655	1.63969	0.16155	1.46109

（3）求解不同深度最大水平位移

由第（1）步和第（2）步求得的 δ_{hm} 和 R_l，即可得到坑外地表或深层土体水平位移最大值 δ_{lm}，从而根据不同深度土体的水平位移模式最终确定水平位移的分布。

但是该方法的水平位移模式主要基于有限元的分析结果，仍需有更多实际工程数据作为基础，从而保证预测结果更加准确。目前针对基坑的水平位移分析的研究还相当有限，应提高对坑外土体水平位移的重视，加强基坑施工过程中土体水平位移的监测，并对其变化规律进行研究，从而保证实现对周边环境的有效保护。

3. 通过围护墙的位移曲线预测深层土体沉降和水平位移

上面介绍的两个方法只能分别求解深层土体最大沉降或最大位移，下面介绍一种可同时求解深层土体沉降和水平位移的方法[29]。

假设围护墙的位移曲线如图 4.33 所示，即由三角形部分 O′OA 和凸出部分 O′AB 两部分组成，且墙顶的最大水平位移为 δ_{wtop}，故坑外土体任意点位移的预测可以分别通过三角形部分及凸出部分进行预测。

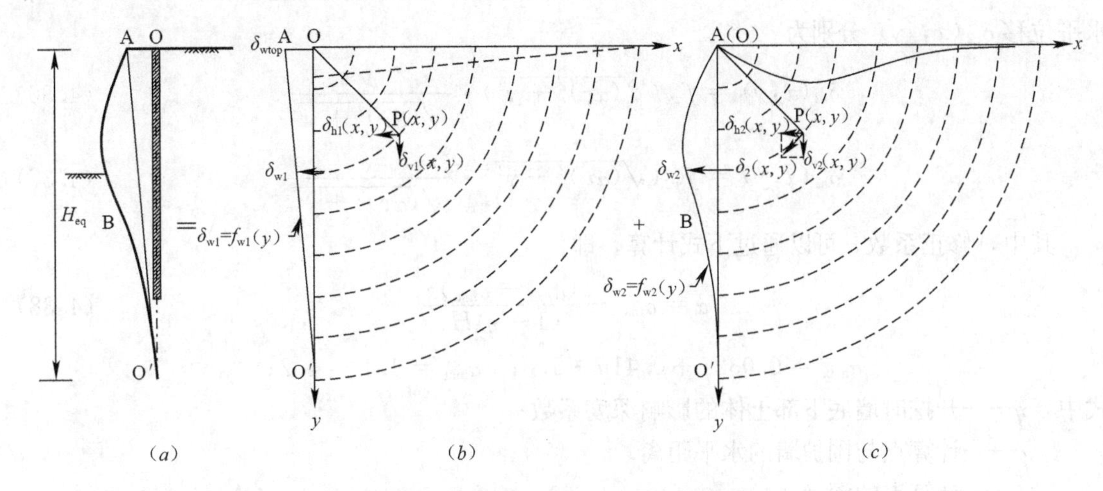

图 4.33 坑外土体任意点位移示意图

(a) 围护墙位移；(b) 围护墙三角形位移对应土体深层位移；(c) 围护墙凸出位移对应土体深层位移

(1) 围护墙三角形部分引发的土体位移

对于三角形部分，由图 4.33 (a) 可知，可以认为围护墙及其底部一定深度范围内的土体绕墙底下某固定点 O′发生刚体转动，该固定点的深度为 H_{eq}，故墙体沿深度方向上，任意点位移即为

$$\delta_{w1}=f_{w1}(y)=\delta_{wtop}\cdot\left(1-\frac{y}{H_{eq}}\right) \tag{4.31}$$

对于坑外任意点 $P(x, y)$，其竖向位移和水平位移分别取决于该点与墙顶 O 点的相对距离，即 $\sqrt{x^2+y^2}$，故可由墙体水平位移曲线公式求得竖向位移 $\delta_{v1}(x, y)$ 和水平位移 $\delta_{h1}(x, y)$ 分别为

$$\delta_{v1}(x,y)=\delta_{h1}(x,y)=\delta_{wtop}\left[1-\frac{\sqrt{x^2+y^2}}{H_{eq}}\right] \tag{4.32}$$

当 $y=0$ 时，即地表处的竖向位移和水平位移分别为

$$\delta_{v1}=\delta_{h1}=\delta_{v1}(x,y)\mid_{y=0}=\delta_{h1}(x,y)\mid_{y=0}=\delta_{wtop}\left(1-\frac{x}{H_{eq}}\right) \tag{4.33}$$

由上式可知，由三角形部分推导得到的坑外地表处竖向和水平位移呈现三角形分布，最大值均发生在墙边处，即为 δ_{wtop}。

(2) 土体墙体凸出部分位移引发的土体位移

针对凸出部分引发的坑外土体的位移可以采用 Peck[30] 的地层补偿法及 Caspe[31] 研究成果，认为基坑开挖导致的墙后土体发生位移，但土体总体体积不变，地表沉降引起的损失体积与墙体位移引起的土体面积相等，参考图 4.33 (b)，假设墙体突出部分的位移曲线为 $\delta_{w2}=f_{w2}(y)$，并认为坑外土体任意点 $P(x, y)$，其位移方向为以墙顶 O 点为圆心、半径为 $\sqrt{x^2+y^2}$ 的圆的切线方向，大小为该半径深度处墙体的水平位移，故 $P(x, y)$ 的竖向位移 $\delta_{v2}(x, y)$ 和水平位移 $\delta_{h2}(x, y)$ 分别为

$$\delta_{v2}(x,y)=f_{w2}(\sqrt{(x)^2+y^2})\cdot\frac{x}{\sqrt{(x)^2+y^2}} \tag{4.34}$$

$$\delta_{h2}(x,y)=f_{w2}(\sqrt{(x)^2+y^2})\cdot\frac{y}{\sqrt{(x)^2+y^2}} \tag{4.35}$$

由于考虑到计算的误差，李亚和杨国伟对上述结论作了相应的修正，在水平方向引入了收缩系数 α，将圆弧滑动改为以 x 轴为短轴的椭圆滑动，故任意点的竖向位移 $\delta_{v2}(x,\ y)$ 和水平位移 $\delta_{h2}(x,\ y)$ 分别为

$$\delta_{v2}(x,y)=f_{w2}(\sqrt{(\alpha x)^2+y^2})\cdot\frac{x}{\sqrt{(\alpha x)^2+y^2}} \tag{4.36}$$

$$\delta_{h2}(x,y)=f_{w2}(\sqrt{(\alpha x)^2+y^2})\cdot\frac{y}{\sqrt{(\alpha x)^2+y^2}} \tag{4.37}$$

其中，修正系数 α 可以通过下式计算，即

$$\alpha=\alpha_{max}-\frac{(\alpha_{max}-\alpha_{min})x}{(1+\eta)H_0} \tag{4.38}$$

$$\alpha_{max}=0.032\varphi+0.41n+1.3;\quad \alpha_{min}=1.1\sim1.2;$$

式中 η——开挖时墙底下部土体的影响深度系数；

x——计算点与围护墙的水平距离；

y——计算点的深度；

φ——围护墙后土体的内摩擦角；

n——支撑合力深度系数，一般可取 0.7。

故由上述推导结果可知，坑外地表的水平位移为 0，即墙体凸出部分位移不引发地表土体发生水平位移，而地表土体的竖向位移为

$$\delta_{h2}=\delta_{h2}(x,y)\mid_{y=0}=\frac{1}{\alpha}\cdot f_{w2}(\alpha x) \tag{4.39}$$

由上式可知，凸出部分墙体引发的坑外地表沉降曲线与墙体凸出部分曲线相似。

(3) 两部分引发的土体位移相加

通过三角形部分和凸出部分两部分引发的土体位移的推导，可知坑外土体任意点的竖向位移 $\delta_v(x,\ y)$ 和水平位移 $\delta_h(x,\ y)$ 分别为：

竖向位移：

$$\delta_v(x,y)=\delta_{v1}(x,y)+\delta_{v2}(x,y)=\delta_{wtop}\left(1-\frac{\sqrt{x^2+y^2}}{H_{eq}}\right)+f_2(\sqrt{(\alpha x)^2+y^2})\cdot\frac{x}{\sqrt{(\alpha x)^2+y^2}} \tag{4.40}$$

水平位移：

$$\delta_h(x,y)=\delta_{h1}(x,y)+\delta_{h2}(x,y)=\delta_{wtop}\left(1-\frac{\sqrt{x^2+y^2}}{H_{eq}}\right)+f_2(\sqrt{(\alpha x)^2+y^2})\cdot\frac{y}{\sqrt{(\alpha x)^2+y^2}} \tag{4.41}$$

故坑外地表土体位移为：

$$\delta_v=\delta_v(x,y)\mid_{y=0}=\delta_{wtop}\left(1-\frac{x}{H_{eq}}\right)+\frac{1}{\alpha}\cdot f_2(\alpha x) \tag{4.42}$$

$$\delta_h=\delta_h(x,y)\mid_{y=0}=\delta_{wtop}\left(1-\frac{x}{H_{eq}}\right) \tag{4.43}$$

因此，通过上述推导过程的介绍可知，只要知道墙体的水平位移曲线，包括墙顶水平位移值及凸出部分位移曲线，即可求得坑外任意点的位移。

4.6 基坑变形的数值分析方法

4.6.1 数值分析法简介

针对平面应变状态下墙体的变形，除了采用平面弹性地基梁法进行计算外，还可以采用平面数值分析法进行分析，对整个基坑施工过程进行模拟，可考虑土体与围护结构的相互作用，从而更为合理地反映基坑的变形。

与弹性地基梁法相比，有限元法、有限差分法等可考虑反映基坑回弹、地下水渗流等作用对围护桩（墙）水平位移及竖向位移的影响；以及考虑土体非线性、各向异性、固结及流变等因素的影响，以及考虑坑内土体因开挖、降水等诱发的土超固结、剪胀等复杂因素的影响。在选择土的本构模型时，可针对这些因素，根据需要选择合理的土本构模型和参数。

常用的数值分析方法主要包括有限单元法和有限差分法，以下分别对两种方法的分析流程进行简要介绍。

1. 有限单元法

有限元分析的基本流程包括：

（1）离散化：将连续结构离散成若干个基本单元，基本单元的形状可以使三角形、矩形或多边形，单元之间仅仅通过节点进行连接，在位移为零的节点设置链杆，并把链杆视为结构的支座。

（2）单元分析：针对每个单元的内力和变形进行分析，导出节点力与位移的相互关系，即单元刚度矩阵。

（3）整体分析：按连续条件及平衡条件拼装单元，得出结构的整体刚度矩阵，建立结构刚度方程，并考虑边界条件约束，对整体刚度矩阵进行修正，最后求解方程组确定位移未知数。

通过上述的分析流程，即可求得结构的变形与内力。

2. 有限差分法

有限差分法的基本思想为：

（1）把连续的求解域划分为有限个单元，并通过节点进行连接；

（2）利用在网格上定义的离散变量函数近似表示连续求解域上的连续变量的函数；

（3）以 Taylor 级数展开等方法，把原方程和定解条件中的微商用差商来近似，积分用积分和来近似，即将原微分方程和定解条件近似地代之以代数方程组，即有限差分方程组；

（4）求解有限差分方程组，得到原问题在离散点上的近似解；

（5）利用插值方法，由离散点的近似解求解整个区域上的近似解。

有限差分法同有限单元法的区别在于二者求解偏微分方程的方法不一致，有限单元法是根据变分原理或方程余量与权函数正交化原理，建立与微分方程初边值问题等价的积分表达式，而有限差分法则是将有限个差分方程代替偏微分方程。

然而，无论是采用有限单元法，还是采用有限差分法对基坑工程进行数值分析，均需要考虑如下主要因素，包括：土层分布、土体性质、围护结构及支撑体系特点、土体开挖及支撑架设的工序安排等，此外，还应合理地考虑土体与围护结构的相互作用，使分析结果更为准确地反映实际工程中基坑变形性状。

4.6.2 数值分析方法应用要点

随着计算机技术水平的提高，土体本构模型研究的深入，数值分析方法在基坑工程科研与实践中逐步成熟，并得到越来越广泛的认同，成为研究基坑工程的一种重要手段。然而在进行数值分析中，为了使计算结果更为合理，需要注意以下主要方面：

1. 本构关系及参数的选取

在土体本构模型的选取上，应根据土体自身的变形特性，选择合乎其变形特点的本构关系，如：对于软黏土，采用修正剑桥模型或者硬化模型将得到较好的结果；对于硬黏土、砂土、岩石以及加固体，可以采用摩尔-库仑模型进行模拟；对于支护结构，采用线弹性模型即可满足工程需求。在不考虑模型参数的影响下，根据模型本身的特点，可以大致判断各种本构模型在基坑开挖分析中的适用性，表 4.15[30]可以作为基坑分析时选择本构模型的参考。

基坑工程变形数值分析时土本构模型选用　　表 4.15

本构模型的类型		不适用	适用于初步分析	适合于较精确的分析	适合于高级分析
弹性模型	弹性模型	√			
	横观各向同性弹性模型	√			
	DC 模型		√		
弹-理想塑性模型	Tresca 模型		√		
	MC 模型		√		
	DP 模型		√		
硬化模型	MCC 模型			√	
	Plaxis HS 模型			√	
小应变模型	MIT-E3 模型				√

Potts[32]指出，采用应变硬化模型来模拟基坑开挖问题时，则能较好地预测基坑变形的情况。修正剑桥模型、Plaxis Hardening Soil（HS）模型均是硬化类型的本构模型，因而其较弹-理想塑性模型更适合于基坑开挖的分析。图 4.34 为 Grande[33]采用不同模型分析一个开挖宽度为 6m、深度为 6m 的基坑所得到的墙后地表沉降情况，可以看出 HS 模型较 Mohr-Coulomb 模型能更好地预测墙后地表的沉降。当然，能反映土体在小应变时的变形特征的高级模型如 MIT-E3[34]模型等应用于基坑开挖分析时具有更好的适用性[35]，但高级模型的参数一般较多，且往往需要高质量的实验来确定参数，因而直接应用于工程实践尚存在一定的距离。

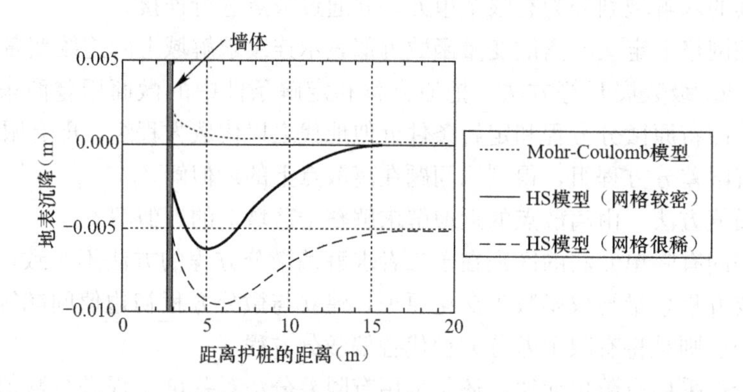

图 4.34　不同模型得到的墙后地表沉降情况（Grande[33]）

从图 4.34 可看出，采用摩尔-库仑模型时，由于无法考虑基坑卸荷模量问题，导致基坑开挖的回弹变形显著偏大，甚至使坑外地面出现上升，并导致计算得到的围护结构水平位移、坑外土体水平位移严重偏小。

2. 围护桩（墙）-土接触面

除土的本构模型可对数值分析结果产生显著影响外，围护桩（墙）与土之间的接触问题是考虑基坑开挖过程中围护桩（墙）-水平支撑（或锚杆）-土相互作用的一个重要问题。郑刚、刁钰[36]对某一基坑算例，如图4.35所示，采用修正剑桥模型，参数如表4.16所示，计算了地下连续墙与土之间不同摩擦角δ时的坑外地表沉降情况，并与Hsieh等在[21]Ou等[20]的研究的基础上提出地表沉降分布经验模式进行了比较。从图4.36、图4.37可以看出，摩擦角取得过大，会显著夸大坑外沉降影响范围。

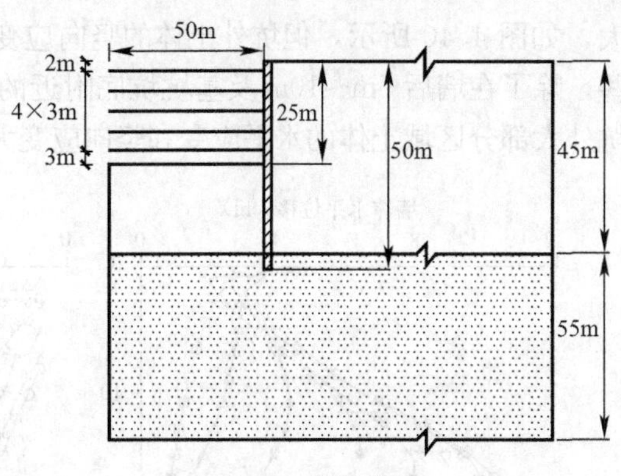

图4.35 基坑算例

有限元计算参数 表4.16

土层编号	γ_b (kN/m³)	λ	κ	M	e_0	ν
L1	18.5	0.08	0.006	0.8	0.8	0.3
L2	20.0	0.04	0.003	1.3	0.72	0.3

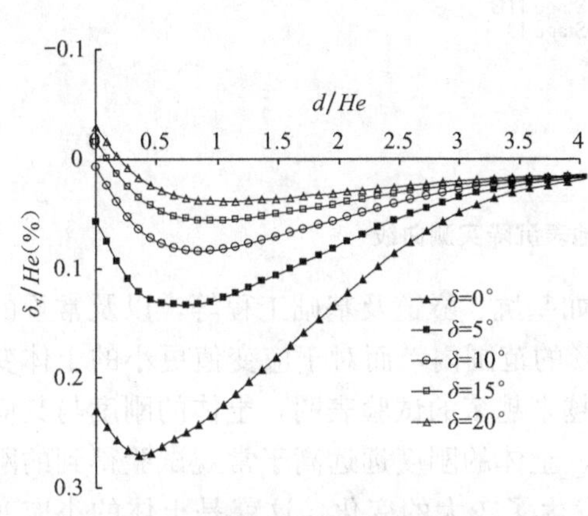

图4.36 图4.37 坑外地表沉降分布

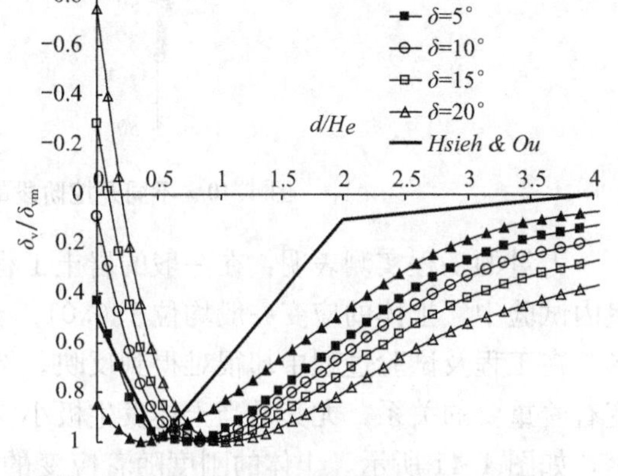

图4.37 图4.38 归一化坑外地表沉降分布

此外，除了选择合理的本构关系外，模型计算参数的准确输入对于计算结果也有着显著的影响，只有通过有效的室内及室外试验，得到模型所需的计算参数，才能真正合理地反映实际工程基坑的变形性状。

3. 土体小应变问题

Ou et al.[27]通过台北TNEC基坑工程的坑外深层土体位移的监测结果分析了坑外土体的应变，如图4.38、图4.39所示。由图中可看出，虽然墙体的水平位移和地表沉降值均较

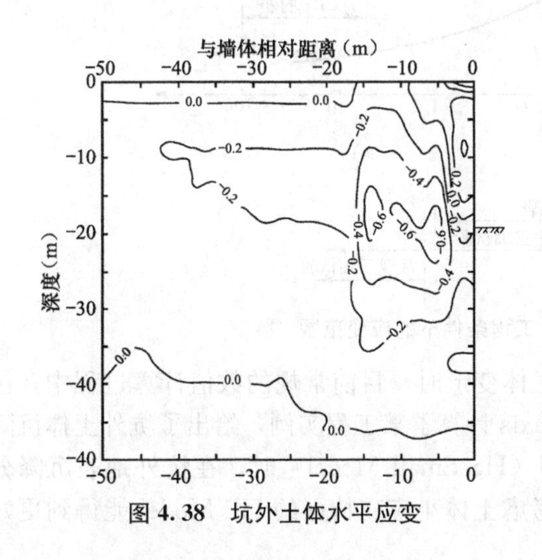

图4.38 坑外土体水平应变

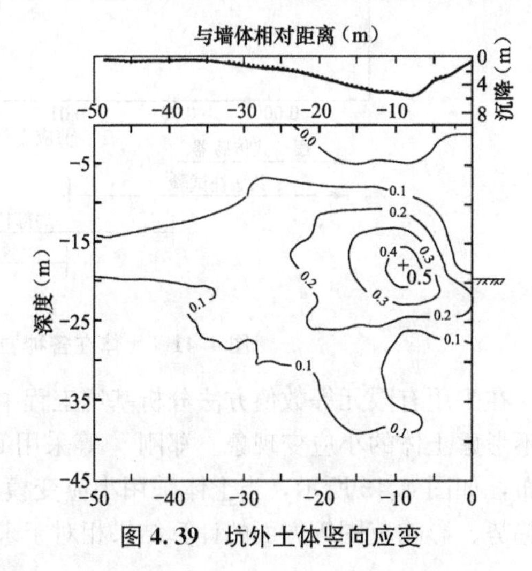

图4.39 坑外土体竖向应变

大，如图 4.40 所示，但坑外土体的竖向应变和水平应变均较小，水平应变较竖向应变要大一些。除了在墙后 5m～10m 及基坑坑底附近的范围内土的水平应变稍大（接近 1%外，）外，基坑外大部分区域土体的水平应变和竖向应变大体在 0.1%～0.5%范围内，属于小应变范围。

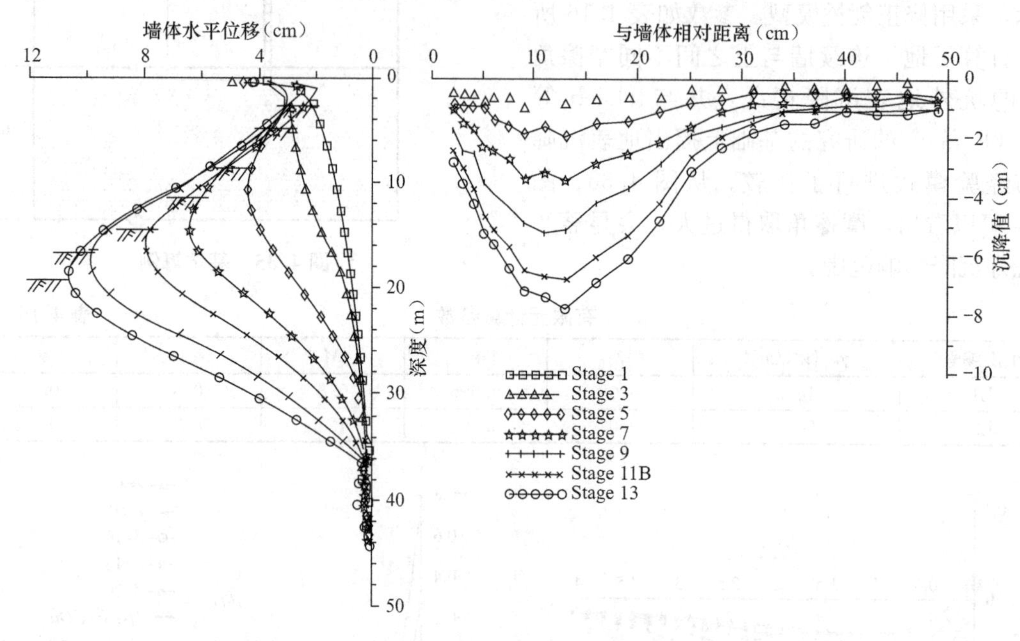

图 4.40　不同开挖阶段的坑外地表沉降实测曲线[27]

大量的工程实测表明：在一般的岩土工程中，如基坑、隧道及基础工程等，以及常规的室内试验中，土体的应变一般均位于 0.01%～0.3%的范围内，而对于应变值更小的土体变形，在工程及试验过程中却很难得到反映。然而，越来越多的试验表明，土体的刚度与其应变有着重要的关系，尤其是当土体发生极小应变时，土体的刚度远远高于常规试验得到的刚度，如图 4.41 所示，土体的刚度随着应变的增大发生了较大的变化，这就是土体的小应变现象。土体的小应变现象主要表现为：高刚度、显著非线性及各向异性。

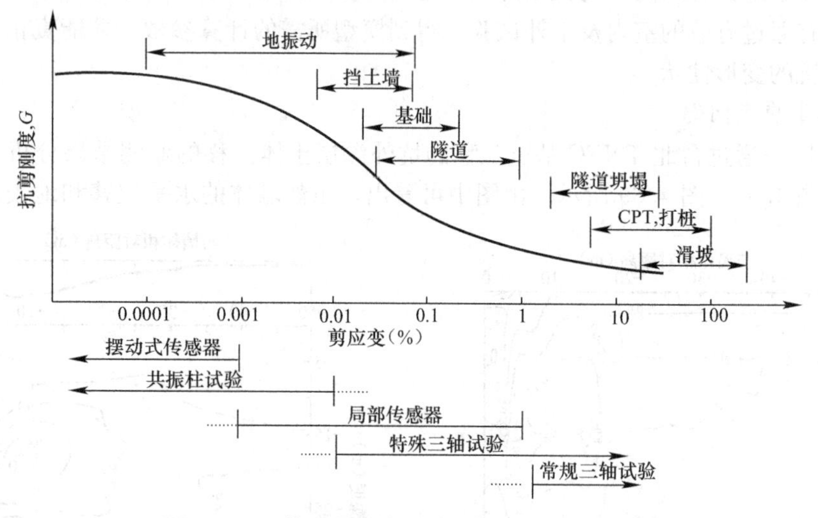

图 4.41　土体在各种岩土工程条件下的应变范围

在采用有限元等数值方法分析基坑工程中土体变形时，目前常规的数值计算过程中，往往不考虑土体的小应变现象。郑刚[37]等采用 Plaxis 计算了某工程实例，给出了坑外土体沉降分布，如图 4.42 所示，当土体采用小应变模型（HS Small Model）时，在坑外地表沉降分布趋势、影响范围等方面的计算结果相对于未考虑土体小应变特征的 HS Model 能得到更好的结果，与 Ou 等[20,21]的经验公式亦能较好地吻合，而不考虑小应变时，得到的坑外沉降影响范围显著偏大。故在研究基坑变形过程中，尤其是针对坑外环境保护要求严格的基坑工程，合理考虑土体的小应变特性，能够更加合理地评估基坑开挖对坑外环境的影响，是非常必要的。

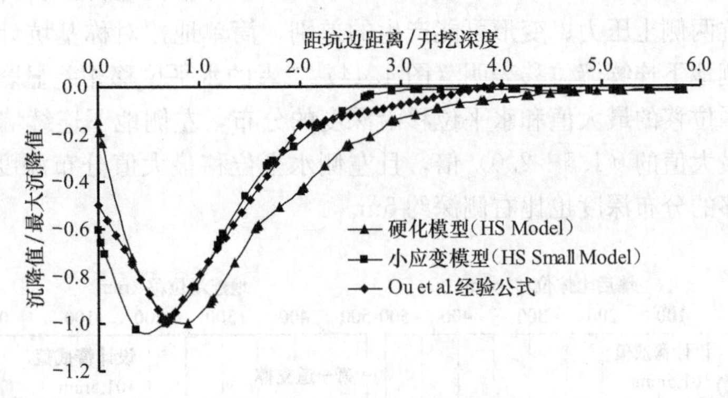

图 4.42 坑外土体沉降对比

4. 基坑的空间效应

在一般的数值分析中，常常忽略基坑的三维空间效应，而仅仅采用平面应变状态进行模拟，而且常因考虑基坑的对称性而仅取 1/2 的基坑模型，这样简化能够极大地减小计算量，且能满足计算需求。然而，当实际工程中的空间效应显著，或基坑存在显著的非对称性时，有必要采用三维数值分析来对模型进行准确模拟。

采用图 4.43 计算围护桩（墙）的变形时，实际上隐含了一个假设，即基坑是对称的。

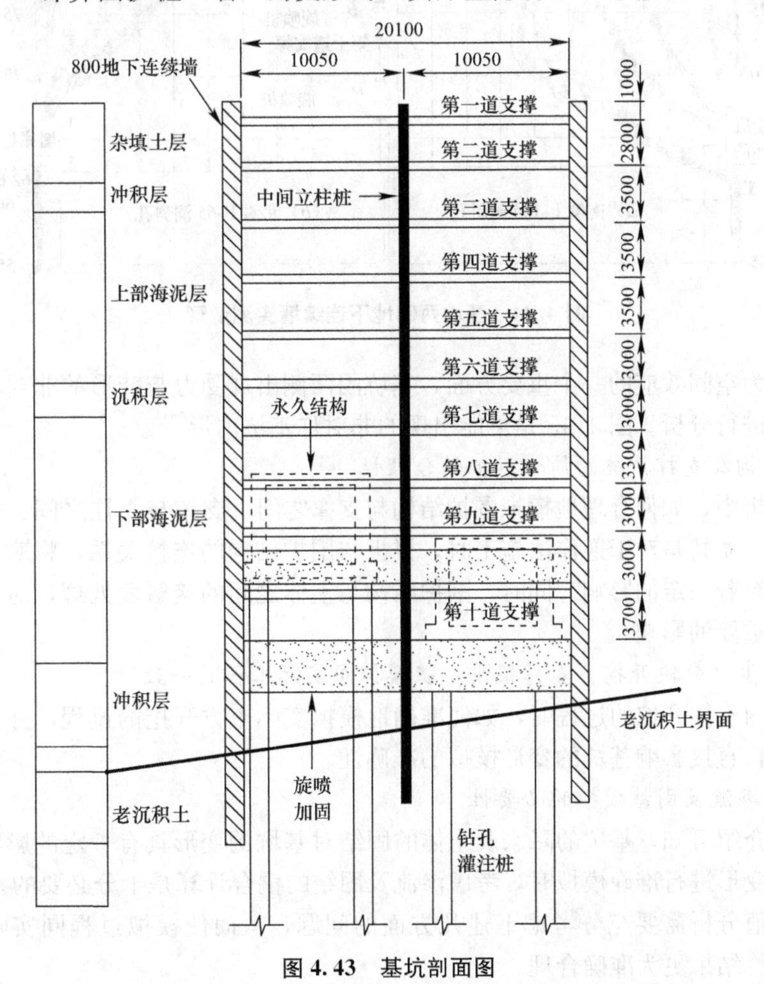

图 4.43 基坑剖面图

图 4.43 为 2004 年发生垮塌事故的属于新加坡地铁循环线 C824 标段 Nicoll 大道基坑剖面图。该地点位于填海造陆区，于 20 世纪 70 年代围海形成，至今仅沉降固结了 40 年，此范围内主要是海泥，土体软弱，欠固结，透水性差。由图 4.44 可看出[38-42]，在基坑两侧地下连续墙所在位置处，软弱土层的层底埋深相差较大，然而，设计单位进行分析时，忽略了这一重要差别带来的基坑两侧土压力、变形可能产生的差别，简单地按对称基坑计算。在失事部位垮塌前实测的两侧地下连续墙位移表明（图 4.44）二者的水平位移相差显著，呈现严重的不对称性，包括水平位移的最大值和水平位移沿深度的分布，左侧地下连续墙的位移最大值达到右侧水平位移最大值的（1.5～2.0）倍，且左侧水平位移最大值分布深度较右侧深 5m 以上，左侧水平位移的分布深度也比右侧深约 5m。

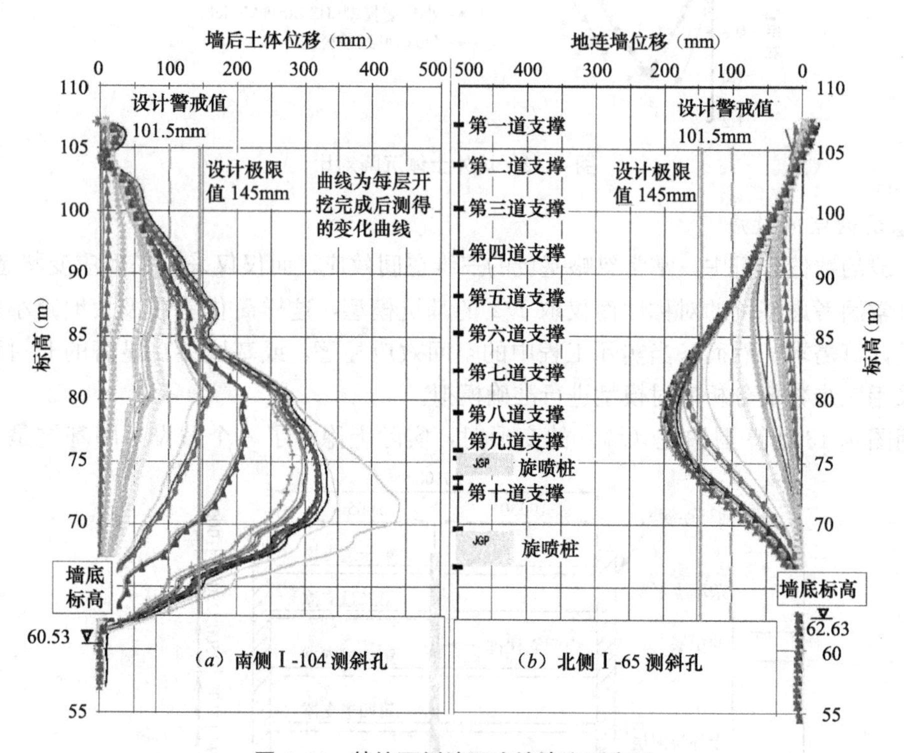

图 4.44　基坑两侧地下连续墙实测变形

因此，作为空间效应的一个重要方面，基坑因两侧出现受力与变形的非对称时，宜建立整体数值模型进行分析。图 4.45 是可能出现的非对称基坑情形[37]。

5. 围护结构及支撑系统的简化模拟的合理性

在数值分析中，如何合理地模拟围护结构与支撑之间、支撑与立柱之间、楼板与立柱之间的连接关系，尤其是对于逆作法施工时，楼板与围护结构的连接关系，将对整个支撑系统的受力及变形有着一定的影响。同时，围护结构与土体之间的接触面处理，对于预测坑外土体的位移有着重要的影响。

6. 土方分步、分段开挖、支撑架设步骤模拟同实际工程的一致性

在模拟坑内土体开挖的过程时，如何准确地模拟实际土方开挖的过程，并合理模拟支撑的架设工序，将直接影响基坑的变形模拟的准确性。

7. 地下水渗流及固结模拟的必要性

由前文的介绍可知，基坑的降水及土体的固结对基坑的变形具有一定的影响，尤其是当需要对基坑的变形进行准确模拟时，考虑渗流及固结的耦合计算是十分必要的。

因此，数值分析需要充分考虑上述几方面的问题，从而使模拟过程同实际工况更为接近，最终使计算结果更为准确合理。

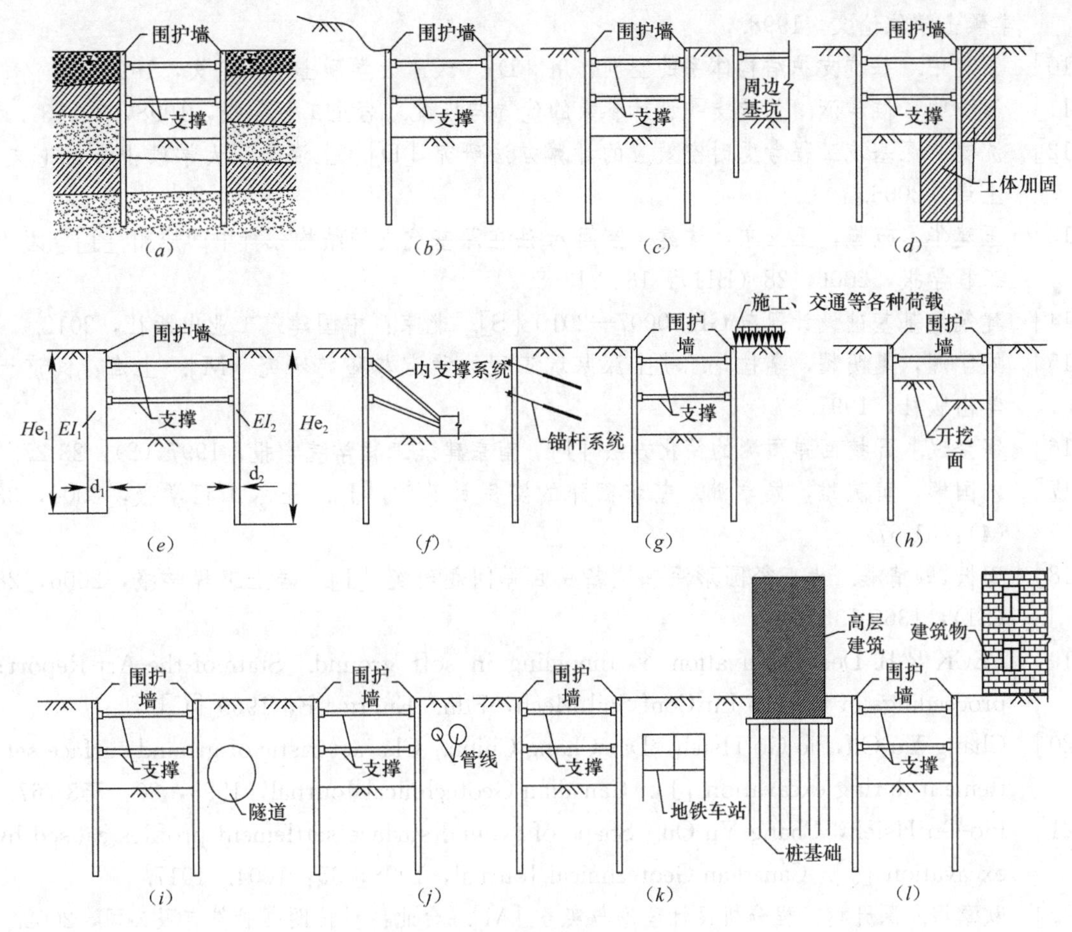

图 4.45 非对称基坑示意图[37]

(a) 水文及地质条件分布不对称；(b) 地表高差导致不对称；(c) 周边基坑存在导致不对称；(d) 区域土体加固导致不对称；(e) 围护结构不对称；(f) 内支撑及锚杆系统不对称；(g) 坑外荷载导致不对称；(h) 施工因素导致不对称；(i) 隧道存在导致不对称；(j) 管线存在导致不对称；(k) 地铁车站存在导致不对称；(l) 周边建筑物及基础存在导致不对称

参考文献

[1] 李光照，郑刚. 软土地区深基坑存在的变形与稳定问题及其控制——基坑施工全过程可产生的变形. 施工技术，40 (338)：5-9.

[2] I. W. Farmer，P. B. Attewell. Ground movements caused by a bentonite supported excavation in London clay [J]. Geotechnique，1973，23 (4)：576-581.

[3] Clough GW，O'Rourke TD. Construction induced movements of insitu walls. In Proceedings of the design and performance of earth retaining structures [J]. ASCE special conference，1990，pp：439-470.

[4] 建筑基坑支护技术规程 JGJ 120—2011 [S].

[5] 建筑桩基技术规范 JGJ 94—2008 [S].

[6] 基坑工程技术规范 DG/TJ 08-61-2010 [S].

[7] 刘畅. 考虑土体不同强度与变形参数及基坑支护空间影响的基坑支护变形与内力研究 [D]. 天津大学，1995.

[8] 王岩. 弹性抗力法在深基坑支护结构计算与分析中的应用 [D]. 天津大学，1995.

[9] 李长城. 基坑工程中平面框架支撑系统的力学分析及其与土的相互作用 [D]. 天津大

学硕士学位论文，1998.

[10] 王建中. 基坑支护结构体系的空间作用 [D]. 天津大学硕士学位论文，1997.

[11] 廖少明，侯学渊. 基坑支护设计参数的优选与匹配. 岩土工程学报，1998，20 (3).

[12] 沈健. 深基坑工程考虑时空效应的计算方法研究 [D]. 上海交通大学硕士学位论文，上海，2006.

[13] 王建华，范巍，王卫东，沈健. 空间 m 法在深基坑支护结构分析中的应用 [J]. 岩土工程学报，2006，28 (B11)：1332-1335.

[14] 建筑地基基础设计规范 GB 50007—2010 [S]. 北京：中国建筑工业出版社，2012.

[15] 侯学渊，夏明耀，李桂花. 软土深基坑工程的稳定与隆起研究 [M]. 上海：同济大学出版社，1991.

[16] 宰金珉. 开挖回弹预测的简化方法 [J]. 南京建筑工程学院学报，1997 (2)：23-27.

[17] 刘国彬，黄院雄，侯学渊. 基坑回弹的实用计算法 [J]. 土木工程学报，2000，33 (4)：61-67.

[18] 田振，顾倩燕. 大直径圆形深基坑基底回弹问题研究 [J]. 岩土工程学报，2006，28 (S1)：1360-1364.

[19] PECK R B. Deep excavation & tunneling in soft ground. State-of-the-Art-Report; proceedings of the 7th Int Conf Soil Mech，Fdn. Engrg，F，1969 [C].

[20] Chang-Yu Ou，Pio-Go Hsieh，Dar-Chang Chiou. Characteristic of ground surface settlement during excavation [J]. Canadian Geotechnical Journal，1993，30：758-767.

[21] Pio-Go Hsieh，Chang-Yu Ou. Shape of ground surface settlement profiles caused by excavation [J]. Canadian Geotechnical Journal，1998，35：1004. 1017.

[22] 欧章煜. 深开挖工程分析设计理论与实务 [M]. 台北：科技图书股份有限公司，2002.

[23] 刘建航，侯学渊. 基坑工程手册，北京：中国建筑工业出版社，1997.

[24] Evan C. L. Hsiao，C. Hsein Juang，Gordon T. C. Kung，Matt Schuster. Reliability analysis and updating of excavation-induced ground settlement for building serviceability evaluation [A]. New Peaks in Geotechnics (Geo-Denver 2007) [C]. ASCE，pp：1-10.

[25] Clough GW，O'Rourke TD. Construction induced movements of insitu walls. In Proceedings of the design and performance of earth retaining structures [J]. ASCE special conference，1990，pp：439-470.

[26] Adbulaziz I. Mana，G. Wayne Clough. Prediction of movement for braced cuts in clay [J]. Journal of Geotechnical Division，1981，107 (GT6)：759-777.

[27] C. Y. Ou，J. T. Liao，W. L. Cheng. Building response and ground movements induced by a deep excavation [J]. Geotechnique，2000，pp：209-220.

[28] 李佳川，夏明耀. 地下连续墙深基坑开挖与纵向地下管线保护 [J]. 同济大学学报，1995，23 (5)：499-504.

[29] Matt Schuster，Gordon Tung-Chun Kung，C. Hsein Juang，Youssef M. A. Hashash. Simplified model for evaluating damage potential of buildings adjacent to a braced excavation [J]. Journal of Geotechnical and Geoenvironmental Engineering，2009，135 (12)：1823-1835.

[30] 刘国彬，王卫东. 基坑工程手册（第二版）. 北京：中国建筑工业出版社，2009.

[31] CASPE M S. Surface Settlement Adjacent to Braced Open Cuts [J]. JSMFD，ASCE，1966，92 (SM4)：51-9.

[32] Potts D M and Zdravkovic L. Finite element analysis in geotechnical engineering: application [M]. London: Thomas Telford, 2001.

[33] Grande L. Some aspects on sheet pile wall analysis [A]. soil-structure interaction, International conference on soil structure interaction in urban civil engineering [C]. Darmstadt, 1998: 193-211.

[34] Whittle A J. A constitutive model for overconsolidated clays with application to the cyclic loading of friction piles [D]. PhD thesis, Massachusetts Institute of Technology (MIT), Cambridge, Massachusetts, 1987.

[35] Hashash Y M A. Analysis of deep excavation in clay [D]. PhD thesis, Massachusetts Institute of Technology (MIT), Cambridge, Massachusetts, 1992.

[36] Diao Y., Zheng G. Numerical analysis of effect of friction between diaphragm wall and soil on braced excavation. Journal of Central South University Technology. 2008, 15 (suppl. 2), 81-86.

[37] 郑刚，焦莹. 深基坑工程设计理论及工程应用 [M]. 北京：中国建筑工业出版社，2010.

[38] 李广信. 岩土工程50讲——岩坛漫话（第二版）[M]. 北京：人民交通出版社，2010.

[39] 李广信，李学梅. 软黏土地基中基坑稳定分析中的强度指标 [J]. 工程勘察. 2010, 1: 1-4.

[40] 肖晓春，袁金荣，朱雁飞. 新加坡地铁环线C824标段失事原因分析（一）为工程总体情况及事故发生过程 [J]. 现代隧道技术，2009，46（5）：66-72.

[41] 肖晓春，袁金荣，朱雁飞. 新加坡地铁环线C824标段失事原因分析（二）为围护体系设计中的错误 [J]. 现代隧道技术，2009，46（6）：28-34.

[42] 肖晓春，袁金荣，朱雁飞. 新加坡地铁环线C824标段失事原因分析（三）为反分析的瑕疵与施工监测不力 [J]. 现代隧道技术，2010，47（1）：22-28.

CHAPTER 5

第5章　土钉支护技术

5.1 概述

当放坡不能满足坡体的稳定时，可向坡体内打入土钉，以提高坡体的稳定性。土钉墙支护施工是利用土体一定程度的自稳能力进行分级开挖，并随开挖分步向坑壁土体植入土钉，然后在开挖面挂钢筋网、喷射混凝土形成护面，其施工过程如图 5.1 所示。

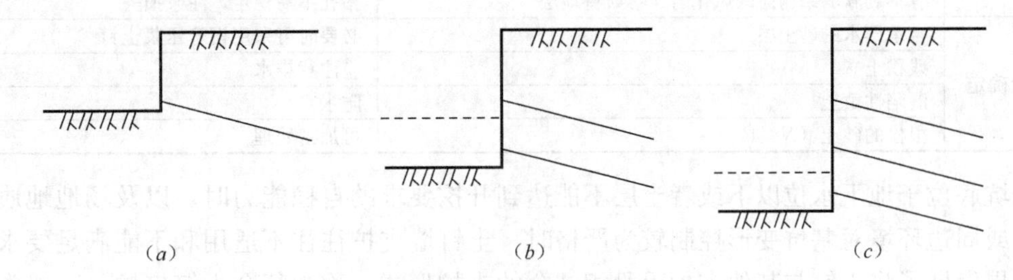

图 5.1 土钉施工过程

(a) 开挖阶段一；(b) 开挖阶段二；(c) 开挖阶段三

对于有自稳能力的土层，首先进行垂直或按一定的坡角开挖到拟设的第一排土钉稍下的深度，如图 5.1 (a) 所示，然后打设第一排土钉并注浆，施工护面，待土钉浆体有一定强度后，进行第二级开挖并进行第二排土钉及相应护面的施工，如图 5.1 (b) 所示。依次向下进行施工，形成土钉墙支护。

土钉墙有如下主要特点：

(1) 土钉墙充分利用了土体自身的强度及自稳能力，形成主动的制约体系。

(2) 土钉与护面是在开挖土坡以后施工的，土的侧壁须在竖直或者接近于竖直无支挡条件下，自稳一定时间而不倒塌。因而对基坑的土质及地下水条件有较高的要求。

(3) 土钉墙可在无构件打入坑底的情况下直接开挖到坑底，施工工作面开阔。

(4) 其施工进度快，所需的材料较省，机械设备较少，造价低廉。

(5) 支护结构轻，柔性大，适应性、抗震性好。

(6) 由于土钉的数目多，一旦遇到孤石、基桩、地下结构物及其他障碍物，可以通过局部变化土钉的位置、角度和长度而避开。

(7) 在基坑工程中，土钉墙已经广泛应用多年，积累了较丰富的工程经验，成为相当成熟的工法。

(8) 土钉墙需要在土体发生一定量的变形后，才能充分发挥其抗力，因而产生的位移和周围地面的沉降偏大，不适于对变形要求严格的场地条件。

土钉墙的适用条件：

如上所述，土钉墙适用于土质较好、场地开阔、周边对变形要求不严格的条件。在坑底位于地下水以下时，需要人工降低地下水。当墙外有地下结构、密布的基桩、密集的地下管线等场地的情况会限制其使用；同时它也受建筑红线的限制。土钉墙适用的土层条件见表 5.1。

土钉墙适用土层条件表 表 5.1

适用情况	土 层	说 明
适用	可塑、硬塑或坚硬的黏性土；有足够黏聚力的粉土	可通过标准贯入试验、静力触探和轻型动力触探确定土的状态
	密实到很密的粗粒土，包括砂土、砾石土，级配良好，含有一定的细粒土及合适的天然含水量，黏聚力 $c \geqslant 5$kPa	注意保持一定的天然含水量，以保持其毛细力（吸力）
	无明显软弱面的风化岩	岩石中须解决成孔技术
	密实的素填土	有时可预先加密

续表

适用情况	土　层	说　明
不适用	完全干燥，无胶结和黏聚力的粗粒土，如砂和砾	施工时难以保持自稳
	含大量卵石、漂石的地层	钻孔困难，延误工期，提高造价
	软弱-很软的细粒土，如淤泥和淤泥质土等	难以自稳，成孔困难及对土钉难以提供足够的锚固力
	有机土（有机黏土、粉土和泥炭土）	对土钉的锚固力低，有很强的各向异性
	有不利软弱结构面的风化岩、喀斯特地层	钻孔不易稳定，注浆损失
需试验确定	含承压水的砂土层	必要时可采用钢管压浆土钉
	残积土	应注意排水
	湿陷性黄土	防水
	很松的砂土（$N<4$）	可加密处理

当坑底位于地下水位以下或者土层不能达到开挖要求的自稳能力时，以及场地地质条件复杂，或周边环境对基坑变形控制较为严格时，土钉墙支护往往不适用和不能满足要求。为此工程界发展了将土钉与其他支护手段相结合的支护形式，称为复合土钉支护。一般常见的有土钉与超前支护微型桩、水泥土搅拌桩（墙）、预应力锚杆等联合使用的多种复合土钉墙。

5.2　分类和选型

5.2.1　土钉类型

土钉是横向植入原位土体中的细长杆件，是土钉墙支护结构中的主要受力构件。土钉的形式有多种，其选择涉及场地条件、地面和地下水情况及工程造价等多种因素。常用的土钉有以下几种类型：

（1）钻孔注浆型：先用钻机等机械设备在土体中钻孔，成孔后置入杆体（一般采用HRB335热轧带肋钢筋制作），然后沿土钉全长注水泥浆。钻孔注浆土钉适用土层较广，抗拔力高，质量较可靠，造价较低，是最常用的土钉类型。

（2）直接打入型：在土体中直接打入钢管、型钢、钢筋、毛竹、原木等，不再注浆。由于打入式土钉直径小，与土体间的粘结摩阻强度低，承载力低，钉长又受限制，所以布置较密，可用人力或振动冲击钻、液压锤等机具打入。直接打入土钉的优点是不需要预先钻孔，对原位土的扰动相对较小，施工速度快，但在坚硬黏性土中很难打入，而且易腐蚀，不适用于服务年限大于2年的永久支护工程，杆体采用金属材料时造价稍高，国内应用较少。

（3）打入注浆型：在钢管中部及尾部设置注浆孔形成钢花管，直接打入土中后压灌水泥浆形成土钉。钢花管注浆土钉具有直接打入土钉的优点且抗拔力较高，特别适用于成孔困难的淤泥、淤泥质土等软弱土层，及各种填土及砂土，应用较为广泛，缺点是造价比钻孔注浆土钉略高，抗腐蚀性较差，不适用于永久性工程。

5.2.2　土钉墙的坡度

由于城市地价昂贵，在建筑基坑中，为充分利用土地，常要求土钉墙支护的护壁采用直立方式，如图5.2（*a*）所示。

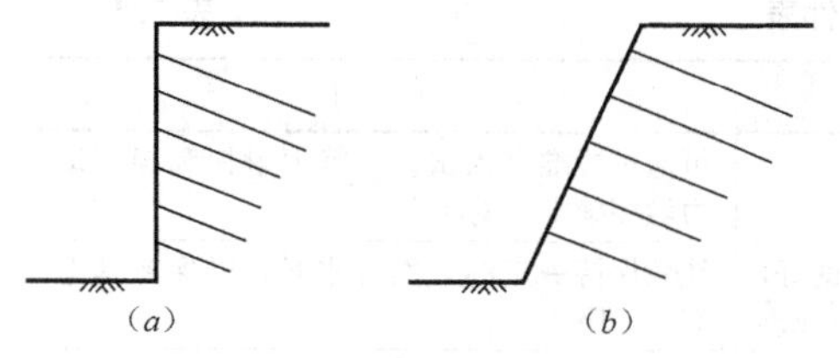

图5.2　土钉墙支护方式

（*a*）直立式；（*b*）斜坡式

直立式土钉墙可节省空间，一般适用于土质条件较好、周边无重要建筑物、对支护变形要求不很严格的情况。对于硬塑的黏性土基坑，直立土钉墙支护开挖深度宜在10m范围内。

当周边场地有空地允许墙面有一定坡度时，可采用斜坡式土钉墙，其稳定性、安全性及施工方便性较好，如图 5.2（*b*）所示，此时基坑开挖深度可适当放宽，当深度大于 12m 时可考虑分级斜坡墙面。

5.2.3 土钉墙支护方案的选型

广东省标准《土钉支护技术规程》（DBJ/T 15-70）[1]的初稿中曾对土钉墙支护方案的选型提出过如表 5.2 所示的建议，可供参考。

土钉墙支护方案选型表 表 5.2

地质条件	开挖深度（m）	周边环境	方案选型
在支护深度范围内无淤泥、流砂层，填土层厚度小于 2m，土层主要由硬塑黏土或硬塑残积土，全风化岩，强风化岩或中微风化岩组成	<9	周边环境空旷，支护深度 3 倍范围内无道路、天然地基建筑物、地下管线等	普通型
同上	<9	支护深度 1 倍范围内有道路，或天然地基建筑物，或地下管线	复合型
同上	>9	支护深度 3 倍范围内有道路，或天然地基建筑物，或地下管线	复合型
在支护深度范围内存在淤泥层或流砂层；填土层厚度大于 2m	<9	不管周边环境如何	复合型

当土层中的垂直土钉墙支护大于 10m 时，可考虑采取具有一定坡度的墙面或复合土钉墙的支护方式。

5.2.4 复合土钉墙支护

表 5.1 表明土钉墙的应用土层有很大的局限性，为拓宽土钉墙的使用范围，在工程实践中，人们与其他支护形式相结合，以满足不同的地质条件和工程要求，这就形成了复合土钉墙。对于基坑较深；或地质条件自稳能力差，如有软土、砂土层等；或变形控制要求较高时，如周边有交通道路、管线和其他建筑物等；采用普通土钉墙支护在稳定和变形控制方面都难以满足，则可采用复合土钉墙支护。

在土方开挖前，于基坑周边处预先设置垂直支护结构，称其为超前支护，适用于自稳能力较差的软弱土层。超前支护有搅拌桩、微型钢管桩等，如图 5.3（*a*）、（*b*）、（*d*）、（*e*）、（*f*）所示。当土质较软时，超前支护对于减少边坡变形、保证开挖和设置土钉时的稳定性都有很大的作用。

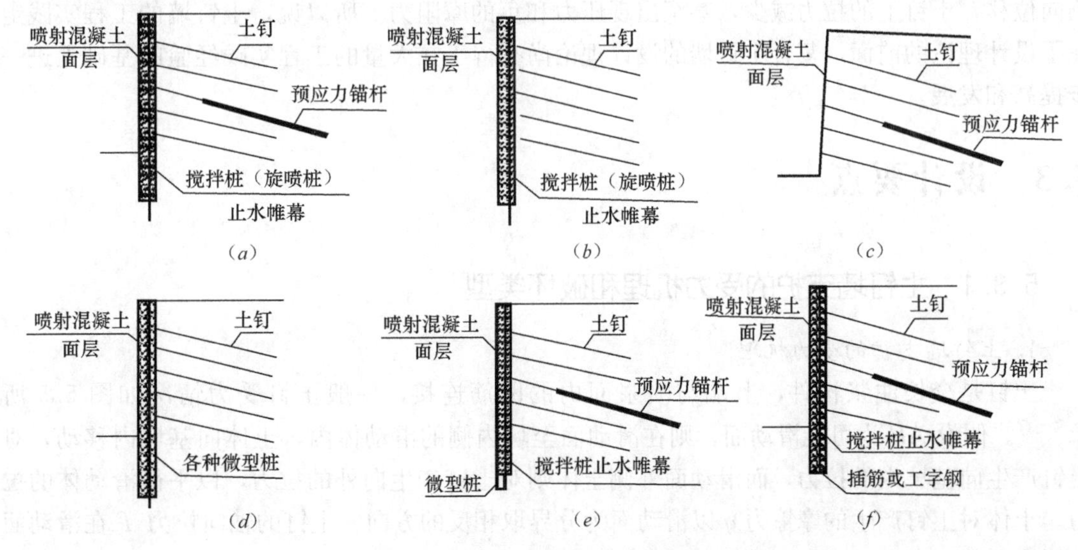

图 5.3 复合土钉墙支护的主要形式

为使土钉墙用于地下水位以下，可采用止水帷幕。搅拌桩和旋喷桩既可作超前支护，也可形成隔水帷幕，如图 5.3（*a*）、（*b*）、（*e*）、（*f*）所示。作为隔水帷幕时，采用两排桩较可靠。搅拌桩间要求搭接一定尺寸。若开挖深度内有淤泥层，为提高搅拌桩的弯剪强度，可在水泥土内加设型钢桩或钢管桩，如图 5.3（*f*）所示。

水平加强措施主要是采用预应力锚杆（索），如图 5.3（*a*）、（*c*）、（*e*）、（*f*）所示。通过预应力锚杆的预加应力来控制支护的水平位移和减少周围地面及建筑物的变形与位移，可使土钉墙用于对变形有较高要求的场地。一般采用预应力锚杆时，同时宜有垂直超前支护，这样预应力锚杆的锚头可作用于刚度较好的垂直超前支护结构上。

除了图 5.3 所示的各种复合土钉墙以外，多年的工程实践也因地制宜地创造出了很多土钉墙与其他支护结构的联合应用的经验。在图 5.4（*a*）中，对土质较好的场地，在疏排桩间用土钉墙加固，可减少排桩用量，节省造价。图 5.4（*b*）中的锚杆＋排桩和地下连续墙以上部分用土钉墙支护，以减少桩长，节省造价。

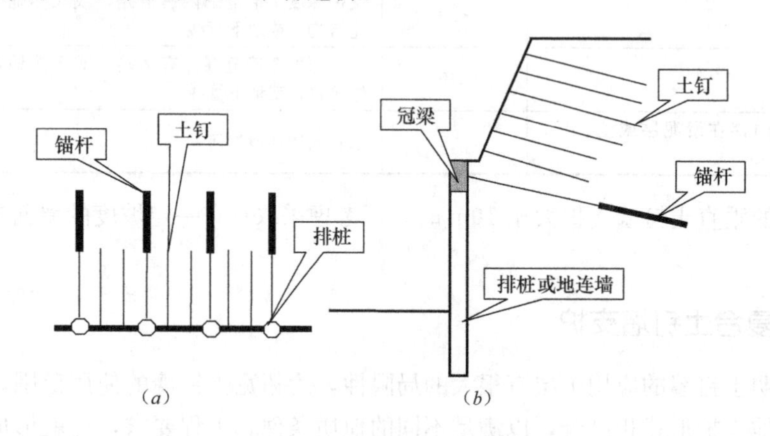

图 5.4　土钉与排桩结合的支护

（*a*）排桩间土钉；（*b*）锚杆排桩或地连墙上部土钉

在复合土钉墙的抗滑阻力中，土体的抗剪强度发挥的作用最大；土钉的锚固力次之；预应力锚杆的作用再次；而微型桩与水泥土桩所起的抗滑作用很小。土钉墙是一种柔性的主动支护结构，土体产生一定的变形，才能发挥土钉的抗滑力，而预应力锚杆发挥作用所需的位移要小。在复合土钉墙支护基坑侧壁的稳定分析中将各种结构物的抗滑力（矩）简单地叠加，不能反映他们的真实共同工作情况。试验观测表明，在预应力锚杆张拉时，附近的土体反向位移，土钉上的拉力减少，甚至出现压力和负的摩阻力。所以说，土钉墙的工程实践走在了设计理论的前面，复合土钉墙的设计理论尚有待于在大量的工程实践经验的基础上进一步提高和发展。

5.3　设计要点

5.3.1　土钉墙支护的受力机理和破坏类型

1. 土钉墙支护的受力机理

土钉是全长注浆构件，上端与喷浆面内的网筋连接，一般土钉受力情况如图 5.5 所示[7,23]。假设 AB 为可能滑动面，则在滑动面至坑内侧的滑动体内，土体向基坑内移动，对土钉产生向基坑内的拉力，而滑动面外侧土体则对土钉产生向外的拉力，以平衡滑动体的拉力。土体对土钉产生的摩擦力 q 以滑动面为分界取相反的方向。土钉的轴向拉力 T 在滑动面处形成峰值，见图 5.5（*b*）。

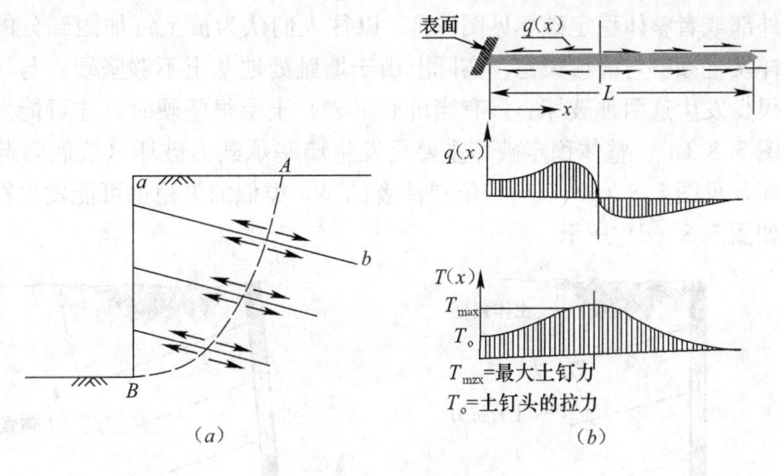

图 5.5　土钉轴力分布

最大土钉力沿深度方向的分布通常为如图 5.6 所示[7]，这与经典土压力理论的三角形分布是不同的。一般上部土钉力大于其承担面积上的经典土压力值，下部土钉力小于其承担面积上的经典土压力值，这主要是由于施工过程的影响。杨光华对挡土桩的土压力及土钉支护的土钉力用增量法进行过研究[8,9]，目前也已基本形成共识[10,11,12]：先设置的土钉相应会承担较多的荷载，而后设置的土钉会承担较小的荷载。图 5.6 所示的土钉拉力分布并不是开挖到坑底状态时的情况，而是在施工开挖过程中的各土钉最大拉力包络线。

土钉墙支护开挖后会产生水平位移和沉降，其形状大体如图 5.7 所示，通常上部水平位移较大，但当上部土钉较强时，最大水平位移发生部位也可能会下移。地面沉降一般靠近基坑边较大。通常是开挖后土体产生侧移才会发生土钉拉力。

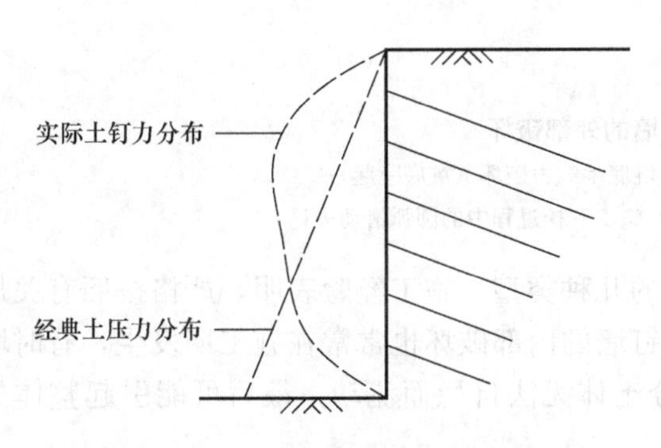

图 5.6　最大土钉力沿基坑深度分布示意图

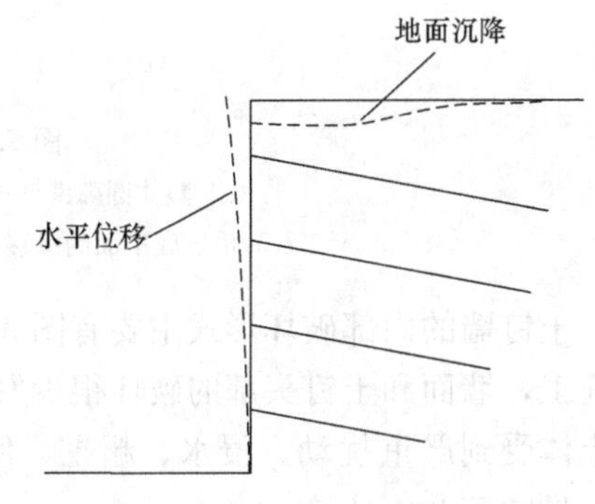

图 5.7　土钉墙支护的位移

对于土钉护面的受力国内外都做过一些实测，但系统性的研究不多。国外做过一些钉头荷载与土钉最大轴力的测试，认为钉头荷载通常为土钉最大轴力的 30%～70%。在土体自重荷载下，其相应的等效面层压力为库仑土压力的 50%～70%[13]，形状接近于均匀分布而非三角形分布。因此，一般面层土压力按总土压力的 70%计算是安全可行的。

2. 土钉墙的破坏类型

在土钉墙设计中，设计人员需在具体的地层、地下水条件下判断土钉墙所有可能的破坏模式。土钉墙的破坏模式大致可以分为外部破坏模式和内部破坏模式。

外部破坏模式指潜在破坏面的发展基本上在土钉墙的外部，这种破坏可能是滑移破坏、整体滑动与承载力破坏，或者其他形式的导致整体破坏的模式。

内部破坏模式指破坏发生在土钉墙内部，内部破坏模式可能发生在土钉墙的主动区、被动区或者两个区域同时发生。

土钉墙的外部或者整体稳定破坏见图 5.8。以往人们认为被土钉加固部分的土体会像重力式挡土墙一样发生倾覆与滑移失稳。实际上由于墙趾处地基土不够坚硬，与圬工重力式挡墙不同，所以很少发生这两种破坏。只有当坑底（岩）土层很坚硬时，才可能发生沿坑底平面的滑移，见图 5.8（*c*）。整体稳定破坏主要是发生墙基承载力破坏（坑底隆起）或者总体的滑弧滑动破坏，见图 5.8（*a*）、（*b*）。值得注意的是，类似的失稳也可能发生在土钉墙的开挖过程之中，如图 5.8（*d*）所示。

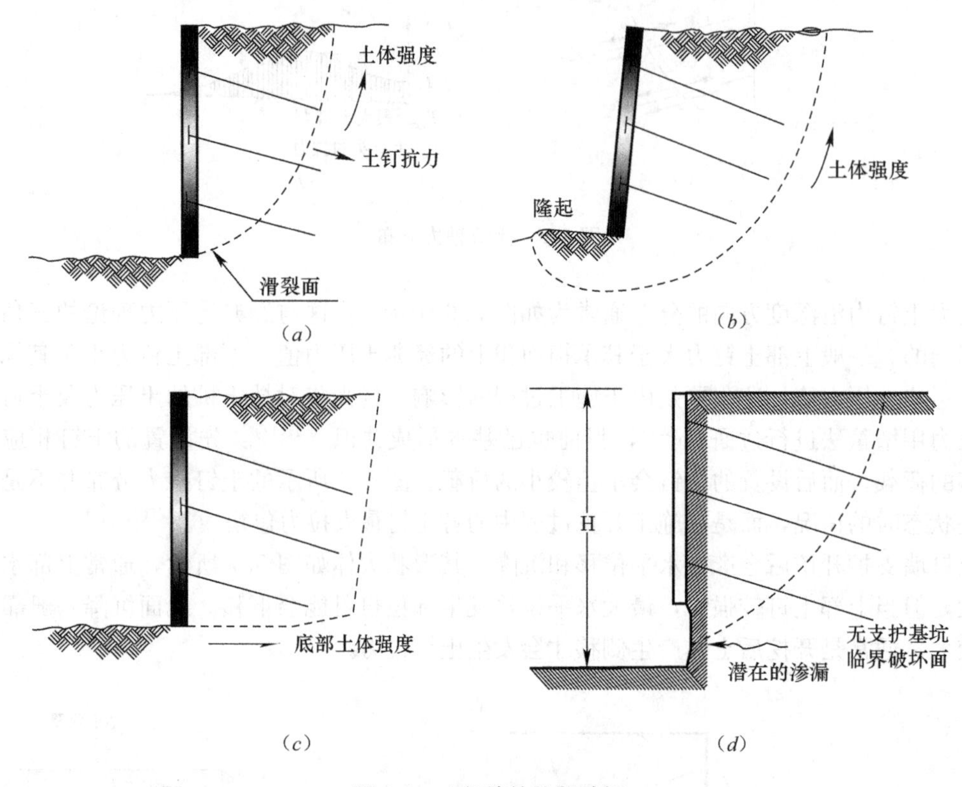

图 5.8　土钉墙的外部破坏

（*a*）整体圆弧滑动失稳；（*b*）坑底承载力破坏（坑底隆起）；

（*c*）沿坑底平面的滑移失稳；（*d*）施工开挖过程中的圆弧滑动失稳

土钉墙的内部破坏形式主要有图 5.9 所示的几种类型。施工经验表明，严格按照有关规范施工，墙面和土钉头部的破坏很少发生。土钉墙的内部破坏也常常在施工期发生，有时墙后土体受到严重扰动、浸水、超挖，使这部分土体无法自稳而流动，最后可能引起整体失稳，见图 5.9（*d*）、（*e*）。

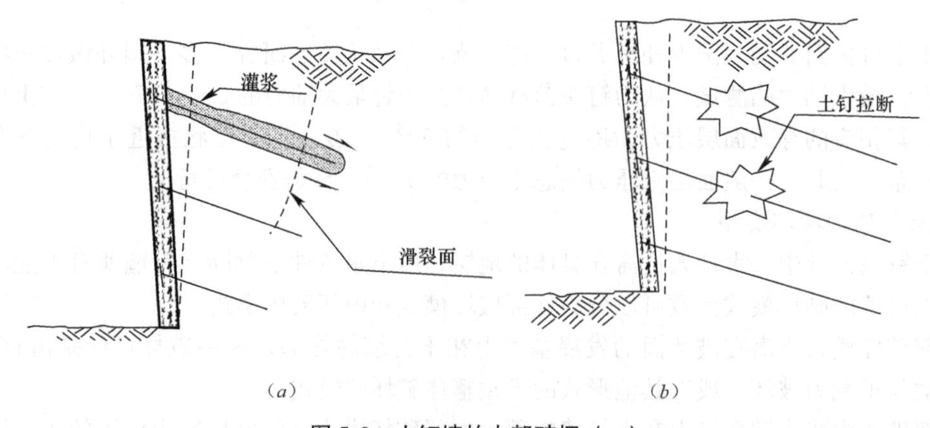

图 5.9　土钉墙的内部破坏（一）

（*a*）土钉被拔出破坏；（*b*）土钉拉断破坏

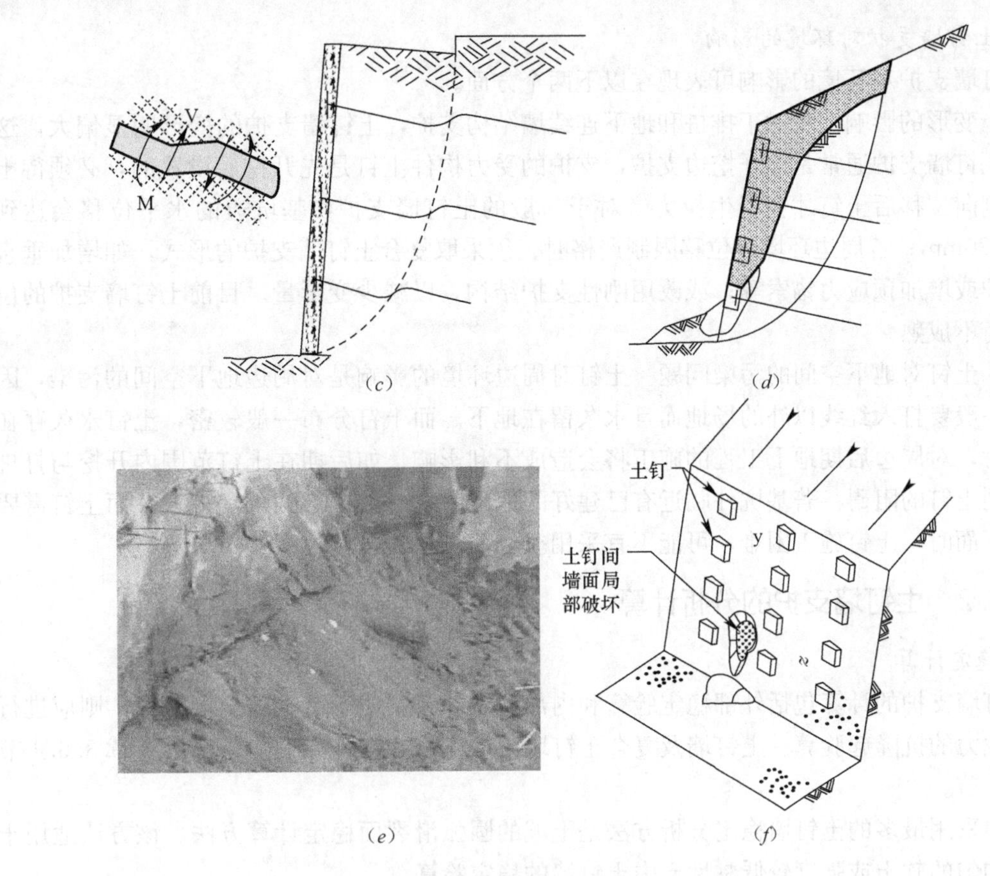

图 5.9 土钉墙的内部破坏（二）

(c) 土钉的弯剪破坏；(d) 墙后土钉间的土流动破坏；

(e) 墙面后土体流动的例子；(f) 土钉间的墙面局部破坏

复合土钉墙的破坏形式就更加复杂。在水泥土墙与土钉结合的情况下，如果假设滑动面是一单独的圆弧滑动面，它常常会延长到坑内很远，如图 5.10 中的滑动面 A；而考虑墙后被动区的滑动，则实际可能的滑动面为 B。对于这种情况，尹骥和李象范提出了一种双圆弧滑动面[24,29]，这时，坑底部分是一个半径较小的圆弧，它与墙后的大半径圆弧光滑相切，如图 5.10 所示。

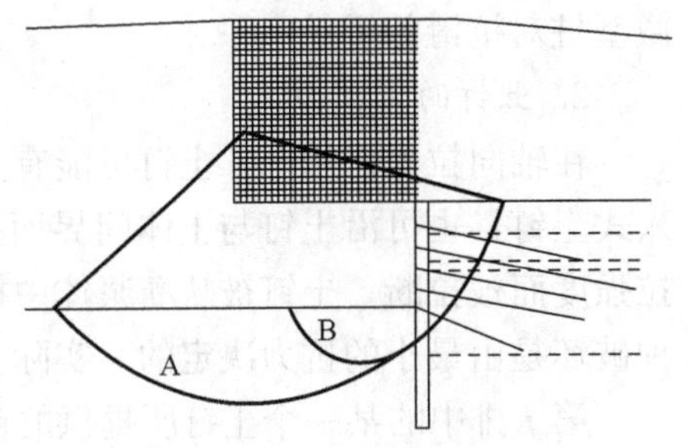

图 5.10 复合土钉墙可能的滑动面

图 5.11 是对于墙高为 5.5m、土的强度指标不同的情况下，计算的在不同半径比情况下的安全系数。可见它与半径比有密切关系[24,29]。

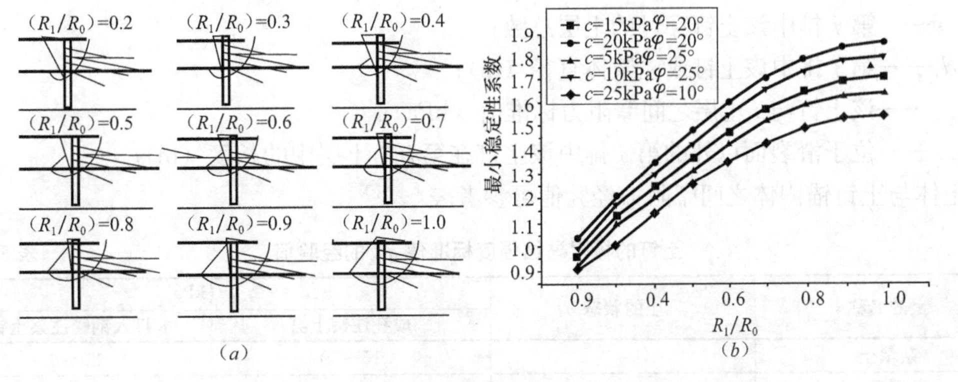

图 5.11 具有不同半径比的滑动面及其计算的安全系数

3. 土钉墙支护对环境的影响

土钉墙支护对环境的影响可表现在以下两个方面。

(1) 变形的影响。相对于排桩和地下连续墙结构支护，土钉墙支护的变形明显偏大，这是由于土钉墙支护通常是边开挖边支护，支护的受力构件土钉是先开挖后设置的，必须待土坡出现侧向位移后土钉才会产生拉力。对于一般的土钉墙支护，基坑边的水平位移会达到30mm～80mm。若周边环境对位移限制严格时，须采取复合土钉墙支护的形式，如增加垂直超前支护或增加预应力锚索等；或改用刚性支护结构，以减少变形量。目前土钉墙支护的位移计算尚不成熟。

(2) 土钉对地下空间的污染问题。土钉对周边环境的影响是对周边地下空间的污染，因为土钉一般要打入红线以外的场地而且永久留在地下。而土钉分布一般较密，土钉永久存在于地下时，对周边后期地下工程的施工将会造成不利影响，如后期在土钉范围内开挖与打桩时会遇到土钉的阻碍。若基坑外临近有已建好的地下室或有较密集的工程桩时，而土钉需要伸入其下面时，土钉施工困难，可能不宜采用土钉墙支护的方式。

5.3.2 土钉墙支护的分析计算

1. 稳定计算

土钉墙支护的计算包括外部稳定验算和内部稳定验算，对于有软弱土层情况，则应进行地基承载力的抗隆起验算。土钉墙及复合土钉墙的整体稳定性计算见本指南第3章3.6.4节和3.6.5节。

国内采用最多的土钉墙稳定分析方法是土坡的圆弧滑裂面稳定计算方法。该方法适用于土质较均匀的软土或强度较低黏性土中土钉墙的稳定验算。

复合土钉墙支护中会有土钉、水泥土墙、微型桩与锚杆（索）多种构件，作为一个整体，一起来维持基坑的稳定。目前对复合土钉支护的稳定分析还没有形成工程界较公认的方法，应用的方法有的是在上述土钉支护稳定计算方法中，分别加上水泥土墙、锚杆（索）、微型桩对抗滑的贡献[25,27]。

2. 土钉的锚固力

在轴向拉力作用下，土钉可能有三种破坏方式：沿锚固体与土体的界面被拔出（对于打入式土钉，也可沿土钉与土体间界面拔出），亦即达到其极限锚固力；拉力达到了土钉的抗拉强度而被拉断；土钉被从灌浆体中拔出，亦即拉力达到其极限粘结力。土钉最后发生哪一种破坏是由最小的抗力决定的，实际上拉拔力通常由锚固力控制。

第 j 排中的某一个土钉所提供的锚固力标准值 $T_{k,j}$：

$$T_{k,j} = \pi d_j \sum_{i=1}^{n} q_{sk,i} l_{ji} \tag{5.1}$$

式中 i——第 j 排中该土钉穿过的第 i 个土层；

n——第 j 排中该土钉穿过的土层总数；

d_j——第 j 排中该土钉或注浆体直径（m）；

$q_{sk,i}$——该土钉与 i 土层之间摩阻力标准值（kPa）；

l_{ji}——位于滑裂面以外的第 j 排中该土钉在第 i 个土层中的长度（m）。

土体与土钉锚固体之间摩阻力经验值可参考表5.3[25]。

土钉的极限黏结强度标准值 q_{sik} 的经验值　　表5.3

土的名称	土的状态	q_{sik} (kPa)	
		成孔注浆土钉	打入钢管注浆土钉
杂填土		15～30	20～35
淤泥质土		10～20	15～25

续表

土的名称	土的状态	q_{sik}（kPa）	
		成孔注浆土钉	打入钢管注浆土钉
黏性土	$0.75<I_L\leqslant1.0$	20～30	20～40
	$0.25<I_L\leqslant0.75$	30～45	40～55
	$0<I_L\leqslant0.25$	45～60	55～70
	$I_L\leqslant0$	60～70	70～80
粉土		40～80	50～90
砂土	松散	35～50	50～65
	稍密	50～65	65～80
	中密	65～80	80～100
	密实	80～100	100～120

3. 土钉力的计算

验算土钉墙的内部稳定中的土钉拉拔稳定，首先要计算作用于土钉上的拉力，亦即土钉可能受到的荷载或土钉的设计内力，然后根据其所受的荷载大小确定土钉钢筋直径和锚固长度等。

土钉拉力是与土钉设置的过程有关的，杨光华[9]较早采用增量法的思想模拟施工过程来计算土钉的受力，结果与工程实测较一致。

对土钉拉力的计算一方面是应与实测规律一致，二是要有一定的理论基础，三是要简单方便，便于工程应用。目前应用于工程实践中的土钉的实用计算方法主要是采用土压力法，国内代表的方法分别是：《建筑基坑支护技术规程》JGJ 120 方法[21]、《基坑土钉支护技术规程》CECS 96[2]和《土钉支护技术规范》GJB 5055[26]方法和广东省标准《土钉支护技术规程》DBJ/T 15-70 的方法[1]。土压力法主要是通过假设基坑开挖后土坡作用于土钉的土压力分布，第 j 层上的某一土钉的拉力可根据土钉负担的土压力面积乘以土钉所在位置的平均土压力强度而得到，即

$$N_{k,j}=\frac{1}{\cos\theta_j}\zeta P_{k,j}s_{vj}s_{hj} \tag{5.2}$$

$$N_j=\frac{1}{\cos\theta_j}\gamma_S\gamma_0\zeta P_{k,j}s_{vj}s_{hj} \tag{5.3}$$

式中 $N_{k,j}$——第 j 层中该土钉轴向拉力标准值（kN）；

N_j——第 j 层中该土钉轴向拉力设计值（kN）；

θ_j——第 j 层中该土钉与水平方向的倾角（°）；

γ_S——基本组合作用分项系数，$\gamma_S=1.25$；

γ_0——基坑支护的重要性系数，一级为 1.1，二级为 1.0，三级为 0.9；

ζ——墙面倾斜主动土压力折减系数，可按式（5.4）计算；

s_{vj}、s_{hj}——第 j 层土钉竖向和水平间距（m）；

$P_{k,j}$——第 j 层土钉所在位置水平土压力标准值（kPa），不同规范的差异主要是采用的土压力分布模式不同。

$$\zeta=\tan\frac{\beta-\varphi_k}{2}\left[\frac{1}{\tan\dfrac{\beta+\varphi_k}{2}}-\frac{1}{\tan\beta}\right]\Bigg/\tan\left(45°-\frac{\varphi_k}{2}\right) \tag{5.4}$$

式中 β——土钉墙面与水平方向夹角（°）；

φ_k——坑底以上各层土加权平均的内摩擦角（°）。

直线滑动面与水平面夹角为 $(\beta+\varphi_k)/2$，见图 5.12。

（1）《建筑基坑支护技术规程》JGJ 120 对式（5.2）与式（5.3）中的土压力标准值的

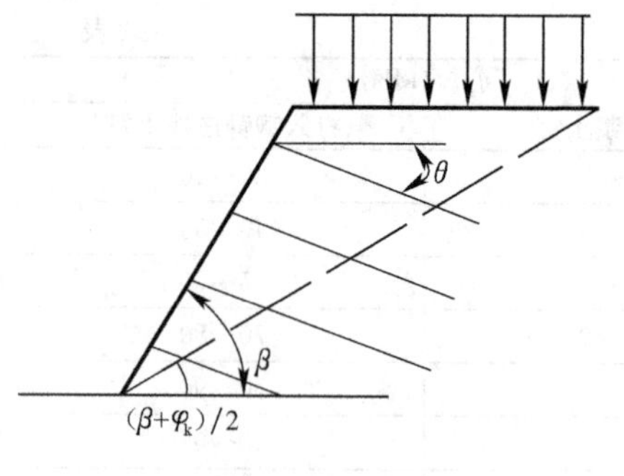

图 5.12 土钉墙破裂角

规定。

$P_{k,j}$采用的是朗肯主动土压力值：

$$P_{k,j}=\sigma_{k,j}k_{a,j}-2c_j\sqrt{k_{a,j}} \tag{5.5}$$

式中 $\sigma_{k,j}$——该处的竖向应力，若地面作用有无限均布分布荷载为 q_0 则 $\sigma_{k,j}=\gamma h_j+q_0$，$h_j$ 为离基坑顶部地面的深度；

$K_{a,j}$——该处的主动土压力系数，$K_{a,j}=\tan^2\left(45°-\dfrac{\varphi_j}{2}\right)$，其分布形式为三角形分布。

这种方法计算所得的土钉力是越靠近基坑底部，土钉力越大，其与图 5.13 所示的通常实测的土钉力分布是不一致的，主要原因是其未考虑土钉设置过程对土钉力的影响。采用经典主动土压力的分布模式计算的土钉力会使上部土钉受力不安全，下部土钉浪费，是不太合理的，因此，新的《建筑基坑支护技术规程》对此进行了修正。

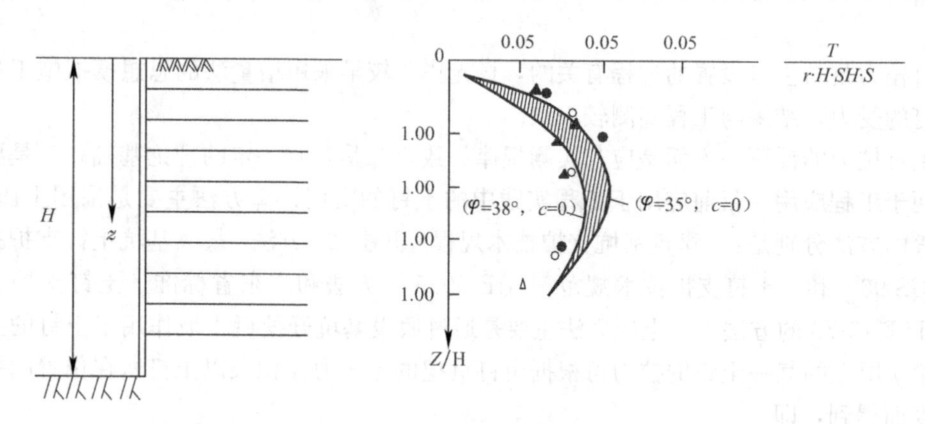

图 5.13 土钉内力分布实测图[7]

(2) 修订以后的《建筑基坑支护技术规程》JGJ 120—2001 对此进行了修订。在式 (5.2) 与式 (5.3) 中，加入了第 j 层土钉的轴向拉力调整系数 η_j。

其中土钉墙中第 j 层土钉的轴向拉力调整系数 η_j 可按下式计算：

$$\eta_j=\eta_a-(\eta_a-\eta_b)\frac{z_j}{h} \tag{5.6}$$

$$\eta_a=\frac{\sum_{i=1}^{n}(h-\eta_b z_i)\Delta E_{ai}}{\sum_{i=1}^{n}(h-z_i)\Delta E_{ai}} \tag{5.7}$$

式中 z_i，z_j——第 i 和第 j 层中的土钉距基坑顶面的距离 (m)；

h——基坑的深度 (m)；

ΔE_{ai}——作用在以竖向间距 s_{vi} 与水平间距 s_{hi} 为边长的矩形面积上的主动土压力 (kN)；

η_b——墙底面处的主动土压力分布调整系数；

η_a——墙顶面处的主动土压力分布调整系数，η_b 与 η_a 见图 5.14，它们与基坑开挖的暴露时间和超前支护的刚度有关；

n——土钉的层数。

(3)《基坑土钉支护技术规程》CECS 96 和《土钉支护技术规范》GJB 5055 的方法

该规范采用的土压力分布形式为类似于 Terzaghi-Peck 的经验土压力，如图 5.15 所示，$p_{k,j}$分成两块，一是土体自重的土压力分布，如图 5.15 (b) 所示，一是地表均布荷载 q 引起

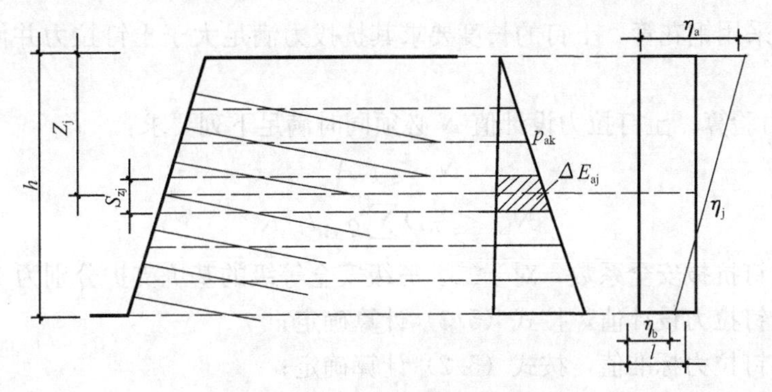

图 5.14 土钉拉力分布调整系数

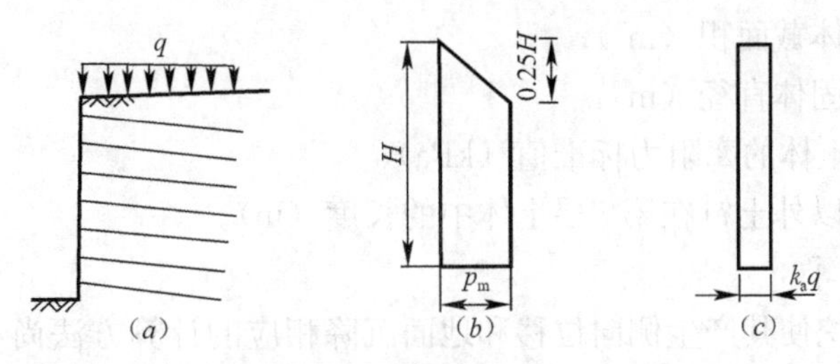

图 5.15 基坑土钉支护技术规程的土钉力分布

的侧压力分布，如图 5.15（c）所示。

土压力 P_m 的计算公式为：

对于$\frac{c}{\gamma H}\leqslant 0.05$的砂土和粉土：

$$P_m = 0.55K_a\gamma H \tag{5.8}$$

对于$\frac{c}{\gamma H}>0.05$的一般黏性土：

$$P_m = K_a\left(1-\frac{2c}{\gamma H}\times\frac{1}{\sqrt{K_a}}\right)\gamma H \leqslant 0.55K_a\gamma H \tag{5.9}$$

黏性土 P_m 取值应不小于 $0.2\gamma H$。

地表均布荷载引起的土压力为：

$$p_q = K_a q \tag{5.10}$$

（4）广东省标准《土钉支护技术规程》DBJ/T 15-70 方法

其土钉力分布模式与图 5.15 一样，$p_{k,j}$ 由两部分组成，其中 p_q 由式（5.10）计算。该方法在数值上则更注重理论依据，其主要观点是认为土钉总力与主动土压力相同，具体的分析可参考文献［28］。取比较安全的包络模式，为偏安全，最后对图 5.15（b）的土压力峰值取用的公式为：

$$p_m = \frac{2}{3}p_{a,k} \tag{5.11}$$

$$p_{a,k} = \gamma HK_a - 2c\sqrt{K_a} \tag{5.12}$$

式中 $p_{a,k}$——主动土压力（kPa）；

K_a——主动土压力系数。

从而使计算更有理论依据，工程上偏安全，实用上计算简便。

这样土钉的设计与抗拔稳定验算的步骤如下：

1）确定土钉墙支护的平面和剖面尺寸。根据地下结构设计图纸确定基坑的范围和开挖深度，根据基坑周边的土质和建构筑物情况确定剖面。

2）土钉的布置设计。土钉的水平和垂直间距宜为 1m～2m，土质好的地方选用大的间距；土质差时可采用钢花管。土钉的长度要求其抗拔力满足大于土钉拉力并使边坡稳定性满足要求。

3）土钉受力验算。土钉拉力设计值 N 必须同时满足下列要求：

$$N_j \leqslant f_y A_s \tag{5.13}$$

$$N_{k,j} \leqslant \pi D \sum q_{sk,i} l_i / K_t \tag{5.14}$$

式中 K_t——土钉抗拔安全系数，对于二、三级安全等级的基坑支护分别为1.6和1.4；

N_j——土钉拉力设计值，按式（5.3）计算确定；

$N_{k,j}$——土钉拉力标准值，按式（5.2）计算确定；

f_y——杆体的抗拉强度设计值（kPa）；

A_s——土钉杆体截面积（m^2）；

D——土钉锚固体直径（m）；

$q_{sk,i}$——第 i 层土体的摩阻力标准值（kPa）；

l_i——滑裂面以外土钉在第 i 层土体中的长度（m）。

4. 土钉墙变形计算

土钉支护由于开挖使其产生侧向位移和地面沉降相应的计算方法尚不够成熟。可采用有限元等数值方法进行模拟计算，也可以参考广东省标准《土钉支护技术规程》DBJ/T 15—70中提供的估算方法。

5.3.3 土钉墙设计参数选用及构造设计

1. 土钉墙支护的几何形状和尺寸

初步设计时，先根据基坑周边条件、工程地质资料及使用要求等，确定土钉墙支护的适用性；然后再确定土钉墙支护的结构尺寸。对于基础较大、较密及坑底土层为淤泥等软弱土层的情况，开挖深度应计算到基础底面（含垫层），必要时还要考虑可能的超挖。条件许可时，墙面尽可能采用较缓的坡率以提高安全性及节约工程造价。基坑较深、允许有较大的放坡空间时，还可以考虑分级斜坡墙面。在平面布置上，应尽量避免阳角及减少拐点，转角过多会造成土方开挖困难，很难形成设计形状，且受力状态复杂。

2. 土钉的几何参数

（1）土钉孔径越大越有利于提高土钉的抗拔力，在成本增加不多的情况下孔径应尽量大。

（2）土钉设置的倾角一般为5°～20°[25]。在15°左右靠浆液自重可以自上而下流动，达到较高密实度。

（3）土钉越长，抗拔力越高，基坑位移越小，稳定性较好。但在同类土质条件下，当土钉达到临界长度 l_{cr}［一般为（1.0～1.2）倍的基坑开挖深度］后，再加长土钉对承载力的提高并不明显。但是，很短的注浆土钉也不便施工，注浆时浆液难以控制容易造成浪费，故不宜短于3m。国内目前工程实践中土钉的长度一般为3m～12m，软弱土层中可适当加长。当土钉墙坡面倾斜时，侧向土压力降低，也可减短土钉的长度。

（4）土钉密度越大基坑稳定性越好，但土钉间距过小可能会因群钉效应降低单根土钉的功效，故纵横间距要适合，一般取1.0m～2.0m。在土钉密度不变时，排距加大、水平间距减少便于施工，可加快施工进度。但排距因受到开挖面临界自稳高度的限制不能过大，同时，横向间距变小排距加大，边坡的安全性会略有降低。

（5）土钉空间布置要注意：

1）为防止压力过大导致支护顶部破坏，第一排土钉距地表要近一些，但太近时注浆易造成浆液从地表冒出。一般第一排土钉距地表的垂直距离为0.5m～2m。

2）最下一排土钉实际受力较小，长度可短一些。但坑底沿坡脚局部超挖，大面积的浅量超挖，坡脚被水浸泡，土体蠕变，地面大量超载，雨水作用等，可能会导致下部土钉，尤其是最下一排土钉内力加大，故也不宜过短。

3）同一排土钉一般在同一标高上布置。上下排土钉在立面上可错开布置，俗称梅花状布置，也可上下对齐行列式布置。没有资料表明哪种布置方式更有利于边坡稳定。

4）沿深度方向上，土钉的布置形式大体有5种：a. 上短下长。这种形式在土钉墙支护技术使用早期较为常见，目前基本上已被实践否定。b. 上下等长。因为性价比不好，一般只在开挖较浅、坡角较缓、土钉较短、土质较为均匀时的基坑中有时采用。c. 上长下短。往往因受到周边环境等条件限制而应用困难。d. 中部长上下短。实际工程中，靠近地表的土钉，尤其是第一、二排土钉，往往因受到基坑外建筑物基础及地下管线、窨井、涵洞、沟渠等市政设施的限制长度较短，另外通过增加上部土钉的长度以增加稳定性在经济上往往不如将中部土钉加长合算，所以就形成了这种形式。这种形式目前工程应用最多。e. 长短相间。布置方式不合理，目前已很少应用。

5）特殊情况下土钉的布置可以变通。土钉的倾角以15°最为理想，但如果坚硬土层位于下部，也可将上部土钉倾角加陡插入硬土层，以增加锚固力；为了避开市政地下管线或其他地下构筑物，也常需变化倾角，这种情况常常发生在位于上排的土钉，如图5.16（*a*）的情况。为了避开井、桩和其他竖向地下构筑物，有时不得不改变土钉在水平面上的角度，而不与墙面垂直。在基坑的阳角处，为了避免土钉的交叉，也呈八字形布置土钉，见图5.16（*b*），这样土钉轴向也与该处的墙面位移方向接近，有利于减少变形。

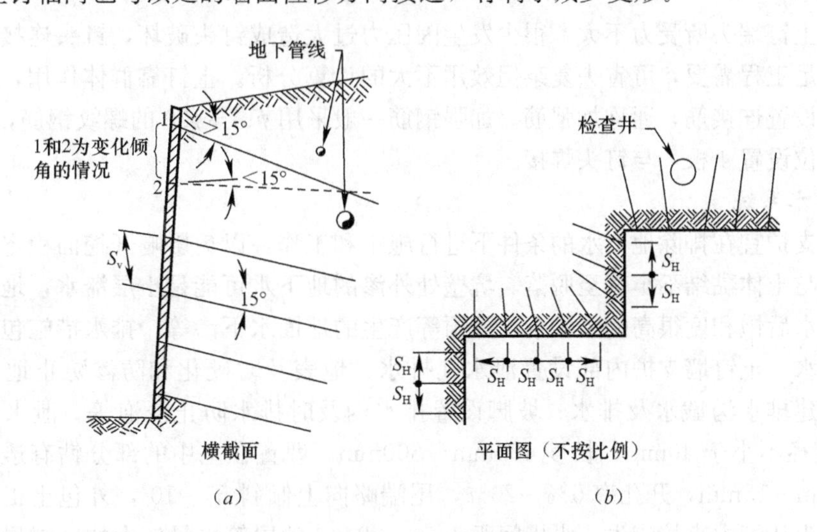

图5.16　特殊情况下土钉布置的变化

（*a*）改变地下管线附近土钉倾角；（*b*）改变基坑转角处土钉布置

3. 杆体

钻孔注浆土钉一般采用HRB400和HRB335热轧带肋钢筋。直径为16mm～32mm，成孔直径为70mm～120mm。打入式钢管土钉筋体一般采用公称外径不宜小于48mm、壁厚不宜小于3mm的热轧或热处理焊接钢管。土越硬钢管壁应越厚直径应越大，以防击入过程中发生屈服、弯曲、劈裂、折断等破坏。

钢筋与注浆体的粘结强度要远高于注浆体与土层的摩擦强度，只要保证钢筋置于水泥浆体中间，钢筋就不会从注浆体中被拔出破坏，为此需沿全长每隔1.5m～2m设置对中定位支架。钢花管距孔口2m～3m范围内可不设注浆孔，注浆孔设在里端的1/3～2/3范围内，以防因外覆土层过薄浆液从孔口周边蹿浆导致灌浆失败。其余段每隔0.2m～0.8m设置一组。出浆孔直径一般5mm～8mm。出浆孔外要设置倒刺。除了保护出浆口在土钉打入过程中免遭堵塞外，还可增加土钉的抗拔力。钢管土钉尾端头宜制成锥形以利于击入土中[25]。

4. 注浆

土钉的设计抗拔力不高，对水泥结石强度要求也不高，一般按构造要求，强度达到20MPa左右即可。水泥结石与土钉筋体的握裹力远大于孔壁对注浆体的摩擦力，土钉通常只会发生注浆体接触面外围的土体剪切破坏，不可能发生水泥结石被剪切破坏，一般也不会在与面层接触面上发生破坏。

土钉注浆必须饱满。钢管土钉注浆不足会造成抗拔力的明显降低，且降低了对土体的改良作用，造成支护结构的稳定性下降。土钉工程中通常采用水泥净浆，水灰比对水泥浆体的质量影响很大，最适宜的水灰比为0.4～0.45。采用这种水灰比的灰浆具有泵送所要求的流动度，易于渗透，硬化后具有足够的强度和防水性，收缩也小。土钉一般采用一次注浆。

5. 面层

面层所受的荷载并不大，目前国内外很少发生面层破坏的工程事故，在欧美国家所做的有限数量的大型足尺试验中，也仅发现在故意不做钢筋网片搭接的喷混凝土面层才出现了问题。面层通常按构造设计：面层厚度应能覆盖住钢筋网片及连接件，厚度一般为80mm～100mm；混凝土的强度等级不宜低于C20；钢筋网片一般采用一层钢筋网，钢筋通常为HRB235（光圆钢筋），ϕ6mm～ϕ10mm；网格为正方形，间距为150mm～250mm；要求不高时可采用不细于12＃的粗目铁丝网（或称铅丝网、钢丝网等）替代钢筋网。面层柔度较大，很少会产生温度裂缝，故临时性工程中一般无须设置伸缩缝。

6. 连接件

因一般土钉端头所受力不大，很少发生因压力过大造成钉头破坏，钉头连接件按构造设置就能够满足工程需要，可省去复杂但效用不大的计算分析。土钉靠群体作用，构造中通常在土钉之间设置连接筋，通称加强筋。加强钢筋一般采用ϕ14～ϕ20的螺纹钢筋，通常设置2根，重要部位设置4根，与钉头焊接。

7. 防排水系统

土钉墙支护宜在排除地下水的条件下进行施工和工作，以免影响开挖面稳定及导致喷射混凝土面层与土体黏结不牢甚至脱落。坑壁处外渗的地下水可能是土层滞水，地下管线的局部漏水，降水后饱和度很高的土中水，降雨等产生的地面水下渗等。排水措施包括土体内设置降水井降水、土钉墙支护内部设置泄水孔排水、地表及时硬化和防渗防止地表水向下渗透、坡顶修建排水沟截水及排水、坡脚设置排水沟及时排水防止浸泡等。泄水管一般采用PVC管，直径不小于40mm，长度400mm～600mm，埋置在土中的部分钻有透水孔，透水孔直径10mm～15mm，开孔率5%～20%，尾端略向上倾斜5°～10°，外包土工布，管尾端封堵防止水土从管内直接流失。纵横间距1.5m～2m，砂层等水量较大的区域局部加密。喷射混凝土时应将泄水管孔口临时封堵，防止喷射混凝土进入管内[26]，见图5.17。

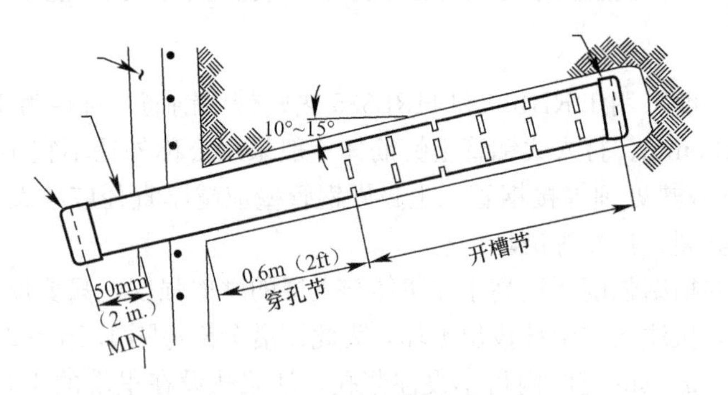

图5.17 坑壁泄水管的布置

8. 止水帷幕

在复合土钉墙中，当穿越强透水层时应采用落底止水帷幕，插入不透水层不宜小于

1.5m，并满足下式的要求：

$$l \geqslant 0.2\Delta h - 0.5b \tag{5.15}$$

式中 l——插入帷幕的深度（m）；

Δh——坑内外水头差（m）；

b——帷幕宽度（m）。

帷幕桩应相互搭接，搭接宽度不小于200mm；桩位允许偏差为50mm；垂直度允许偏差为1/100。在弱透水层中，一般帷幕的桩端宜插入坑底2m～3m。选择止水帷幕形式时要注意对不同地质条件的适应性。深层搅拌法质量可靠，造价低，施工速度快，可适用于大多数地质条件，软土中尤为适合，缺点是穿透能力较弱。在较厚的砂层、填土中夹石、土层中有硬夹层等情况下成桩困难。高压喷射法能够克服搅拌桩在上述地层中成桩困难的缺点，但是在有大量填石情况下施工也很困难，成桩且止水帷幕质量难以保证；在大量填石地层中可尝试冲孔咬合水泥土桩施工工艺。

9. 锚杆

土钉的极限承载力一般100kN～200kN，锚杆的承载力较土钉大。锚杆通过承压板（梁）坐落在土基上，预应力如果过大，承压板（梁）下土体会产生较大的塑性变形，其变形较为滞后，导致锁定的预应力值降低很快，并不能维持在较高的水平上。锚杆设计承载力不宜超过2～3倍土钉极限承载力，不宜小于300kN。锁定预应力一般为设计值的50%～100%，并且不小于100kN。锚杆的承压腰梁可以按以锚杆为支点，作用均布荷载的连续梁计算；也可按受锚杆设计拉力的弹性地基梁计算。

10. 微型桩

微型桩可以是钢管桩（ϕ48～ϕ250mm）、型钢桩（I10～I22）和灌注桩（成孔直径为200mm～300mm）[25]。为了使微型桩能够发挥整体作用，通常在桩顶设置冠梁。微型桩插入坑底≥2m，并大于5倍桩径。一般来说，桩的刚度越大，与土钉墙支护的共同合作用效果越差。微型桩与土钉墙支护共同作用时，通常情况下都不是被剪切破坏的，而是被冲弯或者土体从桩之间滑出。微型桩的形式与作法很多，刚度相差悬殊，对土钉墙支护的影响尚需更多的研究。

11. 土方开挖

基坑土方可分为中央的自由开挖区及四周的分层开挖区。周边土方因配合土钉墙支护作业，须分层分段开挖，宽度一般距坑边6m～10m，以作为土钉墙支护施工工作面及临时支挡。土方每层开挖的最大高度取决于该层土体的自稳能力，主要由土体特性决定，同时与地下水、地面附加荷载、已施工土钉等因素相关。不同土层的最大开挖高度以地区的经验数据为主，目前尚没有可靠的经验公式进行估算。

施工时应该开挖一层土方，施工一层土钉支护，综合考虑安全性及施工作业面。通常要求每层的开挖面标高位于该层土钉下面0.3m～0.5m。沿坑边走向的分段长度一般10m～20m。设置较小的分段长度，一是可形成较小的工作面，使土钉支护作业尽快完成，二是可充分利用土体的空间效应，利用未开挖土体及已施工土钉支护的支挡作用减少基坑变形。开挖后应尽量缩短土坡的裸露时间，尽快封闭及进行土钉支护，这对于施工阶段的土坡稳定及控制变形是非常重要的，对于自稳能力差的土体尤其如此。土坡的允许裸露时间一般为24h，对于淤泥质土为12h；土钉注浆后48h允许开挖下层土体，严禁超挖。

通常沿基坑侧壁走向中段的变形较大，两端的变形较小，故基坑开挖周边土方时，一般应沿端角向中间开挖，尽量减少中段的暴露时间以减少中段的变形。也可采用跳仓开挖，即间隔开挖的顺序。基坑中央的自由开挖区基本上不受限制，但是要保证周边分层开挖区土体的整体稳定。

5.4 施工要点

土方开挖应满足以下施工要求[3,6]：

（1）施工前应核验基坑位置及开挖尺寸线，施工过程中应经常检查平面位置、坑底标高、坑壁坡度、排水及降水系统，并应随时观测周围的环境变化。

（2）土方开挖必须遵循自上而下的开挖顺序，分层、分段按设计要求进行，严禁超挖。

（3）机械开挖时，对坡体土层应预留 10cm～20cm，由人工予以清除，修坡与检查工作应随时跟进，确保坑壁无超挖，坡面无虚土，坑壁坡度及坡面平整度满足设计要求。

（4）在距离坑顶边线 2.0m 范围内及坡面上，严禁堆放弃土及建筑材料等；在 2.0m 以外堆土时，堆置高度不应大于 1.5m；重型机械在坑边作业宜设置专门平台或深基础；土方运输车辆应在设计安全防护距离范围外行驶。

配合机械作业的清底、平整、修坡等人员，应在机械回转半径以外工作；当需在回转半径以内工作时，应停止机械回转并制动后，方可作业。

1. 土钉墙支护施工流程

土钉墙支护的施工流程一般为：开挖工作面→修整坡面→喷射第一层混凝土→土钉定位→钻孔→清孔→制作、安装土钉→浆液制备、注浆→加工钢筋、绑扎钢筋网→安装泄水管→喷射第二层混凝土→养护→开挖下一层工作面，重复以上工作直到完成。

打入式钢管注浆型土钉无需钻孔清孔过程，直接用机械或人工打入。

复合土钉墙支护的施工流程一般为：止水帷幕或微型桩施工→开挖工作面→土钉及锚杆施工→安装钢筋网及绑扎腰梁钢筋笼→喷射面层及腰梁→面层及腰梁养护→锚杆张拉→开挖下一层工作面，重复以上工作直到完成。

2. 土钉成孔

钻孔注浆土钉成孔方式可分为人工洛阳铲掏孔及机械成孔，人工成孔长度一般不大于 6m。机械成孔有回转钻进、螺旋钻进、冲击钻进等方式，打入式土钉可分为人工打入及机械打入。洛阳铲及滑锤为土钉施工专用工具，锚杆钻机及潜孔锤等多用于锚杆成孔，地质钻机及多功能钻探机等除用于锚杆成孔外，更多用于地质勘察。

成孔方式分干法及湿法两类，需靠水力成孔或泥浆护壁的成孔方式为湿法，不需要时则为干法。孔壁“抹光”会降低浆土的黏结作用，经验表明，泥浆护壁土钉达到一定长度后，在各种土层中能提供的抗拔承载力最大约 200kN。故湿法成孔或地下水丰富采用回转或冲击回转方式成孔时，不宜采用膨润土或其他悬浮泥浆做钻进护壁，宜采用套管跟进方式成孔。

湿法成孔或干法在水下成孔后孔壁上会附有泥浆、泥渣等，干法成孔后孔内会残留碎屑、土渣等，这些残留物会降低土钉的抗拔力，需分别采用水洗及气洗方式清除。水洗时仍需使用原成孔机械冲清水洗孔，但清水洗孔不能将孔壁泥皮洗净，如果洗孔时间长容易塌孔，且水洗会降低土层的力学性能及与土钉的粘结强度，应尽量少用；气洗孔也称扫孔，使用压缩空气，压力一般为 0.2MPa～0.6MPa，压力不宜太大以防塌孔。水洗及气洗时需将水管或风管通至孔底后开始清孔，边清边拔管。

3. 浆液制备及注浆

应避免人工拌浆，机械搅拌浆液时间一般不应小于 2min，要拌和均匀。水泥浆应随用随拌，一次拌和好的浆液应在初凝前用完，一般不超过 2h，在使用前应不断缓慢拌动。要防止石块、杂物混入浆中。

钻孔注浆土钉通常采用简便的重力式注浆。将金属管或 PVC 管注浆管插入孔内，管口离孔底 200mm～500mm 距离，启动注浆泵开始送浆，因孔洞倾斜，浆液靠重力即可填满全孔，孔口快溢浆时拔管，边拔边送浆。水泥浆凝结硬化后常会产生干缩，在孔口要二次高压注浆甚至多次补浆。重力式注浆不可太快，防止喷浆及孔内残留气孔。钢管注浆土钉注浆压力不宜小于0.6MPa，且应增加稳压时间。若久注不满，在排除水泥浆渗入地下管道或冒出地表等情况后，可采用间歇注浆法，即暂停一段时间，待已注入浆液初凝后再次注浆。

4. 面层施工顺序

一般要求喷射混凝土分两次完成，先喷射底层混凝土，再施打土钉，之后安装钢筋网，最后喷射表层混凝土。土质较好或喷射厚度较薄时，也可先铺设钢筋网，之后一次喷射而成。

5. 安装钢筋网

钢筋网一般现场绑扎接长，应搭接一定长度，通常为150mm～300mm。也可焊接，搭接长度应不小于10倍钢筋直径。钢筋网在坡顶向外延伸一段距离，用通长钢筋压顶固定，喷射混凝土后形成护顶。钢筋网与受喷面的距离不应小于两倍最大骨料粒径，一般为20mm～40mm。通常用插入受喷面土体中的短钢筋固定钢筋网，如果采用一次喷射法，应该在钢筋网与受喷之间设置垫块以形成保护层，短钢筋或限位垫块间距一般为0.5m～2.0m。钢筋网片应与土钉、加强筋、固定短钢筋及限位垫块连接牢固，喷射混凝土时钢筋网在拌和料冲击下不应有较大晃动。

6. 安装连接件

连接件施工顺序一般为：土钉置放、注浆→敷设钢筋网片→安装加强钢筋→安装钉头筋→喷射混凝土。加强钢筋应压紧钢筋网片后与钉头焊接，钉头筋应压紧加强筋后与钉头焊接。

7. 喷射混凝土工艺类别

喷射混凝土按施工工艺分为干喷、湿喷及半湿法三种形式：

(1) 干喷法将水泥、砂、石在干燥状态下拌合均匀，然后装入喷射机，用压缩空气使干集料在软管内呈悬浮状态压送到喷嘴，并与压力水混合后进行喷射。

(2) 湿喷法将骨料、水泥和水按设计比例拌合均匀，用湿式喷射机压送到喷头处，再在喷头上添加速凝剂后喷出。

(3) 工程中还有半湿式喷射及潮式喷射等形式，其本质上仍为干式喷射。为了将湿法喷射的优点引入干喷法中，有时采用在喷嘴前几米的管路处预先加水的喷射方法，此为半湿式喷射法。潮喷则是将骨料预加少量水，使之呈潮湿状，再加水泥拌和，从而降低上料、拌和喷射时的粉尘，但大量的水仍是在喷头处加入和喷出的，其喷射工艺流程和使用机械与干喷法相同。

8. 喷射混凝土材料要求

(1) 水泥。喷射混凝土应优先选用早强型硅酸盐及普通硅酸盐，因为这两种水泥的C3S和C3A含量较高，早期强度及后期强度均较高，且与速凝剂相容性好，利于速凝。

(2) 砂。喷射混凝土宜选用中粗砂，细度模数大于2.5。砂子过细，会使干缩增大；砂子过粗，则会增加回弹，水泥用量增大。

(3) 粗骨料。圆砾或角砾，卵石或碎石均可。骨料的表面越粗糙界面粘结强度越高，因此用碎石比用卵石好。但卵石对设备及管路的磨蚀小，也不像碎石那样因针片状含量多而易引起管路堵塞。石子的最大粒径不应大于20mm，工程中常常要求不大于15mm，粒径小也可减少回弹量。

(4) 外加剂。可用于喷射混凝土的外加剂有速凝剂、早强剂、引气剂、减水剂、增黏剂、防水剂等，国内基坑土钉墙支护工程中常加入速凝剂或早强剂。

(5) 骨料含水量及含泥量。砂石骨料含水量过大易引起水泥预水化，含水量过小则颗粒表面可能没有足够的水泥黏附，也没有足够的时间使水与干拌合料在喷嘴处拌合，这两种情况都会造成喷射混凝土早期强度和最终强度的降低。干法喷射时骨料含水量一般控制在5%～7%，低于3%时应在拌合前加水，高于7%时应晾晒使之干燥或向其中掺入干料，不应通过增加水泥用量来降低拌合料的含水量。骨料中含泥量偏多会带来降低混凝土强度、加大混凝土的收缩变形等系列问题，含泥量过多时须冲洗干净后使用。

9. 拌合料制备

（1）胶骨比。喷射混凝土的胶骨比即水泥与骨料之比，常为1∶4～1∶4.5。水泥过少，回弹量大，初期强度增长慢；水泥过多，产生粉尘量增多、恶化施工条件，硬化后的混凝土收缩也增大，经济性也不好。

（2）砂率。拌合料中的砂率小，则水泥用量少，混凝土强度高，收缩小，但回弹损失大，管路易堵塞，湿喷时的可泵性不好，综合权衡利弊，砂率以45%～55%为宜。

（3）水灰比。干喷法施工时，预先不能准确地给定拌合料中的水灰比，水量全靠喷射手在喷嘴处调节，一般来说喷射混凝土表面出现流淌、滑移及拉裂时，表明水灰比过大；若表面出现干斑，作业中粉尘大、回弹多，则表明水灰比过小。水灰比适宜时，混凝土表面平整，呈水亮光泽，粉尘和回弹均较少。实践证明，适宜的水灰比值为0.4～0.45，过大或过小不仅降低混凝土强度，也增加了回弹损失。

（4）配合比。工程中常用的经验配合比（重量比）有3种，即水泥∶砂∶石＝1∶2∶2.5，水泥∶砂∶石＝1∶2∶2，水泥∶砂∶石＝1∶2.5∶2，根据材料的具体情况选用。

（5）制备作业。干拌法基本上均采用现场搅拌方式。拌合料应搅拌均匀，搅拌机搅拌时间通常不少于2min，有外加剂时搅拌时间要适当延长。

10. 喷射作业及养护

喷射前，应将坡面上残留的土块、岩屑等松散物质清扫干净。喷射机的工作风压要适中，过高则喷射速度快，动能大，回弹多，过低则喷射速度慢，压实力小，混凝土强度低。喷射时喷嘴应尽量与受喷面垂直，喷嘴与受喷面在常规风压下最好距离为0.8m～1.2m，以使回弹最小及密实度最大。一次喷射厚度要适中，喷射厚度为30mm～80mm，太厚会降低混凝土密实度、易流淌，太薄则易回弹，以混凝土不滑移、不坠落为标准，一般以50mm～80mm为宜，加速凝剂后可适当提高，厚度较大时应分层，在上一层初凝后即喷下一层，一般间隔2h～4h。分层施作一般不会影响混凝土强度。喷嘴不能在一个点上停留过久，应有节奏地、系统地移动或转动，使混凝土厚度均匀。一般应采用从下到上的喷射次序，自上而下的次序易因回弹物在坡脚堆积而影响喷射质量。喷射2h～4h后应洒水养护，一般养护3d～7d。

5.5 检测与监测

5.5.1 土钉抗拔试验

土钉抗拔试验的主要目的是检验土钉的实际抗拉力是否达到设计要求。该试验也可以提供关于施工工艺、在特殊地表及地下水条件下施工方法的适用性、施工潜在困难等信息。抗拔试验应尽可能选择在土钉抗拔强度低或者土钉施工情况最不确定的地方，或者在材料强度相对较低、地下水位较高的地方等。土钉抗拔试验应尽量在土钉施工前进行，以便根据试验资料，对设计进行相应的变更。

除了土钉底部灌浆外，试验用土钉和正常工作土钉需使用相同的施工程序。试验用土钉需要在钻孔内部分灌浆，以形成试验需要的特定粘结长度。因此灌浆过程应缓慢而小心，以防止过度灌浆。封隔器通常用来封锁灌浆部分，选择时应选用能有效封锁灌浆部分的封隔器。封隔器应尽可能对粘结强度没有影响，否则应考虑其对粘结强度的影响，并估计影响值。除了封隔器，时域反射技术在合理的精度下，可以用来确定灌浆过程中灌浆段的长度。

安装抗拔试验设备时，钢支撑平台不能施加于钢筋上，因为这样会使钢筋偏斜，从而得到不正确的读数。土钉抗拔试验仪器和安装如图5.18所示。

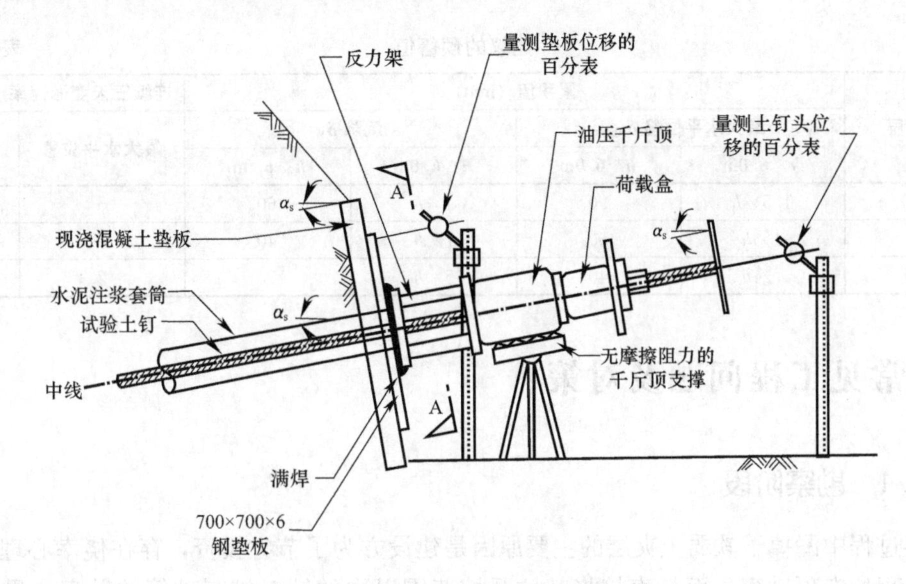

图5.18 抗拔试验设备安装图

试验具体技术要点参见文献[23]。需说明的是，抗拔试验中土钉受力与实际工程中土钉受力不同，要合理应用试验结果。在抗拔试验过程中，由于拉力施加于土钉头，土钉中产生的拉应力在土钉头端部最大，往内则逐渐减少，而土钉墙中土钉实际受力状况是，土钉中部附近区域拉应力最大，两端端部则较小，两者存在差别，但这并不影响土钉抗拔试验的必要性。

5.5.2 支护变形的监测及预警

1. 土钉墙支护变形监测

土钉墙支护的变形监测的项目与基坑等级相关，内容有：坡顶水平位移和沉降；主动区土体内侧向变形；基坑相邻重要建筑物和管线等的水平位移和沉降；基坑相邻地表、建筑物等的裂缝出现的位置和宽度变化等四个方面的内容。可采用精密经纬仪、水准仪、测斜仪、全站仪等仪器监测和技术人员沿基坑巡视目测相结合的方法。

测点布置与基坑安全等级相关，沿基坑四周以10m～30m间距布点。测点宜布置在潜在变形最大，或局部地质条件不利地段，或基坑附近有重要建筑物或地下管网等位置。相邻重要建筑物，宜在房屋转角处、中间部位布点。沿管线长度每10m布置监测点。在基坑工程开挖影响范围之外，布置至少2个基准点。除地面和重要设施变形监测外，基坑安全关键部位须用测斜仪监测土体内沿开挖深度方向的侧向变形。

监测频率与基坑安全等级相关。一般在土方开挖阶段，在变形正常情况下，每天监测至少一次，异常情况根据具体情况增加监测次数。工程竣工后变形趋于稳定的情况下，可减少监测次数，可每周监测一次，直至土钉墙支护退出工作为止。加强雨天和雨后的监测，须特别注意观察危及支护稳定的相邻管道漏水等。

若发现变形过大或相邻管道漏水等异常现象，立即报警。

及时整理变形监测数据，掌握基坑和周边环境在开挖阶段和竣工后的安全状况，或调整施工进度，或修改设计方案，使基坑工程顺利进行。

2. 建议的预警值

单从土钉墙支护工程安全性角度出发，考虑场地存在的主要土层和开挖深度两个因素，将基坑土体变形累积值或连续三天变形速率作为预警指标，确定预警值。一般情况下，预警值可由技术人员根据当地的工程经验确定。无经验时，可按表5.4提供的建议值确定（h为基坑开挖深度）。

建议的预警值　　表5.4

主要土层	累积值（mm）				连续三天变形速率（mm/d）	
	最大水平位移 δ_{Hmax}		沉降 δ_V		最大水平位移	沉降
	$h\leqslant6.0$m	$h>6.0$m	$h\leqslant6.0$m	$h>6.0$m		
软土	1.5%h	90	1%h	60	5	3
黏土	1%h	60	7‰h	40	3	2
砂性土	7‰h	40	5‰h	30	2	1

5.6 常见工程问题及对策

5.6.1 勘察阶段

勘察过程中漏掉了软弱土夹层的主要原因是建设方为了节省投资，存在侥幸心理，不进行基坑工程的专项勘察，而是直接将基坑开挖范围以内的针对桩基础等的勘察成果拿来使用，基坑工程设计人员对浅层和开挖边界以外土层无法准确掌握造成的。《岩土工程勘察规范》（GB 50021—2001）第4.8.3条是针对基坑设计的勘察条文，如勘察深度为（2～3）倍开挖深度（若遇硬土等可减小勘察深度），勘察范围宜超出开挖边界外开挖深度的（2～3）倍；第4.8.4条明确规定了基坑工程的勘察须查明岩土分布，提供支护设计所需的土层抗剪强度指标。勘察阶段须严格按这一规范条文执行。另外，基坑开挖过程中，若发现暴露土层与勘察报告不符时，应及时向业主、监理、设计等单位反映，采取补救措施。

5.6.2 设计阶段

1. 对采用土钉方案包含的风险估计不足

与桩排等传统支护方式相比，土钉支护可节省大量投资。但是，若片面地追求经济利益，则增加了工程的风险。土钉支护方式的适用性，不仅涉及岩土工程技术问题，还与经济、社会问题相关，非常复杂，一直有争论。对土钉支护方式的适用性，以下建议可供参考。

（1）当场址存在如下三种情况之一时，选择土钉支护方式则存在着很大的风险：

1）基坑边界以外一倍开挖深度范围内存在对变形敏感的地下管网（如煤气管）或重要建筑物或生命线工程等；

2）沿基坑周边范围存在深厚软土或未完全固结松散深厚杂填土；

3）土层中存在障碍物，使土钉成孔困难。

（2）普通的土钉支护结构，主要适用于土质条件较好、开挖深度小于6m的浅层开挖基坑支护。当存在地下水时，须采取有针对性的控制措施，尽可能减少地下水对基坑稳定的影响。

2. 计算方法选择不当

抗滑稳定分析中，目前主要是圆弧滑动法，对于滑动面不是圆弧时是不合适的，要注意分析地质结构中存在特殊的滑动面的影响。

3. 基坑底或基坑开挖深度范围内存在软土的影响

软土的出现，对土钉支护稳定性安全的影响很大，基坑有可能在软土中发生深层滑动、坑底隆起破坏，而目前土钉的稳定分析主要是圆弧滑动法，对深层滑动、坑底隆起破坏则应另外进行分析计算。

5.6.3 施工阶段

1. 土钉注浆效果差

施工中最常见的问题是土钉注浆质量无法保障。采取的对策包括：

(1) 当软土或粉土、粉砂中出现成孔困难、局部塌孔或注浆效果差时，可将传统的螺纹钢筋土钉改为直径 $\phi48$，壁厚 3mm 花钢管直接打入土中，从花管中注浆。注浆时，首先进行低压注浆，压力控制在 0.2MPa 以内，待水泥浆液初凝后进行二次注浆，提高注浆压力；

(2) 当土层中存在块石等障碍物影响成孔时，可改成击入式土钉，或选择其他支护方式。如果局部地段障碍多，土钉设计方案无法实施，施工单位须及时告知设计单位，修改原设计方案；

(3) 土钉置入土中后，须及时进行注浆，注浆要连续、饱满；

(4) 土钉锚固体的强度达到设计强度后才能进行下一层土方开挖，至少间隔 24h 以上；

(5) 地层复杂时，须对土钉进行抗拔试验，检验实际的抗拔力是否满足设计要求。

2. 超挖和挖土过快

在土方开挖过程中，由于赶施工进度或（和）为了施工方便或（和）疏于管理等，常出现超挖或（和）挖土过快现象。分层开挖厚度须满足同一层土钉施工要求。一般黏性土中，分层开挖不要超过 2m；软土中不要超过 1.2m。砂性土、软土由于黏聚力小，若分层厚度太小，无土钉施工时间，须设置超前支护。土方开挖作业五原则“分段、分层、适时、平衡、对称”中，前三个必须严格遵守。软土中，分段长度不要超过 10m，采用跳挖法，预留同一高度的长 8m 土体挡土；黏性土层分段长度不要超过 20m。土建施工、监理、设计各单位加强管理，坚持统一指挥，分工负责原则，并进行有效的监测，由监测结果指导施工，避免挖土过快或超挖。

3. 不按设计方案施工

施工过程中，因土钉长度范围内出现障碍物等原因使施工无法进行，有的施工方盲目迷信经验，心存侥幸，置工程安全性不顾，私自修改设计，也不上报设计单位。施工中须加强从业人员责任心和提高施工组织管理水平，选择技术力量强、管理严格、质量意识高、有一定的土钉施工经验的施工单位施工。

4. 水泥土搅拌桩隔渗帷幕漏水

由于水泥土搅拌桩施工中搭接不够等原因，开挖过程中容易出现漏水险情。可先确定漏点范围，然后采用双液注浆化学堵漏法：先在坑内筑土围堰蓄水，减少坑内外水头差，减小渗流速度，之后在漏点范围内布设直径 $\phi108$ 钻孔，钻孔穿过所有可能出现渗漏通道的区域，再往孔中填充砾石，填堵渗漏缝隙，当坑内外水头差小于 2m 时，开始化学注浆。若漏水量很大，应直接寻找漏洞，用土袋和 C20 混凝土填充漏洞。

5. 雨天出现滑塌险情

无论是地下水或地表水渗入土体，它们是影响土钉墙支护安全性首要因素，特别是暴雨期间容易发生滑塌事故。采取对策包括：

(1) 沿基坑四周设置排水沟，避免雨水流入坑中；

(2) 若基坑周围二倍的开挖深度范围内出现裂缝，尽快用水泥浆封堵；

(3) 雨天须及时抽排坑内积水，确保坑底无积水；

(4) 若发现地下水管有大量水体渗出，须尽快找到水源处，关闭出水口，或将水体引出，排往它处；

(5) 加强雨天巡视，发现异常情况，找出原因，尽快采取工程措施。

参考文献

[1] DBJ/T 15-70—2009 土钉支护技术规程 [S]. 北京：中国建筑工业出版社，2010.
[2] CECS 96：97 基坑土钉支护技术规程 [S]. 北京：中国计划出版社，1997.
[3] JGJ 167—2009 湿陷性黄土地区建筑基坑工程安全技术规程 [S]. 北京：中国建筑工业出版社，2009.
[4] GB 50330—2002 建筑边坡工程技术规范 [S]. 北京：中国建筑工业出版社，2002.
[5]《工程地质手册》编委会. 工程地质手册（第四版）[M]. 北京：中国建筑工业出版社，2007.
[6]《建筑施工手册》编写组. 建筑施工手册（上册）[M]. 北京：中国建筑工业出版社，1988.
[7] 陈肇元，崔京浩. 土钉支护在基坑工程中的应用 [M]. 北京：中国建筑工业出版社，1997.
[8] 杨光华. 深基坑开挖中多支撑支护结构的土压力问题 [J]. 岩土工程学报，1998，20（6）：113-115.
[9] 杨光华，黄宏伟. 基坑支护土钉力的简化增量计算法 [J]. 岩土力学，2004，25（1）：15-19.
[10] 郭红仙，宋二祥，陈肇元. 考虑施工过程的土钉支护土钉轴力计算及影响参数分析 [J]. 土木工程学报，2007，40（11）：78-85.
[11] 郭志昆，杨惊东，马书广. 土钉内力的增量计算方法 [J]. 解放军理工大学学报（自然科学版），2005，6（4）：355-358.
[12] 郭院成，秦会来，李峰. 土钉支护中土钉力的计算方法 [J]. 岩土工程学报，2006，28（S1）：1513-1516.
[13] 佘诗刚译. 土钉墙设计施工与监测手册 [M]. 北京：中国科学技术出版社，2000.
[14] Shen C K，Herrmann L R，Romstad K M，et al. An in site earth reinforcement lateral support system. Department of Civil Engineering，University of California，Davis，1981.
[15] Bridle R J. Soil Nailing-analysis and design [J]. Ground Engineering，1989，22，（6）：52-56.
[16] 林宗元. 岩土工程治理手册 [M]. 沈阳：辽宁科学技术出版社，1993：672-674.
[17] 杨育文，袁建新. 深基坑开挖中土钉支护极限平衡分析 [J]. 工程勘察，1998，（6）：9-11.
[18] User's guide-Geotechnical software GEO 5，Fine Ltd. 2009：537-538.
[19] 常士骠，张苏民. 工程地质手册（第四版）[M]. 北京：中国建筑工业出版社，2007：845.
[20] DB 42/159—2004 深基坑工程技术规定 [S]. 2004.
[21] JGJ 120—99 建筑基坑支护技术规程 [S]. 北京：中国建筑工业出版社，1999.
[22] 杨光华. 深基坑支护结构的实用计算方法及其工程应用 [M]. 北京：地质出版社，2004.
[23] Geotechnical Engineering Office. Civil Engineering Development. Hong Kong. Geoguide 7.
[24] 曾宪明. 复合土钉墙设计与施工 [M]. 北京：中国建筑工业出版社，2009.
[25] JGJ 120—2010 建筑基坑支护技术规程（报批稿）[S].
[26] GJB 5055—2006 土钉支护技术规范 [S]. 北京：人民交通出版社，2007.
[27] SJG 05—2011 深圳市基坑支护技术规范 [S]. 北京：中国建筑工业出版社，2011.
[28] 杨光华. 土钉支护中土钉力和位移的计算问题 [J]. 岩土力学，2012，33（1）：137-146.
[29] 程良奎，李象范. 岩土锚固·土钉·喷射混凝土——原理. 设计与应用 [M]. 北京：中国建筑工业出版社，2008.

CHAPTER

第6章　重力式水泥土墙

6.1 概述

重力式水泥土墙以结构自身重力来维持支护结构在侧向水、土压力作用下的稳定，如图6.1所示。水泥土墙以水泥为固化剂的主剂，通过强制拌和机械（如深层搅拌机或高压旋喷机等），将固化剂和地基土强制搅拌，并在施工时将加固桩体相互塔接，连续成桩，形成具有一定强度、刚度、水稳定性和整体结构性的水泥土壁墙或水泥土格栅状墙。典型的重力式水泥土墙支护结构剖面图如图6.2所示。

图6.1 重力式水泥土墙

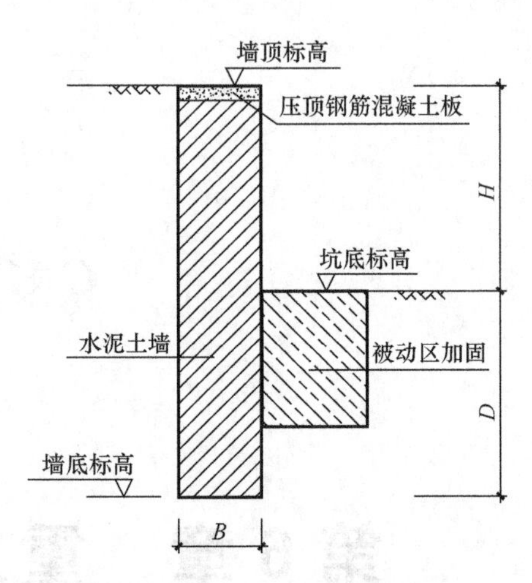

图6.2 典型支护结构剖面图

重力式水泥土墙具有最大限度地利用原地基土、不需内支撑便于土方开挖和地下室施工、材料和施工设备单一的特点，且施工时无侧向挤出、无振动、无噪声和无污染，对周边建构筑物影响小，20世纪90年代广泛应用于上海、浙江、江苏、福建等沿海各地单层地下室的软土基坑工程中。水泥土墙具有止水和支护的双重作用的优点，由于无支撑，变形较大。

6.2 分类、选型与使用范围

6.2.1 规划及选型原则

基坑工程中，首先应根据场地的工程地质条件和水文地质条件，根据主要土层的工程特性和地下水的性质，了解重力式水泥土墙的使用范围和适用条件；然后结合重力式水泥土墙支护结构的变形特点及破坏形式，确定具体工程需要解决的主要问题所在；最后根据基坑规模、周边环境条件、施工荷载等因素，本着"因地制宜、经济合理、施工方便"的原则，根据工程的实际情况，对基坑工程有个初步的总体规划和选型，重力式水泥土墙支护结构的选型主要包括成桩设备、喷浆设备的选择以及水泥土墙平面布置、竖向布置等内容。

6.2.2 使用范围与适用条件

重力式水泥土墙一般适用于以下地质和工程条件。

1. 地质条件

国内外大量试验和工程实践表明，水泥土桩除适用于淤泥、淤泥质土和含水量高的黏土、粉质黏土、粉土外，随着施工设备能力的提高，亦广泛应用于砂土及砂质黏土等较硬质的土质。但当用于泥炭土或土中有机质含量较高，酸碱度（pH值）较低（<7）及地下水有

侵蚀性时，应慎重对待并宜通过试验确定其适用性。对于场地地下水受江河潮汐涨落影响或其他原因而存在动地下水时，宜对成桩的可行性做现场试验确定。

2. 适用的基坑开挖深度

对于软土基坑，支护深度不宜大于6m；对于非软土基坑，支护深度达10m的重力式水泥土墙（加劲水泥土墙、组合式水泥土墙等）也有成功工程实践。重力式水泥土墙的侧向位移控制能力较弱；基坑开挖越深，面积越大，墙体的侧向位移越难控制；在基坑周边环境保护要求较高的情况下，开挖深度应严格控制。

6.2.3 重力式水泥土墙的破坏形式

在基坑工程实践的规划及选型时，对某一种支护结构可能存在的破坏形式及其原因的了解是必要的。

（1）整体稳定破坏、基底土隆起破坏、墙趾外移破坏：由于墙体入土深度不够，或由于墙背及墙底土体抗剪强度不足，或由于坑底土体太软弱等原因，导致墙体及附近土体的整体稳定破坏或基底土隆起破坏，如图6.3（*a*）所示；由于墙体入土深度不够，或由于坑底土体太软或因管涌、流砂等可能导致墙趾外移破坏，如图6.3（*b*）所示。

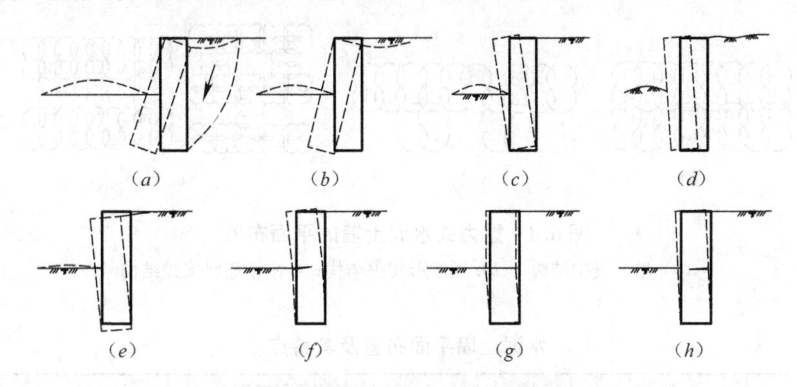

图6.3 重力式水泥土墙的破坏形式

（*a*）整体破坏；（*b*）墙趾外移；（*c*）倾覆破坏；（*d*）滑移破坏；
（*e*）地基承载力破坏；（*f*）压裂破坏；（*g*）剪切破坏；（*h*）拉裂破坏

（2）倾覆破坏、滑移破坏：由于墙后的坑边堆载增加、重型施工机械施工、墙后影响范围内的挤土施工、墙背水压力的突增等引起主动区水土压力增大，或墙体抗倾覆稳定性和抗滑移稳定性不足，导致水泥土墙发生倾覆破坏，导致墙体变形过大或整体刚性移动。如图6.3（*c*）、（*d*）所示。

（3）地基承载力破坏：如图6.3（*e*）所示，当墙体入土深度不够，或由于墙底存在软弱土层等地基承载力不足，或由于某种原因引起主动区水土压力增大，都可能导致墙底地基承载力破坏而出现墙体下沉、倾覆现象。

（4）强度破坏：当水泥土墙墙身断面较小、水泥掺量过低引起墙身抗压、抗拉、抗剪强度不足，或施工质量达不到设计要求时，将导致墙体压、拉、剪等破坏，如图6.3（*f*）、（*g*）、（*h*）所示。

6.2.4 选型

重力式水泥土墙的选型包括成桩设备的选型、平面及竖向布置的选型。

1. 成桩设备的选型

水泥土的搅拌喷浆的成桩（墙）设备，一般有搅拌桩机、旋喷桩机和旋喷搅拌桩机，国内常用设备及其特点如表6.1所示。

国内常用设备及其特点 表 6.1

国内常用设备	特点及适用范围
单轴、双轴搅拌桩机	成桩直径为500～700mm，较为均匀；成桩桩长较短，约为15～20m；设备功率较小，适合用于标贯<15击的软土、填土、松散的粉细砂等土层中；轴杆较细，在长桩中其垂直度难以控制；一般适用于单层地下室等挖深不大的中小型基坑工程中
三轴搅拌桩机	成桩直径可达850～1200mm，桩身强度较为均匀；成桩桩长较长，可达30m以上；设备贯入土层的能力较强，适合用于标贯<25击的土层中；设备较大，成桩垂直度好，相邻桩的搭接有保证；一般适用于2层以上地下室等挖深较大的中大型基坑工程中
旋喷桩机	成桩直径可达500～1200mm，桩身直径并非十分均匀，用于形成水泥土墙应有足够的搭接长度；垂直度较易控制，一般成桩桩长不受限制；大部分土层中，均可成桩；设备较小，对施工场地的空间要求不高；造价较高，一般用于止水帷幕、接桩及水泥土墙的施工缝连接处

根据搅拌机械搅拌轴的数量不同，主要有单轴、双轴、三轴三类。国外尚有用4、6、8搅拌轴形成的块状大型截面，以及单搅拌轴同时作垂直向和横向移动而形成的连续一字形大型截面。旋喷桩机根据喷射方法的不同，可分为单管喷射法、二重管法、三重管法。

2. 平面布置的选型

典型的重力式水泥土墙平面布置一般有壁状布置、锯齿形布置、格栅状布置等形式，如图6.4和表6.2所示。

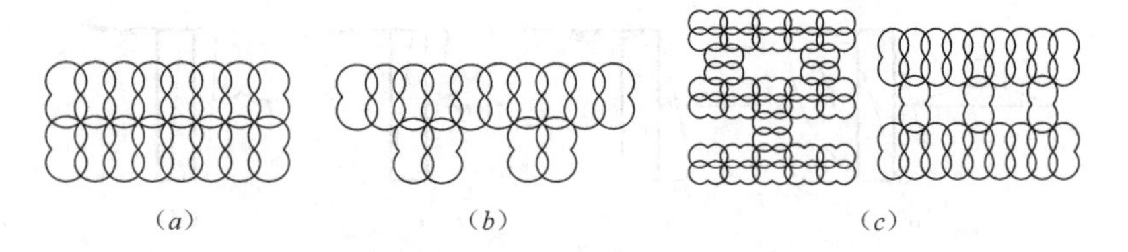

图 6.4 重力式水泥土墙的平面布置

(*a*) 壁状支护结构；(*b*) 锯齿形支护结构；(*c*) 格栅状支护结构

水泥土墙平面布置及其特点 表 6.2

平面布置	特点及适用范围
壁状	水泥土墙的搭接易保证，成墙的整体性好； 布置相同的桩数，水泥土墙的刚度较小； 水泥土墙的置换率为1.0，相对造价较高； 一般用于要求的墙体宽度较小的基坑工程，用于止水要求较高的基坑工程，用于基坑支护平面中应力较大的区域
锯齿形	该布置形式形成的水泥土墙刚度较大，整体性较好； 一般用于坑底被动区加固，用于要求提高水泥土墙刚度减小变形的基坑边长的中部
格栅状	布置相同的桩数，通过平面的布置可形成刚度较大的水泥土墙； 水泥土墙的置换率<1.0，经济性较好； 其为重力式水泥土墙中最为常用的平面布置形式

3. 竖向布置的选型

典型的重力式水泥土墙竖向布置一般有等断面布置、台阶形布置等形式。等断面布置为常用的布置方式；有时或为了减少工程造价、或为了解决墙趾的地基承载力问题、或为了提高重力式水泥土墙的稳定性、或结合被动区加固等，而增加或减少了某几排水泥搅拌桩的长度，使重力式水泥土墙的竖向布置形成了L形、倒U形、倒L形等台阶形布置形式。图6.5为工程中常用的几种竖向布置形式。

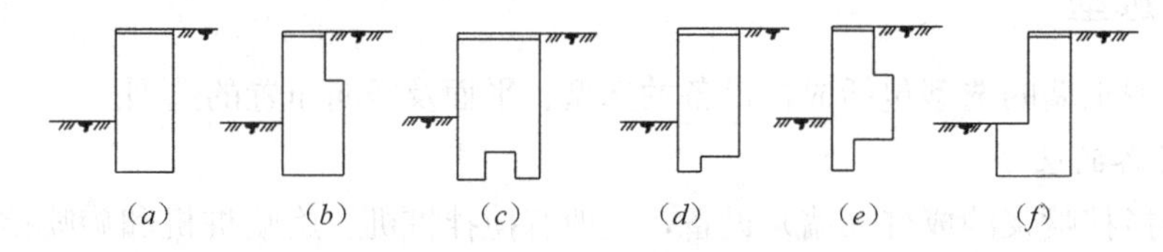

图 6.5 重力式水泥土墙几种竖向断面形式

6.3 重力式水泥土墙支护结构设计

6.3.1 总体布置原则

重力式水泥土墙支护结构总体布置应遵循以下原则：

（1）根据基坑周边建构筑物的分布情况及其结构、基础等特点，初步确定各部位（区域）重力式水泥土墙支护结构的变形控制标准。变形控制严格处应提高基坑安全等级、加大水泥土墙的刚度和整体性、设置被动区加固，必要时还可采取坑外地基加固的措施以提高坑外土体的强度，减少支护结构墙体的侧向水土压力。

（2）由于空间的约束作用，总体上基坑的变形呈四角（阴角）小、边线的中间大、阳角处大的特点，因此，基坑的边长较大时，宜在边线的中间进行墙体起拱或设置加强墩，可在该位置的坑底采取被动区加固的措施。

（3）平面设计时应尽量避免出现内折角（阳角），由于重力式水泥土墙的侧向约束有限，基坑阳角处变形较大。如由于场地限制等问题而无法避免时，阳角位置宜进行适当的加强加固处理：加大阳角处的水泥土墙宽度，提高刚度；在该位置的坑底进行被动区加固；阳角处的水泥土墙采用壁状布置，加大其整体性。

（4）由于空间效应作用，基坑的四角或阴角处，其应力分布较为复杂，横向剪应力大且可能出现纵向拉应力，该处水泥土墙宜采用壁状布置，加强其整体性及受力性能。

（5）当基坑开挖深度较大或坑底分布有深厚的软土时，可考虑采用被动区加固的技术措施，被动区的平面布置形式应结合主体结构基础的类型及布置方案进行，以避免对主体结构基础的影响。

典型的重力式水泥土墙支护结构布置原则示意图如图 6.6 所示。

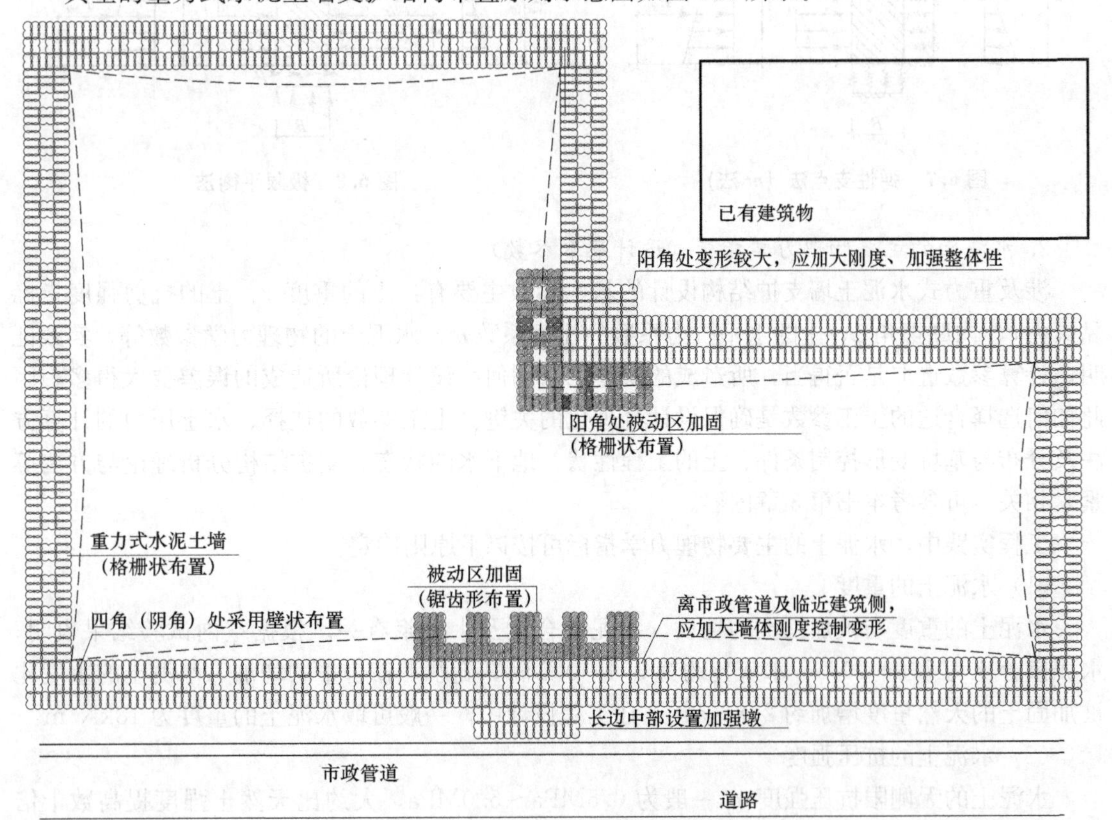

图 6.6 基坑平面总体布置示意图

6.3.2 设计原理与基本参数

重力式水泥土支护结构的设计原理和基本参数如下：

1. 设计原理

重力式水泥土墙作为一种支护结构形式，其是依靠墙体自重、墙底摩阻力和墙前坑底被动区的水土压力（被动区土体抗力），来满足水泥土墙的抗倾覆稳定、抗滑移稳定；通过合理的嵌固深度 D 以满足基坑抗隆起、整体稳定、抗流土、抗管涌、墙底地基承载力等稳定要求；并通过合适的墙体宽度 B 的确定使重力式水泥土墙墙身应力和墙体变形满足要求；保证地下室或地下工程的施工及周边环境的安全。

重力式水泥土墙支护结构采用了和经典重力式挡土墙不完全相同的设计方法。墙的主要几何尺寸 B 和 D 由地基稳定、抗渗和墙体抗倾覆计算等条件进行反复调整后选取，然后进行墙体结构强度（内力和应力）、变形等的计算或验算。作用于重力式水泥土墙的主要荷载有：墙前墙背的水土压力、重力式水泥土墙的自重、外荷载（道路荷载、建构筑物的永久荷载等）、施工荷载（施工机械、材料临时堆放）、偶然荷载。与其他类型支护结构类似，重力式水泥土墙的内力与变形分析方法主要有经典法、弹性法、有限元法，工程实践中主要以弹性支点法（m 法）和极限平衡法为主，计算原理如图 6.7 和 6.8 所示。

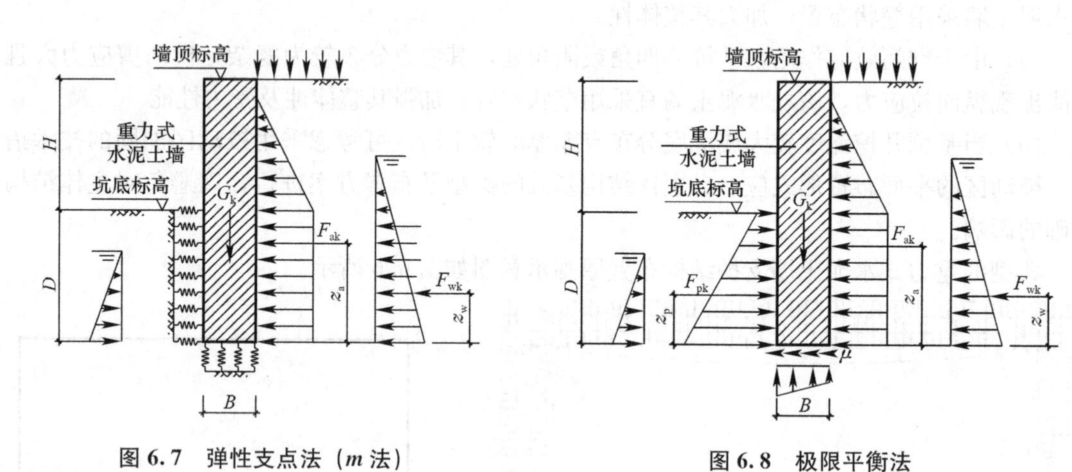

图 6.7 弹性支点法（m 法）　　　　图 6.8 极限平衡法

2. 水泥土的主要物理力学指标（设计基本参数）

涉及重力式水泥土墙支护结构设计的基本参数主要有：土的重度 γ、土的抗剪强度指标黏聚力 c、内摩擦角 φ、土的水平抗力系数的比例系数 m、水泥土的物理力学参数等。实践证明，计算参数选取是否得当，所造成的误差比采用何种设计理论所造成的误差要大得多，因此如何选择合适的土工参数是确保设计合理化的关键。土工参数的选择、水土压力的计算方法及分布与基坑变形控制条件、土的工程性状、地下水的状态、支护结构分析理论与方法等紧紧相关，可参考本书第 3 章内容。

工程实践中，水泥土的主要物理力学指标可按以下原则确定。

（1）水泥土的重度

水泥土的重度与被加固土的性质、水泥掺合比及水泥浆有关。根据室内试验结果表明，水泥掺合比为 7%～20%，水灰比约为 0.4～0.5 时，随水泥掺合量的增加，水泥土的重度比被加固土的天然重度增加约 2%～5%。在工程设计中，一般可取水泥土的重度为 18kN/m^3。

（2）水泥土的抗压强度

水泥土的无侧限抗压强度 q_u 一般为 0.5MPa～5.0MPa，大约比天然土强度提高数十倍至数百倍；在砂层中，水泥土的无侧限抗压强度 q_u 可达 10.0MPa。基坑支护中水泥土主要起支挡作用承受水平荷载，其无侧限抗压强度设计标准值 q_{uk} 应采用基坑土方开挖龄期（一般取 28 天）的现场水泥土无侧限抗压强度 q_{u28}。

1）参考《建筑地基处理技术规范》JGJ 79 中搅拌桩桩身强度标准值 q_u 与同掺量室内配比试块强度 f_{cu} 的关系：

$$q_{u28} = \eta f_{cu28} \tag{6.1}$$

式中，η 为桩身强度折减系数，干法可取 0.20～0.30，湿法可取 0.25～0.33。

从抗压强度试验得知，在其他条件相同时，不同龄期的水泥土强度间大致呈线性关系，其经验关系如表 6.3 所示。

不同龄期水泥土抗压强度关系　　表 6.3

关　系	比　值	关　系	比　值
f_{cu7}/f_{cu28}	0.47～0.63	f_{cu90}/f_{cu28}	1.43～1.80
f_{cu14}/f_{cu28}	0.62～0.80	f_{cu90}/f_{cu14}	1.73～2.82
f_{cu60}/f_{cu28}	1.15～1.46	f_{cu90}/f_{cu7}	2.37～3.73

表中 f_{cu7}、f_{cu14}、f_{cu28}、f_{cu60}、f_{cu90} 分别为 7、14、28、60、90d 龄期的水泥土抗压强度，f_{cu} 为与搅拌桩桩身水泥土配比相同的室内加固土试块（边长为 70.7mm 的立方体，也可采用边长为 50mm 的立方体）在标准养护条件下 90d 龄期的立方体抗压强度平均值（kPa）。

2）水泥土的无侧限抗压强度可按水泥土墙钻孔取芯法质量检测综合评定方法选取，综合评定方法可参照《建筑桩机检测技术规范》JGJ 106 中的相关条文及内容执行，现场水泥土无侧限抗压强度 q_{u28} 中可按钻取现场原状试件测其无侧限抗压强度标准值的一半取值。

（3）水泥土的抗拉、抗剪强度

水泥土的抗拉强度 $\sigma_{\tau}=0.15q_u \sim 0.25q_u$，《建筑基坑支护技术规程》JGJ 120 中水泥土墙正截面承载力（拉应力）验算中，取抗拉强度 $\sigma_{cs}=0.06q_u$。水泥土的内聚力 $c=0.2q_u \sim 0.3q_u$，内擦角 $\varphi=20^\circ \sim 30^\circ$，《建筑基坑支护技术规程》JGJ 120 中取水泥土抗剪强度 $\tau_f=\frac{1}{6}q_u$。

（4）变形模量

水泥土的变形模量与无侧限抗压强度 q_u 有关，实际工程中，当 $q_u<6\text{MPa}$ 时，水泥土的 E_{50} 与 q_u 大致呈直线关系，一般有 $E_{50}=(350 \sim 1000)q_u$。当水泥掺入比 $\lambda_w=10\% \sim 20\%$，水泥土的破坏应变 $\varepsilon_f=1\% \sim 3\%$，$\lambda_w$ 越高 ε_f 越小。

（5）渗透系数

水泥土的渗透系数 k 随龄期的增加和水泥掺入比的增加而减少，实际工程中，水泥土的渗透系数 k 一般为 10^{-7} cm/s～10^{-6} cm/s。

3. 被动区加固土层物理力学指标的确定[8]

在软土基坑中，被动区加固常用于重力式水泥土墙支护结构的工程实践中。用于加固被动区土体的方法有：坑内降水、水泥搅拌桩、高压旋喷、压密注浆、人工挖孔桩、化学加固法；其中较为常用的是水泥搅拌法，该方法较为经济且加固质量易于控制。必须一提的是尽管被动区局部加固法已在深基坑支护工程广泛采用，但对于加固土层物理力学指标的确定目前尚无成熟的设计计算方法，常用有限元法、复合参数法，以下主要介绍两种复合参数法供设计时参考。

（1）方法 1

假设坑内被动区土体经（局部）加固后，其被动破坏面与水平面的夹角为 $45^\circ-\varphi/2$。此时，围护结构被动土压力可按复合强度指标计算。

$$取\ \varphi_{sp} \approx \varphi_s \tag{6.2}$$

$$c_{sp}=(1-\alpha_s)\eta c_s+\xi c_p \tag{6.3}$$

式中 φ_{sp}、c_{sp}——土与加固体复合抗剪强度指标；

φ_s、c_s——土的抗剪强度指标；

c_p——加固体的抗剪强度指标（kPa）；

η——土的强度折减系数，一般取 η=0.3～0.6；

ξ——坑内被动区（局部）加固体置换率，按式（6.4）或式（6.5）计算。

1）情况一：加固深度等于围护结构插入深度时（图 6.9b）

$$\xi=\frac{F_p}{F_s}=\frac{ab}{Lh_p\tan\left(45°+\frac{\varphi_s}{2}\right)} \tag{6.4}$$

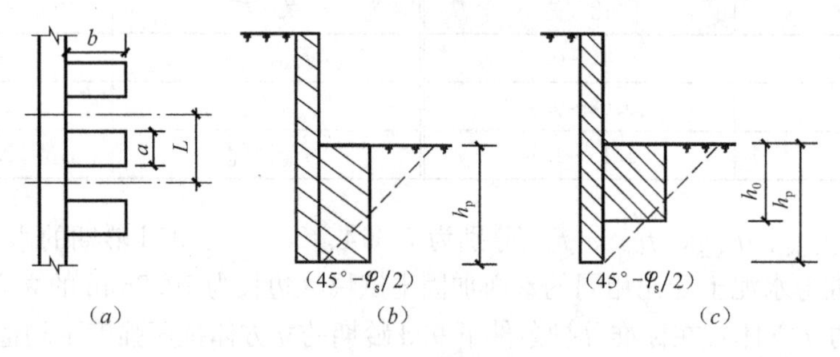

图 6.9 被动区加固

2）情况二：加固深度小于围护结构插入深度时（图 6.9c）

$$\xi=\frac{abh_0}{Lh_p^2\tan\left(45°+\frac{\varphi_s}{2}\right)} \tag{6.5}$$

式中 a——加固宽度；

b——加固范围；

h_0——加固深度；

L——相邻两加固块体的中心距；

h_p——支护桩插入深度；

φ_s——土的内摩擦角。

（2）方法 2

Hsish. H. S 认为可假定复合体的摩擦角与未加固土的摩擦角相同，而黏聚力为：

$$c=0.25q_uI_r+c'(1-I_r) \tag{6.6}$$

式中 q_u——加固体的无侧限抗压强度（kPa）；

I_r——加固比，I_r=加固面积/总面积；

c'——未加固土的黏聚力（kPa）。

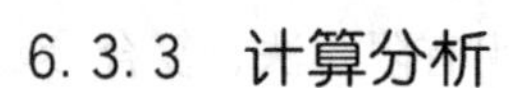

图 6.10 表明，I_r＞25%后，随 I_r 增大，最大位移值不再减小，即 I_r=25%为最优加固比。

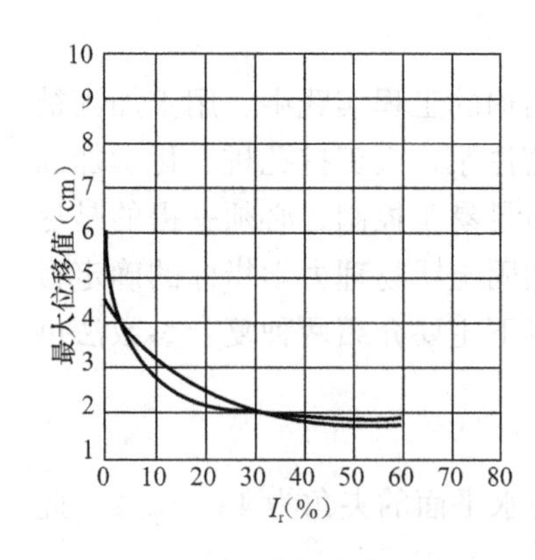

图 6.10 I_r 与最大位移值关系

6.3.3 计算分析

重力式水泥土墙支护结构设计过程中，需进行水泥土墙的嵌固深度、宽度计算，水泥土墙的稳定性验算，水泥土墙的内力分析与应力验算，水泥土墙支护结构的变形计算。

1. 重力式水泥土墙的嵌固深度

重力式水泥土墙支护结构的嵌固深度与基坑抗隆起稳定、整体稳定等有关，当作为帷幕时还与抗渗透（抗流土、抗管涌）稳定有关。基坑抗隆起稳定、整体稳定、抗流土、抗管涌等的稳定计算与分析可参考本指南第3章相关内容。因此，确定重力式水泥土墙的嵌固深度时应通过稳定性验算取最不利情况下所需的嵌固深度，同时引入地区性的安全系数和基坑安全等级进行修正后，即为嵌固深度的设计值，一般取计算值的（1.1～1.2）倍。工程实践中，一般可取嵌固深度$D=0.7H\sim1.5H$，且应满足各稳定计算要求；《建筑基坑支护技术规程》JGJ 120中规定，当计算值小于$0.4H$时，宜取$D=0.4H$。

需要注意的是：重力式水泥土墙的抗倾覆稳定性计算公式中分子和分母都是墙高H的三次函数，在插入深度范围内，其一阶导数常小于0（特别是软土中），即抗倾覆安全系数出现随插入深度增加而减小的现象，说明在软土中不能仅用抗倾覆计算来确定重力式水泥土墙的嵌固深度。

2. 重力式水泥土墙的宽度

重力式水泥土墙支护结构的嵌固深度确定后，墙宽对抗倾覆稳定、抗滑移稳定、墙底地基土应力、墙身应力等起控制作用；一般在所确定的嵌固深度条件下，当抗倾覆满足要求后，抗滑移亦可满足。因此重力式水泥土墙的最小结构宽度B_{min}可先由重力式水泥土墙支护结构的抗倾覆极限平衡条件来确定，之后再行验算其他稳定、墙身应力、墙体的变形等条件。

（1）宽度计算

工程实践中，重力式水泥土墙的墙体宽度先可按经验确定，一般墙体宽度B可取为开挖深度H的（0.6～1.0）倍，即$B=0.6H\sim1.0H$。有时，重力式水泥土墙的竖向布置会出现长、短结合的形式，此时可取其桩长的平均值进行各种稳定、强度及变形计算。

重力式水泥土墙验算绕墙趾O的抗倾覆安全系数：

抗倾覆力矩：

$$M_{Rk}=F_{pk}z_p+(G_{kmin}-G_{wmin})B_{min}/2 \tag{6.7}$$

倾覆力矩：

$$M_{Sk}=F_{ak}z_a+F_{wk}z_w \tag{6.8}$$

满足$M_{Rk}\geqslant M_{Sk}$，即有：

$$F_{pk}z_p+[\gamma_Q(H+D)-\gamma_w(H+2D-z_{aw}-z_{pw})]B_{min}^2/2\geqslant F_{ak}z_a+F_{wk}z_w \tag{6.9}$$

则：

$$B_{min}\geqslant\sqrt{2(F_{ak}z_a+F_{wk}z_w-F_{pk}z_p)/[\gamma_Q(H+D)-\gamma_w(H+2D-z_{aw}-z_{pw})]} \tag{6.10}$$

式中 M_{Rk}——抗倾覆力矩标准值；

M_{Sk}——倾覆力矩标准值；

G_{kmin}——计算最小墙体宽度时重力式水泥土墙的自重标准值，$G_{kmin}=B_{min}\gamma_Q(H+D)$；

G_{wmin}——计算最小墙体宽度时重力式水泥土墙所受的水浮力标准值：对于黏性土，$G_{wmin}=0$；对于砂性土、粉土等透水性良好的土层，$G_{wmin}=B_{min}\gamma_w(H+2D-z_{wa}-z_{wp})/2$，$z_{wa}$，$z_{wp}$分别为主动区、被动区的水位离地面和坑底的距离；

B，B_{min}——重力式水泥土墙的设计宽度、重力式水泥土墙最小宽度；

F_{pk}——墙前被动土压力标准值；

z_p——墙前被动土压力合力作用点距墙底的距离；

F_{ak}——墙后主动土压力标准值；

z_a——墙后主动土压力合力作用点距墙底的距离；

F_{wk}——作用在围护墙上的净水压力（坑内外水压力差）标准值；

z_w——净水压力作用点距墙底的距离；

z_{aw}，z_{pw}——主、被动区水压力作用点距墙底的距离。

（2）重力式水泥土墙的布置方式

重力式水泥土墙的宽度确定后，其平面布置可根据基坑总体平面形状、基坑各主要部位（区域）的变形特性、应力分布特点、周边环境的控制条件等综合确定。如上节所述，平面布置的选型有：满膛布置、格栅状布置、锯齿形布置等形式。实际工程中，常用的平面布置形式为格栅状布置。格栅状的平面布置，其水泥土的置换率 ξ（截面置换率为水泥土截面积与断面外包面积之比）一般可按表 6.4 中的经验值选用，格栅长宽比不宜大于 2。

不同土层置换率经验值　　表 6.4

土　层	淤　泥	淤泥质土	黏性土、砂土
置换率 ξ	0.80	0.70	0.60

重力式水泥土墙的截面形式（竖向布置）可根据第 6.2 节（分类、选型与使用范围）中的相关内容进行确定；实际工程中，常用的截面形式为等断面的矩形和台阶式的 L 形。

3. 重力式水泥土墙的稳定性验算

稳定性验算包括抗倾覆稳定性验算、抗滑移稳定性验算和地基土承载力验算。

（1）抗倾覆稳定性验算

重力式水泥土墙验算绕墙趾 O 的抗倾覆安全系数：

$$K_q = \frac{M_{Rk}}{M_{Sk}} = \frac{F_{pk}z_p + (G_k - G_w)B/2}{F_{ak}z_a + F_{wk}z_w} \tag{6.11}$$

（2）抗滑移稳定性验算

重力式水泥土墙验算沿墙底面抗滑移安全系数：

$$K_H = \frac{E_{Rk}}{E_{Sk}} = \frac{F_{pk} + (G_k - G_w)\tan\varphi_0 + c_0 B}{F_{ak} + F_{wk}} \tag{6.12}$$

抗滑移安全系数也可根据重力式水泥土墙底的摩擦系数进行计算：

$$K_H = \frac{E_{Rk}}{E_{Sk}} = \frac{F_{pk} + (G_k - G_w)\mu}{F_{ak} + F_{wk}} \tag{6.13}$$

式中：μ 为墙底与土的摩擦系数，当无试验资料时，可按表 6.5 取值。

墙底摩擦系数　　表 6.5

墙底土层	淤泥、淤泥质土	黏性土	砂　土
摩擦系数 μ	0.2～0.25	0.25～0.40	0.40～0.50

（3）地基土承载力验算

参考《建筑地基基础设计规范》GB 50007 中的相关内容，在软弱土层或存在软弱下卧层的地基中，重力式水泥土墙基底地基土承载力验算主要公式如下：

$$p_k = \gamma_Q(H + D) + q < f_a \tag{6.14}$$

$$p_{kmax} = \gamma_Q(H + D) + q + \frac{M}{W} \leqslant 1.2f_a \tag{6.15}$$

$$p_{kmin} = \gamma_Q(H + D) + q - \frac{M}{W} \tag{6.16}$$

当偏心距 $e=\frac{M}{\gamma_Q(H+D)+q}>B/6$ 时：

$$p_{kmax}=\frac{2[\gamma_Q(H+D)+q]}{3(B/2-e)}\leqslant 1.2f_a \tag{6.17}$$

（4）稳定计算公式中的主要符号

G_k 为重力式水泥土墙的自重标准值；G_w 为重力式水泥土墙所受的水浮力标准值；E_{Rk} 为抗滑移力标准值；E_{Sk} 为滑移力标准值；c_0、φ_0 分别为墙底土层的黏聚力（kPa）、内摩擦角（°）；K_q、K_H 分别为抗倾覆安全系数、抗滑移安全系数，分别不小于 $\gamma_0\gamma_{RQ}$ 和 $\gamma_0\gamma_{RH}$；f_a 为修正后的地基承载力特征值；p_k 为基底平均压力值；p_{kmax}、p_{kmin} 为基底最大与最小压力值；M 为倾覆力矩与被动土压力抵抗力矩的差值（kN·m/m），$M=M_{Sk}-z_pF_{pk}$；q 为水泥土墙顶附加荷载标准值；W 为水泥土墙基底抗弯截面模量。

4. 重力式水泥土墙的内力分析与应力验算

重力式水泥土墙墙身应力验算，包括正应力和剪应力两方面。在验算截面的选择上，根据工程实践，一般选择受力条件简单、明了的坑底截面、突变截面等位置。

（1）截面正（压、拉）应力验算

$$\sigma_{max}=\gamma_Q z+q+\frac{M}{W}\leqslant q_{uk} \tag{6.18}$$

$$\sigma_{min}=\gamma_Q z-\frac{M}{W}\leqslant \sigma_t \tag{6.19}$$

当截面正应力验算未能满足要求时，应加大重力式水泥土墙的宽度 B 或采用加筋（劲）水泥土墙。

（2）截面剪应力验算

$$\tau=\frac{Q}{\xi B}\leqslant \tau_f \tag{6.20}$$

一般选择受力条件简单、明了的坑底截面、突变截面和土压力零点等位置。当截面剪应力验算未能满足要求时，应加大重力式水泥土墙的宽度 B。

（3）格仓应力验算

当水泥土墙采用格栅平面布置时，每个格子的土体面积 A 满足下式要求时，可忽略格仓应力的作用：

$$A\leqslant \frac{c_{0k}u}{\gamma_0 K_f} \tag{6.21}$$

式中 K_f 为分项系数，对黏土取2.0，砂土或砂质粉土取1.0。

（4）墙身应力验算计算公式中的主要符号

σ_{max}、σ_{min} 为计算截面上的最大及最小应力；z 为计算截面以上水泥土墙的高度；M 为计算截面处的弯矩；W 为计算截面的抗弯截面模量；τ 为计算截面上的平均剪应力；Q 为计算截面处的剪力；ξ 为计算截面处水泥土墙的置换率；γ_0 为格子内土的重度加权平均值；A 为格子的土体面积；u 为格子的周长，按图6.11规定的边框线计算；c_{0k}、φ_{0k} 为格子内土的黏聚力与内摩擦角的加权平均值。

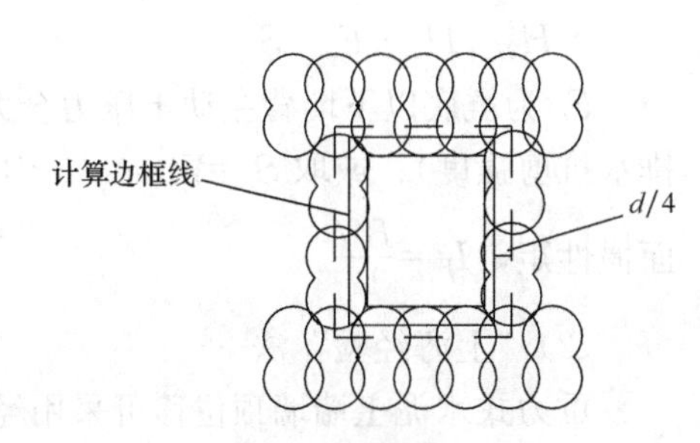

图6.11 格仓压力计算

5. 重力式水泥土墙支护结构的变形计算

工程实践中，工程师们首先关心的是其稳定和强度问题，但在越来越密集的城区进行地下室基坑开挖，支护结构的变形已成为控制支护结构及周围环境安全的重要因素，设计往往由传统的强度控制变为变形控制。重力式水泥土墙支护结构的变形计算分析可以采用弹性地基“m”法、经验公式和非线性有限元法进行计算。

（1）弹性地基“m”法

将坑底以上的墙背土压力简化到挡墙坑底截面处，坑底以下墙体视为桩头有水平力 H_0 和力矩 M_0 共同作用的完全埋置桩，坑底处挡墙的水平位移 Y_0 和转角 θ_0 可参考《建筑桩基技术规范》JGJ 94 中附录 C“考虑承台、基桩协同工作和土的弹性抗力作用计算受水平荷载的桩基”中相关内容计算确定，坑底以上部分的墙体变形可视为简单的结构弹性变形问题进行求解。

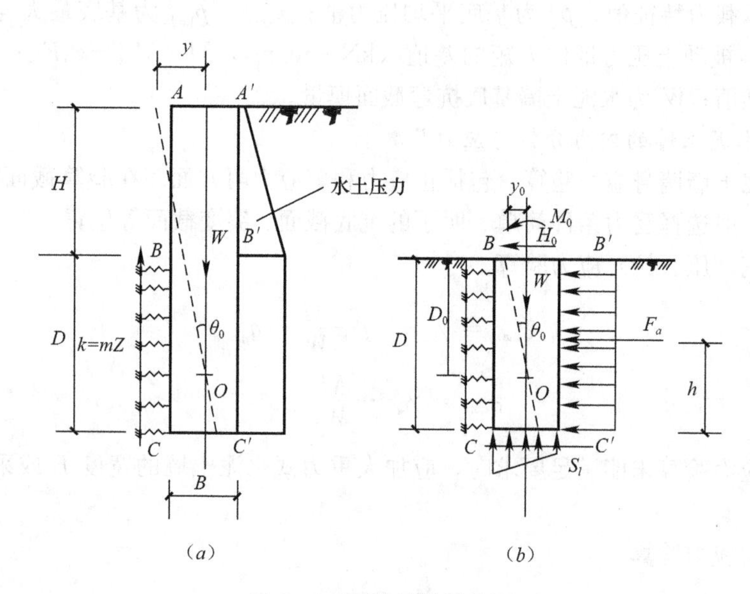

图 6.12 “m”法计算简图

当假设重力式水泥土墙刚度为无限大时，在墙背主动区外力及墙前被动区土弹簧的作用下，墙体以某点 O 为中心作刚体转动，转角为 θ_0，墙顶的水平位移可按以下“刚性”法进行。

即有：

$$Y_a = Y_0 + \theta_0 H \tag{6.22}$$

$$Y_0 = \frac{24M'_0 - 8H'_0 D}{mD^3 + 36mI_B} + \frac{2H'_0}{mD^2} \tag{6.23}$$

$$\theta_0 = \frac{36M'_0 - 12H'_0 D}{mD^4 + 36mI_B} \tag{6.24}$$

式中：$M'_0 = M_0 + H_0 D + F_a h - W \cdot B/2$

$H'_0 = H_0 + F_a - S_l$

F_a 为坑底以下墙背主动土压力合力；S_l 为墙底面摩擦力，取 $S_l = c_u B$（c_u 为墙底土的不排水抗剪强度）；或取 $S_l = W\tan\varphi + cB$（c、φ 为墙底土的固结快剪强度指标）；I_B 为墙底截面惯性矩，$I_B = \frac{B^3 l}{12}$。

（2）“上海经验”法[9]

重力式水泥土墙墙顶位移可采用经验公式进行计算，当插入深度 $D=(0.8\sim1.4)H$（H 为基坑开挖深度），墙宽 $B=(0.7\sim1.0)H$ 时，可采用下列经验公式进行估算：

$$Y_a = \frac{0.18\zeta K_a H^2 L}{DB} \tag{6.25}$$

式中 Y_a——墙顶计算水平位移（cm）；

L——基坑最大边长（m）；

B——搅拌桩墙体墙宽（m）；

ζ——施工质量系数，取0.8～1.5；

H——基坑开挖深度（m）；

D——墙体插入坑底以下的深度（m）。

6.4 构造

6.4.1 提高支护结构性能的若干措施

由于水泥土墙的墙体结构、材料特性、施工工艺特点等因素，重力式水泥土墙的刚度和完整性不但与构成墙体的主要材料水泥土的物理力学性质息息相关，有时相应的构造措施效果十分显著。重力式水泥土墙支护结构的变形与基坑开挖深度、场地土层分布及性质、坑底状况（有无桩基、桩基类型、被动区加固等）、坑边堆载、基坑边长及形状等众多因素有关；实际工程中，水泥土墙的水平变形一般较大。在设计中，根据工程特点，采取一定的措施，提高重力式水泥土墙支护结构的刚度及安全度、减小挡墙变形是必要的。

1. 加设压顶钢筋混凝土板

重力式水泥土墙结构顶部宜设置0.15m～0.2m厚的钢筋混凝土压顶板。压顶板与水泥土用插筋连接，插筋长度不宜小于1.0m，采用钢筋时直径不宜小于$\phi12$，采用竹筋时断面不小于当量直径$\phi16$，每桩至少1根，如图6.13（a）所示。

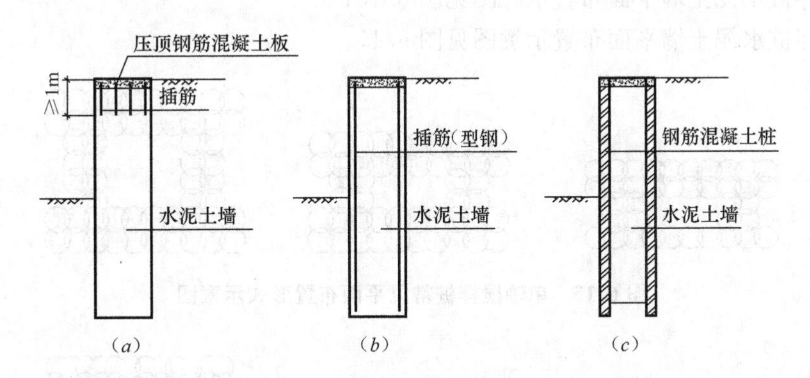

图6.13 墙身加筋（劲）示意图

2. 在墙体截面的拉区和压区设置加劲（筋）材料

为改变重力式结构的性状，缩小水泥土墙的宽度，可在重力式水泥土墙结构的两侧采用间隔插入型钢、钢筋、毛竹的办法提高抗弯能力，也可采用两侧间隔设置钢筋混凝土桩的方法，如图6.13（b），（c）所示。

3. 被动区加固

为了增加重力式水泥土墙结构的抗倾覆能力，可通过加固支护结构前的被动土区来提高重力式水泥土墙结构的安全度、减少变形，被动区的加固可采用连续的，也可采用局部加固。

4. 墙体加墩或墙体起拱

当基坑边长较长时，可采用局部加墩的形式，对于提高重力式水泥土墙稳定性，减小墙体变形有一定的作用。局部加墩的布置形式可根据施工现场条件和水泥土墙的长度分别采用间隔布置或集中布置，如图6.14所示。

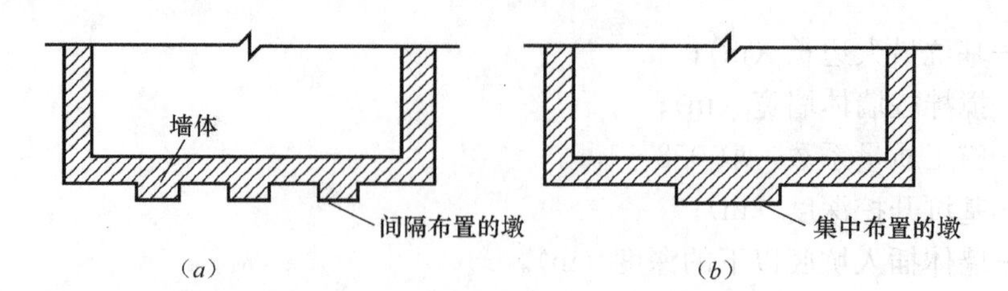

图 6.14　墙体加墩平面示意图

(a) 间隔布置；(b) 集中布置

间隔布置，可每隔 (2～4)B 设置一个长度为 $2B$、宽度为 (0.5～1)B 的加强墩。集中布置，就是在基坑某边的中央集中设置一个加强墩，一般长度为 (1/4～1/3)B 基坑边长、宽度为 $1B$。

为了提高重力式水泥土墙结构抗倾覆力矩，充分发挥结构自重的优势，加大结构自重的倾覆力臂，可采用变截面的结构形式。

6.4.2　平面布置及置换率

如 6.2 节所述，重力式水泥土墙的平面布置有壁状布置、格栅状布置、锯齿形布置等形式。工程实践中，为了节省工程量，又以格栅状的平面布置较为常用；同时水泥土桩的施工设备目前主要有单轴搅拌桩机或高压旋喷桩机、双轴搅拌桩机、三轴搅拌桩机，由其成桩的重力式水泥土墙格栅状平面布置形状如下。

单轴搅拌桩或高压旋喷桩水泥土墙平面布置示意图见图 6.15；

双轴搅拌桩水泥土墙平面布置示意图见图 6.16；

三轴搅拌桩水泥土墙平面布置示意图见图 6.17。

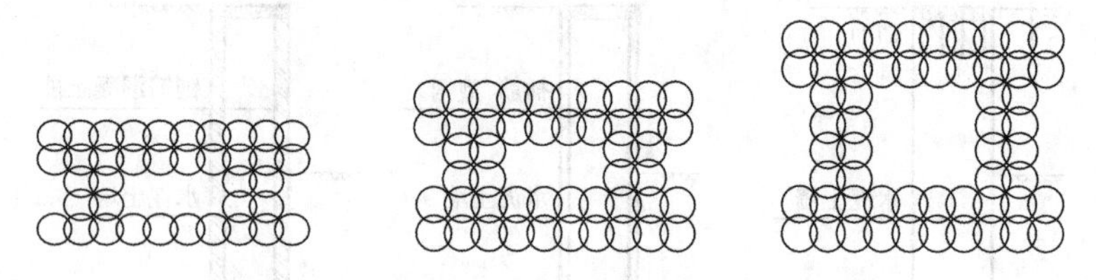

图 6.15　单轴搅拌桩常见平面布置形式示意图

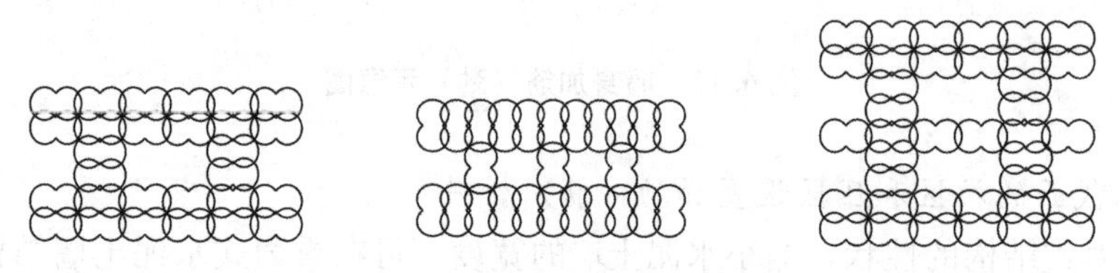

图 6.16　双轴搅拌桩常见平面布置形式示意图

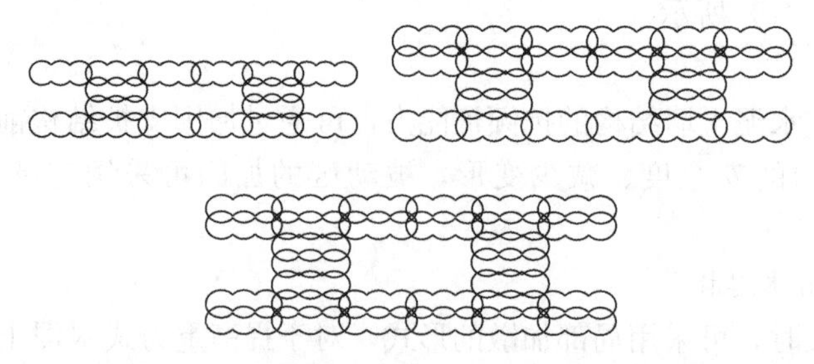

图 6.17　三轴搅拌桩常见平面布置形式示意图

实际工程中，由于空间效应原因，重力式水泥土墙在平面转角及两侧处变形较小但剪力及墙身应力均较大，平面布置中宜采用满堂布置、加宽或加深墙体等措施进行加强。

6.4.3 水泥土墙体技术要求

在水泥掺合量、强度、搭接、嵌固等方面，应满足以下技术要求。

（1）水泥土水泥掺合量以每立方水泥土加固体所掺合的水泥重量计，实际工程中水泥掺合量应根据水泥土设计强度指标取现场不利土层经室内配合比后确定，常用掺合量：单（双）轴水泥土搅拌桩为12%～18%，三轴水泥土搅拌桩为18%～22%，高压旋喷水泥土桩为不少于25%。

（2）水泥土的强度以28d龄期的无侧限抗压强度q_{u28}为标准，q_{u28}应不低于1.0MPa。

（3）水泥土墙兼作隔水帷幕时，一般要求其渗透系数不大于10^{-7}cm/s。

（4）构成重力式挡墙的水泥土桩的搭接长度指水泥土桩直径与相邻桩中心距的差值，一般要求应不小于100mm，当水泥土墙兼作隔水帷幕时搭接长度应不小于150mm，旋喷桩的搭接长度不宜小于200mm，在墙体圆弧段及折角角处宜适当加大搭接长度。

（5）为满足基底承载力要求，并考虑到重力式水泥土墙支护结构的受力特点，一般最小嵌固深度不小于0.4倍的开挖深度，即$D_{min} \geqslant 0.4H$。

6.5 施工要点与检测

6.5.1 主要施工设备

重力式水泥土墙的施工机械一般有搅拌桩机、旋喷桩机。搅拌桩机有喷浆型和喷粉型，搅拌轴主要有单轴、双轴、三轴三类；旋喷桩机根据喷射方法的不同，可分为单管高压旋喷桩机、双重管高压旋喷桩机、三重管高压旋喷桩机。

6.5.2 主要施工工艺及参数

搅拌桩和旋喷桩的施工工艺分别如图6.18和6.19所示。

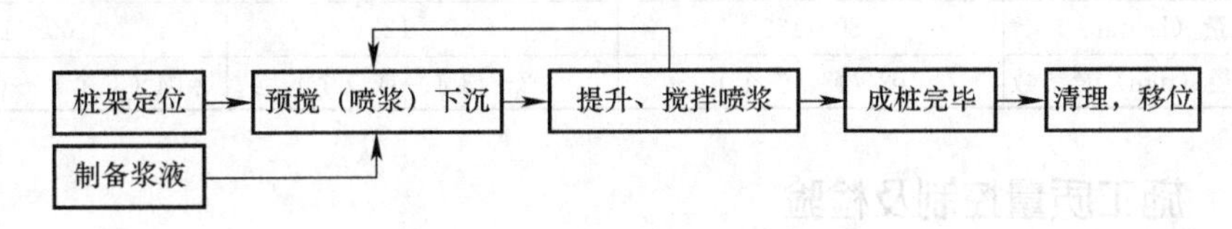

图6.18 搅拌桩的施工工艺图

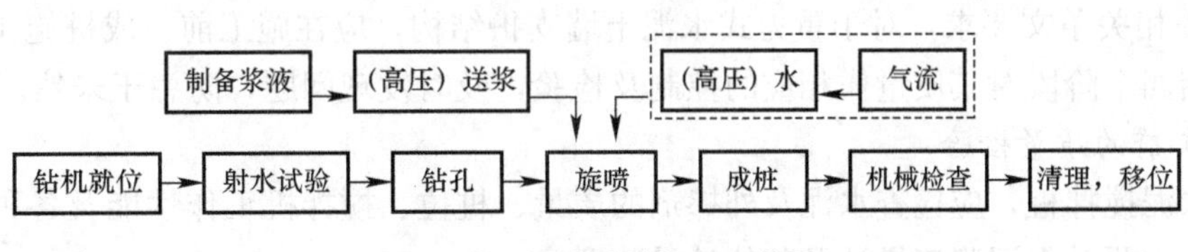

图6.19 旋喷桩的施工工艺图

施工参数与各搅拌机械或旋喷机械的设备紧紧相关，详细内容可参考《建筑基坑支护技术规程》JGJ 120[1]及设备手册等相关资料。施工参数可参考表6.6和6.7。

搅拌桩主要施工参数表 表6.6

施工参数	单轴搅拌桩	双轴搅拌桩	三轴搅拌桩
成桩桩径（mm）	500～700	500～800	650～1000
成桩间距（mm）	可调	固定（514）	固定（450～750）

续表

施工参数	单轴搅拌桩	双轴搅拌桩	三轴搅拌桩
最大钻进深度（m）	～20	～20	～30
水泥掺量（%）	12%～20%	12%～20%	20%～22%
搅拌轴转速（r/min）	60	46、60	16～35
水灰比	0.5～0.6：1	0.5～0.6：1	1.5～2.0：1
提升速度（m/min）	0.5～1.0	0.2～1.0	0.5～2.0
注浆压力（MPa）	常压	常压	～0.8
喷浆方式	叶片	中心管	中心管
送浆量（L/min）	50～60	50	～300
外加剂	早强剂	早强剂	增黏剂、缓凝剂、早强剂、分散剂

旋喷桩主要施工参数表　　表 6.7

施工参数		单重管高压旋喷桩	双重管高压旋喷桩	三重管高压旋喷桩
适用土层		砂类土、黏性土、黄土、杂填土、小粒径砂砾		
浆液材料及外加剂		以水泥为主要材料，加入不同外加剂后可具有速凝、早强、抗蚀、防冻等性能		
成桩桩径（mm）		400～600	700～1000	800～1200
水泥用量（kg/m）		～200	300～400	350～450
注浆管外径（mm）		ϕ42 或 ϕ45	ϕ42、ϕ50、ϕ75	ϕ75、ϕ90
提升速度（cm/min）		20～25	～10	～10
搅拌轴转速（r/min）		～20	～10	～10
水灰比		1：1	1：1	1：1
水	压力（MPa）			20
	流量（L/min）			80～123
	喷嘴孔径（mm）及个数			ϕ2～ϕ3（一或二个）
空气	压力（MPa）		0.7	0.7～1.0
	流量（L/min）		1～2	1～2
	喷嘴间隙（mm）及个数		1～2（一或二个）	1～2（一或二个）
浆液	压力（MPa）	20	20	1～3
	流量（L/min）	80～120	80～120	100～150
	喷嘴孔径（mm）及个数	ϕ2～ϕ3（二个）	ϕ2～ϕ3（一或二个）	ϕ10（二个）～ϕ14（一个）

6.5.3 施工质量控制及检验

根据《建筑基坑支护技术规程》JGJ 120[1]和《建筑地基基础工程施工质量验收规范》GB 50202[3]相关条文要求，对于重力式水泥土墙支护结构，应在施工前、成桩施工期、开挖前、开挖期四个阶段对其质量作相应的控制及检验，及时发现问题，防患于未然。

1. 施工前的质量检验

对于水泥搅拌桩，应检查水泥及外掺剂的质量、桩位、搅拌机工作性能及各种计量设备完好程度（主要是水泥浆流量计及其他计量装置）。

对于高压旋喷桩，应检查水泥、外掺剂等的质量，桩位、压力表、流量表的精度和灵敏度，高压喷射设备的性能等。

2. 成桩施工期的质量检验

成桩施工期的质量检验项目包括（表 6.8 和表 6.9）：

（1）逐根检查桩位、桩长、桩顶标高、桩身垂直度、水泥用量、钻进提升速度、水灰比、外加剂掺量、灰浆泵压力档次、搅拌次数、搭接桩施工间歇时间等。对于高压旋喷桩，应着重检查施工参数（压力、水泥浆量、提升速度、旋转速度等）及施工程序。

（2）施工一定量后（施工一周后），可抽样进行开挖检验或采用取样（钻孔取芯）等手段检查成桩质量，发现问题及时补救并纠正，若不符合设计要求应及时调整施工工艺。

水泥土搅拌桩质量检验标准　　表6.8

项	序	检查项目	允许偏差或允许值		检查方法
			单位	数值	
主控项目	1	水泥及外渗剂质量	设计要求		查产品合格证书或抽样送检
	2	水泥用量	参数指标		查看流量计
	3	桩体强度	设计要求		按规定办法
一般项目	1	机头提升速度	m/min	≤0.5	量机头上升距离及时间
	2	桩底标高	mm	±200	测机头深度
	3	桩顶标高	mm	+200 −50	水准仪（最上部500mm不计入）
	4	桩位偏差	mm	<50	用钢尺量
	5	桩径		<0.04D	用钢尺量，D为桩径
	6	垂直度	%	≤1.5	经纬仪
	7	搭接	mm	>200	用钢尺量

高压旋喷桩质量检验标准　　表6.9

项	序	检查项目	允许偏差或允许值		检查方法
			单位	数值	
主控项目	1	水泥及外掺剂质量	符合出厂要求		查产品合格证书或抽样送检
	2	水泥用量	设计要求		查看流量表及水泥浆水灰比
	3	桩体强度或完整性检验	设计要求		按规定方法
一般项目	1	钻孔位置	mm	≤50	用钢尺量
	2	钻孔垂直度	%	≤1.5	经纬仪测钻杆或实测
	3	孔深	mm	±200	用钢尺量
	4	注浆压力	按设定参数指标		查看压力表
	5	桩体搭接	mm	>200	用钢尺量
	6	桩体直径	mm	≤50	开挖后用钢尺量
	7	桩身中心允许偏差		≤0.2D	开挖后桩顶下500mm处用钢尺量，D为桩径

开挖检验：根据工程要求，选取一定数量的桩体进行开挖，检查桩身的外观质量、搭接质量、整体性等。

取样（钻孔取芯）检验：从开挖外露桩体中凿取试块或采用岩芯钻孔取样制成试块，检查桩身的均匀性，并与室内制作的试块进行强度比较。

3. 基坑开挖前的质量检测

开挖前的质量检测的主要内容为：

（1）复核桩身中心位置、桩数、平均直径等。

（2）采用钻孔取芯检验桩长和桩身强度。应选取28d后的试件，钻孔取芯宜采用ϕ110钻头，连续钻取全桩长范围内的桩芯。桩芯应呈坚硬状态并无明显的夹泥、夹砂断层，有效桩长范围内的桩身强度应满足开挖设计要求。

4. 基坑开挖期的质量检测

开挖期质量检测的主要内容为：

（1）直观检验：对开挖面桩体的质量以及墙体和坑底渗水情况进行检查，如不能满足设计要求应立即采取必要的补救措施。如注浆、高压旋喷补强，或改变土方开挖方案。

（2）位移监测：对支挡结构及周围建筑物和周围设施进行位移监测，指导开挖施工。

6.6 常见工程问题与对策

6.6.1 施工缝的处理

施工过程中，往往难以避免施工缝的出现，其形成原因及对策可归纳为：

1. 出现问题原因

施工过程中，同一台施工机械由于设备维修、维护或停电等原因，造成其施工的不连续，前后施工的水泥土墙无法有效搭接，应预留施工缝。不同台施工机械在其平面交界处，施工的水泥土墙亦无法搭接，应预留施工缝。

2. 对策

施工缝宜采用高压旋喷桩进行有效的搭接，预留施工缝的大小应根据拟选用高压旋喷桩的类型及其在该场地土层中的有效成桩直径确定，一般比有效成桩直径小 300～400mm，当水泥土墙兼作止水帷幕时，应保证高压旋喷与水泥土墙有足够的搭接，搭接长度不小于200mm，高压旋喷桩的桩长同水泥土墙。常用的施工缝搭接平面示意图如图 6.20 所示。

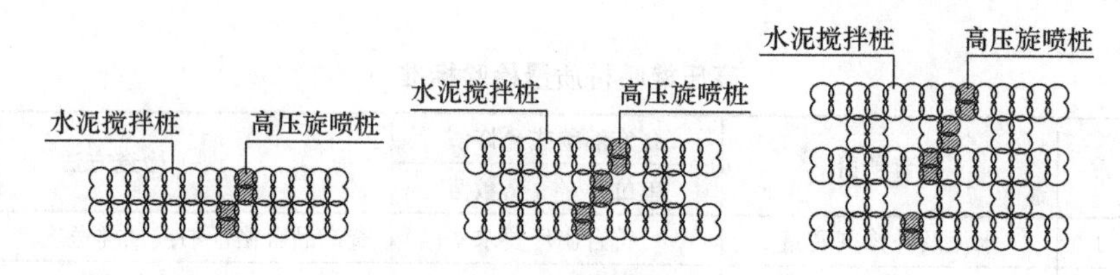

图 6.20 施工缝搭接平面示意图

6.6.2 施工中遇地下障碍物而出现短桩的处理

重力式水泥土墙施工前，一般均要求对水泥土墙平面位置进行尽可能深的地下障碍物清除工作，但是实际施工中遇地下障碍物出现短桩的问题时有发生。

1. 出现问题原因

由于工程地质勘探的特点，勘探点间距一般均在 20m 或更大，同时地下情况千变万化，难以对场地的地下障碍物完全了解清楚；另外场地亦可能存在局部少量埋深较大的无法清除的障碍物。因此在水泥土墙的施工中将遇地下障碍物，使墙体（桩体）无法施工到设计桩长，出现短桩现象。

2. 对策

个别的短桩可能影响水泥土墙的墙体抗渗性能及其整体性；成片出现短桩时（特别是地下障碍物较厚时）将严重影响水泥土墙的整体性及稳定性，应采取必要的措施。

（1）一般需用具有同样成桩直径（或更大）的高压旋喷桩机进行接桩处理，桩的平面位置同原设计水泥土墙，桩顶与水泥土墙的搭接高度不小于 1000mm，桩底标高同原设计水泥土墙，搭接处一般可放置一根 $\phi48$（长 2～3m）的钢管保证其上下的连续性及传力的可靠性（图 6.21）。

（2）当出现成片的连续的短桩现象，同时地下障碍物较厚时，除了以上的高压旋喷接桩外，还应在墙面（地下障碍物范围内）外挂钢筋混凝土护面，必要时可设置（短）锚杆，以保证水泥土墙的整体性及稳定性（图 6.22）。

6.6.3 施工对环境的影响

水泥土墙施工对环境的影响及对策可归纳为：

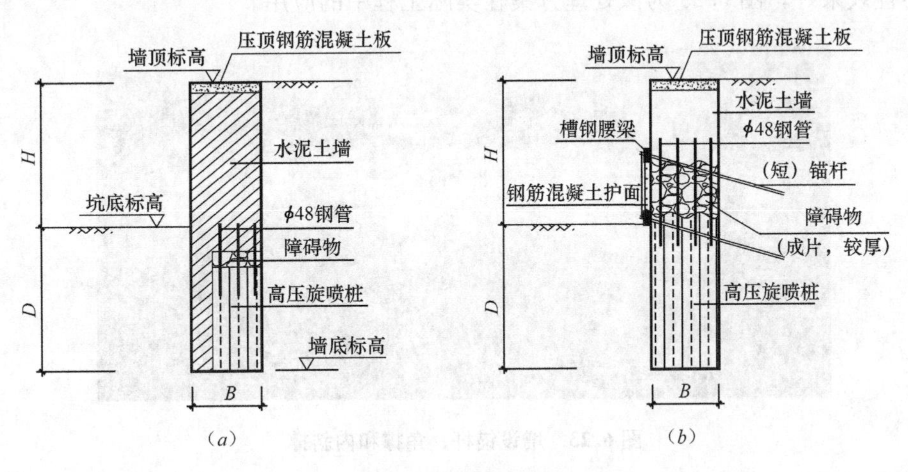

图 6.21　接桩大样图

图 6.22　接桩后实际工程图片

1. 出现问题原因

重力式水泥土墙的施工设备一般采用水泥搅拌桩机或高压旋喷桩机，由于在施工中对原状地基土注入了大量的水泥浆，该水泥浆大部分与地基土拌和并渗入土的孔隙中，但也会产生一定的返浆量，砂层中返浆量较少，黏性土层中返浆量较大；同时较大的注浆压力亦会引起周边土体的上拱，造成周边地基的变形。

2. 对策

为了减少返浆量造成土体的上拱，可在墙位处结合清障先行开挖土槽，在施工中及时清走返浆体；对周边建构筑物距离较近时可设置隔离槽等。

6.6.4　开挖前经取芯检测（局部）水泥土强度达不到设计要求的处理

根据相关规范要求，在基坑土方开挖前，应对重力式水泥土墙的桩身强度进行钻孔取芯检测。水泥土强度达不到设计要求的原因及对策可归纳为：

1. 出现问题原因

由于水泥材料、土层原因，或者由于施工管理原因，实际工程中曾出现取芯试样的室内抗压强度达不到设计要求。

2. 对策

此阶段，一般支护结构的施工设备已退场，且临近土方开挖，后面的其他工序已安排就位。水泥土墙的强度主要涉及墙体的刚度及截面承载能力，为了提高墙体的抗变形及截面承载能力，可随着土方的开挖，在墙面增设锚杆（索）、增设型钢角撑或内斜撑，该方法对工期影响小且效果好，图 6.23 为该处理方案在实际工程中的应用。

图 6.23　增设锚杆、角撑和内斜撑

6.6.5　基坑开挖高度大于原设计挖深

基坑开挖高度大于原设计挖深的原因及对策可归纳为：

1. 出现问题原因

由于工程建设的工期短，有时在地下建筑层高及方案尚未完全确定的情况下，要求基坑支护结构及桩基先行施工。土方开挖过程中，由于建筑设计方案（有时仅为局部）的变更，使基坑开挖高度（有时仅为局部电梯井、厚承台位置）大于原设计挖深。

2. 对策

这种情况下，原支护结构的稳定性、刚度、强度等均不能满足设计要求，而且土方已经开挖有时甚至开挖过半，能采取的措施较为有限，主要有以下措施：

（1）在墙背进行挖方卸载处理。

（2）增设一道或多道锚杆（索），使得原传统的重力式水泥土墙变为其与锚杆（索）组成的组合支护结构，来满足基坑的稳定要求和水泥土墙的强度要求，同时组合支护结构的刚度亦优于原重力式水泥土墙并使其墙身变形满足要求，如图 6.24 所示。

图 6.24　超挖的处理措施（增设锚杆）

6.6.6　墙背水位升高，水压力突然增大

施工过程中墙背水位升高，水压力突然增大的原因及对策可归纳为：

1. 出现问题原因

基坑支护结构的施工、土方开挖、及地下结构的施工，其总工期少则 3 个月，多则半年甚至 1 年以上，其间难免会遇到常年雨季或不可预期的暴雨的影响，这必然导致坑外水位的升高（高于原设计水位），使得坑外水压力突然增大。

2. 对策

坑外水位的升高、水压力增大，对原重力式水泥土墙的稳定性等有较大影响，同时往往墙体变形增大，在墙后与土体交接处出现水平裂缝，裂缝的出现更进一步加剧水压力的不利影响。为了减缓不利影响，可采取以下措施：

(1) 在墙背进行挖方卸载处理。

(2) 墙身增设泄水孔，一般要求在原设计坑外水位标高附近上下各设一道，孔径不少于100mm，孔的间距可根据墙后土层的渗透性确定，一般为1～2m。

(3) 墙背处设置临时降水井、集水井（坑），进行集中降、排水，以降低坑外水头标高。

参考文献

[1] JGJ 120—99 建筑基坑支护技术规程 [S]. 北京：中国建筑工业出版社，1999.

[2] YB 9258—97 建筑基坑工程技术规程 [S]. 北京：冶金工业出版社，1997.

[3] GB 50202—2002 建筑地基基础工程施工质量验收规范 [S]. 北京：中国计划出版社，2002.

[4] DBJ 08-61—2010 基坑工程技术规范 [S]. 上海，2010.

[5] DBJ 13-07—2006 建筑地基基础技术规范 [S]. 北京：中国建筑工业出版社，2006.

[6] DBJ 08-61-97 基坑工程设计规程 [S]. 上海，1997.

[7] SJG 05-96 深圳地区建筑深基坑支护技术规范 [S]. 深圳：深圳市勘察测绘院，1996.

[8] 龚晓南. 深基坑工程设计施工手册 [M]. 北京：中国建筑工业出版社，1998.

[9] 刘国彬，王卫东. 基坑工程手册（第二版）[M]. 北京：中国建筑工业出版社，2009.

[10] 高大钊. 深基坑工程 [M]. 北京：机械工业出版社，2002.

[11] 福建省建筑科学研究院. 水泥搅拌桩在深基坑支护结构中的应用研究 [R]. 福州：福建省建筑科学研究院，1994.

CHAPTER 7

第7章 型钢水泥土搅拌墙

7.1　概述

型钢水泥土墙是在连续套接形成的水泥土墙体内插入型钢形成的复合挡土、截水结构[1]。型钢水泥土墙按施工方式可以分为如图 7.1 所示几类。目前关于型钢水泥土墙已有国家行业标准《型钢水泥土墙技术规程》JGJ/T 199、上海市工程建设规范《型钢水泥土墙技术规程（试行）》DGJ 08-116 和浙江省工程建设标准《型钢水泥土墙技术规程》DB33/T1082 等行业和地方规范。国内也有在水泥土中植入预制钢筋混凝土 T（工）形桩，代替内插型钢的技术。

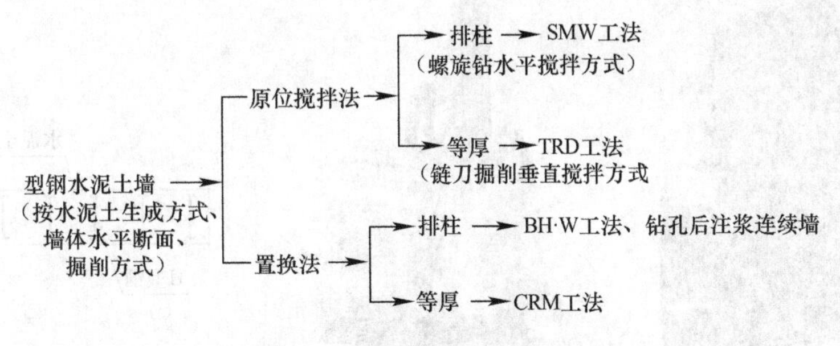

图 7.1　型钢水泥土墙分类

SMW 工法和 TRD 工法形成的水泥土墙均采用在地层中原位搅拌的形式。CRM 工法、BH・W 工法和钻孔后注浆连续墙等工法，则采用预先成孔或成墙，然后注入在坑外搅拌好的水泥土浆液，因此水泥土墙不受土层参数影响，质量相对可靠，但施工过程相对复杂，目前在日本应用较多，国内武汉等地区也开始应用。鉴于此，本章内容主要针对目前在国内应用较多、技术相对成熟的 SMW 工法和 TRD 工法。

SMW 工法是目前国内应用最多的型钢水泥土墙，如图 7.2 所示。它利用三轴型长螺旋钻孔机钻孔掘削土体，边钻进边从钻头端部注入水泥浆液，达到预定深度后，边提钻边从钻头端部再次注入水泥浆液，与土体原位搅拌，形成一幅水泥土墙；然后再依次套接施工其余墙段；其间根据需要插入 H 型钢，形成具有一定强度和刚度、连续完整的地下墙体。

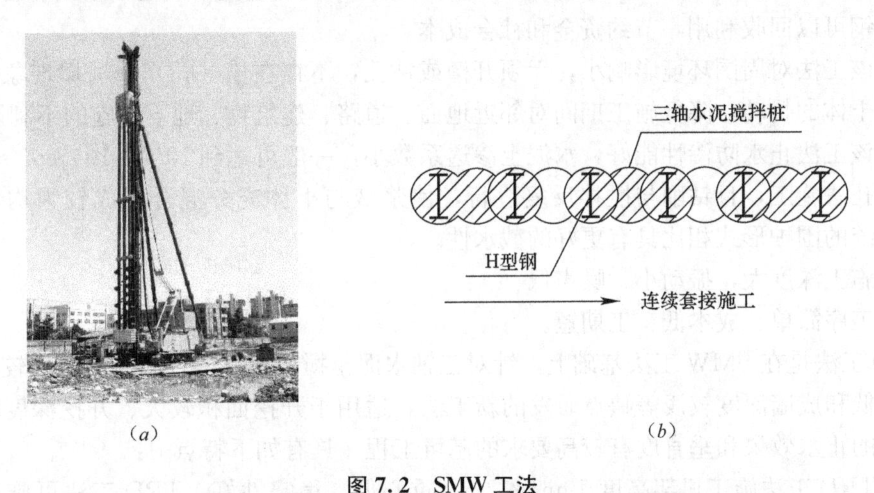

图 7.2　SMW 工法

(a) 三轴搅拌桩桩架；(b) 型钢水泥土墙剖面（三轴水泥土搅拌桩）

SMW 工法自 1976 年由竹中土木株式会社与成幸工业株式会社开发并用于工程以来，成桩设备、工艺得到了不断完善和提高。目前该工法正广泛应用于地下坝、地下处理场、基坑围护、环境保护工程等，使用国家遍及日、英、美、法、新加坡、泰国以及我国香港、台湾地区等。型钢水泥土墙技术 1994 年首次应用于上海静安寺环球商场基坑工程，之后开始大量应用于基坑工程。经过多年的消化吸收和推广应用，目前型钢水泥土墙在我国上海、江苏、浙江、天津等沿海软土地区应用比较普遍，并已经逐步推广到了福建、安徽、湖北等地区。

近几年国内又从日本引进了 TRD 工法，如图 7.3 所示。与 SMW 工法水平向切削的搅拌施工方式不同，TRD 工法首先通过箱式刀具（由刀具立柱和链式刀具组成）自行切削，插入地基至墙体设计深度，然后注入固化剂，通过刀具立柱的横向移动和链式刀具的竖向切削，对土体同时进行水平向切削和垂直向混合搅拌，并持续施工而构筑成地下连续水泥土墙。目前 TRD 工法已应用于上海、天津、浙江等地一些工程中，取得了较好的经济效益和社会效益。

图 7.3 TRD 工法

(a) TRD 主机；(b) 带随动轮的箱式刀具节；(c) 型钢水泥土墙剖面

SMW 工法具有如下特点[1]：

(1) 适用土层范围广。在淤泥质土、黏性土、粉性和砂性土中均可施工，如果采用预成孔施工工艺，适用土质更为广泛。

(2) 型钢水泥土墙所需施工空间仅为三轴水泥土搅拌桩的厚度和施工机械必要的操作空间，与其他围护形式相比具有空间优势。

(3) 内插 H 型钢在地下室施工完成后可以拔除，不仅可避免形成地下永久障碍物，而且拔除的型钢可以回收利用，节约资金和社会成本。

(4) 该工法对周围环境影响小，无须开槽或钻孔，不存在槽（孔）壁坍塌现象，可以减少对邻近土体的扰动，降低施工期间对邻近地面、道路、建筑物、地下设施的不利影响。

(5) 该工法止水防渗性能好，水泥土渗透系数小，一般可达到 10^{-8}～10^{-7}cm/s。由于采用套接一孔法施工，且钻削与搅拌反复进行，使浆液与土体充分混合形成较为均匀的水泥土，与传统的围护形式相比具有更好的截水性。

(6) 施工深度大，振动小、噪声低。

(7) 工序简单、成本低、工期短。

TRD 工法是在 SMW 工法基础上，针对三轴水泥土搅拌桩桩架过高、稳定性较差、成墙垂直度偏低和成墙深度较浅等缺点研发的新工法，适用于开挖面积较大、开挖深度较深、对止水帷幕的止水效果和垂直度有较高要求的基坑工程。具有如下特点[2]：

(1) TRD 工法施工机架高度 10m～12m，重心低、稳定性好。TRD 工法可施工墙体厚度为 450mm～850mm，深度最大可达 60m。

(2) 施工垂直度高，墙面平整度好。通过刀具立柱内安装的多段倾斜计，对施工墙体平面内和平面外实时监测以控制垂直度，实现高精度施工。

(3) 墙体连续等厚度，横向连续，截水性能好。水泥土的渗透系数在砂质土中可达 10^{-8}～10^{-7}cm/s，在砂质黏土中达到 10^{-9}cm/s。成墙作业连续无接头，型钢间距可以根据设计需要调整，不受桩位限制。

(4) TRD工法的主机架可变角度施工，其与地面的夹角最小可为30°，从而可施工倾斜的水泥土墙体，满足特殊设计要求。

(5) TRD工法在墙体全深度范围内对土体进行竖向混合、搅拌，墙体上下固化性质均一，墙体质量均匀。

(6) TRD工法转角施工困难，对于小曲率半径或90°转角位置，须将箱式刀具拔出，拆卸，改变方向后，再重新组装并插入地层，拆卸和组装时间长，转角施工过程较复杂。

值得注意的是，国内在型钢水泥土墙推广应用的过程中，内插芯材除了目前最为常用的型钢以外，也出现了内插钢管、槽钢以及预制钢筋混凝土T（工）形桩。预制钢筋混凝土T（工）形桩具有刚度大，无需回收利用的优点；但相对于型钢，其截面尺寸大，重量轻，施工时须采取专门压桩设备。为规范施工，加强质量控制和管理，如施工中使用H型钢以外的其他内插芯材时，必须有可靠的质量控制措施，确保水泥土墙的整体性、挡土和止水效果。

7.2 分类、选型和适用范围

7.2.1 选型要点

基坑围护设计方案选用型钢水泥土墙主要考虑以下几点因素[2]。

(1) 型钢水泥土墙的选型主要是由基坑周边环境条件所确定的容许变形值控制，即型钢水泥土墙的选型及参数设计首先需满足周边环境的保护要求。

(2) 型钢水泥土墙的选择和基坑开挖深度有关。根据近些年软土地区的工程经验，不同直径搅拌桩或墙厚对应一定的基坑开挖深度限值。一般650mm的型钢水泥土墙开挖深度不大于8.0m，850mm时开挖深度不大于11.0m，1000mm时开挖深度不大于13.0m。当不同截面尺寸的型钢水泥土墙开挖深度超过上述值时，工程风险将增大，需要采取一定的技术措施，确保安全。

(3) 型钢水泥土墙所需施工空间小，当场地狭小或距用地红线、建筑物等较近时具有一定优势。

(4) 与地下连续墙、钻孔灌注桩相比，型钢水泥土墙刚度较低，常会产生较大变形，在周边环境保护要求较高的工程中，例如紧邻运营中的地铁隧道、历史保护建筑、重要地下管线时，应慎重选用。

(5) 当搅拌桩桩身范围内大部分为砂（粉）性土等透水性较强的土层且周边环境保护要求较高时，一旦搅拌桩桩身产生裂缝并造成渗漏，后果较严重。此时围护结构的整体刚度应适当加强，必要时应选用刚度更大的围护方案。

(6) 内插型钢回收利用时，围护结构的容许变形值不仅取决于基坑周边环境条件，还受到型钢拔出时的变形阻力所限制。由于型钢起拔时产生伸长变形，导致其截面尺寸减小，韧性降低，脆性增加。因此，回收后的型钢再次利用时，须对其进行截面尺寸和强度复核，确保型钢重复利用的安全性。

(7) 受到机架高度限制，在不加接钻杆的条件下，三轴水泥土搅拌桩最大施工深度约为30m。当设计深度超过此深度时，可采用加接钻杆工艺，或选用TRD工法。

7.2.2 适用范围

从广义上讲，型钢水泥土墙以水泥土墙为基础，凡是能够施工三轴水泥土搅拌桩或水泥土连续墙的场地都可以考虑使用该工法。从黏性土到砂性土，从软弱的淤泥和淤泥质土到较硬、较密实的硬土，甚至在含有砂卵石的地层中经过适当的处理都能够进行施工，适用土质范围较广[3,4]。表 7.1 为土层性质对型钢水泥土墙施工难易的影响。

土层性质对型钢水泥土墙施工的影响 表 7.1

粒径（mm）	0.001	0.005	0.074	0.42	2.0	5.0	20	75	300	
土类区分	淤泥质土	黏土	粉土	细砂	粗砂	砂砾	中粒	粗粒	大卵石	大阶石
				砂		砾				
施工性质	较易施工，搅拌均匀				较难施工				难施工	

7.2.3 在特殊土层条件下的处理要求

在无工程经验及特殊地层地区，必须通过现场试验确定型钢水泥土墙的适用性。

对于杂填土地层，施工前需清除地下障碍物；对于粗砂、砂砾等粗粒砂性土地层，应注意有无明显的流动地下水，以防止固化剂尚未硬化时流失而影响工程质量。

淤泥、泥炭土、有机质土、地下水具有腐蚀性的地层，以及含有影响搅拌桩固化剂硬化成分的土层，会对搅拌桩的质量造成不利的影响。因此，上述土层以及湿陷性土、冻土、膨胀土、盐渍土等特殊土，应结合地区经验通过现场试验确定型钢水泥土墙的可行性和适用性，方可进行设计施工。

7.3 设计要点

7.3.1 一般要求

1. 水泥浆配比要求

水泥浆配合比是影响型钢水泥土墙施工质量的重要因素，主要与土层性质有关。施工阶段应根据土层性质和水泥土的强度要求，对水泥浆配合比进行调整。不同土层的常规水泥浆配合比见表 7.2[5]。

不同土层三轴水泥土搅拌桩水泥浆配合比 表 7.2

土质特征		配合比（每 1m³ 的土）			抗压强度（MPa）
		水泥（kg）	膨润土（kg）	水（L）	
黏性土	粉质黏土、黏土	300～450	5～15	450～900	0.5～1.0
砂质土	细砂、中砂、粗砂	200～400	5～20	300～800	0.5～1.5
砂砾土	砂砾土、砂粒夹卵石	200～400	5～30	300～800	0.5～2.0
特殊黏土	有机质土、火山灰黏土	根据室内试验配置			不确定

TRD 工法施工过程中与原位土体混合搅拌的主要材料是切削液和固化液。切削液是由水、膨润土等混合而成，呈悬浮状，其主要作用是促使切削下来的土、砂流动。切削液的配合比以及种类的选择，应在施工前对施工地段进行土质调查的基础上进行。表 7.3 给出了典型工程的切削液配合比。

切削液配合比 表 7.3

土质	对象	膨润土（kg）	水（kg）	浆液注入量（L）	浆液注入率（%）
黏性土 砂质土 砂砾土	每 1m³ 原位土	25	500	500	50

通过对切削地段的原位土样进行室内配合比试验确定固化液的配合比。固化液使混合的稀泥浆固化，形成墙体。其主要材料为水泥。表 7.4 给出了典型工程固化液的配合比实例。

固化液配合比 表 7.4

土质	对象	水泥（kg）	水（kg）	水泥/水（%）
黏性土	每 1m³ 原位土	350～450	200	100
砂质土 砂砾土		300～400	180	100

2. 水泥浆液掺入的外加剂要求

水泥浆液的配制过程可根据实际需要加入相对应的外加剂，外加剂类型如下：

(1) 膨润土。膨润土能抑制水泥浆液的离析，防止易坍塌土层的孔壁坍塌和孔壁渗水，减小施工机械在硬土层中的搅拌阻力。

(2) 增黏剂。增黏剂主要用于渗透性高及易坍塌的地层中。如粒度较为均等的砂性或砂砾地层，水泥浆液的黏性低，加入增黏剂后可一定程度减少水泥浆液的流失。

(3) 缓凝剂。施工工期长或者芯材插入时需抑制初期强度的情况下使用缓凝剂。

(4) 分散剂。分散剂能分散水泥土中的微小粒子，在黏性土地基中可提高水泥浆液与土的搅拌性能，提高成桩质量；钻孔阻力较大的地基，分散剂可加大水泥土的流动性，降低废土量，利于 H 型钢插入。

(5) 早强剂。早强剂能提高水泥土早期强度，并且对后期强度无显著影响。其主要作用在于加速水泥水化速度，促进水泥土早期强度的发展。现市场上已有掺入早强剂的水泥。

3. 型钢水泥土墙常规布设形式

SMW 工法施工时一般采用套接一孔法方式施工，即在连续的三轴水泥土搅拌桩中有一个孔是完全重叠的施工工艺，如图 7.4 所示。目前常用的三轴水泥土搅拌桩施工机械按照搅拌桩的成孔直径可以分为 ϕ650@450、ϕ850@600、ϕ1000@750 三种，其内插型钢规格详见表 7.5。

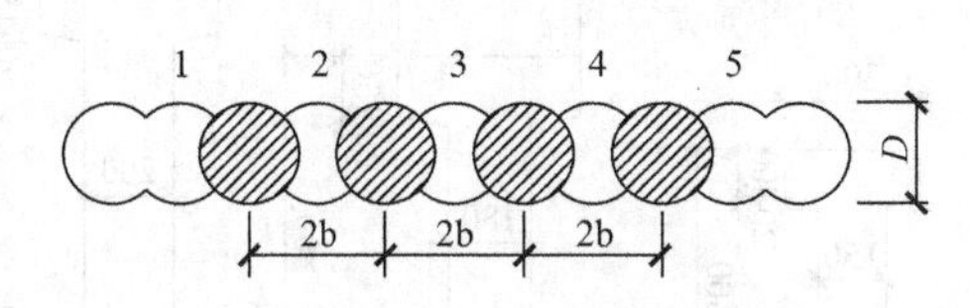

图 7.4 套接一孔示意图

三轴水泥土搅拌桩规格及内插型钢规格 表 7.5

三轴水泥土搅拌桩	内插型钢	平均厚度（mm）
ϕ650@450	H500×300 或 H500×200 型钢	593
ϕ850@600	H700×300 型钢	773
ϕ1000@750	H800×300、H850×300 型钢	896

施工形成的型钢水泥土墙详细布设情况如图 7.5 所示。

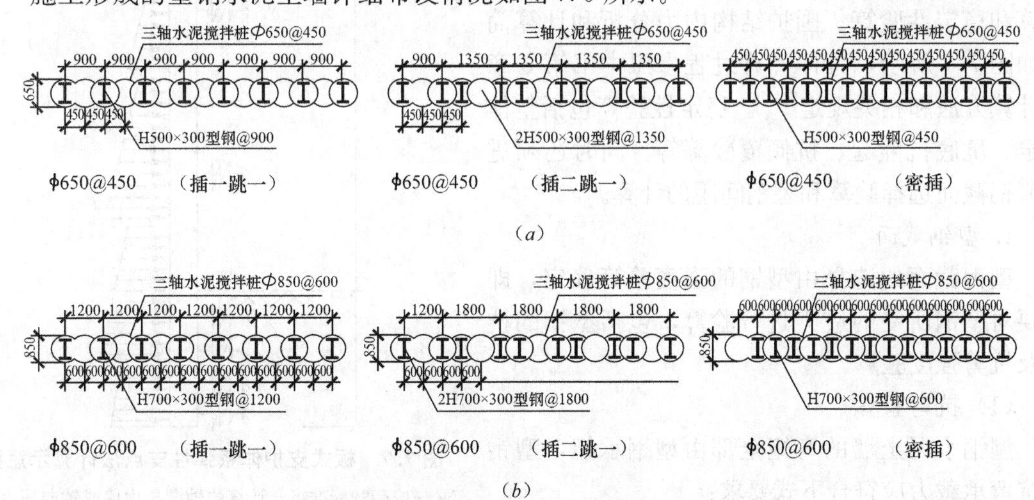

图 7.5 型钢水泥土墙标准配置图（一）

(*a*) 650 直径三轴水泥搅拌桩；(*b*) 850 直径三轴水泥搅拌桩

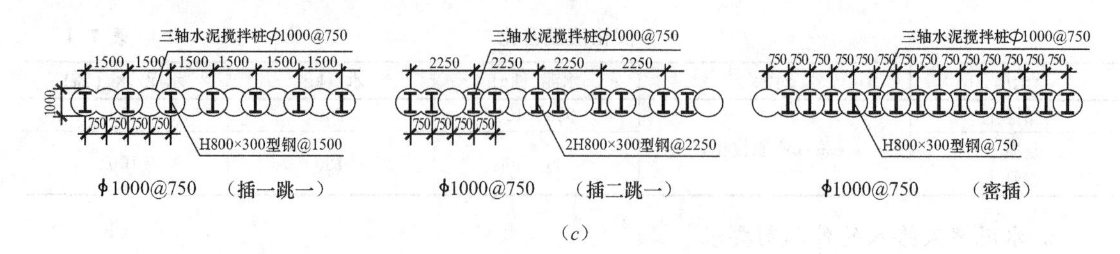

(c)

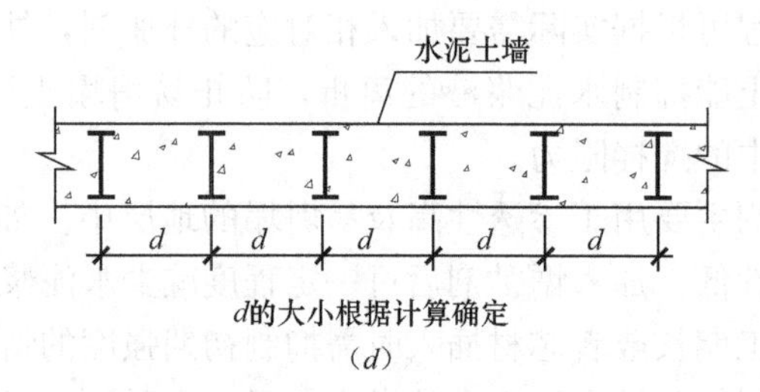

(d)

图 7.5 型钢水泥土墙标准配置图（二）

(c) 1000 直径三轴水泥搅拌桩；(d) TRD 工法水泥土墙

TRD 工法形成的水泥土连续墙为等截面形式，沿基坑方向厚度不变，内插型钢的间距可以不受三轴水泥土搅拌桩的孔距限制。型钢间距的确定，只需考虑型钢水泥土墙的整体刚度，变形控制要求和型钢间水泥土的局部抗剪要求。

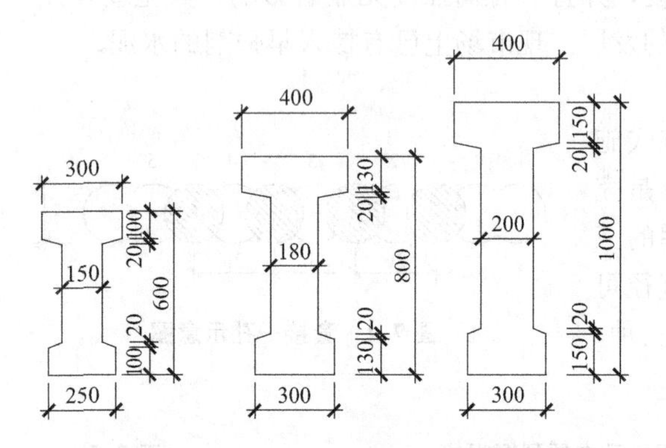

图 7.6 预制钢筋混凝土 T（工）形桩规格尺寸图

其他内插芯材的布设也需考虑围护结构整体刚度，变形限值和水泥土的局部抗剪要求。当采用水泥土搅拌桩时，还受孔距限制。其中预制钢筋混凝土 T（工）形桩的规格见图 7.6，分非预应力普通钢筋混凝土和全预应力混凝土两种类型。

7.3.2 分析计算

型钢水泥土墙作为基坑支护结构的常用形式之一，采用弹性支点法进行支护结构受力与变形计算和稳定性验算。围护结构内力分析和计算简图如图 7.7 所示，具体计算过程参照本书第 3 章的计算方法和相关规定[1,3]。稳定性验算包括整体稳定、坑底抗隆起、抗倾覆验算等。同时还须进行型钢截面选择验算和型钢间距的计算。

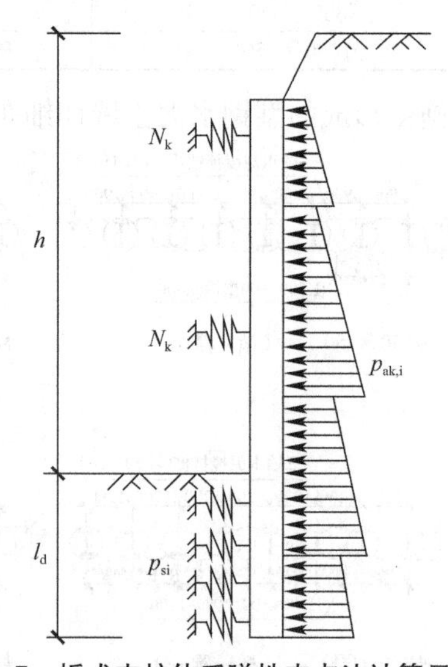

图 7.7 板式支护体系弹性支点法计算示意图

N_k—按荷载标准组合计算的轴向拉力值或轴向压力值；

p_{si}—土对挡土构件的分布反力；

p_{ak}—主动土压力强度标准值。

1. 型钢截面

型钢截面的选择由型钢的强度验算确定，即需要对型钢所受的应力进行验算，包括型钢的抗弯及抗剪强度验算。

(1) 抗弯验算

型钢水泥土墙的弯矩全部由型钢承担，型钢的抗弯承载力应符合下式要求：

$$\frac{1.25\gamma_0 M_k}{W} \leqslant f \qquad (7.1)$$

式中　γ_0——结构重要性系数，按照《建筑基坑支护技术规程》JGJ 120取值；

M_k——型钢水泥土墙的弯矩标准值（N·mm）；

W——型钢沿弯矩作用方向的截面模量（mm^3）；

f——钢材的抗弯强度设计值（N/mm^2）。

（2）抗剪验算

型钢水泥土墙的剪力全部由型钢承担，型钢的抗剪承载力应符合下式要求：

$$\frac{1.25\gamma_0 Q_k S}{I t_w} \leqslant f_v \tag{7.2}$$

式中　Q_k——型钢水泥土墙的剪力标准值（N）；

S——计算剪应力处的面积矩（mm^3）；

I——型钢沿弯矩作用方向的截面惯性矩（mm^4）；

t_w——型钢腹板厚度（mm）；

f_v——钢材的抗剪强度设计值（N/mm^2）。

实际工程中，内插型钢一般采用H型钢，型钢具体的型号、规格及有关要求按《热轧H型钢和部分T型钢》GB/T 11263和《焊接H型钢》YB 3301选用。

2. 型钢的间距

相邻型钢之间为非加筋区，如图7.8所示。型钢水泥土墙的加筋区和非加筋区承担着同样的水土压力。加筋区由于型钢和水泥土的共同作用，结构刚度较大，变形较小，可视为非加筋区的支点。型钢的间距越大，加筋区和非加筋区交界面上所承受的剪力就越大。因此，应该对型钢水泥土墙中型钢与水泥土搅拌桩的交界面进行局部承载力验算，确定合理的型钢间距。局部抗剪承载力验算包括型钢与水泥土之间的错动剪切和水泥土最薄弱截面处的局部剪切验算。

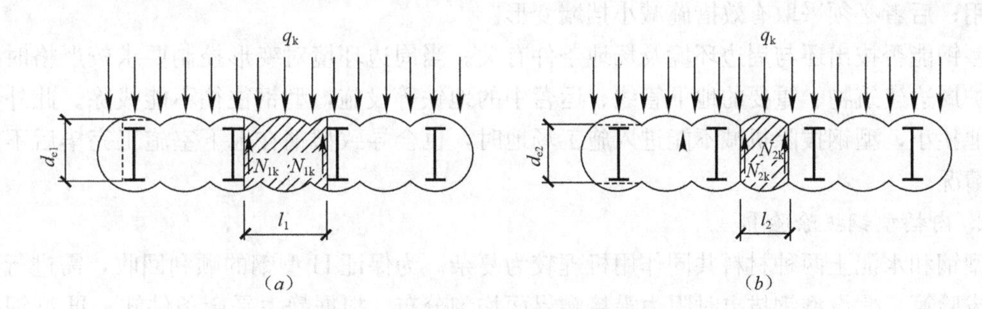

图7.8　搅拌桩局部抗剪计算示意图

（a）型钢与水泥土间错动剪切破坏验算图；（b）最薄弱截面剪切破坏验算图

型钢与水泥土之间的错动剪切承载力按下式计算：

$$\tau_1 = \frac{1.25\gamma_0 Q_{1k}}{d_{e1}} \leqslant \tau_c \tag{7.3}$$

$$Q_{1k} = q_{ck} L_1 / 2 \tag{7.4}$$

$$\tau_c = \tau_{ck} / 1.6 \tag{7.5}$$

式中　τ_1——型钢与水泥土之间的错动剪应力设计值（N/mm^2）；

Q_{1k}——型钢与水泥土之间单位深度范围内的错动剪力标准值（N/mm）；

q_{ck}——计算截面处作用的侧压力标准值（N/mm^2）；

L_1——型钢翼缘之间的净距（mm）；

d_{e1}——型钢翼缘处水泥土墙体的有效厚度（mm）；

τ_c——水泥土抗剪强度设计值（N/mm^2）；

τ_{ck}——水泥土抗剪强度标准值（N/mm^2），可取搅拌桩28d龄期无侧限抗压强度标准值。

基坑土方开挖过程中，为施工围檩以及避免迎坑面水泥土掉落伤人，多将型钢外侧水泥土剥落，因此，d_{e1}应取迎坑面型钢边缘至迎土面水泥土搅拌桩边缘的距离。

水泥土搅拌桩最薄弱断面的局部抗剪验算为：

$$\tau_2 = \frac{1.25\gamma_0 Q_{2k}}{d_{e2}} \leqslant \tau_c \tag{7.6}$$

$$Q_{2k} = q_{ck} L_2 / 2 \tag{7.7}$$

式中 τ_2——水泥土最薄弱截面处的局部剪应力标准值（N/mm^2）；

Q_2——水泥土最薄弱截面处单位深度范围内的剪力标准值（N/mm）；

L_2——水泥土最薄弱截面的净距（mm）；

d_{e2}——水泥土最薄弱截面处墙体的有效厚度（mm）。

除此以外，当采用预制钢筋混凝土 T（工）形桩时，还需进行施工阶段抗裂验算和焊接接头验算。

7.3.3 内插型钢拔除计算

1. 内插型钢拔除验算要点

据测算，H 型钢的材料费用约占整个基坑工程围护造价的 40%～50%。当地下室主体结构施工完成且地下室外墙与围护结构之间的回填土回填结束后，可拔除型钢水泥土墙中的型钢并回收利用，以节省钢材，降低工程造价。因此，研究型钢水泥土墙中 H 型钢在拔出荷载作用下的工作机理与拔出力的影响因素具有重要意义。

影响型钢拔出的主要因素有两点：型钢与水泥土之间的摩擦阻力、型钢水泥土墙变形产生的变形阻力。为使型钢能够顺利拔出，前者可通过在型钢表面涂抹减摩材料来降低型钢与水泥土之间的摩阻力，工作期间该减摩材料应具有较好的粘结力，不影响型钢与水泥土的共同作用；后者必须采取有效措施减小挡墙变形。

型钢能否拔出还与周边环境及场地条件有关。当周边环境对变形控制要求较严格时，为了保护周边建筑物、重要的地下管线、运营中的地铁等设施，型钢往往不能拔除。此外当施工场地狭小，型钢拔除机械不能进入施工场地时，也会导致型钢在地下室施工完毕后不能拔除的情况。

2. 内插型钢拔除验算

型钢和水泥土两种材料共同作用机理较为复杂。为保证 H 型钢的顺利回收，需进行型钢的抗拔验算。假设型钢拔出时阻力沿接触界面均匀分布，根据静力平衡条件知，H 型钢的起拔力 P_m 等于静摩擦阻力 P_f、变形阻力 P_d 和自重 G 三部分之和，即：

$$P_m = P_f + P_d + G \tag{7.8}$$

由于起拔机具的起拔力有限，应尽可能降低其起拔力 P_m 值。如 H 型钢表面涂抹减摩剂，以减少起拔时的静摩阻力 P_f。拔出试验表明，当变位率 $\Delta m / l_H \leqslant 0.5\%$（$\Delta m$ 为墙体最大水平变位，l_H 为型钢在水泥土搅拌桩中的总长度），其最大变形阻力 $P_d \approx P_f$。自重 G 在起拔力中所占比重相当小，可以忽略，因此上式简化为：

$$P_m \approx 2P_f = 2\mu_f A = 2\mu_f S l_H \tag{7.9}$$

式中 μ_f——H 型钢与水泥土之间的单位面积静摩阻力，平均取 0.04MPa；

A——H 型钢与水泥土之间的接触面积，$A = S_H l_H$，

S_H——H 型钢截面的周长。

为保证 H 型钢回收后的重复利用，要求 H 型钢在起拔过程中处于弹性状态，取其屈服极限强度 σ_s 的 70%作为允许拉拔应力，故型钢的允许拉力为：

$$[P] = 0.7\sigma_s A_H \tag{7.10}$$

式中，A_H——H 型钢的截面面积。

则起拔力必须满足下式：

$$P_m \leqslant [P] \tag{7.11}$$

7.3.4 变形控制措施与环境保护要点

型钢水泥土墙由H型钢和水泥土组成，内插型钢提供围护结构整体抗弯、抗剪的强度与刚度，保证围护结构稳定和减小其变形；水泥土搅拌桩则为防渗帷幕。

1. 变形控制主要措施

施工前应对施工场地的地层情况做深入了解，针对不同地层采取不同的施工工艺和成桩参数。

水泥搅拌桩施工时须控制施工速度和日成桩数量，必要时采用跳打方式，如隔五打一，以减少周边环境的附加变形。施工过程中应合理调整水灰比，控制下沉和提升速度，减少提升搅拌时由于孔内产生负孔压而造成对周边环境的不利影响。

周边环境保护要求较高时，选择截面面积较大、密插方式布置的型钢；反之，选择截面面积较小、跳插方式布置的型钢。型钢插入方式和间距需要考虑型钢间的水泥土抗剪要求，综合确定。

型钢在地下室施工完成后拔除回收，可以降低围护成本。但当基坑周边环境保护要求较高时，可以考虑不拔除型钢，以消除该工况对环境的影响。

基坑后期拆撑工况中，挡墙变形较大时，可选择内支撑后拆或增加斜向换撑的措施。

2. 环境保护要点

在对周边环境保护要求较高的工程中，型钢水泥土墙应慎重选用。在砂（粉）性土等透水性较强的土层中，为防止搅拌桩桩身产生裂缝、造成渗漏而失效，型钢水泥土墙的刚度应予以加强并选择较强的内支撑体系，必要时应选用刚度更大的围护方案。

7.3.5 构造要求

1. 型钢与冠梁的连接节点

型钢水泥土墙的顶部，应设置封闭的钢筋混凝土冠梁。冠梁对提高围护结构的整体性，使围护桩和支撑形成共同受力的稳定结构体系具有重要作用。由于型钢水泥土墙由两种刚度相差较大的材料组成，冠梁的重要性更加突出。

为便于型钢拔除，型钢需锚入冠梁，并高于冠梁顶部不小于500mm，见图7.9。一般型钢顶端不宜高于自然地面。冠梁和型钢之间需设置隔离材料。隔离材料一般采用不易压缩的硬质材料，以防止围护结构受力后产生较大的压缩变形，不利于对基坑总变形量的控制。

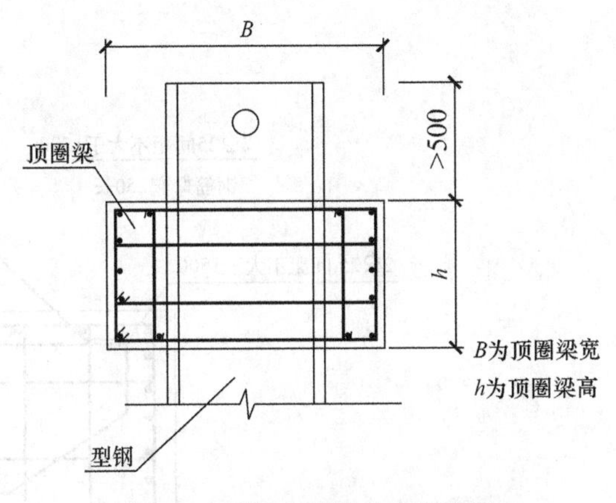

图7.9 型钢与冠梁节点构造图

型钢和隔离材料的存在对冠梁刚度具有一定的削弱作用，相应的冠梁截面、尺寸和构造应有加强措施，具体如下：

1）冠梁截面高度不宜小于600mm。当型钢需起拔回收时，冠梁的高度还需考虑冠梁作为型钢起拔千斤顶支点时的承载力需要，其取值不宜过小。

2）冠梁的截面宽度宜与三轴水泥搅拌桩直径相匹配。当三轴水泥土搅拌桩直径为650mm、850mm和1000mm时，相应的冠梁截面宽度不应小于1000mm、1200mm和1300mm。

3）冠梁的主筋应避开型钢设置，其箍筋宜采用四肢箍筋，直径不应小于$\phi 8$，间距不应大于200mm。在支撑节点位置，箍筋宜适当加密。由于内插型钢而未能设置的箍筋应在相邻区域内补足面积。

型钢与冠梁的连接构造设计如图 7.9 所示。

2. 型钢与腰梁及支撑的连接构造要求

在型钢水泥土墙的支护体系中，支撑与腰梁的连接、腰梁与型钢的连接以及钢腰梁的拼接，对于支护体系的整体性非常重要，围护设计和施工应对上述连接节点的构造充分重视，并严格按照要求施工。型钢水泥土墙支护体系中，腰梁可以采用钢筋混凝土腰梁，也可以采用钢腰梁，腰梁与型钢的连接构造如图 7.10 和 7.11 所示。钢腰梁和钢支撑杆件的拼接一般应满足等强度的要求，但在实际工程中受到拼接现场施工条件的限制，很难达到要求，应在构造上对拼接方式予以加强，如附加缀板、设置加劲肋板等。同时应尽量减少钢腰梁的接头数量，拼接位置也尽量放在腰梁受力较小的部位。型钢和腰梁之间的空隙应采用高强度等级的细石混凝土填实。

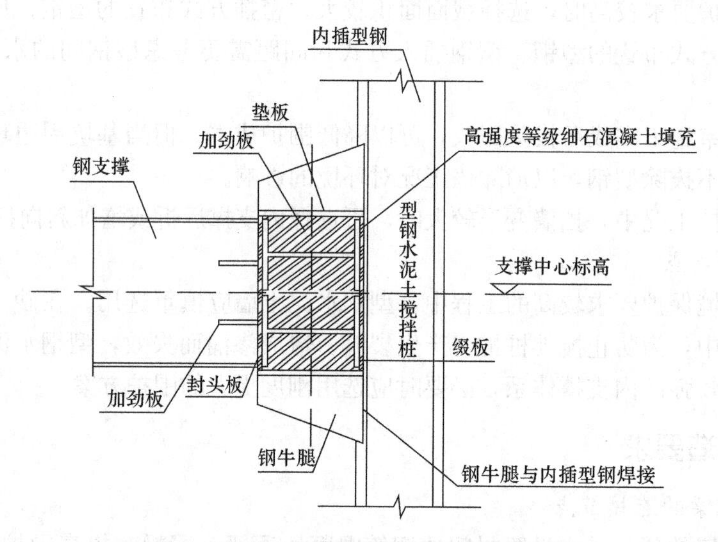

图 7.10　型钢与钢腰梁及支撑连接示意图

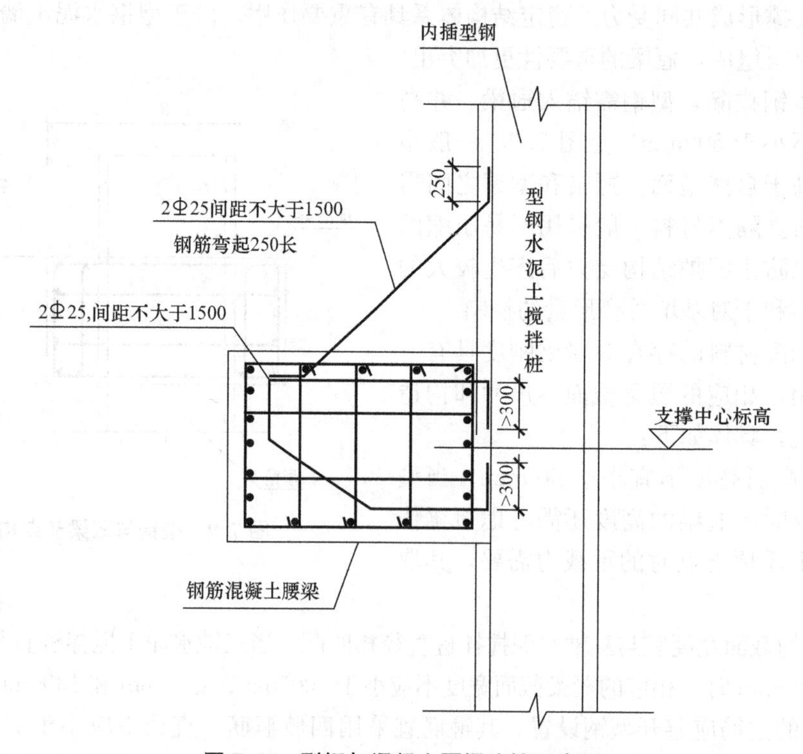

图 7.11　型钢与混凝土腰梁连接示意图

3. 型钢水泥土墙转角加强构造

为保证转角处型钢水泥土墙的成桩质量和截水效果，转角处宜采用“十”字接头的形式，即在接头处两边各多打半幅桩。为保证型钢水泥土墙转角处的刚度，宜在转角处增设一根斜插型钢，如图7.12所示。

4. 型钢水泥土墙截水封闭措施

当型钢水泥土墙遇地下连续墙或灌注桩等围护结构需断开时，或者在型钢水泥土墙的施工过程中出现冷缝时，冷缝位置可采用旋喷桩予以封闭，以保证围护结构整体的截水效果，如图7.13所示。

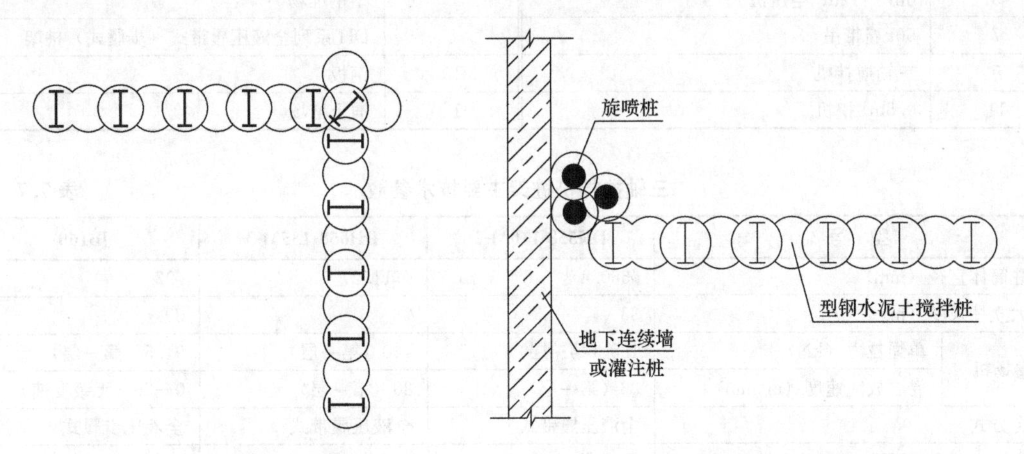

图7.12　转角处加强示意图　　图7.13　型钢水泥土墙封闭示意图

以上型钢水泥土墙加强措施示意图均以三轴水泥土搅拌桩为例，当工程中选用TRD工法时，应采用相同的加强措施。

其他芯材，特别是预制混凝土T（工）形桩，由于材质、形状等均与H型钢不一致，有其特殊的构造特点，具体如下：

1. 预制混凝土T（工）形桩桩头与压顶梁的连接要求

桩头与压顶梁有两种连接方式。一为局部凿桩连接，凿出后的桩翼板主筋和保留的桩肋一起锚入压顶梁中；二为不凿桩连接，参照SMW工法，桩头穿过现浇的压顶梁。普通钢筋混凝土预制桩，均可采用上述两种方法；全预应力混凝土预制桩宜采用第二种连接方法。

2. T（工）形预制桩与腰梁的连接要求

腰梁与围护桩有两种连接方式。第一种在预制桩表面设预埋件，腰梁的锚筋开挖后与预埋件焊接。第二种在浇筑的压顶梁上设预埋件，采用焊接吊筋办法固定腰梁。对于深基坑宜采用第一种连接法。

3. 接桩构造要求

由于围护桩承受水平力，预制T（工）形桩接头部位的抗水平承载力是关键条件之一。其桩头连接较其他类型的桩复杂。一般在桩端翼缘位置设预埋钢板，接桩时上下桩应严格对准，钢板间互相焊接，同时纵向主筋与其墩头铆接，预制桩模具与上下端板通过拉张螺栓连接。

7.4　施工要点

7.4.1　常规施工机械

型钢水泥土墙应根据地质条件、作业环境与成桩深度选用不同形式和功率的三轴搅拌机，配套桩架的性能参数必须与三轴搅拌机的成桩深度和提升能力相匹配。SMW工法标准施工配置详见表7.6。三轴搅拌机由多轴装置（减速器）和钻具组成，钻具包括：搅拌钻杆、钻杆接箍、搅拌翼和钻头。表7.7所示为三轴搅拌机桩架的主要技术参数。表7.8所示为三轴搅拌机主要技术参数。

型钢水泥土墙标准施工配置表　　表7.6

编号	设备	编号	设备
1	散装水泥运输车	2	30t水泥筒仓
3	高压洗净机	4	$2m^3$ 电脑计量拌浆系统
5	$6m^3$～$12m^3$ 空压机	6	型钢堆场
7	50t履带吊	8	DH系列全液压履带式（步履式）桩架
9	三轴搅拌机	10	钢板
11	$0.5m^3$ 挖机	12	涌土堆场

三轴搅拌机桩架主要技术参数　　表7.7

型号		DH558-110M-2		DH658-135M-3		JB160	
立柱筒体直径（mm）		ϕ660.4		ϕ711.2		ϕ920	
最大立柱长度（m）		33		33		39	
卷扬机	单绳拉力（kN）	130（第一层）		140（第一层）		91.5（第一层）	
	卷、放绳速度（m/min）	32（第一层）		30（第一层）		0—26（无级变速）	
行走方式		全液压履带式		全液压履带式		全液压步履式	
额定输出功率（kW）		柴油发动机	132	柴油发动机	147	电动机	45
接地比压（MPa）		0.153		0.173		0.10	
外形尺寸（m）（长×宽×高）		8.51×4.4×35.4		8.89×4.6×35.5		14×9.5×41	
桩机总质量（t）		114		136		130	

三轴搅拌机主要技术参数　　表7.8

型号	ZKD65-3	ZKD85-3	ZKD100-3
钻头直径（mm）	ϕ650	ϕ850	ϕ1000
钻杆根数（根）	3	3	3
钻杆中心距（mm）	450×450	600×600	750×750
钻进深度（m）	30	30	30
主功率（kW）	45×2	75×2(90×2)	75×3
钻杆转速（正、反）（r/min）	17.6～35	16～35	16～35
单根钻杆额定扭矩（kN·m）	16.6	30.6	45
钻杆直径（mm）	ϕ219	ϕ273	ϕ273
传动形式	动力头顶驱	动力头顶驱	动力头顶驱
总质量（t）	21.3	38.0	39.5

目前TRD工法施工机械有三种型号，其主要技术参数如表7.9所示。

TRD工法施工机械和参数　　表7.9

型号	TRD-1	TRD-2	TRD-3
墙厚（mm）	450～550	550～700	550～850
最大施工深度（m）	20	35	50
全长（mm）	7365	8905	8500
全宽（mm）	6700	7200	7200
全高（mm）	9980	12052	9650
工作时质量（kg）	63500	12700	13200

续表

型　号	TRD-1	TRD-2	TRD-3
标准铣刀长度（m）	17.5	25.5	36.3
切削刀头线切力（kN）	190	355	355
发动机功率（马力）	300	469	469
切削机构升降方式	油缸	卷扬机	油缸

内插芯材采用钢筋混凝土预制桩时，需采用专门的多功能水泥搅拌土植桩机，其特点是将强力水泥搅拌机械和压桩机械组合在一起，可以同步进行强力搅拌桩施工和压桩，其中压桩配备了静力压桩和振动成管桩功能（可实现高频振动辅助压桩）。

7.4.2　施工顺序及工艺流程

1. 三轴水泥土搅拌桩的施工顺序

搅拌桩的施工顺序一般分为以下三种：

（1）跳槽式全套打复搅式连接方式

该施工方式常规情况下采用，适用于标贯击数N值为50以下的土层。一般先施工第一和第二单元，后续第三单元的A轴、C轴分别插入第一单元的C轴孔和第二单元的A轴孔中；依次类推，施工第四单元和套接的第五单元，从而形成连续套接的水泥土连续墙体，如图7.14（*a*）所示。

（2）单侧挤压式连接方式

该施工方式适用于N值为50以下的土层，在施工受限制时采用，如在围护墙体转角处，密插型钢或施工间断等情况。施工顺序如图7.14（*b*）所示，先施工第一单元，第二单元的A轴插入第一单元的C轴中，边孔套接施工，依次类推完成水泥土连续墙体施工。

（3）先行钻孔套打方式

该施工方式适用于N值超过50的密实土层，或者N值虽低于50，但含有ϕ100mm以上卵石的砂卵砾石层或软岩。一般采用装备有大功率减速机的螺旋钻孔机，先行施工如图7.14（*c*）、（*d*）所示a_1、a_2、a_3……等孔，局部疏松和捣碎地层，然后用三轴水泥土搅拌机选择跳槽式双孔全套打复搅或单侧挤压式连接方式施工水泥土连续墙体。表7.10为推荐的搅拌桩直径与先行钻孔直径关系表。

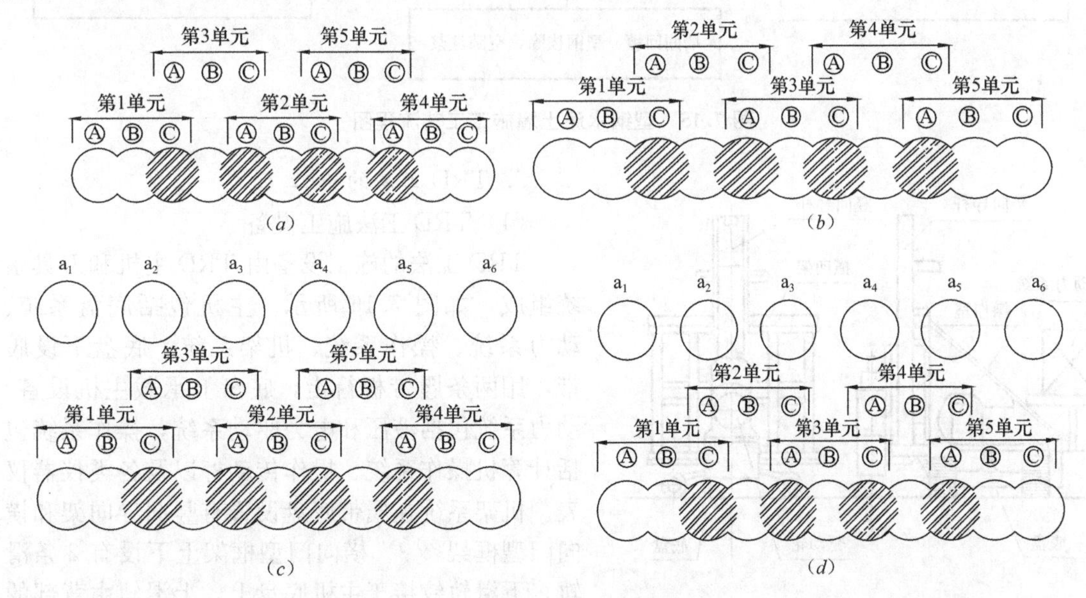

图7.14　三轴水泥搅拌墙施工顺序

搅拌桩直径与先行钻孔直径关系表　　表 7.10

搅拌桩直径（mm）	650	850	1000
先行钻孔直径（mm）	400～650	500～850	700～1000

2. SMW 工法的施工流程

型钢水泥土墙采用三轴搅拌机，将土体和钻头处喷出的水泥浆液、压缩空气原位均匀搅拌，各施工单元间采取套接一孔法施工，并及时插入 H 型钢形成挡土截水结构。其施工工艺流程如图 7.15 所示。

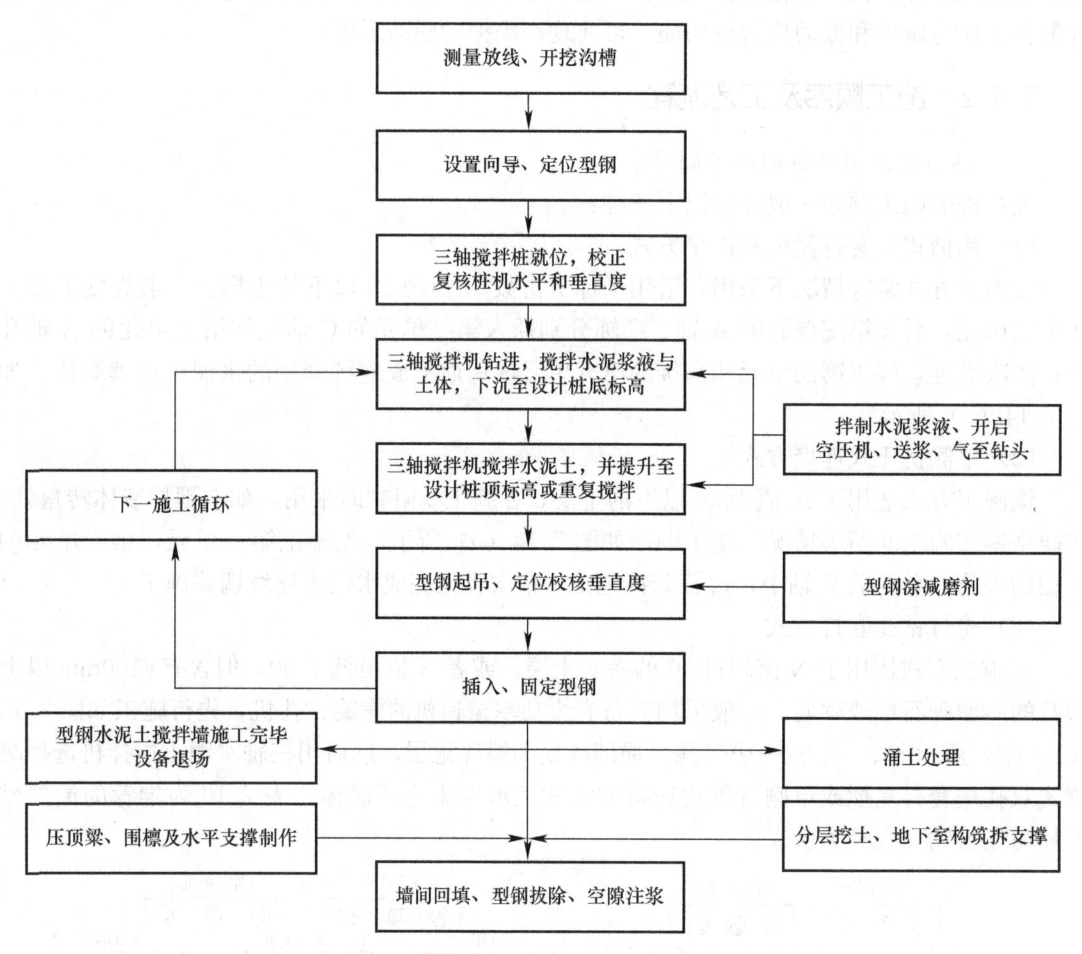

图 7.15　型钢水泥土墙施工工艺流程图

3. TRD 工法的施工

(1) TRD 工法施工设备

TRD 工法的施工设备由 TRD 主机和刀具系统组成，如图 7.16 所示。主机包括底盘系统、动力系统、操作系统、机架系统。底盘下设履带，用两条履带板行走，底盘上承载主机设备。动力系统包括液压和电力驱动系统，操作系统包括计算机操作系统、操作传动杆以及各类仪器仪表。机架系统在履带底盘设置有竖向导向架和横向门型框架[9,10]。横向门型框架上下设有 2 条滑轨，下滑轨铰接于主机底盘上，上滑轨由背部的液压装置支撑锁定于垂直位置上。根据待建设墙

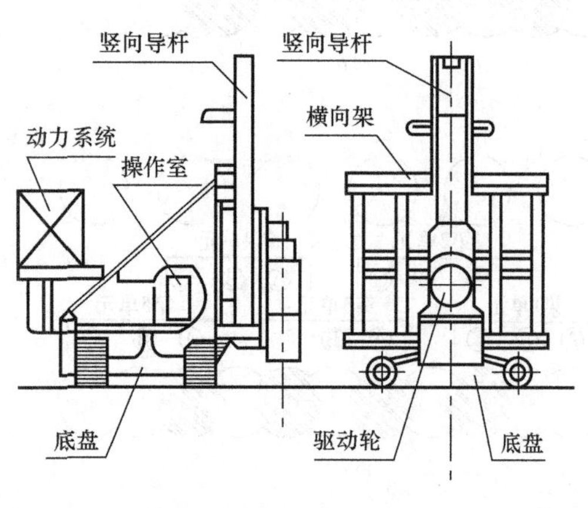

图 7.16　TRD 主机示意图

体的需要，门型框架通过液压杆可在90°～30°范围内旋转，从而进行与水平面最小成30°的斜墙施工。

刀具系统包括刀具立柱、刀具链条、刀头底板、刀头。刀具立柱上安装刀具链条。刀头底板位于刀具链节上，其上安装有可拆卸刀头。刀具立柱、刀具链条、刀头底板、刀头组成了TRD工法的箱式刀具。刀具链条根据工程条件可选择6、12或18链节的排列组合形式，相邻刀具链节为活动连接；链节间连接应牢固，不易松动。

刀具系统设置于主机的机架系统内，驱动轮可沿竖向导杆上下移动，用以提升和下放箱式刀具。驱动轮的旋转带动箱式刀具的刀具链条运动，从而切割、搅拌和混合原状土体。竖向导杆和驱动轮也可沿横向架滑轨横向移动，带动刀具系统作水平运动。当驱动轮水平走完一个行程后，解除压力成自由状态，主机向前开动，相应的驱动轮回到横向架的起始位置，开始下一个行程，如此反复直至完成水泥土搅拌墙体的施工。

TRD工法可通过改变刀头底板的宽度，形成以50mm为一级、范围在450mm～850mm的不同厚度的水泥土地下连续墙。可拆卸刀头在切削施工导致刀具链条磨损后，可方便地将刀具链条上的刀头拆卸、更换，有效地降低了维护成本和维护人员的劳动强度，提高了设备的工作效率，具有较高的实用性和经济效益。

（2）机架的架设顺序：

1）将带有随动轮的箱式刀具节与主机连接，切削出可以容纳1节箱式刀具的预制沟槽；

2）切削结束后，主机将带有随动轮的箱式刀具提升出沟槽，往与施工方向相反的方向移动；移动至一定距离后主机停止，再切削1个沟槽。切削完毕后，将带有随动轮的箱式刀具与主机分解，放入沟槽内，同时用起重机将另一节箱式刀具放入预制沟槽内，并加以固定；

3）主机向预制沟槽移动；

4）主机与预置沟槽内的箱式刀具连接，将其提升出沟槽；

5）主机带着该节箱式刀具向放在沟槽内带有随动轮的箱式刀具移动；

6）移动到位后主机与带有随动轮的箱式刀具连接，同时在原位置进行更深的切削；

7）根据待施工墙体的深度，重复2)～6)的顺序，直至完成施工装置的架设。整个过程详见图7.17。

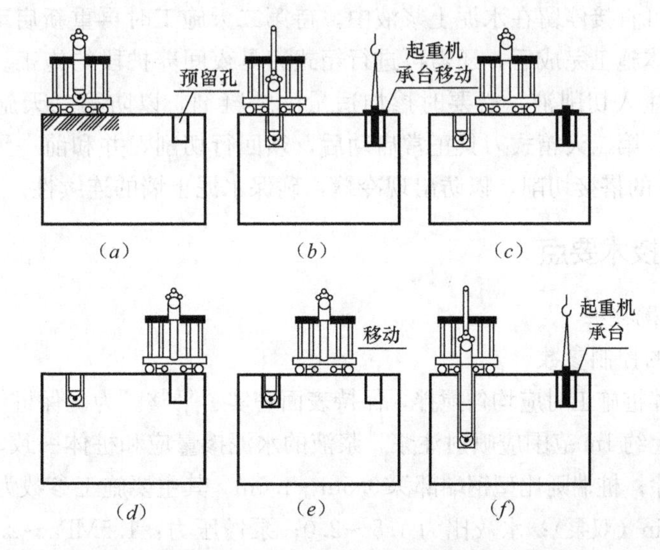

图7.17　TRD工法施工装置的架设

(*a*) 完成架设准备；(*b*) 架设开始，并将切削刀具放置到预先开挖地孔内；(*c*) 主机；
(*d*) 连接后提升；(*e*) 移动；(*f*) 连接后自立架设开始，并设置下一个切削刀具

(3) 施工顺序：

1) 主机施工装置连接，直至带有随动轮的箱式刀具抵达待建设墙体的底部；

2) 主机沿沟槽的切削方向作横向移动，根据土层性质和切削刀具各部位状态，选择向上或向下的切削方式；切削过程中由刀具立柱底端喷出切削液和固化液；在链式刀具旋转作用下切削土与固化液混合搅拌；

3) 主机再次向前移动，在移动的过程中，将工字钢芯材按设计要求插入地中，插入深度用直尺测量，此时即筑成了地下连续墙体；

4) 施工间断而箱式刀具不拔出时，继续进行施工养护段的施工；

5) 继续启动后，回行切削和先前的水泥土连续墙进行搭接切削。整个施工过程详图 7.18。

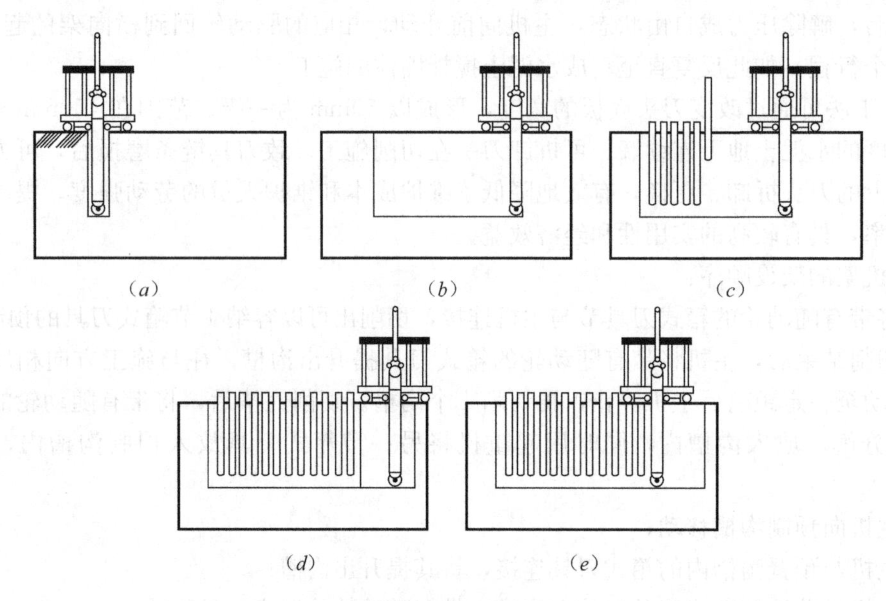

图 7.18 施工顺序

(a) 主机连接；(b) 切削、搅拌；(c) 插入芯材，重复 2-3 工序；(d) 退出切削（当施工结束时）；
(e) 搭接施工，通过退出部位后，返回到 2 工序

鉴于箱式刀具拔出和组装复杂，操作时间长，当无法 24h 连续施工作业或者夜间施工须停止时，箱式刀具可直接停留在水泥土浆液中。待第二天施工时再重新启动，继续施工。为此，当天水泥土墙体施工完成后，还需再进行箱式刀具夜间养护段的施工。此时养护段根据养护时间的长短，注入切削液，必要时掺加适量的缓凝剂，以防第二天施工时箱式刀具抱死，无法正常启动。第二天箱式刀具正常启动后，须回行切削，并和前一天的水泥土连续墙进行不少于 500mm 的搭接切削，以防出现冷缝，确保水泥土墙的连续性。

7.4.3 施工技术要点

1. 三轴水泥土搅拌桩

(1) 施工过程的控制参数

三轴水泥土搅拌桩施工时应均匀搅拌，保持表面密实、平整。为确保桩体的连续性和桩体质量，一般桩顶以上约 1m 范围应喷射注浆，浆液的水泥掺量应和桩体一致，土方开挖期间桩顶以上部位予以凿除；桩端则比型钢端部深 0.5m～1.0m。其主要施工参数为[1]：水泥浆流量：280L/min～320L/min（双泵）；水灰比为 1.5～2.0；泵送压力：1.5MPa～2.5MPa。机架垂直度偏差不超过 1/250，成桩垂直度偏差不超过 1/200，桩位布置偏差不大于 50mm；

(2) 三轴搅拌机钻杆下沉（提升）及注浆控制要求

三轴搅拌机就位后，主轴正转喷浆搅拌下沉至桩底后，再反转喷浆复搅提升。下沉和提

升时应匀速，一般下沉速度为0.5m/min～1.0m/min，提升速度为1.0m/min～2.0m/min。具体适用的速度值应根据地质条件、水灰比、注浆泵工作流量、成桩工艺等计算确定。桩底位置宜适当持续搅拌注浆；对于不易匀速钻进下沉的地层，可增加搅拌次数。

注浆泵流量控制应与三轴搅拌机下沉（提升）速度相匹配。一般下沉时喷浆量为每幅桩总浆量的70%～80%，提升时喷浆量为20%～30%。由于三轴搅拌机中间轴注入压缩空气，应考虑其辅助成桩对水泥土强度的影响。施工时如因故停浆，应在恢复压浆前，将搅拌机提升或下沉0.5m后，再注浆搅拌施工，以确保连续墙的连续性。正常条件下，三轴水泥土搅拌桩施工速度见表7.11。

下沉与提升速度　表7.11

土性	下沉搅拌速度（m/min）	提升拌速度（m/min）
黏性土	0.3～1.0	1～2
砂性土	0.5～1.0	
砂砾土	根据现场状况确定	
特殊土		

(3) 施工过程涌土率控制

水泥土搅拌过程中置换涌土的数量是判断土层性状和调整施工参数的重要标志。黏性土特别是当标贯击数N值和黏聚力较高时，土体遇水湿胀、置换涌土多、螺旋钻头易形成泥塞，不易匀速钻进下沉。此时可调整搅拌翼的形式，增加下沉、提升复搅次数，适当增大送气量。对于透水性强的砂土地层，土体湿胀性小，置换涌土少，此时水灰比宜调整为1.2～1.5；同时控制下沉和提升速度以及送气量，必要时在水泥浆液中掺加一定量的膨润土，以堵塞水泥浆渗漏通道，保持孔壁稳定。膨润土掺量一般为3%～5%，膨润土具有较强的保水性能，可以增加水泥土的变形能力，提高墙体抗渗性。日本SMW协会提供的不同土质三轴搅拌机置换涌土发生率见表7.12。

日本SMW协会提供的不同土质三轴搅拌机置换涌土发生率　表7.12

土　质	置换涌土发生率（%）
砾质土	60
砂质土	70
粉土	90
黏性土（含砂质黏土、粉质黏土、粉土）	90～100
固结黏土（固结粉土）	比黏性土增加20～25

(4) 搅拌桩底部的质量保证措施

三轴水泥土搅拌桩采用套接一孔施工，为保证搅拌桩质量，在土性较差或者周边环境较复杂的工程，搅拌桩底部可以采用复搅施工。

2. TRD工法水泥土墙

(1) 施工方法

TRD工法可分为一步、二步、三步施工法。一般一步施工法同时注入切削液和固化液。二步施工法即第一步横向前行注入切削液切削，然后反向回切注入固化液。三步施工法中第一步横向前行时注入切削液切削，一定距离后切削终止；主机反向回切（第二步），即向相反方向移动；移动过程中链式刀具旋转，使切削土进一步混合搅拌，此工况可根据土层性质选择是否再次注入切削液；主机正向回位（第三步），刀具立柱底端注入固化液，使切削土与固化液混合搅拌。

一步施工法直接注入固化液，易出现箱式刀具周边水泥土固化的问题，一般用于深度较浅的水泥土墙的施工。二步施工法施工的起点和终点一致；一般仅在起始墙幅、终点墙幅或短施工段采用，实际施工中应用较少。三步施工法搅拌时间长，搅拌均匀，可用于深度较深的水泥土墙施工，其中第一步施工墙幅的长度不宜超过 6m。一般多采用一步和三步施工法。

TRD 工法机械施工时，前进距离过大，容易造成墙体偏位、卡链等现象，不仅影响成墙质量，而且对设备损伤大。一般横向切削的步进距离不宜超过 50mm。当日水泥土连续墙施工时，施工机械须反向行走，并与前一天的水泥土墙进行搭接切削施工，搭接长度不宜小于 500mm。

（2）箱式刀具拔出及注浆要求

TRD 水泥土墙施工结束或直线边施工完成、施工段发生变化时，需用履带式起重机将箱式刀具拔出。

箱式刀具拔出过程中应防止水泥土浆液液面下降，为此，应注入一定量的固化液，固化液填充速度应与箱式刀具拔出速度相匹配。拔出速度过快时，固化液填充未及时跟进，水泥土浆液液面将大幅下降，导致沟壁上部崩塌，机械下沉无法作业；同时箱式刀具顶端处形成真空，影响墙体质量。反之，固化液填充速度过快，注入量过多会造成固化液的满溢，产生不必要的浪费。一般固化液注入量为：

$$V \approx A_P L_S \quad (7.12)$$

式中 V——固化液注入量；

A_P——箱式刀具的横截面积；

L_S——刀具切削深度。

考虑箱式刀具的刚度以及再次施工时组装的需要，拔出后的箱式刀具应进行分割和仔细检查，对损耗部位须进行保养和维修。

7.5 检测与检验

7.5.1 质量检查与验收的控制要点

1. 搅拌桩施工质量控制要点

（1）搅拌桩桩机对位后应复测桩位，只有桩位对中准确无误，且桩机的垂直度偏差≤1/250后，方可进行搅拌桩施工。

（2）应控制下搅和提升的速度，中途喷浆中断时间不得超过 1h。再次喷浆时应与原喷浆面搭接 0.5m 进行施工。

（3）制备的水泥浆不得离析，配制的水泥浆停置超过 2h 后，应降低强度等级使用。水泥浆的搅拌时间不得少于 3min，如果时间较短，水泥浆搅拌不均匀，注入后将影响搅拌桩的成桩质量。

（4）控制每根桩的水泥浆用量，注浆时的压力由水泥浆输送量控制。泵送须连续进行，送浆不得中断。现场应确保具有足够量的水泥浆，避免出现水泥浆量不足，导致注浆泵无法正常工作的现象。

（5）相邻两根桩的施工间隔不应超过 24h，否则应进行补桩处理。

（6）提升喷浆至地面若钻头被夹泥包裹时，应采取措施去除夹泥。如下搅或上提钻杆甩掉黏泥，或采用人工清除夹泥，以避免出现空心搅拌桩。

2. TRD 水泥土墙施工质量控制要点

（1）为了保证 TRD 工法水泥土墙注入液的质量，注入液制备和注入的各个环节应采用全自动化设备，不应采用手工操作。相关设备型号选择时应保证具有充足的容量与注入液制备能力，满足每日注入液最大需求量。

(2) 施工场地的承载力、平整度应满足TRD主机平稳度和垂直度要求，必要时应进行地基处理。

(3) 主机应平稳、平正，可用经纬仪观测其垂直度。桩机就位后应再次定位复核。桩位偏差值不超过20mm，标高偏差为±100mm，垂直度偏差不超过1%。

(4) 应通过刀具立柱内安装的数个多段倾斜计，对施工中的墙体进行平面内和平面外垂直度监测。

(5) 原位启动刀具立柱开始作业时应进行刀具边缘切削。启动与存在困难时（如砂、砾地层），应立即停机，并重新配比切削液；否则可能导致刀具抱死。

(6) 当日施工完成后，箱式刀具应处于含有松散土砂的混合泥浆中养护。长时间养护时为防止其抱死，可在固化液中掺加1%～3%的缓凝剂。第二天箱式刀具正常启动后，须回行切削，并和前一天的水泥土连续墙进行不少于500mm的搭接切削，以防出现冷缝，确保水泥土墙的连续性。

(7) 刀具立柱拔出前应与主机分离，并用履带式起重机拔出；拔出过程中应调整和控制拔出速度，使其与固化液填充速度相匹配，防止固化液的液面下降；拔出后的立柱应在地面进行拆分，损耗部位应进行保养、维修。

3. 型钢施工质量控制要点

(1) 型钢的质量控制要求

1) 现场检验。应检查型钢的平整度、长度以及焊缝质量等，焊接的两根型钢应检查其是否同心；

2) 型钢本体的处理。插入搅拌桩内的型钢应进行除锈和清污处理。型钢表面应光滑，以减少型钢与搅拌桩的摩阻力；

3) 减摩剂的配制。现场常用石蜡和柴油混合加温配制减摩剂，施工前根据室外温度，进行石蜡和柴油的配制试验，从中确定出满足要求的配比；采用其他材料配制的减摩剂，应确保型钢能顺利拔出；

4) 减摩剂的使用。除锈和清污处理后的型钢表面应均匀涂刷减摩剂，厚度以2mm为宜；遇雨、雪天必须用抹布擦干型钢表面。型钢插入搅拌桩前还应检查所涂减摩剂是否脱落、开裂；一旦脱落、开裂，须将型钢表面减摩剂铲除清理干净后，重新涂刷减摩剂。涂刷减摩剂的型钢应放置在场地内的枕木上。

(2) 型钢的插入技术要求

1) 设置定位架。为确保型钢插入搅拌桩居中和垂直，可制作型钢定位架。定位架应按现场和型钢有关尺寸制作、放置并固定，不允许在型钢插入搅拌桩过程中出现位移；

2) 插入型钢。型钢吊起时应用经纬仪调整其垂直度，型钢底部中心应对正搅拌桩中心。型钢沿定位架徐徐垂直插入搅拌桩内；插入搅拌桩内1/3长度后可加快下放速度，直至到达设计标高。如不能下放到位，可借助挖机或振动器压送型钢就位；此时型钢须居中垂直，并应控制其顶部标高。型钢插入施工必须在成桩后4h内完成，否则型钢插入搅拌桩内不仅困难，还会影响搅拌桩桩身质量。

(3) 型钢拔除技术要求

型钢起拔时应垂直。拔出后的型钢应逐根检查其平整度和垂直度，不合要求的型钢应进一步调直；经调直处理仍不符合要求的，不得使用。同时对型钢进行物理和力学性能检验。拔出型钢后搅拌桩内的空隙，应用水泥砂浆或黄砂等物质充填。

7.5.2 质量检查与验收技术标准

型钢水泥土墙质量检查与验收分为施工期间过程控制、成墙质量验收和基坑开挖期检查三个阶段。

型钢水泥土墙施工期间过程控制内容包括：验证施工机械性能、材料质量、试成桩资料，逐根检查搅拌桩和型钢的定位、长度、标高、垂直度等，查验搅拌桩的水灰比、水泥掺量、下沉与提升速度、搅拌桩施工间歇时间以及型钢的规格、型材质量、拼接焊缝质量等。表 7.13 和 7.14 为水泥土搅拌桩和型钢的检验标准。型钢水泥土墙的成墙验收宜按施工段划分若干检验批，除桩体强度检验项目外，每检验批数量应为总桩数的 20%。

基坑开挖期间应着重检查开挖面墙体的质量以及渗漏水情况。不符合要求时应及时采取补救措施。

水泥土搅拌桩成桩质量检验标准　　表 7.13

序　号	检查项目	允许偏差或允许值	检查频率	检查方法
1	桩底标高（mm）	+50	每根	测钻杆长度
2	桩位偏差（mm）	50	每根	用钢尺量
3	桩径（mm）	±10	每根	用钢尺量钻头
4	施工间歇	<24h	每根	查施工记录

型钢插入允许偏差　　表 7.14

序　号	检查项目	允许偏差或允许值	检查数量	检查方法
1	型钢长度（mm）	±50	每根	用钢尺量
2	型钢顶标高（mm）	±50	每根	水准仪测量
3	型钢平面位置（mm）	50（平行于基坑边线）	每根	用钢尺量
		10（垂直于基坑边线）	每根	用钢尺量
4	形心转角 φ（°）	3°	每根	量角器测量

7.5.3 三轴水泥土搅拌桩的强度检测

1. 目前工程中对水泥土搅拌桩强度检测的几种方法

目前水泥土搅拌桩强度检测方法可分为两类，即水泥土试块强度方法和原位测试方法。水泥土试块强度方法包括水泥土强度室内配比试验、取浆试块强度试验、钻芯试块强度试验三种，原位测试方法主要包括标准贯入试验（SPT）、圆锥动力触探试验（DPT）和静力触探试验（CPT）。

（1）水泥土强度室内配比试验

水泥土强度室内配比试验是施工前进行的试验。即在搅拌桩施工前，由施工现场采取原状土，按照施工参数配比，制成试块并养护，28d 后进行单轴抗压强度试验。室内配比试验得出的强度值一般会偏高，这与施工时的搅拌均匀程度、实际水泥用量、养护条件等有关。因此，其强度试验值难以完全反映在地下经过现场搅拌成型的水泥搅拌桩的实际强度。

目前水泥土的室内物理、力学试验尚未形成统一的操作规程，一般是利用现有的土工试验仪器和砂浆、混凝土试验仪器，按照土工、砂浆（或混凝土）的试验操作规程进行试验。试样制备所用的土料应采用原状土样（不应采用风干土样）。水泥土试块宜取边长为 70.7mm 的立方体。为便于与钻取桩芯强度试验等作对比，水泥土试块也可制成直径 100mm、高径比 1∶1 的圆柱体。

（2）取芯试块强度试验

取芯检测是一种直观的水泥土搅拌桩施工质量检测方法。该方法在搅拌桩施工完成并达到一定龄期后，采用地质钻机，连续钻取全桩长范围内的桩芯，并对取样点芯样进行无侧限抗压强度试验。

一般认为钻取桩芯强度试验是相对可靠的桩身强度检验方法，但也存在缺陷。

取芯采用水冲法成孔，水泥土易产生损伤破碎。取出的芯样暴露在空气中会导致水分流失，后期试块制作过程也会产生较大扰动。因此，钻取桩芯得出的无侧限抗压强度离散性大，数值偏低。

为此，钻取桩芯强度试验宜采用扰动较小的取土设备来获取芯样，如采用双管单动取样器，且宜聘请有经验的专业取芯队伍，严格按照操作规定取样，钻取芯样应立即密封并及时进行强度试验。

（3）原位测试方法

水泥土搅拌桩的原位测试方法主要包括静力触探试验、标准贯入试验、动力触探试验等。

1）圆锥动力触探试验（DPT）

圆锥动力触探试验（DPT）是利用一定质量的重锤，将与探杆相连接的标准规格的探头打入土中，根据探头贯入土中一定距离所需的锤击数，判定土的力学特性，具有勘探与测试双重功能。根据锤击能量，动力触探常常分为轻型、重型和超重型三种。

2）标准贯入试验（SPT）

标准贯入试验和动力触探试验的试验仪器和工作原理相似，均以锤击数作为水泥土强度的评判标准。

3）静力触探试验（CPT）

静力触探试验（CPT）是岩土工程勘察中使用最为广泛的一个原位测试项目。通过贯入阻力与土的工程地质特性之间的定性关系和统计相关关系来获取岩土工程勘察相关参数。

静力触探试验轻便、快捷，能较好地检测水泥土桩身强度沿深度的变化，但试验过程中应采取措施，防止探杆倾斜。标准贯入试验除了能较好地检测水泥土桩身强度外，尚能取出搅拌桩芯样，直观地鉴别水泥土桩身的均匀性。搅拌桩施工完成后进行的现场原位测试，是较方便和直观的检测方法，但目前该方法工程应用经验还较少，需要进一步积累资料。

（4）取浆试块强度试验

浆液试块强度试验是在搅拌桩刚搅拌完成、水泥土处于流动状态时，及时沿桩长一定范围采取浆液，浸水养护一定龄期后，进行单轴无侧限抗压强度的试验。浆液试块强度试验主要目的是为了克服钻孔取芯强度检测方法中不可避免的强度损失，使试验方法更具可操作性和合理性。

试验应采用专用取浆装置，严禁取用桩顶泛浆和搅拌头带出的浆液。图7.19所示为一

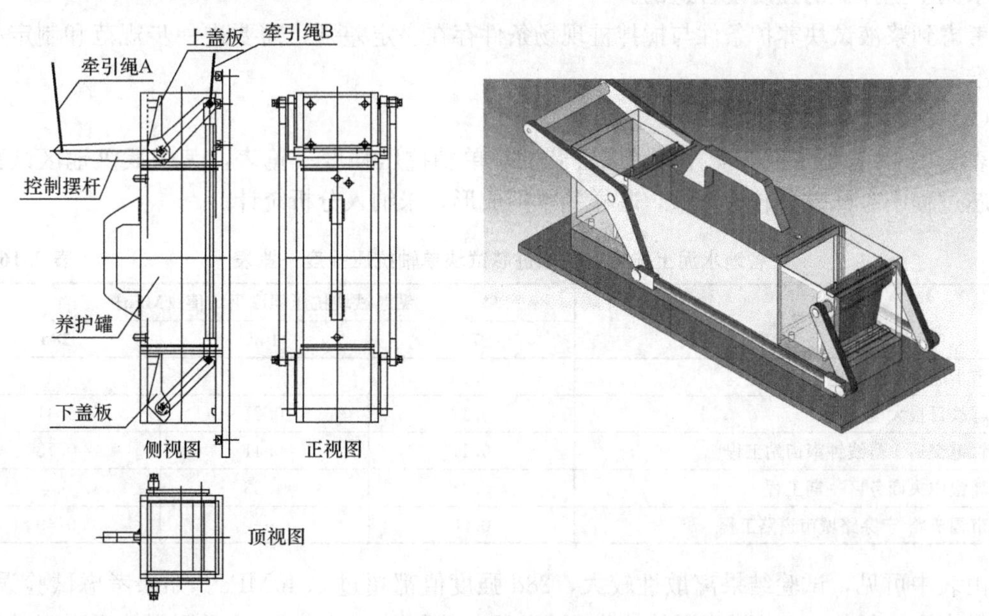

图7.19 取浆液设备图

种专用取样设备，原理简单，操作过程方便[6]。取样装置可附着于三轴搅拌桩机的搅拌头并随其送达取样点指定标高。送达过程中拉紧牵引绳 B 打开上下盖板，以使取样器处于敞开状态，保证水泥土浆液充分灌入；就位后由牵引绳 A 拉动控制摆杆关闭上下盖板，封闭取样罐，使浆液密封于取样罐中，取样装置随搅拌头提升至地面，取出取样罐。目前日本一般将取样器固定于型钢上，在型钢插入搅拌桩时获取浆液。

取出的浆液应在养护罐中浸水封闭养护，养护罐内壁宜涂抹薄层黄油，养护温度宜与取样点土层温度相近。养护龄期达到后进行的无侧限抗压强度试验，可参照室内配比试验的方法和要求进行。

浆液试块强度试验对搅拌桩没有损伤，且试块质量较好，试验结果离散性小。作为搅拌桩强度检验和施工质量控制的手段，随着型钢水泥土墙的应用和浆液取样装置的完善普及，宜加以推广发展。

2. 三轴水泥土搅拌桩强度检测结果分析

为分析研究搅拌桩的强度及检测方法，配合国家行业标准型钢水泥土墙技术规程的编制，在上海、天津、武汉、宁波、苏州等地，共进行了 6 个场地的水泥土搅拌桩强度试验，每个场地均打设 5 根 ϕ850 或 ϕ1000 的三轴水泥土搅拌桩，采取套接一孔施工工艺，深度为 15～25m。试验内容为 7d、14d、28d 龄期的钻取桩芯强度试验、多种现场原位试验（静力触探试验、标准贯入试验、重型动力触探试验等），部分试验场地进行了浆液试块强度试验[6]。

(1) 浆液试块强度

上海解放日报大厦工程场地进行的浆液试块强度和钻取桩芯试块强度的对比试验，见表 7.15。

水泥土取芯与取浆液单轴抗压强度对比 表 7.15

水泥土龄期（d）	取浆液强度平均值（MPa）	取芯强度平均值（MPa）	取浆强度值/取芯强度值
7	0.19	0.12	1.6
14	0.34	0.21	1.6
28	0.54	0.41	1.3

由表 7.15 中可见，取浆与取芯强度的比值约为 1.3～1.6，表明取芯过程中芯样受损伤而使试验强度值偏低。综合分析，适当考虑安全储备，对取芯试块强度乘以 1.2～1.3 系数作为水泥土搅拌桩的强度是合适的。

考虑到浆液试块养护条件与搅拌桩现场条件存在一定差别，需要进一步规范和制定相应的标准。

(2) 钻取桩芯强度

表 7.16 为各地水泥土搅拌桩钻取桩芯试块单轴抗压强度一览表，其中武汉地区试验由于取芯过程中芯样破坏较为严重，芯样基本不成形，未纳入分析统计。

各地水泥土搅拌桩钻取桩芯试块单轴抗压强度一览表 表 7.16

背景工程	钻芯试块抗压强度平均值（MPa）		
	7d	14d	28d
上海市半淞园路电力电缆隧道工程	0.13	—	0.44
上海解放日报大厦工程	0.12	0.21	0.41
苏州轨道交通 1 号线钟南街站工程	0.17	0.41	0.78
天津高银中央商务区一期工程	0.48	4.33	6.4
宁波市福庆路-宁穿路城市道路工程	0.06	—	0.49

由表中可见，试验结果离散性较大，28d 强度值都超过 0.40MPa。如果考虑试验误差，去掉最高和最低值，28d 强度平均值为 0.57MPa。因此，水泥土 28d 无侧限抗压强度最低值

取 0.5MPa 是合适的。

通过试验发现，搅拌桩套打区域与非套打区域的强度未检测到明显差异。水泥土强度不但与龄期有关，还与土层性质有关。同等条件下粉质黏土的水泥土试块强度较粉土、粉砂的要低。

（3）现场原位试验结果

表 7.17～表 7.19 分别为静力触探、标准贯入和重型触探三种现场原位试验结果的统计表。

各地水泥土桩静力触探比贯入阻力 P_s 平均值一览表　　表 7.17

背景工程	静力触探比贯入阻力 P_s 平均值（MPa）		
	7d	14d	28d
上海市半淞园路电力电缆隧道工程	1.60	—	4.25
上海解放日报大厦工程	2.00	3.00	3.90
苏州轨道交通 1 号线钟南街站工程	2.68	4.78	—
武汉葛洲坝国际广场工程	2.84	—	—

各地水泥土桩标准贯入击数平均值一览表　　表 7.18

背景工程	标准贯入击数平均值（击）		
	7d	14d	28d
上海市半淞园路电力电缆隧道工程	7.9	—	12.7
上海解放日报大厦工程	5.7	10.4	13.4
苏州轨道交通 1 号线钟南街站工程	18.7	26.2	—
武汉某工程	11.5	—	18.0
宁波市福庆路-宁穿路城市道路工程	14.5	—	16.2

各地水泥土桩重型动力触探击数平均值一览表　　表 7.19

背景工程	重型动力触探击数平均值（击）		
	7d	14d	28d
上海市半淞园路电力电缆隧道工程	6	—	10
苏州轨道交通 1 号线钟南街站工程	9.4	11.9	—
武汉葛洲坝国际广场工程	6.6	—	9.5
宁波市福庆路-宁穿路城市道路工程	5.3	—	7.8

由表 7.17～表 7.19 可见，随着搅拌桩龄期的增加，静力触探比贯入阻力、标准贯入试验和重型动力触探试验的锤击数都相应增加，规律性较好。相对来讲，标准贯入试验和重型动力触探试验人为因素影响较多，误差较大，试验精度稍差。上述三种方法均可作为搅拌桩强度检测的辅助方法。只是工程应用经验较少，尚未建立原位试验结果与搅拌桩强度值之间的对应关系，需要进一步积累资料。

7.6　常见问题与对策

7.6.1　三轴水泥土搅拌桩强度取值问题分析

1. 存在的问题

目前工程中对搅拌桩强度的争议较大。如上海工程建设规范《型钢水泥土墙技术规程》（DGJ 08-116）规定：28d 无侧限抗压强度标准值不宜小于 1.0MPa；国家工程建设规范《建筑地基处理技术规范》JGJ 79 规定：当水泥掺入比大于 10%时，28d 水泥土强度为 0.3MPa～

2MPa；国家行业标准《型钢水泥土墙技术规程》JGJ/T 199 规定：28d 无侧限抗压强度不应低于 0.5MPa。如何合理地确定搅拌桩 28d 强度值，需要结合试验深入分析研究。

2. 对策

水泥土力学性能受多种因素影响，如土层情况、养护条件、施工参数等。通过前述强度试验可知，水泥土强度试验最低值取 0.5MPa 较为合理。基坑工程中水泥土搅拌桩的强度验算应能够满足抗剪承载力要求。实际工程中对水泥土搅拌桩的强度检测是进行 28d 无侧限抗压强度试验，因此需要明确水泥土搅拌桩抗剪强度 τ 与无侧限抗压强度 q_u 之间的关系。

冶金部建筑研究总院 SMW 工法研究组研究成果表明[3]：当水泥土的垂直压应力 $\sigma_0=0$、水泥土无侧限抗压强度 $q_u=1\text{MPa}\sim5\text{MPa}$ 时，水泥土的抗剪强度 $\tau=0.3\text{MPa}\sim0.45\text{MPa}$；当 σ_0 较大时，$\tau=q_u/2$。日本 SMW 工法学会根据直剪试验也得到了水泥土的抗剪强度和单轴抗压强度之间的类似关系，如图 7.20 所示。

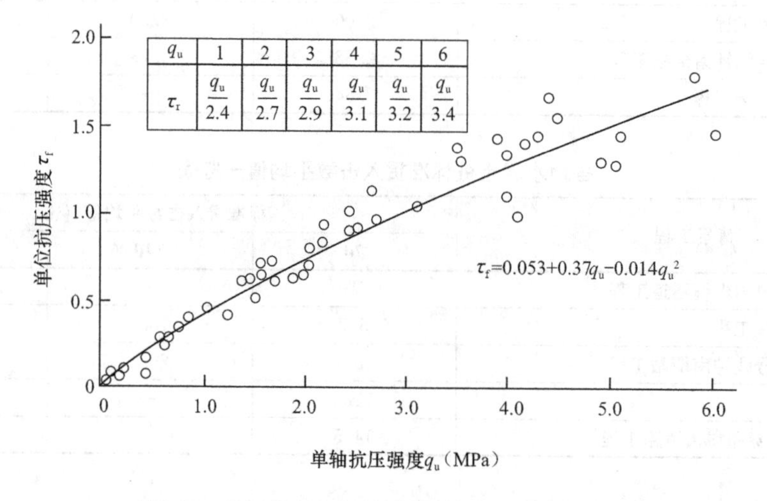

图 7.20 水泥土抗剪强度和单轴抗压强度的关系

从目前实际工程应用情况看，已实施的工程均可以满足型钢间搅拌桩的局部抗剪要求，并未发生局部抗剪破坏。综合国内外的研究成果以及型钢水泥土墙技术的实际应用情况，对于水泥土抗剪强度标准值 τ 与 28d 无侧限抗压强度 q_u 的相对数值关系，取 $\tau=q_u/3$ 较为合理和安全。

7.6.2 三轴搅拌桩强度检测方法问题分析

1. 存在的问题

水泥土搅拌桩的强度检测存在一定的缺陷，试块试验不能真实地反映实际桩身的强度值，钻孔取芯对芯样有一定破坏，试验强度值偏低，而原位测试方法还缺乏大量的对比数据。因此，对水泥土搅拌桩的强度检测方法进行系统研究，力求简单、可靠、可操作是必要的。

2. 对策

浆液试块强度试验是值得推广的搅拌桩强度检测方法。具有以下优势：

1）取浆试验现场操作方便，试块为标准试块，费用低，速度快。

2）对试样扰动较小，强度检测结果离散性小。

3）不会对已施工的搅拌桩强度和止水性能带来损害。

由于养护条件与搅拌桩现场条件存在差异，强度值一般大于现场取芯试块的强度检测值。该方法的推广依赖于取样装置的简便实用性。

取浆试验在搅拌桩一定深度获取的尚未初凝的水泥土浆液，需要在试验室进行养护，浆液试块强度检测一直以来难于推广的一个重要原因是国内没有简便实用的取样装置，图 7.21 是最近研发改制的深层水泥土浆液简易取样机，图 7.22 为取样机现场操作图。该取样机具有取样稳定、实用小巧、取样效率较高等优点，可以较便捷地获取深层水泥土浆液。

图 7.21　深层水泥土浆液简易取样机

图 7.22　取样机现场操作图

7.6.3　三轴搅拌桩浆液流量控制与监测问题分析

1. 存在的问题

注浆泵流量控制是否与三轴搅拌机下沉（提升）速度相匹配，直接影响到三轴水泥土搅拌桩的水泥掺入量和成桩质量。施工过程中应严格控制配制浆液的水灰比及水泥掺入量。目前国内只能通过整体水泥用量大概统计水泥掺入量，缺乏有效的实时监测仪器，来准确确定每根水泥土搅拌桩的水泥用量。

2. 对策

为解决三轴水泥土搅拌桩施工过程的即时检测问题，提倡在三轴水泥土搅拌桩施工过程中采用参数自动监测记录装置，以控制每根桩的注浆泵流量、总浆量、搅拌机钻进与提升速度、成桩深度等参数，便于实现信息化施工，并自动生成搅拌桩施工报表。

7.6.4　三轴机施工中存在的问题及对策

1. 存在的问题

目前三轴水泥土搅拌桩的施工工艺，存在桩体均匀性和垂直度有待提高、超深搅拌桩施工设备改进、坚硬土层施工工艺改进、施工过程冒浆和浆液处理等问题。另外，过高的钻机机架在施工中安全隐患也较大。

2. 对策

在坚硬土层施工的技术措施可采用预钻孔后成墙的方式，详见本章 7.4.2 节和图 7.14。

如果三轴水泥土搅拌桩设计深度超过 30m，通过加接 2～3 根钻杆，搅拌桩深度可施工至 35m～45m。施工过程见图 7.23 所示。

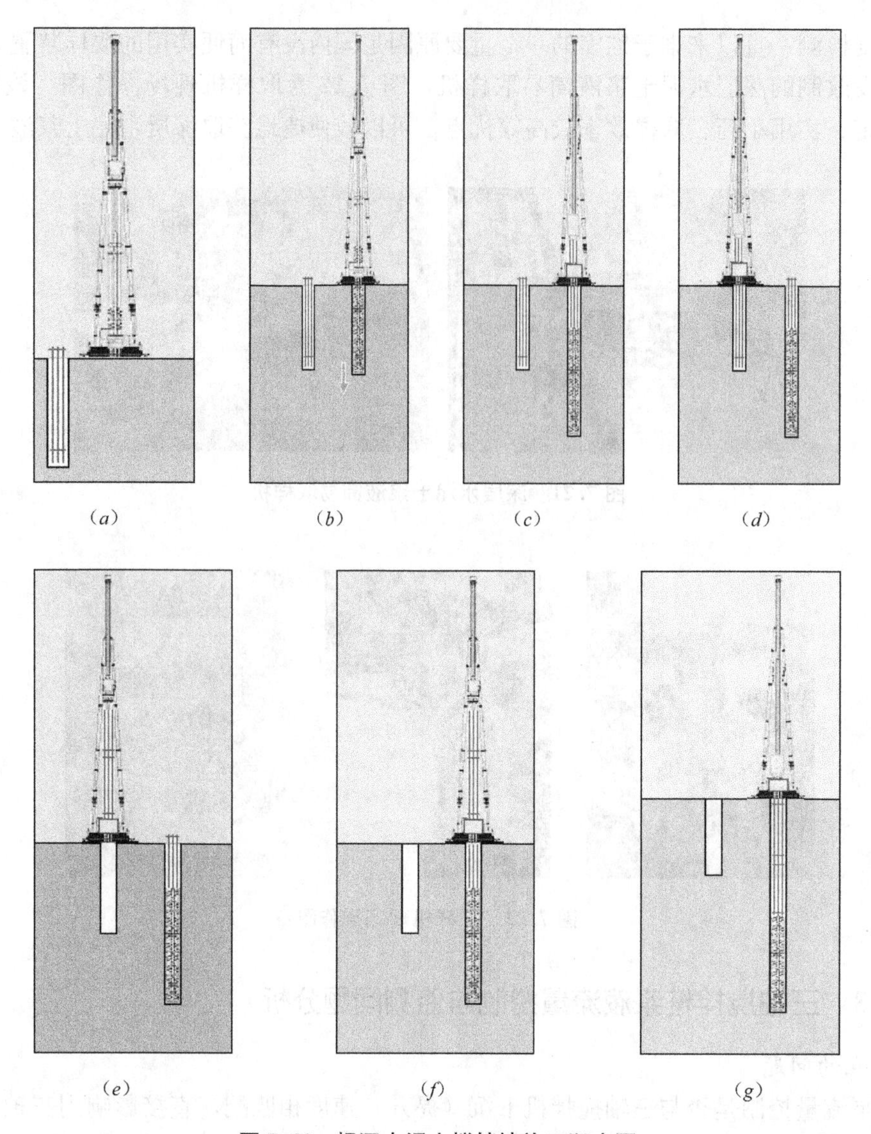

图 7.23 超深水泥土搅拌墙施工顺序图

(a) 钻切预埋孔，放入加接钻杆；(b) 进行水泥土搅拌桩施工；(c) 搅拌下沉钻杆，到第一组钻杆结束；(d) 拆卸钻杆，移动桩机到加接钻杆位置；(e) 连接加接钻杆，提升加接钻杆；(f) 移动桩机，回到原桩位将加接钻杆和第一组钻杆连接起来；(g) 继续搅拌下沉，重复步骤 c、d、e、f 直至到达设计桩深

坚硬土层中施工超深水泥土墙时，三轴水泥搅拌桩机应先行试桩，确保施工操作的可行性。反之，可采用 TRD 工法进行超深水泥土墙的施工。

参考文献

[1] 刘国斌，王卫东. 基坑工程手册（第二版）[M]. 北京：中国建筑工业出版社，2009.

[2] 龚晓南. 深基坑工程设计施工手册 [M]. 北京：中国建筑工业出版社，1998.

[3] JGJ/T 199—2010 型钢水泥土搅拌墙技术规程 [S]. 北京：中国建筑工业出版社，2010.

[4] DGJ 08-116—2005 型钢水泥土墙技术规程（试行）[S]. 上海，2005.

[5] 日本 SMW 协会. SMW 工法标准预概算资料（设计、施工、概预算）[G]. 东京：SMW 协会，2008.

[6] 唐军，梁志荣，刘江，等. 三轴水泥土搅拌桩的强度及测试方法研究-背景工程试验报

告［R］. 上海：上海现代建筑设计集团，2009.

［7］ 张凤祥，焦家训. 水泥土连续墙新技术与实例［M］. 北京：中国建筑工业出版社，2009.

［8］ 周顺华，刘建国，潘若东，等. 新型SMW工法基坑围护结构的现场试验和分析［J］. 岩土工程学报，2001，23（6）：692-695.

［9］ 牛午生. 地下连续墙施工——TRD工法［J］. 水利水电工程设计，1999，（3）：18-19.

［10］ 安国明，宋松霞. 横向连续切屑式地下连续墙工法——TRD工法［J］. 施工技术，2005，（S）：278-282.

CHAPTER 8

第8章　排桩支护体系

8.1　概述

排桩支护体系是由排桩、排桩加锚杆或支撑组成的支护结构体系的统称，其结构类型可分为：悬臂式排桩、锚拉式排桩、支撑式排桩和双排桩等（图8.1）。这类支护结构都可用弹性梁与弹性支点法计算模型进行结构分析。排桩支护体系受力明确，计算方法和工程实践相对成熟，是目前国内基坑工程中应用最多的支护结构形式之一。

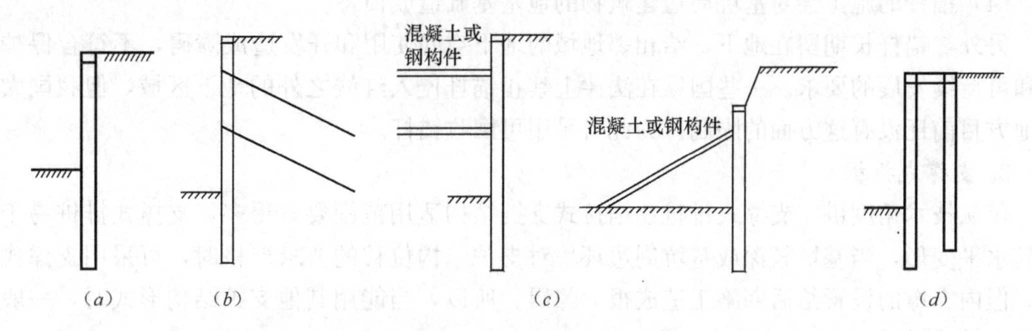

图8.1　排桩支护体系的结构类型

(a) 悬臂式排桩；(b) 锚拉式排桩；(c) 支撑式排桩；(d) 双排桩

排桩平面布置形式一般常采用相隔一定间距的疏排桩布置形式，当基坑需要截水时，可采用排桩与搅拌桩或高压喷射注浆体相互搭接的组合形式，既作为挡土结构又作为挡水的截水帷幕。排桩平面布置也可采用密排的咬合桩形式，同时用于挡土和截水。

排桩通常采用混凝土灌注桩（钻孔桩、挖孔桩、冲孔桩），也可采用型钢桩、钢管桩、钢板桩、预制桩和预应力管桩等桩型。

8.2　选型和适用范围

8.2.1　选型时应考虑的因素

排桩支护体系选型时，应综合考虑下列因素：

(1) 基坑深度；

(2) 土的性状及地下水条件；

(3) 基坑周边环境对基坑变形的承受能力及支护结构一旦失效可能产生的后果；

(4) 主体地下结构及其基础形式、基坑平面尺寸及形状；

(5) 支护结构施工工艺的可行性；

(6) 施工场地条件及施工季节；

(7) 经济指标、环保要求和施工工期。

8.2.2　排桩支护体系的选型和适用范围

1. 锚拉式排桩

锚杆式排桩通过对锚杆施加一定的预应力，可使其产生的水平变形较小；锚杆的位置和层数灵活，通过调整锚杆的位置和层数可使支护桩内力分布较均匀；并且在基坑内形成无障碍空间，便于土方开挖运输和后期主体地下结构施工。

当基坑较深或基坑周边环境对支护结构位移的要求严格时，或基坑平面尺寸宽大，不适宜采用支撑式排桩时，可采用锚拉式排桩。虽然锚拉式排桩可以给后期土方开挖与主体结构施工提供很大的便利，但在下列情况下不应采用锚拉式结构：

（1）缺少能对锚杆提供足够锚固力且不蠕变的土层；

（2）受基坑周边的建筑物的基础、地下管线、地下构筑物等的妨碍，使锚杆在稳定土体内的锚固长度不足；

（3）碎石土、砂土、粉土等土层中地下水位或承压水头较高，锚杆成孔不能避免流砂或注浆液不能形成完整的固结体；

（4）锚杆的施工会对基坑周边建筑物的地基基础造成损害。

另外，锚杆长期留在地下，给相邻地域的地下空间使用和开发造成障碍，不符合保护环境和可持续发展的要求。一些国家在法律上禁止锚杆侵入红线之外的地下区域，但我国大部分地方目前还没有这方面的限制。为此可采用可回收锚杆。

2. 支撑式排桩

仅从技术角度讲，支撑式排桩比锚拉式支挡结构适用范围要宽得多，支撑式排桩易于控制其水平变形，当基坑较深或基坑周边环境对支护结构位移的要求严格时，可采用支撑式排桩。但内支撑的设置给后期施工造成很大障碍。所以，当能用其他支护结构形式时，一般不首选支撑式排桩。

3. 悬臂式排桩

悬臂式排桩顶位移较大，内力分布不理想，但可省去锚杆和支撑，当基坑较浅且基坑周边环境对支护结构位移的限制不严格时，可采用悬臂式排桩。

4. 双排桩

双排桩是一种刚架结构形式，其内力分布特性明显优于单排的悬臂式结构，水平变形也比悬臂式结构小得多，适用的基坑深度比悬臂式结构大一些，但占用场地较宽。当不适合采用其他支护结构形式且在场地条件及基坑深度均满足要求的情况下，可采用双排桩。

当基坑周边有受保护的建筑物、地下管线、地下构筑物等时，锚杆、支护桩的施工应针对受保护对象的特点采取相应措施，不得对其造成损害。

8.3 排桩支护结构的计算

8.3.1 几种结构分析方法

结构分析应根据支护结构的具体形式与受力、变形特性等因素，采用下列分析方法：

1. 平面杆系结构弹性支点法

平面杆系结构弹性支点法的分析对象为支护结构本身，不包括土体。土体对支护结构的作用简化为荷载或约束。把支护桩简化为竖向的弹性地基梁，一般都按线弹性体考虑，是目前最常用和成熟的支护结构分析方法，适用于大部分支挡式结构。

（1）锚拉式排桩

将整个结构分解为挡土结构（排桩）、锚拉结构（锚杆及腰梁、冠梁）分别进行分析。排桩宜采用平面杆系结构弹性支点法进行分析。锚拉结构应以挡土结构分析时得出的支点力为荷载计算锚杆及梁的内力。

采用该方法对锚拉式排桩进行结构分析时，首先将挡土结构部分（排桩）取作分析对象，采用平面杆系结构弹性支点法按梁进行分析。土和锚杆对排桩的支承应简化为弹性支座，应采用本指南第4章所述的弹性支点法计算简图。经计算分析比较，用弹性支点法和非弹性固定支座计算的挡土结构内力和位移相差较大，说明按非弹性支座进行简化是不合适的。

腰梁、冠梁的计算较为简单，只需以挡土结构分析时得出的支点力作为荷载，根据腰梁、冠梁的实际约束情况，按简支梁或连续梁算出其内力，将支点力转换为锚杆轴力。

（2）支撑式排桩

将整个结构分解为挡土结构（排桩）与内支撑结构，分别进行分析。排桩采用平面杆系结构弹性支点法进行分析。内支撑结构可按平面结构进行分析，挡土结构传至内支撑的荷载应取挡土结构分析时得出的支点力。

首先将挡土结构部分（排桩）取作分析对象，采用平面杆系结构弹性支点法按梁进行分析。土和支撑对排桩的支承应简化为弹性支座。分解出的内支撑结构按平面结构进行分析，将排桩分析时得出的支点力作为荷载反向加至内支撑上，内支撑计算分析的具体要求见本指南第4章。值得注意的是，将支撑式排桩分解为挡土结构和内支撑结构并分别独立计算时，在其连接处是应满足变形协调条件的。当计算的变形不协调时，应调整在其连接处简化的弹性支座的弹簧刚度等约束条件，直至满足变形协调。

（3）悬臂式排桩、双排桩

悬臂式排桩、双排桩宜采用平面杆系结构弹性支点法进行结构分析。悬臂式排桩可看作是支撑式和锚拉式排桩的特例，采用平面杆系结构弹性支点法进行结构分析只是将锚杆或支撑所简化的弹性支座取消即可。

2. 空间结构分析方法

当有可靠经验时，可采用空间结构分析方法对支护结构进行整体结构分析。按空间结构分析时，整体结构的边界条件应与实际情况一致。

实际的支护结构一般都是空间结构。空间结构的分析方法复杂，当有条件时，希望根据受力状态的特点和结构构造，将实际结构分解为简单的平面结构进行分析。本指南有关排桩计算分析的主要内容针对的就是平面结构。但遇到按平面结构简化难以反映实际结构时需要按空间结构模型分析。不同问题要不同对待，难以作出细化的规定。通常，需要在有经验时，才能采用合理的空间结构模型进行分析。按空间结构分析时，应使结构的边界条件与实际情况足够接近，这需要设计人员有较强的结构设计经验和水平。

3. 结构与土相互作用的分析方法

当理论或试验数据可靠时，可采用结构与土相互作用的分析方法对支护结构与土进行整体分析。

考虑结构与土相互作用的分析方法是岩土工程中先进的计算方法，是岩土工程计算理论和计算方法的发展方向，但需要可靠的理论模型和试验参数。目前，将采用该类方法对支护结构计算分析的结果直接用于工程设计中尚不成熟，仅能在已有成熟方法计算分析结果的基础上用于分析比较，不可滥用。采用该方法的前提是要有足够把握和经验。

传统和经典的极限平衡法可以手算，在许多传统教科书和技术手册中都有介绍。但由于该方法的一些假定与支撑式结构的实际受力状况有一定差别，且不能计算支护结构位移，目前已很少采用了。经与弹性支点法的计算结果对比，在有些情况下，特别是对多支点结构，两者的计算弯矩与剪力差别较大。

8.3.2 计算工况

支挡式结构设计时应对下列工况进行计算，并应按其中最不利的作用效应进行支护结构设计：

（1）基坑开挖至坑底时的受力状况；悬臂式排桩、双排桩只需计算该工况；

（2）对锚拉式和支撑式支挡结构，基坑开挖至各层锚杆或支撑施工面时的受力状况；

（3）在主体地下结构施工过程中需要以主体结构构件替换支撑或锚杆的受力状况；此时，主体结构构件应满足替换后各设计工况下的承载力、变形及稳定性要求。

基坑支护结构的有些构件，如锚杆与支撑，是随基坑开挖过程逐步设置的，基坑需按锚杆或支撑的位置逐层开挖。所谓支护结构设计工况，是指设计时就要拟定锚杆和支撑与基坑开挖的关系，需要设计开挖与锚杆或支撑设置的步骤，对每一开挖过程支护结构的受力与变形状态进行分析。因此，支护结构施工和基坑开挖时，只有按设计的开挖步骤才能满足符合设计受力状况的要求。一般情况下，基坑开挖到基底时受力与变形最大，但有时也会出现开挖中间过程支护结构内力最大，支护结构构件的截面或锚杆抗拔力按开挖中间过程确定的情况。特别是，当用结构楼板作为支撑替代锚杆或支护结构的内支撑构件时，此时支护结构构件的内力可能会是最大的。

要模拟基坑施工的复杂受力过程，也可采用增量法，增量法较直观方便[4]，每步的计算采用当时的结构体系，包括当时的支撑和开挖状况，荷载则采用增量荷载，以前的各增量步内力和位移计算结果的叠加即是当前步的结果。增量法可以模拟基坑的分步开挖、支撑拆除、换撑、支撑和锚杆预加力等复杂的施工过程的受力。

8.3.3 平面弹性地基梁与杆系结构弹性支点法

采用平面弹性地基梁与杆系结构弹性支点法时，锚杆和内支撑对挡土构件的约束应按本指南规定的弹性支座考虑。弹性支点刚度系数可通过现场试验或通过对结构整体进行线弹性结构分析得出的支点力与水平位移的关系确定。地基土水平向基床系数 k_H 及其比例系数 m 宜按桩的水平荷载试验及地区经验取值，也可按经验公式计算。支护机构计算的具体方法可参见本指南第 3 章和第 4 章相关章节。

8.3.4 支护桩的截面承载力计算

1. 正截面受弯承载力

（1）均匀配筋

沿周边均匀配置纵向钢筋的圆形截面钢筋混凝土支护桩，当截面内纵向钢筋数量不少于 6 根时，其正截面受弯承载力应符合下列规定（图 8.2）：

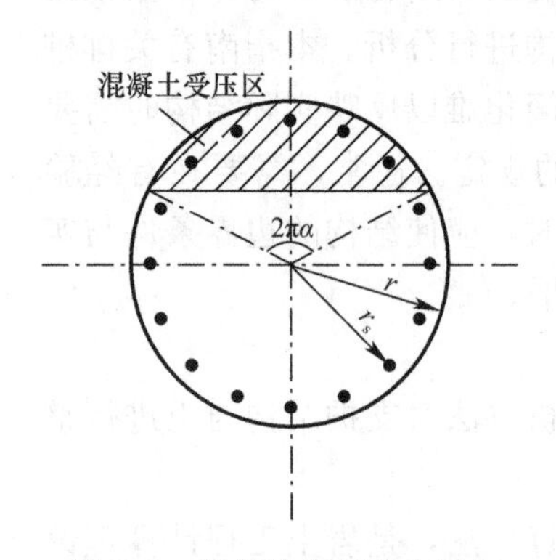

图 8.2 沿周边局部均匀配置纵向钢筋的圆形截面

$$M \leqslant \frac{2}{3}\alpha_1 \alpha f_c A r \frac{\sin^3 \pi\alpha}{\pi} + f_y A_s r_s \frac{\sin\pi\alpha + \sin\pi\alpha_t}{\pi} \tag{8.1}$$

$$\alpha f_c A\left(1-\frac{\sin 2\pi\alpha}{2\pi\alpha}\right)+(\alpha-\alpha_t) f_y A_s = 0 \tag{8.2}$$

$$\alpha_t = 1.25 - 2\alpha \tag{8.3}$$

式中 M——桩的弯矩设计值（kN·m）；

α_1——系数，当混凝土强度等级不超过 C50 时，取 $\alpha_1 = 1.0$，当混凝土强度等级为 C80 时，取 $\alpha_1 = 0.94$，其间按线性内插法确定；

f_c——混凝土轴心抗压强度设计值（kN/m²）；

A——支护桩截面面积（m²）；

r——支护桩的半径（m）；

α——对应于受压区混凝土截面面积的圆心角与 2π 的比值；

f_y——纵向钢筋的抗拉强度设计值（kN/m²）；

A_s——全部纵向钢筋的截面面积（m²）；

r_s——纵向钢筋中心所在圆周的半径（m）；

α_t——纵向受拉钢筋截面面积与全部纵向钢筋截面面积的比值，当 $\alpha > 0.625$ 时，取 $\alpha_t = 0$。

(2) 非均匀配筋

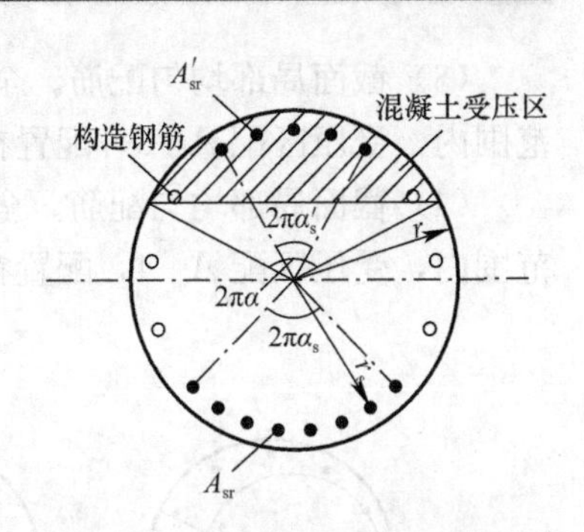

图 8.3 沿受拉区和受压区周边局部均匀配置纵向钢筋的圆形截面

沿受拉区和受压区周边局部均匀配置纵向钢筋的圆形截面钢筋混凝土支护桩，当截面受拉区内纵向钢筋数量不少于3根时，其正截面受弯承载力应符合下列规定（图 8.3）：

$$M \leqslant \frac{2}{3} f_c A r \frac{\sin^3 \pi\alpha}{\pi} + f_y A_{sr} r_s \frac{\sin \pi\alpha_s}{\pi\alpha_s} + f_y A'_{sr} r_s \frac{\sin \pi\alpha'_s}{\pi\alpha'_s} \tag{8.4}$$

$$\alpha f_c A\left(1 - \frac{\sin 2\pi\alpha}{2\pi\alpha}\right) + f_y (A'_{sr} - A_{sr}) = 0 \tag{8.5}$$

混凝土受压区圆心半角的余弦应符合下列要求：

$$\cos\pi\alpha \geqslant 1 - \left(1 + \frac{r_s}{r}\cos\pi\alpha_s\right)\xi_b \tag{8.6}$$

式中 α——对应于受压区混凝土截面面积的圆心角与 2π 的比值；

α_s——对应于受拉钢筋的圆心角与 2π 的比值；α_s 值宜在 1/6～1/3 之间选取，通常可取 0.25；

α'_s——对应于受压钢筋的圆心角与 2π 的比值，宜取 $\alpha'_s \leqslant 0.5\alpha$；

A——构件截面面积（m^2）；

A_{sr}、A'_{sr}——配置在圆心角 $2\pi\alpha_s$、$2\pi\alpha'_s$ 内的纵向受拉、受压钢筋截面面积；

r——圆形截面的半径（m）；

r_s——纵向钢筋中心所在圆周的半径（m）；

f_y——纵向钢筋的抗拉强度设计值（kPa）；

f_c——混凝土轴心抗压强度设计值（kPa）；当混凝土强度等级超过 C50 时，f_c 应用 $\alpha_1 f_c$ 代替，当混凝土强度等级为 C50 时，取系数 $\alpha_1 = 1.0$，当混凝土强度等级为 C80 时，取系数 $\alpha_1 = 0.94$，其间按线性内插法确定；

ξ_b——矩形截面的相对界限受压区高度（m），应按现行国家标准《混凝土结构设计规范》GB 50010 的规定取值。

计算的受压区混凝土截面面积的圆心角与 2π 的比值 α 宜符合下列条件：

$$\alpha \geqslant 1/3.5 \tag{8.7}$$

当不符合上述条件时，其正截面受弯承载力可按下式计算：

$$M \leqslant f_y A_{sr}\left(0.78r + r_s \frac{\sin\pi\alpha_s}{\pi\alpha_s}\right) \tag{8.8}$$

沿圆形截面受拉区和受压区周边实际配置的纵向钢筋的圆心角应分别取为 $2\frac{n-1}{n}\pi\alpha_s$ 和 $2\frac{m-1}{m}\pi\alpha'_s$，$n$、$m$ 分别为受拉区、受压区配置均匀纵向钢筋的根数。

配置在圆形截面受拉区的纵向钢筋的按全截面面积计算的最小配筋率不宜小于 0.2% 和 $0.45 f_t/f_y$ 中的较大者，此处，f_t 为混凝土抗拉强度设计值。在不配置纵向受力钢筋的圆周范围内应设置周边纵向构造钢筋，纵向构造钢筋直径不应小于纵向受力钢筋直径的 1/2，且不应小于 10mm；纵向构造钢筋的环向间距不应大于圆截面的半径和 250mm 两者的较小值，且不得少于 1 根。

在实际工程中，支护桩最常采用的截面配筋方式大致有以下四种（图 8.4）：

(1) 截面全部均匀配筋。全截面纵向钢筋总配筋量为 A_s，纵向钢筋沿圆周均匀配置，其受弯承载力为 M_1，见图 8.4 (*a*)。

(2) 截面局部均匀配筋。全截面纵向钢筋总配筋量为 A_s，受拉区配 $2A_s/3$，配置在 120° 范围内，受压区配 $A_s/3$，配置在 60° 范围内，其受弯承载力为 M_2，见图 8.4 (*b*)。

（3）截面局部均匀配筋。全截面纵向钢筋总配筋量为 A_s，受拉区配 $2A_s/3$，配置在 90°范围内，受压区配 $A_s/3$，配置在45°范围内，其受弯承载力为 M_3，见图 8.4（*c*）。

（4）截面局部均匀配筋。全截面纵向钢筋总配筋量为 A_s，受拉区配 $3A_s/4$，配置在 120°范围内，受压区配 $A_s/4$，配置在 60°范围内，其受弯承载力为 M_4，见图 8.4（*d*）。

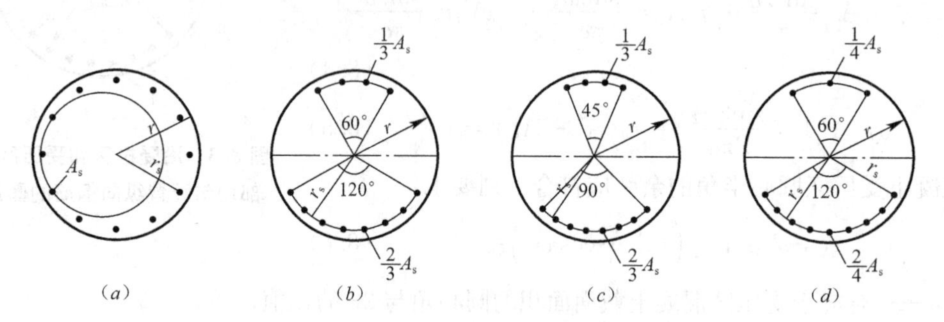

图 8.4　圆截面支护桩常用的配筋方式

（*a*）配筋（一）；（*b*）配筋（二）；（*c*）配筋（三）；（*d*）配筋（四）

表 8.1～表 8.4 分别为桩径为 600mm、800mm、1000mm 和 1200mm，桩身混凝土强度等级为 C20、C25，纵向钢筋的混凝土保护层厚度为 50mm 时，以上四种配筋方式在各种配筋量情况下计算的受弯承载力表，可在实际工程设计中参考使用[8]。

ϕ600 桩受弯承载力（kN·m）（钢筋：Ⅱ级，混凝土保护层：50mm）　　　**表 8.1**

A_s（mm²）		1000	1500	2000	2500	3000	3500	4000	4500	5000	5500
配筋率 ρ(%)		0.35	0.53	0.71	0.88	1.06	1.24	1.41	1.59	1.77	1.95
C20	M_1	76	110	142	173	204	233	262	290	318	345
	M_2	89	134	179	223	268	313	355	396	438	478
	M_3	93	140	186	233	279	326	371	415	458	501
	M_4	101	151	201	251	297	342	386	429	471	512
C25	M_1	78	112	146	178	209	239	269	298	326	354
	M_2	89	134	179	223	268	313	358	402	443	485
	M_3	93	140	186	233	279	326	372	419	464	507
	M_4	101	151	201	251	302	348	393	438	482	524

ϕ800 桩受弯承载力（kN·m）（钢筋：Ⅱ级，混凝土保护层：50mm）　　　**表 8.2**

A_s（mm²）		2000	3000	4000	5000	6000	7000	8000	9000	10000	11000
配筋率 ρ(%)		0.40	0.60	0.80	0.99	1.19	1.39	1.59	1.79	1.99	2.19
C20	M_1	206	298	386	471	554	635	714	792	868	944
	M_2	245	368	490	613	736	866	983	1098	1212	1324
	M_3	255	383	511	639	766	907	1030	1151	1270	1388
	M_4	276	414	552	690	816	939	1059	1176	1290	1401
C25	M_1	210	304	394	482	567	650	732	812	891	968
	M_2	245	368	490	613	736	858	981	1111	1227	1342
	M_3	255	383	511	639	766	894	1022	1164	1286	1407
	M_4	276	414	552	690	829	956	1081	1202	1322	1438

ϕ1000 桩受弯承载力（kN·m）（钢筋：Ⅱ级，混凝土保护层：50mm）　　表 8.3

A_s（mm^2）		3000	4000	6000	8000	9000	10000	12000	14000	16000	18000
配筋率 ρ(%)		0.38	0.51	0.76	1.02	1.15	1.27	1.53	1.78	2.04	2.29
C20	M_1	393	512	740	959	1065	1170	1376	1577	1774	1968
	M_2	467	623	935	1246	1402	1558	1896	2192	2484	2772
	M_3	487	650	975	1300	1462	1625	1986	2298	2605	2908
	M_4	526	701	1052	1410	1572	1731	2043	2344	2636	2919
C25	M_1	399	521	755	979	1089	1196	1408	1614	1817	2016
	M_2	467	623	935	1246	1402	1558	1870	2218	2516	2811
	M_3	487	650	975	1300	1462	1625	1950	2323	2637	2947
	M_4	526	701	1052	1402	1595	1760	2082	2395	2700	2997

ϕ1200 桩受弯承载力（kN·m）（钢筋：Ⅱ级，混凝土保护层：50mm）　　表 8.4

A_s（mm^2）		4000	6000	8000	10000	12000	14000	16000	18000	20000	22000
配筋率 ρ(%)		0.35	0.53	0.71	0.88	1.06	1.24	1.41	1.59	1.77	1.95
C20	M_1	638	928	1207	1478	1741	1999	2252	2501	2747	2989
	M_2	756	1134	1512	1890	2268	2646	3097	3463	3825	4183
	M_3	789	1183	1578	1972	2366	2761	3246	3630	4010	4387
	M_4	851	1276	1701	2126	2568	2960	3344	3719	4086	4445
C25	M_1	647	943	1229	1507	1777	2042	2302	2558	2810	3058
	M_2	756	1134	1512	1890	2268	2646	3024	3402	3868	4233
	M_3	789	1183	1578	1972	2366	2761	3155	3550	4053	4438
	M_4	851	1276	1701	2126	2552	3007	3403	3791	4173	4547

使用表 8.1～表 8.4 时需要注意以下问题：

（1）表中纵向受力钢筋是按照Ⅱ级钢筋（抗拉强度设计值为 310MPa）计算的，如果采用其他级别的钢筋，可按照等强代换的原则换算钢筋面积，即在使用以上表格时将 A_s、ρ 项乘以系数（$310/f_y$），f_y 为实配纵筋的抗拉强度设计值。

（2）当纵向受力钢筋的配筋率较小时，混凝土受压区较小，当混凝土受压区面积圆心角 $\alpha<1/3.5$ 时，受弯承载力采用式（8.8）计算，该计算式中无混凝土强度 f_{cm} 项，因此这种情况下受弯承载力的计算值与混凝土强度无关。

（3）表中有些情况，配筋率相同，采用 C25 混凝土计算的承载力反而低于 C20，这是由于前者计算的 $\alpha<1/3.5$，受弯承载力采用式（8.8）计算，后者计算的 $\alpha\geqslant1/3.5$，受弯承载力采用式（8.4）计算。

（4）“局部均匀配筋”虽然比“全部均匀配筋”经济施工时钢筋笼方向定位的要求十分严格，在施工时应采取有效措施保证桩身钢筋笼的方向满足允许偏差要求。

2. 斜截面受剪承载力

（1）圆形截面钢筋混凝土支护桩的受剪截面应符合下列条件：

$$V\leqslant 0.704 f_c r^2 \tag{8.9}$$

式中　V——斜截面上的最大剪力设计值（kN）；

f_c——混凝土轴心抗压强度设计值（kN/m^2）；当混凝土强度等级超过 C50 时，f_c应用$\beta_c f_c$代替，当混凝土强度等级为 C50 时，取$\beta_c=1.0$，当混凝土强度等级为 C80 时，取$\beta_c=0.8$，其间按线性内插法确定；

r——支护桩的半径（m）。

（2）钢筋混凝土灌注桩，由于混凝土导管灌注的特点，不能配置弯起钢筋。不配置弯起钢筋的圆形截面钢筋混凝土支护桩按受弯构件设计时，其斜截面的受剪承载力应符合下列规定：

$$V \leqslant 1.97 f_t r^2 + 2 f_y \frac{A_{sv}}{s} r \tag{8.10}$$

式中 f_t——混凝土轴心抗拉强度设计值（kN/m^2）；

f_y——箍筋抗拉强度设计值（kN/m^2）；

A_{sv}——配置在同一截面内箍筋各肢的全部截面面积（m^2）；

s——支护桩的箍筋间距（m）。

当沿支护桩分段配置不同截面面积或间距的箍筋时，各箍筋截面面积或间距区段内的斜截面受剪承载力均应符合式（8.10）的要求。

（3）矩形截面钢筋混凝土支护桩的正截面受弯承载力和斜截面受剪承载力，应按现行国家标准《混凝土结构设计规范》GB 50010[1]的有关规定进行计算，型钢、钢管、钢板支护桩的受弯、受剪承载力应按现行国家标准《钢结构设计规范》GB 50017[2]的有关规定进行计算。

8.3.5 双排桩结构

在实际基坑工程中的某些特殊条件下，锚杆、土钉、支撑可能无法实施，采用单排悬臂桩又难以满足承载力、基坑变形等要求或者采用单排悬臂桩造价明显不经济的情况下，具有刚架结构特性的双排桩是一种可选择的基坑支护结构形式。

1. 双排桩结构的特点

与常用的支挡式支护结构如单排悬臂桩结构、锚拉式支撑结构、支撑式支撑结构相比，双排桩刚架支护结构有以下特点：

（1）与单排悬臂桩相比，双排桩为刚架结构，其抗侧移刚度远大于单排悬臂桩结构，其内力分布明显优于悬臂结构，在相同的材料消耗条件下，双排桩刚架结构的桩顶位移明显小于单排悬臂桩，其安全可靠性、经济合理性均优于单排悬臂桩。

（2）与支撑式支挡结构相比，由于基坑内不设支撑，不影响基坑开挖、地下结构施工，同时省去设置、拆除内支撑的工序，大大缩短了工期。在基坑面积很大、基坑深度又不是很大的情况下，双排桩刚架支护结构的造价也会低于支撑式支挡结构。

（3）与锚拉式支挡结构相比，在某些情况下，双排桩刚架结构可避免锚拉式支挡结构难以克服的缺点。如：

1）在拟设置锚杆的部位有已建地下结构、障碍物，锚杆无法实施；

2）拟设置锚杆的土层为高水头的砂层（不能采用降水），锚杆无法实施或实施难度、风险大；

3）拟设置锚杆的土层无法提供设计要求的锚固力；

4）地方法律、法规规定支护结构不得超出用地红线。

此外，由于双排桩具有施工工艺简单、不与土方开挖交叉作业、工期短等优势，在可以采用悬臂桩、支撑式支挡结构、锚拉式支挡结构条件下，也应考虑技术、经济、工期等因素进行综合分析对比。

2. 双排桩的几种平面形式

工程中常采用图 8.5 所示的几种双排桩平面布置形式：

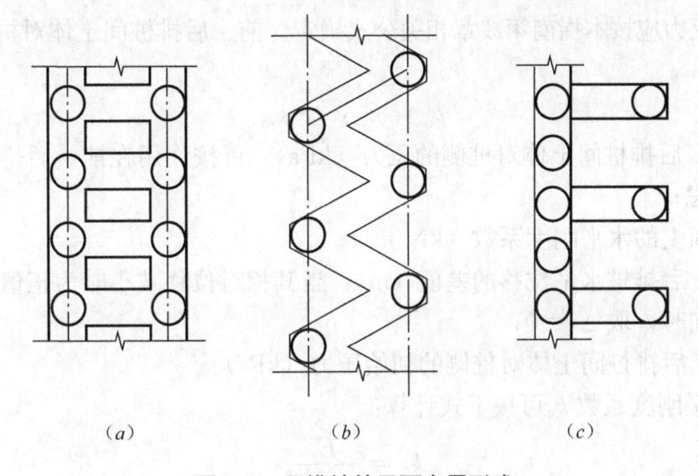

图 8.5　双排桩的平面布置形式

(a) 矩形布置；(b) 三角形布置；(c) T形布置

3. 双排桩结构计算

(1) 分析模型

双排桩结构可采用图 8.6 所示的平面刚架结构模型进行计算。

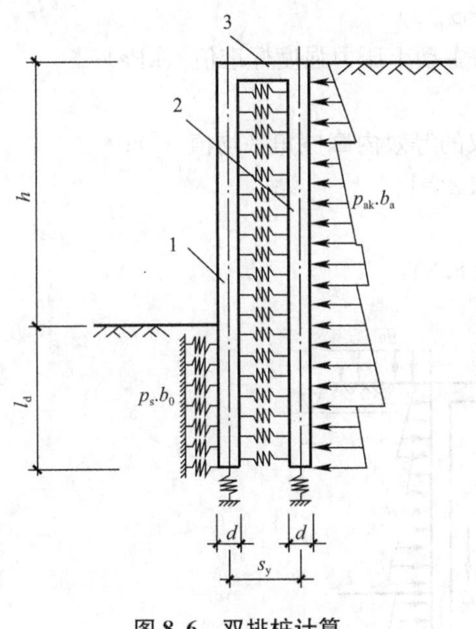

图 8.6　双排桩计算

1—前排桩；2—后排桩；3—刚架梁

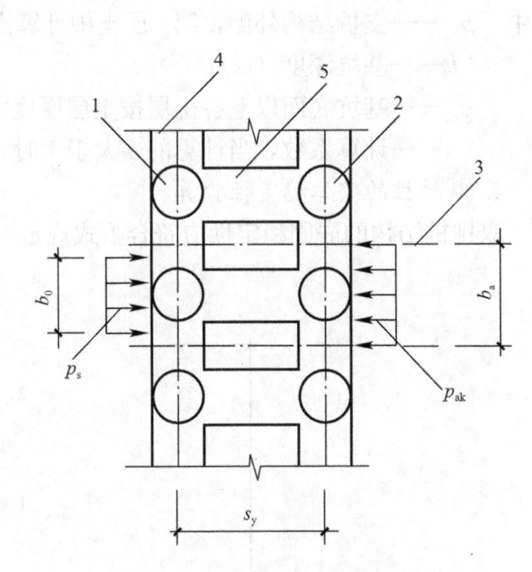

图 8.7　双排桩桩顶连梁布置

1—前排桩；2—后排桩；3—排桩对称中心线；4—桩顶冠梁；5—刚架梁

本结构分析模型，作用在结构两侧的荷载与单排桩相同，不同的是如何确定夹在前后排桩之间土体的反力与变形关系，这是解决双排桩计算模式的关键。本模型采用土的侧限约束假定，认为桩间土对前后排桩的土反力与桩间土的压缩变形有关，将桩间土看作水平向单向压缩体，按土的压缩模量确定水平刚度系数。同时，考虑基坑开挖后桩间土应力释放后仍存在一定的初始压力，计算土反力时应反映其影响，本模型初始压力按桩间土自重占滑动体自重的比值关系确定。按上述假定和结构模型，经计算分析的内力与位移随各种计算参数变化的规律较好，与工程实测的结果也较吻合。

(2) 土反力计算

采用图 8.6 的结构模型时，作用在后排桩上的主动土压力应按朗肯土压力理论计算，前排桩嵌固段上的土反力应按本指南第3章相关公式确定。前、后排桩间土体对桩侧的压力可按下式计算：

$$p_c = k_c \Delta v + p_{c0} \tag{8.11}$$

式中 p_c——前、后排桩间土体对桩侧的压力（kPa），可按作用在前、后排桩上的压力相等考虑；

k_c——桩间土的水平刚度系数（kN/m^3）；

Δv——前、后排桩水平位移的差值（m）：当其相对位移减小时为正值；当其相对位移增加时，取 $\Delta x=0$；

p_{c0}——前，后排桩间土体对桩侧的初始压力（kPa）。

桩间土的水平刚度系数 k_c 可按下式计算：

$$k_c = \frac{E_s}{s_y - d} \tag{8.12}$$

式中：E_s 为计算深度处，前、后排桩间土体的压缩模量（kPa）；当为成层土时，应按计算点的深度分别取相应土层的压缩模量；s_y 为双排桩的排距（m）；d 为桩的直径（m）。

前、后排桩间土体对桩侧的初始压力可按下列公式计算：

$$p_{c0} = (2\alpha - \alpha^2) p_{ak} \tag{8.13}$$

$$\alpha = \frac{s_y - d}{h \tan(45 - \varphi_m/2)} \tag{8.14}$$

式中 p_{ak}——支护结构外侧，第 i 层土中计算点的主动土压力强度标准值（kPa）；

h——基坑深度（m）；

φ_m——基坑底面以上各土层按土层厚度加权的等效内摩擦角平均值（°）；

α——计算系数，当计算的 α 大于1时，取 $\alpha=1$。

4. 双排桩的整体稳定性验算

双排桩结构的嵌固稳定性应符合下式规定（图8.8）：

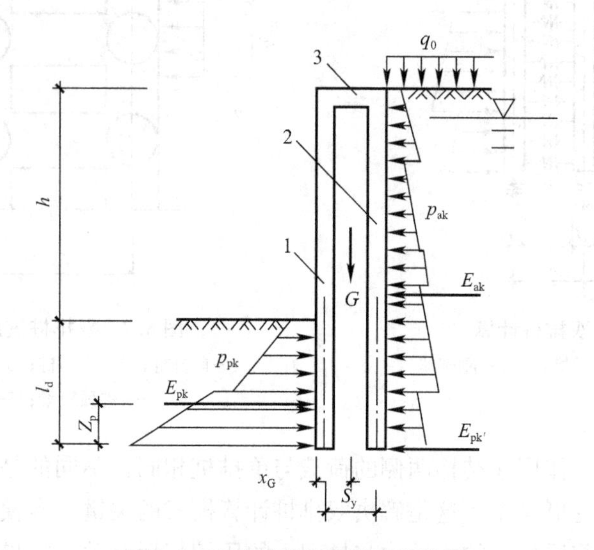

图8.8 双排桩抗倾覆稳定性验算

1—前排桩；2—后排桩；3—刚架梁

$$\frac{E_p z_p + G x_G}{E_a z_a + \Delta E_w z_w} \geqslant K_{em} \tag{8.15}$$

式中 K_{em}——嵌固稳定安全系数，一、二、三级安全等级的支挡式结构，K_{em} 分别为1.25、1.2、1.15；

E_a、E_p——基坑外侧主动土压力、基坑内侧被动土压力的标准值（kN）；

ΔE_w——内外侧水压力之差（kN），当水土合算时此项为零；

z_a、z_p、z_w——基坑外侧主动土压力、基坑内侧被动土压力与内外水压力差的合力作用点至挡土构件底端的距离（m）；

G——排桩、桩顶连梁和桩间土的自重之和（kN）；

x_G——双排桩、桩顶连梁和桩间土的重心至前排桩边缘的水平距离（m）。

双排桩的整体稳定性验算问题与单排悬臂桩类似，应满足作用在后排桩上的主动土压力与作用在前排桩嵌固段上的被动土压力的力矩平衡条件。与单排桩不同的是，在双排桩的抗倾覆稳定性验算式（8.13）中，是将双排桩与桩间土看作整体而将其作为力的平衡分析对象，并且考虑了土与桩自重的抗倾覆作用，这点与重力式水泥土墙相似。

8.4 排桩的构造

8.4.1 排桩构造的选择

排桩的桩型与成桩工艺应根据桩所穿过土层的性质、地下水条件及基坑周边环境要求等选择，包括混凝土灌注桩、型钢桩、钢管桩、钢板桩等桩型。

当支护桩的施工影响范围内存在对地基变形敏感、结构性能差的建筑物或地下管线时，不应采用挤土效应严重、易塌孔、易缩径或有较大振动的桩型和施工工艺。

采用挖孔桩且其成孔需要降水或孔内抽水时，应进行周边建筑物、地下管线的沉降分析；当挖孔桩的降水引起的地层沉降不能满足周边建筑物和地下管线的沉降要求时，应采取相应的截水措施。

国内实际基坑工程中，采用混凝土灌注桩型排桩的占绝大多数，但有些情况下，适合采用型钢桩、钢管桩、钢板桩或预制桩等，有时也可以采用SMW工法施工的水泥土搅拌内置型钢桩。这些桩型用作挡土构件时，与混凝土灌注桩的结构受力原理是相同的。但采用这些桩型时，应考虑其刚度、构造及施工工艺上的不同特点。

8.4.2 支护桩的桩径和间距

桩径的选取主要是按弯矩大小与变形要求确定，以达到受力与经济合理的要求，同时还要满足施工条件的要求。从排桩构造要求上采用混凝土灌注桩时，对悬臂式排桩，支护桩的桩径不宜小于600mm；对锚拉式排桩或支撑式排桩，支护桩的桩径不宜小于400mm；排桩的中心距不宜大于桩直径的2.0倍。排桩间距的确定还要考虑桩间土的稳定性要求。根据工程经验，对大桩径或黏性土，排桩的净距常在900mm以内；对小桩径或砂土，排桩的净距常在600mm以内。

8.4.3 混凝土支护桩的配筋

采用混凝土灌注桩时，支护桩的桩身混凝土强度等级、钢筋配置和混凝土保护层厚度应符合下列规定：

（1）桩身混凝土强度等级不宜低于C25；

（2）支护桩的纵向受力钢筋宜选用HRB400、HRB335级钢筋，单桩的纵向受力钢筋不宜少于8根，净间距不应小于60mm；支护桩顶部设置钢筋混凝土构造冠梁时，纵向钢筋锚入冠梁的长度宜取冠梁厚度；冠梁按结构受力构件设置时，桩身纵向受力钢筋伸入冠梁的锚固长度应符合现行国家标准《混凝土结构设计规范》GB 50010对钢筋锚固的有关规定；当不能满足锚固长度的要求时，其钢筋末端可采取机械锚固措施；

（3）箍筋可采用螺旋式箍筋，箍筋直径不应小于纵向受力钢筋最大直径的 1/4，且不应小于 6mm；箍筋间距宜取 100mm～200mm，且不应大于 400mm 及桩的直径；

（4）沿桩身配置的加强箍筋应满足钢筋笼起吊安装要求，宜选用 HPB235、HRB335 级钢筋，其间距宜取 1000mm～2000mm；

（5）向受力钢筋的保护层厚度不应小于 35mm；采用水下灌注混凝土工艺时，不应小于 50mm；

（6）当采用沿截面周边非均匀配置纵向钢筋时，受压区的纵向钢筋根数不应少于 5 根；有些情况下支护桩不宜采用非均匀配置纵向钢筋，如采用泥浆护壁水下灌注混凝土成桩工艺而钢筋笼顶端低于泥浆面，钢筋笼顶与桩的孔口高差较大等难以控制钢筋笼方向的情况；

（7）当沿桩身分段配置纵向受力主筋时，纵向钢筋的锚固长度应符合现行国家标准《混凝土结构设计规范》GB 50010 的相关规定。

（8）排桩的构造尚应符合现行国家标准《混凝土结构设计规范》GB 50010[1] 和现行国家行业标准《建筑桩基技术规范》JGJ 94[3] 的有关规定。

此外，在加工钢筋笼时，箍筋、加劲箍筋与纵向受力钢筋焊接时，要注意沿钢筋笼对称进行，防止箍筋、加劲箍筋在焊接应力下变形。钻孔灌注桩典型配筋节点如图 8.9 所示。

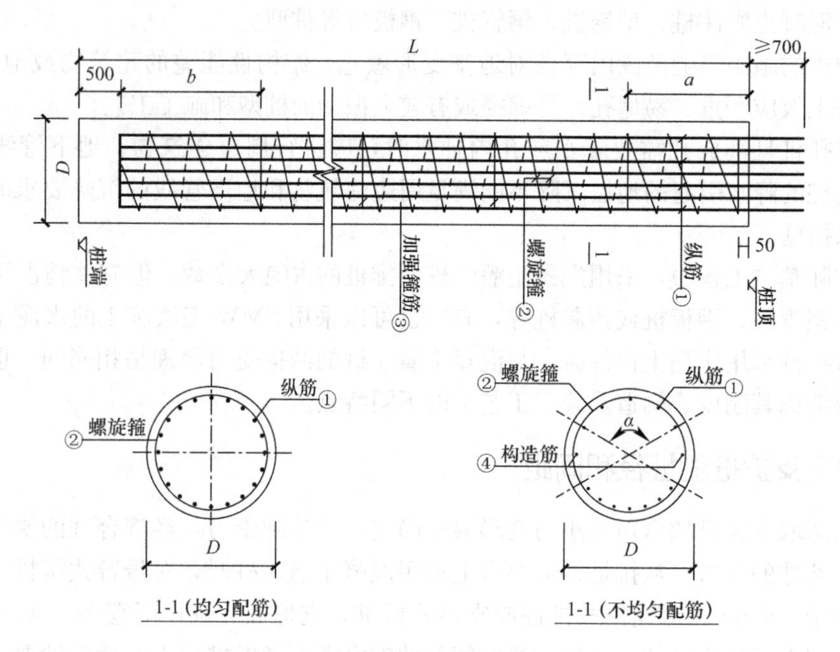

图 8.9 钻孔灌注桩典型配筋节点

8.4.4 冠梁

支护桩顶部应设置混凝土冠梁，冠梁是排桩结构的组成部分。冠梁的宽度不宜小于桩径，高度不宜小于桩径的 0.6 倍。当冠梁上不设置锚杆或支撑时，冠梁可以仅按构造要求设计，按构造配筋。此时，冠梁的作用是将排桩连成整体，调整各个桩受力的不均匀性，不需对冠梁进行受力计算。构造配筋应符合现行国家标准《混凝土结构设计规范》GB 50010[1] 对冠梁的构造配筋要求。冠梁用作支撑或锚杆的传力构件或按空间结构设计时，冠梁起到传力作用，除需满足构造要求外，应按梁的内力进行截面设计。

冠梁混凝土强度等级不应低于 C25，排桩主筋锚入冠梁应不小于 35D。冠梁纵筋宜采用 HRB335 级或 HRB400 级钢筋，箍筋及拉结筋宜采用 HPB300 级和 HRB335 级钢筋。冠梁侧面纵筋直径不宜小于 20mm，间距不宜大于 200mm；顶底面纵筋直径不宜小于 20mm，间距不宜大于300mm；箍筋直径不宜小于8mm，间距不宜大于250mm；拉结筋直径宜采用6mm～12mm，间距不宜大于500mm。

在有主体建筑地下管线的部位，排桩冠梁宜低于地下管线。排桩冠梁低于地下管线是从后期主体结构施工上考虑的。一般主体建筑各种管线引出接口的埋深不大，冠梁低于管线是容易做到的，但如果将桩顶降至管线以下，影响了支护结构的稳定或变形要求，则应首先按基坑稳定或变形要求确定桩顶设计标高。

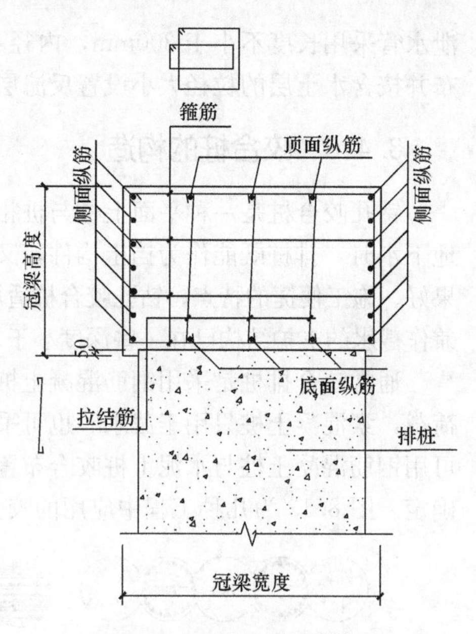

图8.10 冠梁典型配筋节点

8.4.5 桩间土防护措施

当排桩外侧未设置截水帷幕时，为防止桩间土坍落排桩的桩间土应采取防护措施。排桩的桩间土防护措施通常是在基坑分层开挖排桩暴露之后，在排桩的坑内侧挂网喷射混凝土面层，混凝土面层应与排桩可靠连接形成整体，以起到防护桩间水土流失的作用。根据混凝土面板与排桩的连接方式，防护措施通常有连续防护和间隔防护两种形式。桩间土连续防护即混凝土面层设置在排桩内侧并且连续整体分布，见图8.11。间隔防护则是混凝土面层主要是间隔在设置在桩间部位，见图8.12。二者混凝土面层与排桩均通过在排桩内预留插筋或者植筋的方式进行连接。

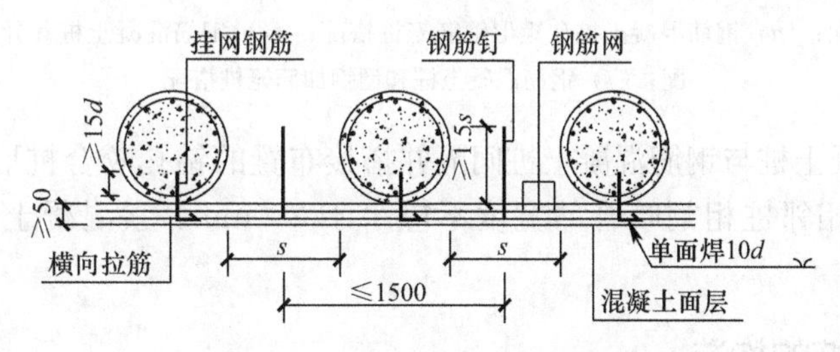

图8.11 桩间土连续防护措施

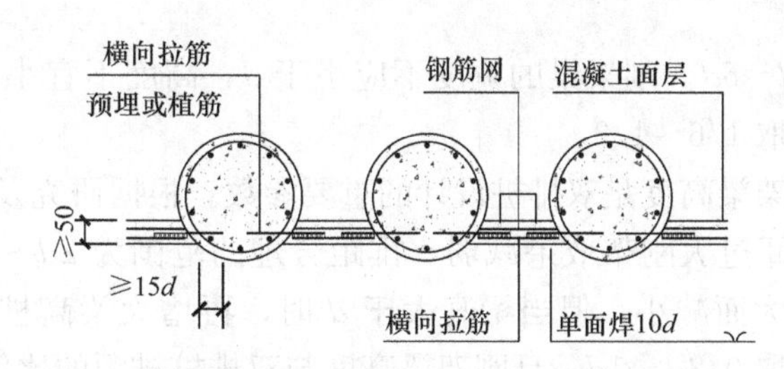

图8.12 桩间土间隔防护措施

采用的喷射混凝土面层的厚度不宜小于50mm，混凝土强度等级不宜低于C20，混凝土面层内配置的钢筋网的纵横向间距不宜大于200mm。钢筋网或钢丝网宜采用横向拉筋与两侧桩体连接，拉筋直径不宜小于12mm，拉筋锚固在桩内的长度不宜小于100mm。钢筋网宜采用桩间土内打入直径不小于12mm的钢筋钉固定，钢筋钉打入桩间土中的长度不宜小于排桩净间距的1.5倍且不应小于500mm。

采用降水的基坑，在有可能出现渗水的部位应设置泄水管，泄水管应采取防止土颗粒流失的反滤措施。泄水管的构造与规格应根据土的性状及地下水特点确定。一些实际工程中，泄水管采用长度不小于300mm，内径不小于40mm的塑料或竹制管，泄水管外壁包裹土工布并按含水土层的粒径大小设置反滤层。

8.4.6 咬合桩的构造

钻孔咬合桩是一种平面上桩与桩相割布置、形成竖向连续体的一种新型排桩结构。当有地下水时，排桩既能作为挡土构件，又能起到截水作用，从而不用另设截水帷幕，具有截水效果好、施工便捷的特点。钻孔咬合桩适用于除填石、漂石和基岩之外的各种地层，目前，这种兼作截水的支护结构已在一些深度小于20m基坑工程上采用，其支护和截水效果是良好的。

通常咬合排桩是采用钢筋混凝土桩与素混凝土桩相互咬合，由配有钢筋的桩承受土压力荷载，素混凝土桩只用于截水。也可采用钢筋混凝土桩相互咬合布置的形式，在软弱地层也可用钢筋混凝土桩与水泥土桩咬合布置的形式，可以根据工程条件、施工设备和经济等因素确定。图8.13为几种工程中应用的咬合桩搭配布置形式。

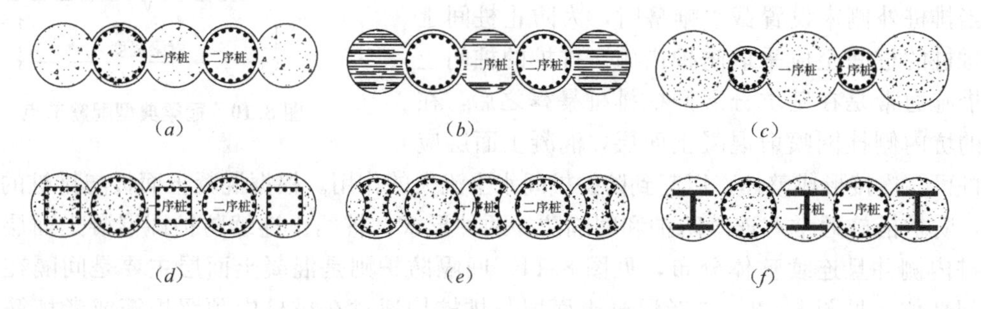

图8.13 咬合桩搭配的几种形式

(a) 钢筋混凝土桩和素混凝土桩搭配；(b) 钢筋混凝土桩和混合材料桩搭配；(c) 钢筋混凝土桩和水泥搅拌桩搭配；(d) 钢筋混凝土桩和矩形钢筋笼桩搭配；(e) 钢筋混凝土桩和异形钢筋笼桩搭配；(f) 钢筋混凝土桩和型钢加筋笼桩搭配

排桩采用素混凝土桩与钢筋混凝土桩间隔并搭接布置的钻孔咬合桩形式时，排桩桩径可取800～1500mm，相邻桩相割咬合的宽度不应小于200mm。素混凝土桩应采用超缓凝混凝土。

8.4.7 双排桩的构造

1. 间距

双排桩排距宜取$2d$～$5d$。刚架梁的宽度不应小于d，高度不宜小于$0.8d$，刚架梁高度与双排桩排距的比值宜取1/6～1/3。

双排桩的排距、刚架梁高度是双排桩设计的重要参数。根据研究及相关文献的报道，排距过小受力不合理，排距过大刚架效果减弱，排距合理的范围为$2d$～$5d$。双排桩顶部水平位移随刚架梁高度的增大而减小，但当梁高大于d时，再增大梁高桩顶水平位移基本不变了。因此，刚架梁高度取$0.8d$～$1d$，且刚架梁高度与双排桩排距的比值取1/6～1/3为宜。

2. 嵌固深度

双排桩结构的嵌固深度，对淤泥质土，不宜小于$1.0H$；对淤泥，不宜小于$1.2H$；对一般黏性土、砂土，不宜小于$0.6H$，此处，H为基坑深度。前排桩桩端宜处于桩端阻力较高的土层。采用泥浆护壁灌注桩时，施工时的孔底沉渣厚度不应大于50mm，或应采用桩底后注浆加固沉渣。

根据结构力学的基本原理及计算分析结果，按刚架结构考虑的双排桩桩有较大的区别。锚拉式、支撑式、悬臂式排桩，在水平荷载作用下只产生弯矩和剪力，而双排桩刚架结构在水平荷载作用下，桩的内力除弯矩、剪力外，轴力也不可忽视。前排桩的轴力为压力，后排桩的轴力为拉力。在其他参数不变的条件下，桩身轴力随着双排桩排距的减小而增大。桩身轴力的存在，使得前排桩发生向下的竖向位移，后排桩发生向上的竖向位移。前后排桩出现不同方向的竖向位移，就意味着双排桩刚架出现了向基坑方向的整体倾斜，增大了双排桩刚架顶部的水平位移。此外，正如普通刚架结构对相邻柱间的沉降差非常敏感一样，双排桩刚架结构前、后排桩沉降差对结构的内力、变形影响很大。某一实例的计算分析表明，在其他条件不变的情况下，桩顶水平位移、桩身最大弯矩随着前、后排桩沉降差的增大基本呈线性增加。与前后排桩桩底沉降差为零相比，当前后排桩桩底沉降差与排距之比等于0.002时，计算的桩顶位移增加24%，桩身最大弯矩增加10%。后排桩由于全桩长范围有土的约束，向上的竖向位移很小。减小前排桩沉降的有效的措施有：桩端选择强度较高的土层、泥浆护壁钻孔桩需控制沉渣厚度、采用桩底后注浆技术等。

3. 刚架梁及节点

双排桩的桩身内力有弯矩、剪力、轴力，因此应按偏心受压、偏心受拉构件进行截面承载力计算。双排桩刚架梁两端均有弯矩，刚架梁应根据其跨高比按普通受弯构件或深受弯构件进行截面承载力计算。在根据《混凝土结构设计规范》GB 50010判别刚架梁是否属于深受弯构件时，应按照连续梁考虑。双排桩的截面承载力和构造应符合现行国家标准《混凝土结构设计规范》GB 50010的有关规定。

双排桩是指由相隔一定间距的前、后排桩及桩顶梁构成的刚架结构，桩顶与刚架梁的连接按完全刚接考虑，其受力特点类似于混凝土结构中框架顶层，因此，该处的连接构造需符合框架顶层端节点的有关规定。双排桩与桩刚架梁节点处，桩与刚架梁受拉钢筋的搭接长度不应小于$1.5l_a$，此处，l_a为受拉钢筋的锚固长度。其节点构造尚应符合现行国家标准《混凝土结构设计规范》GB 50010对框架顶层端节点的有关规定。

前排桩与后排桩桩顶冠梁之间的连接方式有连梁和连板两种，图8.14和图8.15为二种连接构造图。

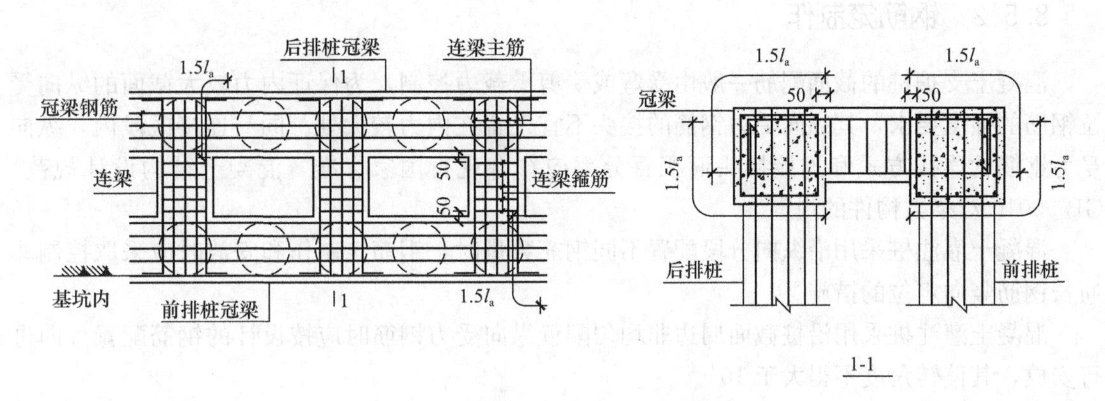

图8.14　双排桩冠梁与连板连接构造

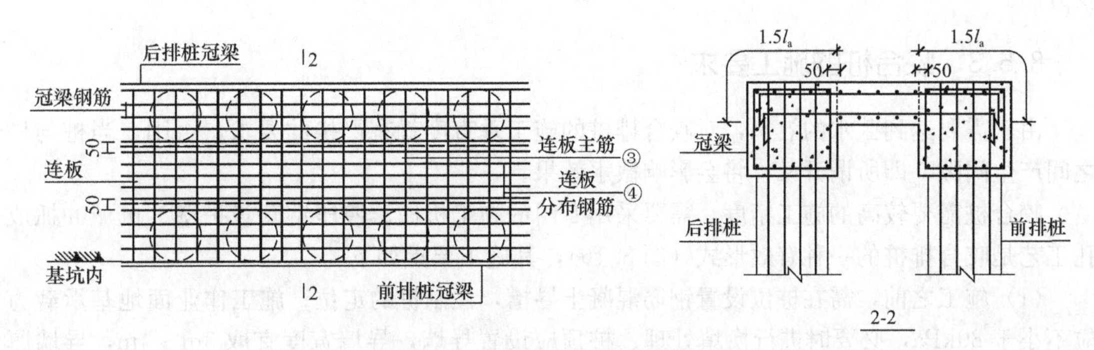

图8.15　双排桩冠梁与连梁连接构造

8.5 排桩支护的施工

8.5.1 支护桩的施工要求

基坑支护中支护桩的常用桩型与建筑地基的桩基相同，主要桩型的施工要求在现行国家行业标准《建筑桩基技术规范》JGJ 94 中已作规定。因此，本指南仅对桩用于基坑支护时的一些特殊施工要求进行了简述，桩的常规施工应符合现行行业标准《建筑桩基技术规范》JGJ 94 对相应桩型的有关规定。

当排桩桩位邻近的既有建筑物、地下管线、地下构筑物对地基变形敏感时，如处理不当，经常会造成基坑周边建筑物、地下管线等被损害的工程事故，应根据其位置、类型、材料特性、使用状况等相应采取下列控制地基变形的防护措施：

（1）宜采取间隔成桩的施工顺序；对混凝土灌注桩，应在混凝土终凝后，再进行相邻桩的成孔施工；

（2）对松散或稍密的砂土、稍密的粉土、软土等易坍塌或流动的软弱土层，对钻孔灌注桩宜采取改善泥浆性能等措施，对人工挖孔桩宜采取减小每节挖孔和护壁的长度、加固孔壁等措施；

（3）支护桩成孔过程出现流砂、涌泥、塌孔、缩径等异常情况时，应暂停成孔并及时采取有针对性的措施进行处理，防止继续塌孔；

（4）当成孔过程中遇到不明障碍物时，应查明其性质，且在不会危害既有建筑物、地下管线、地下构筑物的情况下方可采取措施排除后继续施工。

因具体工程的条件不同，应结合实际情况采取相应的有效保护措施。

8.5.2 钢筋笼制作

混凝土支护桩的截面配筋一般由受弯或受剪承载力控制，为保证内力较大截面的纵向受拉钢筋的强度要求，其纵向受力钢筋的接头不宜设置在内力较大处。同一连接区段内，纵向受力钢筋的连接方式和连接接头面积百分率应符合现行国家标准《混凝土结构设计规范》GB 50010 对梁类构件的规定。

混凝土灌注桩采用沿纵向分段配置不同钢筋数量时，钢筋笼制作和安放时应采取控制非通长钢筋竖向定位的措施。

混凝土灌注桩采用沿桩截面周边非均匀配置纵向受力钢筋时应按设计的钢筋配置方向进行安放，其偏转角度不得大于10°。

混凝土灌注桩设有预埋件时，应根据预埋件的用途和受力特点的要求，控制其安装位置及方向。

8.5.3 咬合桩的施工要求

由于需要达到截水的效果，对咬合排桩的施工垂直度就有严格的要求，否则，当桩与桩之间产生间隙，即所谓开叉，将会影响截水效果。

咬合桩需要较高的施工精度，需要采用专门的施工机械。液压钢套管护壁、机械冲抓成孔工艺是咬合排桩的一种有效形式（图 8.16），其施工要点如下：

（1）施工之前，需在桩位设置钢筋混凝土导槽，控制桩的定位；施工作业面地基承载力应不小于 80kPa，必要时进行换填处理。桩顶应设置导墙，导墙宽度宜取 3m～4m，导墙厚度宜取 0.3m～0.5m（图 8.17）；

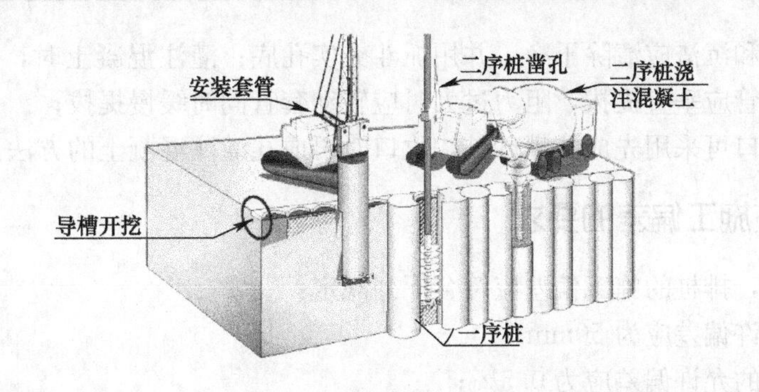

图 8.16 咬合桩施工过程简图

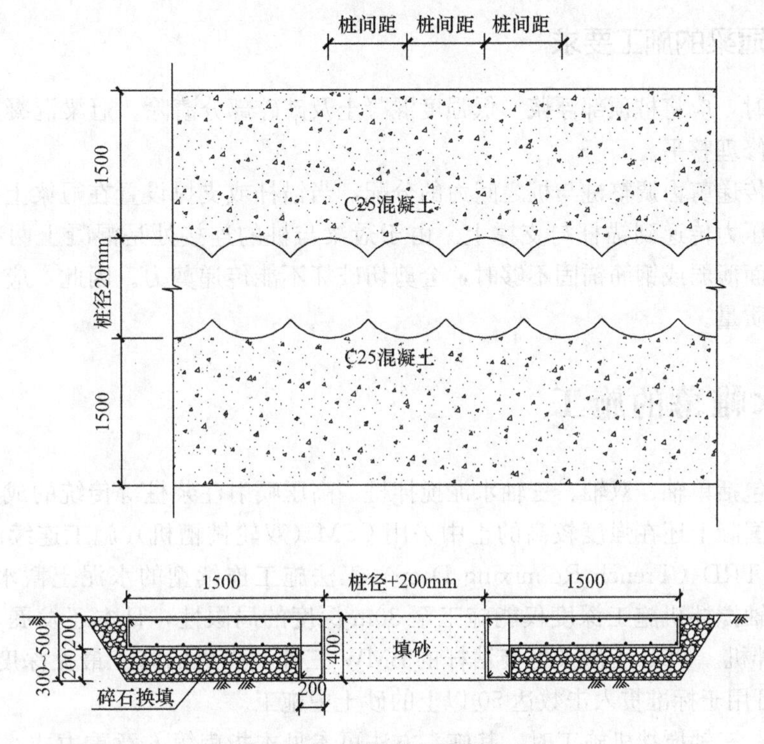

图 8.17 咬合桩导槽示作法

(2) 咬合桩分两序施工。采用钢筋混凝土桩与素混凝土桩相互咬合时，素混凝土桩应为先施工的一序桩，钢筋混凝土桩应为后施工的二序桩；一序桩采用超缓凝混凝土，初凝时间应控制在（60～70）h；二序桩应在一序桩初凝之前进行成孔施工，通过在成孔时切割部分一序桩桩身形成与素混凝土桩的互相咬合；二序钢筋混凝土桩的施工尚应避免一序素混凝土桩刚浇筑后即被切割；当采用水泥土等低强度桩与钢筋混凝土桩相割咬合时，应在一序桩达到凝固之前，进行二序桩的施工；

(3) 咬合桩施工精度要求桩的定位误差小于 2cm，垂直度偏差小于 0.5%。在施工过程中应跟踪测量套管成孔垂直度，根据监测结果随时调整套管垂直度。钻机就位及吊设第一节套管时，应采用两个测斜仪贴附在套管外壁并用经纬仪复核套管垂直度，其垂直度允许偏差应为 3‰。液压套管应正反扭动加压下切。管内抓斗取土时，套管底部应始终位于抓土面下方，抓土面与套管底的距离应大于 1.0m；

(4) 套管在压入施工时，应超过取土面一定深度，避免一序桩混凝土或者周边土层涌入桩孔；在有承压水的地层，应在套管内注水保持套管内外水压平衡；

(5) 咬合桩成孔遇个别漂石、孤石时，可采用冲抓结合方法；

(6) 孔内虚土和沉渣应清除干净，并用抓斗夯实孔底；灌注混凝土时，套管应随混凝土浇筑逐段提拔；套管应垂直提拔，阻力过大时应转动套管同时缓慢提拔；

(7) 咬合桩接口可采用先成孔灌砂桩，收口时再成孔灌注混凝土的方法。

8.5.4 排桩施工偏差的要求

除特殊要求外，排桩的施工偏差应符合下列规定：

(1) 桩位的允许偏差应为50mm；

(2) 桩垂直度的允许偏差应为0.5%；

(3) 预埋件位置的允许偏差应为20mm；

(4) 桩的其他施工允许偏差应符合现行行业标准《建筑桩基技术规范》JGJ 94的规定。

8.5.5 冠梁的施工要求

冠梁施工时，应将桩顶部浮浆、低强度混凝土及破碎部分清除。冠梁混凝土浇筑采用土模时，土面应修理整平。

冠梁通过传递剪力调整桩与桩之间力的分配，当锚杆或支撑设置在冠梁上时，通过冠梁将排桩上的土压力传递到锚杆与支撑上。由于冠梁与桩的连接处是混凝土两次浇注的结合面，如该结合面薄弱或钢筋锚固不够时，会剪切破坏不能传递剪力。因此，应保证冠梁与桩结合面的施工质量。

8.6 截水帷幕的施工

截水帷幕包括单轴、双轴、三轴水泥搅拌桩、高压喷射注浆桩等传统的成熟工艺，同时也包括近年来国际上还在强度较高的土中采用CSM（双轮铣槽机）施工连续的水泥土截水帷幕，或采用TRD（Trench Re-mixing Deep）工法施工连续型的水泥土截水帷幕。此外，为解决常规三轴搅拌机施工深度仅能施工至30m深度的局限性，日本还发展了可接钻杆的SMW三轴搅拌机。TRD工法及可接钻杆的SMW三轴搅拌机的施工最大深度已可达60m，且TRD工法可用于标准贯入击数达50以上的砂土中施工。

采用双轴、三轴搅拌机施工时，其施工方法可参见本指南第6章重力式水泥土墙和第7章型钢水泥土墙部分。但应予以注意的是，对于分离式的截水帷幕，一般而言，当截水帷幕与灌注桩距离较小时，要先施工搅拌桩截水帷幕。如先施工灌注桩，则有可能因灌注桩局部扩径严重，导致截水帷幕无法按设置位置施工，使截水帷幕的搭接出现困难。另外对于三轴搅拌桩，在搅拌成桩时，70%～80%总量的水泥浆，宜在下行钻进时灌入，其余的20%～30%宜在螺旋钻上行回程时灌入。上行回程时所需灌入的水泥浆仅用于充填钻具撤出留下的空隙。螺旋钻上行时，螺钻最好反向旋转，且不能停止，以防产生真空，有真空就可能导致柱体墙的坍塌。

TRD工法具体施工方法参见本指南第7章型钢水泥土搅拌墙。TRD工法是日本近年来发展起来的水泥土搅拌工法，它是通过附着可分节安装的搅拌箱上的切削链条（链条上有切削头），在电机驱动下沿搅拌桩转动，从而可对土层进行切削并和水泥浆搅拌。同时，切削箱可在地面设备推动下水平移动，从而实现对土体的竖向和水平向的连续搅拌，形成无搭接接头的水泥土搅拌墙。TRD工法施工设备见图8.18。

图8.18 TRD工法施工设备

TRD工法施工机架重心低、稳定性好，可施工的截水帷幕墙体厚度为450～850mm，深度最大可达60m。另外TRD工法设备具有可将主机架变角度的功能，与地面的夹角最小为30°，可以施工倾斜的水泥土墙体，满足特殊设计要求。

CSM工法一次可形成类似地下连续墙一个槽段的水泥土墙，墙厚500mm～1200mm，槽段长度有2200mm、2400mm和2800mm三种规格。采用钻杆与切削搅拌头连接时，最大施工深度35m，当采用缆绳悬挂切削搅拌头施工时，最大施工深度可达70m。图8.19是CSM工法设备，图8.20为一段施工完成的并被挖除的CSM墙体，可见其搅拌质量良好。与一般单轴、双轴水泥搅拌机相比，由于CSM工法一次可施工长度2m以上的墙体，因此接头数量显著减少，从而减少了帷幕渗漏的可能性。

图8.19 CSM工法施工设备

图8.20 CSM工法施工形成墙体

8.7 检测和验收标准

8.7.1 质量检测内容及其要求

采用混凝土灌注桩时，其质量检测应符合下列规定：

(1) 灌注桩施工之前确定施工工艺的试成孔试验，应对其孔径、垂直度、各个时段的孔壁稳定和沉淤厚度进行检测；

(2) 宜抽取10%数量的灌注桩对已成孔桩的中心位置、孔深、孔径、垂直度、孔底沉渣厚度进行检测；

(3) 必要时抽取10%数量的灌注桩对其混凝土质量进行超声波检测；

(4) 应采用低应变动测法检测桩身完整性，检测桩数不宜少于总桩数的10%，且不得少于5根。抗压强度试块每50m^{3}混凝土不少于1组试块，且每根桩不少于一组试块；

(5) 当根据低应变动测法判定的桩身完整性为Ⅲ类或Ⅳ类时，应采用钻芯法进行验证，并应扩大低应变动测法检测的数量。

8.7.2 验收标准

灌注桩排桩允许偏差见表8.5。

灌注桩排桩允许偏差　　表 8.5

序号	检查项目		允许偏差或允许值
1	成孔	孔深（mm）	0～+300
2		桩位（mm）	50
3		垂直度	0.5%
4		泥浆相对密度（两次清孔）	1.15
5		泥浆黏度	18″～22″
6		桩径（mm）	0～+30
7		沉渣厚度（mm）	200
8	钢筋笼	主筋间距（mm）	±10
9		长度（mm）	±100
10		混凝土保护层厚度（mm）	±20
11		钢筋笼安装深度（mm）	±100
12		箍筋间距（mm）	±20
13		直径（mm）	±10
14		混凝土充盈系数	1.0～1.3
15		混凝土坍落度（mm）	180～220
16		桩顶标高（mm）	±50

注：清孔时应同时检测泥浆相对密度和黏度，当泥浆黏度已接近下限，泥浆相对密度仍不达标时，应检测泥浆含砂率，含砂率>8%时，应采用除砂器除砂，保证泥浆相对密度达标。在砂土中，成孔中两次清孔的泥浆相对密度≤1.20。有承载力要求时，沉渣厚度不大于100mm。

8.8 常见工程问题及对策

8.8.1 支护桩向基坑内偏位和倾斜

支护桩的设计和施工应考虑其施工偏差对主体地下结构施工空间的影响。根据现有施工设备的性能和技术水平，正常情况下桩位偏差能控制在50mm，桩垂直度偏差能控制在0.5%。当用地紧张、支护结构给地下结构预留的施工空间较小时，设计和施工应充分考虑正常的施工偏差的影响，防止支护桩向基坑内偏位和倾斜而缩小施工空间或侵占主体地下结构的位置，不得不剔凿护坡桩，给基坑带来安全隐患。可采取以下措施：

（1）设计时，排桩轴线定位应预留正常的桩位偏差和桩垂直度偏差所产生的桩位偏移量；

（2）施工时，控制桩位和桩垂直度的偏差只向基坑外侧偏移。

8.8.2 锚杆钻孔孔口涌水

采用截水帷幕的锚拉式排桩，施工时锚杆钻孔孔口涌水，导致锚杆无法施工注浆液流失。可采取以下措施：

（1）在粉土、砂土、卵石层中，锚杆钻孔孔口的设计标高设在地下水位以上；

（2）锚杆钻孔孔口位于地下水位以下时，宜采用双套管护壁成孔工艺，不应采用螺旋钻锚杆钻机；

（3）锚杆注浆后，需及时进行封堵、修补帷幕；

（4）锚杆宜采用二次高压注浆工艺以弥补地下水流动对一次注浆造成的缺陷。

8.8.3 桩间渗水、流砂

排桩与截水帷幕搭接时，可能出现桩与帷幕之间未完全搭接而出现桩间渗水、流砂的情况。可采取以下措施：

(1) 设计时，增加桩与帷幕的搭接宽度；

(2) 严格控制桩与帷幕的定位和垂直度；

(3) 高压喷射注浆帷幕，施工时采用较小的提升速度、较大的喷射压力，增加水泥用量；

(4) 及时进行帷幕堵漏、防止流砂使土体内产生空洞。

8.8.4 桩间渗水

采用降水或在地下水位以上的桩间渗水，可采取以下措施：

(1) 基坑周围地面应采取硬化和截排水措施，切断渗漏水管的水源，防止雨水、生活用水等地面水渗入土体内；

(2) 坑壁如出现渗水，应采取插泄水管等措施，合理地疏导土层中的残留水；

(3) 基坑底的渗漏水应用盲沟或明沟疏导井及时排出，避免在基坑内长期积聚；

(4) 检查基坑开挖后揭露的地层性状、地下水情况是否与勘察报告相符，若有差别需根据实际情况及时进行必要的验算、调整设计及采取相应施工措施。

8.8.5 桩间土塌落、桩间护壁破损

出现桩间土塌落、桩间护壁破损时，可采取以下措施：

(1) 设计时，针对具体土层条件采用效果好的桩间护壁方式；

(2) 开挖后桩间土不稳固时，可在桩间护壁面层施工前，先及时用喷射混凝土防护；

(3) 桩间土塌落并形成空洞时，可采用沙袋等填充、钢筋网喷射混凝土护壁，对未充填密实的孔隙采用打入钢花管注入水泥浆等方式及时修补；

(4) 因冻胀、漏水等原因使桩间护壁面层脱落、破损、护壁后出现空洞时，应及时修补加固或返修面层、对空隙进行注浆充填。

8.8.6 支护桩的嵌固深度不足

支护桩的嵌固深度不足可采取在基坑底部增设锚杆、支撑的措施，但其嵌固深度应同时满足坑底隆起、基坑整体稳定的条件。

8.8.7 滑移面外的锚固长度不足

锚拉式排桩在拟设置锚杆的部位受基坑外地下建、构筑物影响，滑移面外的锚固长度不足时，可采取以下措施：

(1) 改用大倾角锚杆，使锚杆进入建、构筑物底部以下土层；

(2) 局部改用内支撑或双排桩；

(3) 当障碍物高度有限时，在障碍物上下方均设置锚杆。

8.8.8 锚杆钢腰梁使钢绞线弯折

组合型钢腰梁中双型钢之间的设计净间距尺寸，必须满足锚杆杆体能够顺直穿过腰梁的要求，设计和施工应考虑型钢腰梁净间距与锚杆孔位在垂直方向的偏差。如孔位偏差按50mm考虑，腰梁双型钢之间的净间距应不小于2×50mm=100mm，考虑目前的实际施工水平，腰梁双型钢之间的净间距宜更大。双型钢之间的净间距又关系到锚具垫板的尺寸及厚度。双型钢之间的净间距越大，垫板的跨度越大，为保证垫板刚度，垫板需有较大的厚度。

8.8.9 建筑物基础下地基受扰动

锚杆穿过周边建筑物基础下方，锚杆采用不合理的施工工艺而使其地基受到扰动、变

形，造成建筑物基础下沉。

（1）锚杆采用套管护壁施工工艺；

（2）调整锚杆标高或倾角，尽量远离建筑物基础；

（3）锚杆跳打，成孔后立即插入锚杆杆体和注浆，不得分批注浆。

参考文献

[1] 混凝土结构设计规范 GB 50010—2011 [S]. 北京：中国建筑工业出版社，2010.

[2] 钢结构设计规范 GB 50017—2003 [S]. 北京：中国计划出版社，2003.

[3] 建筑桩基技术规范 JGJ94—2008 [S]. 北京：中国建筑工业出版社，2008.

[4] 杨光华，陆培炎. 深基坑开挖中考虑施工过程的多撑或多锚地下连续墙的增量计算法 [J]. 建筑结构，1994，24 (8).

[5] 建筑基坑支护技术规程（JGJ 120).

[6] 刘国彬，王卫东. 基坑工程手册（第二版）[M]. 北京：中国建筑工业出版社，2009.

[7] 建筑基坑支护结构构造（11SG814).

[8] 杨生贵，杨斌. 圆形截面钢筋混凝土桩正截面受弯承载力计算. 建筑科学. 2004 年第 1 期.

第9章　地下连续墙

9.1 概述

地下连续墙技术是奥地利的 Veder 教授于 20 世纪 40 年代基于采用触变泥浆维持开挖形成的槽壁稳定性的概念而发展起来的。早期地下连续墙的功能主要是用于防渗及承受水平荷载，随后逐渐扩展到能承受上部结构荷载的集挡土、承重和防渗于一身的“三合一”的墙体。这样，地下连续墙技术也被成功地应用于大型基础工程中，作为上部结构的基础发挥着很强的承载功能，并取得了很好的经济效果。在基坑工程中，尤其是对于超深基坑，地下连续墙不仅能作为挡土结构，承担水土压力，也可防水截渗，起到止水帷幕的作用，且可以作为地下结构的外墙，充分发挥其竖向承载能力，根据《建筑地基基础术语标准》，地下连续墙是用专门的成槽机或槽壁桩挖掘设备，采用泥浆护壁，开挖出具有一定宽度和深度的槽，在槽内浇筑混凝土，形成单元槽段。将若干单元槽段按一定构造连接成水平向连续的混凝土墙。当在墙体中放置钢筋笼或型钢时，则形成连续的钢筋混凝土墙。

除地下连续墙之外，柱列式排桩也是基坑支护最常用的竖向挡土结构之一，如图 9.1 所示。其特点是各桩之间一般互不连接、相互之间具有一定距离，因而相邻桩之间不能传递竖向剪力、水平向剪力及横向弯矩，需要通过冠梁、腰梁来实现横向联系。当基坑开挖是在地下水位以下进行，并需要截断基坑内外的地下水位联系时，尚需另行设置止水帷幕，如图 9.2 所示。此外，还可利用三轴搅拌桩钻机在原地层中切削土体，同时钻机前端低压注入水泥浆液，与切碎土体充分搅拌形成截水性较好的水泥土柱列式挡墙，在水泥土浆液尚未硬化前插入型钢，形成连续套接的三轴水泥土搅拌桩与插入的型钢组成的复合挡土截水结构，如图 9.3 所示。

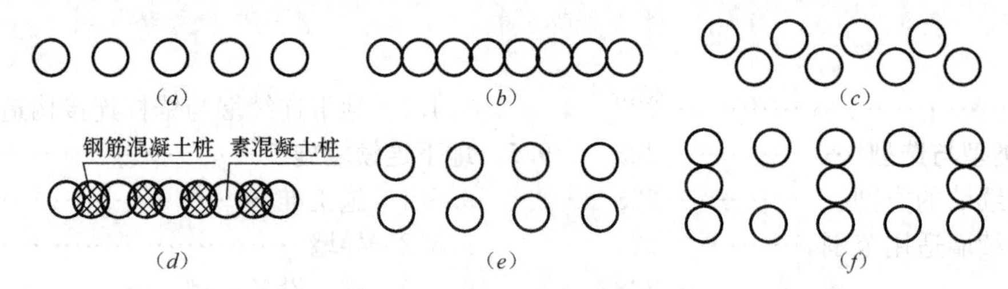

图 9.1 柱列式排桩围护体的常见形式

(*a*) 分离式排桩；(*b*) 相切式排桩；(*c*) 交错式排列；(*d*) 咬合式排桩；(*e*) 双排式排桩；(*f*) 格栅式排列

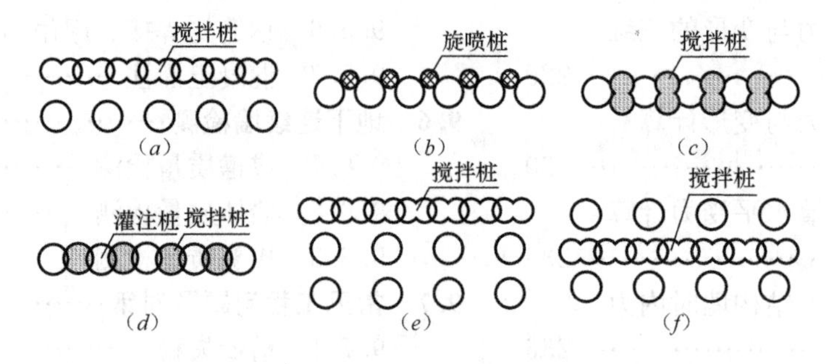

图 9.2 柱列式排桩围护体的止水措施

(*a*) 连续型止水；(*b*) 分离式止水；(*c*) 咬合型止水形式 1；(*d*) 咬合型止水形式 2；
(*e*) 双排桩止水帷幕形式 1；(*f*) 双排桩止水帷幕形式 2

图 9.1 中，形式 (*d*) 实质上是在土中形成了墙体，桩体之间互相咬合，很显然桩之间可以传递竖向剪力和水平向垂直于墙体方向的剪力，但不能承担水平向弯矩。图 9.2 (*d*) 中通过灌注桩与水泥土搅拌桩互相咬合形成的组合墙体，图 9.3 中在三轴水泥搅拌桩墙体中插入型钢组成的复合墙体，均具有止水功能，不需另行设置止水帷幕；灌注桩之间或型钢之间通过水泥土传递一定的竖向剪力和水平向垂直于墙体方向的剪力。但是，由于水泥土墙体的

抗拉强度较低，通常不认为这两种形式的复合墙体可传递水平方向的弯矩，竖向的弯矩也仅认为由灌注桩或型钢承担。

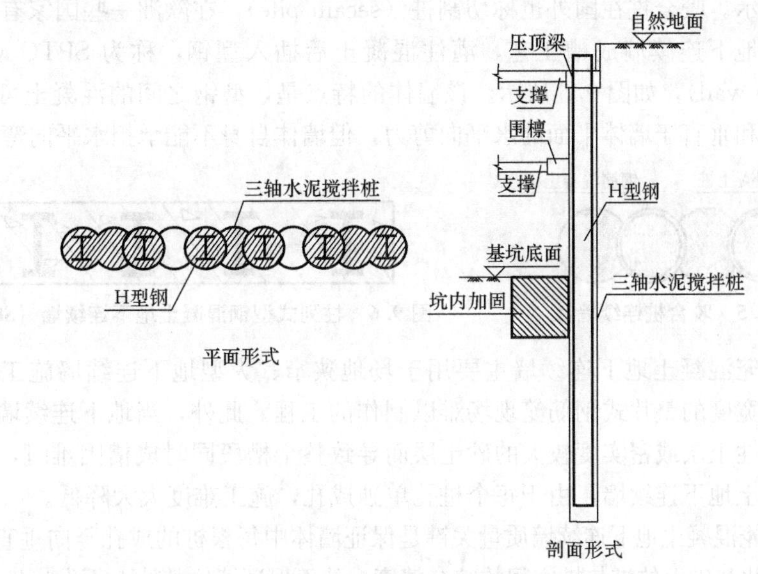

图 9.3 型钢水泥土连续墙

9.2 地下连续墙的类型与选型

9.2.1 地下连续墙的类型

根据地下连续墙的施工方法，可分为现浇地下连续墙和预制地下连续墙两类。

1. 现浇地下连续墙

其中现浇地下连续墙是指采用专用机械设备现场成槽、现场制作钢筋笼并浇筑混凝土的现浇混凝土或钢筋混凝土地下连续墙。

对现浇地下连续墙，根据其平面形状和功能，可分为五类，其分类与选型如下：

(1) 素混凝土地下连续墙

主要作为深基坑的止水帷幕用于截水、防渗，由于没有钢筋笼或型钢，故不能作为结构构件来受力。素混凝土地下连续墙主要在水利水电工程应用，为节省材料并降低墙体的刚度，以避免在上部高坝作用下在地基中产生应力集中，也可用水泥、骨料、黏土、膨润土与粉煤灰等组成的塑性混凝土连续墙，单纯用于防渗，其中每 m^3 塑性混凝土的水泥用量可以少于100kg。近年来，随着开挖深度达20m～40m的超深基坑的出现，素混凝土地下连续墙可用于在地层深部用于截断承压含水层，其上部可为钢筋混凝土地下连续墙，如图9.4所示，起到承担土压力、保证基坑稳定的作用。

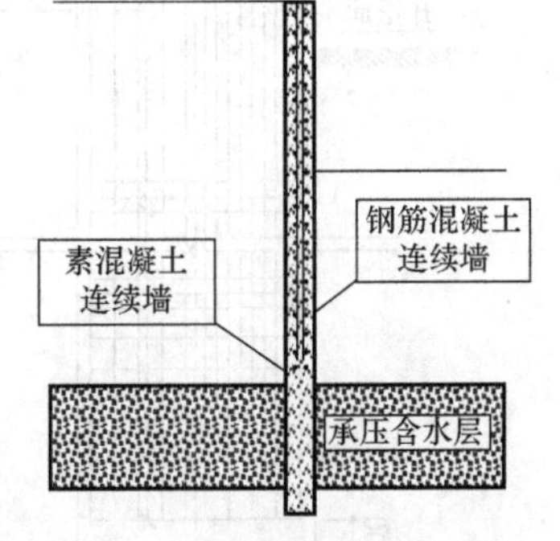

图 9.4 素混凝土地下连续墙图

在设计计算时，仅配筋部分的墙体可作为内力计算、变形计算、稳定计算的有效墙体。其下的素混凝土墙用于延长坑外地下水进入基坑内的渗流路径或切断承压含水层，仅在进行渗流计算时加以考虑。钢筋笼的长度应满足钢筋混凝土地下连续墙部分与素混凝土地下连续墙交接部位不发生断裂的要求，防止地下水沿断裂处渗入。因此，必要时可设置少量构造钢筋进入素混凝土地下连续墙。

(2) 型钢混凝土地下连续墙

图9.1中形式（*d*）由于钢筋混凝土桩与素混凝土桩体之间互相咬合，实质上是在土中

形成了连续墙体，钢筋混凝土桩与素混凝土桩体之间可以传递竖向剪力和垂直于墙体平面的水平向剪力，也起到止水帷幕的作用，虽不能承担水平向弯矩，但也可视为一种地下连续墙，如图 9.5 所示。咬合桩在国外也称切割桩（secant pile），在欧洲一些国家有较多应用。

当采用常规地下连续墙成槽工艺，灌注混凝土后插入型钢，称为 SPTC（Soldier Pile Tremie Concrete wall），如图 9.6 所示。该墙体的特点是，型钢之间的混凝土可以传递型钢之间的竖向剪力和垂直于墙体平面的水平向剪力，但墙体自身不能承担水平向弯矩。

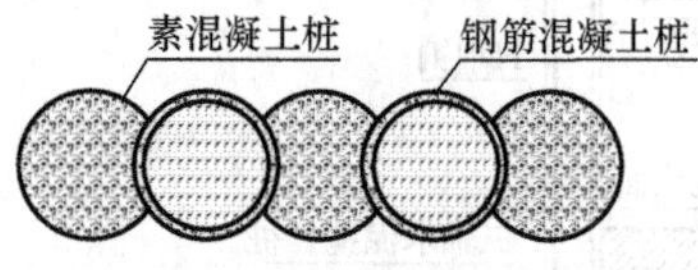

图 9.5　咬合桩连续墙

图 9.6　柱列式型钢混凝土地下连续墙（SPTC）

柱列式钢筋笼混凝土地下连续墙主要用于场地狭窄、大型地下连续墙施工设备难以操作、相当于槽段宽度的整片式钢筋笼现场难以制作的工程。此外，当地下连续墙成槽需要穿越硬度较低的黏性土层或密实度较大的砂土层而导致整个槽段同时成槽困难时，也可采用柱列式钢筋笼混凝土地下连续墙，由于每个桩孔单独成孔，施工难度大大降低。

柱列式钢筋笼混凝土地下连续墙质量关键是保证墙体中每根桩的成孔竖向垂直度、平面定位精度，然后在此基础上的桩与桩之间的咬合精度，从而保证墙体整体上不发生地下水渗漏。

型钢混凝土地下连续墙可用于场地狭窄、大型地下连续墙施工设备难以操作、相当于槽段宽度的整片式钢筋笼现场难以制作的工程。

（3）整片式钢筋笼混凝土壁板式地下连续墙

与柱列式型钢混凝土地下连续墙相比较，当在一个单元槽段内配置整片的钢筋笼时可形成壁板式地下连续墙，如图 9.7 所示[6]，由于在槽段宽度范围内墙体横向钢筋是连续的，故而槽段单元内，既可承担水平向和横向弯矩，也可传递平面内的竖向剪力和垂直墙体的水平向剪力，墙体受力与变形的整体性明显好于前两种地下连续墙。

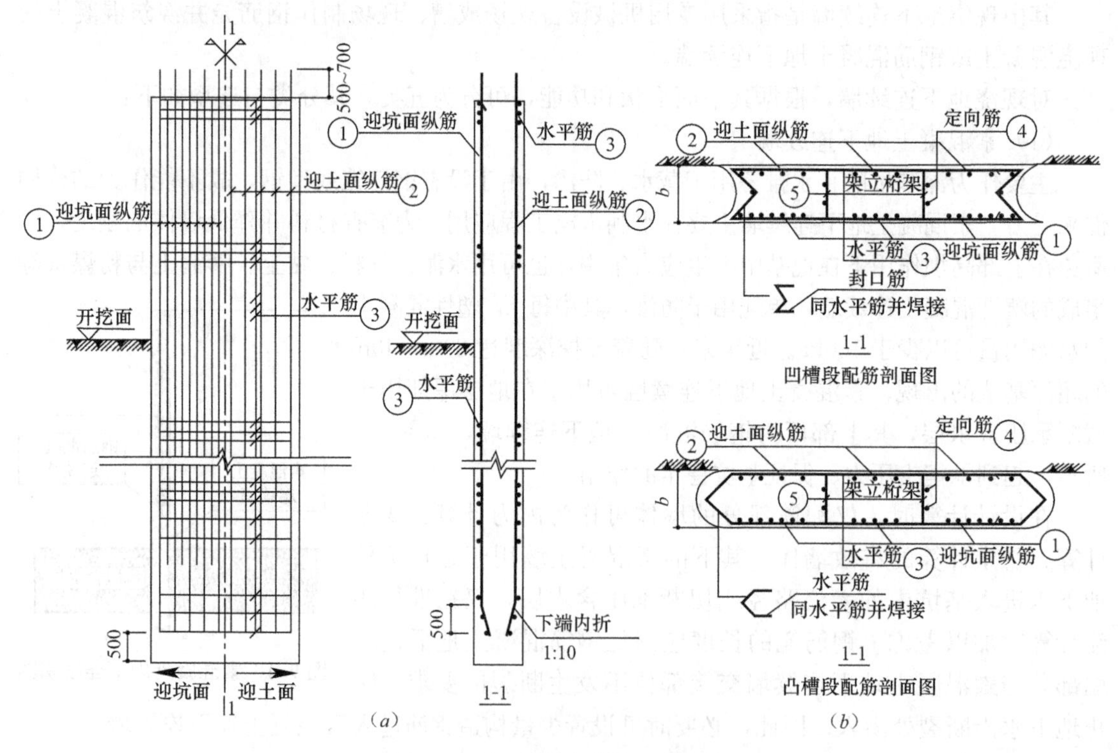

图 9.7　地下连续墙槽段配筋示例

（a）槽段配筋立面及纵剖面示例；（b）槽段配筋水平剖面示例

整片式钢筋笼混凝土壁板式地下连续墙是最常用的一种地下连续墙。相对于柱列式配筋的咬合桩式墙体，由于墙体接缝少，防渗效果相对较好；由于采用整片式钢筋笼，可承担横向弯矩，墙体受力的整体性好。当基坑竖向支护结构受力和变形的三维效应显著时，采用整片式钢筋笼混凝土壁板式地下连续墙效果较好。

（4）预制箱型型钢（NS-BOX）混凝土地下连续墙[16]

日本1992年开发了一种采用预制箱形型钢（NS-BOX）代替整片式钢筋笼的混凝土地下连续墙，如图9.8所示。箱形型钢由GH-R和GH-H两种单元连接而成，其中GH-R翼缘两端均设有C形接头，而GH-H两端则是T形接头。实际施工时，如图9.8（*b*）所示，先在成好的槽中放入左右两个GH-R单元，然后再在两个GH-R单元中间放入GH-H单元。如此依次完成一个单元槽段的箱形型钢的设置后，采用导管浇筑混凝土形成一个完整槽段，如图9.8（*d*）所示。

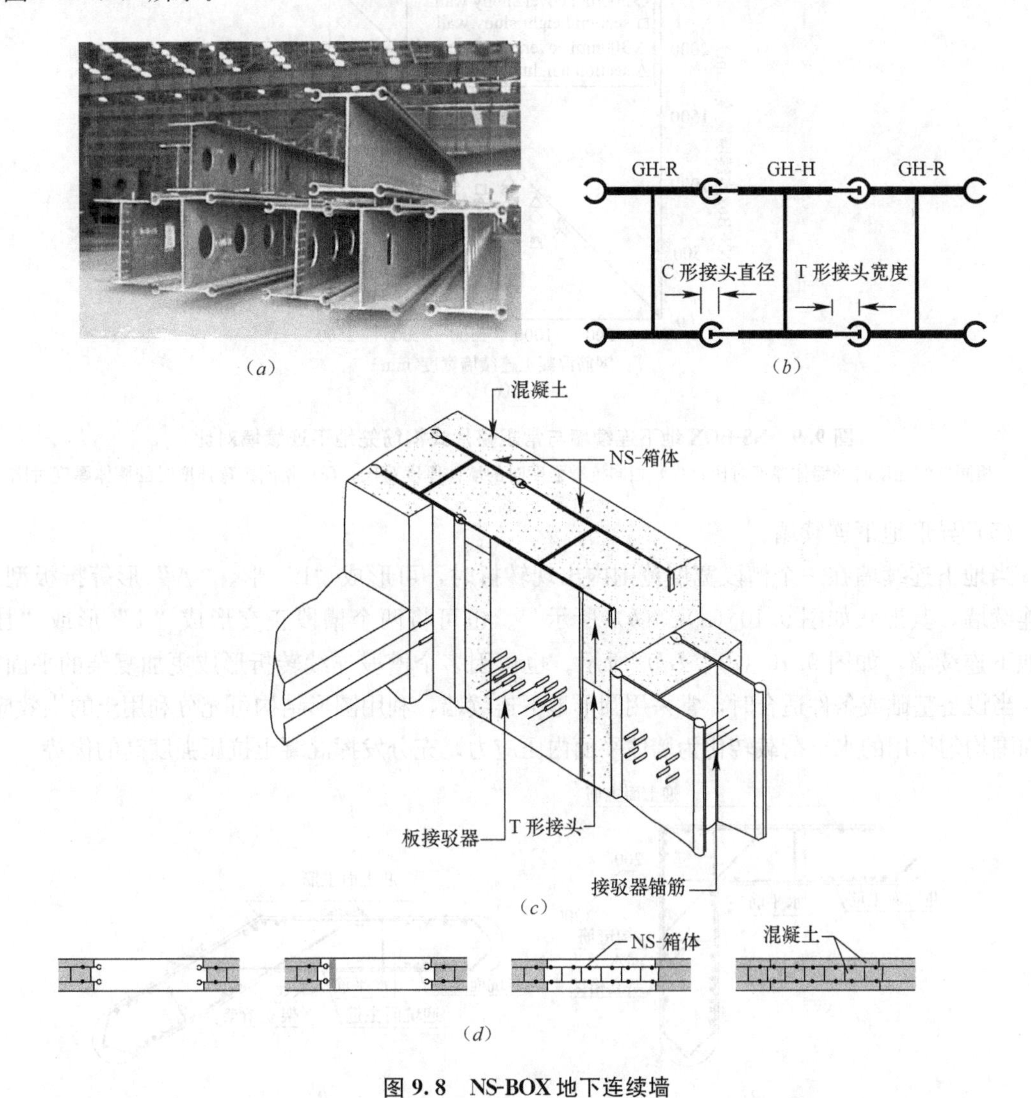

图9.8 NS-BOX地下连续墙

（*a*）NS-型钢箱体；（*b*）NS箱体连接形式；（*c*）灌注混凝土后的墙体及与结构的连接；（*d*）一个完整槽段的施工过程

图9.9是NS-BOX箱形型钢地下连续墙与常规整片式钢筋笼地下连续墙的抗弯强度、抗剪强度和抗弯刚度的比较[16]。可以看出，NS-BOX箱形型钢地下连续墙相对于常规整片式钢筋笼地下连续墙来说，具有更高的抗弯强度与抗剪强度，因此可形成高强、薄壁的地下连续墙，可用于场地狭窄的情形。

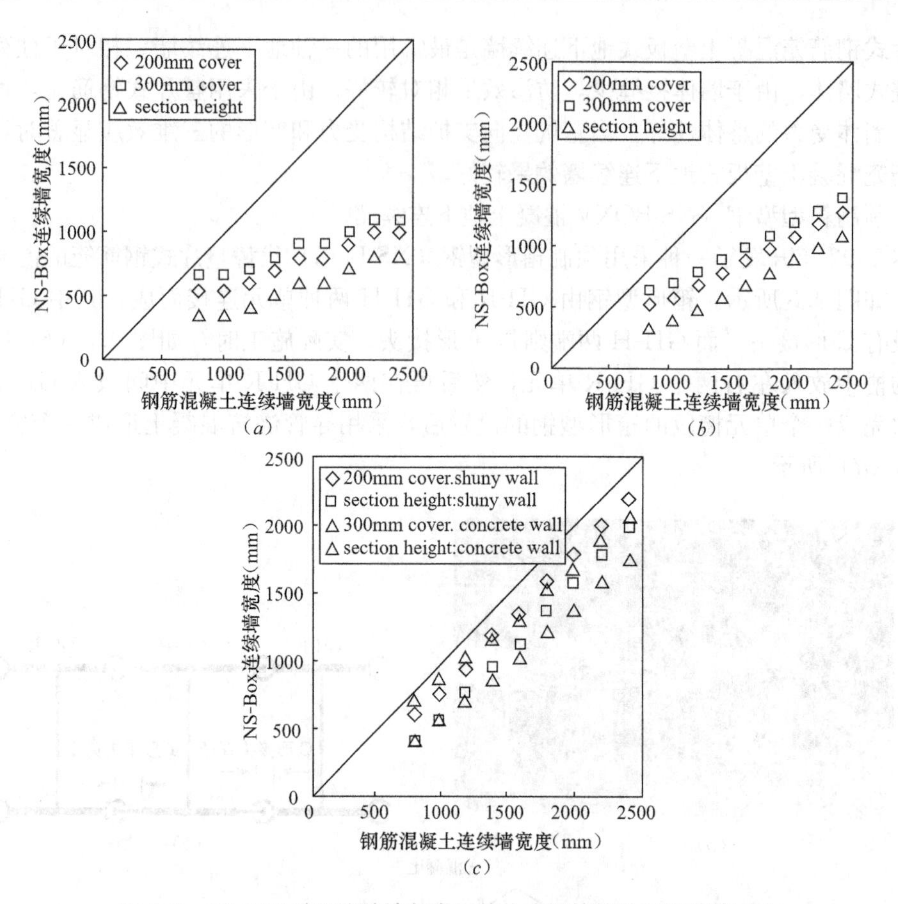

图 9.9 NS-BOX 地下连续墙与常规整片式钢筋笼地下连续墙对比

(*a*) 相同抗弯强度时的墙体厚度对比；(*b*) 相同抗剪强度时的墙体厚度对比；(*c*) 相同抗弯强度时的墙体厚度对比

(5) 异形地下连续墙

当地下连续墙在一个槽段宽度范围内出现转折时，可形成“L”形、“∧”形等折板型地下连续墙，其形状如图 9.10 (*a*)、(*b*) 所示[6]。也可将两个槽段正交形成“T”形或“Π”形地下连续墙，如图 9.10 (*c*)、(*d*) 所示。也可因多个槽段连续转折形成更加复杂的平面布置。当设备基础或条件适合时，常采用圆形地下连续墙，利用圆形结构可充分利用土的拱效应，将周围均匀作用的水土荷载转化为墙体平面内压应力，充分发挥混凝土抗压强度高的优势。

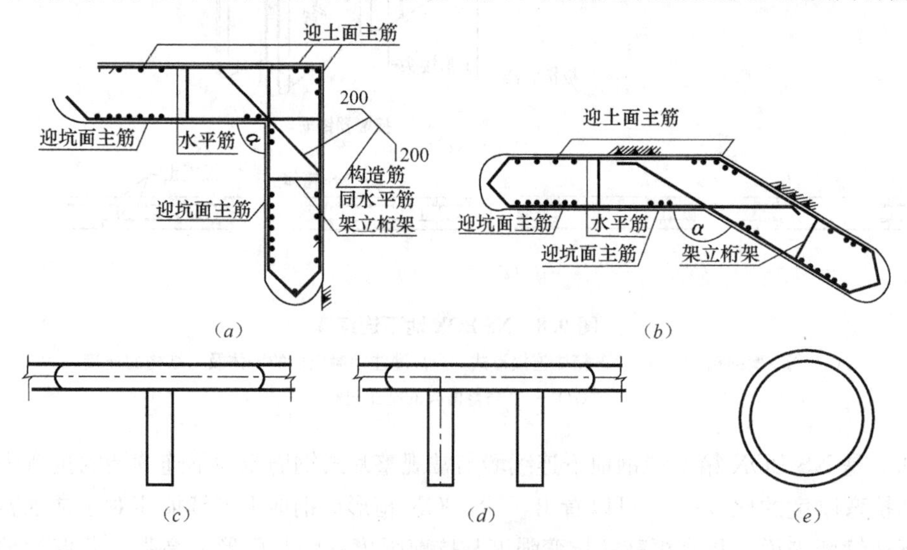

图 9.10 异形地下连续墙

(*a*) “L” 形地下连续墙；(*b*) “∧” 形地下连续墙；(*c*) “T” 形地下连续墙；(*d*) “Π” 形地下连续墙；(*e*) 圆形地下连续墙

总体上，通过设置异形地下连续墙，墙体抗弯刚度可大大提高，可用于基坑工程或基坑局部变形需要严格控制的位置，实践证明其效果较好。但异形地下连续墙可在墙体中产生明显的横向弯曲现象和横向弯矩，应予以注意。

除了在平面布置上与壁板式地下连续墙不同的异形地下连续墙，还可因在竖向构造不同而形成异形地下连续墙。例如，当地下连续墙整体嵌岩困难时，可在墙底设置局部嵌岩的支腿，满足墙体的稳定性和变形控制要求。此外，当地下连续墙整体在软弱土层中能满足基坑支护的稳定与变形控制要求，但不能满足竖向承载或沉降的要求时，也可设置局部加深的支腿进入较好的土层。这样形成的墙体称为支腿式地下连续墙，图 9.11 为某实际工程的支腿式地下连续墙成槽、钢筋笼及成墙示意图。

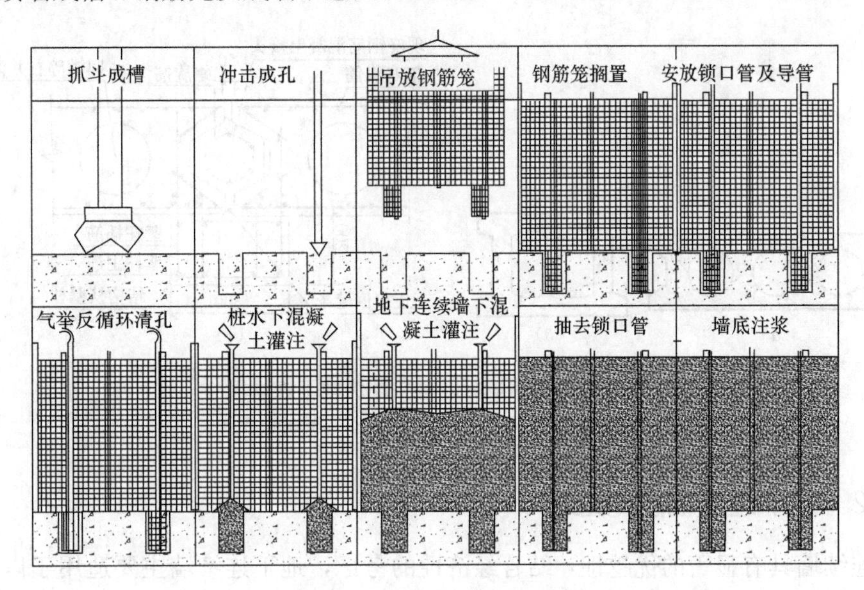

图 9.11 支腿式地下连续墙

(6) 格构形地下连续墙

在一些情况下，需要墙体具有很大的抗弯刚度，但施工能力或加大墙体的厚度受到限制，异形地下连续墙也不能满足要求时，可通过多个单元槽段在平面上进行组合，形成封闭的格构形地下连续墙，如图 9.12 (*a*) 所示。当因条件限制，无法设置水平支撑而导致地下连续墙需要悬臂支挡开挖深度很大的基坑和岸坡时，可采用多格构形的地下连续墙，总体厚度可达 10m 甚至 20m 以上。例如，天津中央大道海河隧道在塘沽区于家堡附近海河与中央大道的交汇处，岸边段拟采用明挖法施工，最大开挖深度约 24m，在沿海河岸边部分采用了如图 9.12 (*b*) 所示的格型地下连续墙支护结构，由于采用格型地下连续墙刚度大，无需采用地下连续墙支撑。

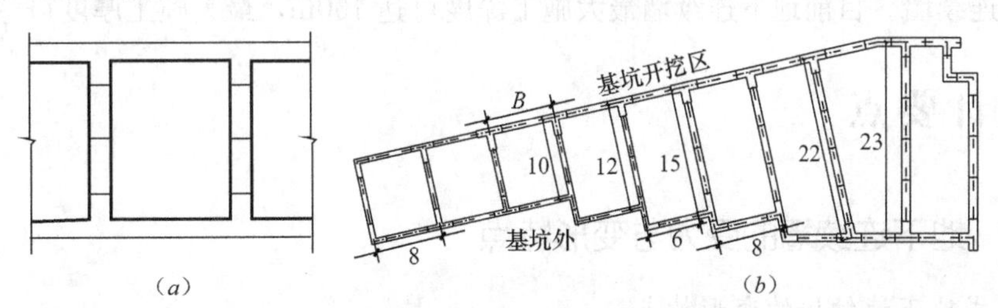

图 9.12 格构形地下连续墙

(*a*) 格构形地下连续墙示例；(*b*) 格构形地下连续墙工程实例

格构形地下连续墙多用于船坞、河岸岸坡、大型的工业基坑及其他特殊条件下无法设置水平支撑的基坑工程。格构形地下连续墙的工作机理与前述 (1)～(5) 类墙体有所不同，前者既利用墙体的抗弯能力，也利用墙体在宽度上的效应起到的重力式挡土墙作用，后者因墙体宽度与基坑深度相比很小，故墙体重力的挡土作用基本可忽略。

2. 预制墙板、接头现浇地下连续墙

由于现浇地下连续墙采用现场成槽、现场制作钢筋笼并浇筑混凝土的现浇混凝土或钢筋混凝土地下连续墙，当地下连续墙深度和槽段宽度较大时，钢筋笼的现场加工需要占用较大的场地，这在城市场地狭窄地区会造成一定的困难。为此，还发展了预制的地下连续墙，采用现场成槽后插入预制的墙板，预制墙板之间采用现浇混凝土形成接头，防止接头渗漏，如图 9.13 所示。这种预制地下连续墙施工采用成槽机成槽、泥浆护壁，然后起吊预制墙板插入槽的施工方法。通常预制墙段厚度较成槽机抓斗厚度小 20mm，墙段入槽时两侧可各预留 10mm 空隙便于插槽施工。

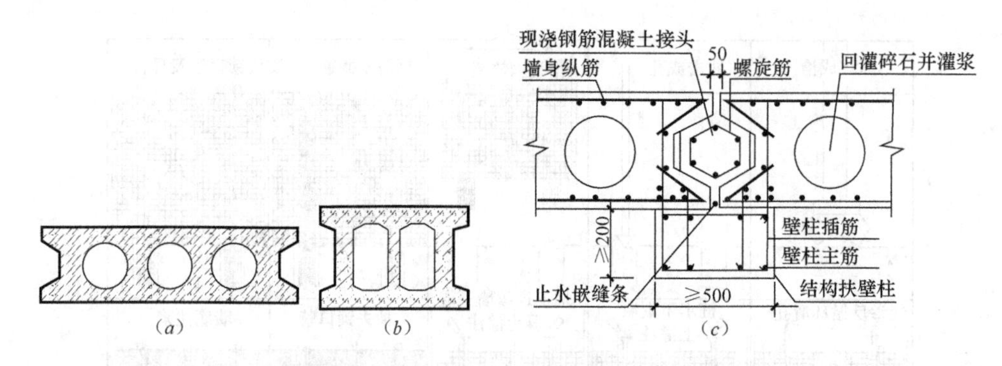

图 9.13 预制墙板、接头现浇地下连续墙

(*a*) 预制墙板 1；(*b*) 预制墙板 2；(*c*) 预制墙板接头

9.2.2 地下连续墙适用范围

地下连续墙具有显著的优越性，结合经济性的考虑，地下连续墙主要适用于以下条件的基坑工程：

(1) 地下连续墙可充分利用建筑红线范围内的空间，且其刚度有利于控制基坑变形，故常用于场地空间狭小，且周边环境变形要求严格的基坑工程；

(2) 除了具备很强的抗弯刚度可用于抵抗水土压力外，地下连续墙具有竖向承载能力及防渗功能，可以用于作为地下室外墙，成为地下结构的一部分，亦可用于逆作法施工，实现地上和地下同步施工，缩短工期；

(3) 由于地下连续墙只有在一定的深度范围内才具有较好的经济性和特有的优势，故一般适用于开挖深度大于 10m 的深基坑工程，其他围护结构无法满足要求时可采用地下连续墙；

(4) 基坑开挖深度很大，且需截断深层的含水层，采用其他止水帷幕难以满足要求时，可采用地下连续墙。目前地下连续墙最大施工深度可达 150m，最大施工厚度可达 2.5m。

9.3 设计要点

9.3.1 地下连续墙的受力与变形特点

1. 壁板式地下连续墙的变形特点

地下连续墙常用于开挖深度很大的基坑。对于深度达到 20m 以上的超深基坑，常常需要采取至少三道水平支撑，土质软弱时，则需四道或四道以上的水平支撑。水平支撑之间的竖向间距通常为 3m～8m，采用弹性地基梁法计算桩（墙）内力与变形时，通常将作为竖向支护结构的地下连续墙或桩视为竖直放置在地基中的弹性地基梁，可参考本指南第 4 章相关内容。

对于水平放置在弹性地基上的梁，当两个荷载之间梁的跨度 l 满足如下条件时，分别属于刚性梁、有限长梁和无限长梁：

(1) 当 $\lambda l < \pi/4$ 时，称为短梁，又称刚性梁，有的文献放宽到 $\lambda l < 2$；当 $\lambda l < 0.5$ 时称为绝对刚性梁。

(2) $\frac{\pi}{4} \leqslant \lambda l \leqslant \pi$ 时，称为有限长梁，又称中长梁。

(3) $\lambda l > \pi$ 时，称为无限长梁或半无限长梁（在荷载作用点两侧，都满足 $\lambda l > \pi$ 时称无限长梁；在荷载作用点两侧，只有一侧满足 $\lambda l > \pi$ 时称半无限长梁）。有的文献放宽到 $\lambda l >$ 4.5～5.0。

其中：$\lambda = \sqrt[4]{\frac{k_0 b}{4EI}}$，量纲为 1/m，为地基梁的刚柔性特征值；$k_0$ 为土的反力系数，或水平基床系数；$1/\lambda$ 称为地基梁的特征长度。

天津站交通枢纽工程在现场进行了截面尺寸 2.8m×1.2m、深 48m 的地下连续墙试验墙，进行了水平推力足尺试验，地下连续墙的水平变形（如图 9.14 所示）主要分布在 5m 深度范围内，说明相对于现场地质条件，即使对厚度达到 800mm 的地下连续墙，48m 深墙体的变形也相当于地基中竖向放置的无限长梁。

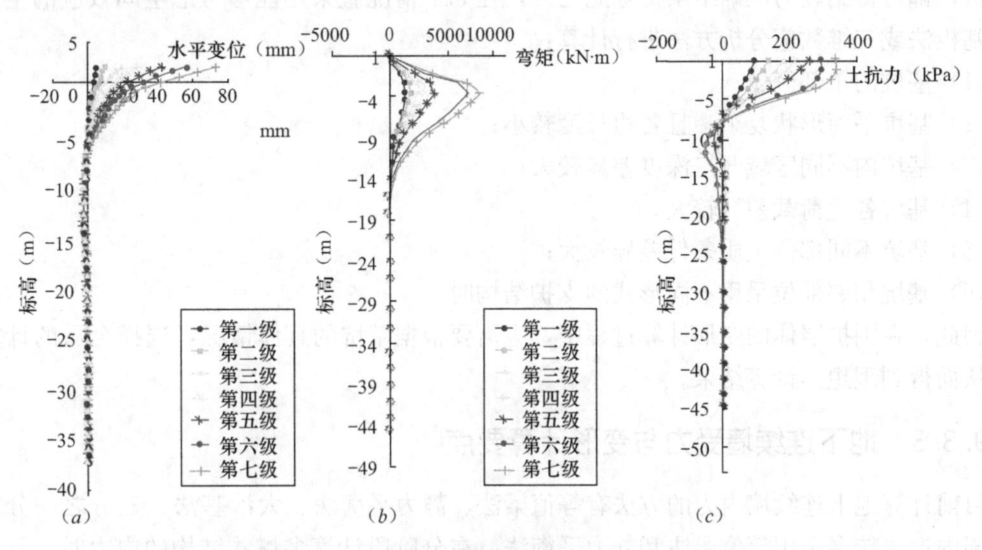

图 9.14 地下连续墙水平推力试验成果

(a) 地下连续墙水平移位；(b) 由墙身应变推算的墙身弯矩图；(c) 由墙身应变推算的土抗力分布

孟凡超等在黄土中也进行了类似的单片地下连续墙的水平静载试验[17]，得到同样的结论。

2. 格构形地下连续墙变形特点

格构形地下连续墙由于整体厚度大，刚度远大于壁板式的单片连续墙，其变形呈现出与壁板式地下连续墙不同的特点。梅英宝对部分采用格形地下连续墙围护的某船坞基坑格形地墙的水平变形进行了实测[18]，说明格构形地下连续墙的水平位移主要以刚体位移（倾斜）为主，墙身挠曲相对较小。

9.3.2 地下连续墙受力与变形的三维问题

基坑形状有矩形、圆形、多边形、长条形等，基坑支护结构与土体之间的相互作用存在空间效应。在基坑土体开挖过程中的土体变形及作用于基坑支护结构上的土压力均受土体开挖过程的影响。然而，目前地下连续墙的受力与变形常以弹性地基梁理论为基础，按照墙段间为无侧向约束的平面问题假定，将三维问题转换为一维杆系问题或是二维平面应变问题来分析。在实际的基坑工程中有很多地下连续墙布置形式如图 9.15 所示，BC 墙体受相邻两侧墙体的约束，

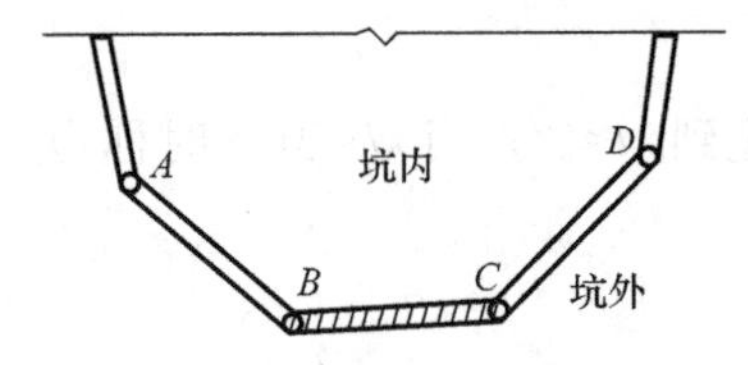

图 9.15 常见的地下连续墙形式

其左右两侧位移固定但可以产生一定转动，BC 墙体两端的边界条件相当于铰接约束；此外，还有很多的地下连续墙是分段浇注的，为了防止墙后漏土，各墙段多以半圆形或 V 形榫槽相连[2]，该榫槽构造虽然不能传递弯矩，但能传递剪力，其作用也相当于铰接连接。因此，目前常用的一维杆系和平面应变有限元法是不符合墙段间无约束的理想平面假定的，所以很多情况下按照这两种方法计算出来的墙体内力及变形值与实际相差较大[3]，尤其是横向弯矩，按照平面应变有限元法计算出来的结果远小于墙体的实测弯矩。但在目前实际的工程设计当中，大多并没有对横向弯矩给予足够的重视，甚至仅按照构造配筋来抵抗横向弯矩的作用。

裴颖杰、郑刚、刘建起等以某热电厂海泵房地下连续墙为参照体设计了模型试验，测试了两端为铰接条件下的模型地下连续强墙的墙身横向弯矩和竖向弯矩，其横向最大正弯矩几乎与纵向最大正弯矩值相等，如此量级的横向弯矩显然不能忽视。

当围护墙体的边长较长时，墙体边长中部区域可忽略空间效应影响，该区域内墙体变形可采用平面应变状态进行计算，或采用平面弹性地基梁法计算，或采用平面应变有限元法进行分析，都可得到较为准确结果。除此之外，在如下情况宜采用能够考虑空间效应的空间弹性地基板法或三维数值分析方法进行计算：

(1) 基坑的角部区域；

(2) 基坑平面形状复杂，且各边长度较小；

(3) 基坑内不同区域开挖深度差异较大；

(4) 基坑各边荷载差异较大；

(5) 基坑不同部位土质条件差异较大；

(6) 基坑相邻部位采用不同形式的支护结构时。

因此，在围护墙体的变形计算过程中，应需要根据基坑的具体情况，选择合适的计算方法，从而得到理想的计算结果。

9.3.3 地下连续墙受力与变形计算要点

目前计算地下连续墙内力的方法有等值梁法、静力平衡法、太沙基法、三分之一分割法等。国内过去较多采用等值梁法和静力平衡法，在分阶段计算多撑式结构的内力时，不考虑设撑前墙体已产生的位移，并假定支撑为不动支点，下层支撑设置后，上层支撑的支撑力保持不变。近年来，多采用能够部分考虑地下连续墙与土相互作用的弹性地基梁法，中主动区土压力采用主动土压力或介于主动土压力和静止土压力之间的适当值，被动区土压力则考虑地下连续墙与土的相互作用。具体计算方法见本指南第 4 章相关内容。

1. 平面问题或三维问题

地下连续墙变形计算应考虑基坑平面形状、基坑周边长度、支撑布置形式、土方开挖顺序等，根据地下连续墙内力与变形的特点，确定将地下连续墙简化为平面问题进行变形计算或进行考虑空间效应的三维计算分析方法：

(1) 当基坑平面形状简单、基坑周边长度较大、支撑沿基坑周边布置较为均匀时，可将地下连续墙简化为平面问题进行二维变形计算。

(2) 当基坑平面形状复杂、基坑周边转角较多且转折长度较小时，宜进行考虑空间效应的三维分析计算，并考虑地下连续墙产生的横向弯矩。

2. 平面问题受力与变形计算要点

当将地下连续墙简化为平面问题进行计算时，其受力变形分析计算要点如下：

(1) 将地下连续墙简化为平面问题进行计算时，可采用平面问题有限元法或平面弹性地基梁法或平面杆系结构弹性支点法。地下连续墙取单幅墙进行结构分析时，土压力计算宽度和土反力计算宽度均取包括接头的单幅墙宽度。

(2) 地下连续墙嵌固段的计算土反力不应大于相应土物理、力学指标计算的被动土压力。

(3) 地下连续墙兼作结构墙且基坑设有多道水平支撑时，在不同工况下的变形计算可考虑内衬墙引起地下连续墙沿高度方向的刚度变化。

(4) 采用弹性支点法计算地下连续墙的水平变形时，平面杆系结构弹性支点法只反映了墙体、被动区土体产生的水平变形，当符合下列条件时，尚应考虑地下连续墙的附加变形并采取措施进行控制：

1) 坑底隆起引起的附加变形。当基坑地面以下土质软弱、地下连续墙插入深度较小、且水平支撑距坑底距离较大时，宜考虑基坑坑底回弹、隆起对地下连续墙水平变形的影响。可通过增大墙体插入深度、被动区土体加固、在被动区邻近墙底的一定范围内打设减小回弹量的桩以及水平支撑接近坑底布置等方式减小坑底隆起量，从而减小坑底隆起引起的附加变形。

2) 墙体刚度下降引起的附加变形。当地下连续墙弯曲变形较大时，应考虑墙体开裂导致的刚度下降引起的水平变形增大。可通过增大墙体刚度、支撑层数等方式进行控制。

3) 基坑降水引起的地下连续墙变形。对宽度较小的长条形地铁基坑，当地下连续墙及基坑外土体变形需严格控制、且基坑内土质较软弱时，宜考虑基坑开挖前坑内降水引起的地下连续墙的水平变形。可先设置最上层水平支撑，然后开始进行坑内降水；宜分层、分段降水，分层、分段挖土以减小降水引起的变形。

3. 考虑空间效应计算要点

当采用考虑地下连续墙变形及内力的空间效应的三维计算分析方法时，应注意以下要点：

(1) 宜采用能够考虑地下连续墙受力空间效应的计算方法，例如三维有限元方法、将地下连续墙采用板壳模型的弹性支点法。

(2) 当支挡的土体主要为砂性土时，土压力分布的空间效应也可对地下连续墙的内力与变形产生影响。

(3) 空间效应明显时，地下连续墙横向变形可使墙体产生显著的横向弯矩，地下连续墙的横向变形也可对腰梁产生附加应力。在进行地下连续墙配筋计算、腰梁配筋计算时要效应进行考虑。

4. 考虑地下连续墙水平向受力与变形空间效应的方法

考虑地下连续墙内力与变形空间效应的计算方法大体可分为如下几类：

(1) 三维有限元法。运用该法，墙体采用板壳单元，建立土体、水平支撑、地下连续墙的三维空间模型，可考虑土的非线性、土体开挖方式等。

(2) 空间弹性地基板法。该法以竖向平面弹性地基梁法的计算原理为基础，考虑基坑的空间效应，是在竖向平面弹性地基梁法的基础上发展起来的一种空间分析方法。建立围护结构、水平支撑与竖向支承系统共同作用的三维计算模型并采用有限元方法求解这一问题，其计算原理简单明确，同时又克服了传统竖向平面弹性地基梁法模型过于简化的缺点。刘国彬等[6]根据此方法进行了基坑开挖施工过程的数值模拟计算，并研究了在采用数值分析方法时土体本构模型的选取对数值计算结果的影响。

(3) 双向弹性地基梁方法。该法也是基于竖向弹性地基梁 m 法发展起来的。该法是把地下连续墙切割成 n 根竖直方向的梁，水平方向切割成 m 根曲梁，形成水平梁系和竖向梁系。计算时，考虑土压力随位移成非线性关系，通过满足交叉梁系在交叉点上的位移协调条件和静力平衡条件，考虑它们之间的共同作用。内支撑系统的处理基本上与水平梁的处理相同。通过反复迭代，使交叉梁系在交叉点上满足位移协调条件和静力的平衡条件，能把支撑系统、地下连续墙和墙后土体三者作为一个整体进行分析。

杨敏、艾智勇、冯又全等利用与双向弹性地基梁法相似的方法开展了地下连续墙变形的空间效应分析[19]，将地下连续墙看成是由很多竖直梁和水平梁组成的交叉梁系，地下连续墙上水土荷载由竖直梁和水平梁共同承担，将水平梁对竖直梁的约束作用简化为连续分布的弹性支承，并与传统的弹性平面地基杆系有限元法在分析竖直梁的受力与变形时没有考虑空间作用进行了对比。在考虑水平梁贡献时，将一片地下连续墙按两端为嵌固约束条件处理。采用该法进行了算例分析，基坑深度均为 $H_1=10$m，地下连续墙围护的入土深度 $H_2=10$m，土层参数和支撑刚度的取值如图 9.16（*a*）与图 9.16（*b*）所示，另外超载为 20kN/m，地下水位于地面以下 0.5m。

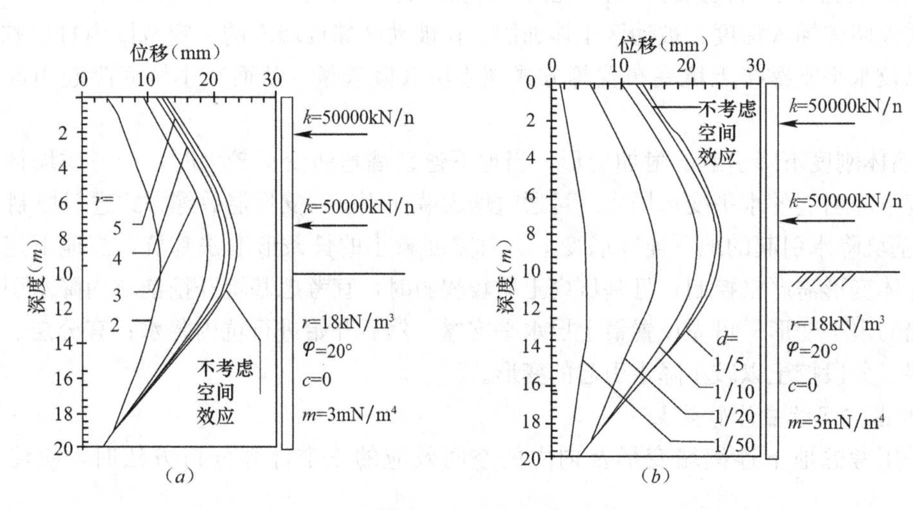

图 9.16 墙体空间效应

（*a*）墙体长深比对空间效应的影响；（*b*）墙体上的相对位置对空间效应的影响

图 9.16（*a*）为变化基坑水平方向的长度 L 而计算得到的一组考虑空间效应时的墙体侧向位移曲线，图中 $r=L/H_1$，即墙体的长深比。图 9.16（*b*）为固定基坑水平方向的长度（$L=50$m），变化计算点的位置 x 而得到的一组考虑空间效应时的墙体侧向位移曲线，图中 $d=x/L$。由图 9.16（*a*）可以看出随着长深比的增大，空间效应逐渐减弱，在算例条件下，当长深比 r 达到 5 的空间效应几乎可以忽略。由图 9.16（*b*）可以看出，计算点的位置越是靠近墙体两端，空间效应越明显。

5. 地下连续墙承载能力计算要点

采用上述平面或三维计算方法计算得到地下连续墙的内力后，需进行地下连续墙的截面承载力验算，验算内容主要包括如下内容：

（1）竖向弯矩作用下正截面抗弯承载力验算；

（2）水平断面的斜截面受剪承载力验算；

（3）当承受竖向荷载时，应进行竖向受压承载力验算；

（4）当需要控制裂缝宽度时，还需进行竖向弯矩作用下的水平截面裂缝宽度验算；

（5）环形地下连续墙还应进行平面内环向混凝土截面受压承载力验算；

（6）当地下连续墙受力与变形有显著的三维效应时，尚应进行水平向受弯验算。

6. 地下连续墙竖向变形

基坑开挖深度较大且土质较软弱时，地下连续墙也会产生竖向变形，而且一般为竖向回弹变形；当地下连续墙兼做结构墙并最终承担较大竖向荷载时，还可能产生沉降。一般主体结构工程桩较深，而地下连续墙作为围护结构其深度较浅，不可能和主体工程桩处于同一持力层；其次地下连续墙分布于整体地下室的周边，工作状态下与桩基的上部荷重的分担不均，对变形协调有较大的影响；另外，由于施工工艺的因素，地下连续墙成槽时采用泥浆护壁，地下连续墙槽段为矩形剖面，且其长度较大，槽底清淤难度较钻孔灌注桩大，沉淤厚度要大于钻孔灌注桩，引起墙底和桩端受力状态存在较大差异。由于以上原因，主体结构沉降过程中地下连续墙和主体结构桩基之间可能会产生较大的差异沉降。如果不采取针对性的措施控制差异沉降，地下连续墙与主体结构之间会产生很大的次应力，甚至开裂，危及结构的正常使用。

天津站交通枢纽工程地下换乘中心工程基坑面积达25000m²，其中Ⅰ标段为地下三层，基坑深度约25m；第Ⅱ标段地下四层（局部地下三层），基坑大面积开挖深度29m，最深处达33.5m，采用盖挖逆作法。地下连续墙采用800mm和1200mm两种厚度，地下连续墙墙深有43m、48m、53m三种。

设计采用一桩一柱竖向承重结构作为基坑的竖向支撑体系，工程结构抗浮桩采用ϕ1500mm、ϕ2000mm和ϕ2200mm钻孔灌注桩，孔深65m～88m，有效桩长35m～56m，桩上设205根ϕ1000mm壁厚18mm～22mm钢管柱作为竖向支承结构，柱内灌C50微膨胀混凝土。同时考虑施工期间的荷载很大，增加48根ϕ800mm壁厚16mm空心钢管柱补充竖向支承能力。Ⅰ标段基坑支护系统典型剖面如图9.17所示。

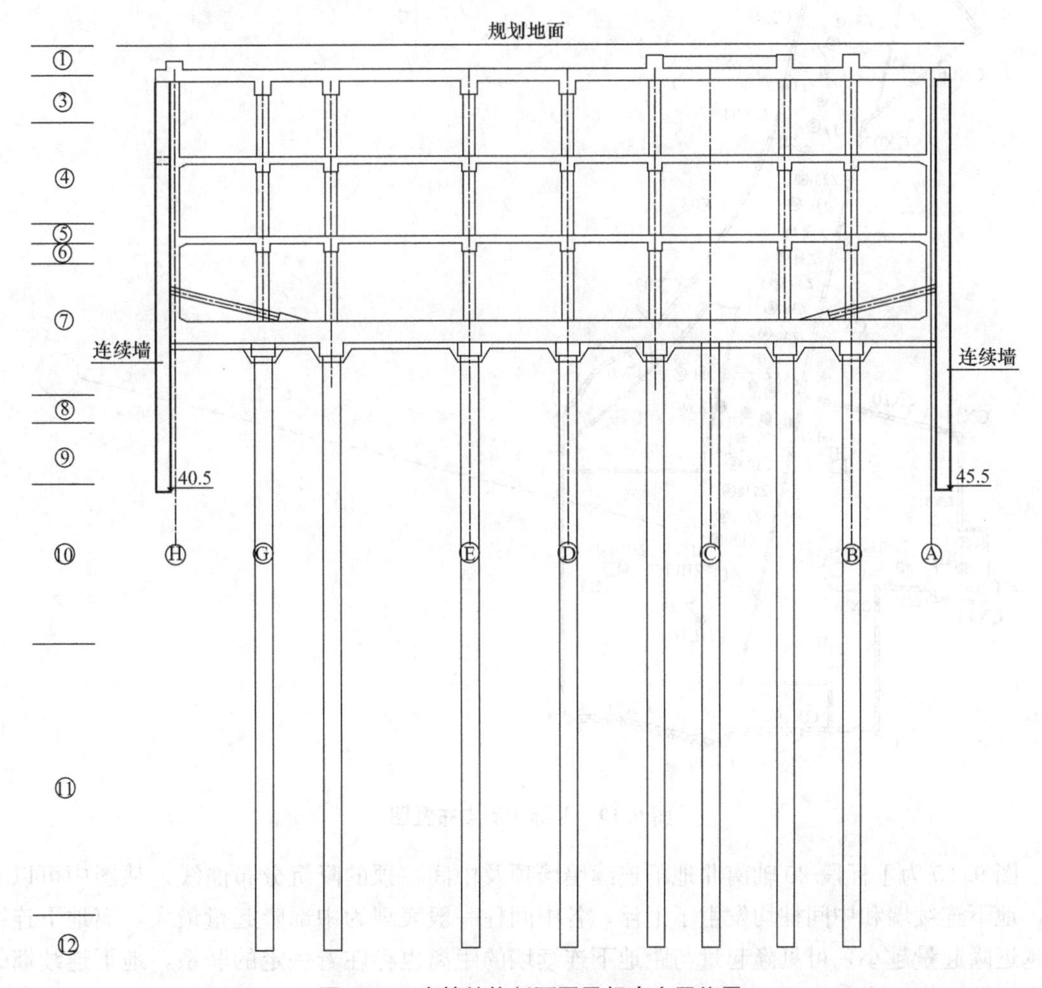

图9.17 支护结构剖面图及相应土层位置

Ⅰ、Ⅱ标段结构柱数量众多，对其中Ⅰ标段的57根结构柱和Ⅱ标段的25根结构柱的竖向位移进行监测，结构柱测点原则上按轴线分布。各测点数据每天监测一次，数据较为完整。其中，正值为隆起，负值为下沉。测点布置如图 9.18、图 9.19 所示。

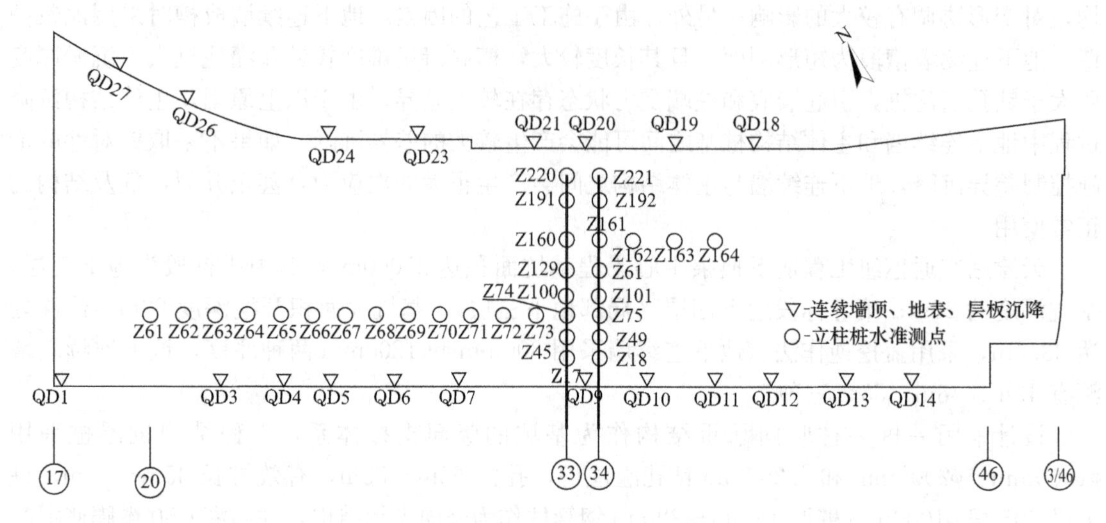

图 9.18 Ⅰ标段测点布置图

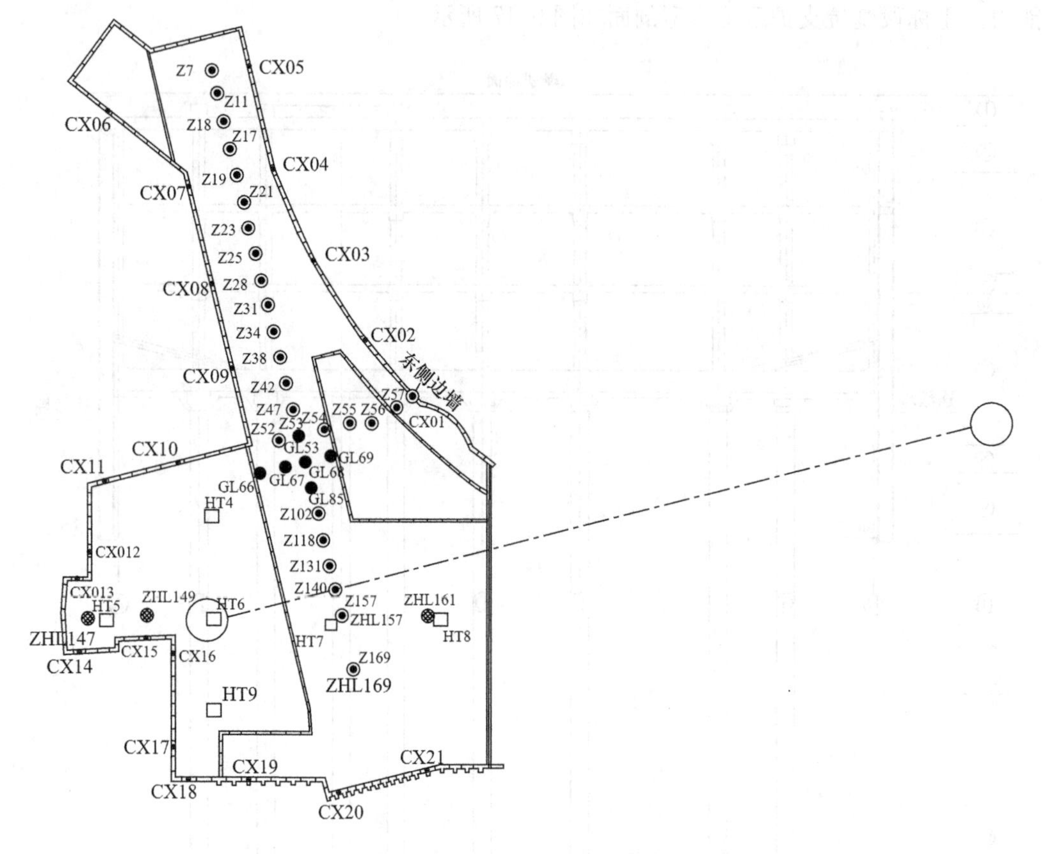

图 9.19 Ⅱ标段测点布置图

图 9.20 为Ⅰ标段 20 轴南北地下连续墙墙顶及中间柱顶的隆沉分布曲线。从图中可以看出，地下连续墙和中间柱均发生了上浮，各中间柱一般表现为中部隆起量最大，离地下连续墙越近隆起量越小，可见隆起量与距地下连续墙的距离也存在着一定的联系，地下连续墙的存在对约束立柱隆起有明显的作用，立柱隆起具有明显的时空效应。同时，可以看出，南侧地下连续墙与相邻中间柱之间差异沉降达近 10mm，与间隔的一个中间柱的差异沉降达 20mm。

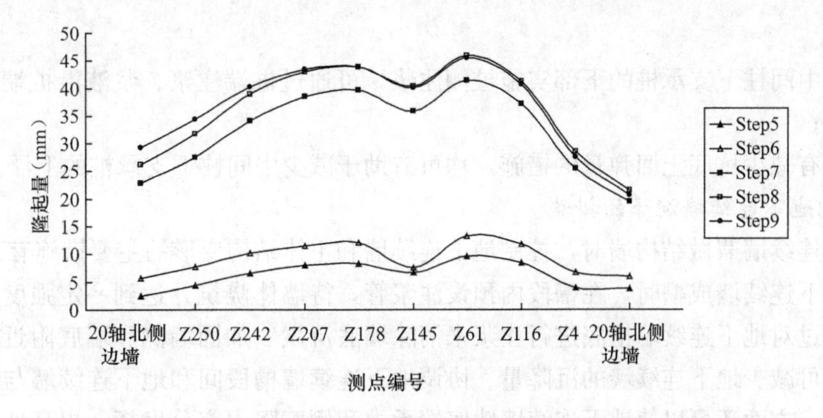

图 9.20　Ⅰ标段 20 轴地下连续墙墙顶及中间柱顶隆沉分布曲线

图 9.21 为Ⅱ标段 A16 轴测点隆沉历时曲线。从图 9.21 中可以看出，Ⅱ标段 A16 轴中间柱与地下连续墙都发生了明显的隆起，其中东侧地下连续墙的上浮量达近 20mm。

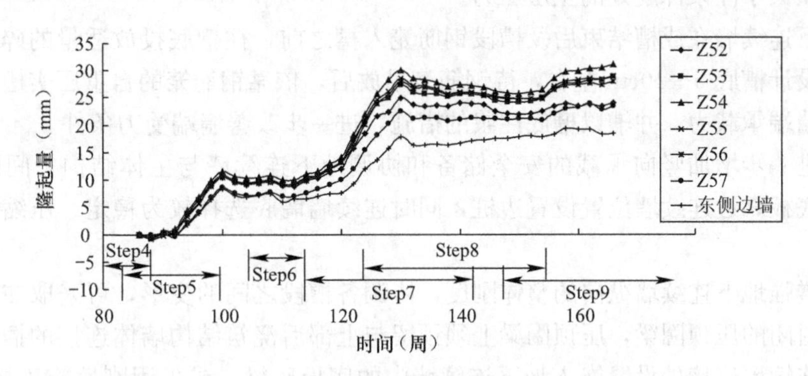

图 9.21　Ⅱ标段 A16 轴测点隆沉历时曲线

7. 竖向变形分析要点

鉴于地下连续墙及中间柱可发生较大竖向隆起位移及差异变形，在如下情形时应考虑地下连续墙的竖向变形并评估控制变形的措施：

（1）当土质软弱且基坑开挖深度较大、基坑回弹量可能较大时，宜考虑地下连续墙的竖向回弹变形；

（2）当基坑支护采用逆作或盖挖逆作法时，需要分析计算并控制墙体自身上浮量及与结构的柱、墙之间的差异变形；

（3）当地下连续墙兼作竖向承重结构墙且墙身下端没有进入较好持力层时，宜考虑地下连续墙的沉降，并考虑地下连续墙沉降对地下连续墙与地下、地上结构的相互作用的影响；

（4）地下连续墙竖向变形宜采用考虑地下连续墙-土-结构相互作用的方法计算。

8. 控制地下连续墙回弹变形的措施

软土中的深基坑采用盖挖逆作法时，地下连续墙回弹变形一般小于的中间柱的回弹上浮量，因此，需要控制因基坑开挖使坑底以下土回弹引起的柱、墙的过大差异变形，为此或者减少坑底土的回弹量，或者减少支承中间柱的桩的回弹上浮量。减少坑底土回弹的措施有：

（1）利用时空效应，分层、分段开挖，优化土方开挖方案；

（2）采用坑底土加固方案；

（3）设置减少坑底土回弹的桩；

（4）根据基坑抗隆起稳定安全系数与坑底回弹的关系，可加大地下连续墙插入深度。

减少中间柱下支承桩回弹上浮的措施有：

（1）加大中间柱下支承桩的长度，并能穿越基坑回弹影响深度进入不回会弹土层以下足够深度；

(2) 在中间柱下支承桩的下部实施桩侧注浆，可通过桩端注浆、浆液沿桩端可上升一点高度来实现；

(3) 所有减少坑底土回弹量的措施，均可有助于减少中间柱下支承桩的上浮。

9. 减少地下连续墙沉降的措施

当地下连续墙兼做结构墙时，控制地下连续墙和主体结构变形的主要措施有：

(1) 地下连续墙成槽时，在槽段内预设注浆管，待墙体浇筑并达到一定强度后对槽底进行注浆，通过对地下连续墙槽底进行注浆来消除墙底沉淤、加固墙侧和墙底附近的土层。这样，一方面可减少地下连续墙的沉降量、协调地下连续墙槽段间和地下连续墙与桩基间的差异沉降，另一方面还可以使地下连续墙墙底端承力和侧摩阻力充分发挥，提高地下连续墙的竖向承载能力。地下连续墙槽底注浆一般在每幅槽段内设置两根注浆管，间距不大于 3m，管底位于槽底（含沉渣厚度）以下不小于 30cm。在墙身混凝土达到设计强度等级后注浆，注浆压力必须大于注浆深度处的土层压力。

(2) 地下连续墙在成槽结束后及槽段钢筋笼入槽之前，往槽底投放适量的碎石，使碎石面标高高出设计槽底 5～10cm 左右，待钢筋笼吊放后，依靠钢筋笼的自重压实槽底碎石层及土体以提高墙端承载力，并辅以槽底注浆的措施，进一步改善墙端受力条件。

(3) 为进一步增加竖向承载的安全储备和协调地下连续墙与主体结构之间的不均匀沉降，在基础底板靠近连续墙位置设置边桩，同时连续墙墙底选择较为稳定、压缩性较低的持力层。

(4) 为增强地下连续墙纵向的整体刚度，协调各槽段之间的变形，可采取在连续墙顶部设置贯通、封闭的压顶圈梁，压顶圈梁上须预留与上部后浇筑结构墙体连接的插筋。也可在底板与地下连续墙连接处设置嵌入地下连续墙中的底板环梁，或采用刚性施工接头等措施，将各幅地下连续墙槽段连成整体。

9.3.4 异形地下连续墙水平受力计算要点

异形地下连续墙由于施工时形成了一个现浇钢筋混凝土整体结构，因此，可按一般的钢筋混凝土异形截面计算抗弯刚度并按一般弹性地基梁法（弹性支点法）进行内力与变形计算，然后再按钢筋混凝土理论进行异形截面的抗弯、抗剪计算。

9.3.5 地下连续墙兼作结构墙时内力计算要点

地下连续墙兼作结构墙时要满足基坑开挖阶段地下连续墙作为支护结构的受力要求，当基坑开挖完成后，地下连续墙作为地下室外墙，作为主体结构的承载结构，此时应满足地下连续墙作为主体结构承受建筑物荷载的要求。对应不同应用阶段须验算三种应力：

(1) 在施工阶段由作用在地下连续墙上的土压力、水压力产生的应力；

(2) 主体结构竣工后，作用在墙体上的土压力、水压力以及作用在主体结构上的垂直、水平荷载产生的应力；

(3) 主体结构建成若干年后，土压力、水压力已从施工阶段恢复到稳定的状态，土压力由主动土压力变为静止土压力，水位恢复到静止水位或达到抗浮设防水位。

当地下连续墙作为主体结构的一部分时，其设计方法因地下连续墙的布置方式，即与主体结构物的结合方式不同而有差别。地下连续墙作为主体结构的布置方式主要有单一墙、分离墙、复合墙和叠合墙四种。在验算不同应用阶段的三种应力时，宜采用增量法，考虑不同应用阶段受力和变形的连续性。

此外，当地下连续墙作为主体结构的一部分时，上部结构的一部分垂直荷载（柱荷载或墙荷载）直接作用于地下连续墙顶，地下连续墙需承担自重、地下室楼板传递的一部分荷载和上部结构的垂直荷载。地下连续墙的竖向承载力计算可采用桩基设计规范和基床系数法。地下连续墙承重的桩筏基础设计，很重要的一个问题是地下连续墙和桩、土如何分担上部结构的垂直荷载。地墙和桩、土的荷载分担与基础各部分的变形协调是密切相关的，因此地墙和桩的荷载分担问题也即是沉降问题。在常规设计中，一般不考虑底板下地基土的分担作用，仅需考虑地墙和桩的荷载分担。根据有关研究及工程实践，地下连续墙的承载力计算可采用桩基规范法和基床系数法。

9.3.6　格构形地下连续墙重力式支护结构的受力分析与稳定计算要点

格构形地下连续墙的工作机理类似于重力式挡土墙，因此其计算首先是作为挡土结构的外部稳定计算，包括整体稳定、抗倾覆、抗水平滑移、抗隆起稳定、渗流稳定计算及变形计算。由于格构形地下连续墙又是若干片壁板式地下连续墙组成，因此，尚需进行内部验算，包括各片连续墙的连接节点受力验算、局部弯矩验算等。

9.4　地下连续墙构造

9.4.1　墙身构造

地下连续墙墙身构造主要涉及导墙的构造、墙身混凝土等级、槽段、钢筋笼以及墙顶圈梁的设计。以下针对地下连续墙墙身设计的主要方面进行详述。

1. 导墙

地下连续墙在成槽前，应构筑导墙，导墙质量的好坏直接影响到地下连续墙的轴线和标高控制，应做到精心施工，确保准确的宽度、平直度和垂直度。导墙多采用现浇钢筋混凝土结构，也有钢制的或预制钢筋混凝土的装配式结构，可供多次使用。导墙断面常见的有三种形式：倒L形、］形及L形，具体见图9.22。

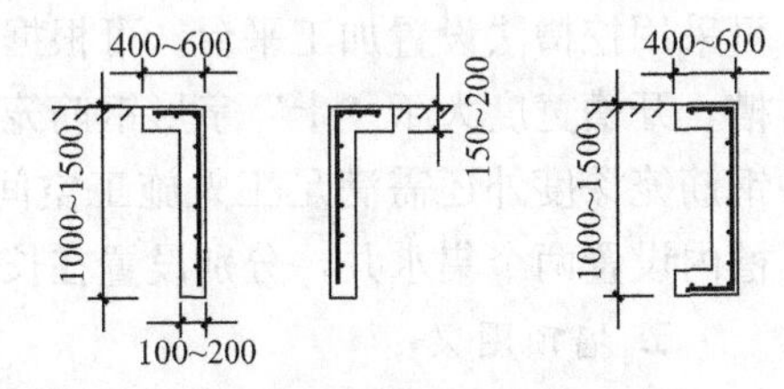

图9.22　常见导墙断面形式图

导墙多采用C20～C30混凝土，双向配筋ϕ(8～16)@(150～200)，内外导墙间净距比设计地下连续墙厚度大40mm～60mm，肋厚150mm～300mm，高1.2m～1.5m，墙底进入原土0.2m。导墙要对称浇筑，施工临时支撑水平间距为1.5m～2.0m，并设上下两道支撑，上下间距为0.8m～1.0m。导墙顶墙面要水平，内墙面要垂直，底面要与原土面密贴。墙面不平整度小于5mm，竖向墙面垂直度应不大于1/500。内外导墙间距允许偏差±5mm，轴线偏差±10mm。导墙在地下连续墙转角处根据需要外放200mm～500mm，成T形或十字形交叉，使得成槽机抓斗能够起抓，确保地墙在转角处的断面完整。对于圆筒形地下连续墙，导墙在转角部位需向外延伸400mm～600mm，以确保成槽时角部泥土挖干净。

2. 墙身混凝土

地下连续墙混凝土设计强度等级不应低于C30，水下浇筑时混凝土强度等级按相关规范要求提高，混凝土强度不宜小于C35，混凝土的坍落度宜控制在150mm～200mm，混凝土施工应满足水下施工的要求。墙体和槽段接头应满足防渗设计要求，地下连续墙混凝土抗渗等级不宜小于S6级。地下连续墙主筋保护层在基坑内侧不宜小于50mm，基坑外侧不宜小于70mm。地下连续墙的混凝土浇筑面宜高出设计标高以上300mm～500mm，凿去浮浆层后的墙顶标高和墙体混凝土强度应满足设计要求。

3. 槽段及连续墙

地下连续墙的厚度一般为 0.5m～1.2m，最厚达 2.0m 以上，通常由计算确定。地下连续的常用墙厚为 0.6m、0.8m、1.0m 和 1.2m。槽段宽度一般为 6m～8m，通常不超过 10m。一般来说，壁板式一字形槽段宽度不宜大于 6m，T 形、折线形槽段等槽段各肢宽度总和不宜大于 6m。由于常规成槽机只能施工直形或转角槽段，在圆筒形槽段施工时可采用直形槽段或大角度的折线槽段拟合成近似圆筒形的形状。

4. 钢筋笼

地下连续墙钢筋笼由纵向钢筋、水平钢筋、封口钢筋和构造加强钢筋构成。纵向钢筋沿墙身均匀配置，且可按受力大小沿墙体深度分段配置。纵向钢筋宜采用 HRB335 级或 HRB400 级钢筋，直径不宜小于 16mm，钢筋的净距不宜小于 75mm，当地下连续墙纵向钢筋配筋量较大钢筋布置无法满足净距要求时，实际工程中常采用将相邻两根钢筋合并绑扎的方法调整钢筋净距，以确保混凝土浇筑密实。纵向钢筋应尽量减少钢筋接头，并应有一半以上通长配置。水平钢筋可采用 HPB235 级钢筋，直径不宜小于 12mm。封口钢筋直径同水平钢筋，竖向间距同水平钢筋或按水平钢筋间距间隔设置。地下连续墙宜根据吊装过程中钢筋笼的整体稳定性和变形要求配置架立桁架等构造加强钢筋。钢筋保护层为 70mm～80mm，用于连接内外墙的锚固筋直径通常不大于 20mm。

钢筋笼两侧的端部与接头管（箱）或相邻墙段混凝土接头面之间应留有不大于 150mm 的间隙，钢筋下端 500mm 长度范围内宜按 1∶10 收成闭合状，且钢筋笼的下端与槽底之间宜留有不小于 500mm 的间隙。地下连续墙钢筋笼封头钢筋形状应与施工接头相匹配。封口钢筋与水平钢筋宜采用等强焊接。

在格构型地下连续墙施工中经常会遇到“T”形槽段、“十”字形槽段等异形槽段，钢筋笼放样布置及绑扎对场地要求高，操作难度大。为了确保钢筋笼绑扎制作的质量，施工前应根据钢筋笼的形状设置相应的加工平台。对于“T”形槽段、“十”字形槽段钢筋笼加工平台可采用挖槽法设置加工平台。可根据“十”字形钢筋笼尺寸较短方向尺寸为开槽深度进行开槽，开槽宽度大于“十”字形钢筋笼肢部宽度，开槽长度大于钢筋笼长度，开槽深度除满足钢筋笼深度外还需满足工人施工空间，一般为 1800mm～2000mm；为防止槽底积水，须在槽内设置两个集水井，分别设置在长度方向两头。

5. 墙顶圈梁

地下连续墙顶部应设置封闭的钢筋混凝土顶圈梁。顶圈梁的高度和宽度由计算确定，且宽度不宜小于地下连续墙的厚度。地下连续墙采用分幅施工，墙顶设置通长的顶圈梁有利于增强地下连续墙的整体性。顶圈梁宜与地下连续墙迎土面平齐，以便保留导墙，对墙顶以上土体起到挡土护坡的作用，避免对周边环境产生不利影响。

地下连续墙墙顶嵌入圈梁的深度不宜小于 50mm，纵向钢筋锚入圈梁内的长度宜按受拉锚固要求确定。

9.4.2 施工接头构造

施工接头设计主要涉及接头的类型和选用。以下将对施工接头的类型和选用进行详细介绍。

1. 接头类型

施工接头是浇筑地下连续墙时在墙的纵向连接两相邻单元墙段的接头。由于地下连续墙在槽段单元连接处时常出现渗漏现象，导致基坑外地下水位下降和水土流失，并引发了一些环境影响问题甚至工程事故，应予以十分重视。同时，当地下连续墙受力有较明显的三维空间效应时，地下连续墙接头将承担竖向、水平向剪力、横向弯矩等，要求地下连续墙接头有一定的抗剪、抗弯强度和刚度。因此，近年来，围绕地下连续墙槽段单元接头的受力和防渗效果的改善，发展了较多接头形式。目前最常用的接头形式及其接头受力、防渗效果评价见表9.1。具体设计时，可根据接头的受力和防渗要求选择合适的接头。

地下连续墙接头类型及受力、防渗特点　　表9.1

接头类型	防渗效果	传递水平弯矩能力	传递水平拉力能力	传递水平剪力能力	传递竖向剪力能力	备　注
锁口管接头	差	低	低	中	低	柔性接头
隔板接头	中～高	低	低	中	低	柔性接头
混凝土预制接头1	中	低	低	中	中	柔性接头
混凝土预制接头（接头设置防水橡胶条）	高	低	低	中	中	柔性接头
预钻孔混凝土预制接头（接头设置防水橡胶条）	中～高	低	低	中	中	柔性接头
工字形型钢接头	中～高	低	低	中～高	中	柔性接头
十字穿孔钢板接头	高	中	中～高	中	中	刚性接头
钢筋搭接接头	高	高	高	高	高	刚性接头
十字形型钢插入式接头	高	中	中～高	中	中	刚性接头
铣接头	高	低	低	中	中	刚性接头

2. *接头构造与做法*

各种接头的构造与施工具体做法如下。

(1) 锁口管接头

锁口管接头是在单元槽段挖成后，于槽段的端头吊放入接头管，槽内吊放钢筋笼，浇灌混凝土，再拔出接头管，形成两相邻槽段间的接头。

锁口管接头是地下连续墙中最常用的接头形式，圆形（或半圆形）锁口管接头、波形管接头统称为锁口管接头，此外还有缺口圆形、带翼或带凸榫形锁口管接头，具体见图9.23[6]。

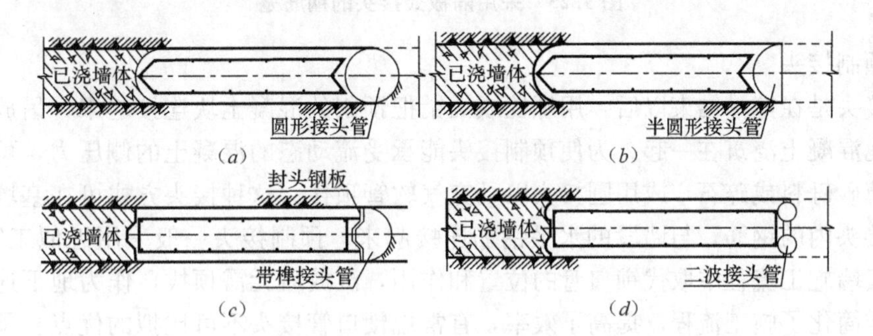

图9.23　地下连续墙锁口管接头形式

(a) 圆形锁口管接头；(b) 半圆形锁口管接头；(c) 带榫锁口管接头；(d) 波形锁口管接头

该类型接头的优点是构造简单；施工方便，工艺成熟；刷壁方便，易清除先期槽段侧壁泥浆；后期槽段下放钢筋笼方便；造价较低。锁口管在地下连续墙混凝土浇筑时作为侧模，可防止混凝土的绕流，同时在槽段端头形成半圆面或波形面，增加了槽段接缝位置地下水的渗流路径。其缺点是属柔性接头，接头刚度差，整体性差；抗剪能力差，受力后易变形；接头呈光滑圆弧面，无折点，易产生接头渗水；接头管的拔除与墙体混凝土浇筑配合需十分默契，否则极易产生“埋管”或“坍槽”事故。

(2) 隔板式接头

隔板式接头是采用钢板做接头，钢板形状有平板、V形板和榫形板，见图9.24。化纤布

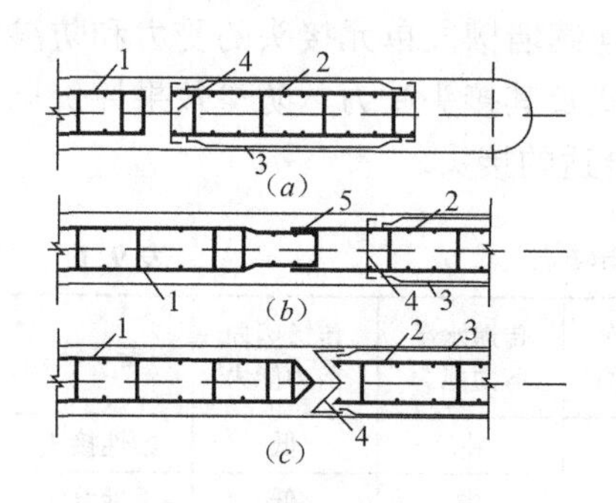

图 9.24 隔板式接头示意

(a) 平隔板；(b) 榫形隔板；(c) V 形隔板
1—在施工槽段钢筋；2—已浇槽段钢筋笼；3—罩布（化纤布）；4—钢隔板；5—接头钢筋

铺盖用于接头处的缝隙（钢板两侧与槽壁之间）封堵，以防止混凝土流入。榫形隔板接头优点是增设了钢筋笼预留接头筋，提高了接头刚度，变形小，防渗漏性能好；其缺点是施工难度大，化纤布损坏失效较多，墙段侧壁刷浆清浆有一定困难。平隔板接头和 V 形隔板的优点是加工方便，具有一定的抗剪能力，能起止水作用，缺点是安装易偏，起拔难度较大，附属设备多；因与墙体无刚性连接，连接应力差，缺乏抵抗弯矩的能力；因流水路线直而短，阻力小，易出现渗、漏水现象，作为地下结构物的外墙时需筑内衬墙，才能体现其优点。采用隔板式接头的钢筋笼施工时的情形见图 9.25。

图 9.25 采用隔板式接头的钢筋笼

(3) 预制接头

预制接头是在挖槽结束以后，用螺栓或插销把预制的混凝土块连接起来，吊放入接头位置，与槽孔混凝土浇筑在一起。为使预制接头能承受流动态的混凝土的侧压力，可在接头的另一侧回填砂砾料或碎石，或用圆接头以及充气软管顶住。这种接头方式可在基坑开挖过程中，凿出接头内的钢筋，与墙段的水平钢筋连接起来。预制接头一般采用近似工字形截面，在地下连续墙施工流程中取代锁口管的位置和作用，沉放后无需顶拔，作为地下连续墙的一部分，这样简化了施工流程，提高了效率，有常规锁口管接头不可比拟的优点。预制接头形式如图 9.26 所示。预制接头的吊放见图 9.27。

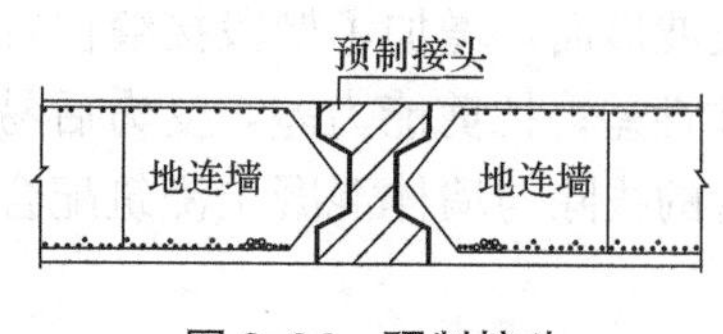

图 9.26 预制接头

图 9.27 预制接头的吊放

预制接头的施工，可预先钻孔，然后在钻孔中放入预制接头，并在孔中填入砂砾料或碎石固定预制接头，然后再在两个放置好的接头之间进行地下连续墙成槽，此时预制接头起到了导向作用，如图 9.28 所示。

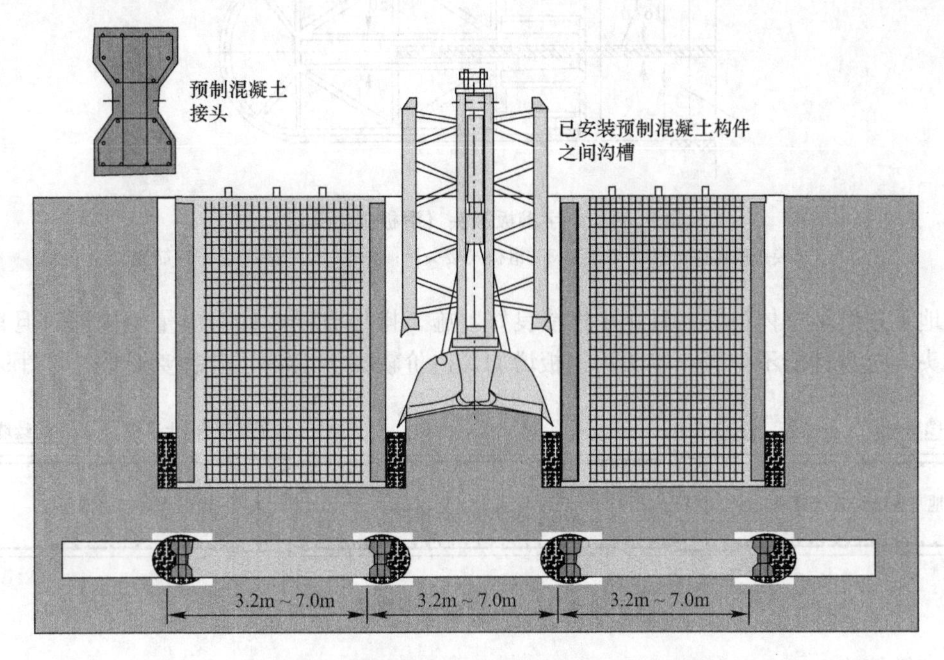

图 9.28 预钻孔混凝土预制接头施工示意图

(4) 接头箱接头

接头箱接头的施工方法与锁口管接头相似，只是以接头箱代替锁口管。接头箱在浇灌混凝土的一侧是敞开的，故可将钢筋笼端头的水平钢筋插入接头箱内。浇灌混凝土时，由于接头箱的敞开口被焊在钢筋笼上的钢板所遮蔽，因而可阻挡混凝土进入接头内。接头箱拔出后再开挖二期单元槽段，可使两相邻单元墙段的水平钢筋交错搭接而形成整体接头。接头箱接头形式如图 9.29 所示。

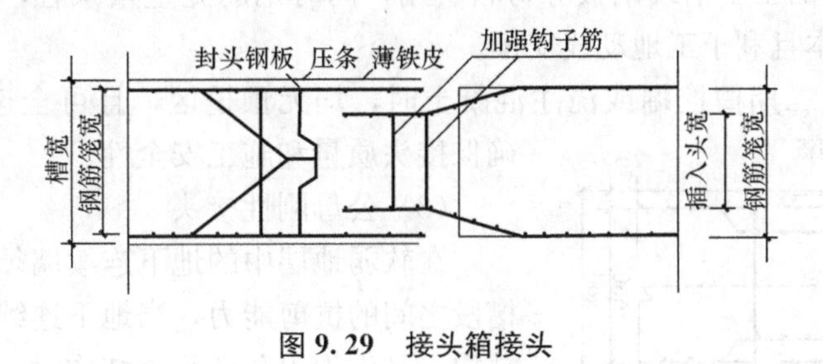

图 9.29 接头箱接头

该类型接头的优点是整体性好，刚度大；受力后变形小，防渗效果较好。其缺点有接头构造复杂，施工工序多，施工麻烦；刷壁清浆困难；伸出接头钢筋易碰弯，给刷壁清泥浆和安放后期槽段钢筋笼带来一定的困难。

(5) 十字钢板接头

十字钢板接头由十字钢板和滑板式接头箱组成，如图 9.30 所示。它是当对地下连续墙的整体刚度或防渗有特殊要求时常采用的刚性接头形式。其优点是穿孔钢板的设置增长了渗水途径，防渗漏性能较好。其缺点主要是：工序多，施工复杂，难度较大；刷壁和清除墙段侧壁泥浆有一定困难；抗弯性能不理想；接头处钢板用量较多，造价较高。

(6) 工字形型钢接头

工字形型钢接头形式是采用钢板拼接的工字形型钢作为施工接头，型钢翼缘与先行槽段水平钢筋焊接，后续槽段可设置接头钢筋深入到接头的拼接钢板区。该接头不存在无筋区，

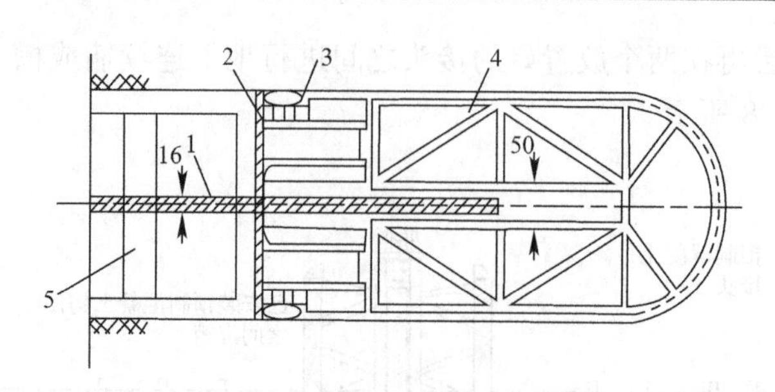

图 9.30　十字钢板接头（滑板式接头箱）

1—接头钢板；2—封头钢板；3—滑板式接头箱；4—U形接头管；5—钢筋笼

形成的地下连续墙整体性好，且止水性能良好，施工操作方便，接头质量易保证。但其仍属柔性接头，抗弯性能不理想，接头用钢板增加，造价较高。工字形型钢接头形式见图 9.31。

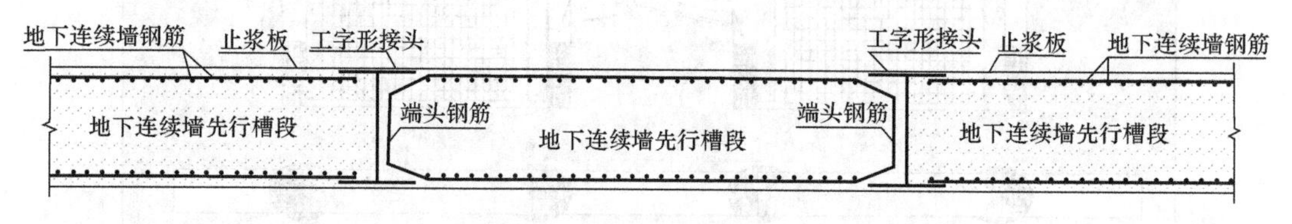

图 9.31　工字形型钢接头

（7）铣接头

铣接头是利用铣槽机可直接切削硬岩的能力直接切削已成槽段的混凝土，在不采用锁口管、接头箱的情况下形成止水良好、致密的地下连续墙接头。

对比其他传统式接头，套铣接头主要优势如下：

1）挖掘二期槽时双轮铣套铣掉两侧一期槽已硬化的混凝土。新鲜且粗糙的混凝土面在浇筑二期槽时形成水密性良好的混凝土套铣接头。

2）施工中不需要其他配套设备，如吊车、锁口管等。

3）可节省昂贵的工字钢或钢板等材料费用，同时钢筋笼重量减轻，可采用吨数较小的吊车，降低施工成本且利于工地动线安排。

4）不论一期或二期槽挖掘或浇注混凝土时，均无预挖区，且可全速灌注无绕流问题，确保接头质量和施工安全性。

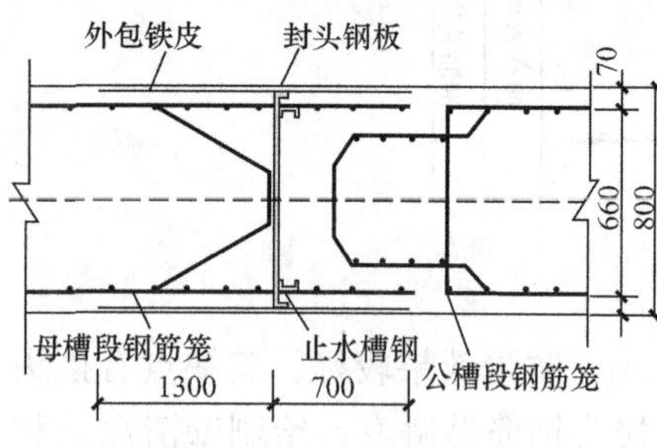

图 9.32　公母刚性接头

（8）公母刚性接头

在软弱地层中的地下连续墙须考虑不均匀沉降和槽段之间的抗剪能力，当地下连续墙既作为基坑围护结构，又作为永久性承重结构时，其接头形式宜采用公母刚性接头，如图 9.32 所示。其优点是在公槽段钢筋笼增加了凸形钢筋，并将其填入母槽段，增加了墙体整体抗弯剪能力及刚度。其缺点是施工难度大，技术要求高；公母槽段之间止水构造上有一定缺陷；接头范围内钢筋密，使混凝土浇筑困难，露筋严重。

3. 接头的选用

目前，地下连续墙施工接头形式多种多样，自有优缺点。选用哪种类型的接头，需综合地质情况、工程造价、结构受力特点、施工机具、地理环境和现场管理等多方面的因素才能确定。在实际工程中在满足受力和止水要求的前提下，应结合地区经验尽量选用施工简便、工艺成熟的施工接头，以确保接头的施工质量：

（1）刚性接头流水线路长，路线凹凸多、阻力大，不易出现渗、漏水的现象，止水效果较佳，相邻两槽段钢筋笼衔接良好，传递应力好，具有较强的抗剪和抗弯曲能力；接头泥皮黏土易处理，接头混凝土强度得到保证，整体刚性好，安装容易，精度高，但加工较复杂。刚性接头的止水效果取决于接头构造的合理性、易刷性及对泥皮的洗刷是否认真。刚性接头适用于所有深度的地下连续墙，是目前国内外最常用的地下连续墙墙接头形式。当根据结构受力要求需形成整体或当多幅墙段共同承受竖向荷载，墙段间需传递竖向剪力时，槽段间宜采用刚性接头，并应根据实际受力状态验算槽段接头的承载力。

(2) 柔性接头具有一定的抗剪能力，能起止水挡混凝土的作用，但因与墙体无刚性连接，传递应力差，缺乏抵抗弯矩的能力，同时因渗流路线直而短，易出现渗、漏水现象，作为地下结构物的外墙需筑内衬墙。柔性接头加工方便，但安装易偏，起拔难度较大，附属设备多。一般工程中，在满足受力和止水要求的条件下地下连续墙槽段施工接头宜优先选用锁口管柔性接头；当地下连续墙超深，顶拔锁口管困难时，建议采用预制接头或工字形型钢接头。

9.4.3 地下连续墙与腰梁连接构造

腰梁是地下连续墙设计的组成部分，应结合支撑设计对其与地下连续墙的连接选择合理的构造形式，以保证地下连续墙的整体刚度，使之与支撑形成共同受力的稳定结构体系，从而达到限制墙体位移及保护周围环境的目的。

钢筋混凝土腰梁结构与地下连续墙的连接构造见图 9.33 (*a*)、(*b*)。在两种构造形式中，腰梁均嵌入墙体内 50mm，而且与墙体之间的缝隙用素混凝土填实。

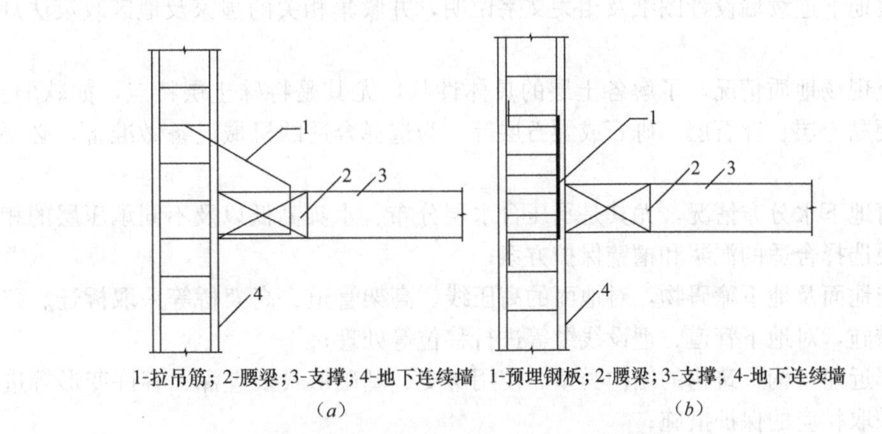

图 9.33 腰梁结构与地下连续墙的连接构造

(*a*) 地下连续墙中焊接拉吊钢筋；(*b*) 地下连续墙中预埋钢板

9.4.4 地下连续墙与锚杆连接构造

锚杆是将受拉杆件的一端（锚固段）固定在稳定地层中，另一端与工程构筑物相联结，用以承受由于土压力、水压力等施加于构筑物的推力，从而利用地层的锚固力以维持构筑物（或岩土层）的稳定。

锚杆支护体系由挡土构筑物、腰梁及托架、锚杆三个部分所组成，以保证施工期间的基坑边坡稳定与安全。地下连续墙与锚杆的连接构造如图 9.34 所示。可采用工字钢、槽钢形成的组合梁或用钢筋混凝土梁作为腰梁，腰梁放置在托架上。托架（用钢材或钢筋混凝土）与地下连续墙连接固定，此时需要在墙上预留锚杆通道。钢筋混凝土腰梁可与地下连续墙的主筋连接或直接做成墙顶圈梁，采用腰梁的目的是将作用于地下连续墙上的土压力传递给锚杆，并使墙体受力均匀。

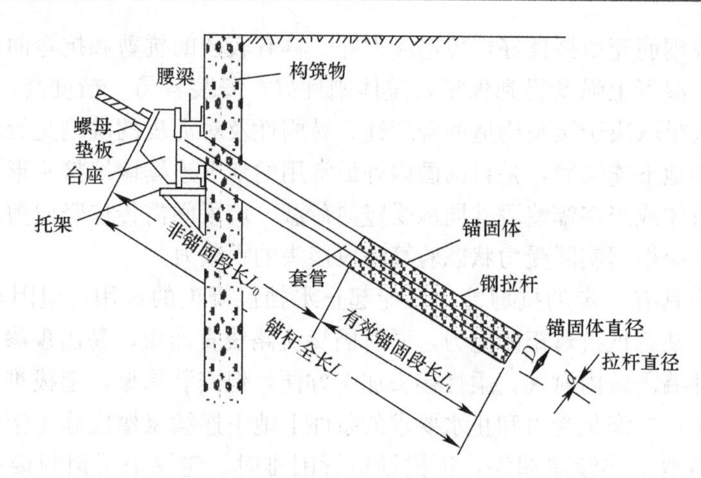

图 9.34 地下连续墙与锚杆连接构造

9.5 地下连续墙施工

9.5.1 施工准备

为了保证地下连续墙施工的顺利进行，在进行施工之前，需要进行周密的准备工作，具体包含以下内容：

(1) 收集地下连续墙设计图纸及相关文字说明，并收集相关的国家及地区政策法规、施工规范等；

(2) 研究现场地质情况，了解各土层的具体性状，尤其是特殊土层特点，如软弱土层、密实砂层、硬黏土层、卵石层、砾石或漂石层等，为选择合适的机械设备做准备，必要时进行补充勘查；

(3) 查清地下水分布情况，尤其是承压含水层分布、水头高低以及不同承压层的相互补给程度，以便选择合适的泥浆和槽壁保护方案；

(4) 调查地面及地下障碍物，对地面的高压线、高架管道、高架桥等采取拆迁、移位或现场保护等措施，对地下管道、埋设线缆等进行移位等处理；

(5) 对邻近建（构）筑物的结构类型、使用历史、基础形式及埋深、容许变形等进行调查，必要时采取相应的保护措施；

(6) 进行现场机械设备的运输及进出场地计划安排，并配备必要的动力及供水设备；

(7) 合理安排施工平台，制定弃土及废泥浆的处理方法，并对噪音、振动及泥浆污染采取相应的保护措施；

(8) 合理安排槽段的长度、槽孔的划分及布置，保证施工高效有序进行。

9.5.2 导墙

在导墙施工过程中，为保证其施工质量，除了需要满足 9.4.1 节导墙的构造要求外，还应做到以下几点：

(1) 导墙外侧采用黏土分层回填密实，防止地面水从导墙背后渗入槽内，并防止因泥浆冲刷而发生塌槽；

(2) 混凝土养护期间，不允许重型机械在导墙附近作业，防止导墙易位。

9.5.3 施工设备选型

根据工作原理的不同，常用的成槽机械设备可以分为挖斗式、冲击式和回转式等三类，各类机械的特点及适用条件如表 9.2 所示。

成槽机械设备的特点及适用条件 **表 9.2**

<table>
<tr><th colspan="3">成槽方式</th><th>施工原理</th><th>优点</th><th>缺点</th><th>适用条件</th><th>设备厂家及型号</th></tr>
<tr><td rowspan="5">挖斗式</td><td rowspan="4">蚌式抓斗式</td><td>钢丝绳式</td><td rowspan="4">采用履带式起重机悬挂抓斗，通过斗齿切削土体，并将切削下来的土体收入斗内，然后将抓斗提出槽段进行卸土</td><td rowspan="4">噪声低、振动小、成槽效率高，可随时调控槽壁垂直度，成槽精度高</td><td rowspan="5">成槽深度有限，遇坚硬土层、漂石、卵石及基岩时，成槽困难</td><td rowspan="5">黏性土层（N ＜ 40），砂性土及砾卵石层</td><td>意大利的 SOILMEC 和 Casagrande 公司，德国的 BAUER、LEFFER 和 WIRTH 公司，日本的 MASAGO 公司</td></tr>
<tr><td>液压导板式</td><td rowspan="2">德国的 BAUER 公司的 DHG 和 GB 型号、日本 MASAGO 公司的 MHL 和 MEH 型号，日本 LIEBHERR 公司生产的 HSWG 型号</td></tr>
<tr><td>导杆式</td></tr>
<tr><td>混合式</td><td>法国的 KELLY、意大利的 KRC 和日本的 CON 公司</td></tr>
<tr><td colspan="2">铲斗式</td><td>挖土铲斗沿导向立柱升降，依靠铲斗自重将斗齿压入土中，并以立柱为支撑点进行回转，通过铲、掘、抄三个动作将土挖起，并沿导向柱运出地面</td><td>操作简单、方向性可靠、成槽精度高</td><td>意大利 SOILMEC 公司的 BH-7/12 和 MAIT 公司生产的 HR160
意大利的 ELSE 公司</td></tr>
<tr><td rowspan="2">冲击式</td><td colspan="2">冲击钻进式</td><td>采用钢丝绳悬吊冲击钻机，依靠钢丝绳提升力及自重进行反复的钻进及提升运动，沉渣则通过活底收渣筒抽取并排出，泥浆不循环</td><td rowspan="2">破碎能力极强，施工成本较低，操作简单</td><td rowspan="2">成槽效率较低，成槽质量较差，易导致槽孔变形、槽宽过大及槽深不均等</td><td rowspan="2">各种地层，尤其是对于含有砾石、漂石、软岩及硬岩等</td><td>YKC 系列及 CZ 系列型号</td></tr>
<tr><td colspan="2">冲击反循环式</td><td>利用冲击反循环机来进行槽段钻进，排渣时利用排渣管置于钻头中心处吸取泥渣，泥浆循环使用</td><td>CZF 系列、CJF 系列和 CIS 系列型号</td></tr>
<tr><td rowspan="3">回转式</td><td rowspan="2">垂直回转</td><td>单头钻</td><td>对钻头施加转动动力，钻头在回转过程中切削岩土体，并采用正循环或反循环出渣</td><td>破碎能力强、能钻进极硬的岩层、方向性良好，施工速度较快</td><td>机械化程度高，林部件较多，维修保养难度较高，机械重量大，对地基土异常变形不敏感，易导致机械损坏</td><td>除卵石和漂石外的地层条件</td><td>法国的 CIS 系列，德国的 BG、RDM，意大利的 KCC 和 MR-2 型，日本的 KPC-1200、RT 系列，我国的 GJD、GPS、GQ、QJ 及 KQ 系列等</td></tr>
<tr><td>多头钻</td><td>利用多个钻头旋转，等钻速对称切削土层，并采用泵吸反循环的方式排除泥渣</td><td>无振动无噪声，环境污染小，施工效率高，质量好</td><td>在砾石、卵石层或遇到障碍物时成槽适应性差</td><td>除砾石、漂石及岩石地层外的大部分硬度不大的细颗粒土层</td><td>日本的 BW 系列，我国的 SF 和 ZLQ 系列等</td></tr>
<tr><td>水平回转</td><td>铣槽机</td><td>采用两个反向旋转铣轮的强力掘进，切削土体，利用泵吸反循环系统将泥渣通过铣轮中间的吸砂口排出</td><td>钻进强度极高，施工操作简便，自动化程度高，掘进效率高，成槽深度大，噪声低，无振动，环境污染小</td><td>价格昂贵，维护成本较高，对于存在孤石、较大卵石等地层或原有地层存在钢筋等情况比较敏感</td><td>适用于不含孤石、卵石或地下障碍物的土层</td><td>德国 BAUER 的 BC 型，法国的 HF 型，意大利 Casagrande 的 K3 和 HM 型，日本的 TBW 型，日本立根公司的 EM 和 EMX 型等</td></tr>
</table>

9.5.4 泥浆

在地下连续墙施工过程中，所采用的泥浆种类与地基土的性质、地下水分布、成槽方式及工程条件等因素紧密相关，目前最为常用的泥浆为膨润土泥浆，施工中应注意的主要问题包括：

（1）根据现场的具体条件定期对泥浆进行质量控制试验，当泥浆不能满足所需的性质时，及时查明原因，修正配合比，更换材料或采取其他措施；

（2）为避免因水的酸碱性而导致泥浆性质发生变化，膨润土泥浆的拌和水应采用 pH 值接近于中性的自来水进行搅拌；

（3）泥浆的最优配合比应根据不同地区的水文地质条件、施工设备进行选择，以保证最佳的护壁效果，一般软土地层中，可采用重量比：水：膨润土：CMC：纯碱＝100：(8～10)：(0.1～0.3)：(0.3～0.4) 进行试配，并按表 9.3 所列指标进行控制；

泥浆质量的控制指标　　表 9.3

泥浆性能	新配制		循环泥浆		废弃泥浆		检验方法
	黏性土	砂性土	黏性土	砂性土	黏性土	砂性土	
相对密度	1.04～1.05	1.06～1.08	<1.15	<1.25	>1.25	>1.35	比重计
黏度 (s)	20～24	25～30	<25	<35	>50	>60	漏斗黏度计
含砂率 (%)	<3	<4	<4	<7	>8	>11	洗砂瓶
pH 值	8～9	8～9	>8	>8	>14	>14	试纸
胶体率 (%)	>98	>98	—	—	—	—	量杯法
失水量	<10mL/30min	<10mL/30min	<20mL/30min	<20mL/30min	—	—	失水量仪
泥皮厚度	<1mm	<1mm	<2.5mm	<2.5mm	—	—	

（4）泥浆配制过程中，膨润土在搅拌机加水旋转后缓慢均匀加入，搅拌约 7min～9min，然后缓慢加入 CMC、纯碱及一定量的水充分搅拌后的溶液（搅拌 7min～9min，静置 6h 以上），进行充分搅拌；

（5）新配制的泥浆需静置 24h 以上，使膨润土充分水化后方可使用，且使用时应进行泥浆指标的测定；

（6）成槽结束后应对泥浆进行清底置换，不达标的泥浆应废弃；

（7）泥浆的储备量应按最大槽段体积的 (1.5～2) 倍进行考虑，或按考虑泥浆损失的经验公式进行估算：

$$Q=\frac{V}{n}+\frac{V}{n}\left(1-\frac{K_1}{100}\right)(n-1)+\frac{K_2}{100}V \tag{9.1}$$

式中：Q 为泥浆总需求量 (m^3)；V 为设计总挖土量 (m^3)；n 为单元槽段数量；K_1 为浇筑混凝土时的泥浆回收率 (%)，一般为 60%～80%；K_2 为泥浆损耗率 (%)，一般为 10%～20%，包括泥浆循环、排水、形成泥皮及漏浆等泥浆损失；

（8）施工过程中定期对泥浆指标进行检查测试，随时进行调整，做好泥浆质量检查记录，具体的步骤包括：

1）新拌泥浆静置 24h 后，测试全部项目指标；

2）在成槽过程中，每进尺 1m～5m 或每 4h 测定一次泥浆相对密度和黏度；

3）挖槽结束及刷壁完成后，分别取槽内上、中、下三段的泥浆进行相对密度、黏度、含砂率和 pH 值的指标验收；

4）清槽结束前测一次相对密度、黏度；浇灌混凝土前测一次相对密度，且前后两次均取槽底以上 200mm 处的泥浆；

5）失水量和pH值应在每槽孔的中部和底部各测一次，含砂率根据具体情况进行测定，而稳定性和胶体率一般在泥浆循环过程中不进行测定。

当测试过程中，泥浆的指标出现偏差，可以根据表9.4的原则进行调整[6]。

化学调浆的一般原则 **表9.4**

调整项目	处理方法	对其他性能的影响
增加黏度	加膨润土	失水量减小，稳定性、静切力、相对密度增加
	加CMC	失水量减小，稳定性、静切力增加，相对密度不变
	加纯碱	失水量减小，稳定性、静切力、pH值增加，相对密度不变
减少黏度	加水	失水量增加，相对密度、静切力减小
增加相对密度	加膨润土	黏度、稳定性增加
减少相对密度	加水	黏度、稳定性减小，失水量增加
增加静切力	加膨润土和CMC	黏度、稳定性增加，失水量减小
减少静切力	加水	黏度、相对密度减小，失水量增加
减少失水量	加膨润土和CMC	黏度、稳定性增加
增加稳定性	加膨润土和CMC	黏度增加，失水量减小

注：泥浆稳定性是指在地心引力作用下，泥浆是否容易下沉的性质。测定泥浆稳定性常用“析水性试验”和“上下比重差试验”。对静置1h以上的泥浆，从其容器的上部1/3和下部1/3处各取出泥浆试样，分别测定其密度，如两者没有差别则泥浆质量合格。

(9) 使用过的泥浆因掺入了大量的土渣及电解质离子等，欲重复使用时需采用物理或化学方法进行泥浆处理，必要时加入必要的掺合剂，保证各项指标合格后方可重复使用，对于恶化的泥浆应废弃处理。

9.5.5 成槽与防塌槽措施

在地下连续墙的成槽过程中，土体的开挖将引发原始地层土压力的失衡，如果泥浆护壁效果不佳，将导致槽壁发生坍塌。为了防止槽壁失稳，除了按照上一节的措施保证泥浆的质量外，主要的控制措施还包括：

(1) 根据土层情况，选择合适的导墙截面形式，尤其是对于土质条件较差的情况，宜采用较大导墙底面的截面形式；

(2) 当预知槽段开挖深度范围内存在软弱土层时，可在成槽前对不良地层采用水泥土搅拌桩或高压旋喷桩等工艺进行预加固，确保槽壁的稳定；

(3) 在拐角处等槽段的阳角区域进行注浆加固，防止成槽开挖时发生阳角坍塌；

(4) 在周边环境允许的条件下，降低施工墙体周围的地下水位，促使泥皮的形成，避免位于浅部砂性土层中的槽壁发生坍塌、管涌或流砂等现象；

(5) 泥浆性能的优劣直接影响槽壁的稳定性，故需选用黏度大、失水量小的泥浆，形成泥皮薄且坚韧，并随时根据泥浆的指标变化进行调整，及时添加外加剂，确保槽壁稳定；

(6) 严格控制泥浆的液位，确保液位位于地下水位以上0.5m，并不低于导墙顶面以下0.3m，及时补浆，在容易渗漏的土层，提高泥浆黏度和增加储备量，备好补漏材料；

(7) 在遇到较厚的粉砂、细砂地层（尤其是埋深10m以上）时，可适当增大泥浆黏度，但不宜超过45s；

(8) 在地下水位较高，又不宜提高导墙顶面标高时，可适当增大泥浆的相对密度（比重），但不宜超过1.25，并采用掺加重晶石的技术方案；

(9) 严格限制槽段附近重型机械设备的反复压载及振动，施工机械应采用铺设钢板办法减小集中荷载的作用，并严禁在槽段周边堆放施工材料；

(10) 妥善处理废土及废弃泥浆，避免因泥浆撒漏导致场地环境恶化，并影响槽段周围土体的稳定性；

(11) 缩短裸槽的时间，当成槽完成且清底完成后，及时进行钢筋笼下放并浇灌混凝土，减小槽壁的颈缩。

9.5.6 钢筋笼焊接、起吊与下放

1. 钢筋笼的焊接

钢筋笼的焊接质量对于地下连续墙的受力性能有着重要的影响，在焊接施工过程中，应注意的主要问题包括：

(1) 钢筋笼加工场地应设置在材料运输进场及钢筋笼吊放较为方便的位置，且应在型钢或钢筋制作的平台上成形，平台需具备一定的尺寸，一般应大于钢筋笼的尺寸，且保证平整度；

(2) 为保证纵向钢筋的定位准确，一般需在施工平台上设置带凹槽的钢筋定位条进行定位；

(3) 钢筋笼应根据地下连续墙的施工配筋图进行钢筋配置和槽段的划分，一般以单元槽段为一整体，当墙体深度较大或起重设备起重能力受限时，可采用分段制作，在吊放时进行逐段连接，接头宜采用绑条焊接。其中纵向受力钢筋的搭接长度如无明确规定时可采用60倍的钢筋直径；

(4) 根据钢筋笼的重量、尺寸、起吊方式和吊点布置情况，在笼内设置一定数量的纵向桁架，一般为（2～4）榀；

(5) 制作钢筋笼时，根据配筋图确保钢筋位置的准确，同时对钢筋型号、间距及根数进行校正，纵向钢筋的搭接一般采用气压焊接、双面或单面搭接焊进行连接，且除了两道钢筋的交点需全部点焊外，其余可采用50%交叉点焊，成形时用的临时扎结铁丝焊后应全部拆除；

(6) 钢筋笼的纵筋底端应距离槽底面10cm～20cm，侧面端部与接头管或混凝土接头面间应留有15cm～20cm的空隙，主筋的净保护层厚度通常为7cm～8cm，保护层垫块一般采用薄钢板，且厚度5cm，在垫块与墙面之间留有2cm～3cm的间隙，当地下连续墙作为永久性地下结构时，主筋保护层应根据设计要求确定；

(7) 在制作钢筋笼时，需预先确定浇注混凝土所用导管的位置，为保证该位置的上下贯通，需将横向钢筋放在纵向主筋的外侧，并在周围增设箍筋和连接筋进行加固，尤其是当导管位于单元槽段接头附近时，应对该处的密集钢筋进行特别处理；

(8) 纵向钢筋的底部应稍向内弯折，以便于钢筋笼的下放，并不至于擦伤槽壁，但弯折程度不得影响导管的插入；

(9) 对于拐角部位的钢筋笼，如单元槽段的长度较长时，可分别进行钢筋笼的加工，当单元槽段长度较小时，则可直接将钢筋笼组装成L形，形成一钢筋笼整体；

(10) 在钢筋重叠的地方，应确保混凝土流动所必需的间距，并确保原定保护层厚度不受影响；

(11) 根据配筋图的要求，进行斜拉补强钢筋、剪力连接钢筋、连接钢筋及起吊用附加钢筋的绑扎焊接，且应考虑其相应的保护层厚度，当设计图纸未详细标明附加钢筋时，应进行研究，另行附加；

(12) 钢筋笼制作速度应与挖槽速度协调一致，在钢筋笼制作完成后应按使用顺序进行堆放，并标明单元槽段编号、钢筋笼的上下头及里外面，以便使用。

2. 钢筋笼的起吊

钢筋笼的起吊需注意以下主要内容：

(1) 根据钢筋笼的重量及尺寸，选择合适的主吊、副吊设备，同时选择主、副吊扁担，

并进行验算，此外对主、副吊钢丝绳、吊具索具、吊点及主吊把杆长度也应进行验算；

(2) 根据起吊设备的选择及布置，合理布置吊点，吊点的布置及起吊方式不得导致钢筋笼发生过大变形，且不允许发生不可恢复的变形，同时对吊点进行局部加强，沿纵向及横向设置桁架，增强钢筋笼的整体刚度；

(3) 在钢筋笼起吊之前，根据起吊设备条件，制定周密的起吊方案，保证起吊的顺利进行，并便于后续的钢筋笼运输及下放；

(4) 钢筋笼的起吊应采用横吊梁或吊架，起吊时不得使钢筋笼下端在地面上拖引，以免造成下端钢筋弯曲变形，同时应避免起吊后在空中摆动，在钢筋笼下端系上拽引绳以便于人力操纵。

3. 钢筋笼的下放

在钢筋笼的下放过程中，需注意以下主要内容：

(1) 在钢筋笼下放入槽前，需对钢筋笼的垂直度进行检查，可采用经纬仪或测锤等方式，保证入槽前钢筋笼的垂直度；

(2) 钢筋笼进入槽内时，钢筋笼必须对准单元槽段的重心，垂直准确地插入槽内，且控制好插入速度，缓慢地下放钢筋笼，下放过程中避免因起重臂摆动或其他因素导致钢筋笼发生横向摆动，撞击槽壁而导致塌槽；

(3) 如钢筋笼无法顺利插入槽内，应重新吊出，查明原因并采取措施进行解决，然后重新进行下放，不可强行插入，以免造成钢筋笼变形或槽壁坍塌；

(4) 当钢筋笼采用分段制作时，吊放时应进行接长，下端钢筋笼对准槽段中心暂时搁置于导墙上，然后将上端钢筋笼垂直吊起，检查其纵筋是否与搁置下端钢筋笼所使用的水平筋成直角，确保垂直后进行上下段钢筋笼的直线连接；

(5) 当钢筋笼上安装过多的泡沫苯乙烯等附加部件或水泥浆的比重过大时，将对钢筋笼产生较大的浮力，阻碍钢筋笼插入槽内，必要时应对钢筋笼施加配重；

(6) 对于拐角部位的钢筋笼，当相连两墙段采用分离组装时，一般先将带有接头的钢筋笼吊入槽内，然后吊装另一片钢筋笼；当采用整体组装的L形钢筋笼时，吊入时应避免碰撞拐角，以免导致塌陷。

9.5.7　混凝土灌注

地下连续墙的混凝土灌注采用水下浇注工艺，其浇注质量的优劣直接影响墙体的强度和刚度，在施工过程中，需注意以下问题：

(1) 浇灌混凝土之前，需要合理安排导管的布置、安设及拔出程序，制定混凝土的运输措施，避免出现浇灌中断，保证施工高效进行；

(2) 导管间距取决于导管的直径，一般为3m～4m，间距过大易导致导管中间部位混凝土面较低，泥浆易卷入，当同一槽段内采用两根或两根以上导管时，应使各导管处的混凝土面同时上升，大致位于同一标高处，同时导管距槽段端部的距离不得超过2m；

(3) 导管在使用前应进行水密性的检查，紧固部分涂刷黄油，且保证导管无破损或变形，在使用后迅速清除黏附在导管上的混凝土，保持清洁；

(4) 尽可能使用大直径导管，管径过小易导致混凝土的下落喷射力减弱，而使混凝土向上的推压力不足，致使无法排除底部沉渣，易导致泥浆或沉渣卷入混凝土内部，降低混凝土的品质；

(5) 混凝土应在搅拌后1.5h内使用，避免因间隔时间过长而导致混凝土坍落度降低，使混凝土从导管底端流出困难，甚至造成堵塞，尤其是在夏天进行施工，应尽量在搅拌后1h内浇灌完；

（6）浇灌过程中应实时量测混凝土的浇灌量及上升高度，采用测绳悬吊测锤的方法测定混凝土表面距离地面的深度，为避免因混凝土表面不平导致误差，应对每个单元槽段选取三个以上的测点，取平均值确定混凝土表面的高度，此外，在吊放测锤时，应在碰到软弱部分后再下放 10cm～20cm，方可测得混凝土粗骨料位置高度；

（7）采用管塞方式浇灌混凝土时，导管底端应与槽底相距 10～20cm，且在管塞放入导管的同时注入混凝土，在管内混凝土停止下降以前，必须连续浇灌，避免泥浆进入管内；而采用铁底板方式浇灌混凝土时，导管的底端应紧贴槽底，待混凝土灌满导管后慢慢提起 10cm～20cm；

（8）导管应埋入混凝土内 1.5m 以上，避免沉渣或泥浆卷入混凝土内部，但最大的埋入深度不可超过 9m，避免混凝土浇灌不畅，甚至导致钢筋笼上浮，当浇灌至墙体顶部附近时，因导管内的混凝土不易流出，导管的埋入深度可减小为 1m 左右，必要时可将导管上下抽动，但最小埋入深度应保证在 30cm 以上；

（9）浇灌过程中，导管不可横向运动，以免将泥浆和沉渣卷入混凝土内部，影响墙体质量；

（10）混凝土应连续浇灌，且尽量加快单元槽段混凝土的浇灌速度，一般槽内混凝土面的上升速度不宜小于 2m/h，并保证墙体质量的均匀，提高施工的可靠性；

（11）采用漏斗接收混凝土时，混凝土不可溢出漏斗，流入槽内影响泥浆的质量；

（12）浇灌混凝土所置换出的泥浆应送入沉淀池进行处理，勿使泥浆溢出导墙，不能重复使用的泥浆应直接进行排除处理；

（13）为去除混凝土最上部的浮浆层，应保证混凝土多浇灌 30cm～50cm；

（14）为防止施工中发生故障而影响地下连续墙的质量，应提前制定适当的措施，保证施工事故时能及时处理，减小事故危害。

9.6 地下连续墙检测

9.6.1 成槽质量检测

在地下连续墙施工过程中，需要对成槽质量进行检测。目前槽孔的质量检测一般采用超声波技术进行，即在不同深度处，利用控测器发射并接收从槽壁反射回来的超声波，通过超声波的传播时间，推算控测器至槽壁的距离，并将测得的槽壁形状绘制于电感光记录纸上，从而了解不同深度处槽壁的形状与开挖质量。通过超声波技术进行槽孔检测，可以测试出槽孔的宽度、厚度及深度，同时可以检测出槽孔的错位、倾斜与缺陷，而且可以同步绘制出槽壁图形，简便直观，且在泥浆稠度较大时一般也能得到准确结果，有较好的优越性。

某段地下连续墙成槽完成后，采用超声波对该槽段的三个纵断面进行了检测，发现在标高－43m～－52m 之间，在基坑内侧一侧发生了槽壁坍塌，如图 9.35 所示。

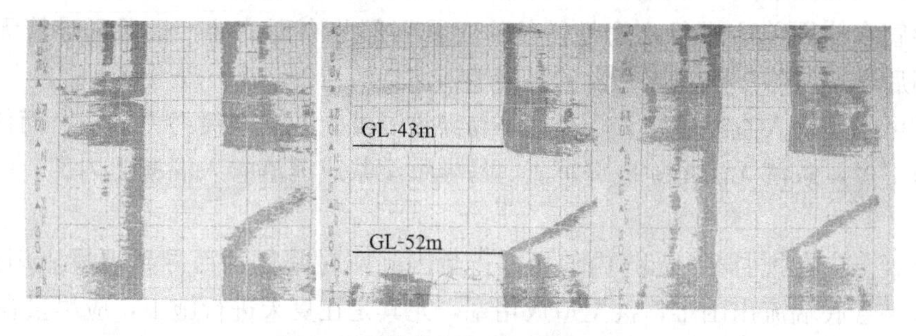

图 9.35　某槽段超声波检测结果

根据图 9.35 所示的检测结果，推断槽壁的坍塌形状如图 9.36 所示。为了保证混凝土在坍塌部分能够充分浇筑，在坍塌部分设置了泄压管。实际基坑开挖时，暴露出来的混凝土成形形状（图 9.37）表明超声波检测的结果相当准确。

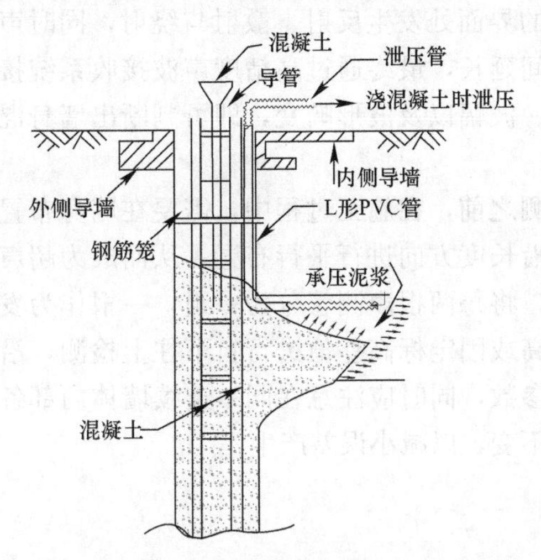

图 9.36 推断的坍塌形状及混凝土浇筑

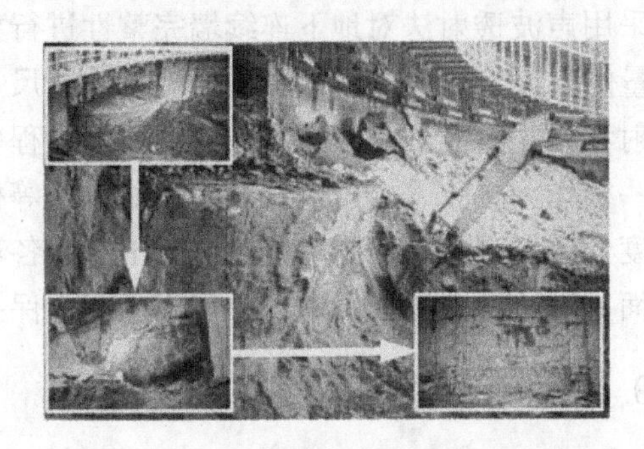

图 9.37 基坑开挖后塌槽处混凝土成形形状

9.6.2 墙体质量检测

在墙身混凝土浇筑 28d 后，需要对墙体的质量进行检测，主要检测墙体槽段包括：对质量有疑问的槽段、浇筑质量较差的槽段以及浇筑质量较好且具有代表性的槽段。

目前，墙身混凝土的质量检测主要方法包括：钻芯取样法、瞬态敲击法及声波透射法等。以下分别进行简要介绍。

1. 钻芯取样法

通过岩芯钻机钻取混凝土芯试块，检查试块中是否存在裂缝、夹杂泥块等问题，同时钻取规定的试块数目进行室内试验，检测其容重、抗压强度、抗拉强度、弹性模量及抗渗标号等物理力学参数。此外，还可以在钻芯取样过程中分段注水或压水，检测墙身混凝土的透水性能。该方法非常直观，且墙身相应物理力学参数的获取手段可靠，但由于考虑钻机的性能，该法一般适用于深度不超过 40m 的墙身质量的检测。

在该法的使用过程中，检测孔的数量不宜过多。针对不同墙体质量的槽段，检测孔的数目不同：对于质量较好且具有代表性的槽段取（1～3）个孔；对于质量有问题或质量较差的槽段取（1～2）个孔，且宜对不同质量问题进行分类检测。检测孔的透水性能检测时，压水试验压力不宜超过 $20N/cm^2$，且一般以 $10N/cm^2$ 为宜。在检测完成后，用水泥砂浆进行全深度封孔，尽量减小因钻孔导致的墙体强度削弱。

2. 瞬态敲击法

该方法的基本原理为：假定墙体为一维弹性杆，在墙顶施加一瞬态激振，在墙身将产生应力波，并沿墙身向下传播，在到达墙底时，又会反射传回墙顶，通过墙顶的速度传感器接收反射回来的应力波即可判断墙身存在的缺陷。当墙身截面均匀，那么截面上的应力波是均匀的，应力波将顺利传到墙底并反射，接收到的反射波将较为完整且均匀；而当墙身存在缺陷时，应力波在缺陷处将发生折射和反射，此时反射波将传回墙顶接收器，而折射波将继续向下传至墙底并反射，通过对接收到的反射波的分析，即可判断墙身的完整性。

瞬态敲击法属于动力检测方法，与其他检测方法相比，该法实用、简便、操作简单且费用低，能对地下连续墙进行普查检测，但该法的广泛应用仍需积累更多的经验，结合工程实践进一步完善。

3. 声波透射法

该检测方法的基本原理是利用超声脉冲发射源在混凝土内部激发高频弹性脉冲波，当混凝土内部无缺陷时，声波将沿传播方向向前传播，而当混凝土内部存在裂缝、断裂、夹泥、孔洞或离析时，声波将在缺陷处中断，并在缺陷的界面处发生反射、散射与绕射，同时声波的速度将因界面的存在发生衰减，并导致传播时间延长，最终通过高精度声波接收系统接收记录下来的脉冲波的波动特性分析超声波的波速、波幅以及波形畸变，即可判断出墙身混凝土的缺陷程度及缺陷位置。

采用声波透射法对地下连续墙完整性进行检测之前，在施工过程中，需要在墙身布置一定数量的声测管，声测管的数量根据墙体的尺寸沿长度方向进行平行布置，从而成为超声波的发射和接收换能器的通道。具体的检测过程中，将每两根声测管分为一组，一根作为发射管，一根作为接收管，发射器与接收器采用等标高或固定标高差值进行自下往上检测，沿不同深度处逐点测出超声脉冲穿过混凝土时的各项参数，同时应注意在同一连续墙体内部各检测剖面，脉冲的仪器设置参数及发射电压应保持不变，以减小误差产生。

9.6.3 接头质量检测

针对槽段接头的连接质量需要给予足够的重视，在施工完成后，需要对接缝进行检测，常用的方法包括开挖法和检测孔法，且两种方法应结合采用。

所谓开挖法，即在墙体形成强度后，在接头部位开挖墙体两侧的土体，开挖深度约为墙顶下 1m～2m，并将暴露出来的墙身部分洗刷干净，然后测量开挖范围内的接缝宽度，对较宽的接缝应绘制素描图。一般情况下，接缝的宽度不得超过 0.5cm，且顺半圆弧水平走向是不连续的。对于接缝宽度较大不符合要求的接头处，应采用检测孔法辅助进行检测，即选择有代表性的不合格接缝，骑缝钻取混凝土芯样，且骑缝检测孔的偏斜方向应与接缝的偏斜方向一致，检测芯样的均匀程度及各项物理力学参数，同时需对检测孔进行注水或压水试验，检测其透水性。此外，针对接缝质量的检测亦可采用超声波检测法，即在接缝两侧墙身钻孔检测接缝宽度，亦能取得一定的检测效果。

9.7 常见工程问题及对策

9.7.1 槽壁失稳

在地下连续墙施工过程中，当墙体槽壁发生坍塌时，通常会有如下现象：

(1) 槽内泥浆大量漏失、液位出现显著下降；

(2) 泥浆中冒出大量泡沫或出现异常搅动；

(3) 排出的泥渣量明显大于设计断面土方量；

(4) 导墙及周边地面出现沉降。

当槽壁发生失稳，出现塌槽时，需立即采取下列措施：

(1) 及时停止施工，将成槽机械提升至地面；

(2) 向槽内填入砂土，并用抓斗进行逐层填埋压实；

(3) 在槽内和槽外（离槽壁 1m 处）进行注浆加固，待注浆密实后再进行挖槽。

9.7.2 钢筋笼不能按设计标高就位

下放钢筋笼时，常由于一些原因使钢筋笼不能按设计标高就位。当出现这种情况是，应根据具体原因采取相应补救措施，防止塌槽等更严重的后果。

（1）当因槽底沉渣过厚、钢筋笼下沉过程中塌槽等原因而无法下到设计标高（或槽底）时，应根据槽壁稳定情况，尽快决策灌注混凝土或提出钢筋笼后进行回填处理再重新挖槽以防止塌槽。

（2）当地下连续墙下端主要用于截断承压水含水层时，如因墙底沉渣导致连续墙不能可靠穿越承压水含水层进入隔水层而将其截断时，应根据具体情况决定按图 9.38 采用旋喷在深度不够的槽段处形成一道止水帷幕，或按图 9.39 补打一幅地下连续墙。

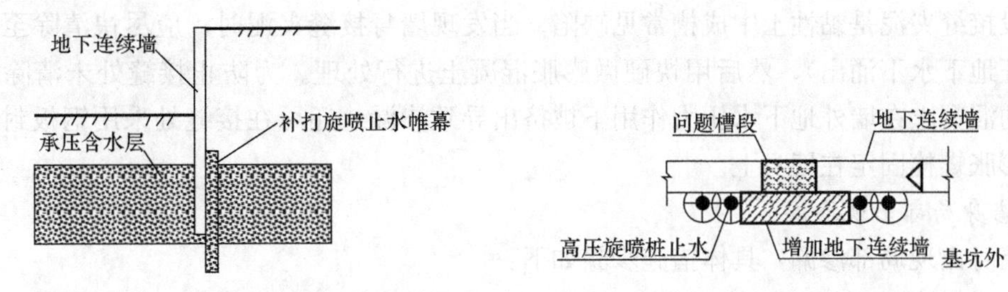

图 9.38　补打止水帷幕阶段承压含水层　　图 9.39　外侧增加地下连续墙补强

（3）当发生钢筋笼下放过程中因槽壁倾斜、钢筋笼倾斜时，可尝试轻微上提钢筋笼然后再进行下放，如多次尝试不能成功时，应在钢筋笼下放至现有标高基础上，迅速浇灌混凝土，防止塌槽，然后按图 9.39 所示补打二幅地下连续墙，并在之间设置严密的防渗构造。或迅速回填砂土，并用抓斗进行逐层填埋压实，再按前述方法处理后重新挖槽。

9.7.3　槽段钢筋被部分切割

当成槽过程中，遇地下障碍物而无法清除时，为顺利下放钢筋笼，需将钢筋笼切割一部分，钢筋切割处的墙体厚度也可能因障碍物影响而不能达到设计墙厚。为了弥补由此导致的对墙体受力的影响，可采取下列措施：

（1）当钢筋切除位置位于基底以下，墙体受力较小，且钢筋仅少量切除时，可在相应位置处进行旋喷加固，如图 9.40 所示，保证墙体的止水性能。

（2）当被切掉的钢筋笼仅是局部或一小部分时，可以在相应处的坑外侧施作几根钻孔灌注桩进行加固，同时围绕灌注桩进行高压旋喷加固，如图 9.41 所示，形成隔水帷幕。

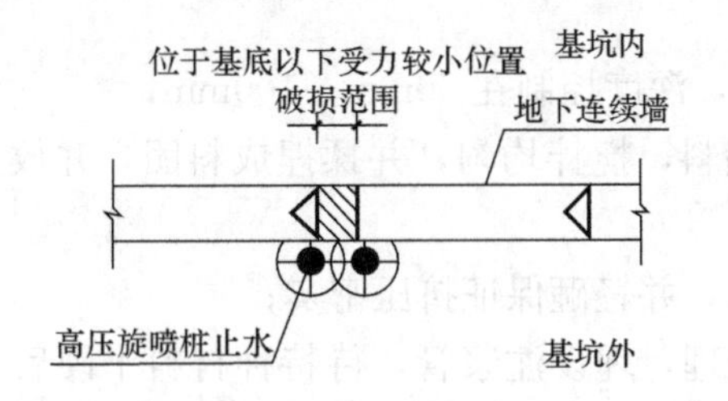

图 9.40　旋喷桩止水加固

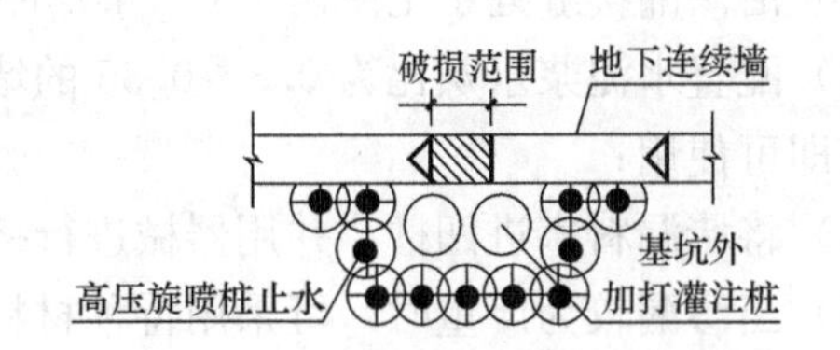

图 9.41　外侧增加钻孔灌注桩补强

（3）当在一个槽段较大范围内将钢筋笼切除并导致墙体难以满足要求时，应在问题槽段地下连续墙外侧增加一单元槽段的地下连续墙，并在后作墙体与原墙体接缝处采用高压旋喷进行止水加固，如图 9.42 所示，起到承载及防水功能。

（4）当钢筋切除位置位于开挖面以上时，可在对墙体受力与变形进行可靠复核计算基础上，在开挖后进行修复。将钢筋切除处的混凝土凿除，并凿出相邻两槽段的钢筋笼后将侧面清洗干净，焊上该处所缺钢筋，并架设墙体坑内侧的模板，浇筑与原墙体同一强度等级或高一等级的混凝土，同时在墙体内测设置钢筋混凝土内衬墙，保证墙体的防渗性能。

9.7.4　墙身缺陷

当地下连续墙施工不当时，墙体可能出现墙身方面的缺陷，具体缺陷及处理措施如下：

1. 墙身表面出现露筋或孔洞

当墙身出现露筋时，先清除露筋处墙体表面的疏松物质，并进行清洗、凿毛和接浆处理，然后采用硫铝酸盐超早强膨胀水泥和一定量的中粗砂配置成的水泥砂浆来进行修补。当墙身出现较大的孔洞时，除了采取进行清洗、凿毛和接浆处理外，采用微膨胀混凝土进行修补，混凝土强度等级应较墙身混凝土至少高一等级。

2. 槽段接缝夹泥

槽段接缝夹泥是黏性土中成槽常见缺陷。当发现墙身接缝夹泥时，应尽快清除至一定深度（保证地下水不涌出），然后用快硬微膨胀混凝土进行处理。为防止接缝处未清除的夹泥及处理的混凝土在墙外地下水压力作用下被挤出导致渗漏，还可在接缝处采用钢板封堵，钢板采用膨胀螺栓固定在墙身上。

3. 墙身局部出现渗漏

当墙身出现局部渗漏，具体措施步骤如下：

(1) 根据渗漏现象查找渗水源头，将渗漏点周围的夹泥和杂质清除，并用清水进行冲洗干净；

(2) 在接缝表面两侧一定范围内凿毛，在凿毛后的沟槽处埋入塑料管对漏水进行引流，并用水泥掺合料进行封堵；

(3) 在水泥掺合料达到一定强度后，选用水溶性聚氨酯堵漏剂，用注浆泵进行化学压力灌浆；

(4) 带注浆凝固后，拆除注浆管。

9.7.5 接缝渗漏

在地下连续墙的施工过程中，接缝渗漏是墙体常见的质量问题。为了接缝渗漏问题进行有效的处理，根据接缝渗漏的严重程度，可以将渗漏情况分为以下两种情况：

1. 接缝少量渗漏

当发现接缝发生轻微渗漏时，可采用双快水泥结合化学注浆法，其处理步骤为：

(1) 观察接缝的湿渍状况，确定渗漏部位，并将清除渗漏部位处松散混凝土、夹砂和夹泥等；

(2) 沿渗漏接缝处手工凿出“V”字形凹槽，深度控制在50mm～100mm；

(3) 配置水泥浆水灰比为0.3～0.35的堵漏料，搅拌均匀，并揉捏成料团，并放置至有硬热感即可使用；

(4) 将堵漏料塞进凹槽，并用器械进行挤压，并轻砸保证挤压密实；

(5) 当渗漏较为严重时，可采用特种材料处理，埋设注浆管，待特种材料干硬后24h内注入聚氨酯进行填充。

2. 接缝严重渗漏

当由于接缝存在大面积夹泥或者存在水头较高的高渗透土层位置处，接缝渗漏严重时，应采取以下步骤进行处理：

(1) 可采用沙袋等进行临时封堵，严重时可采用沙袋围成围堰，并在围堰内浇灌混凝土进行封堵，并对渗漏水进行引流，以免影响正常施工；

(2) 当渗漏是由于锁口管的拔断引发，可将先行幅钢筋笼的水平筋和拔断的锁口管凿出，并在水平向焊接ϕ16@50mm的钢筋以封闭接缝，钢筋间距可根据需要适当加密；

(3) 当渗漏是因为导管拔空导致接缝夹泥引起时，应对夹泥进行清除后修补接缝；

(4) 在严重渗漏处的坑外相应位置处，进行双液注浆填充，其中水泥浆与水玻璃的体积比为1∶0.5，水泥浆水灰比为0.6，水玻璃浓度为35Be°、模数25，注浆压力视深度而定，约为0.1MPa～0.4MPa，保证浆液速凝，注浆深度比渗漏处深度不小于3m。对于在已发生严重渗漏且采用回填土或混凝土进行反压、进行堵漏后无渗流现象者，在再次开挖前，可在坑外接头原渗漏点附近处进行钻孔压浆，并在坑内对应位置钻孔至原渗漏点以下0.5m，如在0.2MPa～0.3MPa压力下坑内未发生渗漏，说明堵漏效果良好，方可开挖，见图9.42；

(5) 在已发生严重渗漏且采用回填土或混凝土进行反压后无渗流现象者，当渗漏点附近有重要的建住屋或地下管线、设施时，还可采用冻结法对渗流处进行处理，如图9.43所示。

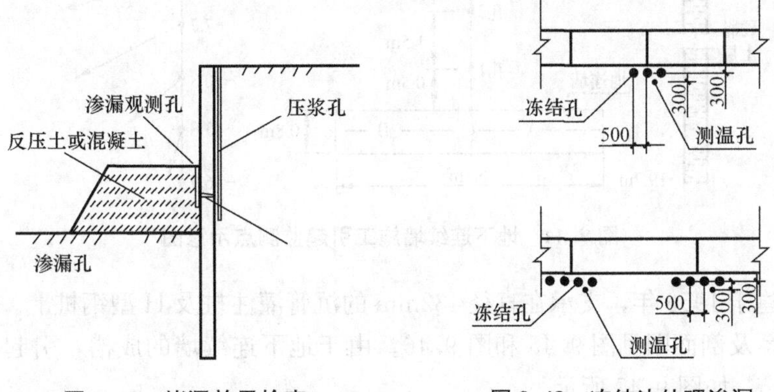

图9.42 堵漏效果检查　　图9.43 冻结法处理渗漏

9.7.6 成槽过程中的环境影响及控制

在地下连续墙的施工过程，常常会产生相应的环境问题，尤其是地处繁华市区的基坑工程，地下连续墙施工过程中的环境保护更突显重要。环境保护的主要内容包括土层位移的控制、噪音的控制及废弃物的处理。

1. 地下连续墙施工产生的变形

地下连续墙的施工流程一般包括导墙施作、沟槽挖掘和混凝土浇筑等三个阶段。其中，导沟一般深度约为2m～3m，有时可能深达5m，但其引起的周边土体位移较小，常常忽略。故地下连续墙施工引发的坑外土体的位移主要发生在沟槽挖掘和混凝土浇筑两个施工阶段。在沟槽开挖阶段，采用泥浆进行护壁以减小土体开挖引发的不平衡，但是开挖槽壁上的原始侧向土压力与泥浆压力之差仍将导致土体发生减荷，从而使得槽壁发生位移，并间接引发周边地表土体发生位移，而当进行墙体混凝土的浇筑时，混凝土产生的侧向压力大于泥浆压力，故槽壁将发生一定的回缩，但其对减小地表土体位移的作用很小，故地下连续墙施工时导致的坑外地表土体的位移主要发生在沟槽开挖阶段。此外，在地下连续墙混凝土形成强度期间，坑外土体超静孔隙水压力的消散、土体的固结亦将使周边地表土体产生一定的位移。

由上述分析可知，地下连续墙施工引发周边土体位移的影响程度，主要与沟槽的宽度、深度及长度，以及泥浆的护壁效果紧密相关。一般认为，由于地下连续墙成槽施工引发的土体的位移占整个基坑开挖变形总量的比例很小，但是在一些工程中，地下连续墙成槽施工引发的沉降量却占总沉降量的40%～50%，尤其是对于基坑周边环境保护要求较高的情况，其影响需要给与足够的重视。

Farmer & Attewell在伦敦地区进行地下连续墙开挖的现场试验[22]，其中地下连续墙厚度0.8m，长度6.1m，深度15m，监测结果表明：在开挖A区块和B区块时，周边地层的位移很小，当开挖C区块时，各个监测孔的水平位移随开挖深度增大而增大，且随着与地下连续墙相对距离的增大而减小，如图9.44所示，其中监测孔1的最大水平位移发生在地表下5m深度处，其值为15mm，即为开挖深度的0.1%倍，当闲置7天后其值增大到16mm，且在距离地下连续墙 6.1m 的孔 4 基本不受槽段开挖的影响。此外，孔 1 及孔 2 处的地表沉降分别约为 3mm 及 0.5mm，且孔 1 处的最大沉降值发生在地表下 7.7m 深度处，其值为 6mm。由此可见，地下连续墙的开挖对于周边的地层位移将产生一定的影响，需给予足够的重视。

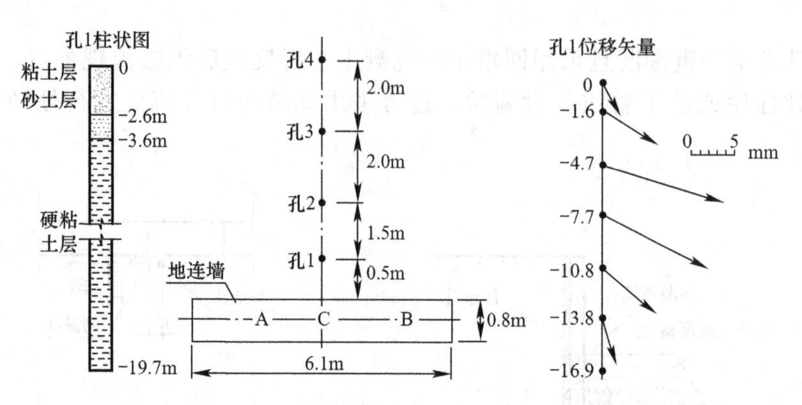

图 9.44 地下连续墙施工引起监测点示意图

某建筑物建于 1956 年，支承在直径 432mm 的沉管灌注桩及 H 型钢桩上。建筑物与基坑的平面位置关系及剖面图见图 9.45 和图 9.46。由于地下连续墙的成槽，引起的建筑物最大沉降超过 30mm，如图 9.47 所示。

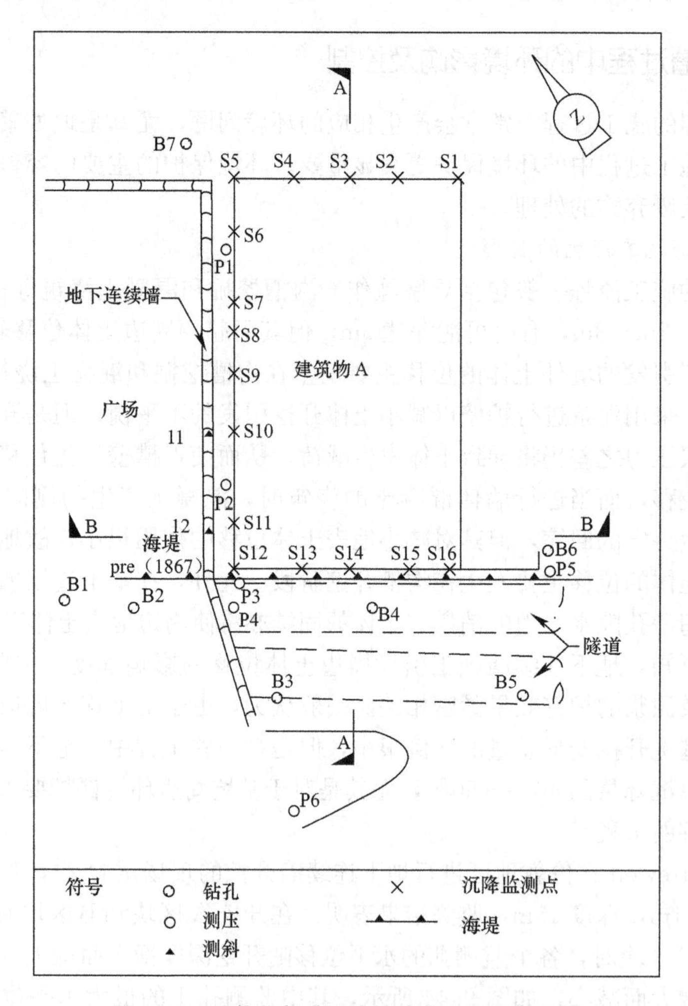

图 9.45 建筑物与地下连续墙关系及测点布置

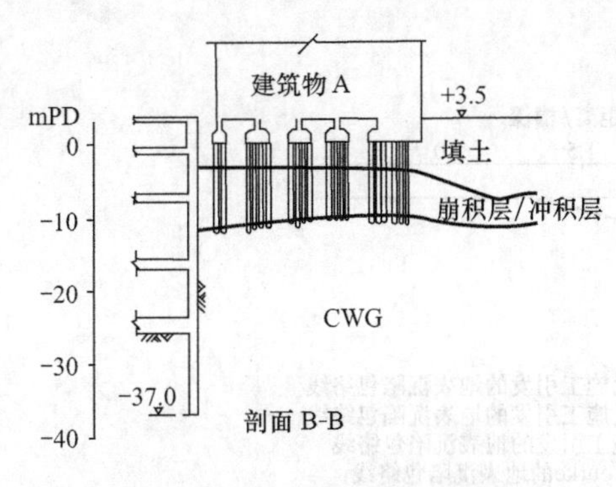

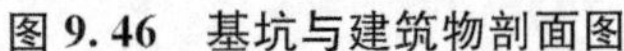
图 9.46 基坑与建筑物剖面图

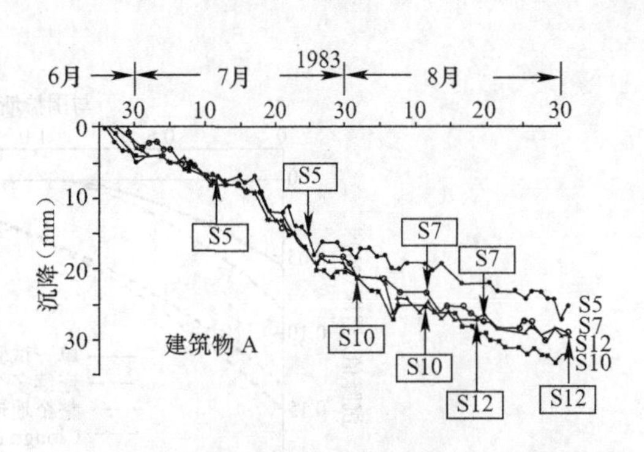

图 9.47 建筑物因地下连续墙施工引起沉降

(1) 土质条件对地面沉降的影响

Clough & O'Rourke 总结了砂土、软到中等硬度黏土、坚硬到极其坚硬黏土地层条件下，地下连续墙施工造成的槽段周边地表的沉降情况[28]，如图 9.47 所示。成槽施工导致的周边地表沉降区域达到 2.0 倍左右的槽深，虽然沉降值与槽深比例并不是很大，但当槽深较大时，周边的地表沉降就十分显著。香港地区的某一基坑地下连续墙深度为 37m 时，其地表沉降的最大值达到了 50mm，而其他工程的最大沉降值则一般为 5mm～10mm。总体上，土质越软弱，地下连续墙成槽引起的沉降越大。

Baxter 等通过有限元模型对中密砂土中地下连续墙的施工过程进行模拟[21]，其中模拟工序包括泥浆下挖槽、混凝土浇筑及混凝土的硬化等三个阶段，分析结果表明地下连续墙的三个施工阶段均对槽壁及周边土体的位移有重要影响，且位移大小同槽深、砂土的密度及地下水位的位置等因素有重要的关系，主要结论包括：(a) 随槽深增大，地表沉降值增大；(b) 随砂土压缩性的增大，地表沉降值增大；(c) 随地下水位深度增大，地表沉降值减小。

(2) 槽段宽度对地面沉降的影响

Powrie & Kantartzi 通过离心机模型试验对地下连续墙的施作过程进行模拟[27]，地表沉降的结果表明：(a) 由于空间效应的影响，当槽段宽度越大时，槽段中心线及角部的地表沉降均比宽度较小的槽段沉降值大；(b) 由于地下水位的高低将直接影响土体的有效应力及强度，从而间接影响土体的变形能力，因此当地下水位较高时，其相应的地表沉降值大于地下水位较低的情况。

(3) 单一槽段和多槽段对地面沉降的影响

Ng et al.、Ng & Yan 通过三维有限元对地下连续墙的施作过程进行模拟[23][24]，模型包含对三幅地下连续墙的成槽开挖和混凝土浇筑，分析结果表明：(a) 对称中心线上坑外地表沉降槽最大沉降值发生在 0.2 倍的地下连续墙开挖深度，且影响范围约为 1.5 倍的地下连续墙开挖深度；(b) 左右两幅地下连续墙的地表影响区域同中间幅地下连续墙的影响范围接近，即约为 1.5 倍的地下连续墙开挖深度。

欧章煜通过台北捷运工程地下连续墙施工实践的研究发现[32]（图 9.48），单一槽段施工引发的地表沉降范围约为 1.0 倍的槽深，最大沉降值约为 0.05%倍槽深，且其数值约为 10mm～15mm；多幅槽段施工引发的地表沉降范围与单幅槽段基本相同，而最大沉降值约为 0.07%倍的槽深，比单幅槽段施工引发的沉降有一定的增大，但随整个地下连续墙的施工完成，其地表沉降范围则扩大到约 2.0 倍的槽深，沉降范围主要发生在 1.5 倍槽深范围内，而在（1.5～2.0）倍的槽深范围内，其沉降值不太明显，其中最大沉降值也增大到约 0.13%倍的槽深，略小于 Clough & O'Rourke[28] 的 0.15%倍槽深值，但两者总结的包络线已经极其接近。

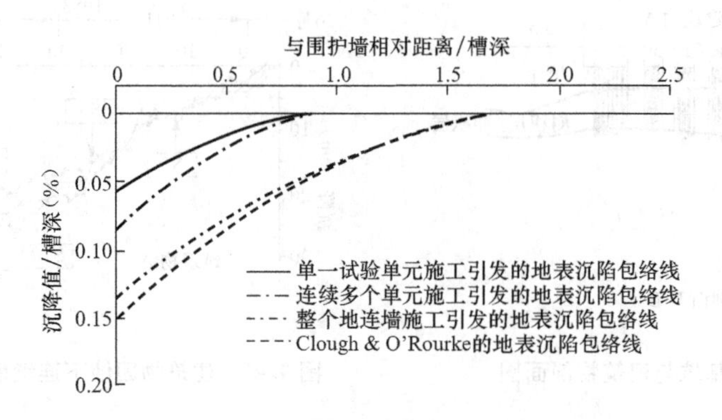

图 9.48 连续墙施工引发地表沉降包络图

刘国彬等通过对上海大木桥路地铁车站基坑工程地下连续墙施工对周边建筑物的影响进行研究[33]，认为地下连续墙成槽施工将引发周边建筑物发生不同程度的沉降，地下连续墙周边每一测点的累计沉降是由各个槽段的施工影响的综合叠加，当单独研究某一槽段对周边建筑物的影响时，其周边房屋沉降沉降规律为：在平行于槽段方向上，沿槽段宽度中心线呈对称分布，在槽段中心线上沉降值最大，与中心线相对距离为（1.5～2.0）倍的槽段宽度范围内迅速衰减；在垂直于槽段方向上基本呈现线性衰减，且大约至（3.0～4.0）倍的槽段宽度范围内衰减至最大值的20%～30%。

Gourvenec & Powrie 通过对多幅地下连续墙施工的三维数值分析[25]，对地下连续墙施工过程中的三维空间效应进行研究，并讨论了后续地下连续墙施工对已施工地下连续墙侧向土压力及位移的影响，其研究结果表明：(a) 平面应变分析得到的周边土体侧向位移显著高于三维分析结果，显示出明显的三维空间效应；(b) 地下连续墙槽段的长度对土体侧向位移有重要影响，随长度增大而增大，反之减小；(c) 后续地下连续墙的施作仅对其相邻一个槽段地下连续墙处的土体侧向土压力产生影响。

（4）异形地下连续墙对地面沉降的影响

Gaba 等分析了硬黏土中带扶壁地下连续墙和平板地下连续墙施工引发的土体位移进行对比研究[19]，结果表明，带扶壁地下连续墙同平板地下连续墙施工引发的地表沉降基本一致，其范围约为1.5倍槽深，最大地表沉降约为0.04%倍的槽深；而带扶壁地下连续墙施工引发的水平位移范围略大于平板地下连续墙，约为1.5倍槽深，最大水平位移约为0.07%倍的槽深。

（5）咬合桩连续墙对地面沉降的影响

除了地下连续墙成槽施工对周边土体产生影响外，咬合桩的施工也将对周边地层产生一定的影响。工程实践表明，咬合桩引发的周边土体位移不仅包含竖向沉降，还包含水平方向的位移，其中，沉降影响范围约为2.0倍的桩深，最大沉降值一般为0.05%桩深；而最大侧移的影响范围约为1.5倍的桩深，对应于咬合桩连续墙，其最大水平位移分别可达0.08%和0.04%的桩深。

（6）对邻近建筑物沉降的影响

除了上述介绍的地下连续墙施工对周边天然地表的位移影响，一些学者针对地下连续墙施工对周边建筑物的沉降影响进行了研究，研究结果发现：对于距离地下连续墙1.0倍槽深范围内的建筑物，施工将引发显著的沉降，且主要的沉降范围为1.5倍的槽深．在这一范围之外，受开挖影响的建筑物沉降将显著减弱，同时影响程度与建筑物的基础埋深有重要关系，埋深越浅，其建筑物的沉降越大，反之则越小。

2. 地下连续墙施工引起土层位移的控制要点

(1) 地下连续墙成槽影响范围。通过上述的分析可知，地下连续墙的成槽过程对周边环境产生一定的影响，根据土层地质条件及施工水平存在一定的差异，其水平位移及沉降影响范围一般为1.5～2.0倍的槽深，最大的沉降值可达0.05%～0.15%倍的槽深，而最大水平位移一般小于0.07%倍的槽深。

(2) 控制措施。为了防止因成槽施工而导致地下连续墙周边土层产生过大的位移，在施工过程中需注意以下几方面：

1) 采用优质护壁泥浆。针对土质条件优化泥浆性能。在遇到较厚的粉砂、细砂地层(尤其是埋深10m以上) 时，可适当添加外加剂，增大泥浆黏度，保证泥皮形成效果；

2) 合理选择导墙类型。采用整体性好的现浇导墙，优化导墙宽度和深度；

3) 保证泥浆的液面高度，随开挖的进行及时补浆，确保液位位于地下水位以上0.5m，并不低于导墙顶面以下0.3m；

4) 当预知槽段开挖深度范围内存在软弱土层时，可在成槽前对不良地层采用水泥土搅拌桩或高压旋喷桩等工艺进行加固，确保槽壁的稳定，减小成槽开挖导致的槽壁变形；

5) 缩短槽段宽度。针对后续槽段对沉降影响较小的机理，缩短槽段宽度可有效减少沉降影响范围和沉降大小。因此，在拟保护建筑物的附近的地下连续墙槽段应尽可能减小至4m左右；

6) 设置隔离桩、墙。在拟保护的建筑物与地下连续墙之间设置钢板桩、密排灌注桩、搅拌桩等，隔离地下连续墙成槽引起的变形对建筑物的影响；

7) 减小槽段附近荷载。严格限制槽段附近重型机械设备的反复压载及振动，必要时对槽段周边道路进行，且施工机械应采用铺设钢板办法减小集中荷载的作用，并严禁在槽段周边堆放施工材料；

8) 减小对槽段附近土体的扰动。应安排好地面排水，妥善处理废土及废弃泥浆，避免因泥浆撒漏导致施工场地泥泞恶化，并影响槽段周围土体的稳定性；

9) 缩短成槽至混凝土灌注之间的时间。尽量缩短钢筋笼在孔口焊接、吊放、混凝土灌注的实践，有助于减小成槽后沉降的发展。

参考文献

[1] 丛蔼森. 地下连续墙的设计施工与应用 [M]. 北京：中国水利水电出版社，2001.

[2] 日本建设机械化协会. 地下连续墙设计与施工手册 [M]. 北京：中国建筑工业出版社，1983.

[3] 郑刚. 高等基础工程学 [M]. 北京：机械工业出版社，2007.

[4] 建筑地基基础设计规范 GB 5007—2002 [S]. 北京：中国建筑工业出版社，2002.

[5] 基坑工程技术规范 DG/TJ 08-61—2010 [S]. 上海：上海市建筑建材业市场管理总站，2010.

[6] 刘国彬，王卫东. 基坑工程手册（第二版）[M]. 北京：中国建筑工业出版社，2009.

[7] 徐至钧，赵锡宏. 逆作法设计与施工 [M]. 北京：机械工业出版社，2002.

[8] 徐中华. 上海地区支护结构与主体结构相结合的深基坑变形性状研究 [D]. 上海：同济大学，2007.

[9] 龚晓南，高有潮. 深基坑工程设计手册 [M]. 北京：中国建筑工业出版社，1998.

[10] 沈健. 深基坑工程考虑时空效应的计算方法研究 [D]. 上海：上海交通大学，2006.

[11] 王建华，范巍，王卫东，等. 空间m法在深基坑支护结构分析中的应用 [J]. 岩土工程学报，2006，28 (B11)：1332-1335.

[12] 雷明锋，彭立敏，施成华，等. 长大深基坑施工空间效应研究 [J]. 岩土力学，2010，31 (5)：1579-1584.

[13] 张鸿儒，侯永峰. 深基坑逆作开挖的三维效应数值分析 [J]. 岩土工程学报，2008，28 (增)：1325-1327.

[14] Colin T. Milberg，Iris D. Tommelein. Tolerance and constructability of soldier piles in slurry walls [J]. Journal of Performance of Constructed Facilities，2010，24 (2)：120-127.

[15] Xanthakos，P. P. Slurry walls as structural systems [M]. 2nd Ed. McGraw-Hill，New York，1994.

[16] K. Sakai，K. Tazaki. Development and applications of diaphragm walling with special section steel—NS-Box [J]. Tunnelling and Underground Space Technology，2003，(18)：283-289.

[17] 孟凡超，李涛，陈晓东，等. 黄土地区单片地下连续墙水平承载特性试验研究 [J]. 土木工程学报，2006，39 (11)：96-100.

[18] 梅英宝. 自立式格形地下连续墙围护基坑变形实测分析 [J]. 岩土工程学报，2010，32 (增刊)：463-467.

[19] A. R. Gaba，B. Simpson，D. R. Beaclman，W. Powrie. Embedded retaining walls：guidcence for economic [R]. CIRIA Report (C580)，London，2003.

[20] Wolfgang G. Brunner. Development of slurry wall technique and slurry wall construction equipment [J]. Geo-support 2004，ASCE (GSP)：1-10.

[21] Diane Y. Bascter，George M. Filz. Deformation preditions for ground adjacent to soil-bantonite cut off walls using the finite element method [A]. New peaks in Geotechnics (GEO-Denver 2006) [C]，ASCE，PP：1-10.

[22] I. W. Farmer，P. B. Attewell. Ground movements caused by a bentonite supported excavation in London clay [J]. Geotechnique，1973，23 (4)：576-581.

[23] C. W. W. NG，M. L. Lings，B. Simpson et al. An approximate analysis of the three-dimensional effects of diaphragm wall installation [J]. Geotechnique，1995，45 (3)：497-507.

[24] C. W. W. NG，R. W. M. YAN. Three-dimensional modelling of diaphragm wall installation sequence [J]. Geotechnique，1999，49 (6)：825-834.

[25] S. M. Gourvenec，W. Powrie. Three-dimensional finite-element analysis of diaphragm wall installation [J]. Geotechnique，1999，49 (6)：801-823.

[26] D. J. Richards，J. Clark，W. Powrie. Installation effects of a bored pile wall in overconsolidated clay [J]. Geotechnique，2006，56 (6)：411-425.

[27] W. Powrie，C. Kantartzi. Ground response during diaphragm wall installation in clay Centrifuge model tests [J]. Geotechnique，1996，46 (4)：725-739.

[28] Clough G W，O'Rourke T D. Construction induced movements of insitu walls [C] //In Proceedings of the design and performance of earth retaining structures [J]. ASCE special conference，1990，pp：439-470.

[29] C. B. B. Thorley1 and R. A. Forth. Settlement due to Diaphragm Wall Construction in Reclaimed Land in Hong Kong [J]. Journal of Geotechnical and Geoenvironmental Engineering，2002，128 (6)：473-478.

[30] 王卫东，王建华. 深基坑支护结构与主体结构相结合设计、分析与实例 [M]. 北京：

中国建筑工业出版社，2007.
[31] 裴颖杰，郑刚，刘建起. 两侧铰接地下连续墙的试验研究及数值模拟 [J]. 岩土力学，2008，29 (1)：279-284.
[32] 欧章煜. 深开挖工程分析设计理论与实务 [M]. 台北：科技图书股份有限公司，2004.
[33] 刘国彬，鲁汉新. 地下连续墙成槽施工对房屋沉降影响的研究 [J]. 岩土工程学报，2004，26 (3)：287-289.

第 10 章　内支撑技术

10.1 概述

采用内支撑系统的深基坑工程，一般由围护体、内支撑以及竖向支承三部分组成，其中内支撑与竖向支承两部分合称为内支撑系统。内支撑系统具有无需占用基坑外侧地下空间资源、可提高整个围护体系的整体强度和刚度，以及支撑刚度大可有效控制基坑变形等诸多优点，在深基坑工程中已得到了广泛的应用，特别在软土地区环境保护要求高的深大基坑工程中更是成为优选的设计方案。

内支撑系统中的内支撑作为基坑开挖阶段围护体坑内外两侧压力差的平衡体系，经过多年来大量深基坑工程的实践，内支撑形式丰富多样，常用的内支撑按材料分有钢筋混凝土支撑、钢支撑以及钢筋混凝土与钢组合支撑等形式，按竖向布置可分为单层或多层平面布置形式和竖向斜撑形式；内支撑系统中的竖向支承一般由钢立柱和立柱桩一体化施工构成，其主要功能是作为内支撑的竖向承重结构，并保证内支撑的纵向稳定、加强内支撑体系的空间刚度，常用的钢立柱形式一般有角钢格构柱、H型钢柱以及钢管混凝土柱等，立柱桩常用的为灌注桩。图10.1和图10.2分别是典型内支撑系统平面图和典型内支撑系统剖面图。

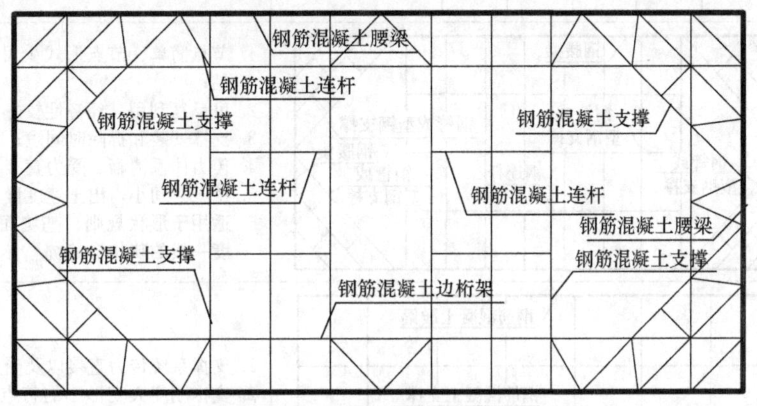

图10.1 典型内支撑系统平面图

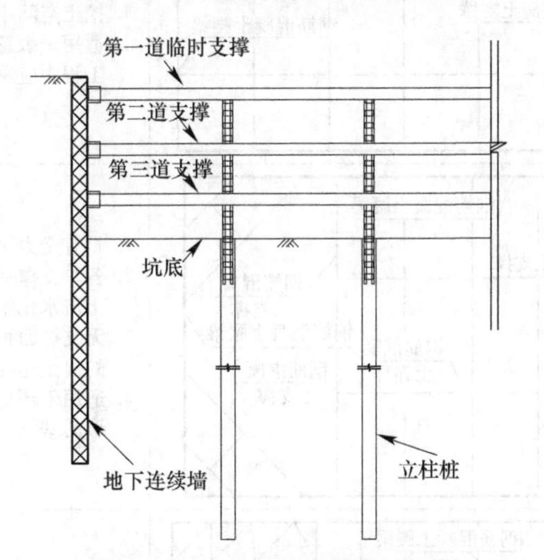

图10.2 典型内支撑系统剖面图

10.2 规划、选型及适用范围

支撑结构选型包括支撑材料和体系的选择以及支撑结构布置等内容。支撑结构选型从结构体系上可分为平面支撑体系和竖向斜撑体系；从材料上可分为钢支撑、钢筋混凝土支撑和钢和混凝土组合支撑的形式。各种形式的支撑体系根据其材料特点具有不同的优缺点和应用范围。由于基坑规模、环境条件、主体结构以及施工方法等的不同，难以对支撑结构选型确定出一套标准的方法，应以确保基坑安全可靠的前提下做到经济合理、施工方便为原则，根据实际工程具体情况综合考虑确定。表 10.1 给出了各类支撑体系的特点及使用范围。

各类支撑体系的特点及使用范围　　表 10.1

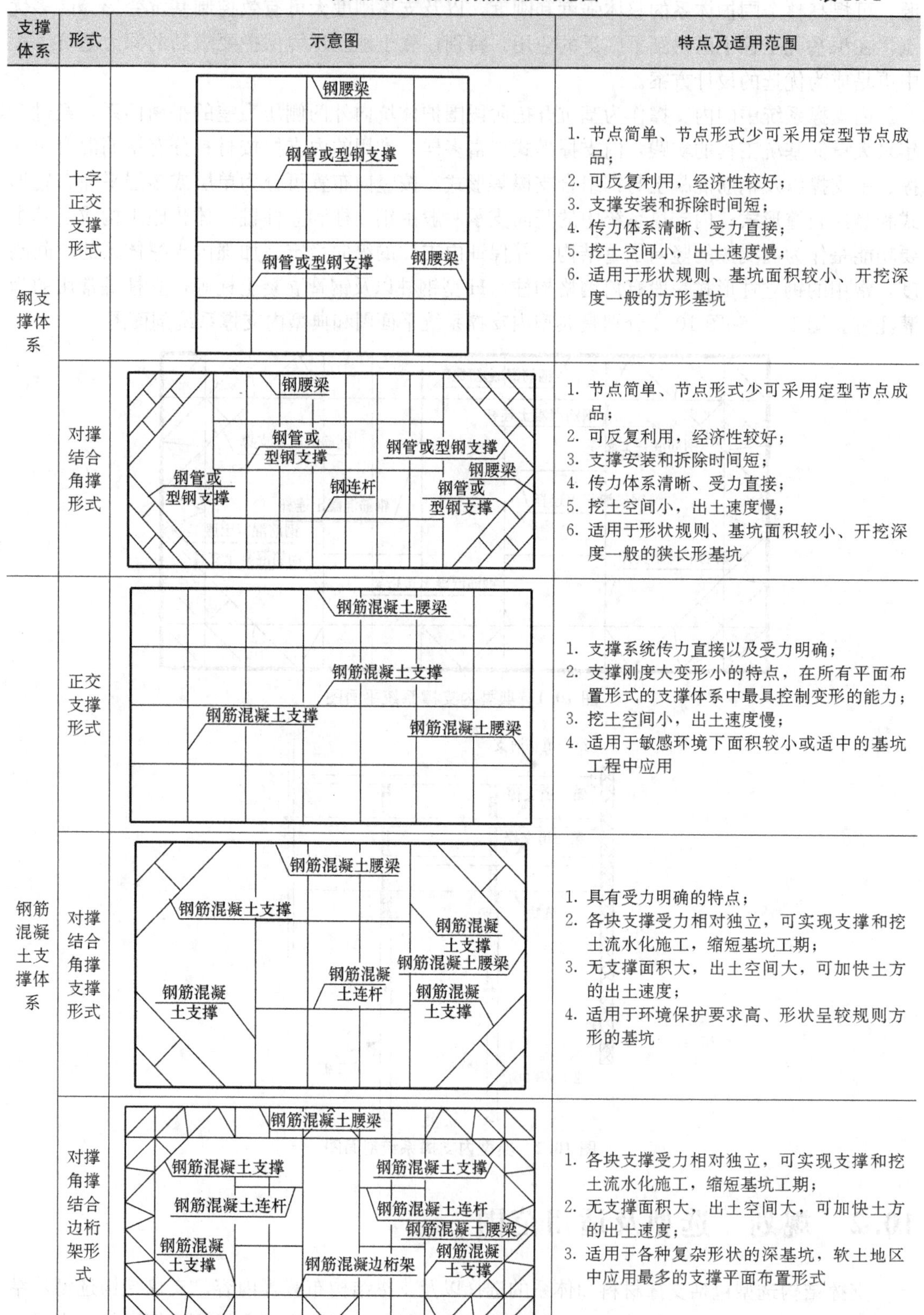

支撑体系	形式	示意图	特点及适用范围
钢支撑体系	十字正交支撑形式		1. 节点简单、节点形式少可采用定型节点成品； 2. 可反复利用，经济性较好； 3. 支撑安装和拆除时间短； 4. 传力体系清晰、受力直接； 5. 挖土空间小，出土速度慢； 6. 适用于形状规则、基坑面积较小、开挖深度一般的方形基坑
	对撑结合角撑形式		1. 节点简单、节点形式少可采用定型节点成品； 2. 可反复利用，经济性较好； 3. 支撑安装和拆除时间短； 4. 传力体系清晰、受力直接； 5. 挖土空间小，出土速度慢； 6. 适用于形状规则、基坑面积较小、开挖深度一般的狭长形基坑
钢筋混凝土支撑体系	正交支撑形式		1. 支撑系统传力直接以及受力明确； 2. 支撑刚度大变形小的特点，在所有平面布置形式的支撑体系中最具控制变形的能力； 3. 挖土空间小，出土速度慢； 4. 适用于敏感环境下面积较小或适中的基坑工程中应用
	对撑结合角撑支撑形式		1. 具有受力明确的特点； 2. 各块支撑受力相对独立，可实现支撑和挖土流水化施工，缩短基坑工期； 3. 无支撑面积大，出土空间大，可加快土方的出土速度； 4. 适用于环境保护要求高、形状呈较规则方形的基坑
	对撑角撑结合边桁架形式		1. 各块支撑受力相对独立，可实现支撑和挖土流水化施工，缩短基坑工期； 2. 无支撑面积大，出土空间大，可加快土方的出土速度； 3. 适用于各种复杂形状的深基坑，软土地区中应用最多的支撑平面布置形式

续表

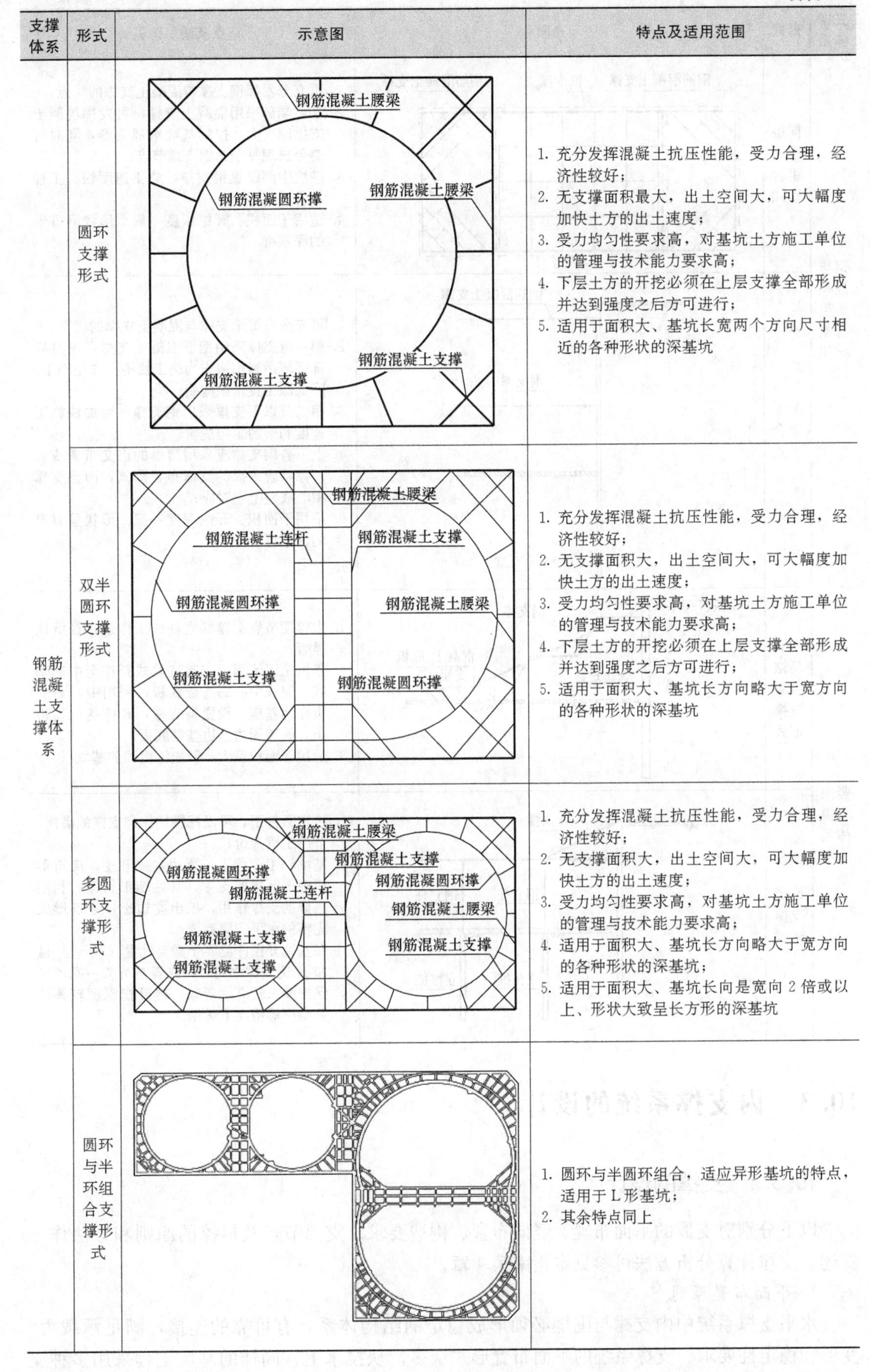

支撑体系	形式	示意图	特点及适用范围
钢筋混凝土支撑体系	圆环支撑形式		1. 充分发挥混凝土抗压性能，受力合理，经济性较好； 2. 无支撑面积最大，出土空间大，可大幅度加快土方的出土速度； 3. 受力均匀性要求高，对基坑土方施工单位的管理与技术能力要求高； 4. 下层土方的开挖必须在上层支撑全部形成并达到强度之后方可进行； 5. 适用于面积大、基坑长宽两个方向尺寸相近的各种形状的深基坑
	双半圆环支撑形式		1. 充分发挥混凝土抗压性能，受力合理，经济性较好； 2. 无支撑面积大，出土空间大，可大幅度加快土方的出土速度； 3. 受力均匀性要求高，对基坑土方施工单位的管理与技术能力要求高； 4. 下层土方的开挖必须在上层支撑全部形成并达到强度之后方可进行； 5. 适用于面积大、基坑长方向略大于宽方向的各种形状的深基坑
	多圆环支撑形式		1. 充分发挥混凝土抗压性能，受力合理，经济性较好； 2. 无支撑面积大，出土空间大，可大幅度加快土方的出土速度； 3. 受力均匀性要求高，对基坑土方施工单位的管理与技术能力要求高； 4. 适用于面积大、基坑长方向略大于宽方向的各种形状的深基坑； 5. 适用于面积大、基坑长向是宽向2倍或以上、形状大致呈长方形的深基坑
	圆环与半环组合支撑形式		1. 圆环与半圆环组合，适应异形基坑的特点，适用于L形基坑； 2. 其余特点同上

续表

支撑体系	形式	示意图	特点及适用范围
钢与混凝土组合支撑体系	同层平面组合形式	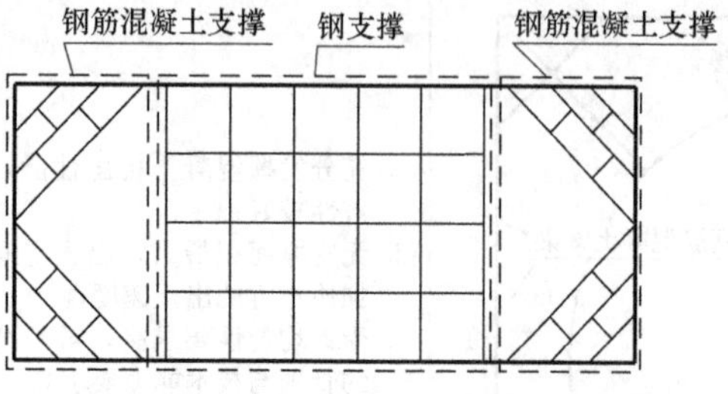 钢筋混凝土支撑　钢支撑　钢筋混凝土支撑	1. 可充分发挥钢支撑与混凝土支撑的优点； 2. 基坑端部采用混凝土支撑，可发挥混凝土支撑刚度大，控制基坑角部变形，同时可避免出现复杂的钢支撑节点； 3. 基坑中部设置钢支撑，施工速度快、工程造价低； 4. 适用于面积、开挖深度一般、形状呈方形的深基坑
	分层组合形式	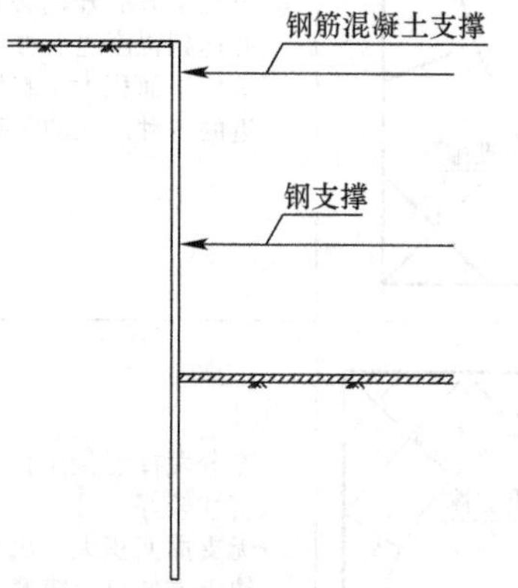 钢筋混凝土支撑　钢支撑	1. 可充分发挥钢支撑与混凝土支撑的优点； 2. 第一道支撑采用钢筋混凝土支撑可通过局部区域适当加强作为施工栈桥，方便施工、降低施工技术措施费； 3. 第二及以下支撑采用钢支撑，可加快施工速度和节约工程造价； 4. 上下各层支撑应采用简单的正交布置或者对撑结合角撑的支撑布置形式，而且支撑中心线应上下对应； 5. 适用于面积、开挖深度一般、形状呈方形的深基坑
竖向斜撑体系	中心岛结合斜支撑形式	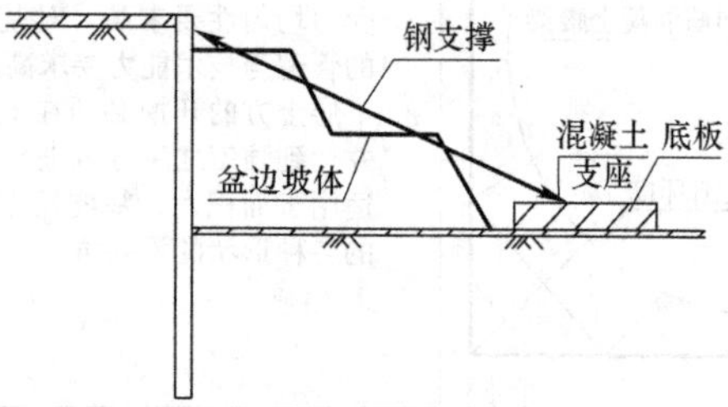 钢支撑　混凝土支座　底板　盆边坡体	1. 大幅度节省支撑和立柱的工作量，经济性显著； 2. 基坑施工流程上，基坑盆式开挖至中部基底，完成中心岛基础底板，利用中心岛底板作为基座，设置斜支撑，开挖基坑盆边土，施工周边盆边基础底板； 3. 适用于面积巨大、开挖深度浅的基坑
	K形支撑形式	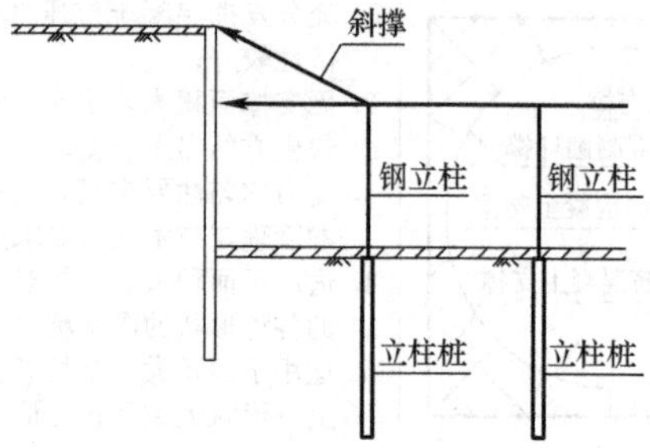 斜撑　钢立柱　钢立柱　立柱桩　立柱桩	1. 特定条件下，可发挥围护体和支撑的潜能，节约工程造价； 2. 基坑施工流程上，周边盆式开挖，浇筑形成中部区域的支撑，其后施工斜撑，利用斜撑的支撑作用，挖出盆边土，浇筑形成完整的水平支撑系统； 3. 在基坑开挖深度界于需要设置（$N-1$）道和 N 道支撑之间时，或者基坑某一侧环境保护要求较高或者某一侧开挖深度较其他侧略深等情况下适用

10.3 内支撑系统的设计

10.3.1 支撑的设计

以下分别对支撑的平面布置、竖向布置、构造要求、支撑节点及拆撑的原则和方法作一叙述。支撑计算分析方法可参见本指南第4章。

1. 平面布置原则[1]

水平支撑系统中内支撑与围檩必须形成稳定的结构体系，有可靠的连接，满足承载力、变形和稳定性要求。支撑系统的平面布置形式众多，从技术上，同样的基坑工程采用多种支撑平面布置形式均是可行的，但科学、合理的支撑布置形式应是兼顾了基坑工程特点、主体地下结构布置以及周边环境的保护要求和经济性等综合因素的和谐统一。

(1) 一般要求有以下几点：

1) 支撑杆件相邻水平距离首先应确保支撑系统整体变形和支撑构件承载力在要求范围之内，其次应满足土方工程的施工要求；

2) 水平支撑应在同一平面内形成整体，上、下各道支撑杆件的中心线应布置在同一竖向平面内；

3) 支撑的平面布置应有利于利用主体工程桩作为支撑立柱桩；

4) 支撑系统平面布置时，支撑轴线应尽量避开主体工程的柱网轴线，同时，避免出现整根支撑位于结构剪力墙之上的情况。另外主体地下结构竖向结构构件采用内插钢骨的劲性结构时，应严格复核支撑的平面分布，确保支撑杆件完全避让劲性结构；

5) 当支撑系统采用钢筋混凝土围檩时，沿着围檩方向的支撑点间距不宜大于 9m；采用钢围檩时，支撑点间距不宜大于 4m；

6) 当需要采用相邻水平间距较大的支撑时，宜根据支撑冠梁、腰梁的受力和承载力要求，在支撑端部两侧设置八字斜撑杆与冠梁、腰梁连接，八字斜撑杆宜在支撑两侧对称布置，且斜撑的长度不宜超过 9m，斜撑与冠梁、腰梁之间的夹角不宜大于 60°；当主撑两侧的八字斜撑需要不对称布置且其轴向力相差较大时，可在受力较大的斜撑与相邻支撑之间设置水平连系杆；

7) 平面设计时尽量避免出现坑内折角（阳角），当无法避免时，阳角位置应从多方面进行加强处理，如在阳角的两个方向上设置支撑点，或者可根据实际情况将该位置的支撑杆件设置现浇板，通过增设现浇板增强该区域的支撑刚度，控制该位置的变形。无足够的经验可借鉴时，最好对阳角处的坑外地基进行加固，提高坑外土体的强度，以减少围护墙体的侧向水土压力。

(2) 钢支撑体系。钢支撑体系平面布置原则除了应遵循上述一般要求之外，尚应满足下列要求：

1) 支撑宜采用十字正交布置、对撑结合角撑等简洁、纵横方向垂直的平面布置形式；

2) 支撑平面布置应避免出现复杂节点形式，尽量使用标准装配式节点，以及减少焊接工作；

3) 支撑间距在满足承载力要求的情况下，应加大支撑平面间净距，以便于土方的开挖。

(3) 钢筋混凝土支撑体系[2]。钢筋混凝土支撑体系平面布置原则除了应遵循上述一般要求之外，尚应满足下列要求：

1) 水平支撑可采用由对撑、角撑、圆环撑、半圆环撑、拱形撑、边桁架及连系杆件等结构形式所组成的平面结构；

2) 长条形基坑工程中，可设置以短边方向的对撑体系，两端可设置水平角撑体系支撑；

3) 当基坑周边紧邻保护要求较高建（构）筑物、地铁车站或隧道，对基坑工程的变形控制要求较为严格时，或者基坑面积较小、两个方向的平面尺寸大致相等时，或者基坑形状不规则，其他形式的支撑布置有较大难度时，宜采用相互正交的对撑布置方式；

4) 当基坑面积较大，平面形状不规则时，同时在支撑平面中需要留设较大作业空间时，宜采用角部设置角撑、长边设置沿短边方向的对撑结合边桁架的支撑体系；

5) 基坑平面为规则的方形、圆形或者平面虽不规则但基坑两个方向的平面尺寸大致相等，或者是为了完全避让塔楼框架柱、剪力墙等竖向结构以方便施工、加快塔楼施工工期，尤其是当塔楼竖向结构采用劲性构件时，临时支撑平面应错开塔楼竖向结构，以利于塔楼竖向结构的施工，可采用圆环形支撑；如果基坑两个方向平面尺寸相差较大时，也可采用双半圆环支撑或者多圆环支撑；

6）当采用环形支撑时，环梁宜采用圆形、椭圆形等封闭曲线形式；并应按环梁弯矩、剪力最小的原则布设辐射支撑。

(4) 对于竖向斜撑体系有以下几点要求：

1）支撑材料可采用钢或钢筋混凝土，支撑结构布置宜均匀、对称；

2）如竖向斜撑待地下室顶板完成、基坑周围回填之后再拆除时，穿地下室外墙板位置的斜撑应采用H型钢替代，墙板厚度范围内的H型钢应设置止水措施；

3）斜撑坡度不宜大于1∶2。当斜撑长度大于15m时，宜在斜撑中部设置立柱；

4）竖向斜撑应设置可靠的斜撑支座，不应设置在水平向不连续处、局部落深区等位置，而且其位置不应妨碍主体结构的正常施工。

2. 竖向布置原则

基坑竖向需要布置的水平支撑的数量，主要根据工程场地水文、土层地质情况、周围环境保护要求、基坑围护墙的承载力和变形控制计算确定，同时应满足土方开挖的施工要求。一般情况下，支撑系统竖向布置可按如下原则进行确定：

1）基坑竖向水平支撑的层数应根据基坑开挖深度、土方工程施工、围护结构类型及工程经验、围护结构的计算工况确定；

2）相邻水平支撑的净距以及支撑与基底之间的净距不宜小于3m，当采用机械下坑开挖及运输时应根据机械的操作所需空间要求适当放大；

3）各层水平支撑与腰梁的轴线标高应在同一平面上，且设定的各层水平支撑的标高不得妨碍主体工程施工。水平支撑构件与地下结构楼板及基础底板间的净距不宜小于500mm，且应满足墙、柱竖向结构构件的插筋高度要求；

4）首道水平支撑和腰梁的布置宜尽量与围护墙结构的顶圈梁相结合。在环境条件容许时，可尽量降低首道支撑标高。基坑设置多道支撑时，最下道支撑的布置在不影响主体结构施工和土方开挖条件下，宜尽量降低。当基础底板的厚度较大，且征得主体结构设计认可时，也可将最下道支撑留置在主体基础底板内。

3. 设计计算要点

支撑结构上的主要作用力是由围护墙传来的水、土压力和坑外地表荷载所产生的侧压力。支撑系统的整体分析方法可参见本指南相关章节，本节关注的支撑体系的设计计算更倾向于支撑构件的强度、稳定性以及节点构造等方面内容，主要有如下几个方面的内容：

(1) 支撑承受的竖向荷载，一般只考虑结构自重荷载和支撑顶面的施工活荷载。施工活荷载通常情况下取4kPa，主要是指施工期间支撑作为施工人员的通道，以及主体地下结构施工时可能用作混凝土输送管道的支架的情况，不包括支撑上堆放施工材料和运行施工机械等情况。支撑系统上如需设置施工栈桥作为施工堆载平台或施工机械的作业平台时应进行专门设计。

(2) 腰梁与支撑采用钢筋混凝土时，构件节点宜采用整浇刚接。采用钢腰梁时，安装前应在围护墙上设置竖向牛腿。钢腰梁与围护墙间的安装间隙应采用C30细石混凝土填实。采用钢筋混凝土腰梁，且与围护墙和支撑构件整体浇筑连接时，对计算支座弯矩可乘以调幅折减系数0.8～0.9，但跨中弯矩相应增加。钢支撑构件与腰梁斜交时，宜在腰梁上设置水平向牛腿。

(3) 对于温度变化和加在钢支撑上的预压力对支撑结构的影响，由于目前对这类超静定结构所做的试验研究较少，难以提出确切的设计计算方法。温度变化的影响程度与支撑构件的长度有较大关系，根据经验和实测资料，对长度超过40m的支撑宜考虑10%左右支撑内力的变化影响。

4. 构造要求

(1) 钢筋混凝土支撑构造要求主要包括以下几点：

1) 桩、墙式支护结构的顶部应设置封闭钢筋混凝土顶冠梁。顶冠梁的截面尺寸由计算确定，且宽度不宜小于支护桩、墙的厚度。

2) 钢筋混凝土支撑混凝土的强度等级不宜低于C20。

3) 支撑构件的截面高度除满足构件的长细比之外，不应小于其竖向平面计算跨度的1/20，对钢筋混凝土支撑不应小于600mm，截面宽度宜大于截面高度。冠梁或腰梁的截面宽度不应小于其水平向计算跨度的1/10，截面宽度宜大于截面高度，且截面高度不应小于支撑的截面高度。

4) 支撑与腰梁的纵向钢筋直径不宜小于20mm，沿截面四周纵向钢筋的最大间距不宜大于300mm。箍筋直径不宜小于8mm，间距不宜大于250mm。支撑的纵向钢筋在腰梁内的锚固长度不宜小于30倍的钢筋直径。

5) 钢筋混凝土冠梁及腰梁受力以承受弯矩和剪力为主，其腰筋和箍筋数量应根据实际受力计算进行加强，同时箍筋形状应适应水平向受剪要求；支撑杆件以承受压力为主，其箍筋形式应能充分发挥混凝土受力性能。图10.3为冠梁（腰梁）与支撑杆件配筋示意图。

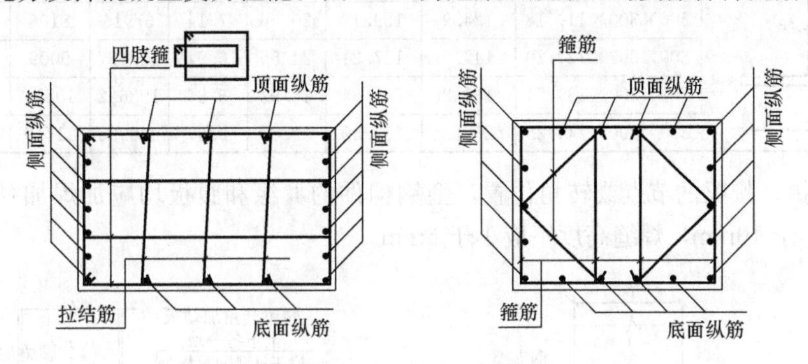

图10.3 冠梁（腰梁）与支撑配筋构造图

6) 支撑结构交点处均应设置腋角，以增强支撑平面内刚度及改善交点处应力集中状态。图10.4为典型支撑节点腋角构造图。

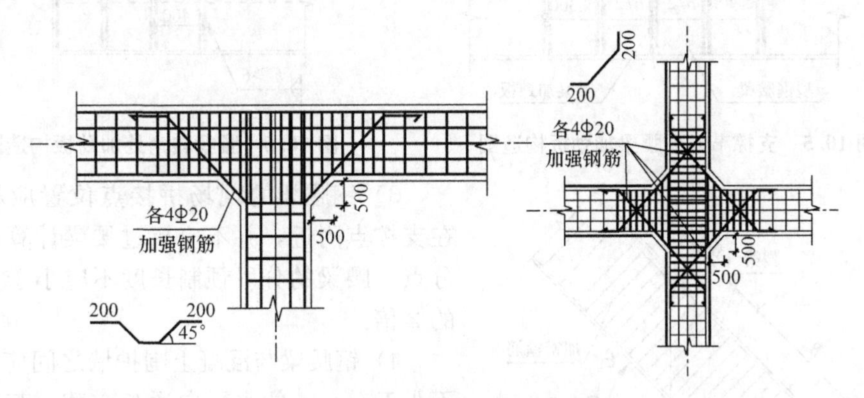

图10.4 典型支撑节点腋角构造图

7) 混凝土支撑体系应在同一平面内整浇。基坑平面转角处纵横向腰梁应按刚节点处理。

8) 混凝土腰梁与围护墙之间不留水平间隙。

钢筋混凝土支撑除应符合上述要求之外，尚应符合现行国家标准《混凝土结构设计规范》GB 50010的有关规定。

(2) 钢支撑构造要求主要包括：

1) 钢支撑可采用钢管、型钢、工字钢或槽钢及其组合构件。钢腰梁可采用型钢或型钢组合构件，其截面宽度不应小于 300mm；常用钢管支撑和型钢支撑技术参数分别如表 10.2 和表 10.3 所示。

钢管支撑常用规格技术参数表　　　　表 10.2

尺寸（mm）	单位重量（kg/m）	截面面积（cm²）	回转半径（cm）	截面惯性矩（cm⁴）	截面抵抗矩（cm³）
$D\times t$	W	A	i_2	I_2	W_2
ϕ580×12	168	214	20.09	86393	5958
ϕ580×16	223	283	19.95	112815	7780
ϕ609×12	177	225	21.11	100309	6588
ϕ609×16	234	298	20.97	131117	8612

H 型钢支撑常用规格技术参数表　　　　表 10.3

尺寸（mm）	单位重量（kg/m）	截面面积（cm²）	回转半径（cm）		截面惯性矩（cm⁴）		截面抵抗矩（cm³）	
$h\times b\times t_1\times t_2$	W	A	i_2	i_2	I_2	I_2	W_2	W_2
400×400×13×21	171.7	218.69	17.43	10.12	66455	22410	3323	1120
500×300×11×18	124.9	159.17	20.66	7.14	67916	8106	2783	540.4
600×300×12×20	147.0	187.21	24.55	6.94	112827	9009	3838	600.6
700×300×13×24	181.8	231.54	28.92	6.83	193622	10814	5532	720.9
800×300×14×26	206.8	263.50	32.65	6.67	280925	11719	7023	781.3

2）在支撑、腰梁的节点或转角位置，型钢构件的翼缘和腹板均应加焊加劲板，加劲板的厚度不应小于 10mm，焊缝高度不应小于 6mm。

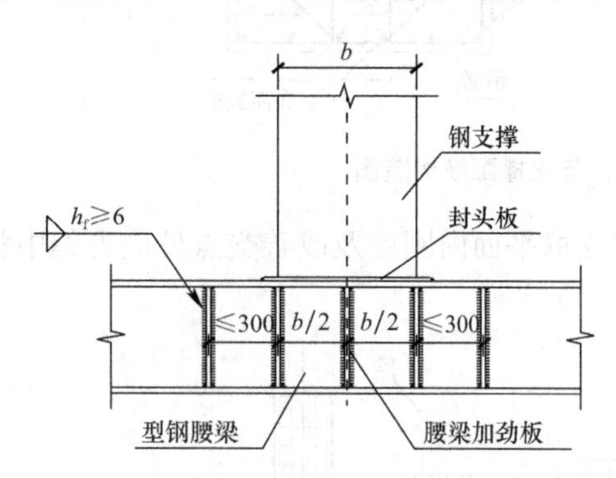

图 10.5　支撑节点处腰梁加劲板构造图

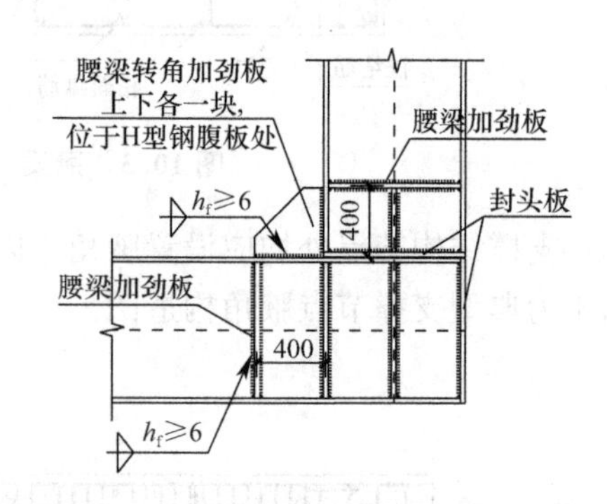

图 10.6　腰梁转角处加劲板构造图

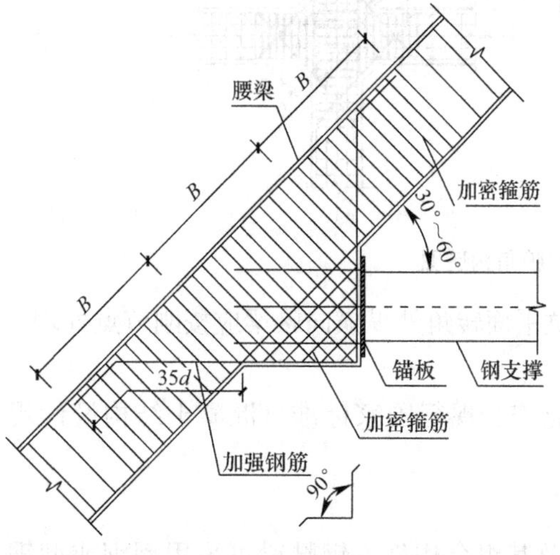

图 10.7　钢支撑与混凝土腰梁斜交处牛腿构造图

3）钢腰梁的现场拼接点位置应尽量设置在支撑点附近，并不应超过腰梁计算跨度的三分点。腰梁的分段预制长度不应小于支撑间距的 2 倍。

4）钢腰梁与混凝土围护墙之间应留设宽度不小于 60mm 的水平向通长空隙。其间用强度等级不低于 C30 的细石混凝土填嵌。

5）钢支撑与混凝土腰梁斜交时，在交点位置应设置经过验算的牛腿传递构造。

6）纵横向水平钢支撑和腰梁宜设置在同一标高上。

7）支撑长度方向的拼接宜采用高强度螺栓连接或焊接，拼接点强度不应低于构件的截面强度。

8）水平支撑的现场安装点应尽量设置在纵横向支撑的交汇点附近。相邻横向（或纵向）水平支撑之间的纵向（或横向）支撑的安装点不宜多于两个。

9）立柱与钢支撑之间应设置可靠钢托架进行连接，钢托架应能对节点位置支撑在侧向和竖向的位移进行有效约束。

10）钢支撑的预压力控制值宜为设计轴力的50%～80%。

钢支撑除了上述要求之外，尚应符合现行国家标准《钢结构设计规范》GB 50017的有关规定。

5. 支撑节点

支撑的设计除了应合理选择支撑材料、支撑形式之外，支撑的节点设计也是确保支撑受力可靠的关键，特别是钢支撑，其整体刚度直接取决于构件之间合理的连接构造。

(1) 双向钢支撑连接节点。钢支撑纵横两个方向设置在同一标高上，一方面对纵横两个方向支撑形成有效的侧向约束，另一方面可使得整个支撑平面形成整体平面框架，支撑刚度大且受力性能好。当支撑采用钢管支撑时，应采用定制成品的“十”或“井”字形接头进行连接；当采用型钢支撑时，在保证一个方向支撑贯通的同时，另一方向支撑在连接节点位置采用焊接或螺栓连接的方式使两个方向支撑形成整体连接。图10.8为双向钢管支撑连接节点示意图，图10.9为双向型钢支撑连接节点示意图。

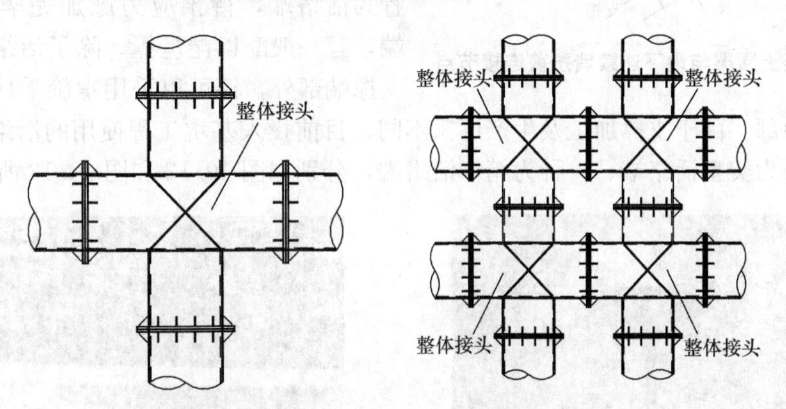

图10.8 双向钢管支撑连接节点示意图

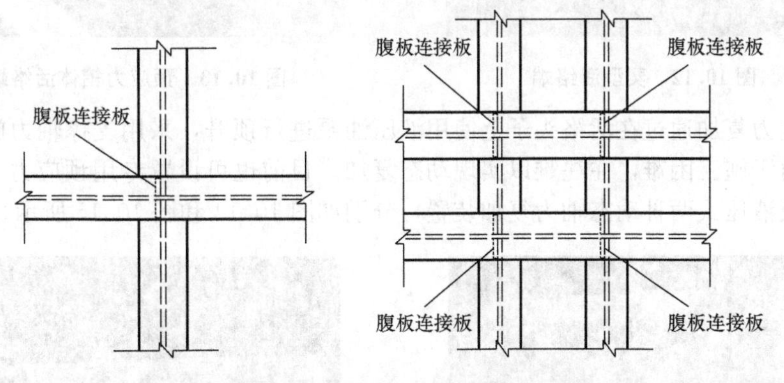

图10.9 双向型钢支撑连接节点示意图

(2) 支撑与腰梁斜交处腰梁与围护墙的抗剪连接节点。当支撑与腰梁斜交时，支撑受力时会在沿腰梁方向产生水平分力，为传递此水平分力需在腰梁与围护墙之间设置剪力传递装置。

钢腰梁与地下连续墙可通过预埋钢板并设置抗剪块进行连接；钻孔灌注围护桩则可设置嵌缝混凝土，并通过钢腰梁焊接抗剪块进行连接。具体做法如图10.10所示。

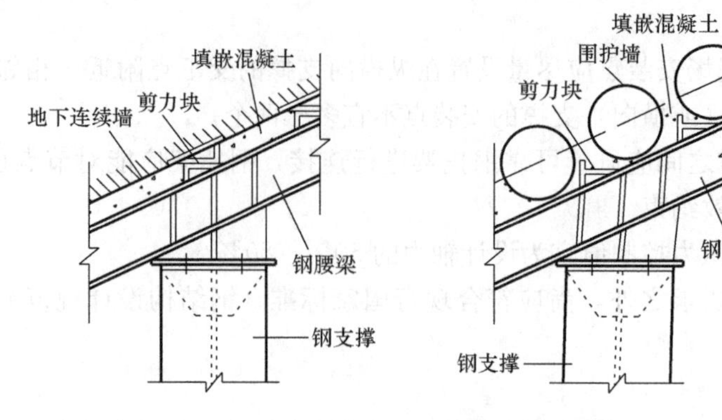

图 10.10 钢腰梁与围护墙抗剪连接节点

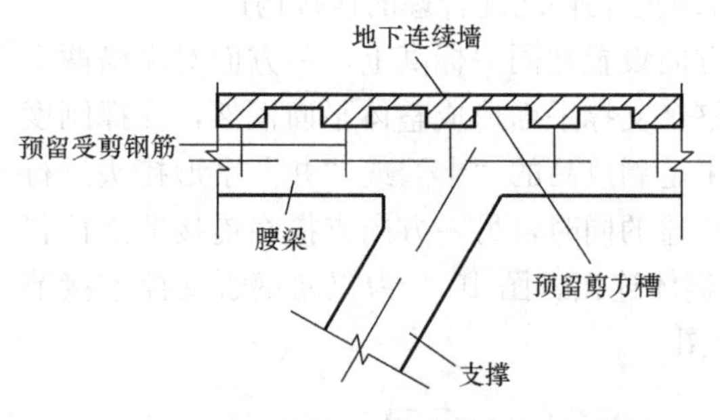

图 10.11 混凝土腰梁与地下连续墙抗剪连接节点

当混凝土腰梁与地下连续墙之间需要传递较大的剪力时，可根据计算需要在地下连续墙内设置剪力槽或者预埋抗剪钢筋等措施进行处理，如图 10.11 所示。

(3) 钢支撑端部预应力活络头构造。钢支撑的端部，考虑预应力施加的需要，一般均设置为活络端，待预应力施加完毕后固定活络端，且一般配以琵琶撑。除了活络端设置在钢支撑端部外，还可以采用螺旋千斤顶等设备设置在支撑的中部。由于支撑加工及生产厂家不同，目前投入基坑工程使用的活络端有以下两种形式，一种为契型活络端、一种为箱体活络端，分别如图 10.12 和图 10.13 所示。

图 10.12 契型活络端

图 10.13 预应力箱体活络端

通常预应力复加通过在活络头子上使用液压油泵进行顶升，采用支撑轴力施加的方式进行复加，但由于施工困难，往往难以实现动态复加。目前也可设置专用预应力复加装置，一般有螺杆式及液压式两种动态轴力复加装置，分别如图 10.14 和图 10.15 所示。

图 10.14 螺杆式预应力复加装置

图 10.15 液压式预应力复加装置

需要特别指出的是，钢支撑端部设置的预应力活络头与支撑的连接必须等强连接，而且需采取措施确保二者连接的整体性，避免成为支撑连接的薄弱环节。

6. 拆撑设计要求

(1) 支撑拆除应按照设计工况要求，在可靠换撑形成并达到设计要求之后进行，并在拆除过程中对永久结构采取保护措施。

(2) 每一道支撑拆除时，应首先切断支撑与围檩之间的连接，避免动力直接传至围护体，引起止水帷幕发生渗漏。

(3) 施工栈桥所对应的第二道支撑凿除时，应严格限制施工栈桥的施工荷载，防止产生安全事故。

(4) 钢立柱周围的支撑应人工凿除，凿除过程中应防止破坏钢立柱。

(5) 每一道支撑系统的凿除时，应限制大面积同时凿除，应分区分块进行凿除，主撑应逐根凿除，并在凿除期间加强该区域的围护体监测，如产生异常应及时通知相关各方商议对策。

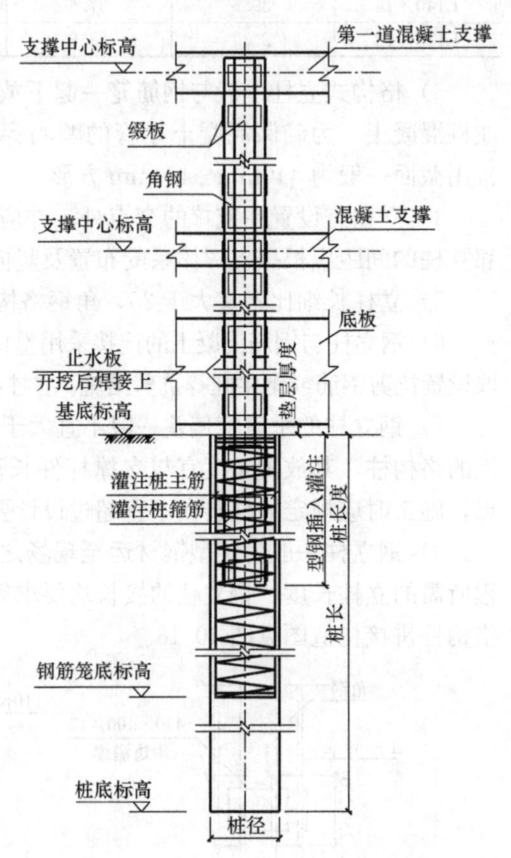

图 10.16 钢立柱与立柱桩连接示意图

10.3.2 竖向支承的设计

基坑内部架设水平支撑的工程，需设置竖向支承系统，用以承受混凝土支撑或者钢支撑杆件的自重等荷载。基坑竖向支承系统，通常采用钢立柱插入立柱桩桩基的形式。

1. 竖向支承类型

竖向支承系统是基坑实施阶段的关键构件。钢立柱形式是多样的，其需承受较大的荷载，同时断面不应过大，因此构件必须具备足够的强度和刚度。钢立柱必须具备一个具有相应承载能力的桩基础。根据支撑荷载的大小，钢立柱一般可采用格构式立柱、H型钢柱或钢管柱。角钢格构式立柱由于构造简单、便于加工且承载能力大等优点，在工程中得到了广泛的应用；立柱桩常采用灌注桩，也有少数工程曾经采用钢管桩。

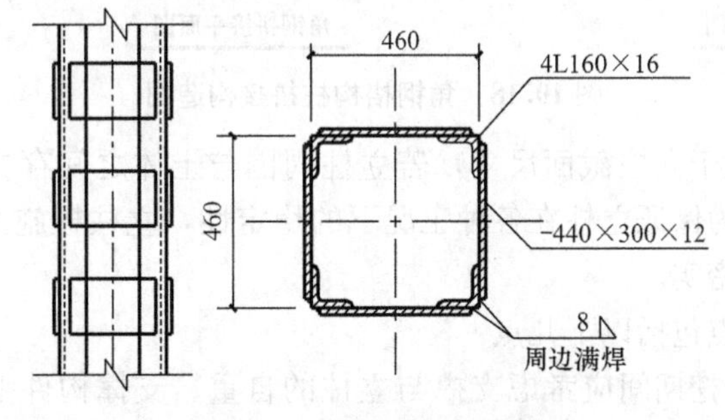

图 10.17 角钢拼接格构柱

2. 钢立柱的设计

(1) 钢立柱设计要点有以下几点：

1) 钢立柱宜采用格构式钢立柱或H型钢柱，立柱桩宜采用灌注桩。荷载不大时，可采用H型钢兼作立柱和立柱桩。

2）常用的格构柱是采用 4 根角钢拼接而成的缀板或缀条格构柱，可选的角钢规格品种丰富，工程中根据钢立柱所需承受的荷载大小，可选择采用 L125×12、L140×14、L160×16、L180×18 等规格的角钢拼接而成。表 10.4 为常用角钢的有关参数。

常用角钢的有关参数　　表 10.4

尺寸（mm）	单位称重（kg/m）	断截面（cm^2）	回转半径（cm）	惯性矩（cm^4）	截面抵抗矩（cm^3）	
LA×t	W	A	i_x	I_x	W_{xmax}	W_{xmin}
L180×18	48.6	62	5.5	1875	365	146
L160×16	38.5	49.1	4.89	1175	258	103
L140×14	29.5	37.6	4.28	689	173	68.7
L125×12	22.7	28.9	3.83	423	120	41.2

3）格构式立柱一般与钢筋笼一起下放进入桩孔，然后通过穿越立柱中部的导管浇筑灌注桩混凝土。为确保混凝土导管的顺利穿越，格构式立柱截面不宜小于 380mm×380mm，常用截面一般为 440mm～460mm 方形。

4）立柱宜设置在支撑的交点处，并应避开主体结构框架梁、柱以及剪力墙的位置。相邻立柱的间距应根据支撑体系的布置及竖向荷载确定，且不宜超过 15。

5）立柱长细比不宜大于 25，角钢格构立柱单肢之间宜采用外贴缀板或缀条焊接连接。

6）钢立柱与钢筋混凝土的连接采用整体连接，立柱与支撑节点处根据承受的荷载大小，采取设置抗剪钢筋或钢牛腿等抗剪措施。立柱在穿越主体结构底板范围内应设置可靠的止水措施。

7）钢立柱的垂直度偏差一般不宜大于 1/200，水平偏差不宜大于 20mm。对于具有方向性的格构柱，其放置角度宜与支撑杆件长度方向平行或垂直，利于支撑钢筋穿越钢立柱节点，施工时应规定立柱转向不宜超过设计要求 5°。

8）钢立柱一般为定型钢材运至现场之后再拼接而成，所采用的定型钢材有可能小于工程所需的立柱长度。钢立柱的接长均要求等强度连接，并且连接构造应易于现场实施。角钢格构柱拼接构造图见图 10.18。

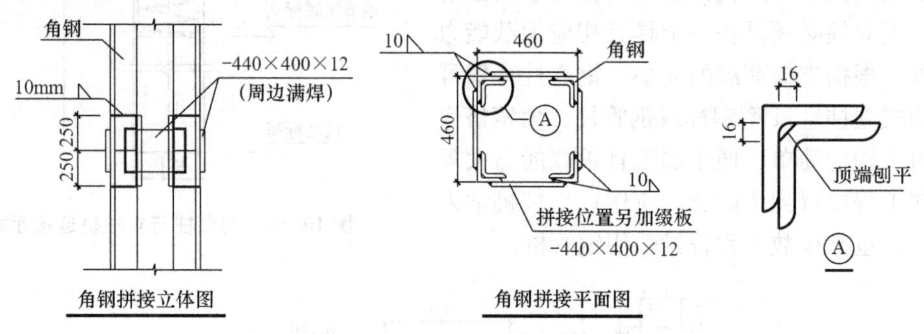

图 10.18　角钢格构柱拼接构造图

9）立柱桩的桩孔大于立柱截面尺寸，若立柱周围与土体之间存在空隙，其实际的跨度将大于设计计算跨度，为保证立柱在各种工况下的稳定性，立柱桩施工完毕后应在立柱周边空隙采用砂石均匀回填密实。

（2）钢立柱计算要点包括以下几点：

1）钢立柱在基坑开挖期间应考虑支撑与立柱的自重、支撑构件上的施工超载等竖向荷载作用。

2）钢立柱应按偏心受压构件进行承载力计算和稳定性计算，计算时应充分考虑基坑开挖与拆撑过程中的各种不利工况，偏心距应根据立柱垂直度并按双向偏心进行计算。

3）钢立柱的受压计算长度宜取竖向相邻水平支撑或水平结构的中心距，最下一跨应取最后一道支撑中心线至立柱桩顶的距离。

4）钢立柱可能发生的破坏形式有强度破坏、整体稳定性破坏和局部失稳等几种，计算时应对这三个方面进行验算。一般情况下，从钢立柱的构造方面已解决了局部失稳问题，钢立柱的竖向承载力主要由整体稳定性控制，若柱身局部位置有截面削弱时，必须进行钢立柱的强度验算。

5）钢立柱计算可按国家规范《钢结构设计规范》GB 50017 中关于轴心受力构件的有关规定进行。

6）钢立柱插入立柱桩的深部不宜小于 2m，钢管混凝土立柱同时应按照下式计算，角钢格构柱和型钢立柱在下式中无 f_cA 项

$$l \geqslant K\frac{N-f_cA}{L\sigma} \tag{10.1}$$

式中 l——插入立柱桩的长度（mm）；

K——安全系数，取 2.0～2.5；

f_c——混凝土的轴心抗压强度设计值（N/mm^2）；

A——断面面积（mm^2）；

L——钢立柱断面的周长（mm）；

σ——粘结设计强度，如无试验数据可近似取混凝土的抗拉设计强度值 f_t（N/mm^2）。

常用钢格构立柱规格及承载力参见表 10.5。

常用钢格构立柱规格及承载力选用表 **表 10.5**

角钢	截面尺寸 $B\times B$ (mm)	缀板尺寸 $a\times h\times t$ (mm)	截面积 (cm^2)	每米重量 (kg/m)	计算长度 / 钢材牌号	4m	4.5m	5m	5.5m	6m	6.5m	7m	7.5m	8m
4∟125×10	420×420	400×300×8	98	120	Q235B	1500	1450	1410	1360	1320	1280	1240	1200	1170
					Q345B	2160	2080	2010	1950	1880	1820	1760	1700	1640
4∟125×12	420×420	400×300×8	116	134	Q235B	1780	1720	1670	1610	1560	1510	1470	1420	1380
					Q345B	2550	2470	2380	2300	2220	2150	2080	2000	1940
4∟140×12	440×440	420×300×8	130	148	Q235B	2030	1960	1900	1840	1790	1730	1680	1630	1580
					Q345B	2920	2820	2730	2640	2550	2470	2390	2310	2230
4∟140×14	440×440	420×300×10	150	175	Q235B	2340	2260	2190	2130	2060	2000	1940	1880	1820
					Q345B	3360	3250	3140	3040	2940	2840	2750	2660	2570
4∟160×14	460×460	440×300×10	173	196	Q235B	2720	2640	2560	2480	2410	2340	2270	2200	2140
					Q345B	3930	3800	3670	3550	3440	3330	3220	3120	3020
4∟160×16	460×460	440×300×12	196	226	Q235B	3080	2990	2890	2810	2720	2640	2560	2480	2410
					Q345B	4440	4290	4150	4020	3890	3760	3640	3520	3410
4∟180×16	480×480	460×300×12	222	249	Q235B	3520	3410	3310	3210	3110	3020	2930	2850	2770
					Q345B	5070	4910	4750	4600	4460	4320	4180	4050	3920
4∟180×18	480×480	460×300×14	248	282	Q235B	3920	3800	3680	3570	3470	3370	3270	3170	3080
					Q345B	5660	5470	5300	5130	4960	4800	4650	4510	4360
4∟200×18	500×500	480×300×14	277	309	Q235B	4430	4290	4170	4040	3930	3810	3700	3600	3500
					Q345B	6390	6190	5990	5810	5630	5450	5280	5120	4960
4∟200×20	500×500	480×300×14	306	331	Q235B	4880	4730	4590	4450	4320	4200	4080	3960	3840
					Q345B	7000	6800	6600	6400	6200	6000	5800	5600	5420

注：1. 本表表示钢格构立柱常用规格承载力设计值（kN）。本表中钢格构立柱根据《钢结构设计规范》GB 50017，按两端简支的双向偏心受压构件计算，计算中偏心值按计算长度范围内的 1/200 偏心量采用。不符合上述计算条件时应另行计算。

2. 钢格构立柱在满足本表计算条件的前提下，若其实际长度无法与表中计算长度对应，其计算长度宜选取较高一级的计算长度，例如：钢格构立柱为 4.7m，则其轴心受压承载力宜取计算长度为 5m 条件下的承载力设计值。

3. 钢格构立柱截面积为 4 根角钢的截面积之和，每米重量为 4 根角钢和缀板的平均每米自重。钢格构立柱缀板中心距统一按 700mm 间距考虑。

3. 立柱桩的设计

通常对于立柱桩的承载力要求较高，因此在与其他构件和主体工程连接、配筋及其承载力计算上需要注意其自身的特点。

（1）立柱桩设计要点包括：

1）立柱桩应具备较高的承载能力，其承载能力应与钢立柱承载力相匹配，同时钢立柱与下部的立柱桩应具有可靠的连接，因此预制桩难以利用作为立柱桩，工程中常用灌注桩作为立柱桩。

2）立柱桩应尽量利用主体工程桩以节约工程造价，利用主体工程桩作为立柱桩时，应满足主体工程桩的承载力要求。如有必要可通过与主体设计方协商进行加强。无法利用主体工程桩则可加打立柱桩，加打立柱桩应与主体桩基保持安全施工距离。

3）在钢立柱插入立柱桩的范围内，立柱桩的钢筋笼内径应大于钢立柱的外径或对角线长度。若遇钢筋笼内径小于钢立柱外径或对角线长度的情况，可以将灌注桩顶部一定范围进行扩径处理，使钢立柱可插入立柱桩内，且使得钢立柱有空间进行垂直度调控，钢立柱与立柱桩钢筋笼之间一般不必采用焊接等任何方式进行直接连接。图 10.19 为钢立柱锚入立柱桩构造图[6]。

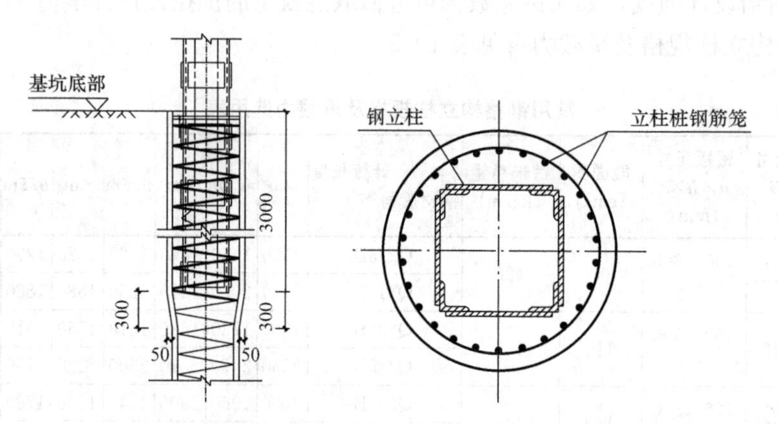

图 10.19 钢立柱锚入钻孔灌注立柱桩构造图

4）基坑开挖阶段立柱桩呈现一柱一桩的受力状态，其沉降将直接引发支撑结构的次应力。因此立柱桩桩端应选择压缩性小土层作为桩端持力层，必要时应进行桩端注浆处理。

（2）立柱桩计算要点。立柱桩的设计计算方法与主体结构工程桩相同，可按照国家标准《建筑桩基技术规范》JGJ 94 或工程所在地区的地方标准进行。立柱桩以桩与土的侧壁摩阻力和端阻力来承受上部荷载，在基坑施工阶段承受钢立柱传递下来的支撑结构自重荷载与施工荷载。

4. 立柱节点

构件连接部位通常来说是结构上比较薄弱的地方，对于立柱与其他构件连接的节点部位，要充分考虑到节点上的连接强度及对整体强度的影响。

（1）角钢格构柱与支撑的抗剪连接。角钢格构柱与钢筋混凝土临时支撑的连接节点，基坑施工期间主要承受荷载引起的剪力，设计时一般根据剪力的大小计算确定后在节点位置钢立柱上设置足够数量的抗剪钢筋或抗剪栓钉。图 10.20 为设置抗剪钢筋与结构梁板连接的节点示意图。图 10.21 为钢立柱设置抗剪栓钉与结构梁板连接节点的示意图与实景图。

抗剪栓钉和抗剪钢筋均需要在钢立柱设置完毕、土方开挖过程中现场安装，钢筋与钢立柱之间的焊接工作量相对较大，并且对于较小直径（$<\phi16$mm）的栓钉，可采用焊枪打设、一次安装，机械化程度相对更高，施工质量也比较容易得到保证。

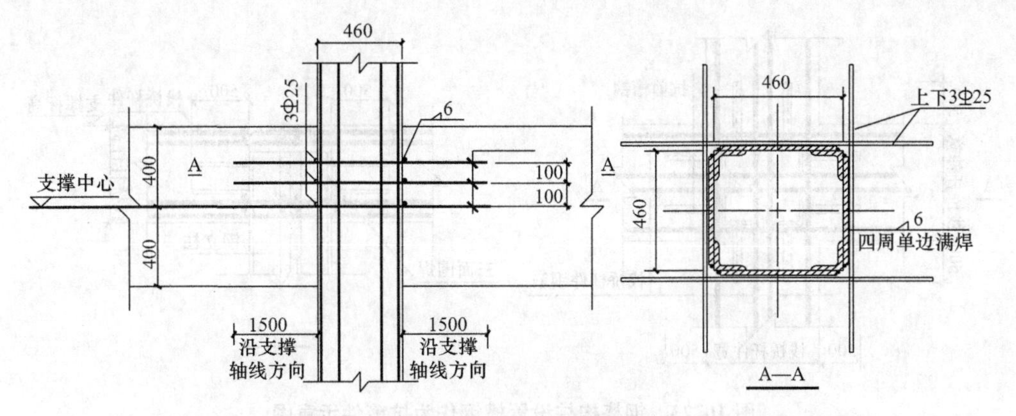

图 10.20　钢立柱设置抗剪钢筋与临时钢筋混凝土支撑的连接节点

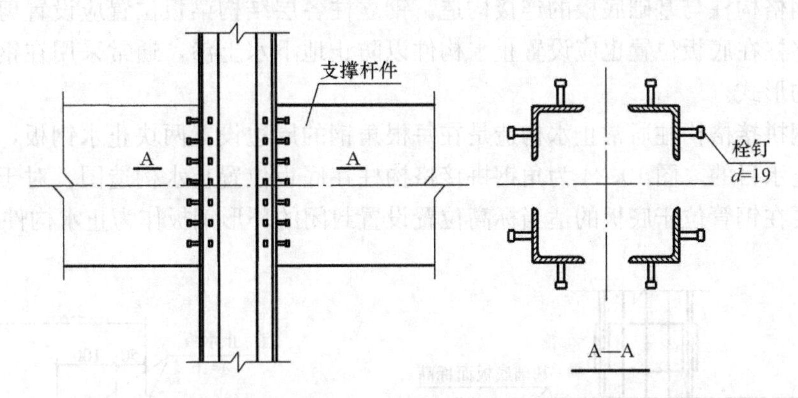

图 10.21　钢立柱设置抗剪栓钉与钢筋混凝土支撑连接节点的示意图

（2）角钢格构柱与施工栈桥杆件的抗剪连接。当钢立柱需支承施工栈桥杆件时，由于施工车辆等重型车辆荷载直接作用在施工栈桥之上，需要在栈桥杆件下的钢立柱上设置钢牛腿或者在梁内钢牛腿上焊接抗剪能力较强的槽钢等构件。图 10.22 为钢格构柱设置钢牛腿作为抗剪件时的示意图和实景图。图 10.23 为钢格构柱设置槽钢作为抗剪件时的示意图。

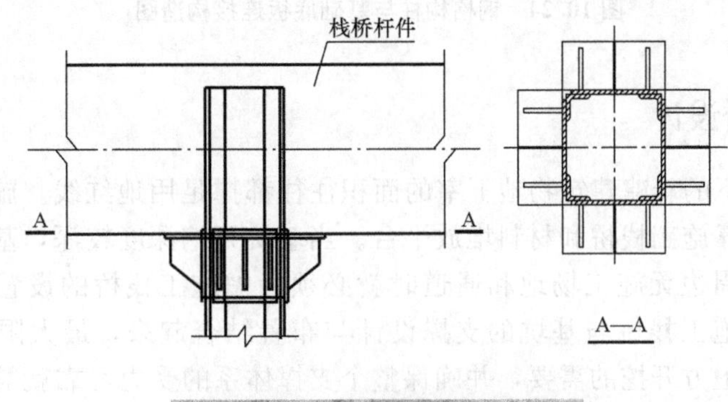

图 10.22　钢格构柱设置钢牛腿作为抗剪件的示意图与实景图

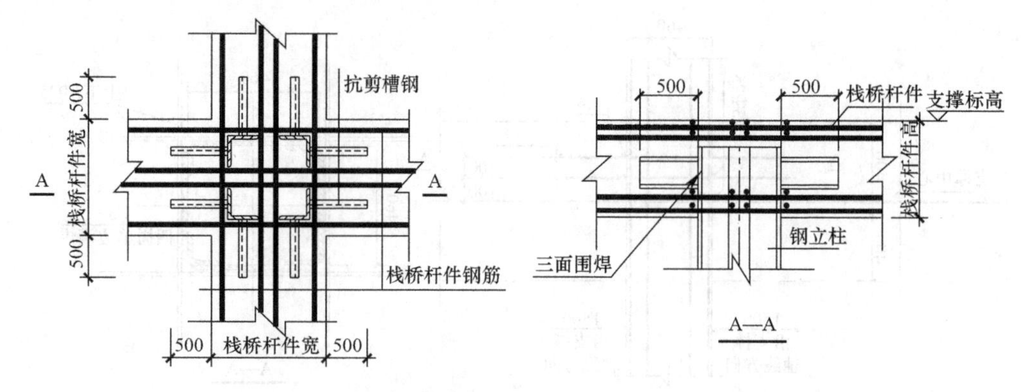

图 10.23　钢格构柱设置槽钢作为抗剪件示意图

(3) 角钢格构柱与基础底板的连接构造。钢立柱各层结构梁板位置应设置剪力与弯矩传递构件。钢立柱在底板位置也应设置止水构件以防止地下水上渗，通常采用在钢构件周边加焊止水钢板的形式。

对于角钢拼接格构柱通常止水构造是在每根角钢的周边设置两块止水钢板，通过延长渗水途径起到止水目的。图 10.24 为角钢拼接格构柱在底板位置止水构造图。对于钢管混凝土立柱，则需要在钢管位于底板的适当标高位置设置封闭的环形钢板作为止水构件。

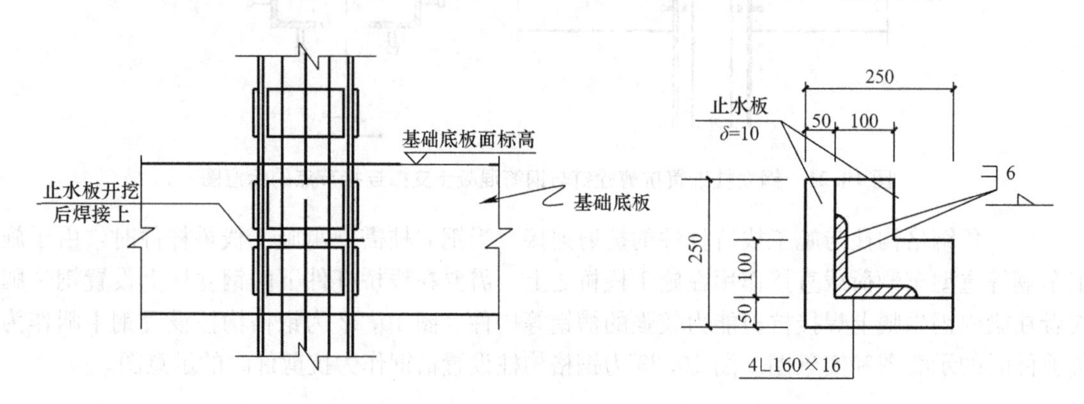

图 10.24　钢格构柱与基础底板连接构造图

10.3.3　栈桥设计

城区狭窄环境下的新建建筑物地下室的面积往往都撑足用地红线。施工通道、材料堆场等越来越多的依靠施工栈桥和材料堆放平台。当基坑开挖深度较深，基坑竖向需设置不少于二道支撑，且周边无施工场地和通道时就必须考虑施工栈桥的设置。在这样的情况下，如何合理地将施工栈桥与基坑的支撑设计与布置结合起来，最大限度地节省工程造价，同时满足基坑土方开挖的需要，并确保整个支撑体系的受力可靠就需要在支撑设计时进行全面考虑。

1. 支撑形式与栈桥的选型

栈桥的分类有多种，从使用材料分，有钢栈桥和钢筋混凝土栈桥；从竖向设置上分，有水平栈桥和斜向栈桥；从平面布置上分有单点式、“一”字贯通或“十”字、“T”字或“U”形贯通等，根据基坑的平面形状、挖土的需要和基坑入口的设置而灵活布置，也可多种形式结合使用。常见的栈桥宽度一般 8m～12m 左右。施工栈桥用材料上可以采用钢栈桥，也可采用钢筋混凝土栈桥，两种栈桥形式各有利弊，在不同的条件之下均有大量工程实践。图 10.25 和图 10.26 分别为钢栈桥和钢筋混凝土栈桥的实景。

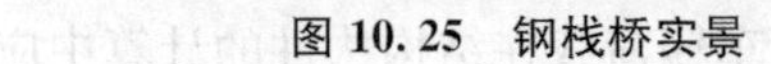

图 10.25 钢栈桥实景

图 10.26 钢筋混凝土栈桥实景

2. 栈桥的设计

栈桥在某种程度上是一种多跨式的桥台设计，主要承受竖向荷载（以活荷载和动力荷载为主）和一定的水平荷载。如果栈桥与支撑体系统一设置，栈桥梁同时也是主要的支撑杆件，这时整个体系的受力是水平和竖向的联合受力状态，栈桥设计一般可分为如下几项内容：

（1）确定整个体系的受力模式。在钢筋混凝土栈桥和钢栈桥中，与一般竖向承重的梁板、立柱结构体系类似，栈桥的受力是通过设置面板、主梁和次梁将集中或分散的荷载传至钢立柱和立柱桩上。

栈桥梁的设置是栈桥设计中极为重要的一部分，通过合理的与支撑杆件结合，不仅可以在杆件的设置、立柱的设置上相互借用，更可以提高支撑刚度，增强支撑体系的稳定性。

（2）栈桥的竖向布置。栈桥的竖向设置主要确定是水平布置还是斜向延伸入坑内。斜向栈桥一般出现在超大型基坑中，通过斜向栈桥的设置，可实现挖土和运土机械下坑施工，大幅度提高挖土和出土效率。斜向栈桥一般应用在大直径环形支撑体系中，斜坡的坡度应控制在1∶7～1∶10，以确保行车安全。

图 10.27 斜向栈桥实景

水平栈桥即利用第一道钢筋混凝土支撑通过加强作为施工栈桥，或者当第一道支撑为钢支撑时，可以在第一道钢支撑标高之上另外设置钢平台作为施工栈桥，此类栈桥一般在非圆形支撑体系的基坑工程中应用，而且随着挖土和吊装机械的不断发展，目前水平栈桥在实际工程中应用十分广泛。

（3）栈桥的平面布置。栈桥的平面布置主要是满足各工种的实际需要及通行畅通。可根据施工需要和支撑体系灵活设计，可以完全与支撑体系融合；也可局部共用，加以延展，如设置停车平台等；当支撑间距较大时，也可单边利用支撑杆件和立柱，另一边单独设置栈桥梁及立柱。由于栈桥费用较高，在实际工程中，需综合考虑支撑体系稳定和施工便捷以及造价等因素，经多种方案比较后确定。

在钢栈桥的设计中，如果支撑采用钢管，栈桥标高应设置在支撑面以上，保证栈桥梁与支撑相互独立，互不影响，立柱可以共用。而混凝土支撑或型钢支撑，由于支撑杆件和栈桥梁可以共用，栈桥可与首道支撑设置在一个平面标高上。

（4）栈桥荷载的确定。栈桥荷载的确定是整个栈桥设计和确定使用的基础。栈桥荷载分为两部分，一部分是栈桥结构体系自身的重量（包括面板或路基箱、栈桥梁、有关的支撑杆件、钢格构柱等），这部分一旦设计确定就是明确的，设计时应按恒载考虑。

另一部分是使用荷载，包括栈桥上的堆载和车辆荷载。车辆荷载在结构构件的计算中应按《建筑结构荷载规范》GB 50009—2001 规定考虑动力系数。堆载一般为基坑施工期间钢筋、模板等施工材料，按活荷载进行处理。

（5）栈桥梁的设计。当栈桥梁是与支撑构件相结合时，其受力状况比较复杂。在竖向受力上主要为受弯；在水平受力上则主要为轴向受压。这两个方向的荷载都是比较大的。从目前的设计计算水平看，在两个方向上还主要是独立进行内力计算，再综合进行构件的设计和配筋。

竖向受力时，栈桥梁应根据荷载的传递方向、次序，在两个方向上分别按连续梁或简支梁（宽度方向上为单跨时）进行分析计算。在实际工程中，往往将栈桥面板（包括路基箱）对荷载分配的有利作用在某种程度上作为安全储备，而直接考虑栈桥梁承受桥面传来的车辆动荷载和其他上部荷载。

对于直接承受车辆荷载的梁构件，除考虑结构构件和上部面板的自重外，必须根据车辆的使用状况考虑实际可能发生的荷载组合，按照最不利的组合进行栈桥梁的设计。

在钢栈桥中，两方向的梁一般采用叠放、固结的形式，下面的梁主要承受上部梁传来的集中荷载。通过水平和竖向双向的受力分析、计算，确定合理混凝土栈桥梁的断面及配筋（或钢梁的选材），必要时尚需调整立柱间距。

（6）栈桥立柱的设计。栈桥立柱的设计首先是根据栈桥上的荷载状况结合栈桥梁的受力计算和分析确定合理的立柱间距，并根据主体结构梁柱桩的平面布置进一步调整确定。过大的立柱间距会导致栈桥梁高度增加、配筋率过高；过小的间距立柱成本高，而且后期的挖土会非常困难，根据大量工程的反复计算、比较和实际使用情况，在一般最大车辆荷载 35t～45t 时，立柱柱距一般可取 6m～8m。

立柱的计算包括立柱桩的计算和格构柱的计算：

1）立柱桩的计算。栈桥立柱桩因考虑到格构柱的插入，一般选用直径不小于 800mm 的灌注桩，除进行桩的承载力验算外，由于栈桥梁与支撑构件结合，在大型工程或周期相对较长的工程中，还应对立柱桩的变形进行验算，避免过大的拖带沉降对整个支撑体系受力的不利影响。

2）格构柱的计算。格构柱的验算内容较多，在实际计算分析必须考虑到立柱并不是单纯的受压，应按偏压构件对其承载力、稳定、嵌固深度等多项进行演算。

3. 其他

在实际工程中，除进行必要的设计计算外，对于立柱、栈桥梁和面板连接处节点的处理、必要的连系杆件的设置等对确保整个栈桥体系的稳定和安全是非常重要的。在某工程中的钢栈桥施工中，就曾出现由于施工单位盲目施工，节点处理不当，使本应为连续梁的栈桥梁在一端悬空，为确保栈桥使用安全，在此区域栈桥构件全部重新铺设、焊接。

10.4 内支撑系统的施工与检测

10.4.1 水平支撑的施工与检测

无论何种支撑、其总体施工原则都是相同的，支撑的施工、土方开挖的顺序、方法必须与设计工况一致，并遵循“先撑后挖、限时支撑、分层开挖、严禁超挖”的原则进行施工，尽量减小基坑无支撑暴露时间和空间。同时应根据基坑工程等级、支撑形式、场内条件等因素，确定基坑开挖的分区及其顺序。宜先开挖周边环境要求较低的一侧土方，并及时设置支撑。环境要求较高一侧的土方开挖，宜采用抽条对称开挖、限时完成支撑或垫层的方式。

基坑开挖应按支护结构设计，降排水要求等确定开挖方案，开挖过程中应分段、分层、随挖随撑、按规定时限完成支撑的施工，做好基坑排水，减少基坑暴露时间。基坑开挖过程中，应采取措施防止碰撞支护结构、工程桩或扰动原状土。支撑的拆除过程时，必须遵循“先换撑、后拆除”的原则进行施工。

1. 钢筋混凝土的施工与检测

(1) 钢筋混凝土支撑的施工有多项分部工程组成，根据施工的先后顺序，一般可分为施工测量、钢筋工程、模板工程以及混凝土工程。

(2) 压顶圈梁施工前应清除围护墙体顶部泛浆。围檩施工前应凿出围檩处围护墙体表面泥浆、混凝土松软层、凸出墙面的混凝土。

(3) 支撑底模应具有一定的强度、刚度和稳定性，采用混凝土垫层作底模时，应有隔离措施，基坑开挖支撑下层土方时应及时清除。

(4) 围檩与支撑宜整体浇筑，超长支撑杆件宜分段浇筑。

(5) 支撑拆除应在可靠换撑形成并达到设计强度后进行；钢筋混凝土支撑拆除可采用人工拆除、机械拆除、爆破拆除、切割拆除；支撑拆除时应设置安全可靠的防护措施，并应对永久结构采取保护措施。

(6) 钢筋混凝土支撑爆破拆除应符合下列要求：

1) 宜根据支撑结构特点制定爆破拆除顺序；

2) 爆破孔宜在钢筋混凝土支撑施工时预留；

3) 支撑杆件与围檩连接的区域应先切断。

(7) 支撑施工质量检测应符合下列要求：

1) 钢筋混凝土支撑截面尺寸允许偏差为＋20mm，－10mm；

2) 支撑标高允许偏差为 20mm；

3) 支撑轴线平面位置允许偏差为 30mm。

2. 钢支撑的施工与检测

(1) 钢支撑的施工根据流程安排一般可分为测量定位、起吊、安装、施加预应力以及拆撑等施工步。

(2) 钢支撑的安装前宜在地面进行预拼装。

(3) 钢围檩与围护墙之间的空隙应采用混凝土或砂浆填充密实。

(4) 采用无围檩的钢支撑系统时，钢支撑与围护墙的连接应可靠牢固。

(5) 钢支撑预应力施加应符合下列要求：

1) 支撑安装完毕后，应及时检查各节点连接状况，符合要求后方可施加预应力；

2) 预应力应均匀、对称、分级施加；

3) 预应力施加过程中应检查支撑连接节点，必要时应对支撑节点进行加固。预应力施加完毕后应在额定压力稳定后予以锁定；

4）主撑端部的八字撑应在主撑预应力施加完毕后安装；

5）钢支撑使用过程应进行支撑轴力监测，必要时应复加轴力；

6）按照设计的施工流程拆除基坑内的钢支撑，支撑拆除前，先解除预应力。

10.4.2 竖向支承的施工与检测

竖向支撑的施工与检测的要求与水平支撑大致相同，需要格外考虑的是竖向支撑的垂直度与转向的偏差要满足要求。

1. 竖向支承的施工

（1）立柱的加工、运输、堆放应采取控制平直度的技术措施；

（2）立柱宜采用专用装置控制定位、垂直度与转向的偏差；

（3）施工时，应先安装立柱就位，再浇筑立柱桩混凝土；

（4）立柱周边的桩孔应均匀回填密实。

2. 竖向支承的检测

（1）立柱桩成孔垂直度不应大于1/150，检测数量不宜少于桩数50%；

（2）沉渣厚度不应大于100mm；

（3）立柱和立柱桩定位偏差不应大于20mm；

（4）格构柱、H型钢柱转向不宜大于5°；

（5）立柱垂直度不应大于1/200；

（6）每根立柱桩的抗压强度试块数量不少于1组。

10.5 常见工程问题及对策

10.5.1 钢立柱与支撑距离过大的连接处理

钢立柱施工时定位发生偏差，或者立柱平面布置时为避让主体竖向结构，导致钢立柱平面上部分或者完全偏离出支撑截面范围之外时，因此在设计阶段要考虑到这一特殊情况。

设计时可通过将支撑截面局部位置适当扩大来包住钢立柱，典型做法如图10.28所示。扩大部分的支撑截面配筋应结合立柱偏离支撑的尺寸、该位置支撑的自重及施工超载等情况通过计算确定。

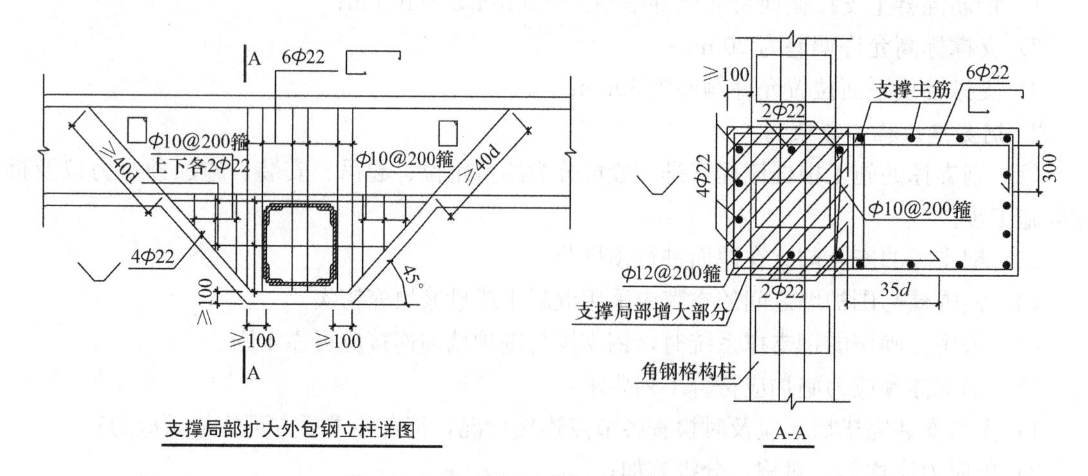

图10.28 偏差钢立柱与支撑连接示意图

10.5.2　钢立柱垂直度施工偏差过大的处理

钢立柱在实际施工过程中由于柱中心的定位误差、柱身倾斜、基坑开挖或浇筑桩身混凝土时产生位移等原因，会产生钢立柱中心偏离设计位置或竖向垂直度偏差过大的情况，过大偏心将造成立柱承载能力的下降，因此在设计阶段要考虑到这一特殊情况。

基坑开挖土方期间，钢立柱暴露出来以后，应及时复核钢立柱的水平偏差和竖向垂直度，应根据实际的偏差测量数据对钢立柱的承载力进一步校核。若施工偏差过大以致钢立柱不能满足承载力要求，应采取限制荷载、设置柱间支撑等措施确保钢立柱承载力和稳定性满足要求。

(1) 限制荷载：对于栈桥区域的施工偏差过大的钢立柱应限制其对应区域的栈桥施工荷载。

(2) 设置柱间支撑：对于施工偏差过大的钢立柱可采取设置柱间支撑的方式进行加固，工程中常用槽钢或角钢作为柱间支撑。常见的柱间支撑如图 10.29 和图 10.30 所示。

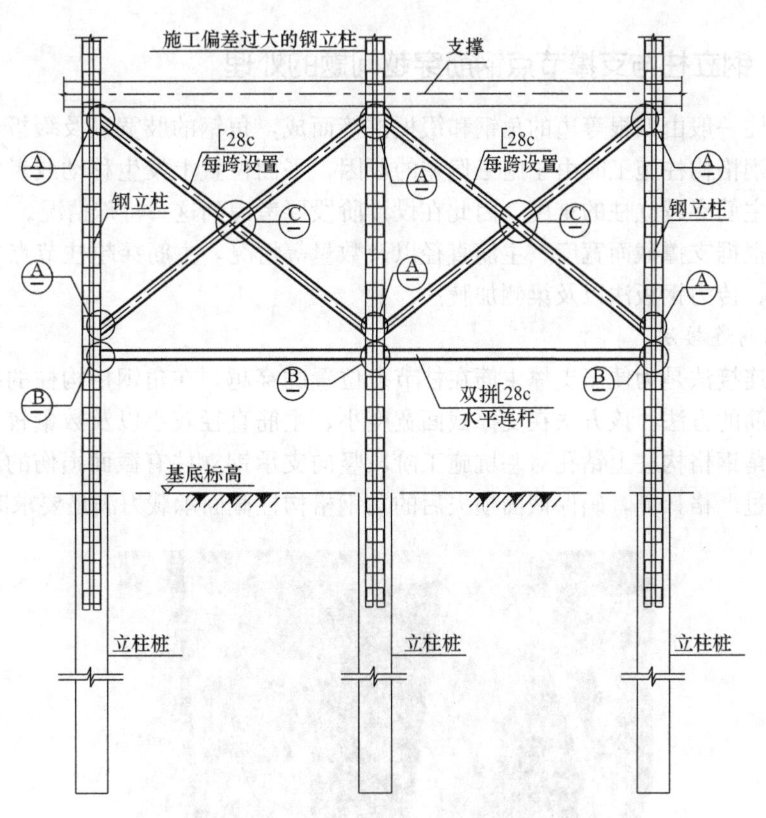

图 10.29　常见柱间支撑设置示意图

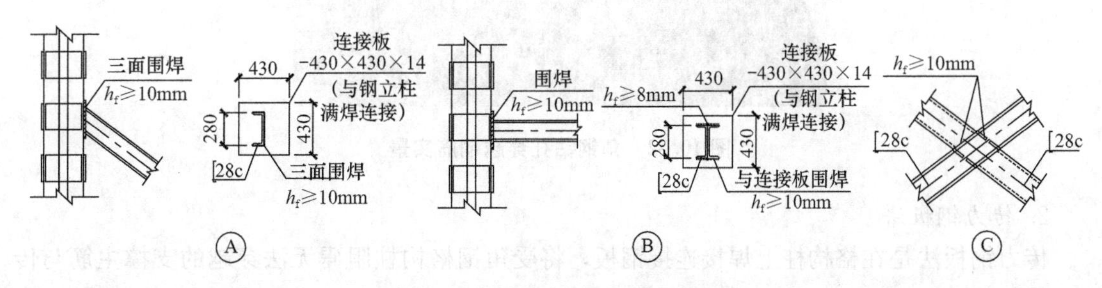

图 10.30　常见柱间支撑构造详图

图 10.31　钢立柱柱间支撑实景

10.5.3　钢立柱与支撑节点钢筋穿越问题的处理

角钢格构柱一般由四根等边的角钢和缀板拼接而成，角钢的肢宽以及缀板会阻碍支撑主筋的穿越，角钢格构柱施工时由于施工偏差的原因，平面位置上发生移动或者角度发生偏转时更加大支撑主筋穿越立柱的难度，因此在设计阶段要考虑到这一特殊情况。

设计时，根据支撑截面宽度、主筋直径以及数量等情况，主筋穿越柱节点位置一般有钻孔钢筋连接法、传力钢板法以及梁侧加腋法。

1. 钻孔钢筋连接法

钻孔钢筋连接法是为便于支撑主筋在柱节点位置的穿越，在角钢格构柱的缀板或角钢上钻孔穿支撑钢筋的方法。该方法在支撑截面宽度小、主筋直径较小以及数量较少的情况下适用，但由于在角钢格构柱上钻孔对基坑施工阶段竖向支承钢立柱有截面损伤的不利影响，因此该方法应通过严格计算，确保截面损失后的角钢格构柱截面承载力满足要求时方可使用。

图 10.32　角钢钻孔穿越钢筋实景

2. 传力钢板法

传力钢板法是在格构柱上焊接连接钢板，将受角钢格构柱阻碍无法穿越的支撑主筋与传力钢板焊接连接的方法。该方法的特点是无需在角钢格构柱上钻孔，可保证角钢格构柱截面的完整性，但在施工第二道及以下水平支撑时，需要在已经处于受力状态的角钢上进行大量的焊接作业，因此施工时应对高温下钢结构的承载力降低因素给予充分考虑。

3. 梁侧加腋法

梁侧加腋法是通过在支撑侧面加腋的方式扩大支撑与立柱节点位置支撑的宽度，使得支撑的主筋得以从角钢格构柱侧面绕行贯通的方法。该方法回避了以上两种方法的不足之处，但由于需要在支撑侧面加腋，加腋位置的箍筋尺寸需根据加腋尺寸进行调整，且节点位置绕行的钢筋需在施工现场根据实际情况进行定型加工，一定程度上增加了现场施工的难度。图10.33为梁柱节点典型的加腋做法。

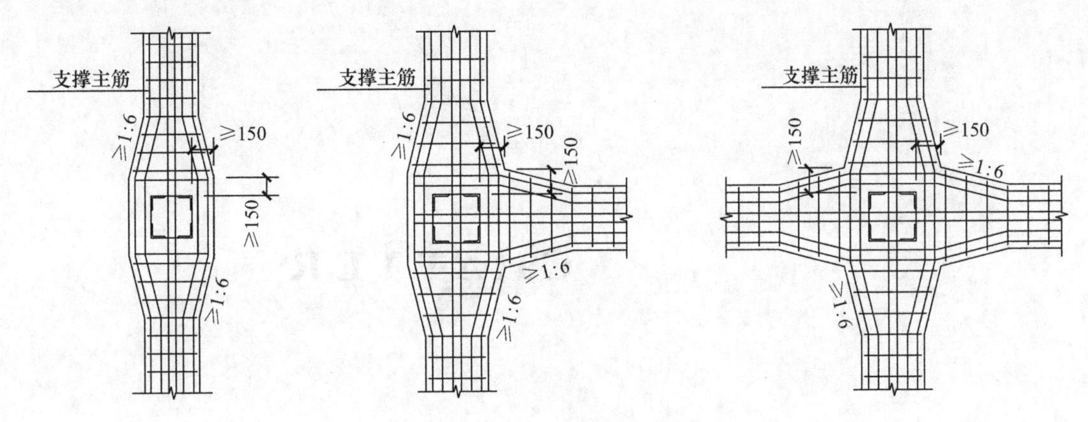

图 10.33 支撑加腋节点构造图

参考文献

[1] 上海市工程建设规范．基坑工程技术规范（DBJ 08—61—2010）．

[2] 刘国彬，王卫东．基坑工程手册（第二版）．北京：中国建筑工业出版社，2009.

[3] 王卫东，王建华．深基坑支护结构与主体结构相结合设计、分析与实例．北京：中国建筑工业出版社，2007.

[4] 建筑基坑支护技术规程 JGJ 120—99［S］．

[5] 建筑基坑工程技术规范 YB 9258—97［S］．

[6] 岩土工程技术规范 DB 29—20—2000［S］．

[7] 建筑基坑支护结构构造 11SG814［S］．

CHAPTER 11

第 11 章　预应力锚索

11.1 概述

预应力锚索是一种通过高强度钢绞线和锚固将荷载传递到深部稳定岩土层的构件，在基坑支护工程中通常与排桩、地下连续墙、土钉墙等支护结构联合使用，如图11.1所示。它是众多预应力锚固形式中的一种，在实际工程中得到广泛应用，具有较好的经济技术指标。预应力锚索在支护结构中不仅能够提供反力保持结构的稳定，而且可根据变形限制的要求，通过施加预加力限制支护结构的变形。

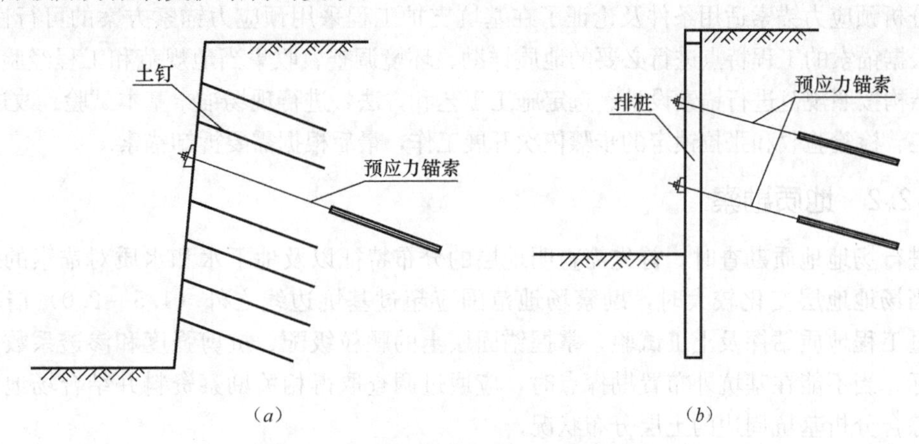

图11.1 预应力锚索在基坑中应用的形式

(a) 土钉墙锚索组合支护；(b) 桩锚支护

图11.2为锚索的基本构造简图，预应力锚索一般由锚固段、自由段、拉杆（钢绞线）、锚头和锚头的传力装置等部分组成。其布置形式、结构设计及预应力值大小需根据设计荷载、使用要求、地质条件、支护结构布置形式并结合地区锚索工程经验综合分析确定。设计中要做到各部件的强度和承载能力应协调一致，受力后的变形量能满足结构变形控制要求。在基坑支护工程中，预应力锚索按临时结构设计，设计使用年限与支护结构相同。

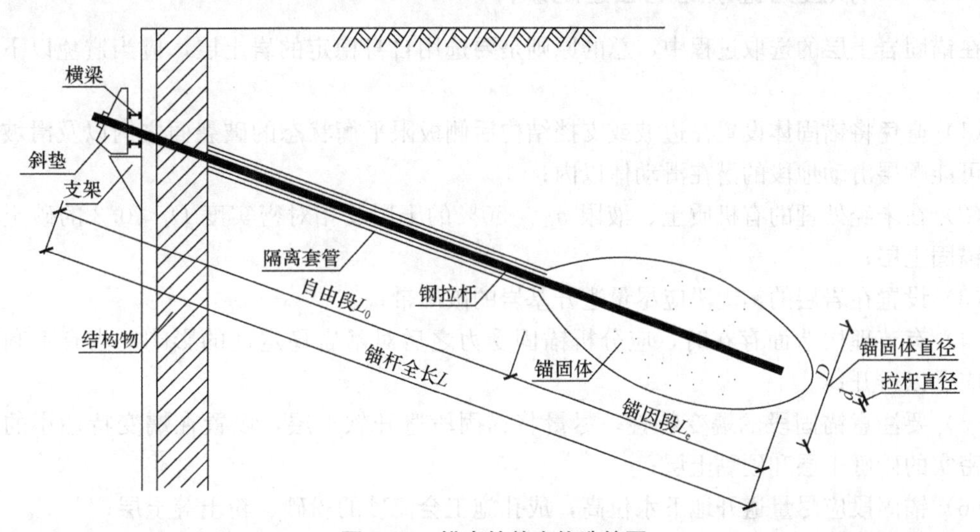

图11.2 锚索的基本构造简图

预应力锚索的设计荷载由支护结构荷载基本组合效应值及受力计算分析确定。锚索的极限抗拔力可通过现场拉拔试验确定，在方案设计和初步设计阶段，可取锚固体与岩土层的粘结强度标准值，按本章11.5节规定的方法计算确定。

锚索的施工工艺和方法对锚索抗拔力有重要影响，应根据地层条件按照因地制宜、对环境影响小、施工简便、施工质量可靠的原则选取施工机具、施工工艺和方法。

在确定锚固方案之前，应查阅当地的法律法规，分析对后续工程的影响，明确基坑支护锚索使用后永久弃留在周边地下的合法性和可行性。当法律法规不许可，或者对后续工程有重大影响时，应采用可回收或可拆除式锚索。

11.2 一般规定

11.2.1 工作程序

在分析预应力锚索适用条件及论证了在基坑支护工程采用预应力锚索方案的可行性之后，首先应根据锚索的工程特点进行必要的地质详勘、环境调查、收集当地规范和工程经验，再结合支护结构按照规范进行锚索设计、选定施工工艺和方法、进行现场锚索基本试验、改进设计、现场施工、检验验收和张拉锁定的步骤依次开展工作，最后根据需要拆卸锚索。

11.2.2 地质勘察

在进行场地地质勘查时，首先需查明地层的分布特征以及地下水和水质对锚索的侵蚀性影响。当场地地层变化较大时，勘察场地范围应超过基坑边线之外（1.5～2.0）倍基坑深度。通过工程地质钻探及土工试验，掌握锚固层土的颗粒级配、抗剪强度和渗透系数等物理力学指标。当不能在基坑外布置勘探点时，应通过调查取得相关勘察资料并结合场地内的勘察资料综合分析基坑周边的土层分布状况。

11.2.3 环境调查

对场地周边环境的调查包括附近建筑物（基础类型、埋置深度）、邻近的地下结构及保护要求、管线分布（上下水和煤气管道、动力和通讯电缆的埋深，管线材料和接头形式等）、地面上道路、交通、气象等。此外，还需查明当地关于地下环境保护的条例和法律法规，分析锚索对周边后续工程的影响问题。

11.2.4 预应力锚索的地层适用条件

在锚固岩土层的选取过程中，总的原则是要选用自身稳定的岩土层，应当避免以下几种情况：

(1) 避免将锚固体设置在边坡或支挡结构后侧极限平衡状态的破裂面之内以及滑坡地段和有可能顺层滑动地段的潜在滑动体以内；

(2) 在未经处理的有机质土、液限 $w_L>50\%$ 的土层及相对密实度 $D_r<0.3$ 的砂土层不宜做锚固土层；

(3) 设置在岩层的锚固段应尽量避开基岩的破碎带；

(4) 有节理构造面存在时，应分析锚固受力之后对基岩稳定性的影响，当有不利影响时，应予以避开；

(5) 要注意锚固段的蠕变特性，尽量将锚固段避开软土层，设置在蠕变特性小的基岩层、密实的砂砾土层和硬黏土层；

(6) 锚固段应尽量避开地下水位高，成孔施工会流砂的粉砂、粉土等土层；

(7) 锚固段应避开地下水流速较大，注浆体不能固结的填石或卵石地层。

11.2.5 预应力锚固的环境适用条件

锚索要求基坑周边具备一定的无障碍地下空间条件，当需要通过其他建筑物地基、桩基础、重要管线和地铁等地下建构筑物时，应分析施工和锚固受力对其影响以确定适用性。当锚索侵入周边地下环境为地方法律法规所不允许时，或锚索会影响周边场地后续工程时，应采用可回收式或可拆除式锚索。

11.2.6　锚杆基本承载力试验

在无锚固工程经验的地区或地层，或者安全等级为一级的深基坑，应通过现场试验确定锚索的极限抗拔力和锚固体与土层的粘结强度，现场试验的锚索根数不得少于 3 根；在有地区锚固工程经验，且安全等级二级和低于二级的基坑工程，预应力锚索可参照本指南和地区经验进行设计，施工后应通过锚索拉拔试验检验。

锚索抗拔力特征值与锚索极限抗拔力标准值的关系为：

$$R_a = \frac{1}{2} R_k \tag{11.1}$$

式中　R_k——锚索极限抗拔力标准值；

R_a——预应力锚索抗拔力特征值。

11.2.7　预应力锚索的类型

基坑工程常用的预应力锚索类型及其适用范围有：(1) 一次注浆锚索，用于岩层或荷载较小的锚固；(2) 二次压力注浆锚索，适用于设计荷载较大的土层锚固，通过二次注浆可提高锚固效率；(3) 扩大头锚索，是一种压力型锚索，以无粘结钢绞线作为拉杆，锚固段通过机械或高压喷射注浆扩孔，可提高锚固效率，适用于锚固空间受限制的场地；(4) 可回收式锚索，是一种压力型锚索，以无粘结钢绞线作为拉杆，使用后通过某种装置回收钢绞线，避免影响周边场地的地下空间后续开发。常用锚索结构形式见图 11.3。

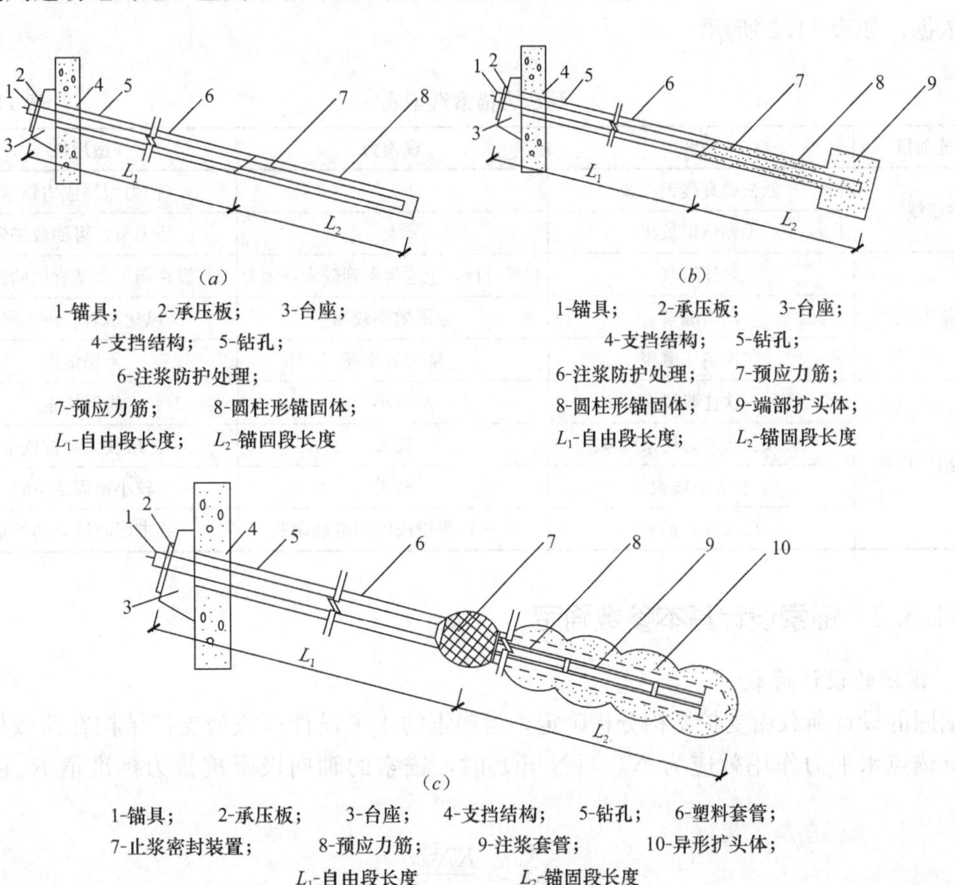

图 11.3　锚索结构形式简图

(a) 圆柱形锚杆体锚杆；(b) 端部扩大头型锚杆；(c) 分段扩大头型锚杆

11.2.8 预应力锚索应用的基本规定

首先，在预应力锚索材料方面，应采用高强度的低松弛性能的钢绞线作为拉杆。其次，在施工工艺方面，在易塌孔的松散或稍密的砂土、碎石土、粉土层，高液性指数的饱和黏性土层，高水压力的各类土层中钻孔施工时，应采用套管跟进钻孔工艺；在完整的岩层、低液性指数的黏性土、不易塌孔的高密实度砂土或粉土层中可采用非套管跟进成孔工艺；锚固段设置在土层的预应力锚索宜采用二次压力注浆工艺，设置岩层的锚索可采用一次常压注浆工艺。再者，在适用范围上，锚索锚固段不宜设置在淤泥、淤泥质土、泥炭、泥炭质土及松散填土层内；在复杂地质条件下，应通过现场试验确定其适用性。

11.2.9 预应力锚索在基坑中的布置形式

基坑工程的预应力锚固一般与其他基坑支护结构形式联合使用，如图 11.1 所示，主要是桩（墙）锚结构及与土钉墙联合使用两类。

11.3 预应力锚索的设计

11.3.1 预应力锚索的选型

支护结构要求、设计荷载、锚固岩土层条件和环境条件等因素是决定预应力锚索选型的重要依据，如表 11.1 所示。

预应力锚索选型表　　**表 11.1**

比选项目	内容	锚固力	适用性
钢绞线	低松弛高强钢绞线	大	拉力型预应力锚索
	无粘结钢绞线	大	压力型、可回收锚索
注浆方式	常压灌浆	岩层可行，土层得不到较大锚固力	设在弱风化基岩层的锚索
	压力灌浆	锚固效率较高	风化基岩、硬土层
	二次高压灌浆	锚固效率高	土层锚固
锚索结构形式	一次注浆锚索	较小	岩层锚索
	分段二次压力注浆锚索	较大	土层较大吨位锚索
	扩大头锚索	较大	较小锚固端空间
	可回收式锚索	中等，受钢绞线根数的限制	要求回收锚索的场地

11.3.2 锚索设计基本参数确定

1. 锚固的设计荷载

锚固的设计荷载由支护结构分析确定，当锚索的水平设计荷载为支挡结构在荷载标准组合下支锚点水平力作用效应为 N_{ik}（kN/m）时，锚索的轴向极限抗拔力标准值 R_{ik} 由下式确定：

$$R_{ik} \geqslant \frac{KN_{ik}b}{\cos\alpha} \tag{11.2}$$

式中 N_{ik}——按荷载标准组合计算的第 i 支锚点单位宽度水平力作用效应（kN/m）；

R_{ik}——第 i 支锚点的锚杆轴向极限抗拔力设计值（kN）；

K——锚杆抗拔安全系数，其要求见表11.2；

b——锚杆布置间距（m）；

α——锚杆与水平面的倾角（°）。

锚杆抗拔安全系数取值标准 表11.2

安全等级	临时工程	永久性工程
一级	1.8	2.0
二级	1.6	1.8
三级	1.4	

2. 锚索极限抗拔力的确定

锚索极限抗拔力一般通过抗拔试验确定，其试验方法应符合本指南附录的规定和要求。在有工程经验且安全等级较低的基坑工程或在方案设计和初步设计阶段，锚索的极限抗拔力标准值也可根据锚固段的形式（图11.3），分别按以下公式计算确定。

（1）当锚固段为圆柱形时（图11.3a），锚索的极限抗拔力标准值为：

$$R_k = \pi d \sum q_{sik} l_i \tag{11.3}$$

式中 R_k——锚索轴向极限抗拔力标准值（kN）；

l_i——锚固体在第 i 土层中的长度（m）；

d——锚固体的直径（m）；

q_{sik}——锚固体与第 i 土层之间的极限粘结强度标准值（kPa）。

（2）当锚固段为扩孔形式时（图11.3b），锚索的极限抗拔力标准值为：

$$R_k = \pi \left[2c_k (d_1^2 - d^2) + d_1 \sum q_{sik} l_i \right] \tag{11.4}$$

式中 d——自由段钻孔直径（m）；

d_1——锚固段扩孔直径（m）；

l_i——锚固体在第 i 土层中的长度（m）；

c_k——扩孔部分土体黏聚力标准值。

3. 锚固体粘结强度的确定

锚固体与岩土体的极限粘结强度应根据地区经验、类似工程经验、现场拉拔试验确定。在方案设计和初步设计阶段，在采用本指南公式（11.3～11.5）计算锚索的极限抗拔力时，可按表11.3选取岩土体与注浆锚固体的极限粘结强度值。

岩土体与注浆锚索锚固体的极限粘结强度标准值 表11.3

土的名称	土的状态或密实度	q_{sik}（kPa）	
		一次常压注浆	二次压力注浆
填土		16～30	30～45
淤泥质土		16～20	20～30
黏性土	$I_L>1$	18～30	25～45
	$0.75<I_L\leqslant1$	30～40	45～60
	$0.50<I_L\leqslant0.75$	40～53	60～70
	$0.25<I_L\leqslant0.50$	53～65	70～85
	$0<I_L\leqslant0.25$	65～73	85～100
	$I_L\leqslant0$	73～90	100～130

续表

土的名称	土的状态或密实度	q_{sik}（kPa）	
		一次常压注浆	二次压力注浆
粉土	$e>0.90$	22～44	40～60
	$0.75\leqslant e\leqslant 0.90$	44～64	60～90
	$e<0.75$	64～100	80～130
粉细砂	稍密	22～42	40～70
	中密	42～63	75～110
	密实	63～85	90～130
中砂	稍密	54～74	70～100
	中密	74～90	100～130
	密实	90～120	130～170
粗砂	稍密	80～130	100～140
	中密	130～170	170～220
	密实	170～220	220～250
砾砂	中密、密实	190～260	240～290
风化岩	全风化	80～100	120～150
	强风化	150～200	200～260

以表 11.3 来确定粘结强度取值时，应考虑施工工艺、土层性质和锚索尺寸等因素。当采用泥浆护壁成孔工艺时，应按表取低值后再根据具体情况适当折减；当采用套管护壁成孔工艺时，可取表中的较高值；当采用扩孔工艺时，可在表中数值基础上适当提高；当采用分段劈裂二次压力注浆工艺时，可在表中二次压力注浆数值基础上适当提高；当砂土中的细粒含量超过总质量的 30%时，按表取值后应乘以 0.75 的系数；对有机质含量为 5%～10%的有机质土，按表取值后应适当降低；当锚杆锚固段长度超过 16m 时，超出 16m 部分锚固段的粘结强度取值适当折减。

4. 锚索自由段长度的确定

如图 11.4 所示，土层中预应力锚索的自由段长度可按下式确定：

$$l_{\mathrm{f}}\geqslant\frac{(a_1+a_2)\sin\left(45^\circ-\frac{\varphi_{\mathrm{m}}}{2}\right)}{\sin\left(45^\circ+\frac{\varphi_{\mathrm{m}}}{2}+\alpha\right)}+1.5 \tag{11.5}$$

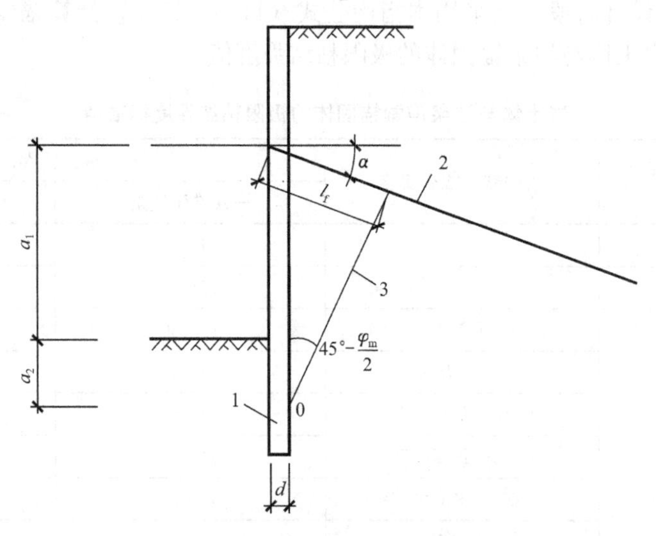

图 11.4　锚索自由段长度计算简图

1—挡土构件；2—锚索；3—潜在滑动面

式中 l_f——锚索自由段长度（m）；

α——锚索的倾角（°）；

a_1——锚索的锚头中点至基坑底面的距离（m）；

a_2——基坑底面至排桩、地下连续墙等挡土构件基坑地面以下主动土压力与内侧被动土压力等值点 O 的距离（m）；

φ_m——O 点以上各土层按土层厚度加权的内摩擦角平均值（°）。

需要说明的是，锚索自由段长度除应满足公式（11.5）的规定外，尚不应小于5.0m；当支护结构后侧岩土层有不利于稳定的构造时，自由段应穿过潜在的滑移面进入稳定岩土层。

11.3.3 锚索受力分析

1. 锚索拉杆的强度设计

锚索拉杆采用的钢绞线，其抗拉强度标准值 f_{py} 需满足下式：

$$R_k \leqslant f_{py} A_p \tag{11.6}$$

式中 R_k——锚杆轴向极限抗拔力设计值（kN）；

f_{py}——钢绞线抗拉设计强度设计值（kPa）；

A_p——钢绞线的截面面积（m^2）。

当按本条确定的锚索极限抗拔力标准值小于锚索拉杆受拉承载力标准值 $f_{yk}A_p$ 时，应取 $R_k = f_{yk}A_p$。

2. 锚索的锚固体强度验算

锚索有拉力型锚索和无粘结钢绞线压力型锚索，在锚索锚固体强度的验算中，对于拉力型锚索，钢绞线与锚固注浆固结体锚固长度应满足下式要求：

$$l_a \geqslant \frac{R_k}{\xi n \pi d f_b} \tag{11.7}$$

式中 R_k——锚索的极限抗拔力设计值（kN）；

l_a——锚索钢绞线与注浆固结体之间的锚固长度（m）；

d——锚索钢绞线的直径（m）；

n——锚索钢绞线的根数；

f_b——钢绞线与注浆固结体之间的粘结强度设计值，应由试验确定，当缺乏试验资料时可按表11.4取值（kPa）；

ξ——钢绞线与注浆固结体粘结强度工作条件系数，对临时性锚索取0.70。

锚索钢绞线与注浆固结体之间的粘结强度标准值（MPa）　　表11.4

锚索类型	水泥浆或砂浆的强度等级		
	M25	M30	M35
水泥砂浆与钢绞线	2.75	2.95	3.40

对于无粘结钢绞线压力型锚索，注浆固结体的强度应满足以下关系：

$$d_1^2 f_{by} \geqslant \frac{8R_{kj}}{\pi} \tag{11.8}$$

式中 d_1——扩大头直径（m）；

f_{by}——注浆固结体抗压强度设计值（kPa）；

R_{kj}——第 j 个扩大头极限抗拔力设计值（kN）。

11.3.4 锚索的布置设计

在预应力锚索的布置设计时，有以下几点规定：

（1）预应力锚索的水平间距不宜小于 2.0m；对于多层锚索，竖向间距不宜小于 2.5m；当锚索的间距小于此规定时，应考虑相邻锚索的抗拔力相互影响，宜采取调整倾角的方法或对锚索抗拔力进行折减。

（2）锚索锚固段的上覆土层厚度不宜小于 4.0m。

（3）锚索倾角宜取 15°～25°，且不应大于 45°，不应小于 10°；锚索的锚固段宜设置在粘结强度高的土层内，不宜设置在软土、较松散的砂土和填土内。

（4）当锚索穿过的地层上方存在天然地基的建筑物或地下构筑物时，宜避开易塌孔、缩孔变形的地层。

11.3.5　锚索预应力的确定

（1）当支挡结构无变形控制要求时，锚索轴向预加拉力 R 根据下式确定：

$$R_i = \frac{0.7N_{ik}b}{\cos\alpha} \tag{11.9}$$

式中　R_i——第 i 个作用点锚索的预加力；

N_{ik}——在荷载标准组合下，第 i 支锚点单位宽度水平力作用效应（kN/m）；

b——锚杆布置间距（m）；

α——锚杆与水平面的倾角（°）。

（2）当支护结构需要变形限制时，应根据控制变形需要确定预加力值，该值应满足：

$$\frac{0.5N_{ik}}{b\cos\alpha} \leqslant R_i \leqslant \frac{1.0N_{ik}}{b\cos\alpha} \tag{11.10}$$

需要说明的是，在使用过程中，实测锚索轴向预加力小于$\frac{0.5N_{ik}}{b\cos\alpha}$时，应进行补张拉。

11.3.6　锚索蠕变

当锚索锚固段大部分位于黏土层、淤泥质土层、人工填土层时，应考虑土的蠕变造成的锚索预应力损失，并根据蠕变试验确定锚索的极限抗拔承载力及其在软土基坑上的适用性。锚索的蠕变试验按本章附录的规定进行。由于蠕变导致实测锚索轴力小于设计荷载的 50%或者支护结构变形超过了限定值时，应对锚索进行补张拉。

11.3.7　拉力型锚索结构

图 11.5 为拉力型锚索的结构简图，在其设计上应符合：（1）钢绞线锚索成孔直径宜取 100mm～150mm；（2）锚索自由段的长度不宜小于 5m，且穿过潜在滑动面进入稳定土层的长度不应小于 1.5m，钢绞线自由段内应设置能使其自由伸长的硬质套管；（3）锚索锚固段

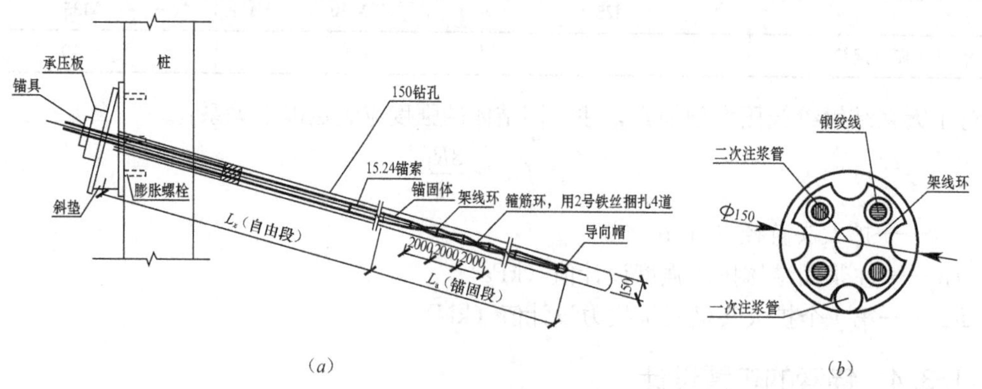

图 11.5　拉力型锚索结构简图

（a）锚索结构；（b）锚固段支架

的长度，对土层不宜小于6m，对中等风化、微风化的岩层不宜小于4m；（4）锚索的外露长度应满足腰梁、台座尺寸及张拉锁定的要求；（5）钢绞线应根据现行国家标准《预应力混凝土用钢绞线》GB/T 5224的规定，选用高强度钢绞线；（6）应沿锚索的锚固段设置定位支架，定位支架应能使钢绞线束相互分离，钢绞线之间的净距宜大于或等于5mm；（7）钢绞线锚索的锚具类型和规格应按钢绞线束的根数及锚索承载力要求选取，并应与张拉千斤顶配套，锚具、夹具的性能应符合现行国家标准《预应力筋用锚具、夹具和连接器》GB/T 14370的规定；（8）锚杆的注浆固结体应采用水泥浆或水泥砂浆，其强度不宜低于20MPa。

11.3.8 压力分散型锚索结构

图11.6为扩孔压力分散型锚索的结构简图，在其设计上应符合：（1）锚索成孔直径宜取100mm～150mm；（2）扩孔直径宜取（2～3）倍钻孔直径，可采用机械扩孔或高压喷射注浆扩孔；（3）锚索自由段的长度不宜小于5m，且穿过潜在滑动面进入稳定土层的长度不应小于1.5m；（4）锚索锚固段的长度，对土层不宜小于6m，中等风化、微风化的岩层不宜小于3m；（5）锚索的外露长度应满足台座尺寸及张拉锁定的要求；（6）钢绞线应根据现行国家标准《预应力混凝土用钢绞线》GB/T 5224的规定，选用无粘结高强度钢绞线；（7）多根钢绞线时，应沿锚索的锚固段设置定位支架；（8）承载板的直径应小于钻孔直径8mm～10mm，板上的预留孔与设置的绞线数量和直径相匹配；（9）承载板与钢绞线采用挤压头连接；承载板的厚度不得小于20mm；（10）锚头的锚具类型和规格应按钢绞线的根数及锚索承载力要求选取，并与张拉千斤顶配套，锚具、夹具的性能应符合现行国家标准《预应力筋用锚具、夹具和连接器》GB/T 14370的规定；（11）压力型锚索的注浆固结体应采用水泥浆或水泥砂浆，其强度等级不宜低于M30；（12）承载体由承载板、挤压头组成，挤压头通过专用的挤压机安装，如图11.7所示；（13）承载板、挤压头和剥去保护层的钢绞线，应刷防锈漆保护。

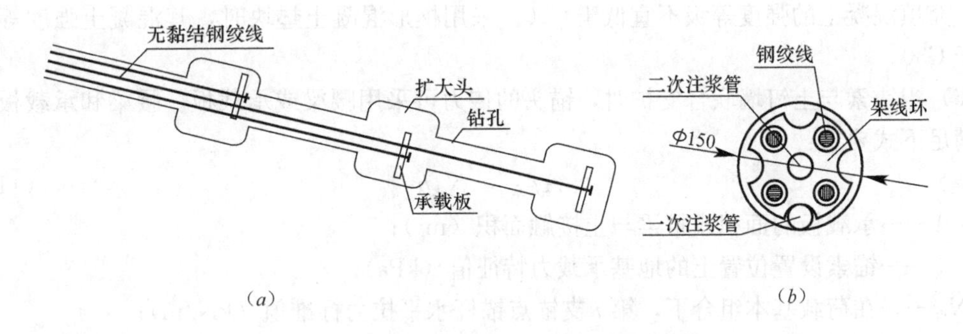

图11.6 分段扩孔压力分散型锚索结构简图

(*a*) 锚索结构；(*b*) 锚固段支架

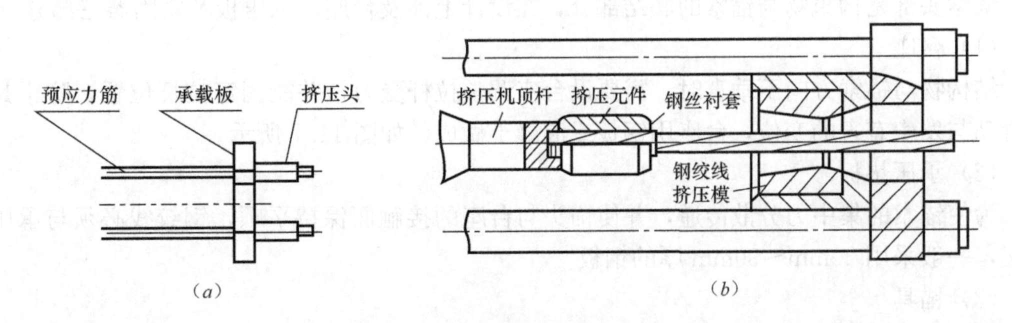

图11.7 承载体构造

(*a*) 承载体构造；(*b*) 挤压头安装

11.3.9 锚索构造

1. 腰梁与台座

锚索腰梁一般采用组合型钢腰梁或混凝土腰梁，设计上都按抗弯构件计算。混凝土腰梁的正截面和斜截面承载力应符合现行国家标准《混凝土结构设计规范》BG 50010 的规定。而组合型钢腰梁，应符合现行国家标准《钢结构设计规范》GB 50017 的规定。当预应力锚索的锚头设置在钢筋混凝土冠梁上时，冠梁按受弯构件设计，其截面承载力应符合上述国家标准的规定。

在腰梁的设计上，有以下几点需要注意：

（1）锚索腰梁宜按连续梁计算。计算腰梁的弯矩设计值时，锚索拉力应取结构分析时算出的基本组合效应支点轴向力效应值。

（2）采用组合型钢腰梁时，腰梁应满足在锚索集中荷载作用下的局部受压稳定与受扭稳定的要求。当需要增加受弯、受扭承载力及局部受压稳定性时，可在型钢翼缘端口处配置加劲肋。

（3）组合截面型钢腰梁可选用双槽钢或双工字钢，其规格根据锚索的设计拉力和锚索间距确定。对双槽钢，其规格宜选用 [18～[36，对双工字钢，其规格宜选用 [16～[32。型钢腰梁应焊接为整体，焊缝连接采用贴角焊，焊缝高度不应小于 8mm。双槽钢或双工字钢之间的净间距能满足锚索杆体平直穿过的要求。

（4）混凝土腰梁、冠梁宜采用斜面与锚杆索轴线垂直的梯形截面，也可采用矩形截面；腰梁、冠梁的混凝土强度等级不宜低于 C25。采用梯形截面时，腰梁截面的上边水平尺寸不宜小于 250mm。

（5）腰梁与挡土构件的连接应满足锚索垂直分力作用下的受剪承载力的要求。采用楔形钢垫块与排桩、地下连续墙等挡土构件连接时，其间隙应采用混凝土充填，且宜采用细石混凝土；充填混凝土的强度等级不宜低于 C30。采用楔形混凝土垫块时，其混凝土强度等级不宜低于 C30。

（6）当锚索与土钉墙联合支护时，锚头的传力可采用腰梁或承载板。腰梁和承载板的面积应满足下式要求：

$$Af_{sk} \geqslant N_{ik}b \tag{11.11}$$

式中 A——承载板的面积或腰梁与土接触面积（m^2）；

f_{sk}——锚索设置位置土的地基承载力特征值（kPa）；

N_{ik}——在荷载基本组合下，第 i 支锚点锚杆水平拉力标准值（kN/m）；

b——锚索布置间距（m）。

2. 锚头构造

锚索头部是构筑物与锚索的联结部分，在设计上涉及台座、承压板及紧固器三部分。

（1）台座

结构物与锚索方向不垂直时，需要设台座调整拉杆受力，并能固定拉杆位置，防止其横向滑动与发生有害的变位，台座用钢板或混凝土做成，如图 11.7 所示。

（2）承压垫板

为使锚索的集中力分散传递，并使锚头与台座的接触面保持平顺，钢绞线必须与承压板正交，一般采用 20mm～30mm 厚的钢板。

（3）锚具

钢绞线通过锚具的锁定作用将其与垫板、台座、结构物压紧并传力。锚具由锚盘及锚片组成，锚盘的锚孔根据设计钢绞线的多少而定，也可采用公锥及锚销等零件，见图 11.9。

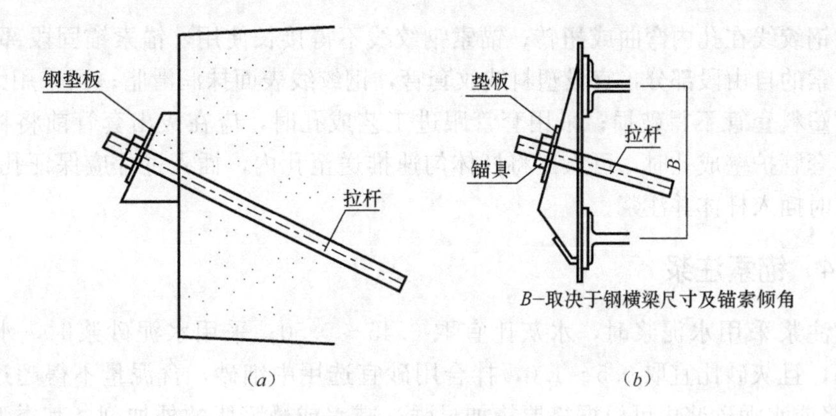

图 11.8 台座形式

(a) 钢筋混凝土；(b) 钢板

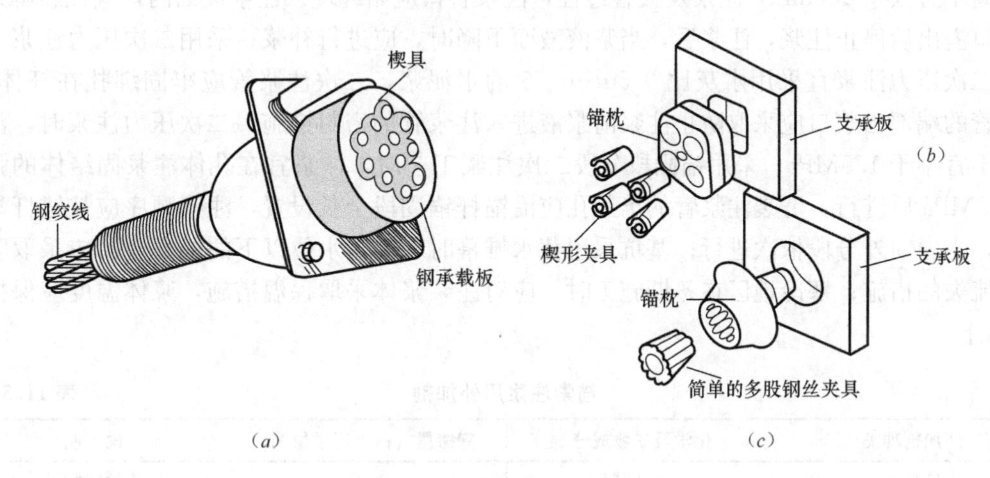

图 11.9 锚头的锚具部分

(a) 锚具总成；(b)、(c) 夹具

11.4 预应力锚索施工

11.4.1 基本要求

在施工前需探明锚索穿过的地层附近的地下管线和地下构筑物的位置、走向、类型和使用状况等情况，确保在施工过程中能够尽量避开。在成孔过程中遇不明障碍物时，应在查明其性质，且不会危害既有地下管线、地下构筑物、建筑物基础的情况下方可继续钻进。

11.4.2 锚索成孔

锚索成孔时，钻机类型和成孔工艺应能适合土层性状和地下水条件，且能满足孔壁稳定性和钻进进尺要求：对松散的砂土、卵石、粉土、填土及地下水丰富的土层，用地质钻机或螺旋钻杆钻机成孔出现塌孔时，应选用套管跟进成孔护壁工艺，不得已时可用水泥浆进行护壁；在高塑性指数的饱和黏性土层中成孔时，在成孔后应采用清水冲洗的方法清除残留泥浆和孔壁泥皮；对软弱土层，宜采用低钻压、低转速、低钻进速度成孔；对含有块石或较坚硬的地下水位以上的土层，宜采用气动潜孔锤钻进工艺。

11.4.3 钢绞线制作安装

在钢绞线锚索杆体绑扎时，钢绞线应平行、间距均匀、不应相互交叉缠绕，避免锚索体插入孔内时钢绞线在孔内弯曲或扭转；锚索钢绞线不得接长使用，锚索锚固段部分应除锈、除油污；锚索的自由段部分，宜设塑料波纹套管，钢绞线表面抹润滑脂；当采用无粘结钢绞线时，表面塑料套管不得破损；采用套管跟进工艺成孔时，应在拔出套管前将杆体插入孔内，采用非套管护壁成孔时，可人工将杆体匀速推送至孔内，插入过程应保证孔壁的稳定；成孔后应及时插入杆体并注浆。

11.4.4 锚索注浆

当锚索注浆采用水泥浆时，水灰比宜取 0.45～0.50；采用水泥砂浆时，水灰比宜取 0.40～0.45，且灰砂比宜取 0.5～1.0，拌合用砂宜选用中细砂，含泥量不得超过砂重量的 3%。水泥浆或水泥砂浆内可根据需要掺加早强、减水或微膨胀的外加剂，其类型和掺入量可按表 11.5 选取，也可通过配合比试验确定类型和掺加量；孔体注浆的注浆管端部至孔底的距离不宜大于 200mm，注浆及拔管过程，注浆管口应始终埋入注浆液面内，应在新鲜浆液从孔口溢出后停止注浆，注浆后，当浆液液面下降时，应进行补浆；采用二次压力注浆工艺时，二次压力注浆宜采用水灰比 0.50～0.55 的水泥浆，二次注浆管应牢固绑扎在杆体上，注浆管的端部出浆口应采取防止注浆前浆液进入注浆管的密封措施，二次压力注浆时，注浆压力不宜小于 1.5MPa；采用锚固段分段二次注浆工艺时，注浆宜在孔体注浆固结体的强度达到 5MPa 后进行，劈裂注浆管的出浆孔应沿锚杆锚固段全长设置，注浆顺序应从锚杆端部开始，由内向外分段依次进行；基坑采用截水帷幕时，地下水位以下的锚索注浆应采取防止浆液流失的措施；寒冷地区在冬期施工时，应对注浆浆体采取保温措施，浆体温度应保持在 5℃以上。

锚索注浆用外加剂　　　　表 **11.5**

外加剂种类	化学及矿物成分	宜掺量（占水泥重量%）	说　明
早强剂	三乙醇胺	0.05	加速凝固和硬化
减水剂	LINF-S 型	0.6	增强和减少收缩
膨胀剂	铝粉	0.005～0.02	膨胀量可达 15%
缓凝剂	木质素磺酸钙	0.2～0.5	缓凝并增大流动性
复合早强减水剂	FDN-5	0.3～0.6	增加流动性，早强

11.4.5 锚索施工的偏差控制

在锚索的施工时，钻孔深度宜大于锚索设计长度 0.5m 以上，孔位在垂直方向的允许偏差为 50mm，倾斜度的允许偏差为 3°，锚固段的长度允许偏差为±200mm，自由段内的套管长度允许偏差为±200mm。

11.4.6 组合型钢锚索腰梁、钢台座的施工

组合型钢锚索腰梁、钢台座的施工应符合现行国家标准《钢结构工程施工质量验收规范》GB 50205 的有关规定；混凝土锚索腰梁、混凝土台座的施工应符合现行国家标准《混凝土结构工程施工质量验收规范》GB 50204 的有关规定。

11.4.7 预应力锚索张拉锁定

在对预应力锚索进行张拉锁定时，有以下几点控制标准：

(1) 当注浆体的强度达到设计强度的 75%且不小于 15MPa 后，方可进行锚索的张拉锁定。

(2) 拉力型锚索宜采用钢绞线整体张拉锁定的方法；压力分散型锚索，要对较长自由段

的钢绞线先进行补偿张拉，之后再进行整体张拉，补偿张拉的荷载按公式（11.12）确定：

$$\Delta P = nEA\frac{L_2 - L_1}{1000L_2} \tag{11.12}$$

式中 ΔP——张拉补偿荷载（kN）；

n——该单元钢绞线的根数；

E——钢绞线弹性模量（MPa）；

A——钢绞线截面积（mm^2）；

L_1——短单元自由段长度（m）；

L_2——长单元自由段长度（m）。

（3）锚索张拉应平缓加载，加载分级不宜大于0.3（$bN_{ik}/\cos\alpha$）（N_{ik}为锚索单位宽度水平向设计荷载，b为锚索布置间距），此处，每级荷载的间隔时间不小于3min；锚索锁定前，在最大张拉力下应保持稳定一段时间，对砂土地层，稳定时间应大于5min～10min，对黏性土地层，稳定时间应大于15min；当锚索恒定拉力下的位移不能收敛稳定时，判定锚索不合格。

（4）锚索锁定时的张拉值应根据预应力损失量确定；预应力损失量宜通过试验确定；缺少试验数据时，张拉值可取设计张拉锁定值的（1.1～1.15）倍。

（5）宜采用锚索拉力测试计对锁定后的锚索拉力进行测试；在锚索锁定后的48h内，锚索拉力低于设计锁定值的90%时，应进行再次锁定；锚索锁定尚应考虑相邻锚索张拉锁定引起的预应力损失，当锚索拉力低于设计锁定值的90%时，应进行再次锁定；锚索出现松弛、锚头脱落、锚具失效等情况时，应及时进行修复并再次张拉锁定。

（6）锁定后锚索外端部宜采用冷切割方法切除；锚具外切割后的钢绞线保留长度不应小于50mm，采用热切割时，不应小于80mm；当锚索需要再次张拉锁定时，锚具外的杆体预留长度应满足张拉要求。

11.5 锚索的检验

锚索的检验可从以下几个方面着手：

（1）锚索所用的钢材、水泥及其他构件的试验和检验，应符合相关建材检验试验的方法和规定。

（2）锚索施工尺寸精度应按本指南第11.4.5和第11.4.6条的要求，应对每根锚索进行检查，并做施工记录。

（3）锚索的抗拔力检验，分为三种：极限抗拔力试验、检验张拉试验和确认试验。极限抗拔力试验又称基本试验，在锚索正式施工之前进行；检验试验在锚索施工后张拉之前进行；确认试验又称预张拉试验，在锚索张拉锁定时进行。

（4）极限抗拔力试验又称锚索基本试验，要求锚索拉拔力逐级加载至破坏，求取锚索的极限抗拔力。要求试验数量不少于3根。

（5）检验试验用以检验锚索施工是否达到设计要求，试验时拉拔力逐级加载至预定的拉力，并保持5～10min，检验锚索是否发生破坏。锚索检验试验的张拉荷载按表11.6选取。

锚索检验的张拉荷载　　表11.6

基坑支护安全等级	检验预张拉力与设计荷载 $bN_k/\cos\alpha$ 的倍数
一级	1.4
二级	1.3
三级	1.2

（6）确认试验在锚索张拉时，一次性张拉至设计抗拔力的（1.0～1.1）倍，确认锚索不破坏、位移收敛时，退到预加力荷载锁定锚索。

在进行锚索检测时，锚索的抗拔力基本试验数量不少于3根，加载至破坏，取得锚索极限抗拔力；锚索的抗拔力检验试验数量不应少于锚杆总数的3%～5%，而且同一土层内的锚索数量不应少于3根，当锚索抗拔力不合格时，应扩大检测数量；应对每根锚索进行确认试验检验；锚索抗拔试验应在锚索的固结体强度达到设计强度的75%后进行；锚索的抗拔力检验试验的锚索应采用随机抽样的方法选取；张拉时，锚索的某一重要构件强度破坏、张拉荷载不能增加、在预定的时间内位移不收敛，则认为锚索破坏。

参考文献

[1] 建筑结构荷载规范 GB 50009—2001 [S].

[2] 建筑边坡技术规范 GB 50330—2002 [S].

[3] 建筑基坑支护技术规程 JGJ 120—99 [S].

[4] 铁路路基支挡结构设计规范 J 127—2001 [S].

[5] 土层锚杆设计与施工规范 CECS 22—90，1990 [S].

[6] 深圳市建筑基坑支护技术规范 SJG 05—2011 [S].

[7] 龚晓南主编. 地基处理手册（第三版）. 北京：中国建筑工业出版社，2008.

[8] 中国铁道科学研究院深圳研究设计院主编. 压力型锚索设计原则与施工技术要求. 深圳：2011.

[9] Ground Anchors and Anchored Systems，Geotechnical Engineering Circular No.4，Federal Highway Administration，U.S. Department of Transportation，1999.

附录　锚索的张拉试验方法

1. 锚索极限抗拔力试验（基本试验）

1.1　试验方法和步骤

在现场选取具有代表性的地层条件，确定锚索试验的位置；在现场钻孔、灌浆后的锚索，待砂浆达到70%以上的强度后才能进行拉拔试验；一般情况下对普通水泥必须养护8d左右，早强水泥4d左右。进行拉拔试验前应平整场地，做好支座及千斤顶等的安装工作，试验开始时，每级荷载按事先预计极限荷载的1/10施加，最终按预计极限荷载的1/15施加直至破坏为止。

加载后每隔5min～10min测读一次变位数值，每级加载阶段内记录数值不少于3次，每级荷载的稳定标准位连续3次百分表读数的累计变位量不超过0.1mm。稳定后即可加下一级荷载。若后一级荷载产生的锚头位移增量达到或超过前一级荷载产生的位移量3倍，或者锚头位移持续增长，或者锚索破坏时。即认为该锚索已达极限破坏。卸荷分级约为加荷的（2～4）倍，每级卸荷后隔10min～30min记录一次变位量，荷载全部卸除后，再测读（2～3）次，即读完残余变位数值以后，试验结束。

锚索张拉荷载分级及观测时间，可参见附表11.1的规定。

锚索张拉荷载分级及观测时间（min）　　附表11.1

张拉荷载分级	0.1Nt	0.25Nt	0.50Nt	0.75Nt	1.00Nt	1.10～1.20Nt	锁定
砂质土	5	5	5	5	5	10	10
黏性土	5	5	5	5	10	15	10

1.1.1 试验结果分析

(1) 绘制荷载一变位曲线，如附图 11.1 (a) 所示。以明显的转折点作为屈服拉力或将 OA 延长交于 E 点，用 E 点的抗拔力作为锚杆的屈服应力。

(2) 绘制变位量-稳定时间曲线，见附图 11.1 (b)。

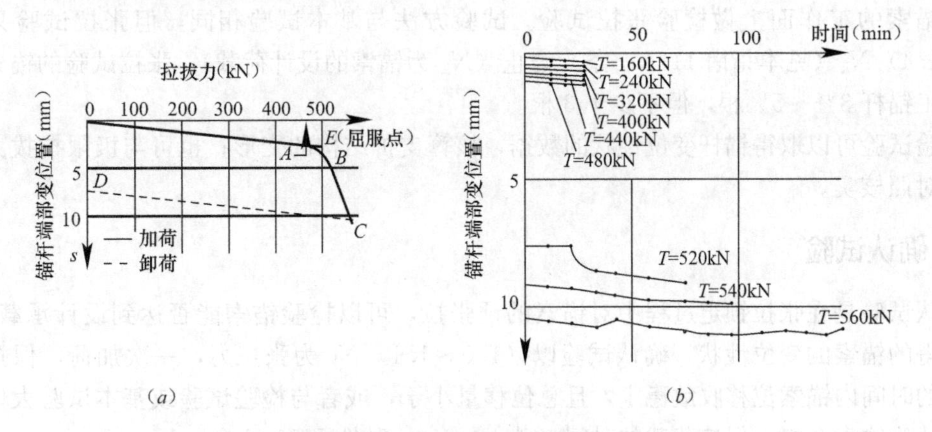

附图 11.1 拉力变位量-稳定时间曲线

(a) 拉拔力-位移曲线；(b) 位移时间关系

1.1.2 特殊试验

锚索的特殊试验包括锚索群拉张试验、循环的拉张试验和蠕变试验。分别介绍如下：

(1) 锚索群拉张试验；当锚索的水平设置间距必须很密（小于 $10D$ 或 1.5m，D 为钻孔直径）时，才需做此试验，以判明群锚的影响。

(2) 循环拉张试验；承受风力、波浪或反复式等其他震动力的锚索，需判断由于地基在重复荷载作用下的性状变化所引起的效果。

(3) 蠕变试验；用来判明锚索的张拉力的下降特性。蠕变可能来自锚固体与地基土之间的蠕变特性，也可能来自锚索区间土的压密变形，应在设计荷载下长期量测张拉力与变位量，以便于决定什么时候需要做再拉紧。

对于设置在岩层和粗粒土中的锚索，没有蠕变问题。但对于设置在软土里的锚索，应做蠕变试验，判定可能发生的蠕变变形是否在容许范围内。

蠕变试验需用能自动调整压力的油泵系统，使用于锚索上的荷载保持恒量，不因变形而降低，然后按一定时间间隔（1、2、3、4、5、40、15、20、25、30、45、60）min 精确测读 1h 变形值，在半对数坐标纸上绘制蠕变时间关系如附图 11.2 所示。曲线（近似为直线）的斜率即锚杆的蠕变系数 Ks：

$$K_S = \frac{\Delta s}{\lg t_2 - \lg t_1} \quad \text{(附 11.1)}$$

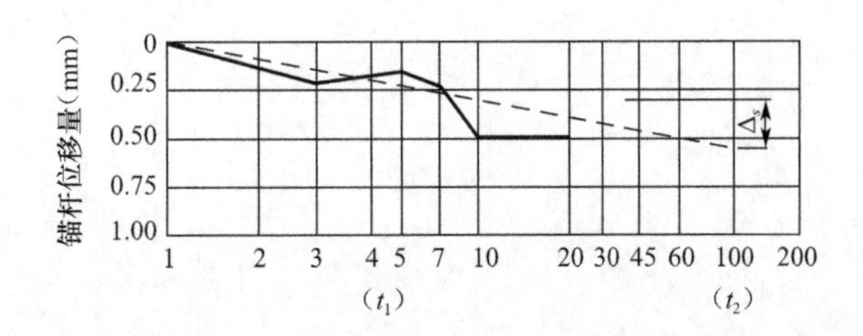

附图 11.2 蠕变试验（时间与变位关系曲线）

Δs 及 t_1、t_2 如附图 11.2 中所示。

一般认为，$K_S \leqslant 0.4$mm，锚索是安全的；$K_S > 0.4$mm 时，锚固体与土之间可能发生蠕变滑动，使锚索丧失承载力。

2. 锚索的检验试验

土层锚索在施工后，仍需进一步核定施工锚索是否已达到设计预定的承载能力，因此要在施工锚索的工作面上做检验张拉试验。试验方法与基本试验相同，但张拉试验只做到（1.1～1.4）N_k（见本指南 11.4.7 条）为止（N_k 为锚索的设计荷载）。张拉试验的锚索数量应做施工锚杆 3%～5%根，但不少于 3 根。

检验试验可以取得锚杆变位性状的数据，核算支护结构的变形；也可与极限抗拔力试验的成果对照核实。

3. 确认试验

确认试验是在张拉锁定过程中对锚索的预张拉，可以检验锚索能否达到设计承载能力，同时取得的锚索的变位性状。确认试验以（1.0～1.1）N_k 为张拉力，一次加荷，保持荷载在一定的时间内锚索位移收敛稳定，且总位移量小于，或者与检验试验或基本试验大体一致时，可认为锚索合格。保持荷载的时间，砂土 5min、黏性土 10min。

确认试验中合格与否的判别方法，可以下列计算 P-δ 关系作为参考：

$$\delta = \Delta l_0 = \frac{P - P_0}{AE} l_0 \quad \text{(附 11.2)}$$

$$\delta_{\min} = \Delta l_{0\min} = \Delta l_0 \times 0.8 \quad \text{(附 11.3)}$$

（考虑 0.2 的自由长度因施工漏浆而减少）

$$\delta_{\max} = \Delta l_{0\max} = \frac{P - P_0}{AE}\left(l_0 + \frac{1}{2} l_e\right) \quad \text{(附 11.4)}$$

式中 l_0——拉杆的自由长度；

l_e——锚固体长度；

E——拉杆材料的弹性模量（kN/m^2）；

A——拉杆的断面面积；

P_0——设计荷载（kN）；

P——施加的荷载（kN）。

只要实测的 δ 值落在 $\delta_{\min}$ 与 $\delta_{\max}$ 范围内即认为合格，见附图 11.3。

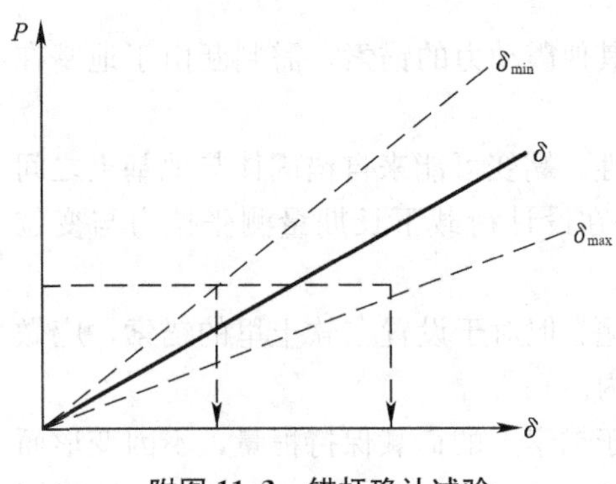

附图 11.3 锚杆确认试验
（试验荷载的位移量关系）

第 12 章　支护结构与主体结构相结合技术

12.1 概述

支护结构与主体结构相结合是指采用主体地下结构的一部分构件（如地下室外墙、水平梁板、中间支承柱和桩）或全部构件作为基坑开挖阶段的支护结构，不设置或仅设置部分临时支护结构的一种设计和施工方法。

基坑工程中的支护结构包括围护结构、水平支撑体系和竖向支承系统。从构件相结合的角度而言，支护结构与主体结构相结合包括三种类型，即地下室外墙与围护墙体相结合、结构水平梁板构件与水平支撑体系相结合、结构竖向构件与支护结构竖向支承系统相结合。根据支护结构与主体结构相结合的程度，可以分为如下三大工程类型：

（1）周边地下连续墙两墙合一结合坑内临时支撑系统。周边地下连续墙两墙合一结合坑内临时支撑系统是多层地下室的传统施工方法，采用顺作法施工。其结构体系包括三部分，即采用连续墙的围护结构、采用杆系结构的临时水平支撑体系和竖向支承系统，如图 12.1 所示。

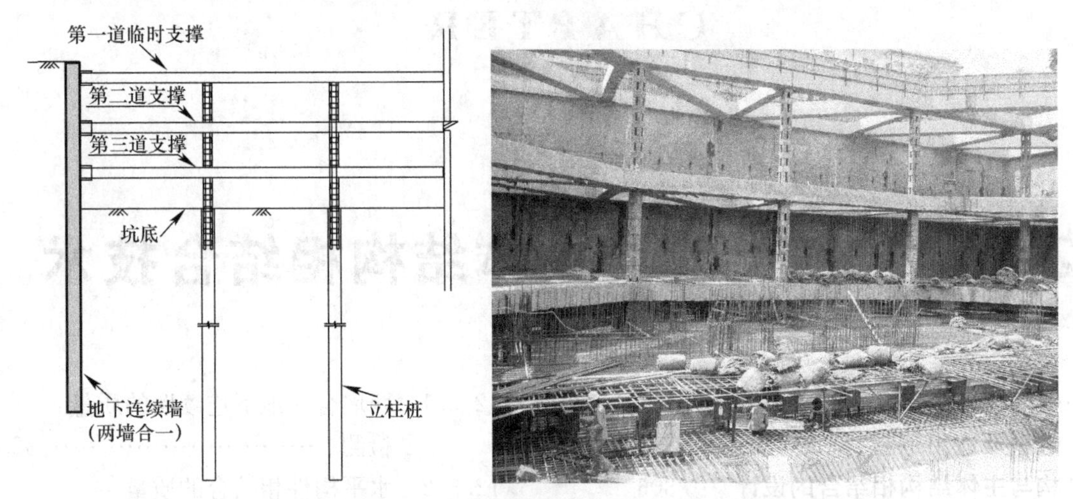

图 12.1 周边地下连续墙两墙合一结合坑内临时支撑

（2）周边临时围护体结合坑内水平梁板体系替代支撑。周边临时围护体结合坑内水平梁板体系替代支撑总体而言采用逆作法施工。其结构体系包括临时围护体、水平梁板支撑和竖向支承系统，如图 12.2 所示。

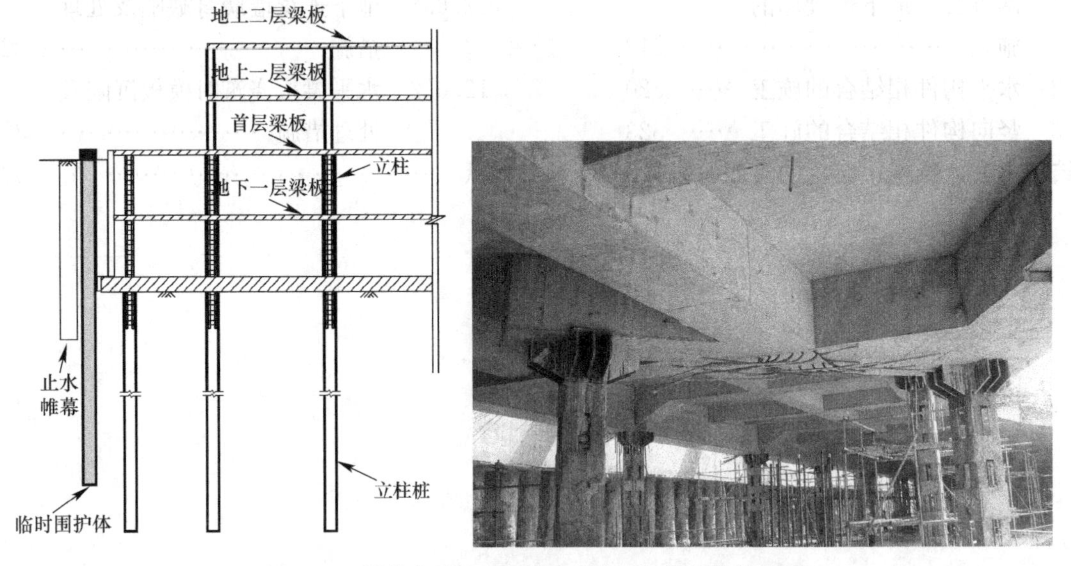

图 12.2 周边临时围护体结合坑内水平梁板替代支撑

（3）支护结构与主体结构全面相结合。支护结构与主体结构全面相结合是指主体地下结构外墙、水平梁板、竖向构件均与临时围护结构相结合，并采取地上地下结构同时施工的全逆作法施工方法，如图12.3所示。

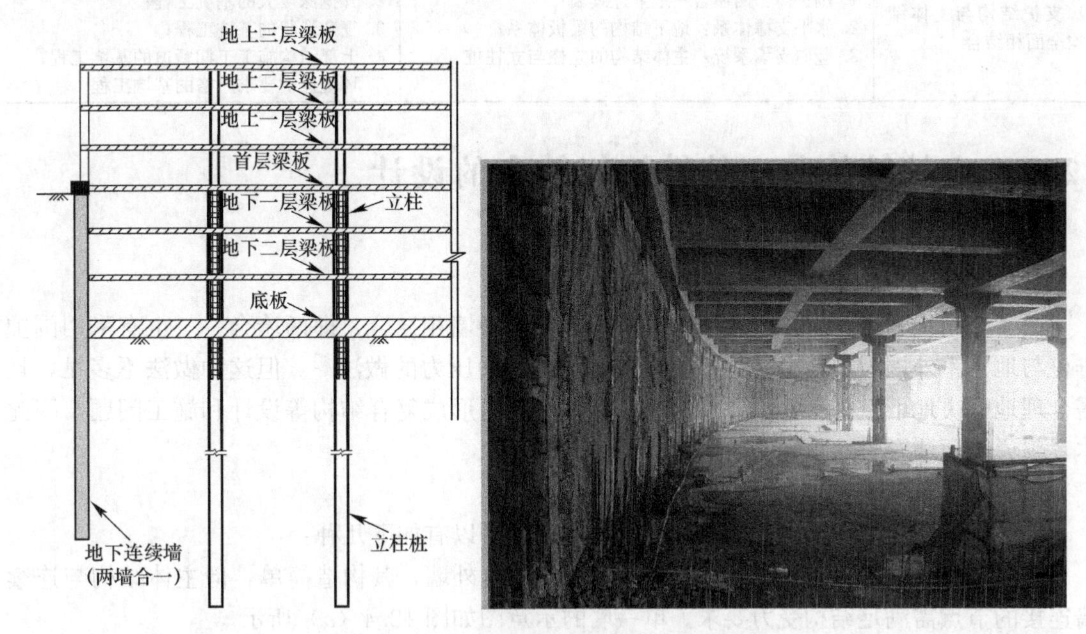

图12.3　支护结构与主体结构全面相结合

当采用周边临时围护体结合坑内水平梁板体系替代支撑和支护结构与主体结构全面相结合时，进行基坑工程设计时应具备以下资料：

1）岩土勘察报告、基地红线、基地周边地形图、基坑周边建（构）筑物的调查资料、建筑的总平面图；

2）主体建筑和结构的设计文件、对地上和地下结构同步施工的相关要求、主体地下结构防水和排水要求、基坑开挖阶段结构梁板预留孔洞布置要求，作用于结构梁板上的施工荷载与分布等资料。

12.2　规划、选型及适用范围

具体的基坑工程由于地层条件、基坑面积与开挖深度、周边的环境保护要求、工程工期和投资要求不一样，因而对基坑的设计要求也不相同。在确定基坑支护方案前应进行充分的技术经济分析。在综合考虑相关因素的基础上，合理选用支护结构与主体结构相结合的工程类型，从而确定最合理的总体方案。做到技术措施得当、经济合理、结构安全、对周边环境影响较小并满足工期与投资要求。支护结构与主体结构相结合的三种工程类型的适用范围如表12.1所示。

支护结构与主体结构相结合的三种工程类型的适用范围　表12.1

工程类型	支护结构体系	适用范围
周边地下连续墙两墙合一结合坑内临时支撑系统	1. 围护体：两墙合一地下连续墙； 2. 水平支撑体系：临时钢筋混凝土撑或钢支撑； 3. 竖向支承系统：临时立柱和立柱桩	开挖深度较大的基坑工程
周边临时围护体结合坑内水平梁板体系替代支撑	1. 围护体：临时围护体如钻孔灌注桩、型钢水泥土搅拌墙等； 2. 水平支撑体系：地下结构的梁板体系； 3. 竖向支承系统：主体结构的立柱与立柱桩	适用于面积较大、地下室为两层的深基坑工程，且采用地下连续墙围护方案相对于采用临时围护并另设地下室外墙的方案在经济上并不具有优势

续表

工程类型	支护结构体系	适用范围
支护结构与主体结构全面相结合	1. 围护体：两墙合一地下连续墙； 2. 水平支撑体系：地下结构的梁板体系； 3. 竖向支承系统：主体结构的立柱与立柱桩	1. 大面积的基坑工程； 2. 开挖深度大的基坑工程； 3. 复杂形状的基坑工程； 4. 上部结构施工工期紧迫的基坑工程； 5. 环境保护要求严格的基坑工程

12.3 支护结构与主体结构相结合的设计

12.3.1 墙体相结合的设计

通常采用地下连续墙作为主体地下室外墙与围护墙相结合，即两墙合一。也有采用围护排桩与地下室外墙组成复合结构，共同承担水土侧向压力的做法[1]。但这种做法不多见，且需合理地解决地下室防水、围护桩与地下室外墙如何形成复合结构等设计和施工问题。因此本章仅说明两墙合一地下连续墙的设计与施工。

1. 两墙合一的结合方式

地下连续墙与主体结构地下室外墙的结合方式可以有如下几种：

（1）单一墙。即仅采用地下连续墙作为地下结构外墙，其构造简单，但主体结构与连续墙连接的节点需满足结构受力要求。单一墙的示意图如图 12.4（*a*）所示。

（2）复合墙。地下连续墙仅作为地下结构外墙的一部分，且在地下连续墙与主体结构外墙之间填充衬垫材料，形成仅传递水平力不传递剪力的结构形式。这种形式的地下连续墙与主体结构地下室外墙所产生的垂直方向变形不相互影响，但水平方向的变形则相同。复合墙的示意图如图 12.4（*b*）所示。

（3）叠合墙。将地下连续墙与主体结构地下室外墙做成一个整体，即通过把地下连续墙内侧凿毛或用剪力块将地下连续墙与主体结构外墙连接起来，使之在结合部位能够传递剪力。复合墙的示意图如图 12.4（*c*）所示。

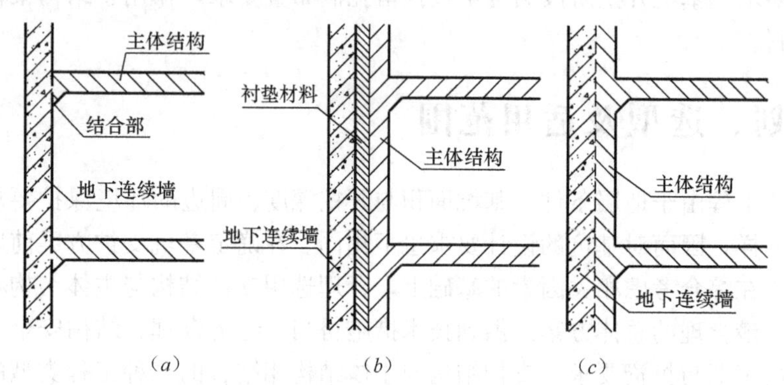

图 12.4 两墙合一地下连续墙的结合方式

（*a*）单一墙；（*b*）复合墙；（*c*）叠合墙

2. 设计计算原则

两墙合一地下连续墙的计算可参考第 4 章，根据具体情况选用二维或三维分析方法。进行设计时，应考虑的因素和设计计算原则如下：

（1）两墙合一地下连续墙的设计与计算需考虑地下连续墙在施工期、竣工期和使用期不同的荷载作用状况和结构状态，应同时满足各种情况下承载能力极限状态和正常使用极限状态的设计要求。应验算三种应力状态：在施工阶段由作用在地下连续墙上的侧向主动土压力、水压力产生的应力；主体结构竣工后，作用在墙体上的侧向主动土压力、水压力以及作用在主体结构上的垂直、水平荷载产生的应力；主体结构建成若干年后，侧向土压力、水压力已从施工阶段恢复到稳定状态，土压力由主动土压力变为静止土压力，水位恢复到静止水位或达到抗浮设防水位，此时只计算荷载增量引起的内力。

（2）施工阶段，在水平力的作用下，两墙合一地下连续墙可采用第4章介绍的方法进行分析。墙体内力计算应按照主体工程地下结构的梁板布置以及施工条件等因素，合理确定支撑标高和基坑分层开挖深度等计算工况，考虑基坑分层开挖与支撑进行分层设置及换撑拆除等在时间上的顺序先后和空间上的位置不同，进行各种工况下的连续完整的设计计算。

（3）正常使用阶段，由于主体地下结构梁板以及基础底板已经形成，通过结构环梁和结构壁柱等构件与墙体形成了整体框架，因而墙体的约束条件发生了变化，应根据结构梁板与墙体的连接节点的实际约束条件及侧向的水土压力，取单位宽度地下连续墙进行设计计算，尤其是结构梁板存在错层和局部缺失的区域应进行重点设计。正常使用阶段设计主要以裂缝控制为主，计算裂缝应满足相关规范规定的裂缝宽度要求。

（4）墙体承受竖向荷载时，应分别按承载能力极限状态和正常使用极限状态验算地下连续墙的竖向承载力和沉降量。有条件时，地下连续墙竖向承载力应由现场静荷载试验确定；无试验条件时，可参照确定钻孔灌注桩竖向承载力的方法确定。

（5）地下连续墙内侧设置内衬墙时，对结合面能承受剪力作用的叠合墙，和结合面不能承受剪力作用的复合墙，应根据地下结构施工期和使用期的不同情况，按内外墙实际受载过程进行墙体内力与变形计算。叠合墙的内力与变形计算，以及截面承载力设计时，墙体计算厚度可取内外墙厚之和，并按整体墙计算。复合墙的内外墙内力可按刚度分配计算。

（6）两墙合一的地下连续墙墙身的防水等级应根据地下结构外墙防水等级确定。

（7）地下连续墙与主体结构连接处应根据其受力特性和连接刚度进行设计计算。

（8）当由多幅地下连续墙共同承担上部结构竖向荷载时，槽段施工接头宜采用刚性接头，且应进行接头抗剪承载力验算。

（9）墙顶承受竖向偏心荷载，或地下结构内设有边柱与托梁时，应考虑其对墙体和边柱的偏心作用。墙顶圈梁（或压顶梁）与墙体及上部结构的连接处应验算截面受剪承载力。

（10）墙顶圈梁与地下连续墙及上部结构的连接处应验算截面受剪承载力。

（11）人防区域的地下连续墙，应采用防爆荷载对地下连续墙进行设计计算。有关构造应满足相关人防规范要求。

（12）两墙合一地下连续墙与地下结构内部梁板等构件的连接，应满足主体工程地下结构受力与设计要求。

3. 构造要求

（1）与地下结构梁板之间的连接。地下连续墙与地下结构梁板之间宜设置贯通的结构环梁，并通过预埋钢筋、剪力槽等方式与结构环梁连接。地下连续墙与框架梁连接构造可如图12.5

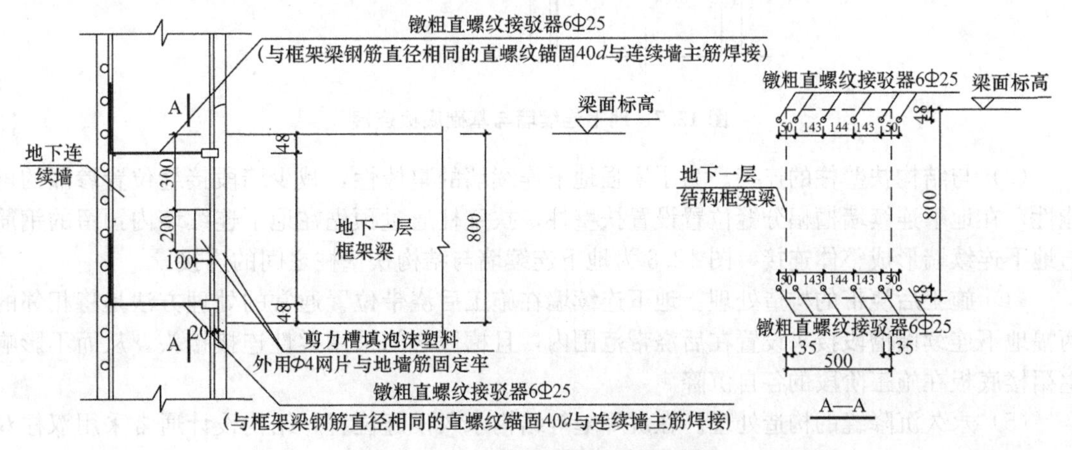

图12.5　地下连续墙与框架梁连接

所示，与结构周边环梁连接构造可如图 12.6 所示。

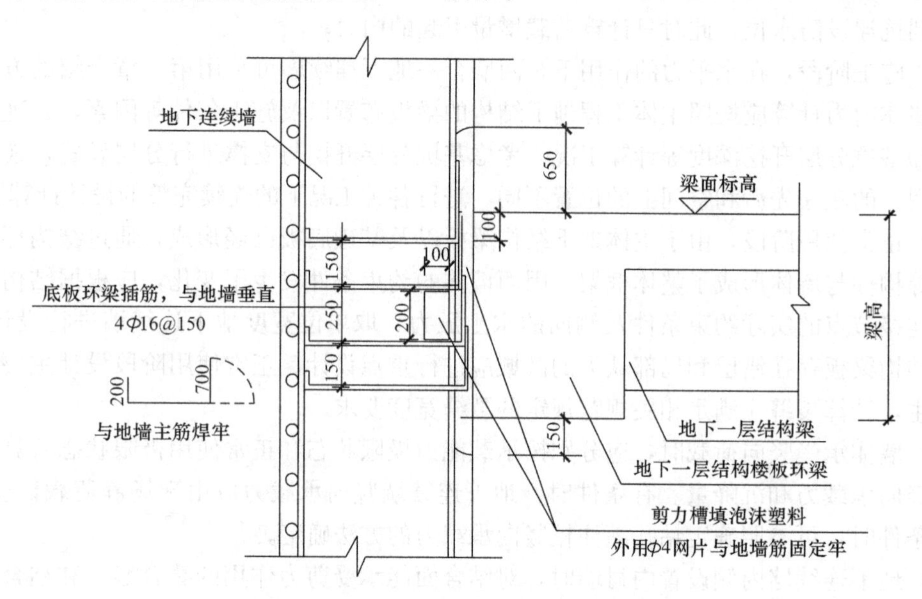

图 12.6 地下连续墙与结构周边环梁连接

(2) 与底板的连接。地下连续墙宜通过预埋钢筋接驳器、剪力槽等方式与基础底板连接。当基础底板厚度不小于 1m 时，宜在基础底板中设置构造环梁，地下连续墙通过预埋钢筋与构造环梁连接。地下连续墙与基础底板之间的连接可如图 12.7 所示。

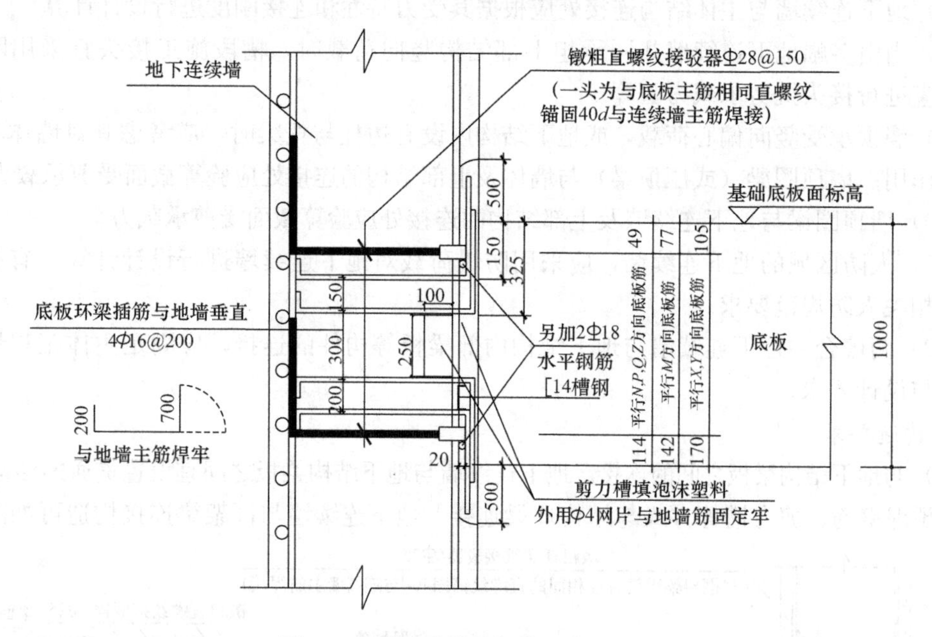

图 12.7 地下连续墙与基础底板连接

(3) 与结构扶壁柱的连接。为了增强地下连续墙的整体性，减少墙段接缝位置渗漏的可能性，在地下连续墙槽幅分缝位置设置扶壁柱，扶壁柱通过预先在地下连续墙内预留的钢筋与地下连续墙形成整体连接，图 12.8 为地下连续墙与结构扶壁柱之间的连接。

(4) 施工后浇带的构造处理。地下连续墙在施工后浇带位置通常的处理方法是将相邻的两幅地下连续墙槽段接头设置在后浇带范围内，且槽段之间采用柔性连接接头，从而不影响主裙楼底板在施工阶段的各自沉降。

(5) 永久沉降缝的构造处理。在沉降缝等结构永久设缝位置，结构设计通常采用双柱双墙，而将两侧结构完全断开。根据设缝的位置，可以采取如下构造措施：

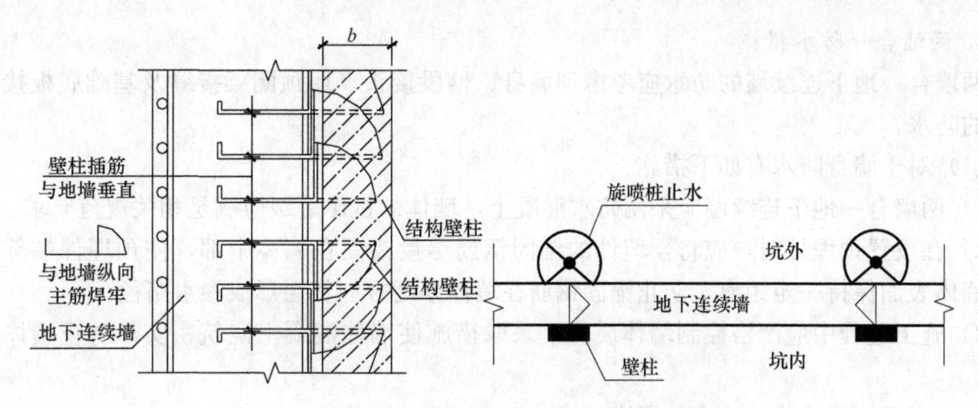

图 12.8 结构壁柱与地下连续墙的连接构造

1）如果设缝位置在转角处，则一侧连续墙做成转角槽段，与另一侧平直段墙体相切，两幅槽段空挡在坑外采用高压旋喷桩进行封堵止漏，地下连续墙内侧应预留接驳器和止水钢板与内部后接结构墙体形成整体连接，如图 12.9（*a*）所示；

2）如设缝位置在平直段，则两侧地下连续墙间空开一定宽度，在外侧增加一幅直槽段解决挡土和止水的问题，见图 12.9（*b*）；

3）如设缝位置在平直段，也可直接在沉降缝位置设置槽段接头，如图 12.9（*c*）所示，而该接头必须是柔性施工接头。另外在正常使用阶段必须将沉降缝两侧地下连续墙的压顶梁完全分开，以免阻碍两侧墙体的自由沉降。

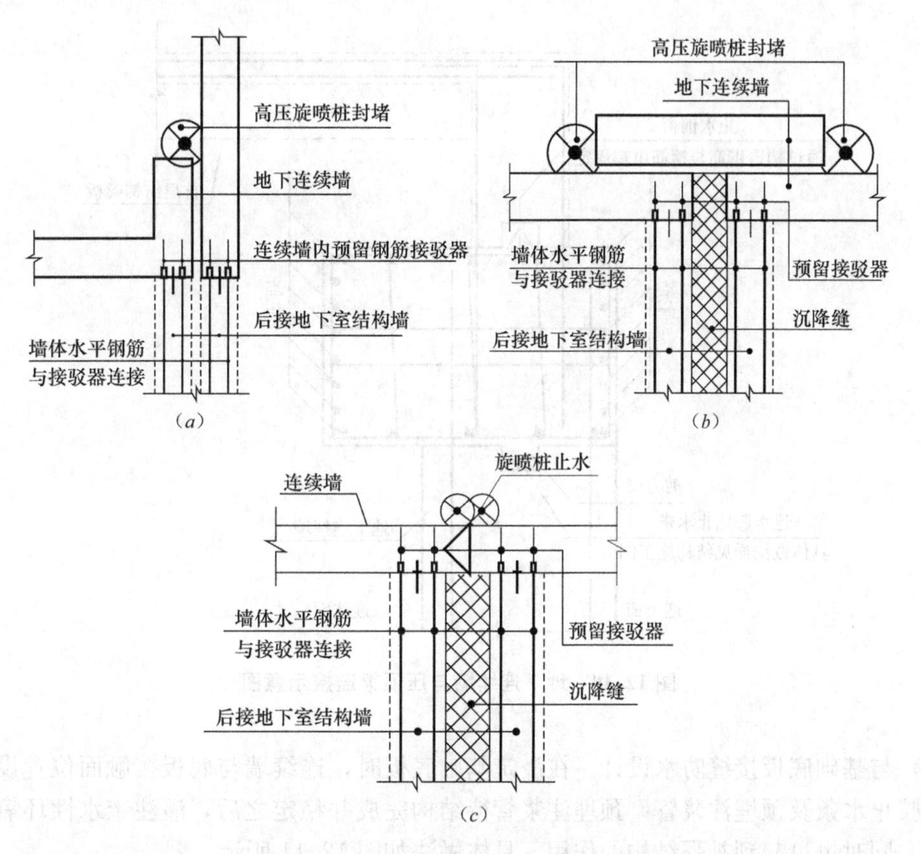

图 12.9 永久沉降缝处连续墙的构造

（*a*）沉降缝位于墙体转角位置；（*b*）沉降缝位于墙体平直段做法之一；（*c*）沉降缝位于墙体平直段做法之二

4. 两墙合一防水措施

两墙合一地下连续墙的防水应考虑到墙身、槽段接头、压顶圈梁接缝及基础底板接缝等部位的防水。

(1) 对于墙身防水有如下措施：

1) 两墙合一地下连续墙应采用防水混凝土，墙体的抗渗等级应满足相关规范要求。

2) 在设置预埋件时，应将预埋件的锚固钢筋尽量锚固在墙体中部，使预埋件端部和迎土面墙体表面保持一定距离，防止锚固钢筋在墙体厚度方向贯通形成渗水路径。

3) 施工过程中应严格控制墙体质量，采取措施使墙体混凝土浇筑密实，防止墙体产生孔洞。

(2) 对于槽段接头防水有如下措施：

1) 采用渗透路径较长的施工接头，如圆形锁口管接头、三波纹管接头或十字钢板接头。

2) 在地下连续墙槽幅分缝位置内侧设置扶壁柱；在地下连续墙槽幅分缝位置外侧设置一根或两根旋喷桩，增强接缝位置的止水性能。

3) 可在墙体内侧采用疏排方案或疏排与封堵相结合方案。

(3) 与压顶圈梁接缝防水。通常顺作法中地下连续墙顶压顶圈梁与地下连续墙二次浇筑，压顶圈梁又与其上的结构外墙二次浇筑。为确保二次浇筑接缝位置的防水可靠性，在墙顶位置凿出通长的凹槽，同时在槽内放置遇水膨胀止水条，并在止水条表面涂刷缓膨胀剂。压顶圈梁与结构外墙二次浇筑接缝位置设置通长的上凸抗剪块，增加接触面的渗透路径，并在抗剪块内设置通长的止水钢板。具体做法如图 12.10 所示。

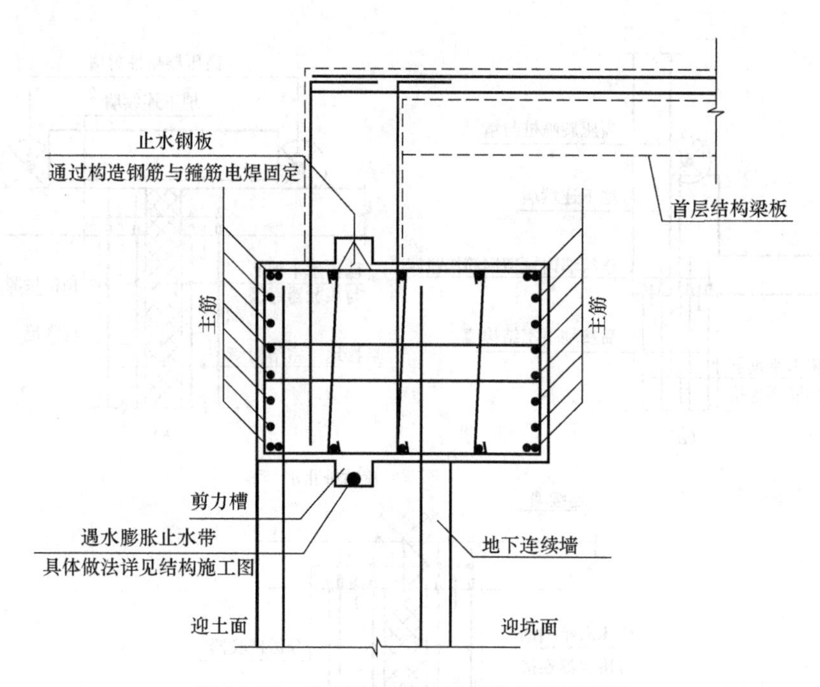

图 12.10 地下连续墙与压顶梁连接示意图

(4) 与基础底板接缝防水设计。在浇筑基础底板时，连续墙与底板接触面位置设置遇水膨胀橡胶止水条及预埋注浆管。预埋注浆管待结构完成并稳定之后，灌注亲水性环氧浆液止水防漏，同时也可起到补强结构的作用。具体做法如图 12.11 所示。

5. 与主体结构的沉降协调措施

当地下连续墙作为主要竖向承重构件时，可采取如下措施协调地下连续墙与主体结构之间的差异沉降：

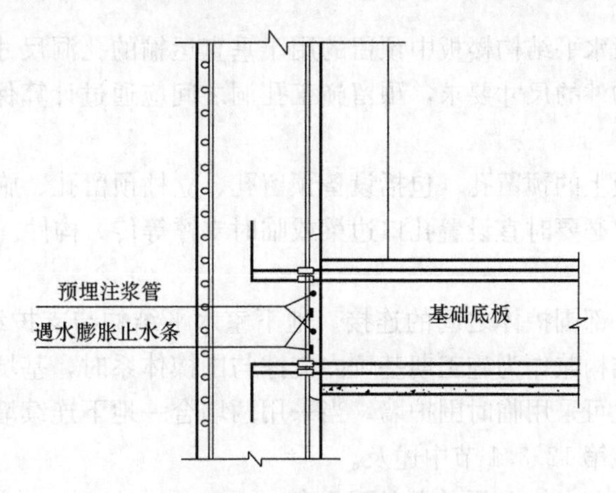

图 12.11 地下连续墙与底板连接止水示意图

(1) 宜选择压缩性较低的土层作为地下连续墙持力层。

(2) 对地下连续墙采取墙底注浆的加固措施。

(3) 宜在地下连续墙附近的基础底板下设置工程桩。

(4) 为增强地下连续墙纵向的整体刚度，协调各槽段之间的变形，可采取在连续墙顶部设置贯通、封闭的压顶圈梁，压顶圈梁上须预留与上部后浇筑结构墙体连接的插筋。

12.3.2 水平构件相结合设计

基坑在开挖及支护过程中，由于水平应力的释放导致水平位移发生变化，作为支撑坑壁稳定性的水平构件在结构设计中占有重要的地位。这里对其结构体系、内力和变形分析、设计计算原则和构造措施做一阐述。

1. 结构体系

地下结构梁板与基坑内支撑系统相结合时，可采用梁板结构体系和无梁楼盖结构体系。

(1) 梁板结构体系。地下结构采用肋梁楼盖作为水平支撑适于逆作法施工，其结构受力明确，可根据施工需要在梁间开设孔洞，在逆作法结束后再浇筑封闭。此外也可采用结构楼板后作的梁格体系，在开挖阶段仅浇筑框架梁作为内支撑，基础底板浇筑后再浇筑封闭楼板结构。

(2) 无梁楼盖。无梁楼盖作为水平支撑，整体性好、支撑刚度大，并便于结构模板体系的施工。在无梁楼盖上设置施工孔洞时，一般需设置边梁。

2. 设计计算原则

水平结构与支护结构相结合的设计计算原则如下：

(1) 地下结构梁板构件应分别按承载能力极限状态和正常使用极限状态进行设计计算。

(2) 作为支撑的地下结构水平构件应通过计算确保水平传力的传递。对结构楼板的洞口及车道开口部位，当洞口两侧的梁板不能满足水平传力要求时，应在缺少结构楼板处设置临时支撑等措施。

(3) 在各层结构留设结构分缝或基坑施工期间不能封闭的后浇带位置，应通过计算设置水平传力构件。

(4) 对地下结构的同层楼板面存在高差的部位，应验算该部位构件的弯、剪、扭承载能力，必要时应设置可靠的水平转换结构或临时支撑等措施。

(5) 应验算地下结构混凝土温度应力、干缩变形、临时立柱以及立柱桩与地下结构外墙之间差异沉降等引起的结构次应力影响，并采取必要措施，防止有害裂缝的产生。

(6) 地下主体结构的梁板兼作施工平台或栈桥时，其构件的强度和刚度应按水平向和竖向两种不同工况受荷的联合作用进行设计。

(7) 逆作施工阶段水平结构楼板中预留的用于垂直运输的孔洞尺寸应满足垂直运输能力和进出材料、设备及构件的尺寸要求，预留施工孔洞之间应通过计算保持一定距离，以保证水平力的传递。

(8) 地下结构楼板上的预留孔（包括设备预留孔、立柱预留孔、施工预留孔等）应验算开口处的应力和变形。必要时宜设置孔口边梁或临时支撑等传力构件。

3. 构造措施

(1) 水平结构与外部围护体之间的连接。地下室水平结构与支护结构相结合的设计中，利用地下室各层水平结构兼作为施工期基坑内支撑与围檩体系时，基坑围护墙既可采用两墙合一的地下连续墙，也可采用临时围护墙。当采用两墙合一地下连续墙时，水平结构与地下连续墙之间的连接已在第 12.3.1 节中述及。

(2) 逆作阶段梁柱节点构造要考虑以下几点：

1) 梁与角钢格构柱的连接构造。角钢格构柱中角钢的肢宽以及缀板会阻碍梁主筋的穿越，根据梁截面宽度、主筋直径以及数量等情况，梁柱连接节点一般有钻孔钢筋连接法、传力钢板法以及梁侧加腋法。各方法的具体做法及特点或要求如表 12.2 所示。

梁柱连接节点做法 表 12.2

连接方法	具体做法	特点或要求	典型节点照片
钻孔钢筋连接法	在角钢格构柱的缀板或角钢上钻孔穿框架梁钢筋	应通过计算，确保截面损失后的角钢格构柱截面承载力满足要求，适用于框架梁宽度小、主筋直径较小以及数量较少的情况	
传力钢板法	在格构柱上焊接连接钢板，将受角钢格构柱阻碍无法穿越的框架梁主筋与传力钢板焊接连接	无需钻孔，可保证角钢格构柱截面完整性。需在已处于受力状态的角钢上进行大量的焊接作业，因此施工时应对高温下钢结构的承载力降低因素给予充分考虑，同时由于传力钢板的焊接，也增加了梁柱节点混凝土密实浇筑的难度	
梁侧加腋法	在梁侧面加腋扩大梁柱节点位置梁的宽度，使梁主筋从角钢格构柱侧面绕行贯通	需要在梁侧面加腋，梁柱节点位置大梁箍筋尺寸需根据加腋尺寸进行调整，且节点位置绕行的钢筋需在施工现场根据实际情况进行定型加工，一定程度上增加了现场施工的难度	

2) 梁与钢管混凝土柱的连接。对立柱竖向承载力要求较高的逆作法工程，可采用钢管混凝土柱作为竖向支承。此时梁柱节点一般有双梁节点、环梁节点及外加强环节点做法，如表 12.3 所示。

梁与钢管混凝土柱的连接做法 表 12.3

连接方法	具体做法	特点或要求	典型节点照片
双梁节点	将原框架梁一分为二，分成两根梁从钢管柱的侧面穿过	适用于框架梁宽度与钢管直径相比较小，梁钢筋不能从钢管穿越的情况	

续表

连接方法	具体做法	特点或要求	典型节点照片
环梁节点	在钢管柱周边设置一圈刚度较大的钢筋混凝土环梁，形成一个刚性节点区，承受和传递梁端弯矩和剪力	环梁与钢管柱通过环筋、栓钉或钢牛腿等方式形成整体连接，其后框架梁主筋锚入环梁，而不必穿过钢管柱	
传力钢板法	结构梁顶标高处钢管设置两个方向且标高错位的四块环形加劲板，双向框架梁顶部第一排主筋遇钢管阻挡处钢筋断开并与加劲环焊接，梁底部第一排主筋遇钢管下弯，梁顶和梁底之间的主筋从钢管两侧穿越	适用于梁宽度大于钢管柱直径且梁钢筋较多需多排放置的情况。该连接节点既兼顾了节点受力的要求，同时又降低了梁柱节点的施工难度。其缺点是节点用钢量大且焊接工作量多，而且应采取特殊措施保证节点混凝土浇筑密实。	钢管混凝土柱　后浇筑框架柱　框架梁

（3）后浇带位置的水平传力构造。逆作法施工中地下室各层结构作为基坑开挖阶段的水平支撑系统，后浇带的设置将使得水平结构内的水平力无法传递。此时可通过计算在框架梁或次梁内设置小截面的型钢。后浇带内设置型钢可以传递水平力，但型钢的抗弯刚度相对混凝土梁的抗弯刚度要小得多，因而不会约束后浇带两侧单体的自由沉降。图12.12为后浇带处的处理措施实景图。

（4）结构缝位置的水平传力构造。超高层建筑中主楼和裙楼常设置永久沉降缝，此外，地下室各层结构有时尚需设置抗震缝及诱导缝等结构缝。结构缝一般有一定宽度，两侧的结构完全独立无连接。为实现逆作施工阶段水平力的传递，同时又能保证沉降缝在结构永久使用阶段的作用，可采取在沉降缝两侧预留埋件，上部和下部焊接一定间距布置的型钢，以达到逆作施工阶段传递水平力的目的，待地下室结构整体形成后，割除型钢恢复结构的沉降缝。其节点构造如图12.13所示。

图12.12　后浇带处的支撑实景

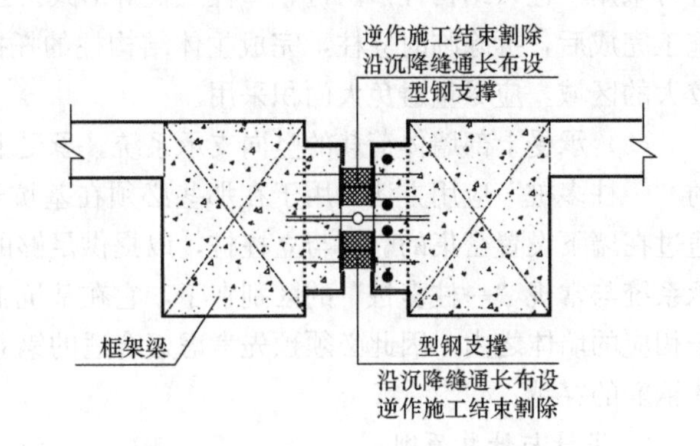

图12.13　沉降缝水平传力节点构造

（5）局部高差、错层时的处理措施。采用逆作法，顶层结构平面往往利用作为施工的场地。逆作施工阶段，其上将有施工车辆频繁运作。当局部结构突出时，将对施工阶段施工车辆的通行造成障碍；此时局部突出结构可采取后浇筑，但在逆作施工阶段需留设好后接结构的埋件以保证前后两次浇筑结构的整体连接。如局部突出区域必须作为施工车辆的通道时，可考虑在该处设置临时的车道板，如图12.14所示。

当结构平面出现较大高差的错层时，可在错层位置加设临时斜撑（每跨均设）；也可在错层位置的框架梁位置加腋角，具体措施可根据实际情况通过计算确定。图12.15为错层位置结构加腋实景。

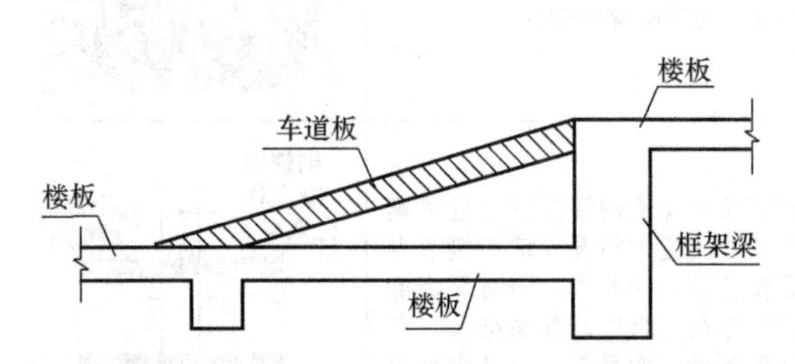

图 12.14　首层施工车辆经过区域高差的处理示意图

图 12.15　错层位置结构加腋实景

12.3.3　竖向构件相结合设计

在逆作施工阶段和主体结构永久使用阶段，如立柱和桩等竖向结构是保证上部稳定性的重要构件，其结构类型、计算方法和设计原则如下所述。

1. 竖向支承系统的结构类型

（1）一柱一桩。一柱一桩指逆作阶段在每根结构柱位置仅设置一根钢立柱和立柱桩，以承受相应区域的荷载。当采用一柱一桩时，钢立柱设置在地下室的结构柱位置，待逆作施工至基底并浇筑基础底板后再逐层在钢立柱的外围浇筑外包混凝土，与钢立柱一起形成永久性的组合柱。一般对于仅承受（2～3）层结构荷载及相应施工超载的基坑工程，可采用常规角钢拼接格构柱与立柱桩所组成的竖向支承系统；若承受的结构荷载不大于（6～8）层，可采用钢管混凝土柱等具备较高承载力钢立柱所组成的“一柱一桩”形式。

（2）一柱多桩。在相应结构柱周边设置多组“一柱一桩”则形成“一柱多桩”。一柱多桩可采用一柱（结构柱）两桩、一柱三桩等形式。当采用“一柱多桩”时，可在地下室结构施工完成后，拆除临时立柱，完成主体结构柱的托换。“一柱多桩”多用于工程中局部荷载较大的区域，应尽量避免大面积采用。

（3）承受上部墙体荷载的竖向支承系统。承受上部墙体荷载的竖向支承系统是一种特殊的“一柱多桩”应用方法，用于在那些必须在基坑开挖阶段同时施工剪力墙构件的工程中，通过在墙下设置密集的立柱与立柱桩，以提供足够的承载能力。承受上部墙体荷载的竖向支承系统与常规“一柱多桩”的区别在于，它在基坑工程完成后钢立柱不能够拆除，必须浇筑于相应的墙体之内，因此必须预先考虑好合适的钢立柱构件的尺寸与位置，以尽量有利于墙体钢筋的穿越。

2. 设计与计算原则

采用竖向构件结合时，应考虑如下设计计算原则：

（1）与主体结构相结合的竖向支承系统，应根据基坑逆作施工阶段和主体结构永久使用阶段的不同荷载状况与结构状态，进行设计计算，满足两个阶段的承载能力极限状态和正常使用极限状态的设计要求。逆作施工阶段应根据钢立柱的最不利工况荷载，对其竖向承载力、整体稳定性以及局部稳定性等进行计算；立柱桩的承载能力和沉降均需要进行计算。主体结构永久使用阶段，应根据该阶段的最不利荷载，对钢立柱外包混凝土后形成的劲性构件进行计算；兼作立柱桩的主体结构工程桩应满足相应的承载能力和沉降计算要求。

（2）钢立柱应根据施工精度要求，按双向偏心受力劲性构件计算。立柱桩的竖向承载能力计算方法与工程桩相同。基坑开挖施工阶段由于底板尚未形成，立柱桩之间的刚度联系较差，实际尚未形成一定的沉降协调关系，可按单桩沉降计算方法近似估算最大可能沉降值，通过控制最大沉降的方法以避免桩间出现较大的不均匀沉降。

(3) 由于水平支撑系统荷载是由上至下逐步施加于立柱之上，立柱承受的荷载逐渐加大，但跨度逐渐缩小，因此应按实际工况分布对立柱的承载能力及稳定性进行验算，以满足其在最不利工况下的承载能力要求。

(4) 逆作施工阶段立柱和立柱桩承受的竖向荷载包括结构梁板自重、板面活荷载以及结构梁板施工平台上的施工超载等，计算中应根据荷载规范要求考虑动、静荷载的分项系数及车辆荷载的动力系数。

(5) 支承地下结构的竖向立柱的设计和布置，应按照主体地下结构的布置，以及地下结构施工时地上结构的建设要求和受荷大小等综合考虑。当立柱和立柱桩结合地下结构柱（或墙）和工程桩布置时，立柱和立柱桩的定位与承载能力应与主体地下结构的柱和工程桩的定位与承载能力相一致。主体工程中柱下桩应采取类似承台桩的布置形式，其中在柱下必须设置一根工程桩，同时该根桩的竖向承载能力应大于基坑开挖阶段的荷载要求。主体结构框架柱可采用钢筋混凝土柱或其他劲性混凝土柱形式，若采用劲性混凝土柱，其劲性钢构件应构造简单且适于用作基坑围护结构的钢立柱。

(6) 当钢立柱需外包混凝土形成主体结构框架柱时，钢立柱的形式与截面设计应与地下结构梁板、柱的断面和钢筋配置相协调，设计中应采取构造措施以保证结构整体受力与节点连接的可靠性。立柱的断面尺寸不宜过大，若承载能力不能满足要求，可选用具有较高承载能力的钢材牌号。

3. 立柱的设计

(1) 立柱的结构形式。与主体结构相结合的竖向支承立柱可以采用钢立柱、钢管混凝土立柱、钻孔灌注桩立柱（桩柱合一）。

1) 型钢格构柱。型钢格构柱由于构造简单、便于加工且承载能力较大，是应用最广的钢立柱形式。最常用的型钢格构柱采用4根角钢拼接而成的缀板格构柱，常用L120mm×12mm、L140mm×14mm、L160mm×16mm和L180mm×18mm等规格。钢立柱一般需要插入立柱桩顶以下3m～4m。角钢格构柱在梁板位置也应当尽量避让结构梁板内的钢筋，因此其断面尺寸除需满足承载能力要求外，尚应考虑立柱桩桩径和所穿越的结构梁等结构构件的尺寸。最常用的钢立柱断面边长为420mm、440mm和460mm。角钢格构柱构造如图12.16所示。

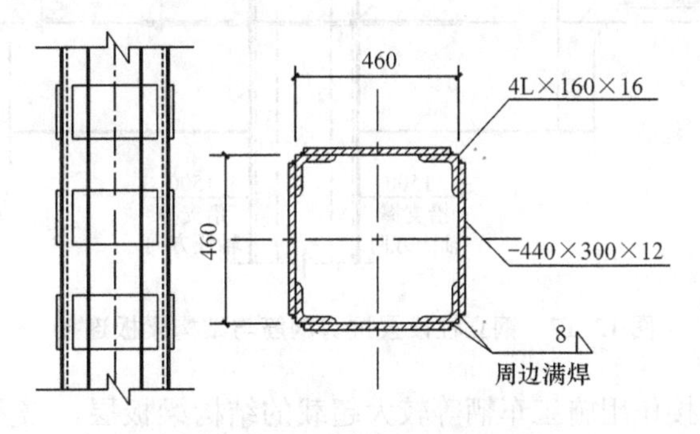

图12.16　角钢拼接格构柱

2) 钢管混凝土立柱。高层建筑结构采用在钢管中浇筑高强混凝土形成钢管混凝土柱，施工便捷、承载力高且经济性好。基坑工程采用钢管混凝土立柱一般内插于其下的灌注立柱桩中使用，施工时首先将立柱桩钢筋笼及钢管置入桩孔之中，再浇筑混凝土依次形成桩基础与钢管混凝土柱。钢管由于可以根据工程需要定制，直径和壁厚的选择范围较大，常用直径在ϕ（500～700）。钢管混凝土柱通常内填设计强度等级不低于C40的高强混凝土。

3）地下连续墙作为逆作阶段竖向支承构件。主体结构与支护结构相结合的工程中若需要同步施工地下结构的剪力墙，可在剪力墙位置直接根据主体结构设计要求设置相同厚度的地下连续墙，既作为地下室剪力墙又进入坑底以下足够深度作为基坑逆作阶段的竖向支承构件。地下连续墙应采用刚性槽段接头，同时应确保地下连续墙与地下室底板、结构梁板等水平结构构件的连接能满足主体结构设计要求。

（2）立柱的设计要点有以下几点：

1）竖向支承钢立柱由于柱中心的定位误差、柱身倾斜、基坑开挖或浇筑柱身混凝土时产生位移等原因，会产生立柱中心偏离设计位置的情况。因此应根据立柱允许偏差按偏心受压构件验算施工偏心的影响；

2）基坑逆作施工阶段，当下层土方已开挖，上一层的钢立柱一般在结构梁板施工时可同时浇筑成复合柱，其承载能力增大很多，故仅需验算最底层一跨的钢立柱的承载能力。同时，当基坑开挖至坑底、底板尚未浇筑前，最底层一跨钢立柱在承受最不利荷载的同时计算跨度也相当大，一般情况下，该工况是钢立柱的最不利工况。最底层一跨的钢立柱，上端固定于结构梁板中，由于结构梁板的刚度大可视为固定端；下端插入工程桩内，由于工程桩周围土体的刚度小，下端认为是可以自由转动的，因此可假定为铰接；

3）钢立柱竖向承载能力主要由整体稳定性控制，若在柱身局部位置有截面削弱，须进行竖向承载的抗压强度验算。一般截面形式的钢立柱计算，可按国家标准《钢结构设计规范》GB 50017 等相关规范中关于轴心受力构件的有关规定进行。钢管混凝土立柱计算可参考中国工程建设标准化协会标准《钢管混凝土结构设计与施工规程》CECS 28—1990 进行。

（3）对于连接构造要考虑到以下几个部位的连接：

1）角钢格构柱与梁板的连接构造。角钢格构柱与结构梁板的连接节点，在地下结构施工期间主要承受荷载引起的剪力，设计时一般根据剪力的大小计算确定后在节点位置钢立柱上设置足够数量的抗剪钢筋或抗剪栓钉。图 12.17 为设置抗剪钢筋与结构梁板连接的节点示意图。图 12.18 为钢立柱设置抗剪栓钉与结构梁板连接节点的示意图。

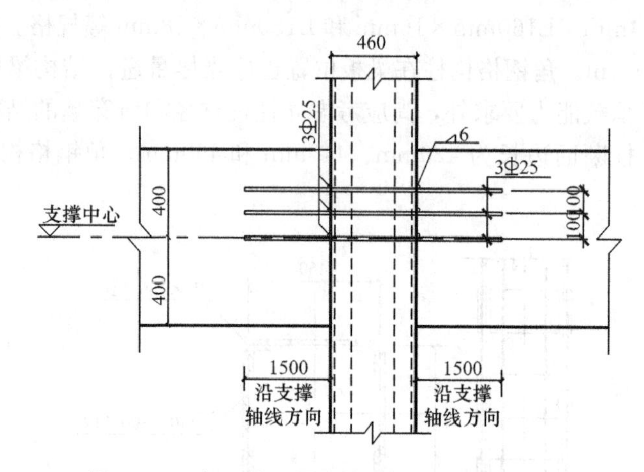

图 12.17　钢立柱设置抗剪钢筋与结构梁板连接

逆作施工阶段在直接作用施工车辆等较大超载的结构梁板层，需要在梁下钢立柱上设置钢牛腿或者在梁内钢牛腿上焊接抗剪能力较强的槽钢等构件。格构柱外包混凝土后伸出柱外的钢牛腿可以割除。图 12.19 为钢格构柱设置钢牛腿作为抗剪件时的示意图和实景图。

2）钢管混凝土柱与结构梁板的连接构造。钢管或钢管混凝土立柱与梁受力钢筋的连接一般通过传力钢板法连接，具体做法是在钢管周边设置带加劲肋的环形钢板，梁板受力钢筋则焊在环形钢板上。图 12.20 为钢管混凝土立柱的传力钢板连接构造实景图。图 12.21 为钢管混凝土立柱采用 H 型钢作为抗剪件做法实景图。

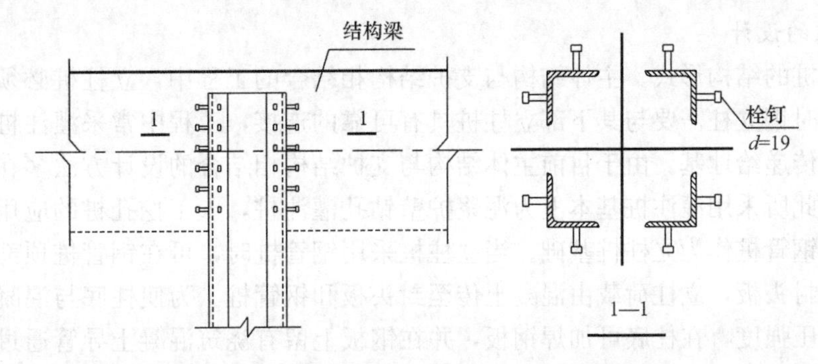

图 12.18 钢立柱设置抗剪栓钉与结构梁板连接

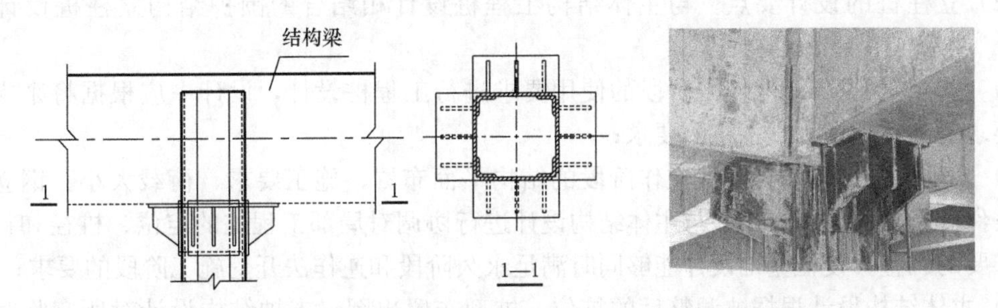

图 12.19 钢格构柱设置钢牛腿作为抗剪件的示意图和实景图

图 12.20 钢管混凝土立柱的传力钢板连接构造实景图

图 12.21 钢管混凝土立柱的H型钢传力实景图

3）钢立柱在底板位置的止水构造。钢立柱在底板位置也应设置止水构件以防止地下水上渗。对于角钢拼接格构柱通常止水构造是在每根角钢的周边设置两块止水钢板，图 12.22 为角钢拼接格构柱在底板位置止水构造图。对于钢管混凝土立柱，则需要在钢管位于底板的适当标高位置设置封闭的环形钢板，作为止水构件。

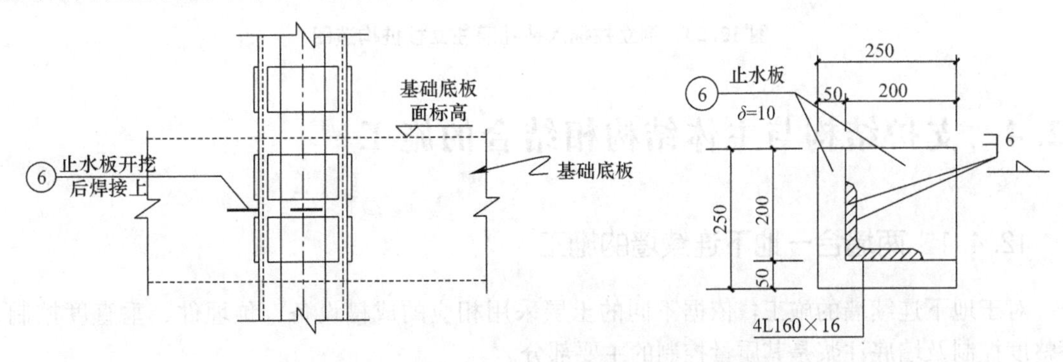

图 12.22 角钢拼接立柱在底板位置止水钢板详图

4. 立柱桩的设计

（1）立柱桩的结构形式。主体结构与支护结构相结合的工程中，立柱桩必须具备较高的承载能力，同时钢立柱需要与其下部立柱桩具有可靠的连接，工程中常采灌注桩将钢立柱承担的竖向荷载传递给地基。由于目前主体结构与支护结构相结合的设计方法多在沿海软土地区中应用，因此所采用灌注桩基本上为泥浆护壁钻孔灌注桩，人工挖孔桩的应用较少。另外也有工程采用钢管桩作为立柱桩基础。当立柱桩采用钢管桩时，可在钢管桩顶部的桩中插焊十字加劲肋的封头板，立柱荷载由混凝土传至封头板和钢管桩。为使柱底与混凝土接触面有足够的局部抗压强度，在柱底可加焊钢板，并在钢板上留有浇筑混凝土导管通过的缺口。在底板以下的钢立柱上可增焊栓钉，以增强柱的锚固并减小柱底接触压力。

（2）立柱桩的设计要点。与主体结构工程桩设计相结合的围护结构立柱桩设计流程如下：

1）主体结构根据永久使用阶段的使用要求进行工程桩设计，设计中应根据将来支护结构的要求适当考虑作为立柱桩的要求；

2）基坑围护结构设计根据逆作阶段的结构平面布置、施工要求、荷载大小、钢立柱设计等条件进行立柱桩设计，并与主体结构设计进行协调对局部工程桩的定位、桩径和桩长等进行必要的调整，使桩基础设计能够同时满足永久阶段和逆作法开挖施工阶段的要求；

3）主体结构设计根据被调整后的桩位、桩型布置出图，支护结构设计对所有临时立柱桩和与主体结构相结合的立柱桩出图；

4）立柱桩的设计内容包括立柱桩承载力和沉降计算以及钢立柱与立柱桩的连接节点设计；

5）对于灌注桩桩型，若利用主体结构承压桩作为立柱桩，支护设计将其桩径或桩长增加后应确保调整配筋满足规范的构造要求。若利用抗拔桩作为立柱桩，其桩径、桩长增加后应根据其抗拔承载力进行计算，调整配筋满足规范的抗裂设计要求；

6）钢立柱插入立柱桩需要确保在插入范围内，灌注桩的钢筋笼内径大于钢立柱的外径或对角线长度。若遇钢筋笼内径小于钢立柱外径或对角线长度的情况，可以将灌注桩端部一定范围进行扩径处理，其做法如图 12.23 所示。

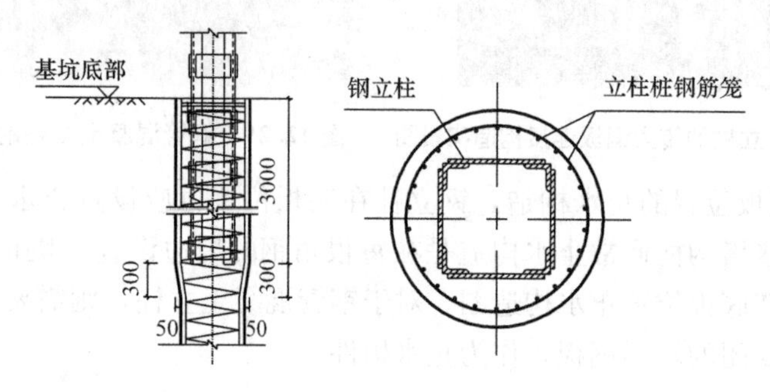

图 12.23　钢立柱插入钻孔灌注立柱桩构造图

12.4　支护结构与主体结构相结合的施工

12.4.1　两墙合一地下连续墙的施工

对于地下连续墙的施工，依据不同的土层采用相应的成槽设备、预埋件、垂直度控制、平整度控制及墙底注浆是其质量控制的主要部分。

1. 成槽设备选择

对于较松软的土如黏土、淤泥质黏土、粉质黏土等，可采取常规液压抓斗成槽机械（图12.24）进行成槽施工。当土层标贯击数 N 值超过30时，采用常规液压抓斗成槽机械挖掘速度会急剧下降，而当 N 值超过50即难以挖掘，在这种情况下可以采用适合于硬土层掘进的铣削式成槽机（也称铣槽机，如图12.25所示）进行成槽。铣槽机以切削方式在硬土里进行成槽，具有施工振动小、工效强、施工精度高等特点。工程中常常会出现上部土层较软弱而下部土层坚硬的情况，此时可以采用常规抓斗与铣槽机相结合的方式进行成槽施工，即在上部较软土层中采用常规抓斗式成槽机成槽，到下部较硬土层时换用适合于硬层掘进的铣削式成槽机，以利成槽并提高施工工效。由于两墙合一地下连续墙的垂直度要求高，因此成槽应采用具有自动纠偏功能的成槽设备。

图12.24　抓斗成槽机

图12.25　铣槽机

2. 预埋件施工

两墙合一地下连续墙钢筋笼制作时，应在钢筋笼上预留剪力槽、插筋、接驳器等预埋件，预埋件应可靠固定。剪力槽、插筋、接驳器等预埋件位置的准确性，将直接影响后续结构工程施工的质量，因此预埋件应固定可靠，位置准确。为了方便基坑开挖后凿出剪力槽和预埋件，可在剪力槽和预埋件一侧设置泡沫塑料或夹板，开挖后再清除。

3. 垂直度控制

作为两墙合一地下连续墙垂直度一般需达到1/300，而超深地下连续墙对成槽垂直度要求达到1/600，因此施工中需采取相应的措施来保证超深地下连续墙的垂直度。两墙合一地下连续墙成槽前，应加强对成槽机械操作人员的技术交底并提高相关人员的质量意识。成槽所采用的液压抓斗成槽机或铣槽机均需具有自动纠偏装置。严格按照设计槽孔偏差控制斗体和液压铣铣头下放位置，将斗体和液压铣铣头中心线对正槽孔中心线，缓慢下放斗体和液压铣铣头进行施工。单元槽段成槽挖土过程中，抓斗中心应每次对准放在导墙上的孔位标志物，保证挖土位置准确。抓斗闭斗下放，开挖时再张开，上、下抓斗时要缓慢进行，避免形成涡流冲刷槽壁，引起坍方，同时在槽孔混凝土未灌注之前严禁重型机械在槽孔附近行走。成槽过程须随时注意槽壁垂直度情况，每一抓到底后，用超声波测井仪监测成槽情况，发现倾斜指针超出规定范围，应立即启动纠偏系统调整垂直度，确保垂直精度达到规定的要求。

4. 平整度控制

对两墙合一地下连续墙墙面平整度影响的首要因素是泥浆护壁效果，因此可根据实际试成槽的施工情况，调节泥浆比重，一般控制在1.18左右，并对每一批新制的泥浆进行主要性能测试。另外可根据现场场地实际情况，采用暗浜加固、施工道路侧水泥土搅拌桩加固、控制抓斗成槽或铣槽速度、控制施工过程中大型机械不在槽段边缘频繁走动、泥浆应随着出土及时补入以保证泥浆液面在规定高度上等辅助措施。

5. 墙底注浆

墙底注浆加固采用在地下连续墙钢筋笼上预埋注浆钢管，在地下连续墙施工完成后直接压注施工。

(1) 注浆管的埋设。注浆管常用的有ϕ48mm钢管和内径25mm钢管，每幅钢筋笼上埋设2根，间距不大于3m。注浆管长度视钢筋笼长度而定，一般底部插入槽底土内300mm～500mm，注浆管口用堵头封口，注浆管随钢筋笼一起放入槽段内。注浆器采用单向阀式注浆器，注浆管应均匀布置，注浆器制成花杆形式。

(2) 注浆工艺流程。地下连续墙的混凝土达到一定强度后进行注浆。注浆有效扩散半径为0.75m，注浆速度应均匀。注浆时应根据有关规定设置专用计量装置。图12.26为注浆工艺流程。

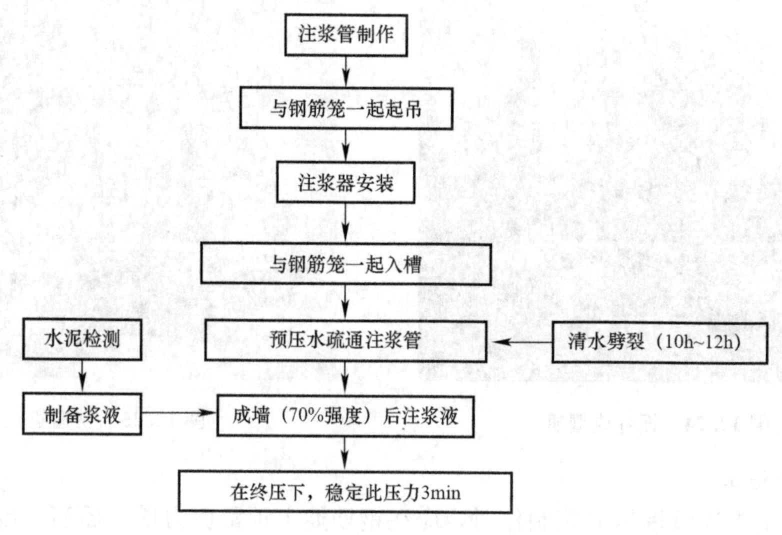

图12.26 连续墙墙底注浆工艺流程

(3) 注浆施工要点。注浆施工要点如下：当地下连续墙混凝土强度大于70%的设计强度时即可对地下连续墙进行墙底注浆；注浆压力必须大于注浆深度处的土层压力，正常情况下一般控制在0.4MPa～0.6MPa，终止压力可控制在2MPa左右；注浆流量为15L/min～20L/min；单管水泥用量约为2000kg；注浆材料采用P·O 42.5普通硅酸盐水泥，水灰比0.5～0.6；拌制注浆浆液时，必须严格按配合比控制材料掺入量；应严格控制浆液搅拌时间，浆液搅拌应均匀；压浆管与钢筋笼同时下入，压浆器焊接在压浆管上，同时必须超出钢筋笼底端0.5m；在地下连续墙的混凝土达到初凝的时间内（控制在6h～8h）进行清水劈裂，以确保预埋管的畅通；当注浆量达到设计要求时，可终止注浆，当注浆压力≥2MPa并稳压3min，且注浆量达到设计注浆量的80%时，亦可终止压浆。

12.4.2 水平构件相结合的施工

采用水平构件相结合时用逆作法施工，其地下室的结构节点形式与常规施工法存在较大的区别。根据逆作法的施工特点，地下室结构不论是哪种结构形式都是由上往下分层浇筑的。地下室结构的浇筑方法有三种：

1. 利用土模浇筑梁板

对于首层结构梁板及地下各层梁板，开挖至其设计标高后，将土面整平夯实，浇筑一层厚约50mm的素混凝土（如果土质好则抹一层砂浆亦可），然后刷一层隔离层，即成楼板的模板。对于梁模板，如土质好可用土胎模，按梁断面挖出沟槽即可；如土质较差，可用模板搭设梁模板。图12.27为逆作施工时土模的示意图。

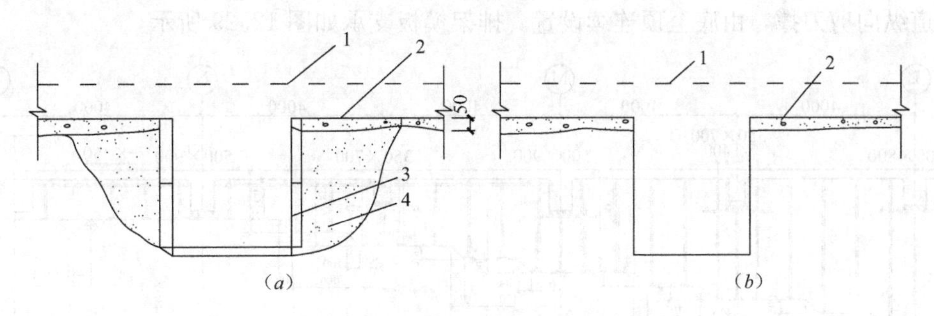

图12.27　逆作施工时的梁、板模板

(a) 用钢模板组成梁模；(b) 梁模用土胎模

1—楼面板；2—素混凝土层与隔离层；3—钢模板；4—填土

至于柱头模板，施工时先把柱头处的土挖出至梁底以下500mm处，设置柱子的施工缝模板，为使下部柱子易于浇筑，该模板宜呈斜面安装，柱子钢筋通穿模板向下伸出接头长度，在施工缝模板上面组立柱头模板与梁板连接。如土质好柱头可用土胎模，否则就用模板搭设。柱头下部的柱子在挖出后再搭设模板进行浇筑，如图12.28所示。

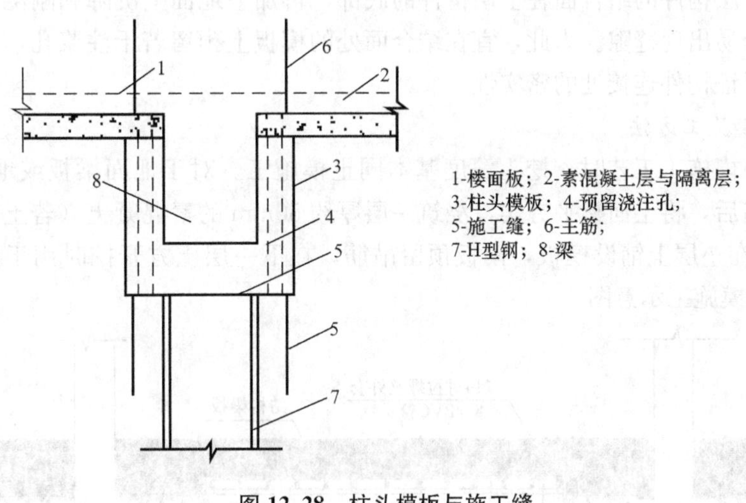

图12.28　柱头模板与施工缝

2. 利用支模方式浇筑梁板

用此法施工时，先挖去地下结构一层高的土层，然后按常规方法搭设梁板模板，浇筑梁板混凝土，再向下延伸竖向结构（柱或墙板）。为此，需解决两个问题，一个是设法减少梁板支承的沉降和结构的变形；另一个是解决竖向构件的上、下连接和混凝土浇筑。

为了减少楼板支承的沉降和结构变形，施工时需对土层采取措施进行临时加固。加固的方法有两种：一种方法是浇筑一层素混凝土，以提高土层的承载能力和减少沉降，待墙、梁浇筑完毕，开挖下层土方时随土一同挖除，这就要额外耗费一些混凝土；另一种方法是铺设砂垫层，上铺枕木以扩大支承面积，这样上层柱子或墙板的钢筋可插入砂垫层，以便与下层后浇筑结构的钢筋连接。

有时还可用吊模板的措施来解决模板的支承问题。在这种方法中，梁、平台板采用木模，排架采用 $\phi48$ 钢管。柱、剪力墙、楼梯模板亦可采用木模。由于采用盆式开挖，因此使得模板排架可以周转循环使用。在盆式开挖区域，各层水平楼板施工时，排架立杆在挖土盆顶和盆底均采用一根通长钢管。挖土边坡为台阶式，即排架立杆搭设在台阶上，台阶宽度大于 1000mm，上下级台阶高差 300mm 左右。台阶上的立杆为两根钢管搭接，搭接长度不小于 1000mm。排架沿每 1500mm 高度设置一道水平牵杠，离地 200mm 设置扫地杆（挖土盆顶部位只考虑水平牵杠，高度根据盆顶与结构底标高的净空距离而定）。排架每隔四排立杆设置一道纵向剪刀撑，由底至顶连续设置。排架模板支承如图 12.29 所示。

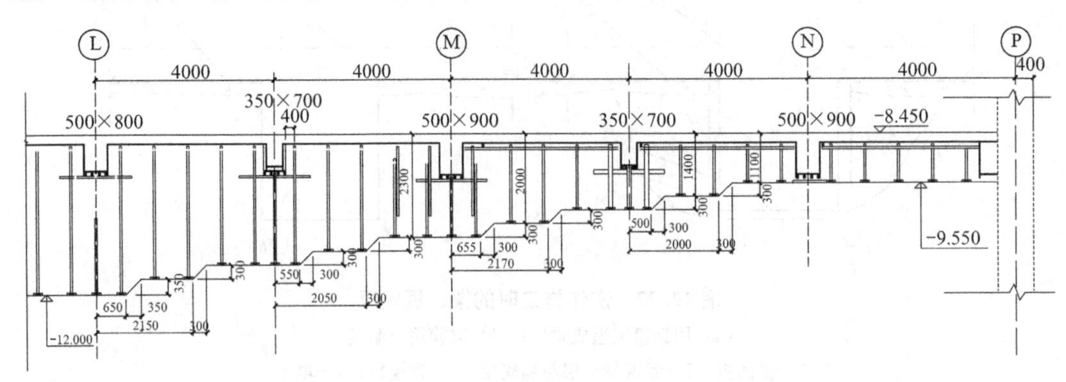

图 12.29　排架模板支承示意图

水平构件施工时，竖向构件采用在板面和板底预留插筋，在竖向构件施工时进行连接。至于逆作法施工时混凝土的浇筑方法，由于混凝土是从顶部的侧面入仓，为便于浇筑和保证连接处的密实性，除对竖向钢筋间距适当调整外，构件顶部的模板需做成喇叭形。

由于上、下层构件的结合面在上层构件的底部，再加上地面上沉降和刚浇筑混凝土的收缩，在结合面处易出现缝隙。为此，宜在结合面处的模板上预留若干注浆孔，以便用压力灌浆消除缝隙，保证构件连接处的密实性。

3. 无排吊模施工方法

采用无排吊模施工工艺时，挖土深度基本同土模施工。对于地面梁板或地下各层梁板，挖至其设计标高后，将土面整平夯实，浇筑一层厚约 50mm 的素混凝土（若土质好抹一层砂浆亦可），然后在垫层上铺设模板，模板预留吊筋，在下一层土方开挖时用于固定模板。图 12.30 为无排吊模施工示意图。

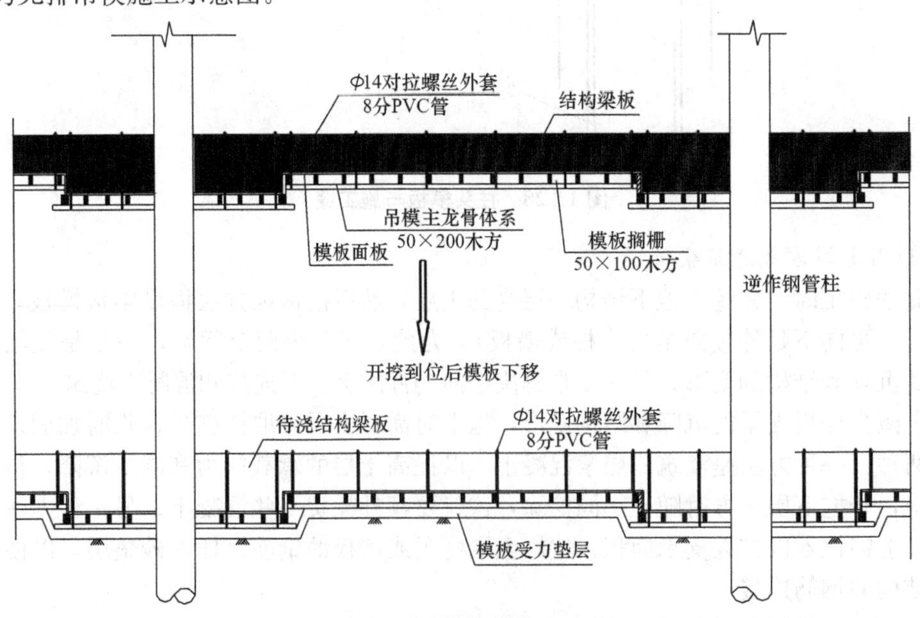

图 12.30　无排吊模施工示意图

12.4.3　竖向构件相结合的施工

竖向构件相结合的施工主要包括立柱和桩的施工，其相应的主要控制环节为调垂和注浆等。

1. 一柱一桩调垂施工

一柱一桩的定位和垂直度必须严格满足要求，其垂直度一般要求控制在1/300～1/600以内。立柱桩根据不同的种类，需采用专门定位措施，钻孔灌注桩必要时应适当扩大桩孔。钢立柱的施工必须采用专门的定位调垂方法，如气囊法、机械调垂架法和导向套筒法等，对其进行定位和调垂。竖向支承柱采用钢管立柱时，一般钢管内混凝土等级高于工程桩的混凝土，此时在一柱一桩混凝土施工时应严格控制不同强度等级的混凝土施工界面，确保混凝土浇捣施工。

2. 钢管立柱混凝土施工

竖向支承采用钢管立柱时，一般钢管内混凝土强度等级高于工程桩的混凝土，此时在一柱一桩混凝土施工时应严格控制不同强度等级的混凝土施工界面，确保混凝土浇捣施工。水下混凝土浇灌至钢管底标高时，即更换高强度等级混凝土，在高强度等级混凝土浇筑的同时，在钢管立柱外侧回填碎石、黄砂等，阻止管外混凝土上升。

3. 桩端后注浆施工

一柱一桩在逆作施工时承受的竖向荷载较大，需通过桩端后注浆来提高一柱一桩的承载力并减少沉降，为逆作法施工提供有效的保障。由于注浆量、控制压力等技术参数对桩端后注浆承载力影响的机理尚不明确，承载力理论计算还不完善，因此在正式施工前必须通过现场试成桩来确保成桩工艺的可靠性，并通过现场载荷试验来了解其实际承载力与沉降。

12.5　支护结构与主体结构相结合的检测

12.5.1　两墙合一地下连续墙的质量检测

两墙合一地下连续墙由于是永久结构，因此对其施工质量要求较高，具体的施工质量检测要求如表12.4所示。此外，两墙合一地下连续墙应采用超声波透射法对墙体混凝土质量进行检测，同类型槽段的检测数量不应少于10%，且不应少于3幅。必要时可采用钻孔取芯方法进行强度质量检测，单幅墙身的钻孔取芯数量不少于2个；钻孔取芯完成后应对芯孔进行注浆填充。

两墙合一地下连续墙允许偏差　　表12.4

序号	检查项目		允许偏差或允许值		检查数量	
			单位	数值	范围	点数
1	导墙	导墙轴线平面偏差	mm	±10	每幅槽段	2
		宽度	mm	W+40		
		墙面平整度	mm	5		
		导墙平面位置	mm	±10		
2	泥浆	清孔后泥浆比重		1.20	槽内上部、中部和离槽底200mm处	3
3	成槽	垂直度		1/300	每幅槽段	2
4	沉渣厚度		mm	20	每幅槽段	2
5	槽深		mm	100	每幅槽段	2
6	钢筋笼	保护层厚度	mm	0～10	每幅钢筋笼	3
		长度	mm	±50		3
		宽度	mm	−20		3

续表

序号	检查项目		允许偏差或允许值		检查数量	
			单位	数值	范围	点数
7	钢筋笼尺寸	主筋间距	mm	±10	每幅钢筋笼	4
		分布筋间距	mm	±20		
		预埋连接钢筋或接驳器中心位置	mm	±10		20%
		预埋件中心位置	mm	±10		
8	混凝土坍落度		mm	180～220	每幅槽段	3
9	成墙	混凝土强度等级	符合设计要求		每 100m³ 混凝土不少于 1 组试块，且每幅槽段不少于 1 组	
		混凝土抗渗等级	符合设计要求		每 5 幅槽段 1 组试块	
10	地下墙表面平整度	临时结构	mm	100	每幅槽段	3
11	预埋件	位置	mm	10	全数	

12.5.2 水平构件相结合的质量检测

结构水平构件施工应与设计工况相一致，质量验收应符合《混凝土结构工程施工质量验收规范》GB 50204 的相关要求。

12.5.3 竖向构件相结合的质量检测

采用竖向构件相结合时，立柱和立柱桩的施工质量检测要求如下：

（1）立柱桩成孔垂直度不应大于 1/150，立柱深度范围内的成孔垂直度不应大于 1/200；立柱桩成孔垂直度应全数检查；

（2）沉渣厚度不应大于 100mm；

（3）立柱和立柱桩定位偏差不应大于 10mm；

（4）格构柱、H 型钢柱转向不宜大于 5°；

（5）立柱的垂直度应满足设计要求，且不宜大于 1/300；

（6）立柱桩的抗压强度试块每 50m³ 混凝土不应少于 1 组，且每根桩不少于 1 组；

（7）立柱桩可采用超声波透射法检测桩身完整性，桩身完整性应全数检测；

（8）钢管混凝土立柱在基坑开挖后应采用敲击法检验的数量不应少于 20%，发现问题应扩大检验比率，并应对有问题的立柱采用超声波或钻孔取芯做进一步检测。

12.6 常见工程问题及对策

12.6.1 地下连续墙墙身缺陷及处理措施

由于施工工艺水平的限制，地下连续墙墙身难免存在或多或少的缺陷，针对这些缺陷有不同的处理方法。

1. 出现问题原因

地下连续墙采用现场泥浆护壁成槽施工，水下浇筑混凝土，容易出现表面露筋及孔洞、局部渗漏水等质量问题，尤其在遇到地下障碍物或吊装中出现散笼现象时，会影响地下连续墙的墙身质量。

2. 处理对策

（1）地下连续墙表面露筋及孔洞的修补。当基坑开挖后，遇地下连续墙表面出现露筋问题，首先将露筋处墙体表面的疏松物质清除，并采取清洗、凿毛和接浆等处理措施，然后用硫铝酸盐超早强膨胀水泥和一定量的中粗砂配制成的水泥砂浆来进行修补。如在槽段接缝位置或墙身出现较大的孔洞，再采用上述清洗、凿毛和接浆等处理措施后，采用微膨胀混凝土进行修补，混凝土应较墙身混凝土至少高一级。

（2）地下连续墙的局部渗漏水的修补。地下连续墙常因夹泥或混凝土浇筑不密实而在施工接头位置甚至墙身出现渗漏水现象，必须对渗漏点进行及时修补。堵漏施工工艺为：首先找到渗漏来源，将渗漏点周围的夹泥和杂质去除，凿出沟槽，并清水冲洗干净；其次在接缝表面两侧一定范围内凿毛，凿毛后在沟槽处埋入塑料管对漏水进行引流，并用封缝材料（即水泥掺合材料）进行封堵，封堵完成并达到一定强度后，再选用水溶性聚氨酯堵漏剂，用注浆泵进行化学压力灌浆，待浆液凝固后，拆除注浆管。

12.6.2　水平梁板浇筑时模板沉陷及处理措施

1. 出现问题的原因

采用水平结构相结合时，当采用支模方式浇筑梁板，由于地基土承载力不够，支设于其上的模板结构在混凝土浇筑时承受荷载而沉陷。

2. 处理对策

在浇筑梁板结构的混凝土时，应对其模板的沉降进行观测，当发现较大的沉降时应重新调整模板的标高。当混凝土已经硬化才发现此问题时，应凿除混凝土重新进行支模浇筑。处理此问题最好的方法还是在于预防。即对地基土进行加固，以提高土层的承载能力和减少沉降，并上铺枕木以扩大模板排架的支承面积。

参考文献

[1]　基坑工程技术规范 DG/TJ 08—61—2010 [S]. 2010.

[2]　建筑基坑支护技术规程（JGJ 120—99）[S]. 1999.

[3]　建筑基坑支护技术规范（YB 9258—97）[S]. 1997.

[4]　沈健，王建华，高绍武. 基于“m”法的深基坑支护结构三维分析方法 [J]. 地下空间与工程学报. 2005，1（4）：531-533.

[5]　刘国彬，王卫东. 基坑工程手册（第二版）[M]. 北京：中国建筑工业出版社，2009.

[6]　王卫东，王建华. 深基坑支护结构与主体结构相结合设计、分析与实例 [M]. 北京：中国建筑工业出版社，2007.

[7]　邓文龙. 长峰商城超大型逆作法施工技术 [J]. 地下空间与工程学报. 2005，1（4）：595-598.

[8]　王卫东，吴江斌，黄绍铭. 上海地区建筑基坑工程的新进展与特点 [J]. 地下空间与工程学报. 2005，1（4）：547-553.

[9]　王卫东. 承重地下连续墙与高层建筑桩箱基础及地基共同作用的理论和实测研究 [M]. 博士学位论文. 上海，同济大学，1996.

[10]　徐中华. 上海地区支护结构与主体地下结构相结合的深基坑变形性状研究 [M]. 博士学位论文. 上海交通大学，2000.

[11]　杨光华. 深基坑支护结构的使用计算分析方法及其应用 [M]. 北京：地质出版社，2004.

[12]　徐中华，王建华，王卫东. 主体地下结构与支护结构相结合的复杂深基坑分析 [J].

岩土工程学报. 2006, 28 (S0): 1355-1359.

[13] 戴斌, 王卫东, 徐中华. 密集建筑区域中深基坑全逆作法的设计与实践 [J]. 地下空间与工程学报. 2005, 1 (4): 579-583.

[14] 翁其平, 王卫东, 徐中华. 软土中超大面积深基坑逆作法设计与实践 [J]. 地下空间与工程学报. 2005, 1 (4): 587-590.

[15] 王卫东, 徐中华, 王建华. 基坑工程支护结构与主体结构相结合的设计与分析方法 [J]. 2009海峡两岸地工技术/岩土工程交流研讨会论文集（大陆卷）. 北京: 中国科学技术出版社: 183-196.

第 13 章 逆作法

13.1 概述

13.1.1 逆作法的概念与优缺点

逆作法是一种地下结构施工工法，一般是先沿建筑物地下室外壁施工地下连续墙或沿基坑的周围施工其他临时围护墙，同时在建筑物内部的有关位置浇筑或打下中间支承桩和柱，作为施工期间至底板封底之前承受上部结构自重和施工荷载的竖向支承；然后施工地面一层的梁板结构，作为地下连续墙或其他围护墙的水平支撑，随后逐层向下开挖土方和浇筑各层地下结构，直至底板封底；同时，由于地面一层的楼面结构已经完成，为上部结构的施工创造了条件，因此也可以同时向上逐层进行地上结构的施工，如此地面上、下同时进行施工，直至工程结束。逆作法的这种施工流程有别于传统的顺作法，传统顺作法是在基坑土方开挖至坑底后再从下往上开始施工主体结构。图 13.1 为逆作法和顺作法施工流程图的示意图。

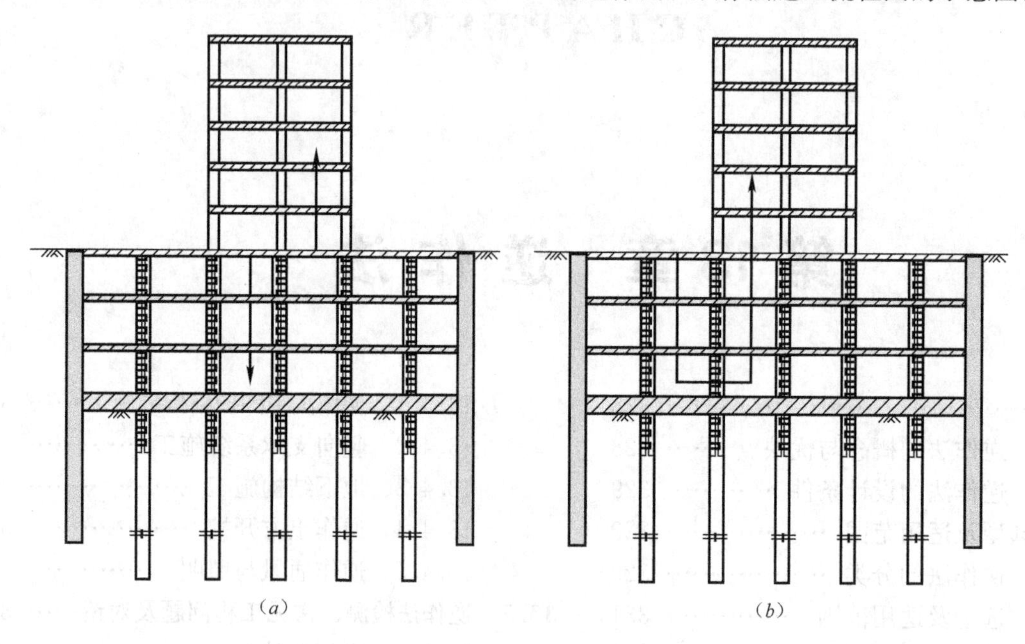

图 13.1 逆作法与顺作法示意图

(a) 逆作法；(b) 顺作法

逆作法施工优点主要有以下几点：

(1) 上部结构和地下结构施工能同步立体作业，在地下室范围大、尤其地下层数多时，可体现节省工期优势。

(2) 首层结构梁板作适当加强后可作为施工平台，不必另外设置工作平台或栈桥，大幅减少了支撑和工作平台等大型临时设施，减少了临时施工场地要求，减少了施工费用。

(3) 楼板整体性好，刚度大，围护结构变形量小，对邻近建筑影响小。

(4) 主体结构与支护结构的结合能最大程度减少资源损耗。

(5) 采用两墙合一地下连续墙时能最大限度地利用地下空间，扩大地下室的建筑面积。

(6) 施工不易受到气候的影响，盛夏的日照影响、气温的变动也少，能够提供较好的作业环境；噪声和粉尘对周边环境影响大幅度减少；土方开挖可不占或少占施工总工期。

(7) 由于开挖和施工的交错进行，逆作结构的自身荷载由立柱直接承担并传递至地基，减少了基坑开挖时卸载对桩基影响。

尽管“逆作法”有不少优点，但也有它不足的地方，主要有以下几点：

（1）施工精度要求高，技术难度大，节点处理复杂。

（2）系统性强，需要设计与施工紧密配合。

（3）由于挖土是在顶部封闭状态下进行，基坑中还分布有一定数量的中间支承柱和降水用井点管，挖土困难，土方工程工期可能较常规顺作法长。

（4）支撑位置受地下室层高的限制，遇较大楼高的地下室，需另设临时水平支撑或加大围护墙的断面及配筋。

总的来说，“逆作法”能够提高地下工程安全性，减少资源浪费，缩短施工总工期，对周边环境影响小，是一种值得推广的基坑支护技术。

13.1.2 逆作法的设计条件

逆作法需要设计与施工相互配合协调，除了常规顺作法基坑工程需要的设计条件外，在逆作法设计前还需要明确如下必要的设计条件：

（1）需要了解主体结构资料。通常情况下采用逆作法实施的地下结构宜采用框架结构体系，水平结构宜采用梁板结构或无梁楼盖。对于上部建筑较高的（超）高层结构以及采用剪力墙作为主要承重构件的结构，从抗震性能和抗风角度，其竖向承重构件的受力要求相对更高，不适合采用逆作法的实施方案。但可以根据高层结构的位置和平面形状，通过留设大开口或设置局部临时支撑的形式，在基坑逆作开挖到底形成基础底板后再进行这部分结构的施工，从而实现逆作施工基坑工程和顺作施工部分主体结构的结合。实际工程中，由于工程工期要求、环境保护要求、工程经济性要求等的不同，采用的基坑工程实施方法也各不相同。逆作法作为一种基坑工程设计与实施的方案也可以与顺作法相结合，从而使得工程建设更加符合实际的需要。

（2）需要明确是否采用上下同步施工的逆作法设计方案。上下同步施工可以缩短地面结构甚至整个工程的工期，但也对逆作法的设计提出了更高的要求。上下同步施工意味着施工阶段的竖向荷载大大增加，在基础底板封闭前，所有竖向荷载将全部通过竖向支承构件传递至地基土中，因此上部结构能够施工多少层取决于竖向支承构件的布置数量以及单桩的竖向承载能力。过高的同步设计楼层的要求将直接导致竖向支承构件的工程量过大，使得工程经济性大大降低。而且基坑工程逆作施工阶段，上部结构的同步施工不仅会对竖向支承构件设计产生影响，上部结构的布置也会影响出土口布置以及首层结构上受力转换构件的设置，因此是否采用上下同步施工的逆作法方案以及基坑逆作期间上部同步设计的层数都应综合确定，以确保工期、工程经济性的平衡和设计的合理。

（3）尚应确定逆作首层结构梁板的施工布置，提出具体的施工行车路线、荷载安排以及出土口布置等。逆作法工程中，地下室结构梁板随基坑开挖逐层封闭，这给地下各层的土方开挖带来一定困难。为了解决土方开挖的问题，逆作结构梁板上应设置局部开口，为其下土方开挖、施工材料运输、施工照明以及通风等创造条件。逆作法设计前应与施工单位充分结合，共同确定首层结构梁板上的施工布局，明确施工行车路线、施工车辆荷载以及挖土机械、混凝土泵车等重要施工超载等，根据结构体系的布置和施工需要对结构梁板进行设计和加强，为逆作施工提供便利的同时，确保基坑逆作施工的结构安全。

13.2 规划、选型及适用范围

13.2.1 逆作法的分类

据对围护结构的支撑方式，基坑工程逆作法可分为上下同步施工的逆作法、仅地下结构逆作、地下结构框架逆作和部分逆作法等几类：

（1）上下同步施工的逆作法。即在地下主体结构向下逆作施工的同时，同步进行地上主体结构施工的方法，如图 13.2 所示。地下结构逆作时，利用地下各层钢筋混凝土楼板对四周围护结构形成水平支撑。

（2）仅地下结构逆作。即仅进行地下主体结构的逆作施工（图 13.3），当存在地上主体结构时，在地下结构施工完成后再进行地上主体结构的施工。这种逆作法也是利用地下各层钢筋混凝土楼板对四周围护结构形成水平支撑。

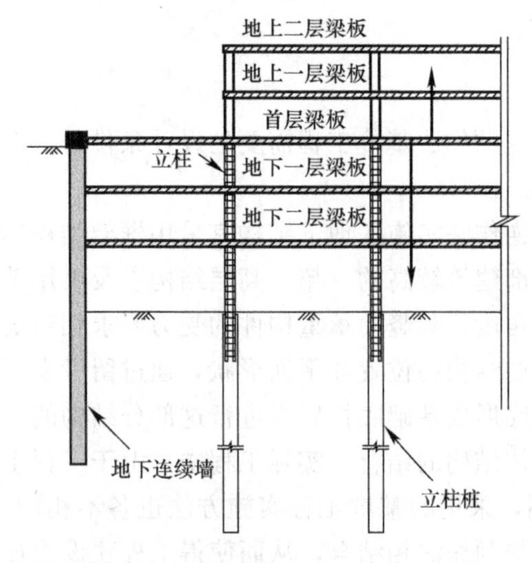

图 13.2　上下同步施工的逆作法示意图

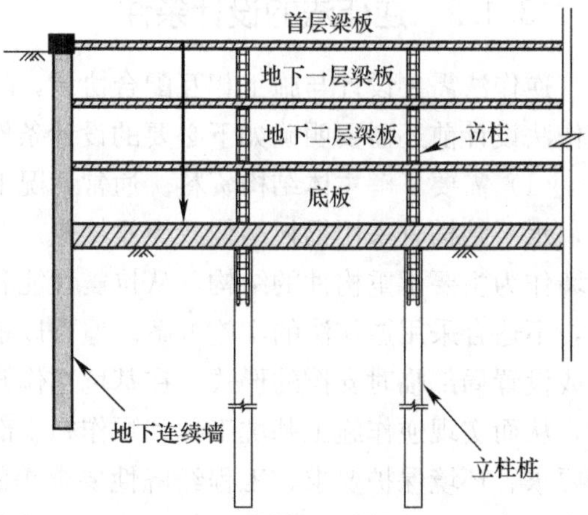

图 13.3　仅地下结构逆作法示意图

（3）地下结构框架逆作。利用地下各层钢筋混凝土楼板中先期浇筑的交叉格形肋梁，对围护结构形成框格式水平支撑，待土方开挖完成后再二次浇筑肋形楼板或剩余结构。

（4）部分逆作（顺逆结合）。对于某些条件复杂或具有特别技术经济性要求的基坑工程，采用单纯的顺作法或逆作法都难以同时满足经济、技术、工期及环境保护等多方面的要求。在工程实践中，有时为了同时满足多方面的要求，可采用一部分顺作、一部分逆作的方案，即顺逆结合。常用的顺逆结合方案包括：

1）主楼先顺作、裙楼后逆作方案。超高层建筑通常由主楼与裙楼两部分组成，其下一般整体设置多层地下室，因此超高层建筑的基坑多为深大基坑。在基坑面积较大、挖深较深、施工场地狭小的情况下，若地下室深基础采用明挖顺作支撑方案施工，不仅操作非常困难，耽误了塔楼的施工进度，施工周期长，而且对周边环境影响大，经济性也差。另一方面，主楼结构构件的重要性也决定了其不适合采用逆作法。一般来说主楼为超高层建筑工期控制的主导因素，在施工场地紧张的情况下，可先采用顺作法施工主楼地下室，而裙楼暂时作为施工场地，待主楼进入上部结构施工的某一阶段，再逆作施工裙楼地下室，这种顺逆结合的方案即为主楼先顺作、裙楼后逆作方案，如图 13.4 所示。

2）裙楼先逆作、主楼后顺作方案。对于由塔楼和裙楼组成的超高层建筑，有时裙楼的工期要求非常高（例如裙楼作为商业建筑时往往希望能尽快投入商业运营）而塔楼工期要求相对较低，此时裙楼可先采用地上地下同时施工逆作法，以节省工期，并在主楼区域设置大空间出土口（主楼由于其构件的重要性不适合采用逆作法），待裙楼地下结构施工完成后，再顺作施工主楼区地下结构，从而形成裙楼先逆作、主楼后顺作的方案，如图 13.5 所示。

3）中心顺作、周边逆作方案。对于超大面积深基坑若全部采用逆作法方案，由于基坑内土方全部需采用暗挖，对施工要求较高，当出土口面积较小或数量不够时降低了出土效率；且全面积采用逆作法施工，需设置大量的一柱一桩，一方面施工速度较慢，加大了施工

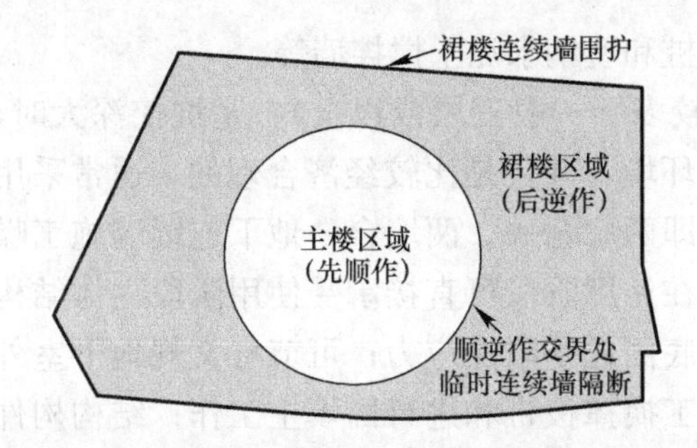

图 13.4 主楼先顺作、裙楼后逆作方案示意图

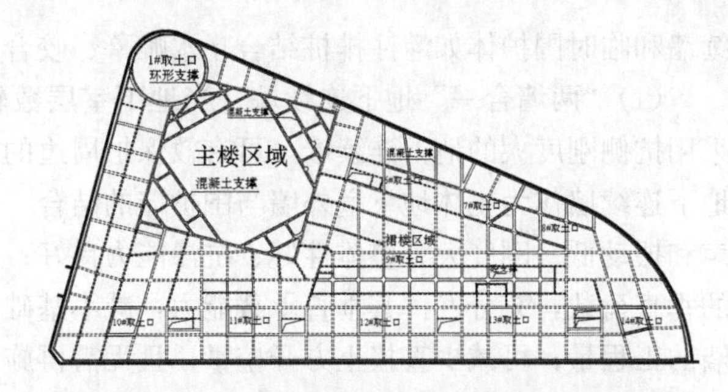

图 13.5 裙楼先逆作、主楼后顺作方案示意图

难度，另一方面造价高。此时可在基坑周边首先施工一圈具有一定水平刚度的环状结构梁板（以下简称环板），然后在基坑周边被动区留土，并采用多级放坡使中心区域开挖至基底，在中心区域结构向上顺作施工并与周边结构环板贯通后，再逐层挖土和逆作施工周边留土放坡区域，从而形成中心顺作、周边逆作的方案。图 13.6 为中心顺作、周边逆作剖面示意图。

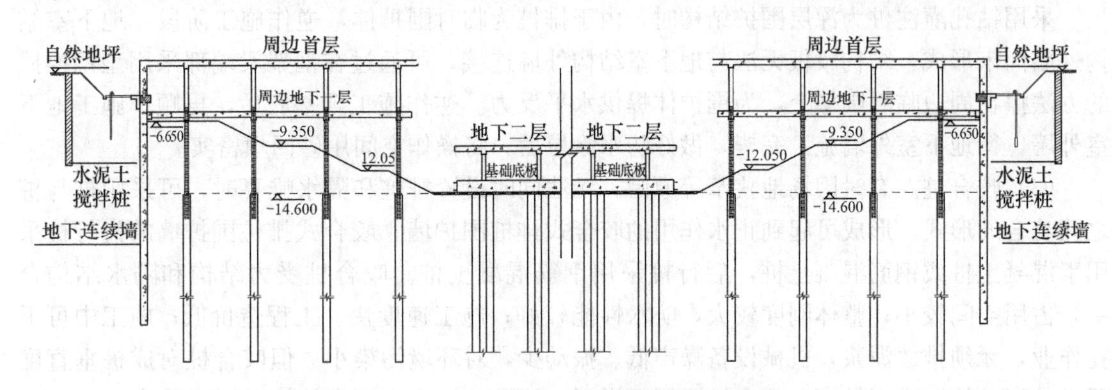

图 13.6 中心顺作、周边逆作剖面示意图

13.2.2 选型及适用范围

基坑逆作法普遍适用于土层软弱、周边环境条件复杂、基坑变形控制严格、基坑形状不规则、施工场地紧张、工期进度要求高等情况。逆作法形式选择应根据工程特点、基坑规模、工程地质与水文地质条件、环境条件、施工条件、工期要求等设计条件，通过技术与经济性比较综合确定。例如对于工期进度要求高的工程，可采用上下部结构同时施工的逆作法，可缩短施工总工期；对于全埋地下结构的变电站、地铁车站或对上部结构工期要求不是很紧迫的工程可采用仅地下结构逆作法；对于面积较大的基坑工程，为加快基坑出土速度，可采用地下结构框架逆作；对于基坑面积巨大，塔楼位于场地中央且塔楼总工期较长，需要优先完成，可选择主楼先顺作、裙楼后逆作方案；对裙楼工期要求非常高，希望其尽快施工完成，而对塔楼工期要求不高时，可采用裙楼先逆作、主楼后顺作方案；对于超大面积的基坑工程，当基坑周边环境保护要求不是很高时，可采用中心顺作、周边逆作方案。

13.3 逆作法设计

13.3.1 逆作法中围护结构设计

逆作法基坑工程对围护结构的刚度、止水可靠性等都有较高的要求。对围护结构的设计必须满足施工阶段和正常使用阶段的受力、稳定性和变形的要求。

1. 围护结构类型

目前国内逆作法一般采用板式围护结构，常用的板式围护结构包括“两墙合一”地下连续墙和临时围护体如灌注排桩结合止水帷幕、咬合桩和型钢水泥土搅拌墙等。

（1）“两墙合一”地下连续墙。当地下室层数较多（一般三层或以上）、基坑挖深大时，采用抗侧刚度大的地下连续墙，可有效保护周边的环境，并且是比较经济合理的。通常采用地下连续墙作为主体地下室外墙与围护墙的结合，即两墙合一。两墙合一地下连续墙施工噪声和振动低、刚度大、整体性好、抗渗能力良好；在使用阶段可直接承受使用阶段主体结构的垂直荷载，充分发挥其垂直承载能力，减小基础底面地基附加应力；可节省常规地下室外墙的工程量；可减少直接土方开挖量，且无需再施工换撑板带和进行回填土工作；结构构件可直接与地下连续墙连接，施工方便；经济效益明显。

（2）钻孔灌注排桩。当基坑挖深不大（例如在10m左右），如场地条件允许，围护体采用钻孔灌注排桩可显示出一定的经济性。由于排桩不像地下连续墙那样厚度受到机械模数的限制，其桩径可根据需要灵活调整。同时由于采用临时围护体，主体结构的设计进度对围护体的设计制约相对较小。

采用钻孔灌注桩为深层围护结构时，由于排桩为临时围护体，逆作施工阶段，地下室结构外墙尚未形成，结构梁板无法与地下室结构外墙连接，可通过在框架梁端部采用型钢换撑的方法撑在周边临时围檩上，为围护体提供水平反力。逆作施工至基底后，再顺作施工地下室外墙。待地下室外墙施工完毕，做好防水涂层后，将操作空间用砂回填密实。

（3）咬合桩。有时因场地狭窄等原因，无法同时设置排桩和隔水帷幕时，可采用桩与桩之间咬合的形式，形成可起到止水作用的咬合式排桩围护墙。咬合式排桩围护墙的先行桩采用素混凝土桩或钢筋混凝土桩，后行桩采用钢筋混凝土桩。咬合桩受力结构和隔水结构合一，占用空间较小；整体刚度较大，防水性能较好；施工速度快、工程造价低；施工中可干孔作业，无须排放泥浆，机械设备噪声低、振动少，对环境污染小。但咬合桩对成桩垂直度要求较高，施工难度较高。咬合桩适用于淤泥、流砂、地下水富集的软土等地层。

（4）型钢水泥土搅拌墙。在开挖深度不超过13m的基坑工程中，采用型钢水泥土搅拌墙作为深层围护体在技术上是可行的，因其为临时围护体，也需要预留操作空间和设置型钢换撑等措施，其施工方法和施工流程与钻孔灌注排桩相似。对于超大面积深基坑工程，施工周期一般均较长，如采用型钢水泥土搅拌墙尚应考虑施工周期对型钢租赁费用的影响。

采用“两墙合一”地下连续墙和临时围护体的两类逆作法基坑工程，实施过程的主要区别在于：

1）前者在各层结构梁板施工时完成与地下室结构外墙的连接，后者结构梁板与临时围护结构间需设置型钢换撑；

2）前者基础底板形成后只需在地下室周边进行内部构造墙体或部分复合（叠合）墙体施工，后者则需要在基础底板形成后方可进行地下室周边结构外墙的浇筑；

3）前者无需进行地下室周边的土体回填，后者则需在地下室结构外墙形成后进行周边土体回填。

2. 施工阶段的设计计算

（1）基坑稳定性验算。在基坑施工阶段，稳定性验算是围护结构设计的重要内容。对于采用“两墙合一”地下连续墙或临时围护体的板式支护基坑，稳定性验算一般包括整体稳定性、抗倾覆稳定性、坑底抗隆起稳定性及抗渗流稳定性验算，对于存在承压水的地层，还要验算抗承压水稳定，具体验算方法可参考本指南第3章相关内容。

通过基坑稳定性验算合理地确定围护结构的墙体入土深度，各项稳定系数要求应根据基坑开挖深度以及基坑周边的环境保护情况综合确定。一般情况下基坑开挖越深、环境保护要求越严格，基坑稳定性要求越高，相应的围护结构墙体入土深度也越大。

（2）围护结构内力与变形计算。无论是“两墙合一”的地下连续墙，还是临时性的围护结构，其设计与计算都需要满足基坑开挖施工阶段对承载能力极限状态的设计要求。目前对于围护结构的内力和变形的设计计算，应用最多的是大多数规范推荐的竖向弹性地基梁法。墙体内力计算应按照主体工程地下结构的梁板布置和标高以及施工条件等因素，合理确定基坑分层开挖深度等计算工况，并按基坑内外实际状态选择计算模式，考虑基坑分层开挖与结构梁板进行分层设置及换撑拆除等在时间上的顺序先后和空间上的位置不同，进行各种工况下完整的设计计算。

（3）基坑开挖对环境影响的分析。逆作法往往用于环境保护较高的基坑工程，除了分析围护结构的变形外，还要分析基坑开挖对周边环境的影响。环境影响可以结合当地工程实践，采用经验方法或者数值方法进行模拟分析。

3. 正常使用阶段的设计计算

采用“两墙合一”的地下连续墙作为基坑围护结构时，除需按照上述要求进行施工阶段的受力、稳定性和变形计算外，在正常使用阶段，还需进行承载能力极限状态和正常使用极限状态的计算。

（1）侧向荷载作用下的受力和裂缝计算。与施工阶段相比，地下连续墙结构受力体系主要发生了以下两个方面的变化：

1）侧向水土压力的变化：主体结构建成若干年后，侧向土压力、水压力已从施工阶段回复到稳定的状态，土压力由主动土压力变为静止土压力，水位回复到静止水位。

2）由于主体地下结构梁板以及基础底板已经形成，通过结构环梁和结构壁柱等构件与墙体形成了整体框架，因而墙体的约束条件发生了变化，应根据结构梁板与墙体的连接节点的实际约束条件进行设计计算。

在正常使用阶段，应根据使用阶段侧向的水土压力和地下连续墙的实际约束条件，取单位宽度地下连续墙作为连续梁进行设计计算，尤其是结构梁板存在错层和局部缺失的区域应进行重点设计，并根据需要局部调整墙体截面厚度和配筋。正常使用阶段设计主要以裂缝控制为主，计算裂缝应满足相关规范规定的裂缝宽度要求。

（2）竖向承载力和沉降计算。两墙合一地下连续墙在正常使用阶段作为结构外墙，除了承受侧向水土压力以外，还要承受竖向荷载，因此地下连续墙的竖向承载力和沉降问题也越来越受到人们的关注。大多数情况下，地下连续墙仅承受地下各层结构梁板的边跨荷载，需要满足与主体基础结构的沉降协调。少数情况下，当有上部结构柱或墙直接作用在地下连续墙上时，则地下连续墙还需承担部分上部结构荷载，此时地下连续墙需要进行专项设计，地下连续墙的竖向承载力计算可参考本指南第12章相关内容。

4. 围护结构的设计与构造

（1）“两墙合一”地下连续墙的设计与构造。目前在逆作法基坑工程中应用的地下连续墙可采用单一墙、复合墙或叠合墙。连续墙的施工接头可采用柔性接头和刚性接头，常用的柔性接头主要有圆形锁口管接头、半圆形锁口管接头、波形管（双波管、三波管）接头、楔形接头、钢筋混凝土预制接头和橡胶止水带接头；常用的刚性接头主要有穿孔钢板接头、钢筋搭接接头、型钢接头和十字型钢插入式接头。

由于两墙合一地下连续墙在正常使用阶段作为永久地下室外墙，因此涉及与主体结构构件连接、墙体在正常使用阶段的整体性能、与主体结构的沉降协调、后浇带与沉降缝位置的构造处理、连续墙与后连接通道的连接、连续墙墙顶落低的处理等一系列问题，因此需要采用一整套的设计构造措施，以满足正常使用阶段的受力和构造要求。此外，由于地下连续墙自身施工工艺的特点决定了其与现浇墙体存在一定的差异，因此连续墙尚需采取可靠的抗渗和止水措施，包括墙身防水、槽段接缝防水、墙顶与压顶圈梁接缝防水及与基础底板接缝的防水等。图13.7为地下连续墙与主体结构的压顶梁、地下室各层结构梁板、基础底板、周边结构壁柱连接的典型做法，“两墙合一”地下连续墙相关的设计与构造可参考本指南第12章的相关内容。

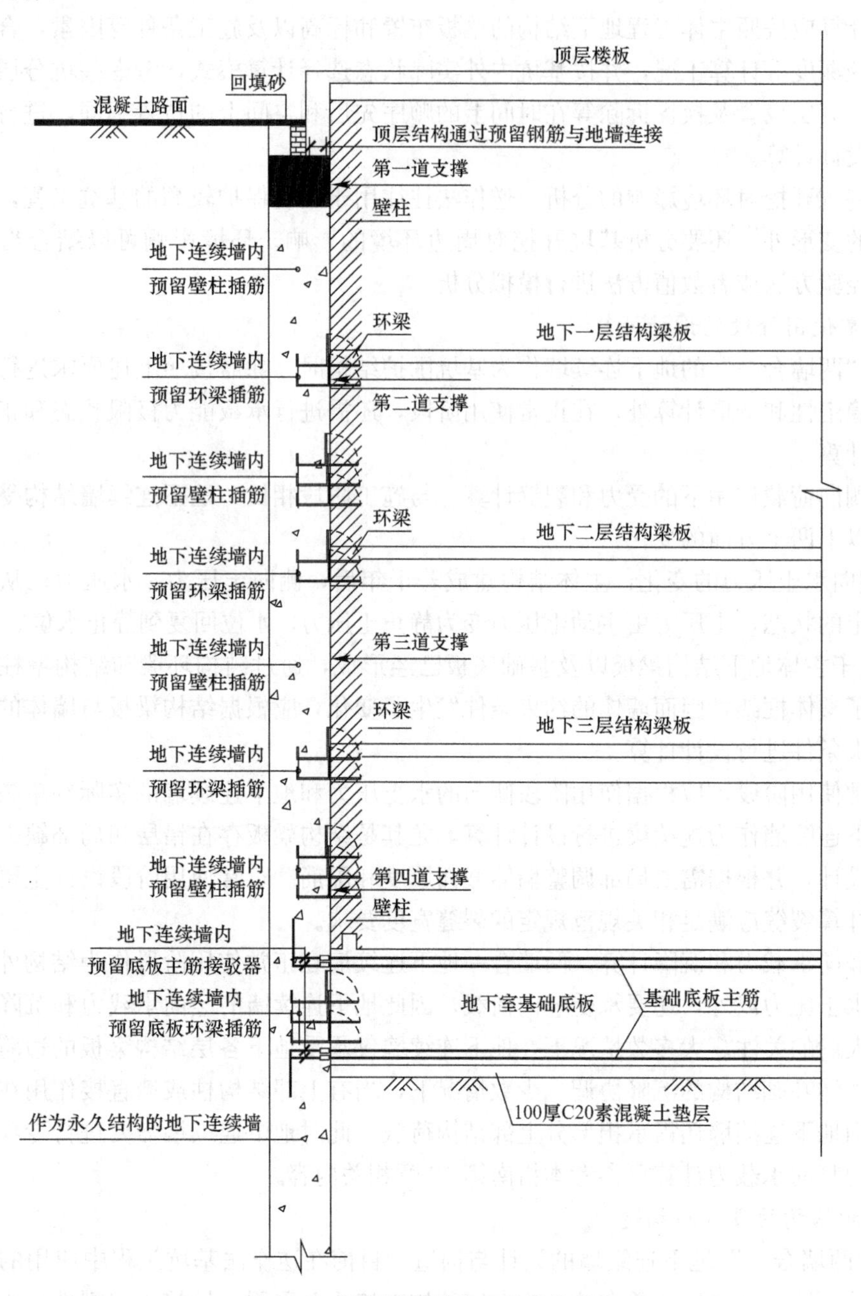

图 13.7　地下连续墙与主体结构连接

（2）临时围护结构的设计与构造。逆作法中临时围护结构可根据设计要求和经济性分析选择采用灌注桩排桩、型钢水泥土搅拌墙或咬合桩。一般情况下基坑工程结束后，临时围护结构将退出工作，因此只需进行施工阶段的设计计算。

1）临时围护结构的位置

由于临时围护结构与主体结构梁板共同形成逆作阶段的支护结构体系，而地下室结构外墙还需进行顺作施工，因此围护结构需要与地下室外墙保留一定距离，该距离通过地下室防水的施工空间要求确定，并不宜小于800mm。当对地下室外墙模板搭设、外防水设置以及围檩拆除等有特殊要求时，可适当扩大该施工操作空间的宽度。

2）临时围护结构与内部梁板结构的传力体系

采用逆作法的基坑工程，利用主体水平结构体系作为支撑，结构体系与临时围护结构之间应设置可靠的连接。无论是采用钻孔灌注排桩或型钢水泥土搅拌墙作为围护结构，其顶部和对应于各层水平结构标高位置必须设置压顶梁或围檩。

需要特别注意的是，由于地下各层楼面结构的边跨施工缝宜退至结构外墙内一定的距离，以保证基坑工程逆作施工结束后，结构外墙和未施工的相邻结构梁板一并浇筑，所以在临时围护结构与主体地下室各层结构梁板之间需要设置相应的水平传力体系。此时进行围护体的受力计算时，支撑结构的刚度往往取决于传力构件的布置和刚度，而不是水平结构梁板的刚度。相应地，为了保证围护体的受力和变形控制需要，当对支撑的刚度要求较高时，应通过增大传力构件的截面、提高其规格、加密其间距的方式来满足。由于水平传力体系是临时性的支撑结构，因此在满足刚度要求的前提下，该支撑结构的布置比较灵活，一般情况下可如下原则进行设计：

a）逆作法实施时内部结构周边一般应设置通长闭合的边环梁。边环梁的设置可提高逆作阶段内部结构的整体刚度、改善边跨结构楼板的支承条件，而且周边设置边环梁还可为支撑体系提供较为有利的支撑作用面。

b）水平支撑形式和间距可根据支撑刚度和变形控制要求进行计算确定，但应遵循水平支撑中心对应内部结构梁中心的原则，如不能满足，支撑作用点也可作用在内部结构周边设置的边环梁上，但需验算边环梁的弯、剪、扭截面承载力，必要时可对局部边环梁采取加固措施。

c）在满足支撑刚度的情况下，尽量采用型钢构件作为水平传力体系。型钢构件可以直接锚入结构梁，并便于设置止水措施，可以在不拆撑的情况下进行地下室外墙的浇筑。

d）当对水平支撑的刚度要求较高，或主体结构出现局部的大面积缺失时，也可以采用混凝土支撑作为水平传力构件。

临时围护体与首层及地下一层水平结构连接的平面图分别如图13.8和图13.9所示，而剖面图则分别如图13.10和图13.11所示。

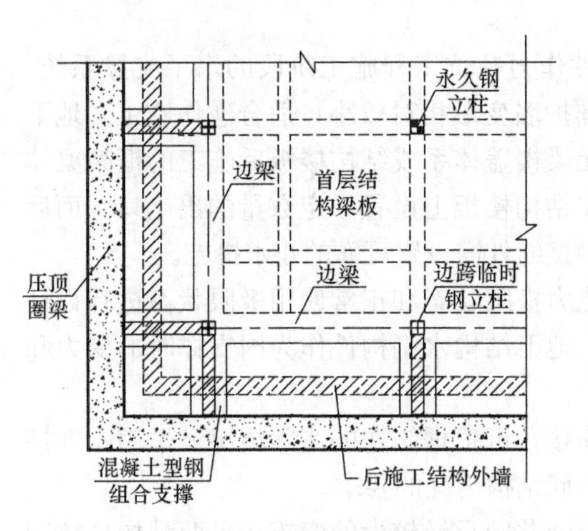

图13.8 临时围护体与顶层结构连接平面

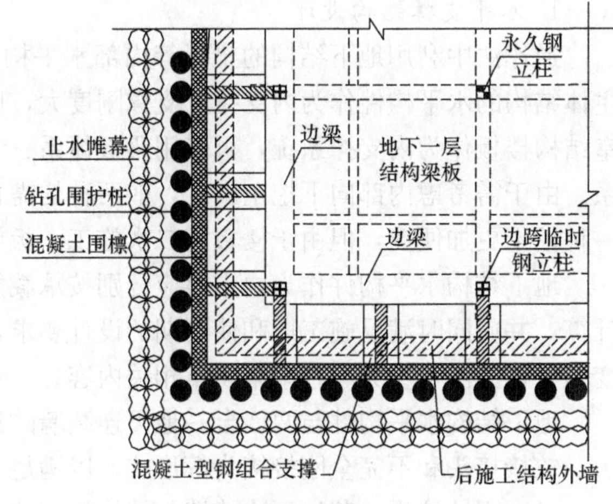

图13.9 临时围护体与地下一层结构连接

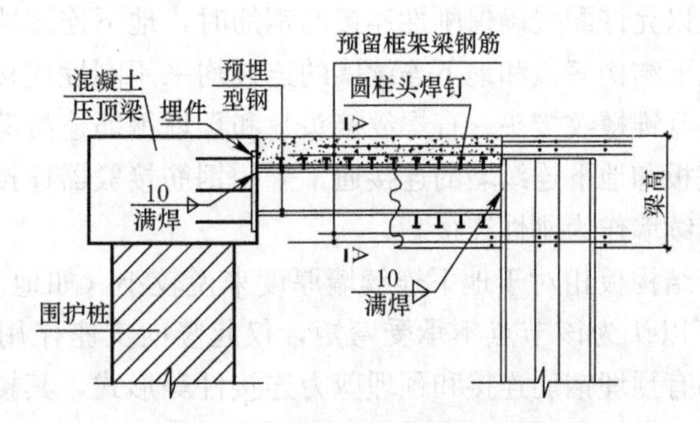

图13.10 围护体与顶层结构连接剖面

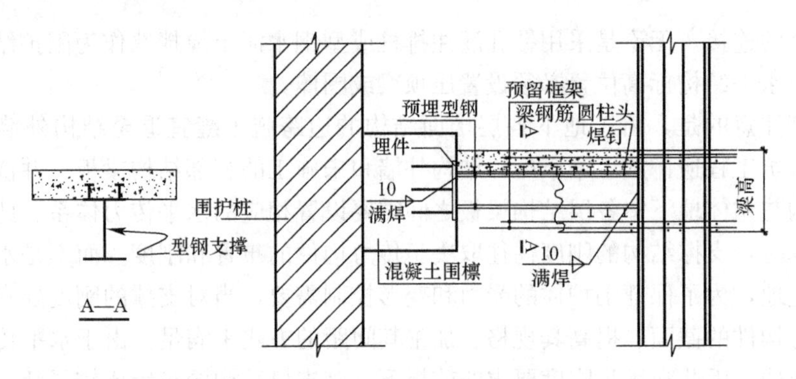

图 13.11 围护体与地下一层结构连接剖面

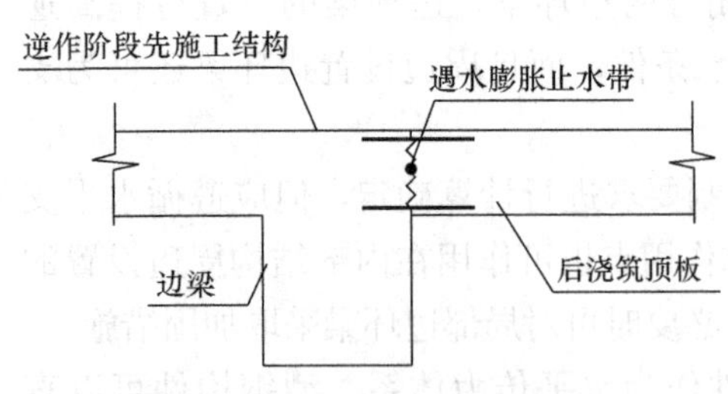

图 13.12 二次浇筑的接缝防水示意图

e）边跨结构二次浇筑的接缝防水和支撑穿外墙板处止水。边跨结构存在二次浇筑的工序要求，从而带来在逆作阶段先施工的边梁与后浇筑的边跨结构接缝处止水的问题。可先凿毛边梁与后浇筑顶板的接缝面，然后嵌固一条通长布置的遇水膨胀止水条。如结构防水要求较高时，还可在接缝位置增设注浆管，待结构达到强度后进行注浆充填接缝处的微小缝隙。图 13.12 为二次浇筑的接缝防水示意图。

13.3.2 逆作法中地下水平结构作为支撑的设计

逆作法中水平结构构件与支护结构相结合，是利用地下结构的梁板等内部水平构件兼作为基坑工程施工阶段的水平支撑系统的方法。

1. 水平支撑结构设计

逆作法中利用地下结构的梁板等内部水平构件作为基坑工程施工阶段的水平支撑系统。主体结构的水平构件作为内支撑，支撑刚度大，围护墙变形相对较小，适合逆作施工。地下室结构楼板作为内支撑系统，可采用梁板体系、无梁楼盖体系或结构楼板后施工的框架梁体系。由于需考虑内部向下挖土施工，前两种均需在结构楼板上设置一定数量的出土口，而后一种挖土更加便捷，但由于楼板需二次施工，板梁接缝处需设置可靠的止水措施。

地下结构水平构件作为内支撑应分别按承载能力极限状态和正常使用极限状态进行设计计算，并应同时满足施工期和使用期的设计要求，地下结构水平构件作为内支撑时的受力和变形分析方法可参见本指南第 4 章相关内容。

地下结构水平构件与两墙合一地下连续墙的连接，可根据结构的实际情况，采用刚性接头、铰接接头和不完全刚接接头等形式，以满足不同结构情况的要求。

（1）刚性接头。若地下连续墙与结构板在接头处共同承受较大的弯矩，且两种构件抗弯刚度相近，同时板厚足以允许配置确保刚性连接的钢筋时，地下连续墙与结构板的连接宜采用刚性接头。一般情况下结构底板和地下连续墙的连接均采用刚性连接。常用连接方式主要有预埋钢筋接驳器连接（锥螺纹接头、直螺纹接头）和预埋钢筋连接等形式，其接头构造如图 13.13 所示。结构底板和地下连续墙的连接通常采用钢筋接驳器连接，底板钢筋通过钢筋接驳器全部锚入地下连续墙作为刚性连接。

（2）铰接接头。若结构板相对于地下连续墙厚度来说较小（如地下室楼板），接头处板所承受的弯矩较小，可以认为该节点不承受弯矩，仅起竖向支座作用，此时可采用铰接接头。常用连接方式主要有预埋钢筋连接和预埋剪力连接件等形式，其接头构造如图 13.14 所示。地下室楼板和地下连续墙的连接通常采用预埋钢筋形式。地下室楼板也可以通过边环梁

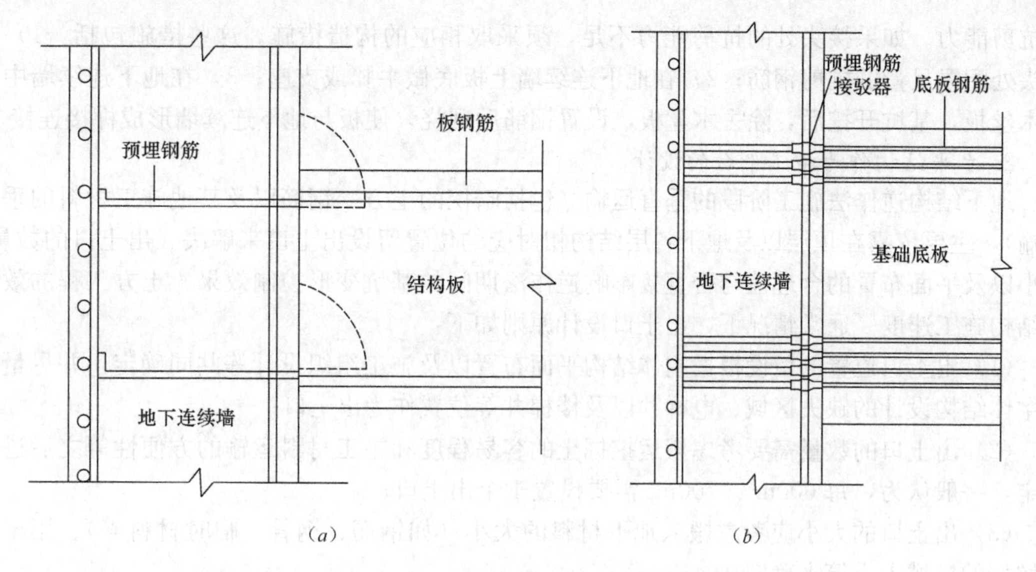

图 13.13 水平结构与地下连续墙的刚性连接接头构造图

(a) 预埋钢筋连接；(b) 钢筋接驳器连接

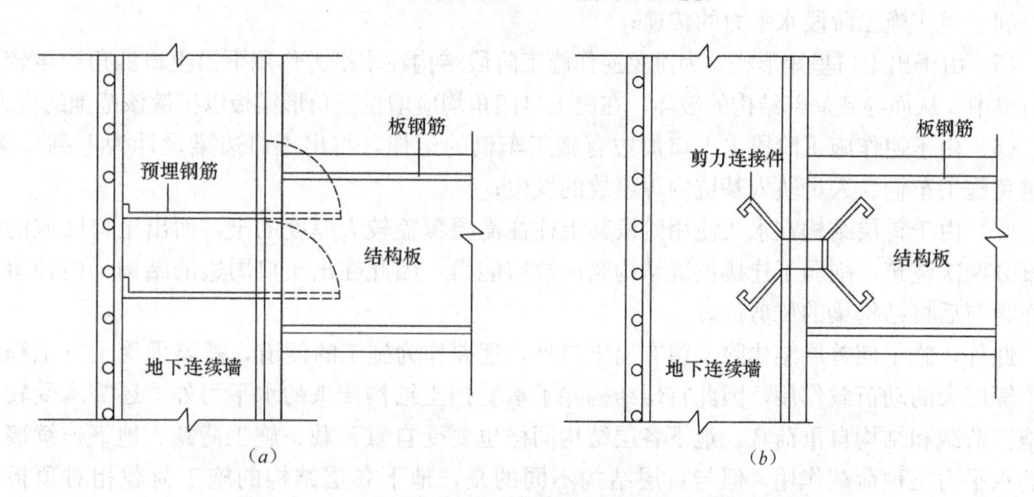

图 13.14 水平结构与地下连续墙的铰接接头连接构造图

(a) 预埋插筋连接；(b) 剪力连接件

与地下连续墙连接，楼板钢筋进入边环梁，边环梁通过地下连续墙内预埋钢筋的弯出和地下连续墙连接，该接头同样也为铰接接头，只承受剪力。

(3) 不完全刚接接头。若结构板与地下连续墙厚度相差较小，可在板内布置一定数量的钢筋，以承受一定的弯矩，但在板筋不能配置很多以形成刚性连接时，宜采用不完全刚接形式。可首先假定此处为刚接，计算出地下连续墙和板中的弯矩 M_1、M_2、M_3，如图 13.15 所示。对于不完全刚接的接头来说，板所承受的弯矩 M_2'是 M_2 的一部分，即：

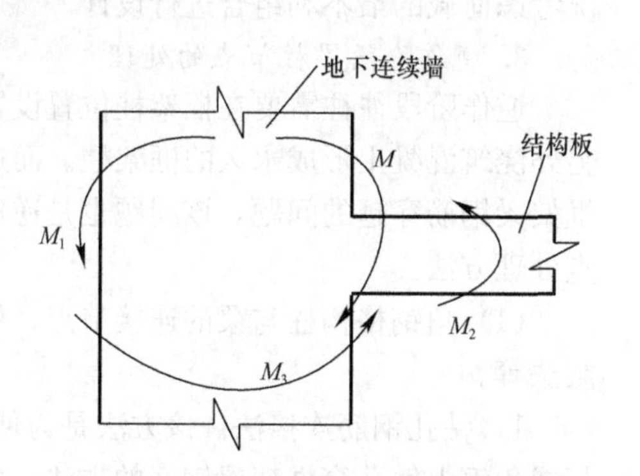

图 13.15 不完全刚接接头弯矩分配简图

$$M_2' = \eta M_2 (0 < \eta < 1) \tag{13.1}$$

接头处板所释放的弯矩 $(1-\eta) M_2$ 由地下连续墙按刚度线性重分配，地下连续墙中重分配后的弯矩分别为 M_1'和 M_3'，用以分别配置地下连续墙和板中钢筋。对于结构板而言，端部弯矩折减后，板跨中弯矩将增大，应按弯矩重分布后的弯矩配置跨中钢筋。

上述三种连接接头方式，主要考虑了接头处的抗弯性能。除此以外，尚需验算接头处板的抗剪能力。如果接头处的抗剪能力不足，须采取相应的构造措施。这些措施包括：1）在接头处配置足量的抗剪钢筋；2）在地下连续墙上板底做牛腿或支座；3）在地下连续墙中预埋木丝板，基坑开挖后，除去木丝板，设置钢筋后现浇，使板与地下连续墙形成榫接连接。

2. *水平结构作为施工平台的设计*

地下结构逆作法施工阶段的垂直运输（包括暗挖的土方、钢筋以及其他施工材料的垂直运输），主要依靠在顶层以及地下各层结构相对应的位置留设出土口来解决。出土口的数量、大小以及平面布置的合理性与否直接影响逆作法期间的基坑变形控制效果、土方工程的效率和结构施工速度。通常情况下，出土口设计原则如下：

（1）出土口位置的留设根据主体结构平面布置以及施工组织设计等共同确定，并尽量利用主体结构设计的缺失区域、电梯井以及楼梯井等位置作为出土口；

（2）出土口的数量需要考虑搬运挖掘土的容易程度和施工材料运输的方便性等之后进行决定，一般认为，每 600m^2～700m^2 需要设置 1 个出土口；

（3）出土口的大小应考虑搬入地下材料的大小（如钢筋、钢骨、临时材料等）、用于坑内挖掘的机械大小等来确定；

（4）相邻出土口之间应保持一定的距离，以保证出土口之间的梁板能形成完整的传力带，利于逆作施工阶段水平力的传递；

（5）由于出土口呈矩形状，为避免逆作施工阶段结构在水平力作用下出土口四角产生较大应力集中，从而导致局部结构的破坏，在出土口四角均应增设三角形梁板以扩散该范围的应力；

（6）由于逆作施工阶段出土口周边有施工车辆的运作，将出土口边梁设计为上翻口梁，以避免施工车辆、人员坠入基坑内等事故的发生；

（7）由于首层结构在永久使用阶段其上往往需要覆盖较大厚度的土，而出土口区域的结构梁分两次浇筑，削弱了连接位置结构梁的抗剪能力，因此在出土口周边的结构梁内预留槽钢作为与后接结构梁的抗剪件。

此外，施工期首层结构除了留有出土口外，还要作为施工的便道，需要承受土方工程施工车辆巨大的动荷载作用，因此首层结构除了承受挡土结构传来的水平力外，还需承受较大的施工荷载和结构自重荷载。地下各层结构同样也要受自重荷载、施工荷载、地下连续墙传来的水平力三种荷载作用，但与首层结构不同的是，地下各层结构的施工荷载相对顶板较小，而地下连续墙传来的水平力较大。因此地下室各层结构梁板在设计时，应根据不同的情况考虑荷载的最不利组合进行设计。

3. *逆作阶段梁柱节点的处理*

逆作阶段往往需要在框架柱位置设置立柱作为竖向支承，待逆作结束后再在钢立柱外侧另外浇筑混凝土形成永久的框架柱。而逆作阶段框架柱位置存在立柱，从而带来梁柱节点的框架梁钢筋穿越的问题，该问题也是逆作工艺中的共性难题。以下为几种立柱形式的梁柱节点处理方法。

（1）角钢格构柱与梁的连接节点。处理方法包括钻孔钢筋连接法、传力钢板法和梁侧加腋法等。

1）钻孔钢筋连接法。该方法是为便于框架梁主筋在梁柱阶段的穿越，在角钢格构柱缀板或角钢上钻孔穿框架梁钢筋的方法。由于在角钢格构柱上钻孔对逆作阶段竖向支承钢立柱有截面损伤的不利影响，因此该方法应通过严格计算，确保截面损失后角钢格构柱截面承载力满足要求时方可使用。图 13.16 为钻孔钢筋连接法示意图。

2）传力钢板法。传力钢板法是在格构柱上焊接连接钢板，将受角钢格构柱阻碍无法穿越的框架梁主筋与传力钢板焊接连接的方法。图 13.17 为传力钢板连接示意图。

3）梁侧加腋法是通过在梁侧面加腋的方式扩大梁柱节点位置梁的宽度，使得梁的主筋得以从角钢格构柱侧面绕行贯通的方法。图 13.18 为梁柱节点几种典型的加腋做法。

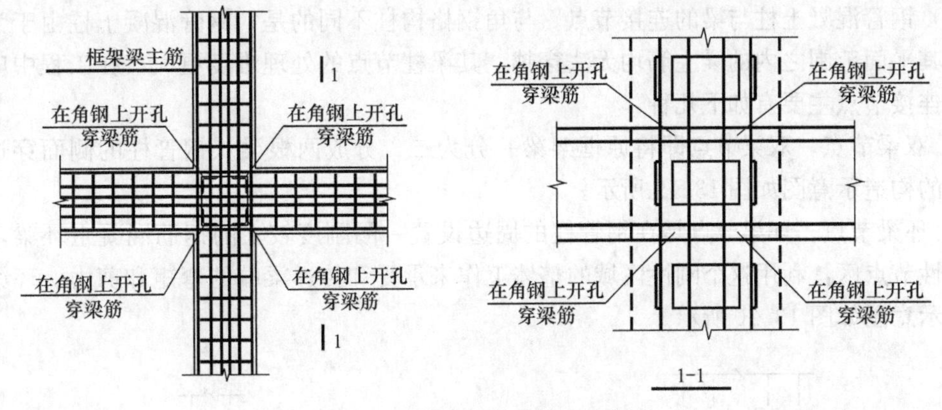

图 13.16 钻孔钢筋连接法示意图

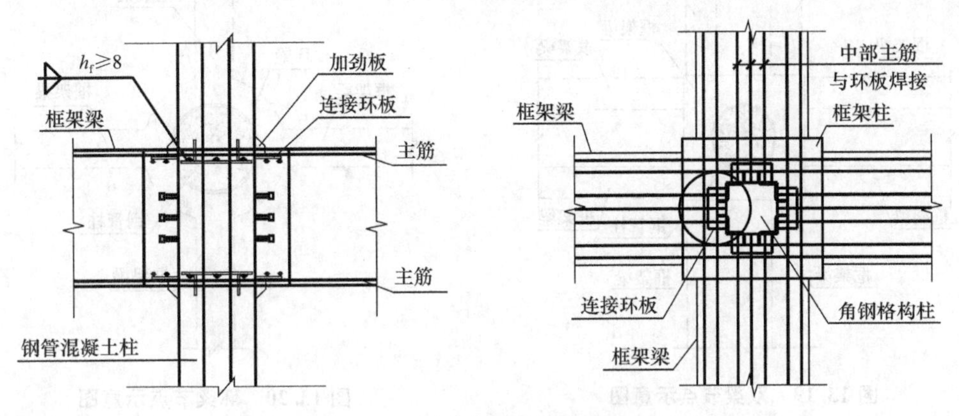

图 13.17 传力钢板法连接示意图

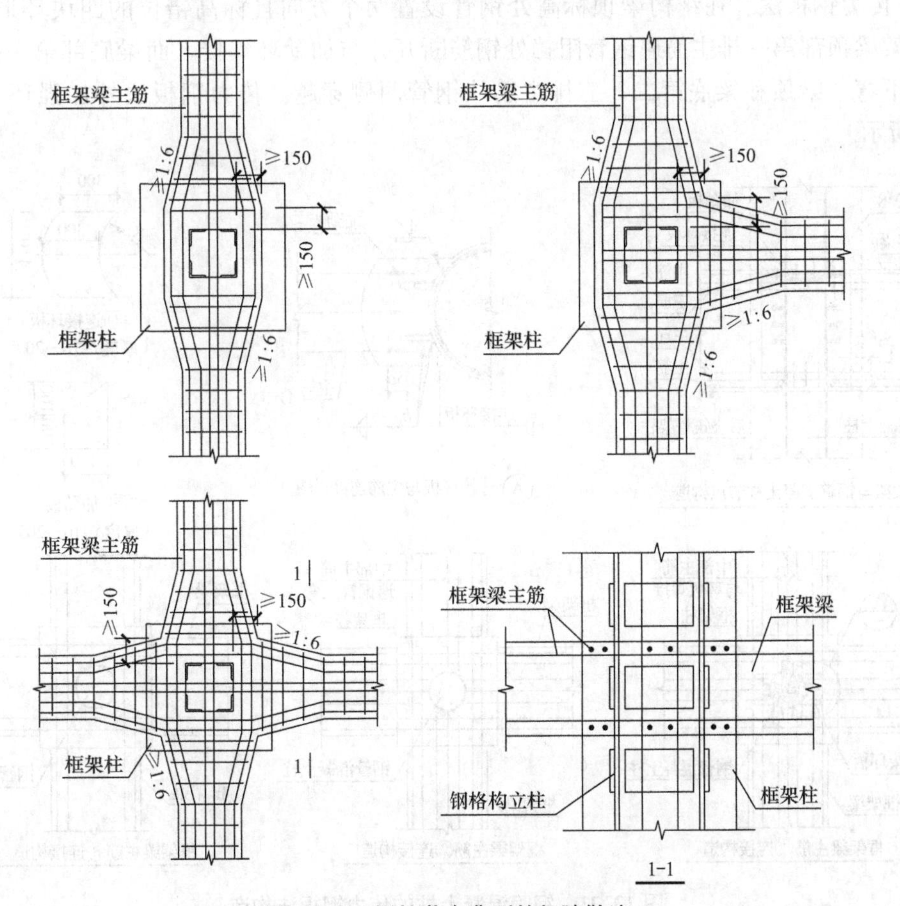

图 13.18 梁柱节点典型的加腋做法

（2）钢管混凝土柱与梁的连接节点。与角钢格构柱不同的是，钢管混凝土柱由于为实腹式的，其平面范围之内的梁主筋均无法穿越，其梁柱节点的处理难度更大。在工程中应用比较多的连接节点主要有如下几种：

1）双梁节点。双梁节点即将原框架梁一分为二，分成两根梁从钢管柱的侧面穿过。双梁节点的构造示意图如图13.19所示。

2）环梁节点。环梁节点是在钢管柱的周边设置一圈刚度较大的钢筋混凝土环梁，形成一个刚性节点区，利用这个刚性区域的整体工作来承受和传递梁端的弯矩和剪力。环梁节点的构造示意图如图13.20所示。

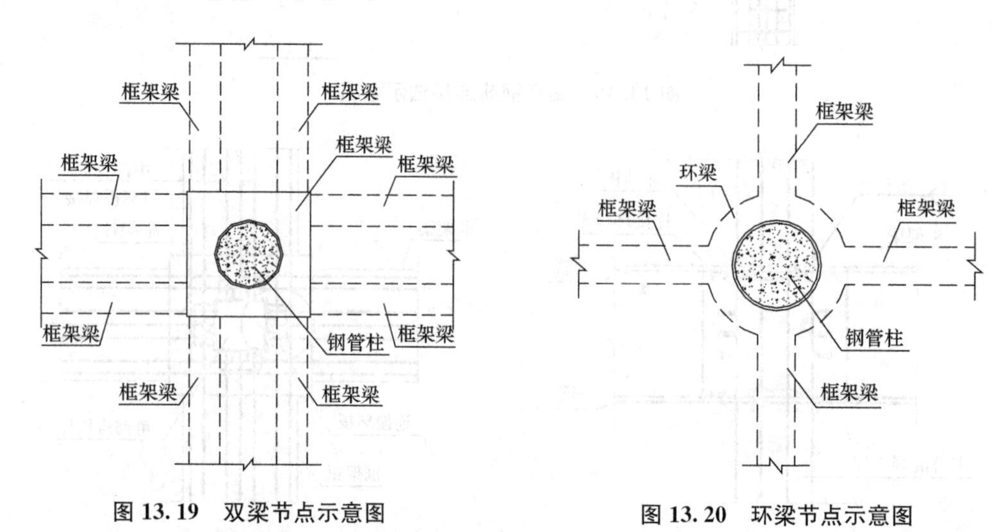

图 13.19　双梁节点示意图　　图 13.20　环梁节点示意图

3）传力钢板法。在结构梁顶标高处钢管设置两个方向且标高错位的四块环形加劲板，双向框架梁顶部第一排主筋遇钢管阻挡处钢筋断开并与加劲环焊接，而梁底部第一排主筋遇钢管则下弯，梁顶和梁底第二、三排主筋从钢管两侧穿越。传力钢板法外加强环节点如图13.21所示。

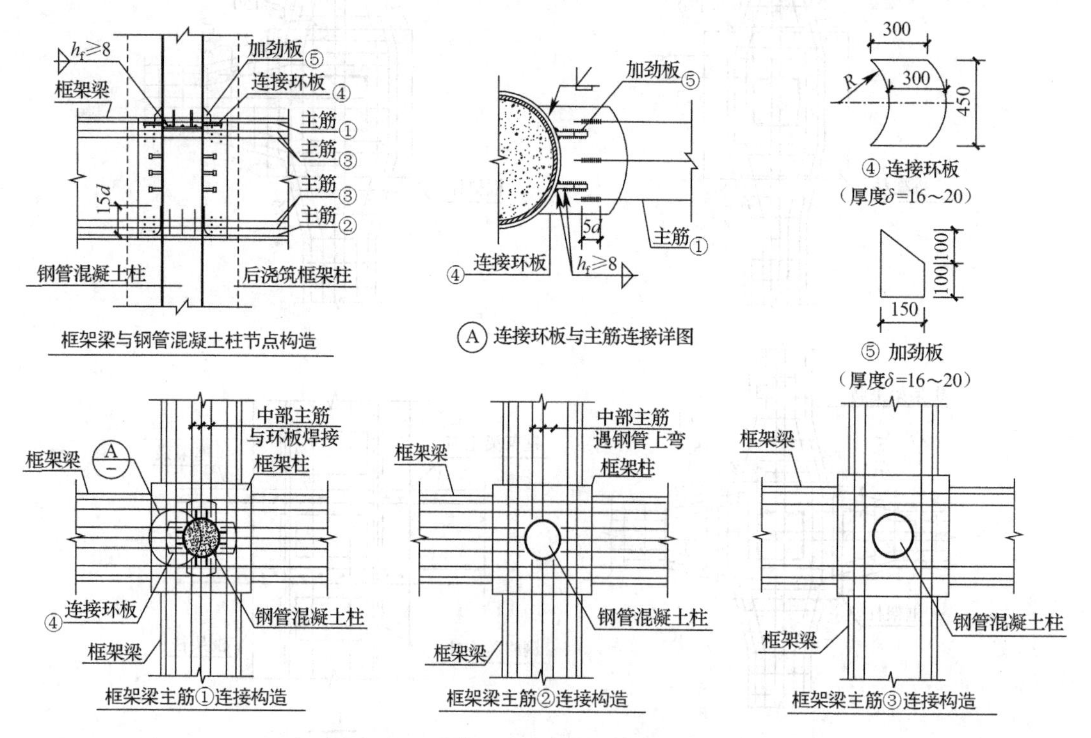

图 13.21　钢管混凝土柱的传力钢板法构造

4. 其他构造

逆作水平结构设计中，后浇带以及结构缝位置的水平传力与竖向支承以及局部高差、错层时的处理措施也是水平构件设计中需考虑的构造问题。这些构造措施详见第12章相关内容。

13.3.3 逆作法竖向支承系统设计

逆作施工过程中，地下结构的梁板和逆作阶段需向上施工的上部结构（包括剪力墙）竖向荷载均需由竖向支承系统承担，在基坑逆作开挖实施阶段，竖向支承系统承受已浇筑的主体结构梁板自重和施工超载等荷载；在地下室底板浇筑完成、逆作阶段结束以后，与底板连接成整体，作为地下室结构的一部分，将上部结构等荷载传递给地基。

1. 结构柱位置支承立柱与立柱桩

逆作法竖向支承系统通常采用钢立柱插入立柱桩桩基的形式。由于逆作阶段结构梁板的自重相当大，钢立柱较多采用承载力较高而截面相对较小的角钢拼接格构柱或钢管混凝土柱。考虑到基坑支护体系工程量的节省并根据主体结构体系的具体情况，竖向支承系统钢立柱和立柱桩一般尽量设置于主体结构柱位置，并利用结构柱下工程桩作为立柱桩，钢立柱则在基坑逆作阶段结束后外包混凝土形成主体结构劲性柱。

对于一般承受结构梁板荷载及施工超载的竖向支承系统，结构水平构件的竖向支承立柱和立柱桩可采用临时立柱和与主体结构工程桩相结合的立柱桩（一柱多桩）的形式，也可以采用与主体地下结构柱及工程桩相结合的立柱和立柱桩（一柱一桩）的形式。

（1）一柱一桩。逆作法工程中，“一柱一桩”是最为基本的竖向支承系统形式，“一柱一桩”是指逆作阶段在每根结构柱位置仅设置一根钢立柱和立柱桩，以承受相应区域的荷载。它构造形式简单、施工相对比较便捷。“一柱一桩”系统在基坑开挖施工结束后可以全部作为永久结构构件使用，经济性也相当好。对于仅承受（2～3）层结构荷载及相应施工超载的基坑工程，可采用常规角钢拼接格构柱与立柱桩所组成的竖向支承系统（图13.22）；若承受的结构荷载不大于（6～8）层，可采用钢管混凝土柱等具备较高承载力钢立柱所组成的“一柱一桩”形式（图13.23）。“一柱一桩”工程在逆作阶段施工过程中，需在梁柱节点附近的楼板上预留浇筑孔或在楼板施工时将柱向下延伸浇筑500mm左右，以便基坑开挖完毕后钢立柱外包混凝土的浇筑，使钢立柱在正常使用阶段可作为劲性构件与混凝土共同作用。

（2）一柱多桩。在相应结构柱周边设置多组“一柱一桩”则形成“一柱多桩”。一柱多桩可采用一柱（结构柱）两桩、一柱三桩（图13.24）等形式。当采用“一柱多桩”时，可在地下室结构施工完成后，拆除临时立柱，完成主体结构柱的托换。

2. 剪力墙位置托换支承立柱与立柱桩

对于同时施工主体上部结构的逆作法基坑工程，若必须在逆作阶段完成上部剪力墙等自重较大的墙体构件施工，则必须在上部剪力墙下设置托梁及足够数量的竖向支承钢立柱与立柱桩，由托梁承受逆作施工期间剪力墙部位的荷载，然后托梁将荷载传给竖向支承系统。承受上部墙体荷载的竖向支承系统可看成是一种特殊的“一柱多桩”应用方法，其与常规“一柱多桩”的区别在于，它在基坑工程完成后钢立柱不能够拆除，必须浇筑于相应的墙体之内，因此必须考虑合适的钢立柱构件的尺寸与位置，以利于墙体钢筋的穿越。图13.25为采用角钢格构柱承担上部同时施工的核心筒剪力墙荷载的示意图。

3. 立柱与立柱桩的设计

逆作法中立柱与立柱桩的设计详见第12章竖向构件相结合设计的相关内容。

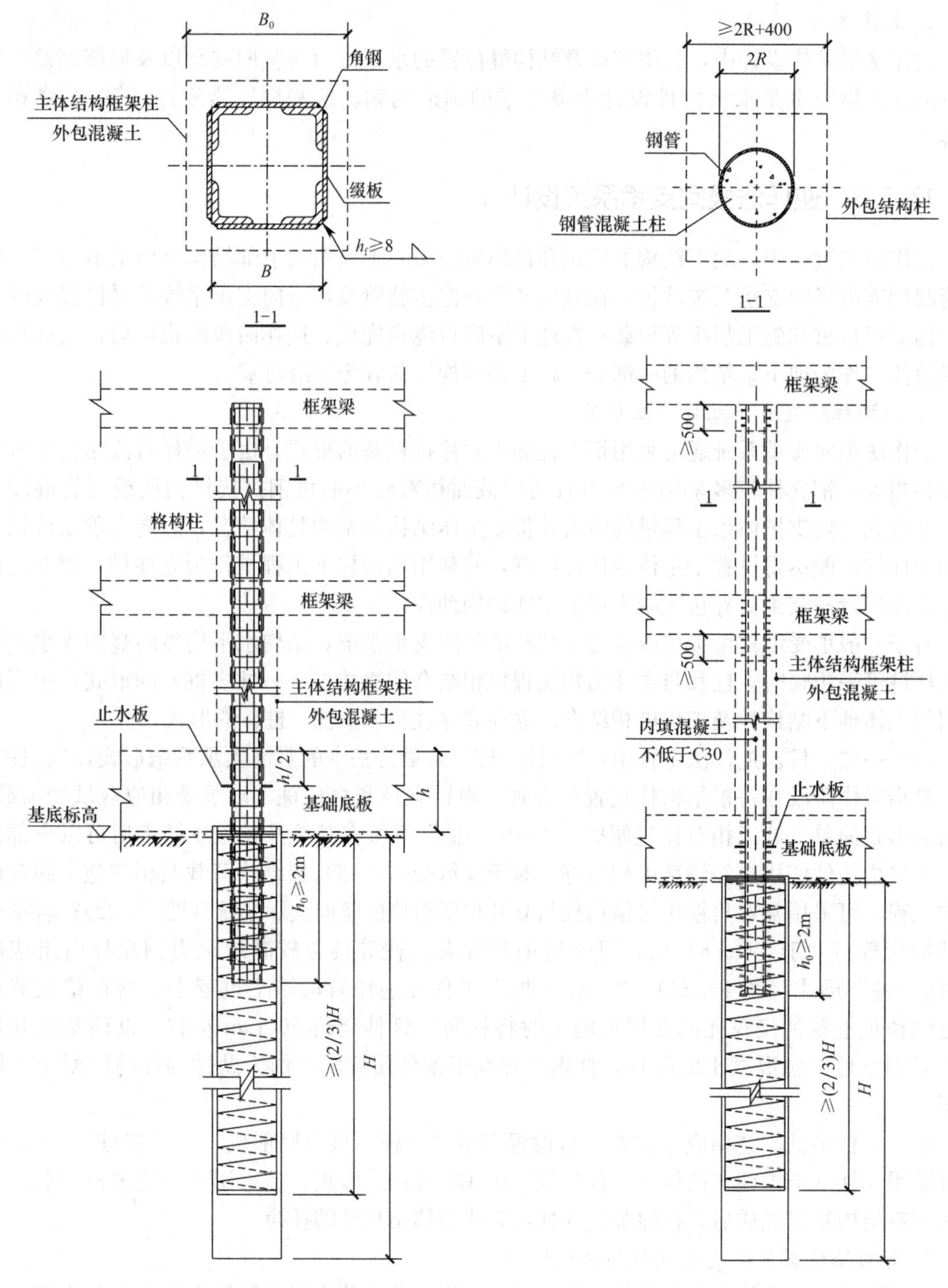

图 13.22　角钢格构柱与立柱桩示意图

图 13.23　钢管混凝土柱与立柱桩示意图

4. 竖向支承系统的沉降控制

立柱桩在上部荷载及基坑开挖土体应力释放的作用下，发生沉降或回弹，同时立柱桩承载的不均匀，增加了立柱桩间及立柱桩与地下连续墙之间产生较大沉降差的可能，若差异沉降过大，将影响逆作结构的安全。因此，控制整个结构的不均匀沉降是逆作法施工的关键技术之一。目前事先精确计算立柱桩在底板封底前的沉降或回弹量还有一定困难，完全消除沉降差也是不可能的，但可以通过如下措施来减小沉降差：

(1) 坑底隆起对立柱桩的抬升影响很大，可采取坑内地基土加固减小坑底隆起，同时设计合理的桩径、桩型和桩长等降低这种影响。

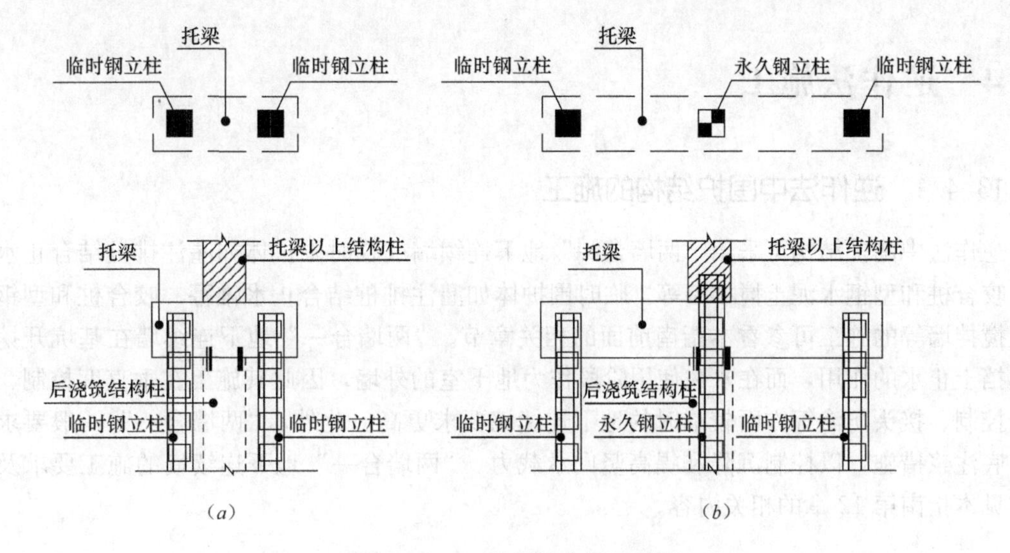

图 13.24　一柱多桩布置示意图

(*a*) 一柱两桩；(*b*) 一柱三桩

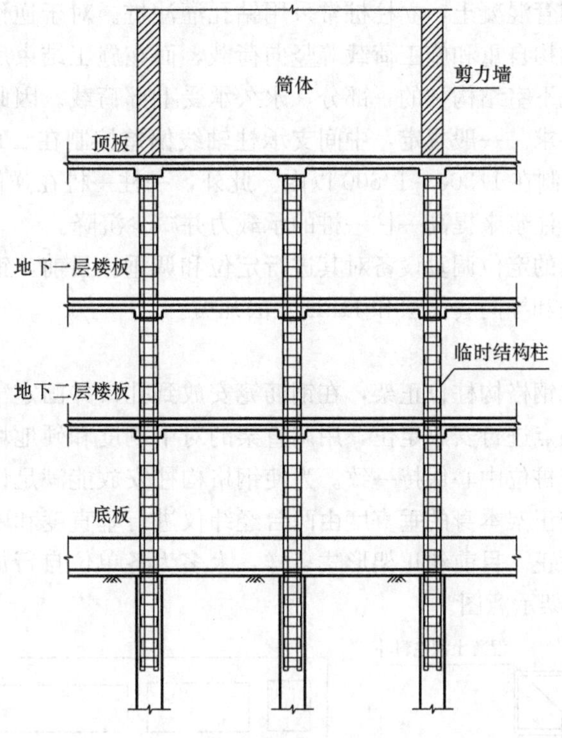

筒体
剪力墙
顶板
地下一层楼板
临时结构柱
地下二层楼板
底板

图 13.25　剪力墙位置托换支承立柱与立柱桩

(2) 按照施工工况对立柱桩及地下连续墙进行沉降估算，协调基坑开挖与在桩上施加荷载，使立柱与地下连续墙沉降差满足结构设计要求。

(3) 采用桩端注浆、增大桩径及桩长、选定高承载力的桩端持力层等措施。

(4) 可使立柱桩与地下连续墙处在相同的持力层上或增加边桩以代替地下连续墙承载。

(5) 使立柱之间及立柱与地下连续墙之间形成刚性较大的整体，共同协调不均匀变形。如在柱间及柱与地下连续墙之间增设临时剪刀撑或尽早完成永久墙体结构等。

(6) 加强对柱网及地下连续墙的竖向位移观测，当出现相邻柱间沉降差超过要求时，立即采取措施，暂停上部结构继续施工，局部节点增加压重，局部加快或放慢挖土。

(7) 在结构设计中考虑差异沉降引起的次应力影响，对结构作适当加强。

13.4 逆作法施工

13.4.1 逆作法中围护结构的施工

逆作法中围护结构可采用“两墙合一”地下连续墙或临时围护体如灌注排桩结合止水帷幕、咬合桩和型钢水泥土搅拌墙等。临时围护体如灌注排桩结合止水帷幕、咬合桩和型钢水泥土搅拌墙等的施工可参看本指南前面的相关章节。“两墙合一”地下连续墙在基坑开挖阶段起挡土止水的作用，而在永久使用阶段作为地下室的外墙，因此其施工在垂直度控制、平整度控制、接头防渗等方面较临时的地下连续墙要求更高。此外，“两墙合一”一般要求采取墙底注浆措施，以控制沉降和提高竖向承载力。“两墙合一”地下连续墙的施工要求及方法详见本指南第12章的相关内容。

13.4.2 竖向支承系统施工

在逆作法工程中，竖向支承系统一般采用钢立柱插入底板以下的立柱桩的形式。钢立柱通常为角钢格构柱或钢管混凝土，立柱桩常采用钻孔灌注桩。对于逆作法的工程，在施工时中间支承柱承受上部结构自重和施工荷载等竖向荷载，而在施工结束后，中间支承柱一般外包混凝土后作为正式地下室结构柱的一部分，永久承受上部荷载。因此中间支承柱的定位和垂直度必须严格满足要求。一般规定，中间支承柱轴线偏差控制在±10mm内，标高控制在±10mm内，垂直度控制在1/300～1/600以内。此外，一柱一桩在逆作施工时承受的竖向荷载较大，需通过桩端后注浆来提高一柱一桩的承载力并减少沉降。

钢立柱应采用专门的定位调垂设备对其进行定位和调垂。目前，钢立柱的调垂方法基本分为气囊法、纠正架法和导向套筒法和HPE工法几类。

1. 纠正架法

纠正架一般加工成钢格构柱校正架，在钢筋笼安放到孔口并固定牢固后，根据钢格构柱设计方向对准桩位中心点进行安放定位，用调直架的对中刻度和硬地坪上的墨斗线调整，使钢格构柱校正架中心与桩位中心保持一致。为使钢格构柱安放能满足设计要求，对钢格构柱校正架须进行校正。校正架本身的垂直度由两台经纬仪进行垂直度和中心点控制，发现偏差时采用垫铁方式予以矫正。目前纠正架形式多样，大多为各单位自行加工，无成型产品，图13.26为其中一种纠正架示意图。

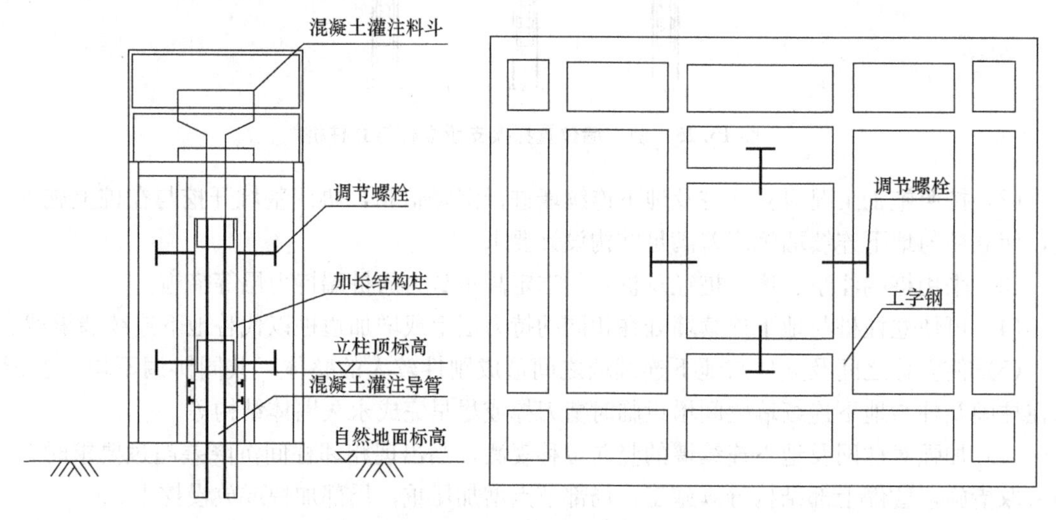

图13.26 纠正架示意图

2. 气囊法

气囊法调垂常用于格构柱的调垂，主要是因为格构柱的刚度较小，不适合采用上部纠正架法进行调垂。采用气囊法调垂时，在格构柱上端纵横向上分别安装倾斜传感器，并在下端四边外侧各安放一个帆布气囊。气囊随格构柱一起吊入钻孔，并固定于受力较好的土层中。气囊通过进气管与电脑相连，传感器的终端同样与电脑相连。系统运行时，首先由垂直传感器将格构柱的偏斜信息送给电脑，由电脑程序进行分析，然后打开倾斜方向的气囊进行充气并推动格构柱下部向垂直方向运动，当格构柱进入规定的垂直度范围后，即指令关闭气阀停止充气，同时停止推动格构柱。格构柱两个方向上的垂直度调整可同时进行控制。待混凝土浇灌至离气囊下方 1m 左右时，即可拆除气囊，并继续浇灌混凝土至设计标高。气囊法的示意图如图 13.27 所示。由于 X、Y 向只要有一个气囊就可推动调垂，可以减少两个气囊，减少气囊后空隙增大，有利于回收，这就是改良后的气囊装置。

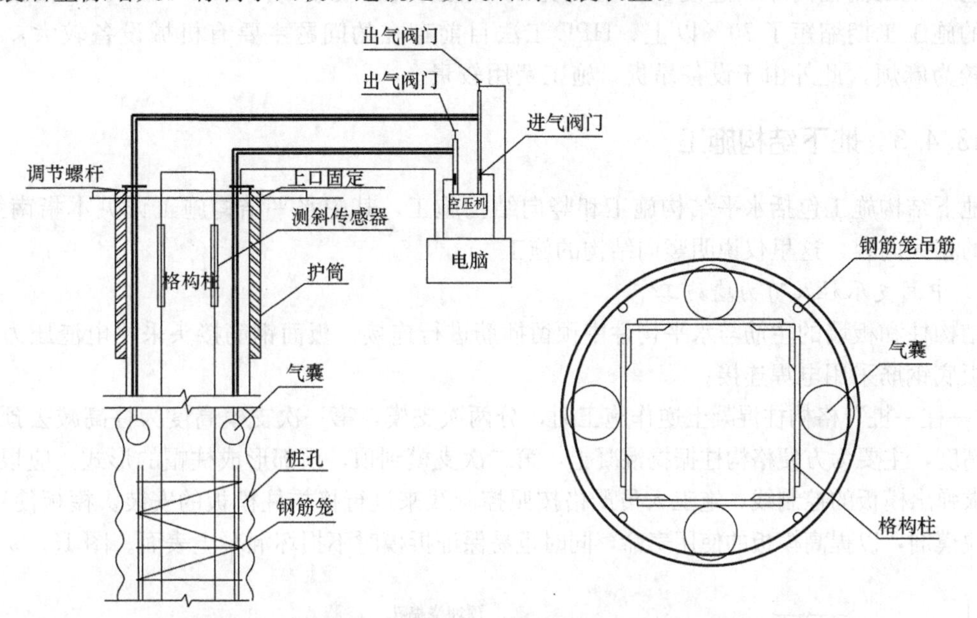

图 13.27　气囊法格构柱调垂示意图

3. 导向套筒法

该法将立柱调垂转化为导向套筒调垂。套筒同样采用纠正架或气囊法调垂，当导向套筒垂直度控制在允许范围后，从套筒中间插入立柱。另外一种方法是在灌注桩浇注时下护筒至桩顶标高以下，或在地下水位低的区域采用人工挖孔桩护壁，人工凿除桩顶浮浆，在灌注桩上埋设定位器，定位器中心点定位于计算坐标，再将立柱固定在定位器后通过与孔口定位点对中调直，然后浇注混凝土固定。该法采用套管或护壁完成地下人工作业，因此可归类为导向套管法，其优点是精确度较高，缺点是若采用钢护筒方法将造成护筒浪费严重，人员在孔中作业，安全性较差，作业条件较差。

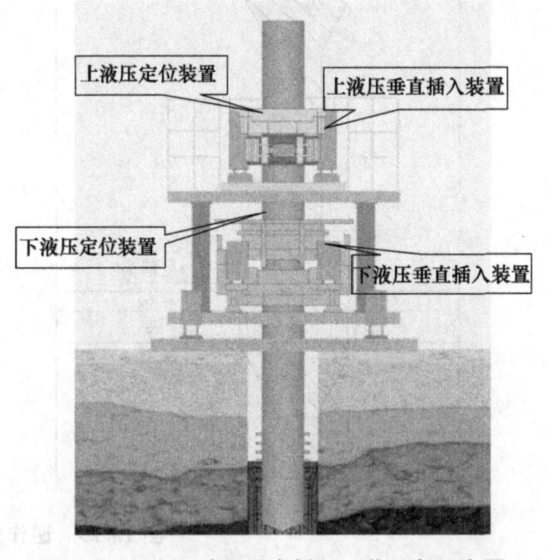

图 13.28　HPE 液压垂直插入工艺设备示意图

4. HPE 液压垂直插入法

HPE 液压垂直插入钢管柱施工工艺是一种在逆作法施工中底部基桩与上部结构柱连接的专业施工方法，从原理上可归结为纠正架法。HPE 液压垂直插入法如图 13.28 所示，先浇筑灌注桩的混凝土，然后 HPE 液压垂直插入设备就位，将钢管柱垂直吊起到液压插入机内，由液压插入机定位装置将钢管柱抱紧，同时复测钢管柱的垂直度，后由上、下两个液压垂直插入装置同时或交叉驱动，通过其施加的向下压力将钢管柱垂直向下插入，液压定位器将钢管柱抱紧。再按照从下到上的顺序依次松开液压定位器，再由两个液压垂直插入装置同时或交叉将钢管柱向下插入，重复上述步骤，直至插入到设计深度要求。该工艺适用于基坑逆作钢管混凝土柱的安装施工。

HPE 工法垂直插入钢管柱完全机械化作业，无需人工入孔地下危险作业，避免常规永久性钢管柱安装风险。HPE 液压垂直插入机采用液压装置定位，准确性高，可以根据钢管柱下部安装的垂直仪传感器反映到电脑上的信号来检测钢管柱的垂直度，保证插入钢管柱的垂直度符合要求，垂直度可达 1/500～1/1200；单根钢管柱安装施工周期短，较之常规的施工工艺，施工流程简单、速度快，平均完成单根钢管柱安装时间 10h～20h，单根钢管柱安装的施工工期缩短了 70％以上。HPE 工法目前存在的问题主要有机械设备较大，柱间转移较为麻烦，此外由于设备昂贵，施工费用较贵。

13.4.3 地下结构施工

地下结构施工包括水平结构施工和竖向结构施工，其中水平结构施工详见本指南第 12 章中的相关内容，这里仅说明竖向结构的施工。

1. 中间支承柱及剪力墙施工

结构柱和板墙的主筋与水平构件中预留插筋进行连接，板面钢筋接头采用电渣压力焊连接，板底钢筋采用电焊连接。

“一柱一桩”格构柱混凝土逆作施工时，分两次支模，第一次支模高度为柱高减去预留柱帽的高度，主要为方便格构柱振捣混凝土，第二次支模到顶，顶部形成柱帽的形式。应根据图纸要求弹出模板的控制线，施工人员严格按照控制线来进行格构柱模板的安装。模板使用前，涂刷脱模剂，以提高模板的使用寿命，同时也易保证拆模时不损坏混凝土表面。图 13.29 为逆

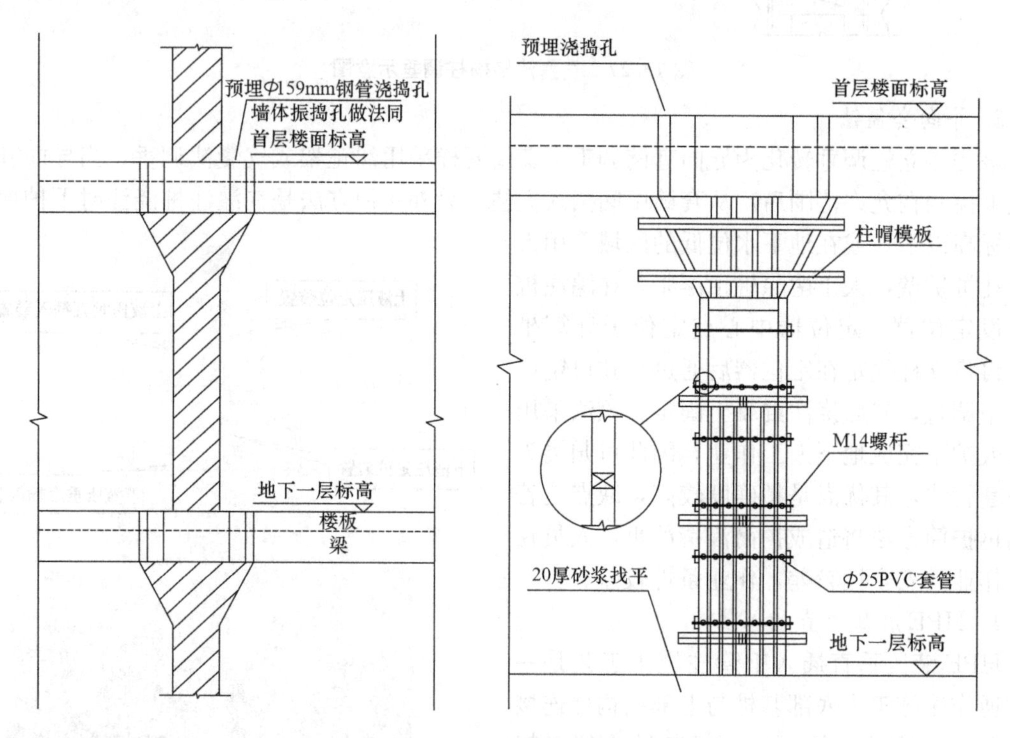

图 13.29 逆作立柱模板支撑示意图

作立柱模板支撑示意图。当剪力墙也采用逆作法施工时，施工方法与格构柱相似，顶部也形成开口形的类似柱帽的形式。

柱子施工缝处的浇筑方法，常用的方法有三种，即直接法、充填法和注浆法，如图13.30所示。直接法即在施工缝下部继续浇筑混凝土时，仍然浇筑相同的混凝土，有时添加一些铝粉以减少收缩。为浇筑密实可做出一个假牛腿，混凝土硬化后可凿去。充填法即在施工缝处留出充填接缝，待混凝土面处理后，再于接缝处充填膨胀混凝土或无浮浆混凝土。注浆法即在施工缝处留出缝隙，待后浇混凝土硬化后用压力压入水泥浆充填。在上述三种方法中，直接法施工最简单，成本亦最低。施工时可对接缝处混凝土进行二次振捣，以进一步排除混凝土中的气泡，确保混凝土密实和减少收缩。

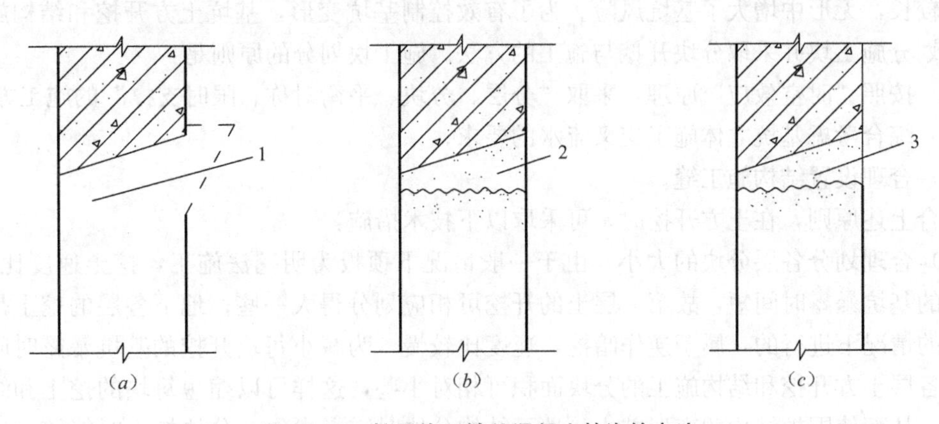

图13.30 柱子施工缝处混凝土的浇筑方法

(a) 直接法；(b) 充填法；(c) 注浆法

1—浇筑混凝土；2—填充无浮浆混凝土；3—压入水泥浆

2. 内衬墙施工

逆作内衬墙的施工流程为：衬墙面分格弹线→凿出地下连续墙立筋→衬墙螺杆焊接→放线→搭设脚手排架→衬墙与地下连续墙的堵漏→衬墙外排钢筋绑扎→衬墙内侧钢筋绑扎→拉杆焊接→衬墙钢筋隐蔽验收→支衬墙模板→支板底模→绑扎板钢筋→板钢筋验收→板、衬墙和梁混凝土浇筑→混凝土养护。

施工内衬墙结构，内部结构施工时采用脚手管搭排架，模板采用九夹板，内部结构施工时要严格控制内衬墙的轴线，保证内衬墙的厚度，并要对地下连续墙墙面进行清洗凿毛处理，地下连续墙接缝有渗漏必须进行修补，验收合格后方可进行结构施工。在衬墙混凝土浇筑前应对纵横向施工缝进行凿毛和接口防水处理。

13.4.4 逆作土方开挖

逆作法施工时，土体开挖首先要满足支护结构的变形及受力要求，其次，在确保已完成结构满足受力要求的情况下尽可能地提高挖土效率。

1. 取土口的设置

在逆作法施工工艺中，除顶板施工阶段采用明挖法以外，其余地下结构的土方均采用暗挖法施工。逆作法施工中，为了满足结构受力以及有效传递水平力的要求，常规取土口大小一般在150m² 左右，布置时需满足以下几个原则：

(1) 大小满足结构受力要求，特别是在土压力作用下必须能够有效传递水平力。

(2) 水平间距一是要满足挖土机最多二次翻土的要求，避免多次翻土引起土体过分扰动；二是在暗挖阶段，尽量满足自然通风的要求。

(3) 取土口数量应满足在底板抽条开挖时的出土要求。

（4）地下各层楼板与顶板洞口位置应相对应。

地下自然通风有效距离一般在15m左右，挖土机有效半径在7m～8m左右，土方需要驳运时，一般最多翻驳两次为宜。综合考虑通风和土方翻驳要求，并经过多个工程实践，对于取土口净距的设置可以量化如下指标：一是取土口之间的净距离，可考虑在30m～35m；二是取土口的大小，在满足结构受力情况下，尽可能采用大开口，目前比较成熟的大取土口的面积通常可达到600m^{2}左右。取土口布置在考虑上述原则时，可充分利用结构原有洞口，或主楼筒体等部位。

2. 土方开挖形式

对于土方及混凝土结构量大的情况，无论是基坑开挖还是结构施工形成支撑体系，相应工期均较长，无形中增大了基坑风险。为了有效控制基坑变形，基坑土方开挖和结构施工时可通过划分施工块并采取分块开挖与施工的方法。施工块划分的原则是：

（1）按照"时空效应"原理，采取"分层、分块、平衡对称、限时支撑"的施工方法；

（2）综合考虑基坑立体施工交叉流水的要求；

（3）合理设置结构施工缝。

结合上述原则，在土方开挖时，可采取以下技术措施：

（1）合理划分各层分块的大小。由于一般情况下顶板为明挖法施工，挖土速度比较快，相对应的基坑暴露时间短，故第一层土的开挖可相应划分得大一些；地下各层的挖土是在顶板完成的情况下进行的，属于逆作暗挖，速度比较慢，为减小每块开挖的基坑暴露时间，顶板以下各层土方开挖和结构施工的分块面积可相对小些，这样可以缩短每块的挖土和结构施工时间，从而使围护结构的变形减小，地下结构分块时需考虑每个分块挖土时能够有较为方便的出土口。

（2）采用盆式开挖方式。通常情况下，逆作区顶板施工前，先大面积开挖土方至板底下约150mm处，然后利用土模进行顶板结构施工。采用土模施工明挖土方量很少，大量的土方将在后期进行逆作暗挖，挖土效率将大大降低；同时由于顶板下的模板体系无法在挖土前进行拆除，大量的模板将会因为无法实现周转而造成浪费。针对大面积深基坑的首层土开挖，为兼顾基坑变形及土方开挖的效率，可采用盆式开挖的方式，周边留土，明挖中间大部分土方，一方面控制基坑变形，另一方面增加明挖工作量从而增加了出土效率。对于顶板以下各层土方的开挖，也可采用盆式开挖的方式，起到控制基坑变形的作用。

（3）采用抽条开挖方式。逆作底板土方开挖时，一般来说底板厚度较大，支撑到挖土面的净空较大，这对控制基坑的变形不利。此时可采取中心岛施工的方式，即基坑中部底板达到一定强度后，按一定间距抽条开挖周边土方，并分块浇捣基础底板，每块底板土方开挖至混凝土浇捣完毕，必须控制在72h以内。

（4）楼板结构局部加强代替挖土栈桥。逆作法中由于顶板先于大量土方开挖施工，因此可以将栈桥的设计和水平梁板的永久结构设计结合起来，并充分利用永久结构的工程桩，对楼板局部节点进行加强，作为逆作挖土的施工栈桥，满足工程挖土施工的需要。

3. 土方开挖设备

采用逆作法施工工艺时，需在结构楼板下进行大量土方的暗挖作业，开挖时通风照明条件较差，施工作业环境较差，因此选择有效的施工作业机械对于提高挖土工效具有重要意义。目前逆作挖土施工一般在坑内采用小型挖机进行作业（图13.31），地面采用吊机（图13.32）、长臂挖机（图13.33）、滑臂挖机、取土架（图13.34）等设备进行作业。根据各种挖机设备的施工性能，其挖土作业深度亦有所不同，一般长臂挖机作业深度为7m～14m，滑臂挖机一般7m～19m，吊机及取土架作业深度则可达30余m。

图 13.31 小型挖机在坑内暗挖作业

图 13.32 吊机在吊运土方

图 13.33 长臂挖机在进行施工作业

图 13.34 取土架在进行施工作业

13.4.5 逆作通风与照明

由于逆作施工采用从上而下的施工方法，为确保工人的正常生产和有一个良好的工作环境，在施工时对通风和照明要求较高。当地下结构挖土时，由于挖机产生的废气量大且距离首层楼板较高，废气难以排出，为此在各操作面安装大功率轴流风扇用于排风，使地下地上空气形成对流，保持空气新鲜，确保施工人员的身体健康。通风管道采用塑料波纹软管，软管固定在结构楼板和格构柱上，并加设到挖土作业点，在作业点设风机进行送风，在出口处设风机进行抽风。图 13.35 为通风设备及布置。

图 13.35 通风设备及布置

地下施工动力、照明线路需设置专用的防水线路，并埋设在楼板、梁、柱等结构中，专用的防水电箱应设置在柱上，不得随意挪动。随着地下工作面的推进，自电箱至各电器设备的线路均需采用双层绝缘电线，并架空铺设在楼板底。施工完毕应及时收拢架空线，并切断电箱电源。在整个土方开挖施工过程中，各施工操作面上均需专职安全巡视员监护各类安全措施和检查落实。

通常情况下，照明线路水平向可通过在楼板中的预设管路（图 13.36），竖向利用固定在格构柱上的预设管，照明灯具应置于预先制作的标准灯架上（图 13.37），灯架固定在格构柱或结构楼板上。

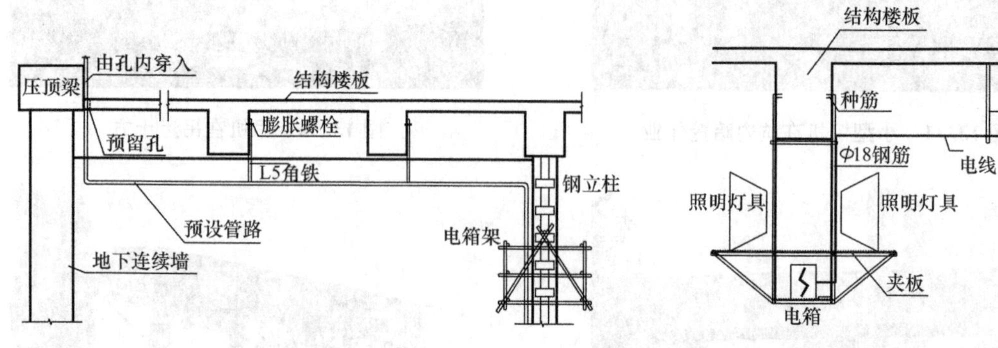

图 13.36　照明线路布设示意图　　图 13.37　标准灯架搭设示意图

为了防止突发停电事故，在各层板的应急通道上应设置一路应急照明系统，应急照明需采用一路单独的线路，以便于施工人员在发生意外事故导致停电的时候安全从现场撤离，避免人员伤亡事故的产生。应急通道上大约每隔 20m 设置一盏应急照明灯具，应急照明灯具在停电后应有充分的照明时间，以确保现场施工人员能安全撤离。

13.5　逆作法检测、常见工程问题及对策

13.5.1　逆作法的检测

逆作法的检测包括围护结构的检测、水平结构的检测及竖向支承系统的质量检测，当围护结构采用钻孔灌注桩、型钢水泥土搅拌墙等临时围护结构时，其检测详见本书前面的相关章节，而两墙合一地下连续墙、水平结构的检测及竖向支承系统的质量检测同支护结构与主体结构相结合技术一章的相关检测相同，这里不再赘述。

13.5.2　一柱一桩的立柱垂直度偏差的处理

钢立柱在实际施工过程中由于柱身倾斜或浇筑桩身混凝土时产生位移等原因，使得钢立柱垂直度偏差过大，从而由于偏心而造成立柱承载能力的下降。

处理对策：基坑开挖暴露钢立柱之后，及时检查钢立柱的实际垂直度，并根据实际的测量数据复核钢立柱的承载力。当复核下来发现钢立柱的承载力不能满足要求时，采取限制荷载、结构开洞、设置柱间支撑等措施确保钢立柱承载力和稳定性满足要求。

13.5.3　立柱间差异沉降（回弹）的处理

由于基坑的时空效应及立柱承受荷载的不均，立柱之间一般会存在差异沉降（回弹）。施工过程中一旦出现相邻立柱间差异沉降过大问题应及时停止施工，并采取有效措施控制差异沉降进一步发展方可继续施工。一般而言相邻立柱距离较近，由于地质条件差异引起的立柱间差异沉降较少，更多的原因是挖土施工或上部结构荷载差异。因此一旦发生相邻立柱差异沉降过大，应通过控制荷载、挖土顺序、两立柱间设置剪刀撑增加整体刚度等措施来控制

差异沉降（回弹）。

参考文献

[1] 天津一建建筑工程有限公司．深基坑环梁支护和部分地下工程逆作法施工工法（YJGF 03—2000）[J]．施工技术．2002，31（11）：42-43.
[2] 谢小松．大型深基坑逆作法施工关键技术研究及结构分析 [T]．同济大学土木工程学院，2006.
[3] 史世雍等．基于裂缝控制原理的地下连续墙弯矩分析 [J]．岩土工程技术．2006，20（2）：80-84.
[4] 上海市工程建设规范《地基基础设计规范》(DGJ 08—11—2010) [S]．2010.
[5] 岳建勇等．超高层建筑地下主体结构与深基坑支护结构相结合的设计和实践 [J]．岩土工程学报，2006，28（增刊）：1552-1555.
[6] 徐营营等，采用逆作法的超大型深基坑三维有限元分析 [J]．地下空间与工程学报．2005，1（5）：789-792.
[7] 白蓉．深基础逆作法设计 [T]．安徽理工大学，2005.
[8] 谢雄耀．逆作法施工关键技术分析与施工过程中位移场计算机仿真理论及工程应用的研究 [T]．上海，同济大学土木工程学院，2001.
[9] 江娟等．软土深基坑中立柱桩变形影响因素和变形预测研究．岩土工程学报．2008，30（增刊）：363-368.
[10] 梅英宝等．超大面积深基坑工程非两墙合一的半逆作法设计 [J]．建筑施工．2006，28（4）：262-264.
[11] 谢剑彬．临时围护环境下的半逆作法在超大基坑中的应用研究 [T]．同济大学，2007.
[12] 吴献等．逆作法施工中支承格构柱采用气囊法智能调垂施工技术 [J]．建筑施工．2003，25（1）：12-14.
[13] 王美华等．超大面积深基坑逆作法施工技术的探讨 [J]．地下空间与工程学报．2005，1（4）：599-650.
[14] 赖都成，谢国军．两种逆作法钢立柱安装导向定位控制架的对比分析 [J]．探矿工程（岩土钻掘工程）．2005，12：28-29.
[15] 罗赤宇．地下室逆作法新技术研究 [T]．华南理工大学，2006.
[16] 梁华．地下结构逆作法梁板施工技术 [J]．建筑施工．2006，28（7）：524-526.
[17] 高振锋等．逆作法施工的设计方法 [J]．施工技术．2001，30（1）：16-18.
[18] 吴健．逆作法施工结构差异沉降控制技术研究 [T]．同济大学，2007.

CHAPTER 14

第14章　地下水控制

14.1 概述

在影响基坑稳定性的诸多因素中，地下水占有突出地位，基坑工程事故多数与地下水的作用及对其处理不当有关。基坑工程的地下水控制是基坑工程勘察、设计、施工、监测中均须高度重视的关键课题。

地下水对基坑工程的危害，包括增加支护结构上的水土压力作用，引起土的抗剪强度降低，抽（排）水也会引起地层不均匀沉降与地面沉陷，基坑涌水，渗流破坏（流土、管涌、坑底突涌）等。基坑工程地下水控制应根据场地的工程地质、水文地质及岩土工程特点，采取可靠措施，防止因地下水引起的基坑失稳及其对周边环境的影响。

基坑工程地下水控制的方法分为降排水（或回灌）和隔渗两大类。其中又各包括多种形式。根据地质条件、周边环境、开挖深度和支护形式等因素，可分别采用不同方法或几种方法的合理组合，以达到有效控制地下水的目的。

充分掌握场地的水文地质特征，预测基坑施工中可能发生的地下水可能的危害，是选择正确、合理方法，实现有效控制地下水的前提和基础。对基坑工程而言，水文地质特征主要是指场地存在的地下水类型（上层滞水、潜水、承压水）和含水层、隔水层的分布规律及主要水文地质参数（地下水位或承压水头高度、含水层渗透系数和影响半径等）以及相邻地表水与地下水的水力联系。水文地质参数通过专门的水文地质勘探、测试、试验来取得。不同含水层的地下水位或水头必须用分层止水、分层观测得到，不应用混合水位代替。渗透系数和影响半径则宜通过现场抽水确定。我国地域广阔，地质条件复杂多变，但大多数城市基坑工程处在第四纪土层中，土层分布规律及其相应的水文地质、工程地质特点是有宏观规律可循的。任一地区的第四纪地层的水文地质、工程地质特点，集中受控于地区所属的地貌单元、地层时代和地层组合这三个要素。地貌单元不同，则地层时代和地层组合不同，因而地层中地下水的类型和相关的水文地质特点也不相同，因此也就决定了基坑工程地下水控制的重点和方法。但城市历史与市政设施也会使具体的基坑工程的地下水情况呈现特殊性，因而施工前的精细的调查是必要的。

少数基坑工程涉及基岩中的地下水控制问题，其中突出的是石灰岩中岩溶水的控制，本章也将作简要介绍。

14.2 地下水类型及含水层的地层组合特点

14.2.1 地下水的基本类型

常用的地下水分类方法有两种，一种是按含水层的埋藏条件和水力特征分为上层滞水、潜水和承压水；一种是按含水介质特性分为孔隙水、裂隙水和岩溶水，或以其中两种水的组合为孔隙裂隙水（黄土中水）、裂隙孔隙水（半胶结砂砾岩）、岩溶裂隙与溶洞及管道水等。通常是考虑上面所述的两种因素进行综合分类，如表14.1所示。

地下水按其埋藏条件的水力特性划分的基本类型及其定义如下：

上层滞水是指地层的包气带中局部的、不成为连续含水层的土层中的地下水，多为孔隙水、无压力水头。如人工填土、淤泥透镜体和多年冻土融冻层中的地下水。它一般与周围、上下的其他含水层无水力联系。

潜水是指地表以下至第一个隔水底板之上的含水层中的地下水，有孔隙水，也有裂隙水或浅部岩溶带中地下水，其自由水面处无压力水头。在两个隔水层间的含水层中的有自由水面的地下水也称层间潜水。

承压水是指上下两个隔水层之间的含水层中的地下水，亦称层间水。有孔隙水，也有裂隙水（裂隙孔隙水）或岩溶发育带中地下水。因顶板倾斜、含水层厚度变化，特别是补给区水位高于本区隔水层顶板时，该含水层形成压力水头并高于顶板，故称承压水。

地下水的综合分类及相应的基坑工程地下水控制原则见表 14.1。

地下水综合分类表　　　　表 14.1

<table>
<tr><th colspan="2">类型</th><th>含水层性质</th><th>水力特点</th><th>分布区与补给区的关系</th><th>动态特征</th><th>含水层状态</th><th>含水层分布及水量特点</th><th>附　注</th></tr>
<tr><td>上层滞水</td><td>孔隙水</td><td>人工填土、淤泥透镜体中水、多年冻土融冻层水</td><td>无压</td><td>一致</td><td>随季节变化</td><td>层状或透镜状</td><td>空间分布的连续性差，有时水量较大</td><td>基坑工程对此类水多采用竖向帷幕和坑内集水明排</td></tr>
<tr><td rowspan="3">潜水</td><td>孔隙水</td><td>第四系粉土、砂、卵砾石、黄土，第三系半胶结砂砾岩，冻土层中水，岩浆岩全、强风化带中水</td><td>自由水面处无压</td><td>一致或临近地表水体补给</td><td>随季节变化</td><td>层状</td><td>含水层分布及含水特性受所属的地貌单元、地层时代、地层组合控制，宏观规律性强</td><td>基坑工程对此类水宜采用竖向帷幕，井底能落入隔水底板时采用封闭式降水，否则采用开放式降水。降水可采用大口集水井、轻型井点或管井</td></tr>
<tr><td>裂隙水</td><td>各类岩体的卸荷、风化裂隙带中水、或构造裂隙、破碎带内水</td><td rowspan="2">表面无压、局部低压</td><td>一致或相邻富水区补给</td><td>随季节变化</td><td>层状、带状</td><td>分布及含水性受岩性和构造影响明显，总体上水量不大</td><td>基坑工程对此类水多采用集水明排</td></tr>
<tr><td>岩溶水</td><td>可溶岩体的溶蚀裂隙和溶洞中水</td><td>一致或临近地表水体补给</td><td>随季节变化</td><td>层状、脉状</td><td>受岩溶发育规律控制，包气带岩溶季节性含水，其水量不大。饱水带一般水量不大，有时较大</td><td>基坑工程对此类浅部岩溶水可采用集水明排或管井降水</td></tr>
<tr><td rowspan="3">承压水</td><td>孔隙水</td><td>第四系层间粉土、砂、卵砾石、黄土，第三系半胶结砂砾岩层间含水层中水，或多年冻土层下部含水层中水</td><td rowspan="3">承压</td><td rowspan="3">不一致</td><td>随季节变化</td><td>层状</td><td>冲积平原、河流阶地、河间地块、古河道等均具有二元结构特征，承压水头较高，水量丰富；三角洲和滨海平原具有互层特性，多层层间水呈低压性，水量小于前者</td><td>基坑工程对二元结构冲积层承压水宜采用管井降水或竖向及封底帷幕加封闭式降水。临近江、河、湖、海并具有较高承压水头时，封底帷幕很少奏效，宜采用悬挂式帷幕加深井降水，或落底帷幕加封闭式降水</td></tr>
<tr><td>裂隙水</td><td>基岩构造盆地、向斜、单斜、断层带中水</td><td>随季节变化不明显</td><td>层状、带状</td><td>分布受岩性地质构造控制，一般水量不大</td><td>基坑工程很少涉及此类水，如有涉及可集水明排</td></tr>
<tr><td>岩溶水</td><td>临近江、河、湖、海岩溶带中水或构造盆地、向斜、单斜构造中可溶岩层中岩溶水</td><td>有季节性变化或随季节变化不明显</td><td>层状、脉状</td><td>临近地表水体的可溶岩体岩溶发育带呈层状分布，河间地块或高山区河流有时成地下河。总体上含水丰富、水量大</td><td>一般基坑工程较少涉及此类水，超深基坑若涉及浅部岩溶承压水时，水量不大者可用管井降水或集水明排；水量很大且强排无效时，宜做帷幕堵塞岩溶通道后降水疏干</td></tr>
</table>

注：此表参照一些类似的分类表改编而成，为使基坑工程地下水控制更有针对性地使用此表，特另加附注。

工程上的地层透水性的强弱，主要衡量标准是地层的渗透系数 k 值。按地层渗透系数 k 值划分的地层渗透强弱等级可参见表 14.2。

岩土透水性等级表 表 14.2

类别		强透水	透水	弱透水	微透水	不透水
渗透系数 k 值	m/d	>10	$10\sim1$	$1\sim0.01$	$0.01\sim0.001$	<0.001
	cm/s	$>10^{-2}$	$10^{-2}\sim10^{-3}$	$10^{-3}\sim10^{-5}$	$10^{-5}\sim10^{-6}$	$<10^{-6}$

注：对微透水及不透水，基坑工程可不采取地下水控制措施。

14.2.2 不同含水层的宏观分布规律

第四系土层分布区的水文地质和工程地质条件在宏观上受地貌单元、地层时代、地层组合控制。地貌单元、地层时代和地层组合关系也决定着地下水的类型、分布、水力特性和水量大小等重要特性。主要地貌单元上各类含水层的宏观规律如下：

1. 冲积平原

冲积平原包括山前平原、中部平原和滨海平原，这里只介绍中部平原和滨海平原。大江大河的中部冲积平原通常由不同地质时期形成的多级堆积阶地构成的，其中常有河湖相淤积沼泽或古河道存在。如长江中下游的江汉平原就是由长江、汉水的一、二、三级阶地构成的，其中还有冲积湖积相、漫滩沼泽相和古河道沉积等（图 14.1），这类冲积平原的构成有广泛的代表性。平原中的各级阶地由不同时代（自早更世 Q_1 到全新世 Q_4）地层组合构成。由于地层时代和地层组合类型不同，其中地下水的埋藏类型、含水性及水量和水力性质差别很大，对基坑工程选择地下水控制的方法至关重要。

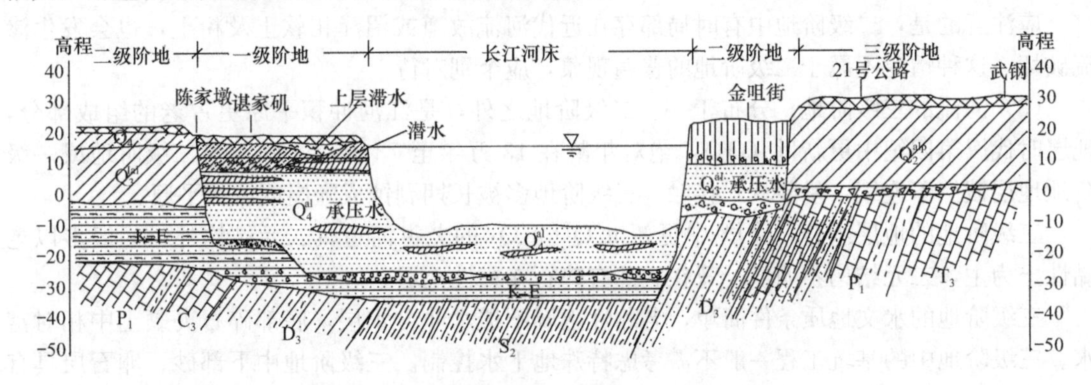

图 14.1 江汉平原武汉地区概化地质剖面示意图

（1）河流的一级阶地。分布在现代江河河床两岸的狭长地带上，冲刷岸一侧阶地较窄，堆积岸一侧很宽，是江河冲积平原中最近形成的一部分。其地层属第四纪全新世（Q_4），为近1至1.2万年冲积层。

一级阶地的地层组合呈典型的二元结构特征，即上部以黏性土为主，下部为砂土、砾石、卵石组成的下粗上细的一套地层。其基底多为基岩，部分地区为全新世（Q_4）以前的老土层。近地表部分常分布有湖沼相软土层或粉土层。上部黏性土与下部砂层之间，通常都存在厚度不等的黏性土与粉砂互层（过渡层），与下层砂均为连续含水层。

一级阶地常有多层地下水埋藏。浅部有上层滞水（分布于人工填土、淤泥和淤泥质土中）或潜水（分布于临江一带或支流故道中），下部砂层及砾卵石层中有承压水埋藏。该含水层紧邻现今江河，含水层中水与江河水有直接的水力联系，具有较高的承压水头，且承压水渗流方向有垂直向上渗流的特点，是造成深基坑坑底突涌的根本原因。

一级阶地中的基坑工程，视其开挖深度大小，将会遭遇上层滞水、潜水、承压水的困扰。浅基坑一般只涉及上部土层中的滞水或潜水，深基坑及超深基坑则往往遇到承压水。上层滞水和潜水因埋藏浅，与深层很少联系，故一般只需侧（竖）向隔渗或简单降水。深层承压水应进行复杂、细致的地下水控制方法分析研究，如较深或超深的侧（竖）向帷幕和坑内或坑内外深井降水。且各种降水方法均要考虑对周边环境的影响。

一级阶地中局部存在的现代河流故道（河床相）、洼地沼泽相和牛轭湖相沉积层的地层组合、地下水埋藏类型和特点与普通的一级阶地具有明显差别，基坑工程的地下水控制方法应有所区别。

（2）河流的二级阶地。分布在近河一级阶地外侧，是江河冲积平原早期形成的组成部分，地层时代属第四纪晚更新世（Q_3），绝对年龄 2 万年至 13 万年之间。与一级阶地地层截然不连续，呈陡坎式接触。

二级阶地地层也具有典型的二元结构组合特征，即上部为黏性土，下部为砂、卵砾石层，其基底有的为基岩，有的为中更新世 Q_2 老土层。由于古气候等原因，包括江汉平原、江淮平原、华北平原、及松辽平原在内的二级阶地的上部黏性土普遍具有黄土状土特征（大孔隙、直立性及钙质结核），其下的砂、卵砾石层一般厚度不大，密实度较高。

二级阶地的水文地质条件较一级阶地简单，地下水埋藏类型多为潜水，赋存于粉土质土中，但水位较深。局部存在砂、卵砾石层层间水时，具有承压性。因密实度高和黏粒含量多，其透水性均小于一级阶地。因其与现代河床无直接水力联系，承压水头不会太高。

二级阶地中基坑工程的地下水控制方法可采用较一级阶地简单的地下水控制方法。对于上部潜水，可采用竖向隔渗帷幕加坑内集水明排或轻型井点降水方案。对于下部的层间承压水，可采用深井降水。由于上部土层和下部砂、卵砾石层均属超固结地层，只要不发生渗透变形，降水引起的固结沉降是很小的，一般不担心降水对周边环境的影响。

应注意的是，二级阶地中有时局部存在近代河流故道或沼泽相软土及粉土，也会发生渗流破坏，这种情况不属于二级阶地的普遍现象，应个别对待。

（3）河流的三级阶地。分布于一、二级阶地之外，是江河冲积平原更古老的组成部分，地层时代属第四纪中更新世（Q_2），绝对年龄在 13 万年至 73 万年之间，与二级阶地或一级阶地地层截然不连续，呈陡坎式接触。三级阶地多被长期剥蚀成隆岗或波状平原。

三级阶地的地层组合，除早-中更新世 Q_1 至 Q_2 的老古河道具二元结构外，一般多以老黏性土为主，二元结构不明显，只在底部有碎石夹黏性土层。

三级阶地的水文地质条件简单，老黏性土属不透水非含水层，底部碎石夹黏土中相对富水。三级阶地中的基坑工程一般不需考虑特殊地下水控制。三级阶地中下部砂、卵石层具有承压含水性，可能发生基坑涌水、管涌及坑底突涌现象。这类砂、卵石层属极密实土且砂中含黏粒很多，卵石呈半胶结状态，属弱透水层，基坑工程可采用井点降水加以控制，降水对地面沉降影响可以忽略。

2. 滨海平原及三角洲

滨海平原处于大江河下游河口部分，属于冲积海积平原，海侵形成海相沉积，与河口三角洲冲积层交互沉积而成。

滨海平原在垂向地层上由新至老顺序向下排列（由 $Q_4 \sim Q_1$），水平方向则只有相变之分，即河口三角洲以江河冲积层为主，间夹海相层。海湾带则以泻湖相、沼泽相淤积层为主。

滨海平原及三角洲沉积层的最大特点是存在深厚软土和由多层黏性土、软土与砂土、粉土的频繁互层。砂土和粉土作为含水层夹于软土和一般黏性土之间，形成多层层间水，其厚度不大，具弱承压性，如图 14.2 和图 14.3 所示。

基坑工程由浅入深将分别遇到深厚软土中的上层滞水和下部多层砂、粉土组成的层间弱承压含水层。除深部晚更新世（Q_3 以前）之外，浅部十几米地层大部分为欠固结地层。其中含水层（砂、粉土）具有承压性，易发生管涌、突涌或流砂，多层欠固结土在排水后易产生较大的固结沉降。

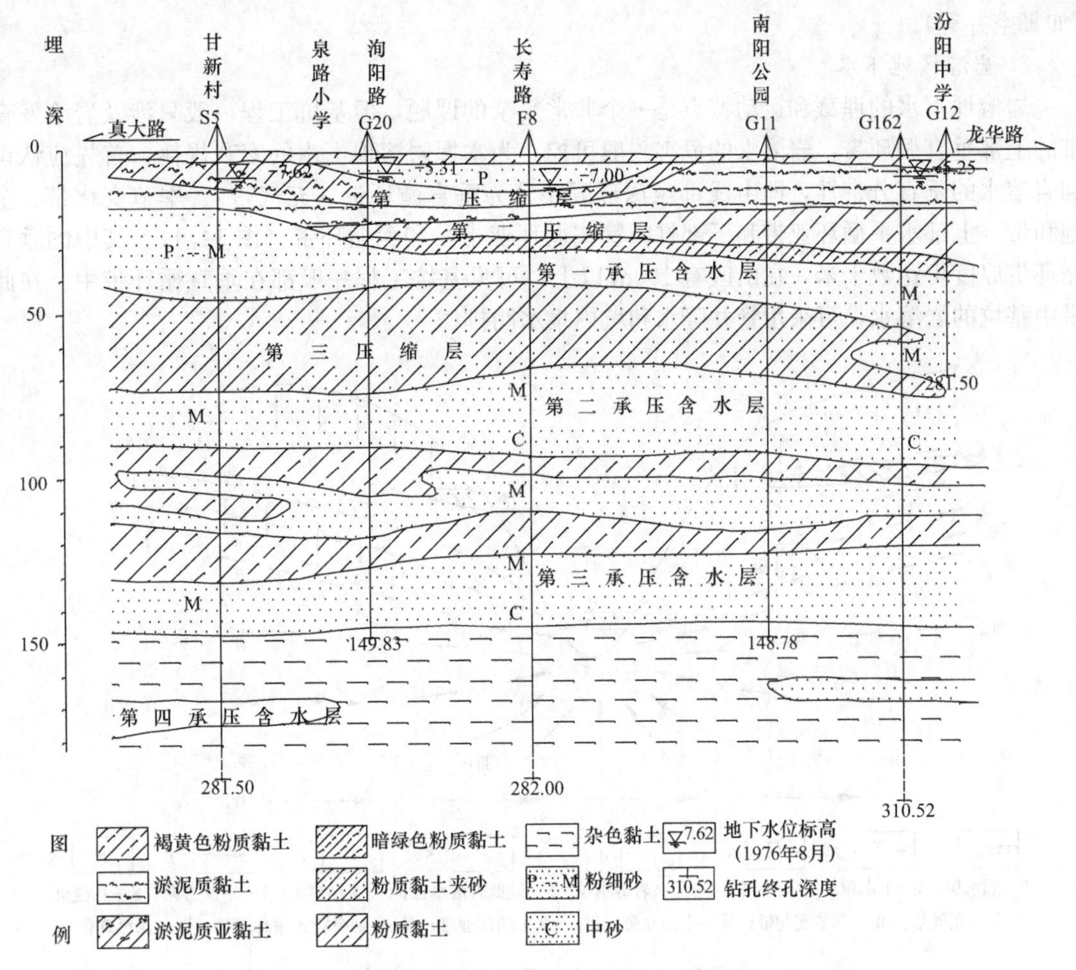

图 14.2 上海市区真大路—龙华路水文地质工程地质剖面示意图

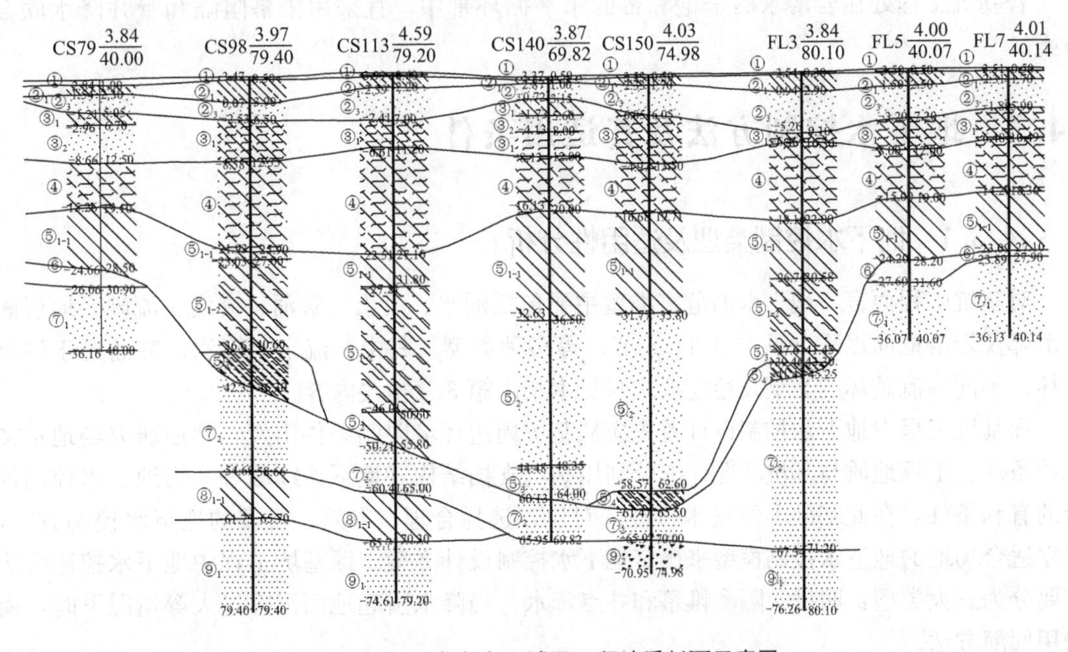

图 14.3 上海市中心城区工程地质剖面示意图

滨海平原及三角洲中基坑工程的地下水控制，普遍以隔渗帷幕为主，帷幕应尽量进入相对隔水层中，并辅以坑内封闭式疏干的方法。由于含水层透水性弱，降水应采用强汲水井型

（如真空井等）。

3. 岩溶区地下水

岩溶地下水的埋藏和运动特点是一个非常复杂的课题，但基坑工程一般只涉及岩溶发育带的上部垂直循环带，岩溶水的危害一般可控。为掌握岩溶地下水的宏观规律，首先应认识到岩溶水的垂直分带性，即由浅部至深部顺序分为垂直循环带（充气带）、季节变化带、全饱和带（上部水平循环亚带和下部虹吸管式循环亚带）和深循环带（图 14.4）。其中的垂直循环带厚度可达数十米，在山区有 100m 以上，可见基坑工程一般都在垂直循环带中。在此带中基坑的岩溶水，可采用管井降水和坑内集水明排。

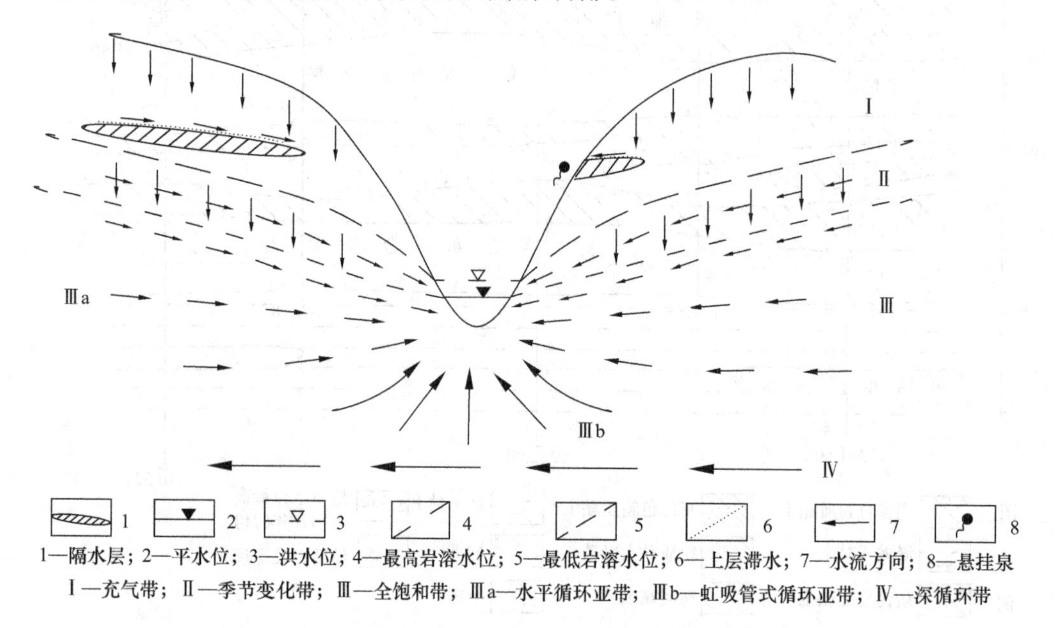

1—隔水层；2—平水位；3—洪水位；4—最高岩溶水位；5—最低岩溶水位；6—上层滞水；7—水流方向；8—悬挂泉

Ⅰ—充气带；Ⅱ—季节变化带；Ⅲ—全饱和带；Ⅲa—水平循环亚带；Ⅲb—虹吸管式循环亚带；Ⅳ—深循环带

图 14.4 岩溶水的垂直分带示意图[1]

若基坑工程处在岩溶水的全饱和带的水平循环带中，宜采用帷幕阻隔和管井降水联合方案。

14.3 地下水控制方法及其适用条件

14.3.1 地下水控制类型及适用性分析

对基坑工程而言，地下水的危害类型主要包括涌水、流土、管涌、突涌、流砂、地层固结沉降及岩溶地面塌陷（见本章 14.8 节）等多种类型。其中，流土、管涌、突涌属于渗流破坏。不同渗流破坏的类型及稳定要求参见本指南第 3 章相关内容。

深基坑工程中地下水控制设计首先应从基坑周边环境限制条件出发，然后研究场地水文地质条件、工程地质与基坑状况，充分利用基坑支挡结构（地下连续墙等）为地下水控制创造的有利条件，在此基础上经技术、经济对比，选择合理、有效、可靠的地下水控制方案，建立适合场地的地下水控制模型来确定地下水控制设计方案。深基坑工程中地下水控制方法主要分为三大类型：明排、隔渗帷幕和井点降水。当降水引起地面沉降过大等情况下时，尚采用回灌方法。

1. 明排

明排有基坑内排水和基坑外地面排水两种情况。明排适用于收集和排除地表雨水、生活废水和填土、黏性土、粉土、砂土等土体内水量有限的上层滞水、潜水，并且土层不会发生渗透破坏的情况。

2. 隔渗帷幕

在基坑开挖之前，为防止地下水渗入坑内，沿基坑周边或在基坑坑底构筑的连续、封闭的隔渗体，称为隔渗帷幕，如图 14.5 所示。主要作用是在基坑开挖过程中，阻隔地下水或延长其渗径，防止基坑发生渗透破坏，使地下开挖可顺利进行，同时避免基坑周边发生过大的沉降变形。

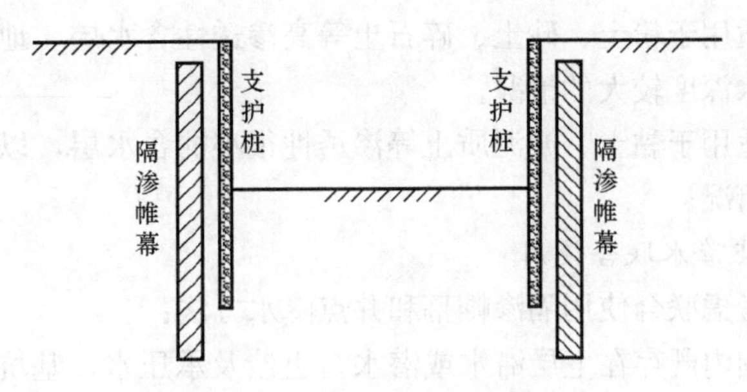

图 14.5 竖向隔渗帷幕示意图

按照不同的分类标准，隔渗帷幕有不同的分类：

(1) 按帷幕施工工艺，隔渗帷幕可分为：水泥土搅拌法帷幕，包括深层搅拌法（湿法）和粉体喷搅法（干法）；高压喷射注浆法帷幕；地下连续墙帷幕和 SMW 工法帷幕。

(2) 按帷幕体材料，隔渗帷幕可分为：水泥土帷幕、混凝土或塑性混凝土帷幕、钢筋混凝土帷幕，如地下连续墙。

(3) 按帷幕所处的位置，隔渗帷幕可分为：竖向隔渗帷幕，包括悬挂式和落底式帷幕两种（图 14.6），水平隔渗铺盖（帷幕一般指竖向的，水平隔渗铺盖来自于水利工程）。

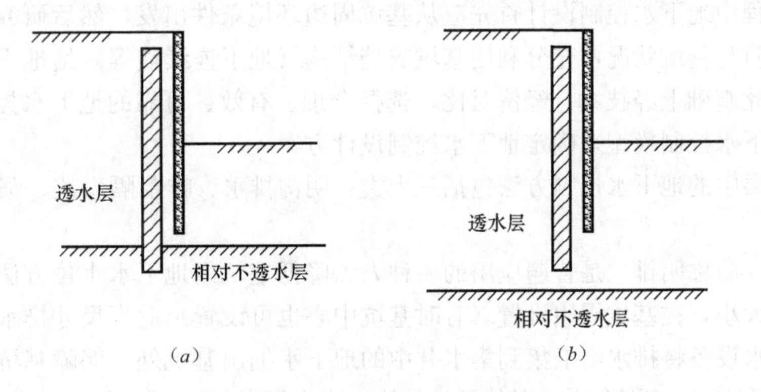

图 14.6 竖向隔渗帷幕类别

(a) 落底式帷幕；(b) 悬挂式帷幕

(4) 按帷幕发挥功能，隔渗帷幕可分为：隔渗帷幕（以隔渗为主，如高压喷射注浆、水泥土搅拌墙等帷幕）；支挡隔渗帷幕（这类帷幕既能发挥防水隔渗功能，又有足够的强度与刚度承受土压力，维持基坑的稳定。如地下连续墙、SMW 工法挡墙、水泥土重力式挡墙等，当有可靠的工程经验时，也可采用地层冻结法形成支挡隔渗帷幕）。

一般情况下，隔渗帷幕方案的工程造价是降水的（2.5～5）倍[4]，并存在渗漏的风险。也可采用隔渗帷幕和降水相结合。在选择隔渗方案前，须掌握场址的地下水类型、水文地质特征，并结合基坑周边环境条件等进行综合的评估。隔渗帷幕主要适用于以下两种情况：

1) 地下水资源保护的要求。在我国北方、西北等地区，地下水资源匮乏，为保护地下水资源，不允许采用降水方案。为使基坑开挖顺利，有关部门要求采用隔渗方法。

2) 环境保护的要求。基坑周边存在对沉降变形敏感的建（构）筑物或地下管网等设施。为避免渗透破坏和因降水引发过大的附加沉降影响其正常使用或安全性，须采用隔渗帷幕方法。

3. 井点降水

井点降水包括轻型井点、喷射井点、管井井点、电渗井点等多种形式。

（1）轻型井点：适用于土体中存在上层滞水和水量有限的潜水、含水层主要以粉细砂、粉土等为主、降水深度不大的情况。

（2）喷射井点：适用于降水深度要求大于6m，由于场地狭窄不允许布置轻型井点及含水层以粉土和砂土为主的情况。

（3）管井井点：适用于粉土、砂土、碎石土等高渗透性含水层，地下水以丰富的潜水和承压水形式存在及降水深度较大的情况。

（4）电渗井点：适用于黏土、淤泥质土等渗透性很小的含水层，以及水量有限的上层滞水、潜水等地下水的情况。

4. 隔渗帷幕和井点降水联合使用

以下两种情况可考虑联合使用隔渗帷幕和井点降水方法：

（1）开挖深度范围内既存在上层滞水或潜水，也涉及承压水，基坑同时存在侧壁发生渗漏和坑底发生突涌的可能性。通常的做法：设置侧向帷幕（深层搅拌、或双管高喷、或钢筋混凝土地下连续墙），进入坑底以下一定深度，形成悬挂式或者嵌入承压水隔水层顶板的垂直隔渗帷幕，同时布设井点，进行减压降水或疏干降水。

（2）在基坑周边环境严峻及对地面沉降很敏感的情况下，可采用落底式竖向帷幕。将地下连续墙嵌入承压水含水层以下的隔水层底板中，并辅以坑内深井降水或疏干。这种情况下，竖向帷幕须彻底隔断坑外地下水，确保隔渗效果。

14.3.2 不同含水层中的地下水控制方法

深基坑工程中地下水控制设计首先应从基坑周边环境条件出发，然后研究场地水文地质条件、工程地质与基坑状况，充分利用基坑支挡结构（地下连续墙等）给地下水控制创造的有利条件，在此基础上经技术、经济对比，选择合理、有效、可靠的地下水控制方案，建立适合场地的地下水控制模型来确定地下水控制设计方案。

不同含水层中的地下水控制方法包括三大类：明沟排水、帷幕隔渗法、强制降低地下水水位法。

明沟排水（简称明排）是普遍应用的一种人工降低基坑内地下水水位方法。根据基坑内需明排的水量大小，在基坑周边设置（有时基坑中心也可设置）适当尺寸排水沟或渗渠和集水井，通过抽水设备将排水沟汇集到集水井中的地下水抽出基坑外，保障基坑及基础干燥施工。明排适于基坑周边环境简单，基坑开挖较浅，降水幅度不大，坑壁较稳定，坑底不会发生流土或管涌，不存在地下水的排出引起基坑周边浅基础构筑物不均匀沉降问题的基坑工程。

帷幕隔渗（含冷冻法）法是人工制造一定厚度与适当深度的防渗墙体来切断或削弱基坑内外地下水的水力联系，消除基坑外地下水对深基坑的后续危害的地下水控制治理方法，适于深基坑工程中各类含水层中的地下水控制。

强制降低地下水水位法是在基坑外（内）布置一定数量的取水井（孔），通过取水井（孔）抽取场地含水层中地下水向场外排泄，使基坑内地下水水位降低至不能发生危害的深度并维持动态平衡的地下水控制措施，即通常所说的井点降水。井点降水的降水井平面布置可分为坑内井点降水与坑外井点降水两种模式。一般而言，坑内井点降水后对周边环境的影响相对于坑外降水相对较小，尤其是在基坑周边防渗帷幕伸入坑底深度较大，或已进入坑底下相对隔水层，或坑底下含水层垂直渗透性与水平渗透性相差悬殊时。但与坑外降水比较，坑内降水会使支挡结构物承担更大的水土压力。基坑井点降水后虽能有效消除地下水的危害、增加边坡和坑底的稳定性，但降水形成的地下水降落漏斗范围内土体中孔隙水压力的降低会引起基坑周边一定范围内的地面沉降，基坑降水设计时应对基坑降水后基坑周边地面沉降进行预测分析。在基坑周边存在对地面沉降敏感的重要构筑物及管线等时，对基坑井点降水设计应慎重对待并采取一定的预防措施。防止或减轻基坑井点降水引起的地面沉降的措施通常为回灌及优化基坑井点降水的设计与运行。

回灌分为常压回灌和压力回灌，随回灌时间的延续回灌进入含水层中的水量将减小，回灌水质必须达到一定标准，以防止回灌水对含水层的污染。

图 14.7 表示的是位于高压缩性火山灰黏土＋砂＋粉质黏土互层的地层中，地下水深 1m。木板桩 16m 深，4 个 35m 深的深井泵布置在坑内抽水，坑外四周布置了 8 个 9m 深的回灌井，渗水沟（用卵石填充）及 4 个 29m 深回灌井在砂层及透镜体处打孔。抽水井将水排入渗水沟，流入渗水井和回灌井，实现常压回灌。

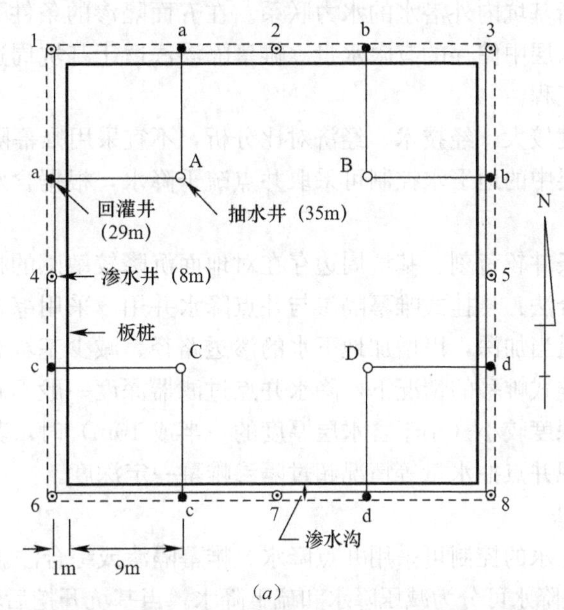

(*a*)

A, B, C, D：抽水井（35m）；a, b, c, d：回灌井（29m）；1~8：渗水井（8m）；-----：渗水沟

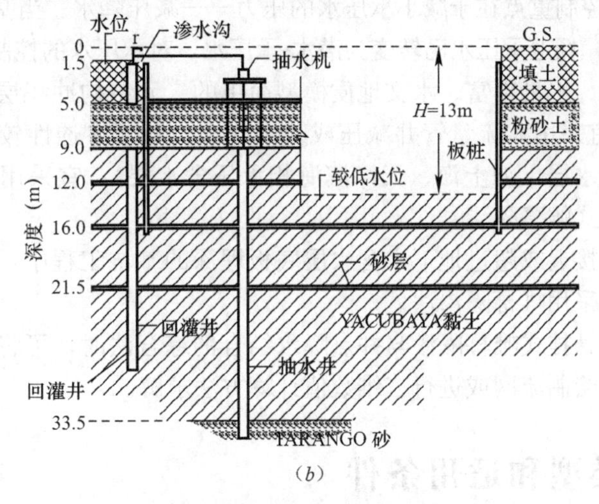

(*b*)

图 14.7　某基坑地下水回灌示意图

对于基坑周边环境严峻，场地水文地质条件复杂，开挖深度大的基坑工程，场地地下水的控制宜采用综合法（采用两种或两种以上的地下水控制措施）。实际工程中采用较多的综合法是帷幕隔渗与井点降水（如管井等）的联合使用。

1. 上层滞水控制方法

基坑工程中对上层滞水的控制可采用明排和帷幕隔渗。

对于场地开阔，水文地质条件简单，放坡开挖且开挖较浅，坑壁较稳定的基坑，可采用明排措施。明排降低地下水水位幅度一般为2m～3m，最大不超过5m。

对于周边环境严峻、坑壁稳定性较差的基坑，宜采用帷幕隔渗措施。隔渗帷幕深度须进入下伏不透水层或基坑底一定深度，切断上层滞水的水平补给，或加长其绕流路径，满足抗渗稳定性要求。

2. 潜水含水层控制方法

基坑工程中对潜水的控制可采用明排、井点降水、帷幕隔渗或综合法。

对于填土、粉质黏土中的潜水，当场地开阔、坑壁较稳定时，可采用明排措施，其降低潜水的幅度不宜大于5m。

隔渗帷幕深度须进入坑底不透水层，或在坑底宜设置足够厚度水平隔渗铺盖，形成五面隔渗的箱形构造，切断基坑内外潜水的水力联系。在五面隔渗的条件下，基坑开挖过程中可仅抽排基坑内潜水含水层中储存的有限水量。帷幕隔渗法适于基坑周边环境条件苛刻或基坑施工风险高的深基坑工程。

当潜水含水层厚度较大，经技术、经济对比分析，不宜采用帷幕隔渗形成五面隔渗的箱形构造时，潜水含水层中的地下水控制可采取井点疏干降水，根据含水层的渗透性能采用相应的降水井点类型。

当基坑周边环境条件较苛刻、基坑周边存在对地面沉降较敏感的构筑物时，基坑工程中潜水的控制应采用综合法：悬挂式帷幕隔渗与井点降水并用。采用综合法控制基坑工程中地下水时，隔渗帷幕宜适当加深，以增加地下水的渗透路径、减少基坑总涌水量。井点降水宜布置在基坑内，在悬挂式帷幕的情况下，降水井点过滤器深度一般不超过隔渗帷幕深度。当隔渗帷幕植入含水层深度较小（小于含水层厚度的一半或10m）时，其隔渗效果不显著，降水井点过滤器深度可视井点抽水量等情况超过隔渗帷幕一定深度。

3. 承压水控制方法

基坑工程中对承压水的控制可采用井点降水、帷幕隔渗或综合法。

承压含水层中井点降水可分为减压降水和疏干降水。当基坑开挖后坑底仍保留有一定厚度隔水层时，对承压水的控制重点在于减小承压水的压力——减压降水。当基坑开挖后坑底已进入承压含水层一定深度，场地承压水已转变为潜水-承压水，对承压水的控制应采用疏干降水。

在含水层渗透性好、水量丰富、水文地质模型简单的二元结构冲积层中的承压水（如长江一级阶地承压水），宜采用大流量管井减压或疏干降水。对于渗透性较差、互层频繁或含水层结构复杂的承压含水层（如上海、天津滨海相承压含水层），宜采用帷幕隔渗与井点降水结合的综合法或落底式帷幕隔渗。

对于基坑开挖深度接近或超过地下水含水层底板埋深的基坑工程中，无论是潜水含水层还是承压含水层，可只采用帷幕隔渗法。

当地下水控制采用悬挂式帷幕隔渗与井点降水结合的综合法时，可将隔渗帷幕作为模型的边界条件之一，采用绘制流网或进行三维数值计算方法求解。

14.4 降水井类型和适用条件

14.4.1 集水井及导渗井

1. 集水井（坑）

基坑或沟槽开挖时，在坑底设置集水井，并沿坑底的周围或中央开挖排水沟，也可布置在分级斜坡的平台上（图14.8*b*）。使水自进入集水井内，然后用水泵抽出坑外，如图14.8所示。

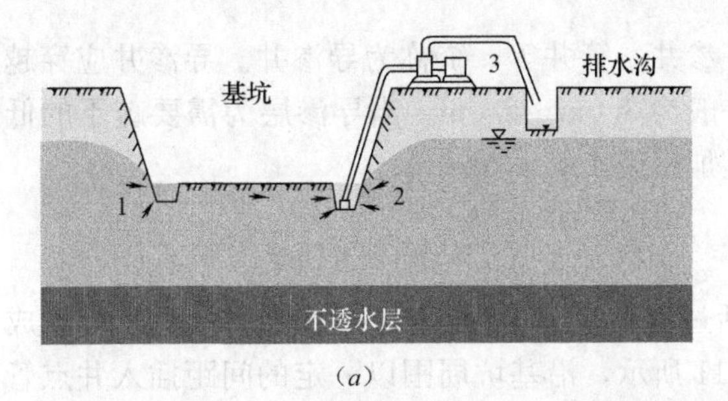

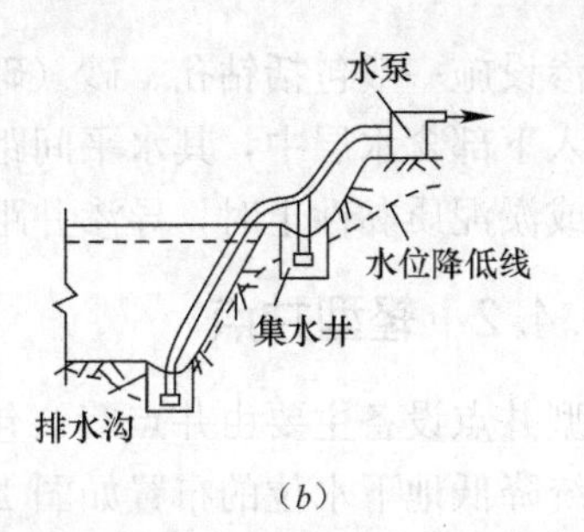

图 14.8 集水井降低坑内地下水位

1—排水沟；2—集水井；3—水泵

基坑坑地四周的排水沟及集水井一般应设置在基础范围以外地下水流的上游。基坑面积较大时，可在基坑范围内设置盲沟排水。根据地下水量、基坑平面形状及水泵能力，集水井每隔 20m～40m 设置 1 个。在基坑四周一定距离以外的地面上也应设置排水沟，将抽出的地下水排走，这些排水沟应做好防渗，以免水再渗回基坑中。

2. 导渗井

在基坑开挖施工中，经常采用导渗法，又称引渗法，降低基坑内地下水位，即通过竖向排水通道——导渗井或引渗井，将基坑内的地面水、上层滞水、浅层孔隙潜水等，自行下渗至下部透水层中消纳或抽排出基坑，如图 14.9 及图 14.10 所示。

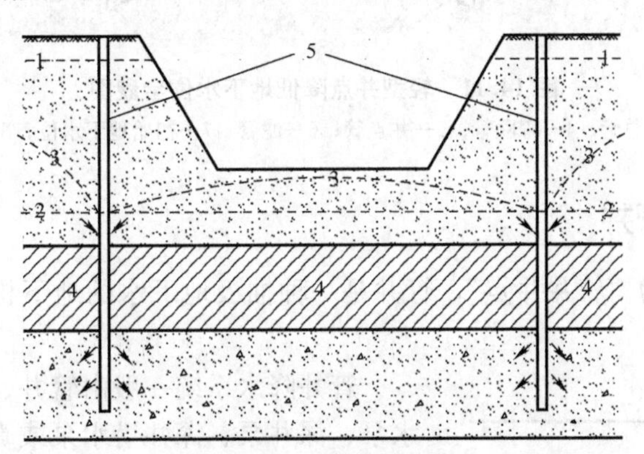

图 14.9 越流导渗自降

1—上部含水层初始水位；2—下部含水层初始水位；3—导渗后的混合动水位；4—隔水层；5—导渗井

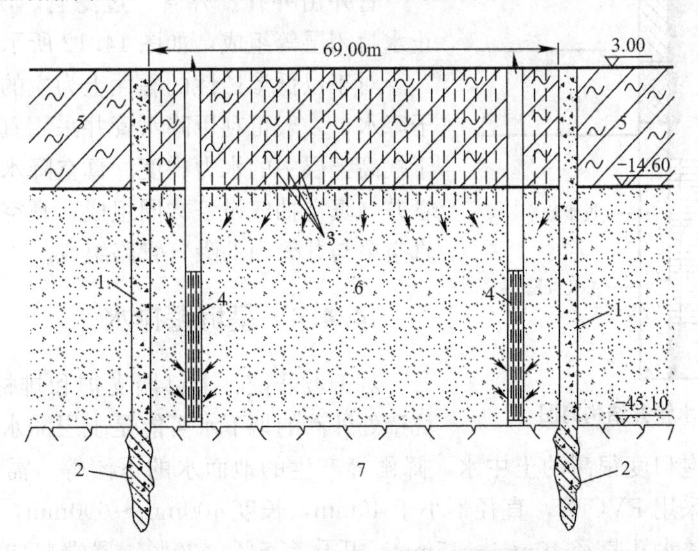

图 14.10 润扬长江大桥北锚锭深基坑导渗抽降

1—厚 1.20m 的地下连续墙；2—墙下灌浆帷幕；3—ϕ325 导渗井（内填砂，间距 1.50m）；4—ϕ600 降水管井；5—淤泥质土；6—砂层；7—基岩（基坑开挖至该层岩面）

导渗设施一般包括钻孔、砂（砾）渗井、管井等，统称为导渗井。导渗井应穿越整个导渗层进入下部含水层中，其水平间距一般为3.0m～6.0m。当导渗层为需要疏干的低渗透性软黏土或淤泥质黏性土时，导渗井距宜加密至1.5m～3.0m。

14.4.2 轻型井点

轻型井点设备主要由井点管（包括过滤器）、集水总管、抽水泵、真空泵等组成。轻型井点系统降低地下水位的布置如图14.11所示，沿基坑周围以一定的间距插入井点管（下端为滤管），在地面上用水平铺设的集水总管将各井点管连接起来，在一定位置设置真空泵和离心泵。当开动真空泵和离心泵时，地下水在真空吸力的作用下经滤管进入管井，然后经集水总管排出。

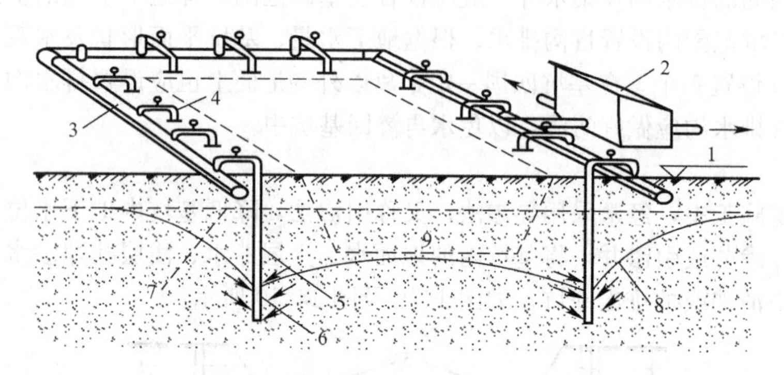

图14.11 轻型井点降低地下水位全貌图

1—地面；2—水泵房；3—总管；4—弯联管；5—井点管；6—滤管；7—初始地下水位；8—水位降落曲线；9—基坑

14.4.3 降水管井

降水管井也简称为“管井井点”，管井是一种抽汲地下水的地下构筑物，泛指抽汲地下水的大直径抽水井。

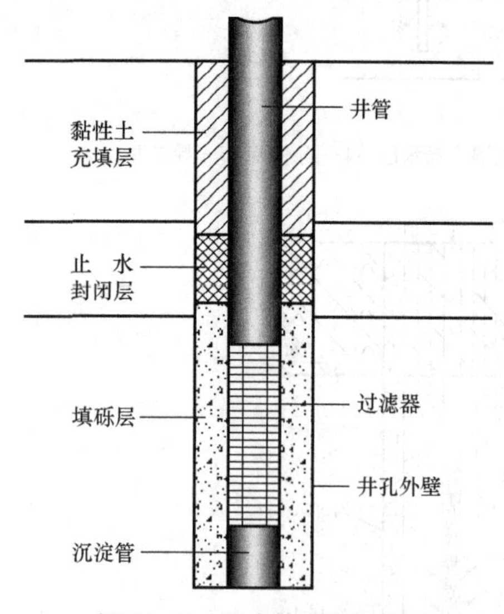

图14.12 降水管井结构简图

管井降水系统一般由管井、抽水泵（一般采用潜水泵、深井泵、深井潜水泵或真空深井泵等）、泵管、排水总管、排水设施等组成。

管井由井孔、井管、过滤管、沉淀管、填砾层、止水封闭层等组成，如图14.12所示。

对于以低渗透性的黏性土为主的弱含水层中的疏干降水，一般可利用降水管井采用真空降水，目的在于提高土层中的水力梯度。真空降水管井由普通降水管井与真空抽气设备共同组成，真空抽气设备主要由真空泵与井管内的吸气管路组成。

14.4.4 基坑壁排水

对于坡开挖、土钉墙支护和排桩支护的情况下，坑壁处外渗的地下水可能是土层滞水，地下管线的局部漏水，降水后饱和度很高的土中水，降雨等产生的地面水的下渗等。需要设置坑壁泄水管，泄水管一般采用PVC管，直径不小于40mm，长度400mm～600mm，埋置在土中的部分钻有透水孔，透水孔直径10mm～15mm，开孔率5%～20%，尾端略向上倾斜5°～10°，外包土工布，管尾端封堵防止水土从管内直接流失。纵横间距1.5m～2m，砂层等水量较大的区域局部加密。参见本指南第5章图5.17。

14.4.5 各种地下水控制措施的适用条件

基坑施工中，为避免产生渗透破坏和坑壁土体的坍塌，保证施工安全和减少基坑开挖对周围环境的影响，当基坑开挖深度内存在饱和软土层和含水层及坑底以下存在承压含水层时，需要选择合适的方法进行地下水控制。

目前常用的地下水控制措施的适用条件如表14.3所示。

地下水控制措施的适用条件 **表14.3**

适用条件 控制方法	土的渗透系数 k (cm/s)	水位降深 (m)	适用土层
集水明排	$<1\times10^{-2}$	<5	填土、粉土、黏性土
轻型井点 多级轻型井点	$1\times10^{-7}\sim1\times10^{-4}$	≤6 (6～20)	粉细砂、粉土、填土、含薄层粉砂的粉质黏土、淤泥质粉质黏土、有机土
喷射井点	$1\times10^{-7}\sim1\times10^{-4}$	8～20	粉细砂、粉土、填土、粉质黏土、含薄层粉砂的黏土、淤泥质粉质黏土、有机土
管井	$>10^{-5}$	>6	碎石土、砂土、粉土、含薄层粉砂的粉质黏土、有机土
电渗井点	$<10^{-7}$	根据选用的井点确定	黏土、淤泥质黏土、粉质黏土、淤泥质粉质黏土
砂砾渗井	$>5\times10^{-7}$	取决于下伏的导水层埋深及性质	黏质粉土、粉土、粉细砂、含薄层粉的粉质黏土、有机土
回灌	$1\times10^{-3}\sim1\times10^{-1}$	不限	填土、粉土、砂土、碎石土
截水	不限	不限	黏性土、粉土、砂土、碎石土、岩溶岩

14.5 降水设计与施工

14.5.1 水文地质参数

基坑降水设计所需要的水文地质参数有：渗透系数k与导渗系数T、影响半径R、给水度μ、贮水系数S与贮水率S_s、越流因素B、导压系数α等。

如2.8节所述，测定或确定水文地质参数的方法有室内渗透试验、原位抽水（或注水、压水）试验及渗透性计算（根据含水层颗粒分布等用公式计算）等。

对于稳定流抽水试验，主要水文地质参数计算方法详见表2.25。非稳定流抽水试验水文地质参数计算可采用配线法、直线法、汉图什（Hantush）拐点半对数法等。

14.5.2 水文地质参数经验值

基坑降水初步设计阶段，当还未取得场地含水层的参数时可参考地区经验或表2.26、表2.27和表2.28。根据单位出水量、单位水位下降确定影响半径R经验值也可参考表14.4。

根据单位出水量、单位水位下降确定影响半径R经验值[2] **表14.4**

单位出水量 (L/s)/m	单位水位降低 m/(L/s)	影响半径 R (m)
>2	≤0.5	300～500
2～1	1～0.5	100～300
1～0.5	2～1	60～100
0.5～0.33	3～2	25～50
0.33～0.2	5～3	10～25
<0.2	>5	<10

14.5.3 隔水帷幕与降水井的共同作用

当基坑周边环境要求严格时，为防止基坑施工引起周边环境造成较大的变形，基坑支护结构设计有隔渗帷幕。隔渗帷幕的设置通常会改变地下水渗透途径，隔渗帷幕植入深度、位置的差别将显著改变基坑降水量。

1. 完全隔渗

当基坑四周隔渗帷幕插入基坑底以下不透水层时，隔渗帷幕与坑底不透水层共同形成一“箱形”结构，此时基坑内储水量可按下述经验公式进行计算[11]：

$$Q = AS\mu \tag{14.1}$$

式中 Q——基坑储水量；为基坑开挖面积；

μ——含水层的给水度，对于砂土、砾石 $\mu=0.15\sim0.35$，对于黏性土、粉土 $\mu=0.10\sim0.15$；

S——基坑内含水层顶板或潜水面到基坑底部的高度。

这时，基坑内的地下水控制理论有上限，只需将“箱形”构造内的储存的有限地下水排出即可，但实际上由于隔渗帷幕施工质量的缺陷而存在渗漏，需要设置一定的备用降水井。隔渗帷幕的渗漏使得地下水的渗流计算变得复杂化。

2. 部分隔渗

部分隔渗主要是针对悬挂式隔渗帷幕的情形。基坑降水时，悬挂式隔渗帷幕局部改变地下水的渗透途径，使场地地下水渗流变得复杂（见图 14.13 的等势线）。悬挂式隔渗帷幕植入含水层的深度大小对基坑总涌水量影响较大，决定了基坑降水井平面布设及降水井结构设计。悬挂式隔渗帷幕使基坑内降水负担减轻，通过渗流数值方法可求解场地地下水渗流问题。

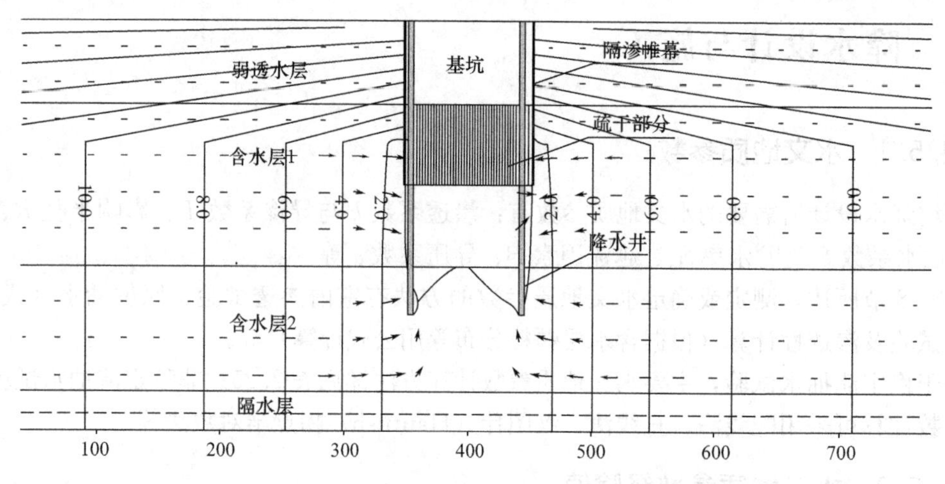

图 14.13 基坑周边悬挂式隔渗帷幕地下水流情况

隔渗帷幕与降水井的共同作用后应能使降水引起的地面沉降控制在可接受的范围内。

14.5.4 基坑降水设计目标

深基坑工程中降水可分为两种类型：疏干降水与减压降水。

1. 疏干降水设计目标

基坑坑底位于含水层中时，基坑降水后地下水水位须位于基坑底面以下 1.5m～2.0m，基坑降水前初始水位与降水后的目标水位之差即为疏干降水设计目标（S）。

2. 减压降水设计目标

减压降水设计目标较疏干降水设计目标稍复杂，基坑降水运行是一个动态过程。水位降低按下式控制：

$$S \geqslant H_0 - \frac{(h_0 - d)\gamma_s}{f_w \gamma_w} \tag{14.2}$$

式中符号见图14.14（突涌分析过程）。

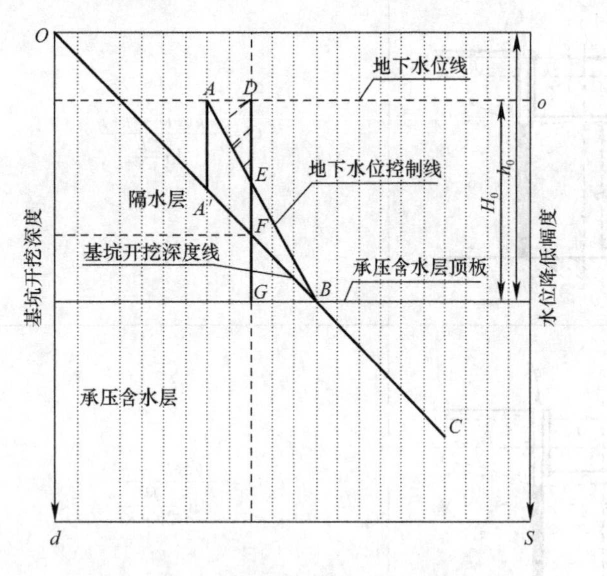

图14.14 减压降水设计目标计算简图

h_0—承压含水层顶板埋深最小值；H_0—承压水位自顶板起算的高度；A'—减压降水开始的基坑开挖深度（d）；DE—需减压降水的最小幅度（s）；EF—承压水位允许超过顶板的最大值；FG—坑底残余隔水层厚度（h_0-d）；B点—减压降水转变为疏干降水；γ_s—AB线段斜率（隔水层天然重度）；γ_w—OC线段斜率（地下水重度）；f_w 承压水分项安全系数（1.05～1.20）

14.5.5 基坑涌水量估算

对于矩形基坑，布置于基坑周边的降水井点同时抽水，在影响半径范围内相互干扰，形成大致以基坑中心为降落漏斗中心的大降落漏斗，等代为一口井壁由各个降水井进水组成、井半径为 r_0、井内水位降深为 S 的大直径井抽水。

1. 大井法估算公式

大井法估算基坑涌水量时形式上与单井涌水量计算公式相同。表14.5、表14.6为常用的基坑涌水量大井法估算公式。

潜水含水层稳定流基坑涌水量计算公式表　　表14.5

示意图	计算公式	适用条件
q, q, r_0, R, H, h	$Q=\dfrac{\pi k(H^2-h^2)}{\ln(R+r_0)-\ln r_0}$	①潜水完整井； ②均质含水层； ③基坑远离边界
r_0, R, H, h	$Q=\dfrac{\pi k(H^2-h^2)}{\ln\dfrac{R+r_0}{r_0}+\dfrac{\overline{h}-l}{l}\ln\left(1+0.2\dfrac{\overline{h}}{r_0}\right)}$ $\overline{h}=\dfrac{H+h}{2}$	①潜水非完整井； ②均质含水层； ③基坑远离边界

续表

示意图	计算公式	适用条件
q q b r_0 R H h	$Q=\dfrac{\pi k(H^2-h^2)}{\ln\dfrac{2b}{r_0}}$	①潜水完整井； ②均质含水层； ③基坑靠近河流
q q b r_0 R H h	$Q=\dfrac{\pi k(H^2-h^2)}{\ln\dfrac{R^2}{2b\cdot r_0}}$	①潜水完整井； ②均质含水层； ③基坑靠近隔水边界
r_0 R S H_1 h_0 K_2 K_1 M_1	$Q=\dfrac{\pi k_2(H_1^2-h_0^2)+2\pi k_1 M_1(H_1-h_0)}{\ln(R+r_0)-\ln r_0}$	①双层构造； ②上下层渗透系数相差不大； ③边界远离基坑[5]
r_0 R H_1 h_0 K_3 K_2 K_1 M_2 M_1	$Q=\dfrac{\pi}{\ln(R+r_0)-\ln r_0}(2M_1k_1+2M_2k_2+H_1k_3+h_0k_3)(H_1-h_0)$	①三层构造； ②其他条件同上[5]

承压含水层稳定流基坑涌水量计算公式表　　表 14.6

示意图	计算公式	适用条件
q q r_0 R S 不透水层 M M	$Q=\dfrac{2\pi kMS}{\ln(R+r_0)-\ln r_0}$	①承压完整井； ②均质含水层； ③基坑远离边界

续表

示意图	计算公式	适用条件
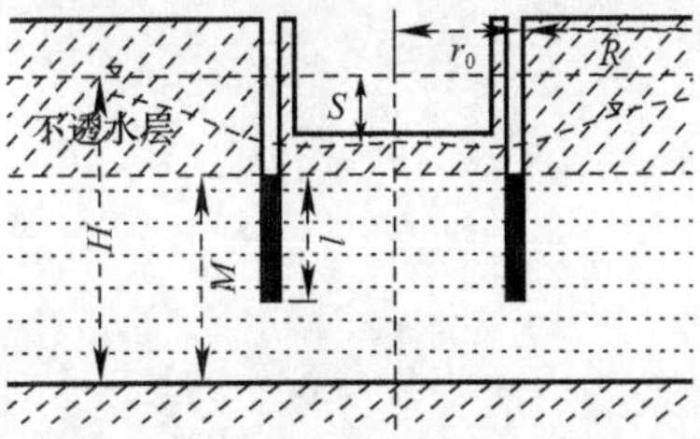	$Q=\dfrac{2\pi kMS}{\ln\dfrac{R+r_0}{r_0}+\dfrac{M-l}{l}\ln\left(1+0.2\dfrac{M}{r_0}\right)}$	①承压非完整井；②均质含水层
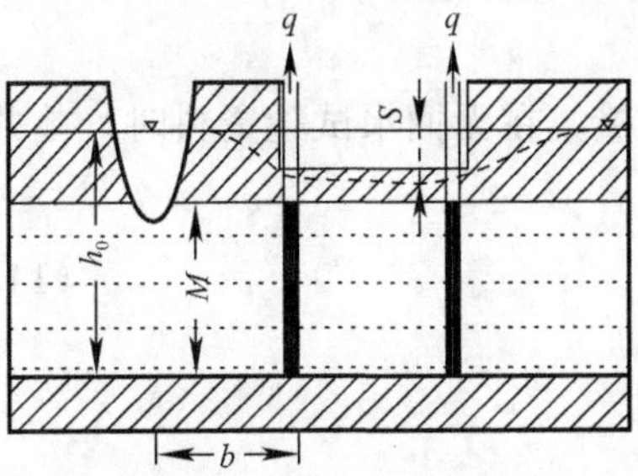	$Q=\dfrac{2\pi kMS}{\ln\dfrac{2b}{r_0}}$	基坑靠河岸 $b<0.5R$，完整井
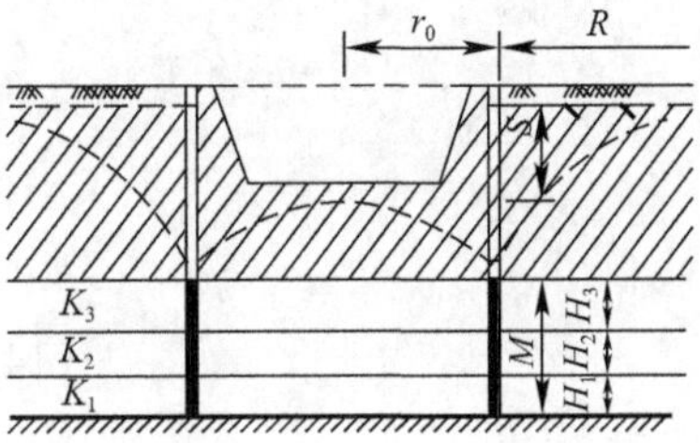	$Q=2\pi\bar{k}\dfrac{MS}{\ln\dfrac{R+r_0}{r_0}},\bar{k}=\dfrac{\sum k_iH_i}{\sum H_i}$ $M=H_1+H_2+H_3$	①多层承压含水层；②基坑远离地表水体补给
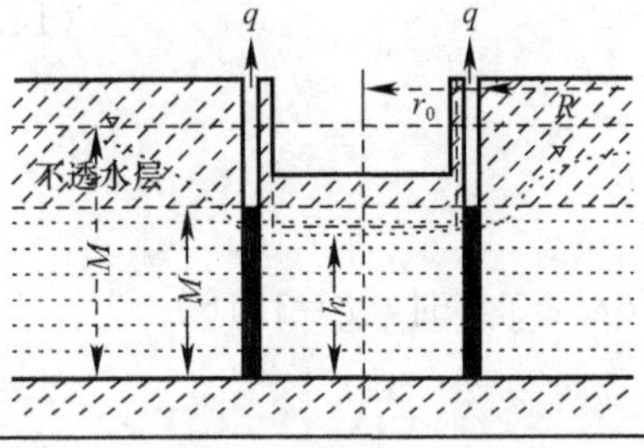	$Q=\pi k\dfrac{2HM-M^2-h^2}{\ln\dfrac{R+r_0}{r_0}}$	承压-潜水

在表14.5与表14.6中，Q为基坑涌水量（m^3/d）；k为渗透系数（m/d）；H为潜水含水层水头高度（m）；R为影响半径（m）；h为基坑动水位至含水层底板深度（m）；S为水位降深（m）；r_0为基坑半径（m）；l为过滤器有效工作部分长度（m）；其他符号含义见图形。M为承压含水层厚度（m）；M_1，M_2，M_3为不同含水层厚度（m）；k_1，k_2，k_3为不同含水层的渗透系数（m/d）。

对于窄条（线形）形（长宽比>10）基坑，将其强行概化为大口径井显然失真，此时基坑涌水量可按下式进行估算[5]。

对于潜水：

$$Q=\frac{kL(H^2-h^2)}{R}+\frac{1.366k(H^2-h^2)}{\lg R-\lg\left(\dfrac{B}{2}\right)} \tag{14.3}$$

对于承压水：

$$Q=\frac{2kLMS}{R}+\frac{2.73kMS}{\lg R-\lg\left(\dfrac{B}{2}\right)} \tag{14.4}$$

式中 Q——基坑涌水量（m^3/d）；
L——基坑长度（m）；
k——含水层渗透系数（m/d）；
B——基坑宽度（m）；
h——动水位至含水层底板深度（m）；
S——基坑地下水降深（m）；
H——潜水含水层厚度（m）；
R——降水影响半径（m）；
M——承压含水层厚度（m）。

2. 单井抽水量

估算降水井单井抽水量时可参考抽水试验的单井抽水量，在无抽水试验资料时，单井抽水量 q 可按下式计算[13]：

$$q = 120\pi rl\sqrt[3]{k} \tag{14.5}$$

式中 r——降水井半径（m）；
l——降水井过滤器进水长度（m）；
k——含水层渗透系数（m/d）；
q——单井出水量（m^3/d）。

3. 等效半径 r_0

大井法估算时等效半径 r_0 按下式计算。

对于圆形基坑：

$$r_0 = \sqrt{\frac{A}{\pi}} \tag{14.6}$$

对于矩形基坑：

$$r_0 = \zeta(l+b)/4 \tag{14.7}$$

式中 A——基坑面积（m^2）；
l——基坑长度（m）；
b——基坑宽度（m）；
ζ——基坑形状修正系数，$b/l \leqslant 0.3$ 时，$\zeta=1.14$，$b/l \geqslant 0.3$ 时，$\zeta=1.16$。

对于不规则的基坑：

$$r_0 = \sqrt[n]{r_1 r_2 r_3 \cdot \cdots \cdot r_n} \tag{14.8}$$

式中 r_1、r_2、$r_3 \cdots r_n$——多边形基坑各顶点到多边形中心的距离（m）。

14.5.6 降水井施工

降水井包括轻型井点、降水管井和真空管井等。各降水井施工方法有所不同，现分别介绍如下。

1. 轻型井点施工

轻型井点的工作原理是在真空泵和离心泵的作用下，地下水经滤管进入管井，然后经集水总管排出，从而降低地下水位。轻型井点施工的工艺主要包括井点成孔施工和井点管埋设。

（1）井点成孔施工方法有水冲法成孔和钻孔法成孔，具体要求如下：

1）水冲法成孔施工：利用高压水流冲开土层，冲孔管依靠自重下沉。砂性土中冲孔所需水流压力为 0.4MPa～0.5MPa，黏性土中冲孔所需水流压力为 0.6MPa～0.7MPa。

2）钻孔法成孔施工：适用于坚硬地层或井点紧靠建筑物，一般可采用长螺旋钻机进行成孔施工。

3）成孔孔径一般为300mm，不宜小于250mm。成孔深度宜比滤水管底端埋深大0.5m左右。

（2）井点管埋设。井点管的埋设应满足以下要求：

1）水冲法成孔达到设计深度后，应尽快减低水压，拔出冲孔管，向孔内沉入井点管并在井点管外壁与孔壁之间快速回填滤料（粗砂、砾砂）。

2）钻孔法成孔达到设计深度后，向孔内沉入井点管，在井点管外壁与孔壁之间回填滤料（粗砂、砾砂）。

3）回填滤料施工完成后，在距地表约1m深度内，采用黏土封口捣实以防止漏气。

4）井点管埋设完毕后，采用弯联管（通常为塑料软管）分别将井点管连接到集水总管上。

2. 降水管井施工

降水管井施工的整个工艺流程包括成孔工艺和成井工艺，具体又可以分为以下过程：

准备工作→钻机进场→定位安装→开孔→下护口管→钻进→终孔后冲孔换浆→下井管→稀释泥浆→填砂→止水封孔→洗井→下泵试抽→合理安排排水管路及电缆电路→试抽水→正式抽水→水位与流量记录。

（1）成孔工艺

成孔工艺亦即管井钻进工艺，指管井井身施工所采用的技术方法、措施和施工工艺过程。

管井钻进方法习惯上分为：冲击钻进、回转钻进、潜孔锤钻进、反循环钻进、空气钻进等，应根据钻进地层的岩性和钻进设备等因素进行选择，以卵石和漂石为主的地层，宜采用冲击钻进或潜孔锤钻进，其他第四纪系地层宜采用回转钻进。

钻进过程中为防止井壁坍塌、掉块、漏失以及钻进高压含水、气层时可能产生的喷涌等井壁失稳事故，需采取井孔护壁措施。可根据下列原则，采用护壁措施：

1）保持井内液柱压力与地层侧压力（包括土压力和水压力）的平衡，是维系井壁稳定的基本方法。对于易坍塌地层，应注意经常维持和调整压力平衡关系。冲击钻进时，如果能以保持井内水位比静止地下水位高3m～5m，可采用水压护壁。

2）遇水不稳定地层，选用的冲洗介质类型和性能应能够避免水对地层的影响。

3）当其他护壁措施无效时，可采用套管护壁。

4）冲洗介质是钻进时用于携带岩屑、清洗井底、冷却和润滑钻具及保护井壁的物质。常用的冲洗介质有清水、泥浆、空气、泡沫等。钻进对冲洗介质的基本要求是：冲洗介质的性能应能在较大范围内调节，以适应不同地层的钻进；冲洗介质应有良好的散热能力和润滑性能，以延长钻具的使用寿命，提高钻进效率；冲洗介质应无毒，不污染环境；配置简单，取材方便，经济合理。

（2）成井工艺

管井成井工艺是指成孔结束后，安装井内装置的施工工艺，包括探井、换浆、安装井管、填砾、止水、洗井、试验抽水等工序。这些工序完成的质量直接影响到成井质量能否达到设计要求的各项指标。如成井质量差，可能引起井内大量出砂或井的出水量降低，甚至不出水。因此，严格控制成井工艺中的各道工序是保证成井质量的关键。

1）探井

探井是检查井身和井径的工序，目的是检查井身是否圆直，以保证井管顺利安装和滤料厚度均匀。探井工作采用探井器进行，探井器直径应大于井管直径，小于孔径25mm；其长度宜为（20～30）倍孔径。在合格的井孔内任意深度处，探井器应均能灵活转动。如发现井身质量不符要求，应立即进行修整。

2）换浆

成孔结束、经探井和修整井壁后，井内泥浆黏度很大并含有大量岩屑，过滤管进水缝隙可能被堵塞，井管也可能沉不到预计深度，造成过滤管与含水层错位。因此，井管安装前，应进行换浆。

换浆是以稀泥浆置换井内的稠泥浆的施工工序，不应加入清水，换浆的浓度应根据井壁的稳定情况和计划填入的滤料粒径大小确定，稀泥浆一般黏度为16s～18s，密度为1.05g/cm^3～1.10g/cm^3。

3）安装井管

安装井管前需先进行配管，即根据井管结构设计，进行配管，并检查井管的质量。井管沉设方法应根据管材强度、沉设深度和起重设备能力等因素选定，并宜符合下列要求：

a. 提吊下管法，宜用于井管自重（或浮重）小于井管允许抗拉力和起重的安全负荷；

b. 托盘（或浮板）下管法，宜用于井管自重（或浮重）超过井管允许抗拉力和起重的安全负荷；

c. 多级下管法，宜用于结构复杂和沉设深度过大的井管。

4）填砾

填砾前的准备工作包括：a. 井内泥浆稀释至密度小于1.10g/cm^3（高压含水层除外）；b. 检查滤料的规格和数量；c. 备齐测量填砾深度的测锤和测绳等工具；d. 清理井口现场，加井口盖，挖好排水沟。

滤料的质量包括以下方面：滤料应按设计规格进行筛分，不符合规格的滤料不得超过15%；滤料的磨圆度应较好，棱角状砾石含量不能过多，严禁以碎石作为滤料；不含泥土和杂物；宜用硅质砾石。

滤料的数量按下式计算：

$$V = 0.785(D^2 - d^2)L\alpha \tag{14.9}$$

式中 V——滤料数量（m^3）；

D——填砾段井径（m）；

d——过滤管外径（m）；

L——填砾段长度（m）；

α——超径系数，一般为1.2～1.5。

填砾的方法应根据井壁的稳定性、冲洗介质的类型和管井结构等因素确定。常用的方法包括静水填砾法、动水填砾法和抽水填砾法。

5）洗井

为防止泥皮硬化，下管填砾之后，应立即进行洗井。管井洗井方法较多，一般分为水泵洗井、活塞洗井、空压机洗井、化学洗井和二氧化碳洗井以及两种或两种以上洗井方法组合的联合洗井。洗井方法应根据含水层特性、管井结构及管井强度等因素选用，简述如下：

a. 松散含水层中的管井在井管强度允许时，宜采用活塞洗井和空压机联合洗井。

b. 泥浆护壁的管井，当井壁泥皮不易排除，宜采用化学洗井与其他洗井方法联合进行。

c. 碳酸盐岩类地区的管井宜采用液态二氧化碳配合六偏磷酸钠或盐酸联合洗井。

d. 碎屑岩、岩浆岩地区的管井宜采用活塞、空气压缩机或液态二氧化碳等方法联合洗井。

6）试抽水

管井施工阶段试抽水主要目的是检验管井出水量的大小，确定管井设计出水量和设计动水位。试抽水类型为稳定流抽水试验，下降次数为1次，且抽水量不小于管井设计出水量；

稳定抽水时间为6h～8h；试抽水稳定标准是在抽水稳定的延续时间内井的出水量、动水位仅在一定范围内波动，没有持续上升或下降的趋势，即可认为抽水已经稳定。抽水过程中需考虑自然水位变化和其他干扰因素影响。试抽水前需测定井水含砂量。

7）管井竣工验收质量标准

降水管井竣工验收是指管井施工完毕，在施工现场对管井的质量进行逐井检查和验收。降水管井竣工验收质量标准主要应有下述四个方面。

a. 管井出水量：实测管井在设计降深时的出水量应不小于管井设计出水量，当管井设计出水量超过抽水设备的能力时，按单位储水量检查。当具有位于同一水文地质单元并且管井结构基本相同的已建管井资料时，新建管井的单位出水量应与已建管井的单位出水量接近。

b. 井水含砂量：管井抽水稳定后，井水含砂量应不超过1/50000～1/100000（体积比）。

c. 井斜：实测井管斜度应不大于1°。

d. 井管内沉淀物：井管内沉淀物的高度应小于井深的5‰。

3. 真空管井施工

真空降水管井施工方法与降水管井施工方法相同，详见前述。真空降水管井施工尚应满足以下要求：

（1）宜采用真空泵抽气集水，深井泵或潜水泵排水。

（2）井管应严密封闭，并与真空泵吸气管相连。

（3）单井出水口与排水总管的连接管路中应设置单向阀。

（4）对于分段设置滤管的真空降水管井，应对开挖后暴露的井管、滤管、填砾层等采取有效封闭措施。

（5）井管内真空度不宜小于0.065MPa，宜在井管与真空泵吸气管的连接位置处安装高灵敏度的真空压力表监测。

14.6 隔渗帷幕设计

14.6.1 帷幕体的主要形式

帷幕体的主要形式有地下连续墙、SMW工法、水泥土搅拌法帷幕和高压喷射注浆法帷幕等。

1. 地下连续墙

地下连续墙可将隔渗和基坑支护功能合为一体，整体性和止水效果好，适用面广，但工程造价高。地下连续墙设计、施工技术参见本指南第8章地下连续墙的相关内容。

2. SMW工法

与地下连续墙类似，SMW工法形成的挡墙也能将隔渗和支护两功能合二为一，通过将水泥浆与原状土混合形成水泥土墙，然后插入H型钢，形成连续的地下墙体。SMW工法施工工期短，对环境影响小，隔渗效果好，造价相对较低。具体方法参见本指南第7章型钢水泥土墙的相关内容。

3. 水泥土搅拌法帷幕

水泥土搅拌法既可以构成具有基坑止水和支护两种功能的水泥土挡墙，也可以构成以隔渗功能为主的独立止水帷幕，还可以与支护桩排或土钉墙结合，共同发挥隔渗和支挡功能。它将原状土与水泥混合，形成渗透系数远比天然原状土小的水泥土。该方法包括干法和湿法两种施工工艺，施工工期短，对施工条件要求低。具体形成方法参见本指南第5章重力式水泥土墙的相关内容。

4. 高压喷射注浆法

与水泥土搅拌法类似，高压喷射注浆法既可以形成水泥土挡墙，也可以构成以止水功能为主的隔渗帷幕。还可以与支护桩排或土钉墙结合，共同发挥隔渗和支挡功能。其通过喷嘴喷出的水泥浆切割土体，使原状土与浆液搅拌混合。水泥凝固后，水泥土混合体渗透系数大为降低，形成隔水帷幕。该方法施工方便、工期短、施工设备简单。假如深度过大，施工质量难保障。具体方法参见本指南第 5 章重力式水泥土墙的相关内容。

14.6.2 隔渗帷幕设计

如前所述，按隔渗体所在的位置不同，分成竖向隔渗帷幕和水平铺盖封底两种。前者沿基坑周边竖直形成连续封闭帷幕体，阻止地下水沿基坑坑壁或坑底附近渗入坑内，是广泛采用的一种方式；后者是当基坑坑底存在突涌、管涌破坏可能性时，采用水泥搅拌法等在坑底或离坑底一定距离的土体深度范围内形成一定厚度的水平隔渗封底，防止发生渗透破坏。由于施工质量难以保障，其防突涌的效果也不明显，往往需要加设管井降水减压。与竖向隔渗帷幕相比，水平封底隔渗应用较少。

1. 竖向隔渗帷幕设计

将隔渗和支护挡土两种功能合二为一的帷幕体的设计方案首先应满足基坑变形、支护结构强度、稳定等要求，然后验算其抗渗性，在综合考虑这两方面因素的基础上确定帷幕体深度、宽度等几何尺寸。

对以发挥隔渗功能为主的止水帷幕，土压力由支护结构承担，帷幕体假设不承受外部荷载，其布置、厚度等只需满足止水隔渗要求。

落底式帷幕将止水帷幕直接嵌入相对不透水土（岩）层，切断了基坑内外的地下水的水力联系。

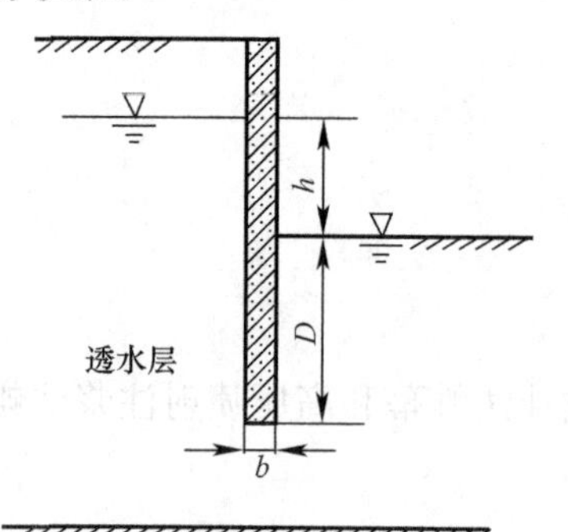

图 14.15 悬挂式帷幕体管涌验算

当相对不透水层位置较深时，采用落底式帷幕投资过大时，采用悬挂式帷幕（帷幕体趾位于透水层中），通过延长地下水渗流路径降低水力坡降的方法控制地下水。悬挂式帷幕体进入基坑坑底以下的深度 D（图 14.15）由基坑底部不发生渗透破坏的条件确定，即 $i \leqslant i_{允许}$。其中坑底处水力坡降 i 根据流网分析获得，允许临界渗透坡度 $i_{允许}$ 可根据理论分析和工程经验确定，可参考本指南的第 3 章有关章节。

在无工程经验的情况下，假设沿帷幕外轮廓的渗流水力坡度是相同的，深度 D 也可以由下式确定。

$$D \geqslant \frac{h-(h+b)i_{允许}}{2i_{允许}} \tag{14.10}$$

式中 h——坑内外水头差（m）；

D——嵌入深度（m）；

b——帷幕底部宽度（m）；

$i_{允许}$——基坑底部土层允许渗透坡度。

嵌入下卧相对不透水层的落底式帷幕深度 l 由下式确定[6],[13]：

$$l = 0.2\Delta h - 0.5b \tag{14.11}$$

式中 Δh——基坑内外作用水头差（m）；

b——帷幕厚度。嵌入深度 l 也不宜小于 1.5m[13]。

由水泥土搅拌法等方法形成的隔渗帷幕，其厚度由施工机械、成桩直径和桩排列方式决定，多为 0.8m～1.0m[2]，也可大于 1.0m。水泥土混合物固化后，强度要求大于 1MPa，渗透系数 $k<10^{-6}$cm/s。尽管施工过程中，成桩垂直偏差要求不超过 1%，桩位偏差不得大于

50mm[7]。当帷幕体深度超过10m时，相邻桩底端部错位可能大于10cm，从而形成水泥无法与土层混合的盲区，容易产生渗漏区域。对这些部位可采用高压灌浆方法填补泄漏点。设计中，对于搅拌深度不大于10m，相邻桩搭接宽度不宜小于150mm，深度加大，搭接宽度也加大。

竖向隔渗帷幕设计中须注意几个问题：

(1) 对由水泥土材料形成的帷幕体，应满足渗透系数 $k \leqslant 10^{-6}$cm/s；

(2) 帷幕体厚度、嵌固深度应满足土体不发生渗透破坏的要求；

(3) 若场地条件许可，隔渗帷幕尽可能与支护结构分离，形成独立的封闭体（图14.16）；

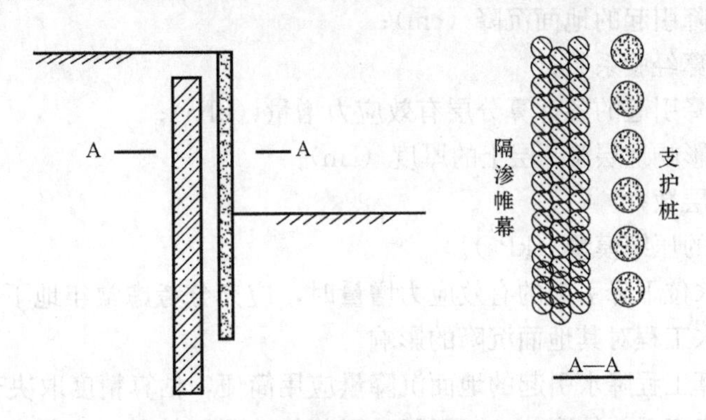

图14.16 隔渗帷幕与支护结构分离布置

(4) 若场地开阔，隔渗帷幕可布置在支护结构主动区范围之外，以避免万一发生过大变形导致墙体开裂、防渗功能失效；

(5) 当含水层较厚、渗透系数较大时，隔水帷幕可与降水井联合使用；

(6) 当含水层和相对隔水层互层时，宜优先选择落底（相对隔水层）帷幕；当含水层很厚，隔水层底板很深时，可采用悬挂式帷幕和降水相结合的方式。

2. 水平隔渗层

水平隔渗层是在基坑开挖前，通过水泥土搅拌法等方法在坑底或距坑底某一深度形成的一定厚度的水泥土混合体，水泥凝固后因其渗透系数远比原状土小，因此可以获得隔渗的效果。水平隔渗层宜沿整个基坑开挖范围内布置，并与竖向帷幕结合，形成五面隔水层面。水平隔渗层不宜单独布置。

水平隔渗层需与竖向帷幕接触紧密，注意不能出现渗漏区域。

隔渗层底水压力需小于隔渗层及上覆土的重量，以防止突涌。据此来确定水平隔渗层厚度 d：

$$d \geqslant \frac{K_{ty}\gamma_w h}{\gamma} \tag{14.12}$$

式中 h——隔渗层底板承压水头（m）；

γ——隔渗层帷幕体和上覆土层平均重度（kN/m^3）；

K_{ty}——突涌稳定安全系数，可按有关规范取值。

设计方案中可适当增加隔渗层在支护结构、工程桩等处的厚度，增强结合能力。水平隔渗层能否奏效，关键在于它是否连续和封闭、不出现渗漏。另外，在坑内可均匀布设减压孔（井），隔渗与降水减压相结合，减少上浮力[4]。

14.7 环境影响预测及处理措施

14.7.1 工程降水引起的地面沉降及控制措施

因降水引起土层压密问题需采用太沙基有效应力原理考虑。抽水引起的渗透压力使得土体应力变化，使隔水层中的孔压逐渐降低，有效应力增加，土体压密，导致地表沉降。降水影响范围一般很大，大规模降水影响区域可达到上千米。

1. 降水引起地面沉降的计算方法

工程降水会使土层中的有效应力增加，引起地面下沉。工程降水引起的地面沉降量计算，目前通常采用分层总和法。降水引起的地面某点沉降量按下式计算[3],[13]：

$$s = \psi_w \sum_{i=1}^{n} \sigma'_{wi} \frac{\Delta h_i}{E_{si}} \tag{14.13}$$

式中 s——水位下降引起的地面沉降（cm）；

ψ_w——沉降计算经验系数；

σ'_{wi}——水位下降引起的各计算分层有效应力增量（kPa）；

Δh_i——受降水影响地层第 i 层土的厚度（cm）；

n——计算分层数；

E_{si}——各分层的压缩模量（kPa）。

在计算承压水水位下降引起的有效应力增量时，应充分考虑常年地下水位变化及拟开挖基坑附近竣工的降水工程对其地面沉降的影响。

分层总和法计算工程降水引起的地面沉降量应用简便，估算精度取决于两方面：

(1) 沉降经验修正系数的取值：工程降水引起的土层固结是一个复杂的三维压缩变形过程，土层的固结度也难以准确估计，影响降水引起的地面沉降估算精度。

(2) 变形参数取值：降水引起的土层固结是包含弹性压缩变形在内的非线性压缩过程。分层总和法基于弹性变形理论建立，不能较全面解释降水引起地面沉降的机理，其线性变形参数也不能全面反映土层固结的基本性质及固结的全过程。

降水的深度和降水时间长短影响沉降量；降落漏斗的水力坡度和受压层厚度变化影响沉降差，大量的工程实践证明有两类普遍存在的沉降类型：

(1) 含水层渗透性较强（k 值较大），降落漏斗水力坡度小，且受压层厚度均匀时，地面沉降差较小（2‰～1‰以下），一般情况下对环境影响很小；

(2) 含水层渗透性弱（k 值较小），降落漏斗水力坡度较大，且受压土层厚度变化较大时，地面沉降差较大（>3‰），则对环境影响较大。

2. 控制地面不均匀沉降的主要措施

当由于降水引起的地面沉降与沉降差较小，对环境的影响也不大时，可不需要特殊措施，只要合理布置降水井点，尽量缩小降水影响范围即可。但当土层的压缩性较大，渗透系数较小，或者土层厚度变化较大时，则应设置帷幕隔渗，在完全隔渗条件下，进行坑内封闭式降水，或对非桩基础的既有建筑物地基采取预先托换式加固措施后再进行降水。条件许可情况下，可进行回灌。

14.7.2 渗透破坏引起的地面沉陷

渗流破坏（流土、管涌、突涌）产生含水层水土流失引起的地面沉陷与降水引起的固结沉降是两种性质截然不同的地面变形。前者可能导致地表数十米范围内产生大量下沉并伴随地表开裂，造成周边建（构）筑物及管线和支护结构破坏，后者则是在降水漏斗范围内产生有限、可控的不均匀沉降。

1. 渗透破坏产生原因

渗流破坏的产生有以下三种情况：

(1) 在没有管井降水和可靠隔渗帷幕的情况下，在地下水位以下强行开挖，产生较大范围流土或突涌；

(2) 帷幕隔渗不严，局部有漏洞存在，渗漏水流携砂，造成砂土层损失；

(3) 降水未达到预计深度，地下水位仍高于开挖深度或减压降水后的承压水头高度仍可突破坑底隔水层，产生突涌。

2. 控制渗透破坏的主要措施

对于深基坑开挖，一方面要正确认识渗透破坏，找到产生渗透破坏的原因，另一方面又要采取一定的措施，防止渗透破坏的发生或将渗透破坏的影响降低。常用的工程措施有：

(1) 根据含水层渗透性的大小，选用适当类型的管井降水，使地下水位降至开挖深度以下一定深度，即疏干开挖深度内的含水层，是防止渗流破坏的根本措施；

(2) 采用可靠的竖向隔渗帷幕或竖向帷幕加水平封底也是可行的控制措施，但水平封底对承压水突涌不易奏效，应以降水减压为宜。

14.7.3 石灰岩中降水引起的地面塌陷及其防治措施

工程降水引起的石灰岩地区地面塌陷，是指在石灰岩中存在未填充或半填充的溶洞或溶隙、通道，基岩以上的覆盖层物质在降水时随地下水垂直运动，其松散物质漏失到其下的岩溶空洞中，引起的地面塌陷。

1. 岩溶地面塌陷的机理和类型

岩溶地面塌陷有三种机理和类型：

(1) 石灰岩体之上为松散饱和的砂类土层，在降水引起地下水垂直运动过程中，使砂土层发生潜蚀乃至渗流液化后大量漏失到石灰岩空洞中，进而造成地面大范围塌陷；

(2) 石灰岩体之上为黏性土覆盖层，但长期受地下水潜蚀已形成土洞。在工程降水作用下，土洞顶板破坏，发生地面塌陷，产生与土洞对应的陷坑；

(3) 石灰岩体之上的覆盖土层（砂土、软土或各种黏性土）厚度不大时，在工程降水使岩溶水位在短时间内急剧下降后，产生负压乃至真空，这种负压加上土层自重超过土体强度时，覆盖土层破坏，漏失到其下的岩溶空洞中，地表产生与溶洞对应的陷坑（穴）或陷井。

以上情况和类型在基坑工程中并不多见，但在石灰岩分布广、埋藏深度浅地区的超深基坑中也可遇到，此时应高度重视、慎重对待，尽量避免因基坑引起周围地面塌陷。

2. 防治措施

对于不同地质条件下石灰岩中降水引起的地面塌陷的防治，常采取不同的防治措施。

(1) 在石灰岩体之上有饱和砂土、粉土覆盖层存在时，原则上禁止在石灰岩中抽排岩溶水。若因基坑深度要求在石灰岩中开挖并抽排降岩溶水时，需在基坑四周的石灰岩中进行注浆，填堵岩溶空洞，在基坑周边形成竖向帷幕（深度超过浅层岩溶发育带底板）。

(2) 在石灰岩体之上有老黏性土覆盖层存在且土体中并不存在土洞时，可在石灰岩中排降岩溶水（一般不会使周围产生地面塌陷）。当黏性土中已有土洞存在时，应预先探明土洞位置、规模，并对土洞进行注浆充填或在石灰岩体中形成竖向帷幕后，方可抽排降石灰岩中的岩溶水。

(3) 不论石灰岩体之上存在何种覆盖层，当覆盖层厚度较薄但对石灰岩体封闭较严密时，在石灰岩中进行大降深抽水都可能产生真空吸蚀型地面塌陷。对于此种情况，应作详细勘察和分析、预测，采取可靠措施才能降水。一般情况下，应在基坑四周形成竖向帷幕，并在外围预打一定数量的排气孔以消除真空负压。

由于覆盖层有一定厚度，基坑挖深一般进入石灰岩的深度不大，浅部石灰岩体大多处于包气带中，岩溶水往往在深部，不需在石灰岩中进行深井降水。个别情况下，岩溶水位很浅时，亦应避免采用深井降水，尽量采用集水明排，以免造成岩溶水产生较大波动。可见岩溶地下水位深度的准确判断是非常重要的，这就要求在勘察过程中对岩溶地下水是否存在、其准确深度是多少，进行专门的勘探、测试工作。在石灰岩地区的水文地质勘探孔，一般不要太深，只需钻至浅部岩溶发育带底板即可，以免将深部岩溶承压水打穿。岩溶地下水位的观测，必须将覆盖层中的空隙用套管止水，切实测到岩溶水位，在确知岩溶地下水影响基坑开挖时，再采取防治水措施。

14.8 常见工程问题与对策

14.8.1 基坑支护桩排间发生渗漏

为防止支护桩排桩间土体发生塌落或流砂破坏，通常在桩间施工粉喷桩等，与桩排一起作为隔渗帷幕。当两者之间存在空洞、蜂窝、开叉时，在基坑开挖过程中，地下水有可能携带粉土、粉细砂等从止水帷幕外渗入基坑内，使得开挖无法进行，有时甚至造成基坑相邻路面下陷和周围建筑物沉降倾斜、地下管线断裂等事故。造成这一现象的主要原因有：

(1) 土层不均匀或地下障碍物等，影响止水帷幕施工质量；

(2) 受施工设备限制，超过某一深度之后（如 10m）深层搅拌质量无法保障；

(3) 施工中，粉喷桩均匀性差，桩身存在缺陷或垂直度控制不好，影响桩间搭接质量，形成渗漏通道；

(4) 为抢工期，在粉喷桩没有达到设计强度就开始挖土，基坑变形后低强度粉喷桩桩身易发生裂缝，形成渗漏通道；

(5) 桩排设计刚度不够，基坑变形过大，使桩排与粉喷桩产生分离。

对于基坑支护桩排间发生渗漏的问题，常用的处理措施有：

(1) 立即停止土方开挖，确定漏点范围，迅速用堵漏材料处理止水帷幕。一般情况下，可采用压密注浆对止水帷幕进行修补和封堵。若漏水严重，可采用双液注浆化学堵漏法：先在坑内筑土围堰蓄水，减少坑内外水头差及渗流速度，后在漏点范围内布设直径 ϕ108 钻孔，钻孔穿过所有可能出现渗漏通道的区域，再往孔中填充细石料，填塞渗漏缝隙，当坑内外水头差较小时，进行化学注浆，封堵渗漏间隙。若漏水量很大，应直接寻找漏洞，用土袋和 C20 混凝土填充漏洞。

(2) 在渗漏发生部位设置井点降水，将地下水位降低到基坑开挖深度以下。

14.8.2 基坑坑底发生突涌破坏

当相对隔水层较薄，不足以抵抗承压水产生的水压力时，基坑坑底会发生突涌破坏。突涌破坏发生具有突然性，后果极其严重。若处理不及时，会引发基坑滑塌破坏。引发突涌的主要原因有：

(1) 承压水头过大；

(2) 止水帷幕嵌入不透水层深度不够；

(3) 水平封底厚度不足；

(4) 大量雨水或生活废水渗入土层，使得坑外地下水位升高，导致水压力增大。

对于坑底突涌破坏，常用的处理措施有：

(1) 对发生渗漏部位，可用袋装土对其进行反压，增加上覆荷载，阻止土颗粒随涌水流出；

(2) 增设降水井或增大抽水量，降低承压水头；

(3) 沿周边重要建筑物施工止水帷幕，延长地下水渗透路径，阻止砂土流失，避免环境破坏；

(4) 雨天及时排水，预防雨水渗入土体。

14.8.3 基坑坑底发生局部流土、管涌破坏

当基坑粉砂含量较大，坑底附近水力坡度较大时，常会发生坑底局部流土、管涌破坏。常用的处理措施包括[9]：

(1) 基坑外侧设置井点降水，减少水力坡降；

(2) 在管涌口附近用编织袋或麻袋装土抢筑围井，井内同步铺填反滤料及灌水，制止涌水带砂；

(3) 当流土管涌严重，涌水涌砂量大，来不及采取其他措施时，可采用滤水性材料作为压重直接分层压在其出口范围，由下到上压重颗粒由小到大，厚度根据渗流程度确定，分层厚度不宜小于30cm；

(4) 采用旋喷桩或搅拌桩对发生渗漏的支护结构渗漏范围内，施做旋喷桩或搅拌桩止水，常用做法是在桩间外侧施做一根，并在外侧施做一排相互咬合的旋喷桩墙或搅拌桩墙。

14.8.4 隔渗帷幕遭破坏

若隔渗帷幕失效，则漏水量大，基坑外侧水位急速下降。先将坑底积水排出，保证基坑不被浸泡。随后寻找水源和其通道，进行封堵。在基坑内砌筑围堰，灌水抬高水头，减少基坑内外水头差和水流流速。当水流流速减少到一定程度，用高压注浆在帷幕外侧封堵帷幕缝隙和固结周围土体，可用双液注浆加快水泥浆的凝固速度，注浆注入量要远大于流失量。在封堵水源入口的同时，应封堵支护结构间隙。当支护结构内侧不渗漏或只有轻微渗漏时，可撤掉围堰，桩间缝隙处设模板，灌注混凝土封堵。

14.8.5 基坑降水疏不干问题

“疏不干”问题的存在，是由于基坑内外地下水始终存在水力联系，基坑外水源源不断地补给基坑内，所以消除或削减的对策应是切断或减弱基坑内外的水力联系。具体工程对策包括[10]：

(1) 增加井数，缩小井间距。

(2) 外围设隔渗帷幕，基坑内疏干降水。

(3) 增加滤水管的过水能力。

(4) 水平井降水。水平井降水是通过一口大尺寸竖井和井内任意高度单一或多方向长度不一的水平滤水管实现。

(5) 含水层底板水平滤水管导流，消除地下水“疏不干”问题。

(6) 采用落底式隔渗帷幕，避开“疏不干”问题。

参考文献

[1] 武汉地质学院．地貌学及第四纪地质学［M］．北京：地质出版社，1987.

[2] 常士骠，张苏民．工程地质手册（第四版）［M］．北京：中国建筑工业出版社，2007.

[3] 湖北省建设厅．基坑工程技术规程（DB 42/159—2004）［S］．2004.

[4] 钱午，苏景中．深基坑工程止水帷幕设计概要［J］．土工基础．1998，12（1）.

[5] 广州市建设委员会．广州地区建筑基坑支护技术规定（98—02）［S］．1998.

[6] 建筑基坑支护技术规程（JGJ 120—99）［S］．1999.

[7] 建筑地基处理技术规程（JGJ 79—2002）［S］．2003.

[8] Craig R. F. Soil Mechanics (Sixth edition) [M]. US: Spon Press, 2002.
[9] 马宏建，深基坑工程管涌灾害的治理 [J]. 都市快轨交通. 2008, 21 (1).
[10] 邹正盛，刘明辉，赵智荣. 基坑降水“疏不干”问题及其工程对策 [J]. 长春科技大学学报. 2001, 31 (2).
[11] 刘国彬，王卫东. 基坑工程手册（第二版）[M]. 北京：中国建筑工业出版社，2009.
[12] 薛禹群. 地下水动力学原理 [M]. 北京：地质出版社，1986.
[13] 建筑基坑支护技术规程 (JGJ 120—99).

CHAPTER

第15章　基坑开挖

15.1 概述

基坑开挖是基坑工程施工的重要部分，对于土方开挖量大的基坑，基坑工程工期的长短在很大程度上取决于基坑挖土的速度。另外，支护结构的强度和变形控制是否满足要求，降水是否达到预期的目的，都将在开挖阶段被检验，因此，基坑工程成败也在一定程度上有赖于基坑开挖。

在基坑开挖之前，要详细了解施工区域的地形和周围环境、土层种类及其特性、地下设施情况、支护结构的施工质量、土方运输的出口、政府及有关部门关于土方外运的要求和规定；要优化选择挖土机械和运输设备，确定堆土场地或弃土处，确定挖土方案和施工组织，对支护结构、地下水位及周边环境提出必要的监测和保护方案。

15.2 基坑开挖的分类

基坑开挖一般分为放坡开挖和有围护开挖两种基本方式，并视场地的工程地质、水文地质情况以及开挖深度和环境条件等因素而有如图 15.1 不同的具体方式。

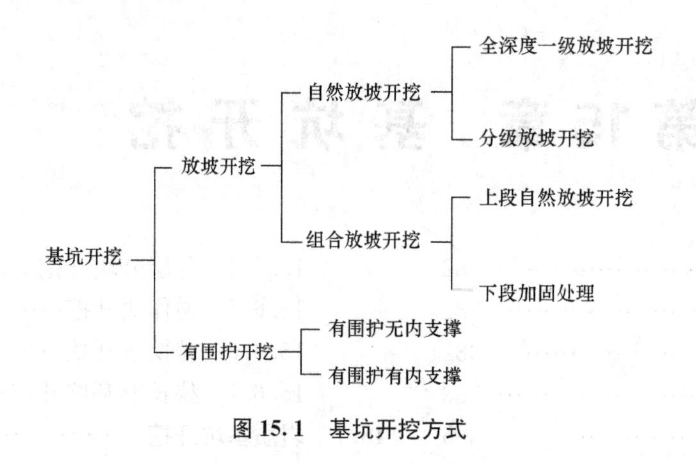

图 15.1 基坑开挖方式

根据基坑支护设计的不同，基坑开挖又可分为无内支撑基坑开挖和有内支撑基坑开挖。无内支撑基坑是指在基坑开挖深度范围内不设置内部支撑的基坑，包括采用放坡开挖的基坑，采用水泥土重力式围护墙、土钉支护、土层锚杆支护、钢板桩拉锚支护、板式悬臂支护的基坑。有内支撑基坑是指在基坑开挖深度范围内设置一道或多道内部临时支撑以及以水平结构代替内部临时支撑的基坑。

按照基坑挖土方法的不同，基坑开挖可分为明挖法和暗挖法。无内支撑基坑开挖一般采用明挖法；有内支撑基坑开挖一般有明挖法、暗挖法、明挖法与暗挖法相结合三种方法。基坑内部有临时支撑或水平结构梁代替临时支撑的基坑开挖一般采用明挖法。基坑内部水平结构梁板代替临时支撑的基坑开挖一般采用暗挖法，盖挖法施工工艺中的基坑开挖属于暗挖法的一种形式。明挖法与暗挖法相结合是指在基坑内部部分区域采用明挖和部分区域采用暗挖的一种挖土方式。

15.3 基坑开挖的基本要求

基坑开挖前应根据工程地质与水文地质资料、结构和支护设计文件、环境保护要求、施工场地条件、基坑平面形状、基坑开挖深度等，遵循“分层、分段、分块、对称、平衡、限时”和“先撑后挖、限时支撑、严禁超挖”的原则编制基坑开挖施工方案。基坑开挖施工方案应履行审批手续，并按照有关规定进行专家评审论证。

基坑工程中坑内栈桥道路和栈桥平台应根据施工要求及荷载情况进行专项设计，施工过程中应严格按照设计要求对施工栈桥的荷载进行控制。挖土机械的停放和行走路线布置、挖土顺序、土方驳运、材料堆放等应避免引起对工程桩、支护结构、降水设施、监测设施和周边环境的不利影响，施工时应按照设计要求控制基坑周边区域的堆载。

基坑开挖前，支护结构应达到设计要求的强度，挖土施工工况应满足设计要求。采用钢筋混凝土支撑或以水平结构代替内支撑时，混凝土达到设计要求的强度后，才能进行下层土方的开挖。采用钢支撑时，钢支撑施工完毕并施加预应力后，才能进行下层土方的开挖。基坑开挖应采用分层开挖或台阶式开挖的方式，软土地区分层厚度一般不大于4m，分层坡度不应大于1∶1.5。基坑挖土机械及土方运输车辆直接进入坑内进行施工作业时，应采取措施保证坡道稳定。

15.4 基坑开挖施工机械

基坑开挖相关施工机械主要包括土方挖掘机械和土方装运机械。土方挖掘机械行走方式一般为履带式，按传动方式分为机械传动和液压传动两种，按土斗作业方式分为正铲挖掘机、反铲挖掘机、抓铲挖掘机及拉铲挖掘机等。土方装运机械主要有自卸式运输车等。表15.1比较了四种主要的土方挖掘机及其特性、作业特点和适用范围，其中反铲挖掘机和抓铲挖掘机最为常用。

各挖掘机比较 表15.1

机械名称及特性	示意图	作业特点及适用范围
正铲挖掘机，装车轻便灵活，回转速度快，移位方便；挖掘力大，能挖掘坚硬土层，易控制开挖尺寸，工作效率高	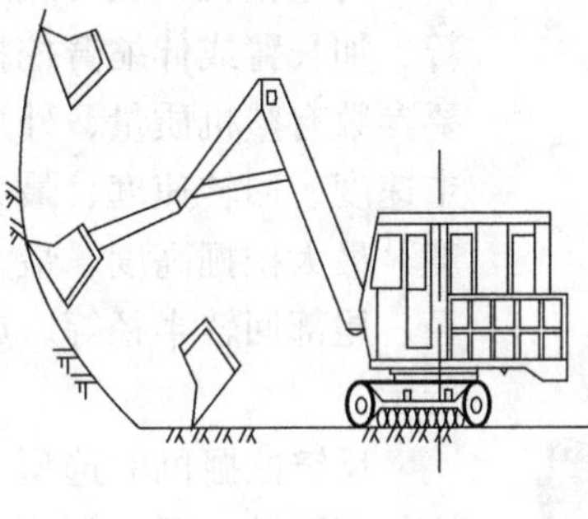	开挖停机面以上土方，需与汽车配合完成整个挖运工作；开挖高度超过挖土机挖掘高度时，可采取分层开挖；开挖含水量较小的一类土和经爆破的岩石及冻土；一般用于大型基坑工程
反铲挖掘机，操作灵活，挖土、卸土均在地面作业，不用开运输道	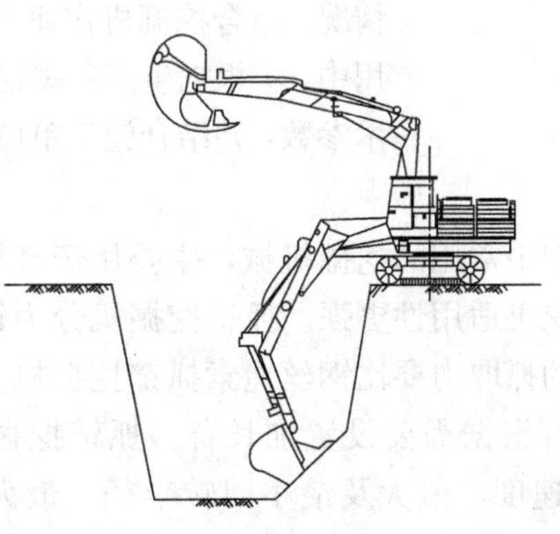	开挖停机面以下的土方，需要配备运土汽车进行运输；最大挖土深度4m～6m，经济合理深度为3m～5m；较大较深基坑可用多层接力挖土；开挖含水量大的一至三类砂土和黏土

续表

机械名称及特性	示意图	作业特点及适用范围
抓铲挖掘机，灵活性较差、工效不高、不能挖掘坚硬土；可以装在简易机械上工作，使用方便		开挖直井或深井土方；排水不良也能开挖；吊杆倾斜角度应在45°以上，距边坡应不小于2m；土质比较松软，施工面较狭窄的深基坑；水中挖取土
拉铲挖掘机可挖深坑，挖掘半径及卸载半径大、操纵灵活性较差		开挖停机面以下土方；开挖截面误差较大；可将土甩在基坑两边较远处堆放；拉铲适用于一至三类的土；开挖较深较大的基坑；不排水挖取水中泥土

注：土的工程分类，一类土代表松软土，二类土代表普通土，三类土代表坚土。

1. 反铲挖掘机

反铲挖掘机是应用最为广泛的土方挖掘机械，具有操作灵活、回转速度快等特点。近年来反铲挖掘机市场飞速发展，挖掘机的生产向大型化、微型化、多功能化、专用化的方向发展。基坑土方开挖可根据实际需要，可选择普通挖掘深度的挖掘机，也可以选择较大挖掘深度的接长臂、加长臂或伸缩臂挖掘机等。反铲挖掘机的主要参数有整机质量、外形尺寸、标准斗容量、行走速度、回转速度、最大挖掘半径、最大挖掘深度、最大挖掘高度、最大卸载高度、最小回转半径、尾部回转半径等。典型反铲挖掘机如图15.2所示。

图 15.2　反铲挖掘机

反铲挖掘机的选型应根据基坑土质条件、基坑平面形状、开挖深度、挖土方法、施工进度等情况，结合挖掘机作业方法等进行选择；在实际应用中，应根据生产厂家挖掘机产品的规格型号和技术参数，并结合施工单位的施工经验进行选型。

2. 抓铲挖掘机

抓铲挖掘机也是基坑土方工程中常用的挖掘机械，主要用于基坑定点挖土，对于开挖深度较大的基坑，抓铲挖掘机定点挖土适用性更强。抓铲挖掘机分为钢丝绳索抓铲挖掘机和液压抓铲挖掘机，液压抓铲挖掘机的抓取力要比钢丝绳索抓铲挖掘机大，但挖掘深度较钢丝绳抓铲挖掘机小，为增大挖掘深度可根据需要设置加长臂。抓铲挖掘机的主要参数有整机质量、外形尺寸、抓头容量、回转速度、最大及最小回转半径、最大挖掘深度、最大卸载高度、提升速度、尾部回转半径等。抓铲挖掘机如图15.3所示。

抓铲挖掘机的选型应根据基坑土质条件、支护形式、开挖深度、挖土方法等情况，结合

(*a*) (*b*)

图15.3 抓铲挖掘机

(*a*) 钢丝绳索抓铲挖掘机；(*b*) 液压抓铲挖掘机

挖掘机作业方法进行；施工单位应对照生产厂家挖掘机产品的规格型号和技术参数，结合施工需要确定。

15.5 无内支撑基坑开挖

15.5.1 放坡开挖

放坡开挖充分利用土体的自稳能力，是最经济的一种基坑开挖方式。当场地条件允许并且经验算能保证土坡稳定性时，可采用如图15.4所示的一级或分级放坡开挖。

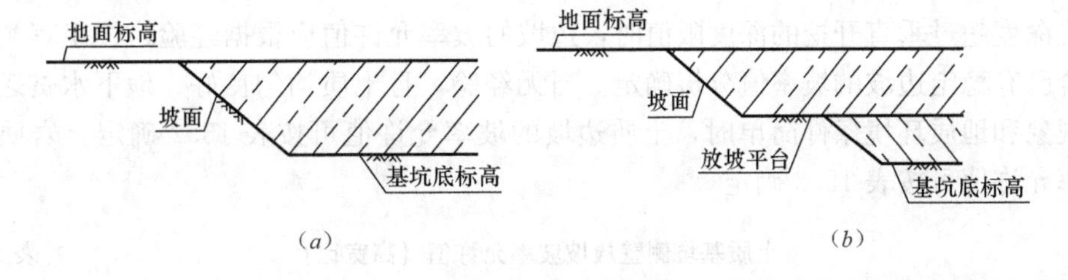

(*a*) (*b*)

图15.4 放坡开挖

(*a*) 一级放坡开挖；(*b*) 多级放坡开挖

1. 适用范围

(1) 当场地开阔，场地土质较好、地下水位较深及基坑开挖深度较浅时，可优先采用放坡支护。同一工程可视场地具体条件采用局部放坡或全深度、全范围放坡开挖。

(2) 当放坡开挖深度不大于5m时，可采用一级放坡开挖，不需支护及降水的基坑工程，但应由基坑土方开挖单位对其施工的可行性进行评价。

(3) 当放坡开挖深度大于5m时，应采用分级放坡开挖，分级处设过渡平台，平台宽度一般为1m～1.5m。岩质边坡的分级平台宽度一般不小于0.5m，并采用上半坡稍陡、下半坡稍缓的放坡原则。

(4) 当有下列情况之一时，不应采用放坡开挖：

1) 放坡开挖对拟建或相邻建（构）筑物及重要管线有不利影响。

2) 不能有效降低地下水位和保持基坑内干作业。

3) 填土较厚或土质松软、饱和，稳定性差。

4) 场地条件限制，不允许放坡时。

2. 放坡要求

为确保基坑施工安全，一级放坡开挖的基坑，应验算边坡的稳定性；多级放坡开挖的基坑，应同时验算各级边坡的稳定性和多级边坡的整体稳定性，开挖深度一般不超过7.0m。可采用圆弧滑动法进行放坡开挖边坡稳定性的验算。

放坡坡脚位于地下水位以下的情形，应在放坡平台或坡顶上设置轻型井点降水，基坑降水对周边环境有影响时，应在坡顶或放坡平台处设置封闭的止水帷幕。采取降水措施的放坡开挖基坑，开挖过程中宜保持基坑周边降水系统的正常运行。一级放坡的基坑，降水系统宜设置在坡顶；多级放坡的基坑，降水系统宜设置在平台和坡顶。坡顶、平台和坡脚位置应采取集水明排措施，保证排水系统畅通，明水能及时排除。排水沟或集水井与坡脚的距离应大于1.0m。

对基坑土质较差或施工周期较长的情形，放坡面及放坡平台表面应采取护坡措施。护坡可采用钢丝网水泥砂浆、钢丝网细石混凝土、钢丝网喷射混凝土或高分子聚合材料覆盖等方式。护坡面层宜扩展至坡顶一定的距离，也可与坡顶的施工道路结合。设置钢筋混凝土护坡面层时，面层厚度不宜小于50mm，混凝土强度等级不宜低于C20，钢筋直径不宜小于6mm。面层钢筋应单层双向设置，间距不宜大于250mm。

对基坑坑底有局部深坑的情形，坡脚与坑底局部深坑的距离不宜小于2倍深坑的深度，不满足时宜采取土体加固等措施。吹填土区域应采用土体加固等措施对土体性质进行改良后方可进行放坡开挖。

放坡开挖采取机械挖土的情形，严禁超挖或造成边坡松动。边坡宜采用人工进行切削清坡，其坡度的控制应符合放坡设计要求。

坡顶一倍开挖深度范围内和多级放坡平台上不宜设置堆场或作为施工车辆行驶通道。

3. 有关规定

基坑深度超过垂直开挖的深度限值时，边坡的坡率允许值应根据经验，按工程类比的原则并结合已有稳定边坡的坡率值分析确定。当无经验，且土质均匀良好、地下水贫乏、无不良地质现象和地质环境条件简单时，土质边坡的坡率允许值可按表15.2确定。岩质基坑开挖的坡率允许值可按表15.3确定[3,8]。

土质基坑侧壁放坡坡率允许值（高宽比）　　表15.2

岩土类别	岩土性状	坑深在5m之内	坑深5m～10m
杂填土	中密-密实	1∶0.75～1∶1.00	—
黄土	黄土状土	1∶0.50～1∶0.75	1∶0.75～1∶1.00
	马兰黄土	1∶0.30～1∶0.50	1∶0.50～1∶0.75
	离石黄土	1∶0.20～1∶0.30	1∶0.30～1∶0.50
	午城黄土	1∶0.10～1∶0.20	1∶0.20～1∶0.30
粉土	稍湿	1∶1.00～1∶1.25	1∶1.25～1∶1.50
黏性土	坚硬	1∶0.75～1∶1.00	1∶1.00～1∶1.25
	硬塑	1∶1.00～1∶1.25	1∶1.25～1∶1.50
	可塑	1∶1.25～1∶1.50	1∶1.50～1∶1.75
碎石土（充填物为坚硬、硬塑状态的黏性土、粉土）	密实	1∶0.35～1∶0.50	1∶0.50～1∶0.75
	中密	1∶0.50～1∶0.75	1∶0.50～1∶0.75
	稍密	1∶0.75～1∶1.00	1∶1.00～1∶1.25
碎石土（充填物为砂土）	密实	1∶1.00	—
	中密	1∶1.40	
	稍密	1∶1.60	

岩质基坑侧壁放坡坡度允许值（高宽比） 表15.3

岩土类型	风化程度	坑深在8m之内	坑深8m～15m	坑深15m～30m
硬质岩石	微风化	1∶0.10～1∶0.20	1∶0.20～1∶0.35	1∶0.30～1∶0.50
	中等风化	1∶0.20～1∶0.35	1∶0.35～1∶0.50	1∶0.50～1∶0.75
	强风化	1∶0.35～1∶0.50	1∶0.50～1∶0.75	1∶0.75～1∶1.00
软质岩石	微风化	1∶0.35～1∶0.50	1∶0.50～1∶0.75	1∶0.75～1∶1.00
	中等风化	1∶0.50～1∶0.75	1∶0.75～1∶1.00	1∶1.00～1∶1.50
	强风化	1∶0.75～1∶1.00	1∶1.00～1∶1.25	—

15.5.2 土钉或土层锚杆的基坑开挖

土钉或土层喷锚支护通常是指边开挖、边设置支护的方式，见图15.5。采用土钉或土层锚杆的基坑，应提供成孔施工的工作面宽度，开挖和支护施工应形成循环作业。一般土钉或土层锚杆支护适用的地质条件是硬塑或更好的土质。

根据《建筑基坑支护技术规程》JGJ 120-99的要求，土钉的水平和垂直间距一般在1m～2m，土层锚杆上下排垂直间距不宜小于2.0m，水平间距不宜小于1.5m。首先根据计算所需的力确定土钉或土层锚杆的锚固长度，然后根据滑动面位置确定土钉或土层锚杆在滑动面以外的锚固长度，确定其总长度，最后可采用整体滑动稳定验算。锚杆自由长度不宜小于5m并应超过潜在滑裂面1.5m，锚固段长度不宜小于4m。

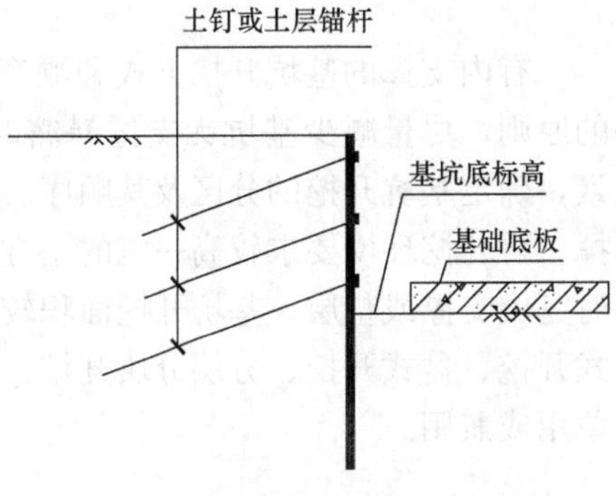

图15.5 土钉或土层锚杆支护基坑

对10m以上的深基坑，或自稳能力差的土层，如有软土、砂土层等；或变形控制要求较高，如周边有道路、管网或其他建（构）筑物等，采用一般土钉支护在稳定和变形控制方面都难以满足时，则要采取复合土钉支护，在垂直方向和水平方向采取加强措施，以保证支护稳定性并控制变形在要求范围内再进行基坑开挖。

对面积较大的基坑，可采取岛式开挖的方式，先挖除距基坑边8m～10m的土方，中部岛状土体本身应满足边坡稳定性要求。坑边土方开挖应分层分段进行，在满足土钉或土层锚杆施工工作面要求的前提下，每层开挖深度应尽量减少，宜为相应土钉位置下200mm，每层分段长度一般不大于30m。每层每段开挖后应限时进行土钉或土层锚杆施工，尽量缩短无支护暴露时间。

15.5.3 水泥土重力式或板式悬臂支护围护墙的基坑开挖

采用水泥土重力式围护墙或板式悬臂支护的基坑，见图15.6，土方开挖应根据地质情况、开挖深度、周围环境、坑边堆载控制要求、挖掘机性能等确定分层、分块开挖方案及方法。基坑周边8m～10m的土方不宜一次性挖至坑底，可采取竖向分层、平面分块、均匀对称的开挖方式，并及时浇筑垫层。对于面积较大的基坑，基坑中部土方应先行开挖，也宜采用分块、分区开挖和分区及时浇筑垫层的施工方法。对水泥土重力式围护墙的桩身强度进行钻孔取芯检测，围护墙的强度和龄期均应满足设计要求。

15.5.4 钢板桩拉锚的基坑开挖

采用钢板桩拉锚支护的基坑，见图15.7，应先开挖基坑边缘内2m～3m范围的土方至拉

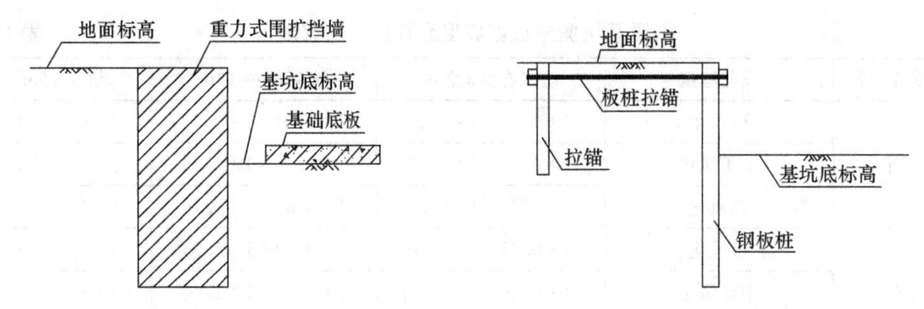

图 15.6 水泥土重力式围护墙支护基坑　　图 15.7 钢板桩拉锚支护基坑

锚围檩底部 200mm～300mm，进行拉锚施工，大面积开挖应在拉锚支护施工完毕且预应力施加符合设计要求后方可进行，大面积基坑开挖应遵循分层、分块开挖方法。

15.6 有内支撑基坑开挖

有内支撑的基坑开挖方式和顺序应遵循“先撑后挖、限时支撑、分层开挖、严禁超挖”的原则，尽量减少基坑无支撑暴露时间。应根据基坑工程等级、支撑形式、场内条件等因素，确定基坑开挖的分区及其顺序。应先开挖周边环境要求较低的一侧土方，并及时设置支撑。再开挖环境要求较高一侧的土方，应根据基坑平面特点采用分块、对称开挖的方法，限时完成支撑或垫层。基坑开挖面积较大的工程，可根据周边环境、支撑形式等因素，采用岛式开挖、盆式开挖、分层分块开挖、逆作开挖、盖挖等方式，结合工程特点，这几种方式或单用或兼用。

15.6.1 岛式开挖

岛式开挖是先开挖基坑周边的土方，挖土过程中在基坑中部形成类似岛状的土体，然后再开挖基坑中部的土方。基坑中部临时留置的土方具有反压作用，可有效地防止软土地基中的坑底土的隆起。基坑中部大面积无支撑空间的土方，可在支撑系统养护阶段进行开挖。必要时还可以在留土区与围护墙之间架设支撑，在边缘土方开挖到基底以后，先浇筑该区域的底板，以形成底部支撑，然后再开挖中央部分的土方。当基坑面积较大，且地下室结构底板设计有后浇带或可以留设施工缝时，可采用岛式开挖的方法。岛式开挖可在较短时间内完成基坑周边基坑开挖及支撑系统施工，这种开挖方式对基坑底部土体隆起控制较为有利。中心岛土体可作为支点搭设栈桥。挖土机可利用栈桥下到基坑挖土，运土的汽车亦可利用栈桥进入基坑运土。这样可以加快挖土和运土的速度。基坑岛式土方分层开挖如图 15.8 所示。

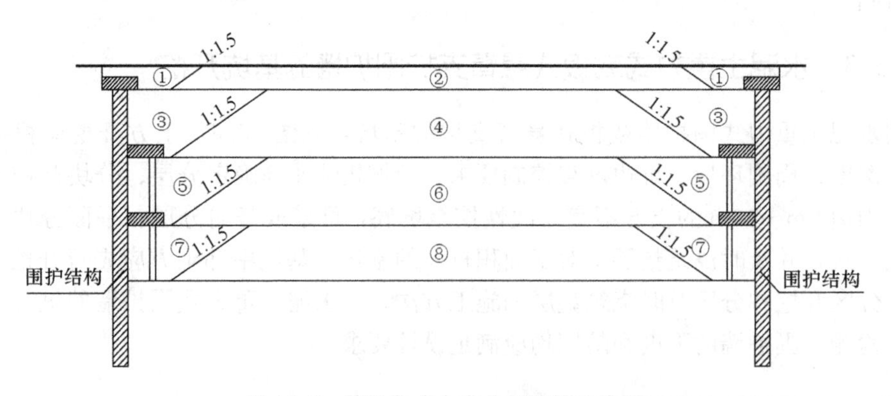

图 15.8 基坑岛式土方分层开挖示意图

①～⑧代表开挖先后顺序

1. 适用范围

岛式开挖适用于支撑系统沿基坑周边布置且中部留有较大空间、由明挖法施工的基坑。边桁架与角撑相结合的支撑体系、圆环形桁架支撑体系、圆形围檩体系的基坑采用岛式开挖较为典型。土钉支护、土层喷锚支护的基坑也可采用岛式基坑开挖方式。

岛式开挖可适用于全深度范围基坑开挖，也可适用于分层开挖基坑的某一层或几层基坑开挖，具体可根据实际情况确定。

2. 开挖方式

岛式开挖可根据实际情况选择不同的方式。同一个基坑可采用如下的一种或几种方式的组合进行基坑开挖，这种组合可以是平面上的组合，也可以是立面上的组合。岛式开挖主要有如下三种方式：

(1) 方式1，在开挖基坑周边土方阶段，挖掘机在基坑边或基坑边栈桥平台上作业，取土后由坑边运输车将土方外运。在开挖基坑中部岛状土方阶段，先由基坑内的挖掘机将土方挖出或驳运至基坑边，再由基坑边或基坑边栈桥平台上的土方装车挖掘机取土。由坑边运输车将土方外运。采用这种方式进行岛式开挖，施工灵活，互不干扰，不受基坑开挖深度限制。

(2) 方式2，在开挖基坑周边土方阶段，挖掘机在岛状土体顶面作业，取土后由岛状土体顶面上的运输车通过内外相连的栈桥道路将土方外运。在开挖基坑中部岛状土方阶段，先由基坑内的挖掘机将土方挖出或驳运至基坑中部，由基坑中部岛状土体顶面的土方装车挖掘机取土，再由基坑中部的运输车通过内外相连的栈桥道路将土方外运。采用这种方式进行岛式基坑开挖，施工灵活，互不干扰，但受基坑开挖深度限制。

(3) 方式3，在开挖基坑周边土方阶段，挖掘机在岛状土体顶面作业，取土后由岛状土体顶面上的运输车通过内外相连的土坡将土方外运。在开挖基坑中部岛状土方阶段，先由基坑内的挖掘机将土方挖出或驳运至基坑中部，由基坑中部岛状土体顶面的土方装车挖掘机取土，再由基坑中部的运输车通过内外相连的土坡将土方外运。采用这种方式进行岛式土方开挖，施工繁琐，相互干扰，基坑开挖深度有限。

3. 开挖要求

采用岛式开挖时，基坑中部岛状土体的大小应根据支撑系统所在区域等因素确定，岛状土体的大小应不影响整个支撑系统的形成。基坑中部岛状土体形成的边坡应满足相应的构造要求，以保证挖土过程中岛状土体自身的稳定。岛状土体总高度应结合土层条件、降水情况、施工荷载等因素综合确定，一般不大于9.0m，软土地区一般不大于6m，当留土高度大于4m时，可采取二级放坡的形式。

采用一级放坡的岛式基坑开挖方式，可通过基坑边、基坑边栈桥平台或岛状土体顶面的土方装车挖掘机直接取土装车外运，也可通过基坑内的一台或多台挖掘机将土方挖出并驳运至土方装车挖掘机作业范围，由土方装车挖掘机取土装车外运。基坑采用二级放坡的岛式基坑开挖方式，可通过基坑内的一台或多台挖掘机将土方挖出并驳运至基坑边、基坑边栈桥平台或岛状土体顶面的土方装车挖掘机作业范围，由土方装车挖掘机取土装车外运。

当采用二级放坡的岛式开挖方式，为满足挖掘机停放、土体临时堆放等要求，放坡平台宽度一般不小于4m，每级边坡坡度一般不大于1∶1.5，且总边坡坡度一般不大于1∶2。为满足稳定性要求，应根据实际工况和荷载条件，对各级边坡和总边坡进行验算。当岛状土体较高或验算不满足稳定性要求时，可对岛状土体的边坡进行土体加固。在雨季遇有大雨时岛状土体易滑坡，必要时边坡也需加固。一级边坡应验算边坡稳定性，二级边坡应同时验算各级边坡的稳定性和整体边坡的稳定性。

土方装车挖掘机、土方运输车辆在岛状土体顶部进行挖运作业，需在基坑中部与基坑边部之间设置栈桥道路或土坡用于土方运输。采用栈桥道路或土坡作为内外联系通道，土方外运效率较高。栈桥道路或土坡的坡度一般不大于1∶8，坡道面还应采取防滑措施，保证车辆行走安全。采用土坡作为内外联系通道时，一般可采用先开挖土坡区域的土方进行支撑系统施工，然后进行回填筑路再次形成土坡，作为后续土方外运行走通道。用于挖运作业的土坡，自身的稳定性有较高的要求，一般可采取护坡、土体加固、疏干固结土体等措施，土坡路面的承载力还应满足土方运输车辆、挖掘机作业要求。

15.6.2 盆式开挖

盆式开挖是先开挖基坑中间部分的土体，挖土过程中在基坑中部形成类似盆状的土体，基坑周边留土坡，土坡最后挖除。必要时可先施工中央区域内的基础底板及地下室结构，形成“中心岛”。在地下室结构达到一定强度后开挖留坡部位的土方，并按“随挖随撑，先撑后挖”的原则，在支护结构与中心部分地下结构底板楼板之间设置支撑，最后再施工边缘部位的地下室结构。这种挖土方式的优点是保留了基坑周边的土方，周边的土坡将对围护墙有支撑作用，对控制围护墙的变形和减小周边环境的影响较为有利。其缺点是大量的土方不能直接外运，需集中提升后装车外运。基坑周边的土方可在中部支撑系统养护阶段进行开挖。基坑盆式分层开挖示意如图15.9所示。

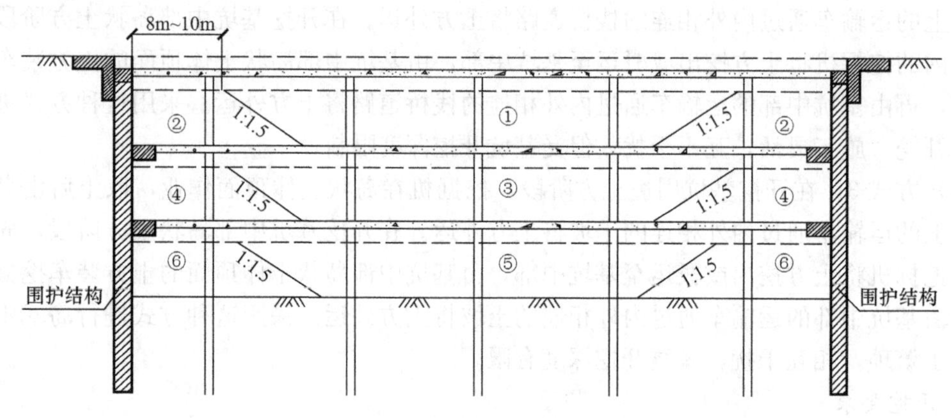

图15.9 基坑盆式土方开挖示意图

①~⑥代表开挖先后顺序

1. 适用范围

盆式开挖适用于明挖法或暗挖法施工工程，适用于基坑中部无支撑或支撑较为密集的大面积基坑。

盆式开挖可适用于全深度范围基坑开挖，也可适用于分层开挖基坑的某一层或几层基坑开挖，具体运用可根据实际情况确定。

2. 主要要求

采用盆式开挖时，基坑中部盆状土体的开挖量应根据基坑变形和环境保护等因素确定。基坑盆状土体形成的边坡应满足相应的构造要求，以保证挖土过程中盆边土体的稳定。盆边土体的高度应结合土层条件、降水情况、施工荷载等因素综合确定，盆式开挖的基坑，盆边宽度不应小于8.0m；当盆边与盆底高差不大于4.0m时，可采用一级放坡。当盆边与盆底高差大于4.0m时，可采用二级放坡，但盆边与盆底总高差一般不大于7.0m。当采用二级放坡时，为满足挖掘机停放、土体临时堆放等要求，放坡平台宽度一般不小于4m。每级边坡坡度一般不大于1∶1.5，采用二级放坡时总边坡坡度一般不大于1∶2。为满足稳定性要求，应根据实际工况和荷载条件，对各级边坡和总边坡进行稳定性验算。

在基坑中部进行基坑开挖形成盆状土体后，盆边土体应按照对称的原则进行开挖。对于顺作法施工盆中采用对撑的基坑，盆边土体开挖应结合支撑系统的平面布置，先行开挖与对撑相对应的盆边分块土体，以使支撑系统尽早形成。对于逆作法施工中，盆式开挖时，盆边土体应根据分区大小，采用分小块先后开挖的方法。对于利用盆中结构作为竖向斜撑支点的基坑，应在竖向斜撑形成后开挖盆边土体。

15.6.3 岛式与盆式相结合的开挖

岛式与盆式相结合的土方开挖方法是基坑竖向各分层土方采用岛式或盆式进行交替开挖的一种组合方法。岛式与盆式相结合的基坑开挖方法有先岛后盆、先盆后岛和岛盆交替三种形式，在工程中采用何种组合方式，应根据实际情况确定。岛式与盆式相结合基坑开挖可应用于明挖法施工工程，在特殊情况下也可应用于暗挖法施工工程。

15.6.4 分层分块开挖

对长度和宽度较大的基坑，可采用分层分块开挖方式。分层开挖就是按可形成的土坡自然高度，如2.5m～3.0m，并考虑与支撑施工相协调进行的分层卸除土方。分层的原则是每施工一道支撑后再开挖下一层土方，第一层土方的开挖深度一般为地面至第一道支撑底，中间各层基坑开挖深度一般为相邻两道支撑的竖向间距，最后一层基坑开挖深度应为最下一道支撑底至坑底。分块的原则是根据基坑平面形状、基坑支撑布置等情况，按照基坑变形和周边环境控制要求，将基坑划分为若干个周边分块和中部分块，并确定各分块的开挖顺序，通常情况下应先开挖中部分块再开挖周边分块。

对于分层或不分层开挖的基坑，若基坑不同区域开挖的先后顺序会对基坑变形和周边环境产生不同程度的影响时，需划分区域，并确定各区域开挖顺序，以达到控制变形，减小周边环境影响的目的。区域如何划分，开挖顺序如何确定，是基坑开挖需要研究的问题。在基坑竖向上进行合理的土方分层，在平面上进行合理的土方分块，并合理确定各分块开挖的先后顺序，这种挖土方式通常称为分层分块开挖。岛式开挖和盆式开挖属于分层分块开挖中较为常用的方式。

1. 适用范围

分层分块开挖是基坑土方工程中应用最为广泛的方法之一，在复杂环境条件下的超大超深基坑工程中普遍采用。它可用于大面积无内支撑以及明挖法或暗挖法施工的基坑，各层土方的分块和开挖顺序依据实际情况而定。

2. 原则及要求

对放坡开挖、水泥土重力式围护墙支护的基坑，分块的原则一般根据基础底板分区浇筑方案确定，使挖土分块与基础底板分区基本做到统一。对于有内支撑的面积较大的基坑，各层分块原则也不尽相同，一般情况下第一层土方可采取不分块的连续开挖，支撑与支撑间的各层土方可按事先确定的分块及顺序进行开挖，最后一层土方一般由基础底板分区浇筑方案确定。

对长度和宽度较大的基坑，一般可将其划分为若干个周边分块和中部分块。通常情况下应先开挖中部分块再开挖周边分块，采用这种土方开挖方式应遵循盆式开挖方式。若支撑系统沿基坑周边布置且中部留有较大空间，可先开挖周边分块再开挖中部分块，开挖过程应遵循岛式开挖方式的相关要求。

对以单向组合对撑系统为主的基坑，通常情况下应先开挖单向组合对撑系统区域的条块土体，及时施工单向组合对撑系统，减少无支撑暴露时间，条块土体在沿基坑长度的纵向应采用间隔开挖。对设置角撑系统的基坑，通常情况下可先开挖角撑系统区域的角部土体，及时施工角撑系统，控制基坑角部变形。

应在控制基坑变形和保护周边环境的要求下确定基坑土方分块的大小和数量，制定分块施工先后顺序，并确定基坑开挖的施工方案。土方分块开挖后，与相邻的土方分块形成高差，高差一般不超过 7.0m。当高差不超过 4.0m 时，可采用一级边坡；当高差大于 4.0m 时，可采用二级边坡。采用一级或二级边坡时，边坡坡度一般不大于 1∶1.5；采用二级边坡时，放坡平台宽度一般不小于 3.0m，各级边坡和总边坡应进行稳定性验算。

15.6.5 逆作法开挖

采用逆作法进行暗挖施工时，应注意以下几点：(1) 基坑开挖方式的确定必须与主体结构设计、支护结构设计相协调，主体结构在施工期间的变形、不均匀沉降均应满足设计要求。(2) 应根据基坑设计工况、平面形状、结构特点、支护结构、土体加固、周边环境等情况，设置取土口，分层、分块、对称开挖，并及时进行水平结构施工。(3) 以主体结构作为取土平台、土方车辆停放及运行路的路线，应根据施工荷载要求，对主体结构、支撑立柱等进行加固专项设计。施工设备应按照规定的线路行走。(4) 挖土过程中，应根据立柱和围护墙的变形和沉降监测数据，及时调整挖土和结构的施工流程。逆作法施工如图 15.10 所示。

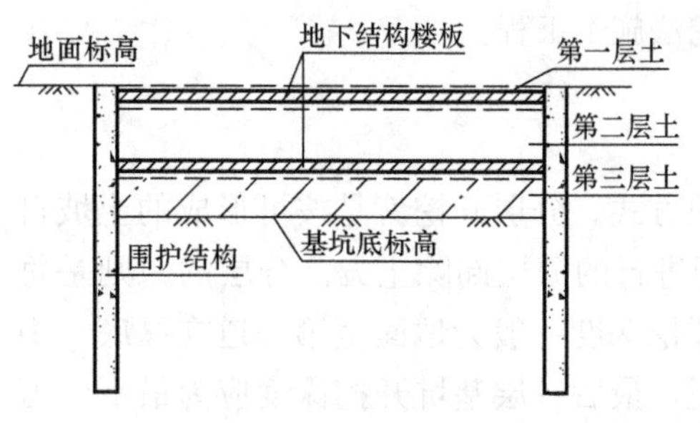

图 15.10 逆作法基坑开挖

对逆作法暗挖施工，一般挖土机有效半径在 7m～8m 左右，土方需要驳运时，一般翻驳二次为宜。暗挖作业区域可利用取土口作为自然通风采光，并应采取强制通风的措施，一般地下自然通风有效距离为 15m。经综合考虑土方驳运和通风要求，取土口之间的净距离可控制在 30m 以内，取土口尺寸在满足结构受力情况下，尽可能采用大开口，目前比较成熟的大取土口面积通常可达到 600m^2 左右。

暗挖作业区域、通道等应配置足够的照明设施，照明采用防爆、防潮灯具，照明系统应采用防水电线电缆和防水电箱。应有备用应急照明线路，照明设施应根据挖土的进度及时配置。

对面积较大的基坑，为兼顾基坑变形控制及基坑开挖的效率，宜采用盆式开挖的方式，保留周边土体，先形成中部结构，再分块、对称、限时开挖周边土方和进行结构施工。中间大部分土方采用明挖，一方面控制基坑变形，另一方面增加明挖工作量，从而增加了出土效率。

坑内土方宜以小型挖土机械和人工挖掘相结合的方式。坑内土方的水平运输可采用小型挖土机械驳运等方式，垂直运输可采用挖土机械或专用挖土架等设备。取土平台、施工机械和运输车辆停放及行驶区域的结构平面尺寸和净空高度应满足施工机械及车辆的要求。

一般情况下，顶板为明挖法施工时，挖土速度比较快，相对应的基坑暴露时间短，第一层顶板的土层开挖可相应划分的大些，但其以下各层的挖土是在顶板完成后进行的，属于逆作暗挖，速度比较慢，为减小每块开挖的基坑暴露时间，顶板以下各层水平结构基坑开挖和结构施工的分块面积可相对小些，以缩短每块结构施工时间、减小围护结构变形。地下结构分块时需考虑每个分块挖土时能够有较为方便的出土口。

逆作底板基坑开挖时，一般来说底板厚度较大，支撑结构到挖土面间的净空较大，尤其在层高较高或紧邻重要保护环境设施时，对基坑控制变形不利。一般采取“中心岛”结构施工方式，比较常规的是在中部已完成的底板上设置临时竖向斜钢支撑，待斜支撑完成后再开挖边坡土方，完成剩余底板。更经济有效的方式是按一定间距间隔开挖边坡土方，分块浇筑基础底板。该方法施工中控制的要点是在基坑开挖后须加快施工进度、尽量减小基坑暴露时间，一般来说，在每块底板基坑开挖至垫层完原则上必须在24h内完成，钢筋绑扎、混凝土浇筑须在接下来的48h内完成，即每块底板从基坑开挖至混凝土浇筑完毕，须控制在72h以内。相比较，第二种方式在周边环境有较高要求时对控制围护的变形更加有利，同时还节省了一定的钢支撑费用，因此具有较大的技术经济意义。

当基坑面积较大时，挖土和运输机械需通过设置专门的栈桥进入到基坑中间部位进行挖土和运输，通常一个大面积的基坑需要设置多个栈桥，这些栈桥在挖土结束后须拆除，不仅造成经济浪费，也会对环境形成污染。

采用主体工程与支护结构相结合的基坑围护时，由于顶板先于主体基坑开挖施工，因此可将栈桥的设计和水平楼板结构永久结构一同考虑，并充分利用永久结构的工程桩，由此只需将楼板局部节点进行加强既能满足大部分工程挖土施工的需要，栈桥的布置也相对灵活，挖土点将会增多，出土效率也会得到一定提高，避免了后期对临时栈桥的拆除工作。

15.6.6 盖挖法开挖

盖挖法是先盖后挖，以临时路面或结构顶板维持地面畅通再进行下部结构施工的施工方法。由地面向下开挖至一定深度后，将顶部封闭，其余的下部工程在封闭的顶盖下进行施工。主体结构可以顺作，也可以逆作。在城市繁忙地带修建地铁车站时，往往占用道路，影响交通，当地铁车站设在主干道上，而交通不能中断，且需要确保一定交通流量要求时，可选用盖挖法。盖挖法施工主要有如下几种类型：盖挖顺作法、盖挖逆作法、盖挖半逆作法、盖挖顺作法与盖挖逆作法的组合、盖挖法与暗挖法的组合等。目前城市中施工采用最多的是盖挖逆作法。

盖挖顺作法的施工顺序是：自地表向下开挖一定深度后先浇筑顶板，在顶板的保护下，自上而下开挖、支撑，达到设计高程后由下而上浇筑结构。盖挖顺作法是在地表作业完成挡土结构后，以纵、横梁和路面板置于挡土结构上维持交通，往下反复进行开挖和加设横撑，直至设计标高。再依序由下而上，施工主体结构和防水措施，回填土并恢复管线路或埋设新的管线路。最后，视需要拆除挡土结构外露部分并恢复道路。在道路交通不能长期中断的情况下修建车站主体时，可考虑采用盖挖顺作法。

盖挖逆作法是基坑开挖一段后先浇筑顶板，在顶板的保护下，自上而下开挖、支撑和浇筑结构内衬的施工方法，盖挖逆作法基坑开挖施工程序图如图15.11所示。盖挖逆作法是先在地表面向下做基坑的围护结构和中间桩柱，和盖挖顺作法一样，基坑围护结构多采用地下连续墙或帷幕桩，中间支撑多利用主体结构本身的中间立柱以降低工程造价。随后即可开挖表层土体至主体结构顶板地面标高，利用未开挖的土体作为土模浇筑顶板。顶板可以作为一

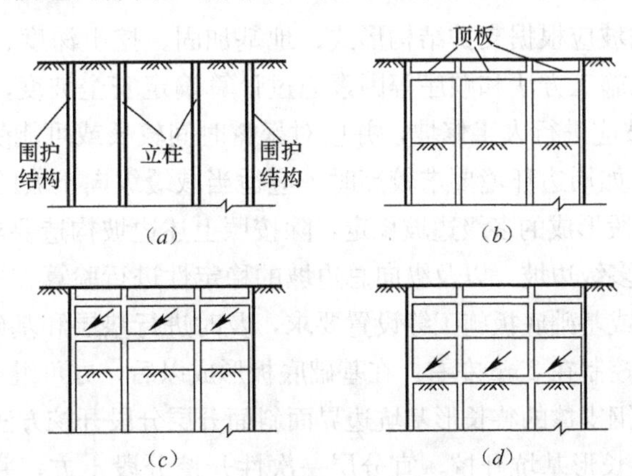

图15.11 盖挖逆作法基坑开挖施工程序图

道强有力的横撑，以防止围护结构向基坑内变形，待回填土后将道路复原，恢复交通。以后的工作都是在顶板覆盖下进行，即自上而下逐层开挖并建造主体结构直至底板。如果开挖面积较大、覆土较浅、周围沿线建筑物过于靠近，为尽量防止因开挖基坑而引起邻近建筑物的沉陷，或需及早恢复路面交通，但又缺乏定型覆盖结构，常采用盖挖逆作法施工。

盖挖半逆作法与逆作法的区别仅在于顶板完成及恢复路面后，向下挖土至设计标高后先浇筑底板，再依次向上逐层浇筑侧墙、楼板。在半逆作法施工中，一般都必须设置横撑并施加预应力。

盖挖法施工，一般可分为两个阶段，第一阶段为地面施工阶段，它包括围护墙、中间支承桩、顶板土方及结构施工；第二阶段为洞内施工阶段，包括土方开挖、结构、装修施工和设备安装。

盖挖法施工有如下一些优点：围护结构变形小，能够有效控制周围土体的变形和地表沉降，有利于保护邻近建筑物和构筑物；基坑底部土体稳定，隆起小，施工安全；盖挖逆作法施工一般不设内部支撑或锚锭，施工空间大；盖挖逆作法施工基坑暴露时间短，用于城市街区施工时，可尽快恢复路面，对道路交通影响较小。盖挖法施工也有一些缺点：盖挖法施工时，混凝土结构的水平施工缝的处理较为困难；盖挖逆作法施工时，暗挖施工难度大、费用高；出土不方便，工效低，速度慢；结构框架形成之前，中间立柱能够支承的上部荷载有限等。

盖挖法施工的土方开挖，由明、暗两部分组成。条件许可时，从改善施工条件和缩短工期考虑尽可能增加明挖土方量。一般是以顶板底面作为明、暗挖土方的分界线。这样可利用土模浇筑顶板。而在软弱土层，难以利用土模时，明挖土方可延续到顶板下，按要求架设支撑，立模浇筑顶板。

暗挖土方时应充分利用土台护脚支撑效应，采用中心挖槽法，即先挖出支撑设计位置土体，架设支撑，再挖两侧土体。暗挖时，材料机具运送、挖运的土方均通过临时出口。临时出口可单独设置或利用隧道的出入口和风道。

15.6.7 狭长形基坑开挖

对于地铁车站、明挖隧道、地下通道、大型箱涵等狭长形基坑的开挖，应根据狭长形基坑的特点，选择合适的斜面分层分段挖土方法。每层每段开挖和支撑形成的时间均有较为严格的限制，一般情况下为12h～36h。斜面分层分段开挖的各种施工参数被大量工程实践证明是安全可靠的。采用斜面分层分段挖土方法时，一般以支撑竖向间距作为分层厚度，斜面可采用分段多级边坡的方法，多级边坡间应设置安全加宽平台，加宽平台之间的土方边坡一般不应超过二级，加宽平台宽度一般不应小于9.0m；各级土方边坡坡度一般不应大于1∶1.5，斜面总坡度不应大于1∶3。

狭长形基坑纵向放坡应根据支护结构形式、地基加固、挖土深度、工程地质与水文地质条件、环境保护等级、施工方法和顺序等因素通过计算确定安全坡度，一般情况下安全总坡度不大于1∶3。纵向坡应进行人工修坡，并应对暴露时间较长或可能受暴雨冲刷的纵坡采取防止纵向滑坡的措施。如周边环境要求较高时，应适当减缓纵向土坡的坡度。

为保证斜面分层分段形成的多级边坡稳定，除按照上述边坡构造要求设置外，尚应对各级小边坡、各阶段形成的多级边坡，以及纵向总边坡的稳定性进行验算。采用斜面分层分段开挖至坑底时，应按照设计或基础底板施工缝设置要求，及时进行垫层和基础底板的施工，基础底板分段浇筑的长度一般控制在25m左右，在基础底板形成以后，方可继续进行相邻纵向边坡的开挖。各道支撑均采用钢支撑的狭长形基坑边界面斜面分层分段开挖方法如图15.12所示。

环境要求较高的狭长形基坑开挖，宜分层一次性开挖分段土方，并及时采取措施对一次性开挖形成的分段边坡进行必要的保护，支撑限时跟进设置完毕后，再开挖下一层的土方。

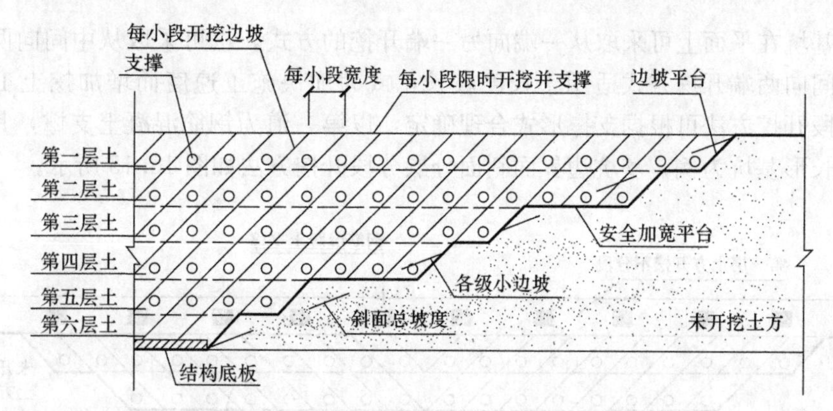

图 15.12　各道支撑均采用钢支撑的狭长形基坑边界面斜面分层分段基坑开挖方法

分层开挖过程中的动态土坡应采取措施保证其稳定性。在开挖狭长形基坑端部时，应根据基坑端部的平面形状确定支撑设置和基坑开挖顺序。角撑范围内的土方，宜自基坑角点沿垂直于角撑方向朝着基坑内分层、分段、限时开挖并设置支撑。

当周边环境复杂，为控制基坑变形，狭长形基坑的第一道支撑采用钢筋混凝土支撑，其余支撑采用钢支撑。这种方式在软土地区被广泛应用，实践证明采用这种方式对基坑整体稳定是行之有效的。对于第一道钢筋混凝土支撑底部以上的土方，可采取不分段连续开挖，待钢筋混凝土支撑强度达到设计要求后再开挖下层土方，下层土方应采取斜面分层分段开挖，其施工参数可参照各道支撑均采用钢支撑的狭长形基坑的分层分段开挖的情形。其分层分段开挖方法如图 15.13 所示。

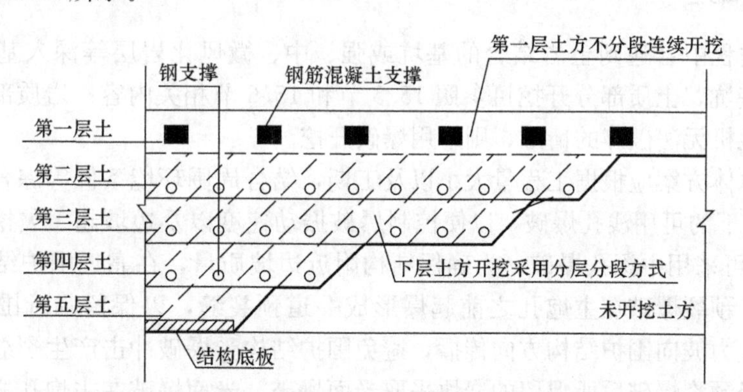

图 15.13　第一道支撑以下采用钢支撑的狭长形基坑边界面斜面分层分段基坑开挖方法

当地铁车站相邻区域有同时施工的基坑等情况，为更有效的控制狭长基坑变形，也可采用钢支撑与钢筋混凝土支撑交替设置的形式，如图 15.14 所示。

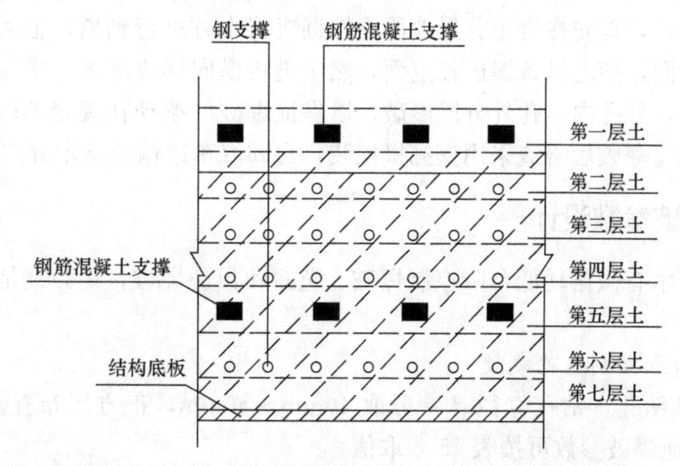

图 15.14　钢支撑与钢筋混凝土支撑交替设置的狭长形基坑边界面分层分段基坑开挖方法

狭长形基坑在平面上可采取从一端向另一端开挖的方式，也可采取从中间向两端开挖的方式。从中间向两端开挖方式适用于长度较长，或为加快施工速度而增加挖土工作面的基坑。分层分段开挖方法可根据支撑形式合理确定，以第一道为钢筋混凝土支撑，其余各道为钢支撑的狭长形基坑为例，基坑边界面斜面分层分段开挖方法如图 15.15 所示。

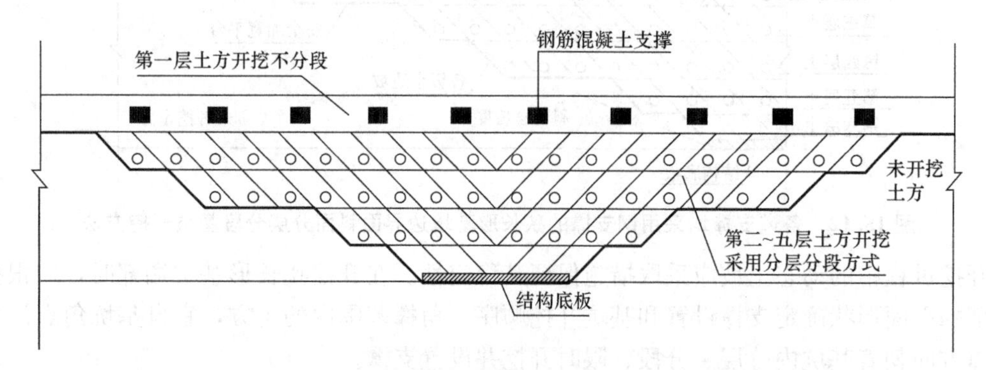

图 15.15 从中间向两端开挖的狭长形基坑边界面斜面分层分段基坑开挖方法

15.7 岩质基坑开挖

15.7.1 概述

基坑开挖过程中会遇到土岩结合的基坑或强、中、微风化岩层等深入基岩面以下的基坑，对于该类基坑，土质部分开挖可参照 15.5 节和 15.6 节相关内容；岩质部分开挖可利用炮机破碎，对炮机无法破碎的情形，则采用爆破开挖。

爆破施工总体方案应根据工程量大小以及工期，结合周围环境条件等综合考虑，局部开挖深度在 5m 以下的可用浅孔爆破，以便控制爆破振动速度以及边坡超、欠挖，开挖深度在 5m 以上的地段可采用中深孔爆破。为确保结构附近边坡质量，在靠近围护结构处一般采用预裂爆破技术，预裂爆破在主炮孔之前起爆形成一道预裂缝，以保留临近围护结构处的岩块，阻止爆炸应力波向围护结构方向传播，避免围护结构受爆破冲击产生裂缝甚至破坏；在围护结构附近经预裂爆破后所保留的岩块采取光面爆破，光面爆破在主炮孔之后起爆，其目的是通过密布周边眼并进行弱装药来形成光滑平整的周边轮廓岩面，采取预留光爆层后再采用光面爆破更有利于保证围护结构的稳定，爆破效果也比较容易控制。爆破参数的选取应在设计的基础上，经现场试爆确定。

进行爆破施工时，首先在岩土分界地段用挖掘机将土方进行剥离，把回填土方及强风化围岩挖掉，露出岩面，使之具备爆破临空面，然后进行横向梯段爆破。中深孔施工可采用液压潜孔钻进行钻孔，且孔内、孔外分段爆破，以保证爆破的振动在规定的范围内；浅孔爆破可使用凿岩机钻孔。爆破后岩渣采用挖掘机挖装，自卸汽车运输至指定弃渣场地。

15.7.2 爆破参数设计

常用的爆破技术有微振动低台阶控制爆破、光面和预裂爆破，其关键是如何选取爆破参数[11,12,13]。

1. 微振动低台阶控制爆破参数

多采用小直径钻孔，钻孔直径 d 一般取 40mm～50mm，正方形布孔。台阶高度 H 取 1.0m～1.5m，其他爆破参数可按表 15.4 取值。

微振动低台阶控制爆破参数取值 表15.4

参数	计算式	参数	计算式
底盘抵抗线（m）	$W=(25\sim30)\ d$	孔间距（m）	$a=(1.0\sim1.3)\ W$
钻孔超深（m）	$h=(0.15\sim0.35)\ W$	排间距（m）	$b=(0.8\sim1.3)W$
堵塞长度（m）	$l'=(1.0\sim1.2)\ W$	炸药单耗（kg/m³）	$q=0.35\sim0.40$
钻孔深度（m）	$L=H+h$	单孔药量（kg）	$Q=H\times a\times b\times q$
装药长度（m）	$l=L-l'$		

2. 光面和预裂爆破设计参数

用以隔振的预裂爆破的孔距、装药量均为主炮孔正常值的50%～75%，并先于主炮孔50ms～100ms起爆。预留光爆层一般钻凿（1～2）排主炮孔和周边光爆孔，光面爆破孔要迟后主爆破孔50ms～150ms起爆，岩层为软岩则取小值。光面爆破和预裂爆破参数可按表15.5取值。

光面爆破和预裂爆破的设计参数 表15.5

参数	光面爆破参数取值	预裂爆破参数取值
钻孔直径（mm）	$d=35\sim45$	$d=40\sim100$
钻孔深度（m）	$L=1.0\sim2.0$	$L=2.0\sim5.0$
孔间距（m）	$a=0.5\text{m}\sim0.6\text{m}$	$a=(8\sim12)d$
抵抗线（与邻近主爆孔的间距）（m）	$W=0.5\sim0.7$	—
线装药密度（kg/m）	$q'=0.12\sim0.15$	$q=0.367\ (\sigma_{压})^{0.5}d^{0.36}$
单孔装药量（kg）	$Q_1=0.05\sim0.2$	—

15.7.3 炮孔验收与装填

微振动低台阶控制爆破炮孔用$\phi32$乳化炸药装药，孔底连续柱状装药，每个炮孔按照起爆顺序的要求装一发微差电雷管或非电雷管，起爆药包置于炮孔的中下部，装药后剩余空孔段用黏土或黏土拌钻屑密实充填。光面爆破装药采用弱装药，装药可以用低爆速、小药径的光爆专用药卷进行均布连续装药，也可用普通硝铵类药卷进行间隔装药。由于目前小直径炸药规格品种少，现在多数采用间隔装药，即按照设计的装药量和各段的药量分配，将药卷捆绑在导爆索上，形成一个断续的炸药串，为方便装药和将药串大致固定在钻孔中央，一般将药串绑在竹片上。装药时竹片一侧应置于靠保留区一侧。装药后孔口的不装药段应使用沙等松散材料填塞。填塞应密实，在填塞前，先用纸团等松软的物质盖在药柱上端。

15.7.4 爆破防护

爆破施工时，爆破飞石和爆破地震有可能对周边环境造成影响，必须进行有效防护，确保爆破安全。

1. 爆破飞石防护

严格控制孔网参数，逐孔计算装药量，严禁过量装药，确保炮孔填塞长度和质量。严格将爆破方向即最小抵抗线方向朝向开阔地带。

对爆区表面进行三层覆盖防护。首先在炮孔孔口周围堆压砂土袋，即用编织袋装土或砂，不得有小石块。然后在砂土袋上面覆盖铁丝网，铁丝网网目小于50mm×50mm；最后在铁丝网上压（1～2）层竹排，不留空隙，竹排上压少量砂土袋。基坑爆破防护示意见图15.16。

采取控制爆破技术和严密的覆盖防护措施后，爆破飞石距离一般可得到有效控制，但为安全起见，对所有人员的警戒距离不小于50m，对警戒范围内的所有人员在起爆前进行清场，并设置明显的警戒信号。

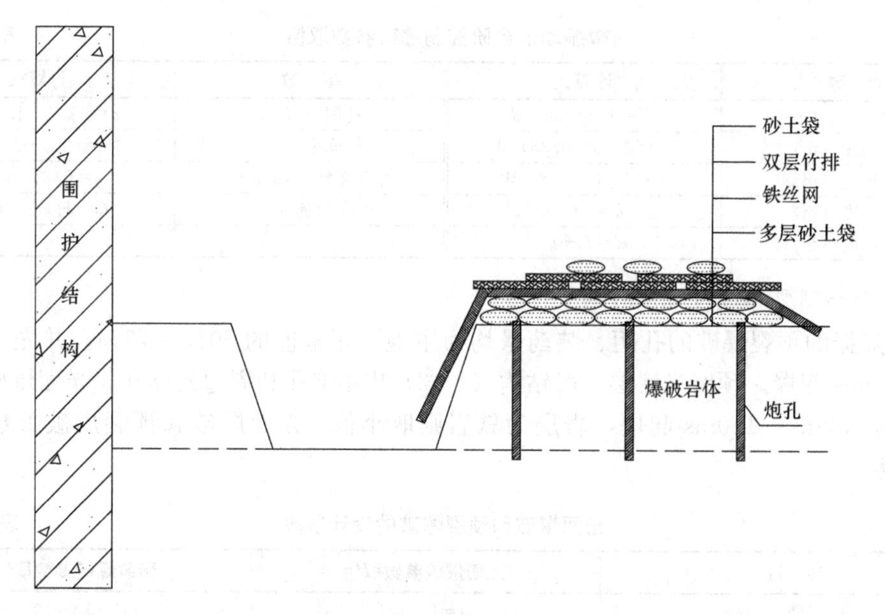

图 15.16 基坑爆破防护示意图

2. 爆破地震防护

根据“爆破安全规程”提出的萨翁计算公式，爆破震动安全距离按下式计算：

$$R=\left(\frac{K}{V}\right)^{\frac{1}{a}}Q^{\frac{1}{3}} \tag{15.1}$$

式中 R——爆破中心到测点的距离（m）；

Q——单段最大药量（kg）；

V——爆破震动安全允许质点振动速度峰值；

K，a——经验系数。

由上式计算可得到各保护物在不同单段药量下的安全距离。但由于在不同的地质条件和岩石特性下，K、a 值的变化很大，因此计算所得的距离仅可作为施工初期的参考。

为了确保工程爆破震动安全，须将以初期计算药量的一半作为单响药量进行实地爆破试验，同时进行场地爆破震动测试，以获取该场地的经验系数 K、a 值，并用前述公式调整计算主要保护物的安全距离。在爆破进入正常均衡生产阶段后，以实测结果决定的安全距离来严格控制钻孔爆破的单段最大药量，确保周边保护物的爆破震动安全。

15.7.5 爆破试验

在进行正式爆破施工前，要结合工程的实际地质情况进行实地爆破试验施工，每一次爆破试验需依据前一次爆破测试分析的成果对爆破设计参数进行调整，通过多次爆破试验总结，以充分掌握不同山体岩层的可爆破特性和炸药的爆破性能，归纳出不同的爆破类型在该场地的地形、地质条件下的 K、a 等经验系数的取值，摸索总结更为安全合理的爆破参数，并在实际施工中逐步调整完善，从而确保爆破的安全、质量和进度。

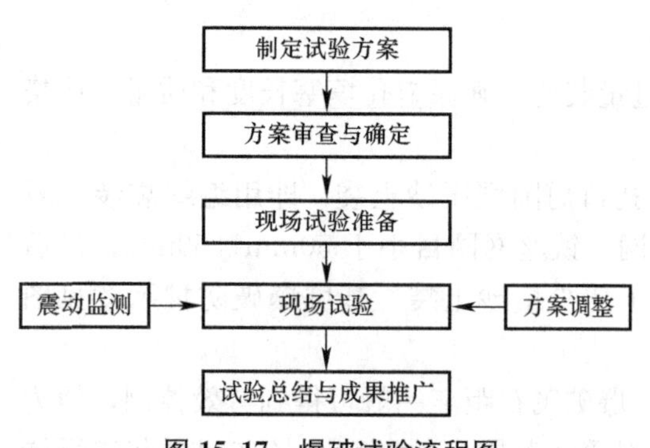

图 15.17 爆破试验流程图

爆破试验程序流程图如图 15.17 所示。

15.7.6　爆破施工工艺流程

正式爆破施工的施工工艺流程可参照图 15.18。

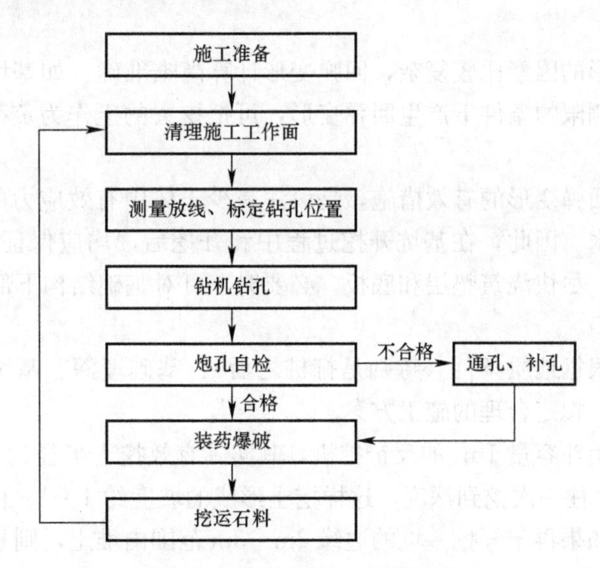

图 15.18　爆破施工工艺流程图

15.8　基坑开挖的注意事项

基坑开挖一般应注意：1）大型基坑开挖及降低地下水位时，应经常注意观察附近已有建筑或构筑物、道路、管线等有无下沉、变形和裂缝，如有这些现象，应与设计和建设单位研究采取防护措施；2）基坑开挖顺序、方法必须与设计工况一致，并遵循“开槽支撑，先撑后挖，分层开挖，严禁超挖”的原则；3）支撑应挖一层支撑好一层，并严密顶紧，支撑牢固，严禁一次将土挖好后再支撑，挡土板或板桩与坑壁间的填土要分层回填夯实，使之严密接触；4）埋深的拉锚需用挖沟方式埋设，沟槽尽可能小，严禁将土方全部挖开，埋设拉锚后再回填的方式，这样会使原状土体遭受破坏，拉锚安装后要预拉紧，预紧力不小于设计计算值的 5%～10%，每根拉锚松紧程度应一致；5）施工中应经常检查支撑和观测邻近建筑物的情况，如发现支撑有松动、变形、位移等情况，应及时加固或更换。加固办法可打紧受力较小部分的木楔或增加立柱及横撑等；6）多层支撑的拆除应自下而上逐层拆除，必要时可设置换撑，拆除一层，修建地下结构后，经在沟槽内回填夯实后，再拆上层。拆除支撑时，应注意防止附近建筑物或构筑物产生下沉和破坏，必要时采取加固措施。

对于深基坑开挖，更需特别注意：

（1）防止地表水渗入基坑周边土体和冲刷坡体

基坑底应视具体情况设置排水系统，坑底不得积水和冲刷边坡，在影响边坡稳定的范围内不得积水。基坑周围地面应向远离基坑方向形成排水坡势，并沿基坑外围设置排水沟及截水沟，基坑周围排水应畅通，严禁地表水渗入基坑周边土体和冲刷坡体。对台阶形坑壁，应在过渡平台上设置排水沟，排水沟不应渗漏。

当坡面有渗水时，应根据实际情况设置外倾的泄水孔，对坡体内的积水应采取导排措施，确保其不渗入、不冲刷坑壁。

（2）防止深基坑挖土后土体回弹变形过大

深基坑土体开挖后，地基卸载，土体中压力减少，将使基坑底面产生一定的回弹变形（隆起）。回弹变形量的大小与土的种类、是否浸水、基坑深度、基坑面积、暴露时间及挖土顺序等因素有关。如基坑积水，黏性土因吸水使土的体积增加，不但抗剪强度降低，回弹变形亦增大，所以对于软土地基更应注意土体的回弹变形。回弹变形过大将加大建筑物的后期沉降。用有限元法曾预测过挖深 32.2m 的某热轧厂铁皮坑的回弹变形，最大值约 354mm，实测值也与之接近。

由于影响回弹变形的因素比较复杂，回弹变形计算尚难准确。如基坑不积水，暴露时间不太长，可认为土在侧限的条件下产生回弹变形，可把挖去的土作为负荷载按分层总和法计算回弹变形。

施工中减少基坑回弹变形的有效措施，是设法减少土体中有效应力的变化，减少暴露时间，并防止地基土浸水。因此，在基坑开挖过程中和开挖后，均应保证井点降水正常进行，并在挖至设计标高后，尽快浇筑垫层和底板。必要时，可对基础结构下部土层进行加固。

(3) 防止边坡失稳

深基坑开挖，要根据地质条件（特别是打桩之后）、基础埋深、基坑暴露时间挖土及运土机械、堆土等情况，拟定合理的施工方案。

目前挖土机械多用斗容量 $1m^3$ 的反铲挖机，其实际有效挖土半径约 5m～6m，挖土深度为 4m～6m，习惯上往往一次挖到深度，这样挖土形成的坡度约 1∶1。由于快速卸荷、挖土与运输机械的振动，如果再于开挖基坑的边缘 2m～3m 范围内堆土，则易于造成边坡失稳。

挖土迅速改变了原来土体的平衡状态，呈流塑状态的软土对水平位移极敏感，易造成滑坡。

边坡堆载（堆土、停机械等）给边坡增加附加荷载，如事先未经详细计算，易形成边坡失稳。上海某工程在边坡边缘堆放 3m 高的土，已挖至−4m 标高的基坑，一夜间又隆起上升到−3.8m，后经组织堆土外运，才避免大滑坡事故。

(4) 防止桩位移和倾斜

成桩完毕后基坑开挖，应制定合理的施工顺序和技术措施，防止桩的位移和倾斜。

对先成桩后挖土的工程，由于成桩的挤土和动力作用，使原处于静平衡状态的地基土遭到破坏。对砂土甚至会形成砂土液化，原来的地基强度遭到破坏。对黏性土由于形成很大的挤压应力，孔隙水压力升高，形成超静孔隙水压力，土的抗剪强度明显降低。如果成桩后紧接着开挖基坑，由于开挖时的应力释放，再加上挖土高差形成一侧减荷的侧向推力，土体易产生水平位移，使先打设的桩产生水平位移。软土地区施工，这种事故已屡有发生，值得重视。为此，在群桩基础的桩完成后，宜停留一定时间，并用降水设施预抽地下水，待土中由于成桩积聚的应力有所释放，孔隙水压力有所降低，被扰动的土体重新固结后，再开挖基坑土方。而且土方的开挖宜均匀、分层，尽量减少开挖时的土压力差，以保证桩位和边坡的稳定。

(5) 配合深基坑支护结构施工

深基坑的支护结构，随着挖土加深侧压力加大，变形增大，周围地面沉降亦加大。及时加设支撑（锚杆），尤其是施加预应力的支撑，对减少变形和沉降有很大的作用。为此，在制订基坑挖土方案时，一定要配合支撑（锚杆）加设的需要，分层进行挖土，避免只考虑挖土方便而不及时加设支撑，造成施工不便甚至事故。

近年来，在深基坑支护结构中混凝土支撑应用渐多，如采用混凝土支撑，则挖土要与支撑浇筑配合，支撑浇筑后要养护至一定强度才可继续向下开挖。挖土时，挖土机械应避免直接压在支撑上，否则要采取有效措施。

如支护结构设计采用盆式挖土时，则先挖去基坑中心部位的土，周边留有足够厚度的土，以平衡支护结构外面产生的侧压力，待中间部位挖土结束、浇筑好底板、并加设斜撑后，再挖除周边支护结构内面的土。采用盆式挖土时，底板要允许分块浇筑，地下室结构浇筑后有时尚需换撑以拆除斜撑，换撑时支撑要支承在地下室结构外墙上，支承部位要慎重选择并经过验算。

挖土方式影响支护结构的荷载，要尽可能使支护结构均匀受力，减少变形。为此，要坚持采用分层、分块、均衡、对称的方式进行挖土。

15.9　基坑开挖的常见问题及对策

基坑开挖有时会引起围护墙或邻近建（构）筑物、管线等产生一些异常现象。此时需要配合有关人员及时进行处理，以免发生事故。

1. 围护墙渗水与漏水

基坑开挖后围护墙出现渗水或漏水，对基坑施工带来不便，如渗漏严重时往往会造成土颗粒流失，引起围护墙背地面沉陷甚至支护结构坍塌。

在基坑开挖过程中，一旦出现渗水或漏水应及时处理，常用的方法有：

对渗水量较小，不影响施工也不影响周边环境的情况，可采用坑底设沟排水的方法。对渗水量较大，但没有泥砂带出，造成施工困难，而对周围影响不大的情况，可采用"引流—修补"方法。即在渗漏较严重的部位先在围护墙上水平（略向上）打入一根钢管，内径20mm～30mm，使其穿透支护墙体进入墙背土体内，由此将水从该管引出，而后将管边围护墙的薄弱处用防水混凝土或砂浆修补封堵，待修补封堵的混凝土或砂浆达到一定强度后，再将钢管出水口封住。如封住管口后出现第二处渗漏时，按上面方法再进行"引流—修补"。如果引流出的水为清水，周边环境较简单或出水量不大，则不作修补也可，只需将引入基坑的水设法排出即可。

对渗、漏水量很大的情况，应查明原因，采取相应的措施：

如漏水位置距离地面深度不大时，可将围护墙背开挖至漏水位置下 500mm～1000mm，在围护墙后用密实混凝土进行封堵。如漏水位置埋深较大，则可在墙后采用压密注浆方法，浆液中应掺入水玻璃，使其能尽早凝结，也可采用高压喷射注浆方法。采用压密注浆时应注意，其施工对围护墙会产生一定压力，有时会引起围护墙向坑内较大的侧向位移，这在重力式或悬臂支护结构中更应注意，必要时应在坑内局部回土后进行，待注浆达到止水效果后再重新开挖。

2. 防止围护墙侧向位移发展

基坑开挖后，支护结构发生一定的位移是正常的，但如位移过大，或位移发展过快，则往往会造成较严重的后果。如发生这种情况，应针对不同的支护结构采取相应的应急措施。

（1）重力式支护结构

对水泥土墙等重力式支护结构，其位移一般较大，如开挖后位移量在基坑深度的 1/100 以内，尚应属正常，如果位移发展渐趋于缓和，则可不必采取措施。如果位移超过 1/100 或设计估计值，则应予以重视。首先应做好位移的监测，绘制位移—时间曲线，掌握发展趋势。重力式支护结构一般在开挖后 1d～2d 内位移发展迅速，来势较猛，以后 7d 内仍会有所发展，但位移增长速率明显下降。如果位移超过估计值不太多，以后又趋于稳定，一般不必采取特殊措施，但应注意尽量减小坑边堆载，严禁动荷载作用于围护墙或坑边区域；加快垫层浇筑与地下室底板施工的速度，以减少基坑敞开时间；应将墙背裂缝用水泥砂浆或细石混凝土灌满，防止雨水、地面水进入基坑及浸泡围护墙背土体。

对位移超过估计值较多，而且数天后仍无减缓趋势，或基坑周边环境较复杂的情况，同时还应采取一些附加措施，常用的方法有：水泥土墙背后卸荷，卸土深度一般 2m 左右，卸土宽度不宜小于 3m；加快垫层施工，加厚垫层厚度，尽早发挥垫层的支撑作用；加设支撑，支撑位置宜在基坑深度的1/2处，加设腰梁加以支撑，如图15.19所示。

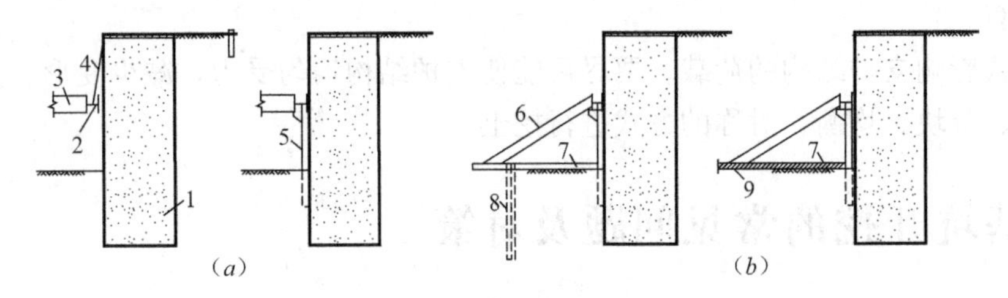

图15.19　水泥土墙加临时支撑

(a) 对撑；(b) 竖向斜撑

1—水泥土墙；2—围檩；3—对撑；4—吊索；5—支承型钢；

6—竖向斜撑；7—铺地型钢；8—板桩；9—混凝土垫层

(2) 悬臂式支护结构

悬臂式支护结构发生位移主要是其上部向基坑内倾斜，也有一定的深层滑动。

防止悬臂式支护结构上部位移过大的应急措施较简单，加设支撑或拉锚都是十分有效的，也可采用围护墙背卸土的方法。

防止深层滑动也应及时浇筑垫层，必要时也可加厚垫层，以形成下部水平支撑。

(3) 支撑式支护结构

由于支撑的刚度一般较大，设置有支撑的支护结构一般位移较小，其位移主要是插入坑底部分的支护桩墙向内变形。为了满足基础底板施工需要，最下一道支撑离坑底总有一定距离，对只有一道支撑的支护结构，其支撑离坑底距离更大，围护墙下段的约束较小，因此在基坑开挖后，围护墙下段位移较大，往往由此造成墙背土体的沉陷。因此，对于支撑式支护结构，如发生墙背土体的沉陷，主要应设法控制围护桩（墙）嵌入部分的位移，着重加固坑底部位，具体措施有：

1) 增设坑内降水设备，降低地下水。如条件许可，也可在坑外降水；

2) 进行坑底加固，如采用注浆、高压喷射注浆等提高被动区抗力；

3) 垫层随挖随浇，对基坑挖土合理分段，每段基坑开挖到底后及时浇筑垫层；

4) 加厚垫层、采用配筋垫层或设置坑底支撑。

对于周围环境保护很重要的工程，如开挖后发生较大变形后，可在坑底加厚垫层，并采用配筋垫层，使坑底形成可靠的支撑，同时加厚配筋垫层对抑制坑内土体隆起也非常有利。减少了坑内土体隆起，也就控制了围护墙下段位移。必要时还可在坑底设置支撑，如采用型钢，或在坑底浇筑钢筋混凝土暗支撑（其顶面与垫层面相同），以减少位移，此时，在支护墙根处应设置围檩，否则单根支撑对整个围护墙的作用不大。

如果是由于围护墙的刚度不够而产生较大侧向位移，则应加强围护墙体，如在其后加设树根桩或钢板桩，或对土体进行加固等。

3. 流土及管涌的处理

在细砂、粉砂层土中往往会出现流土或管涌的情况，给基坑施工带来困难。如流土等十分严重会引起基坑周边的建筑、管线的倾斜、沉降。

对轻微的流土现象，在基坑开挖后可采用加快垫层浇筑或加厚垫层的方法“压注”流土。对较严重的流土在周边环境允许条件下增加坑外降水措施，使地下水位降低。降水是防治流土最有效的方法。

在基坑内围护墙脚附近易发生局部流土或者突涌，如果设计支护结构的嵌固深度满足要求，则造成这种现象的原因一般是由于坑底的下部位的支护排桩中出现断桩，或施打未及标高，或地下连续墙出现较大的孔、洞，或由于排桩净距较大，其后止水帷幕又出现漏桩、断桩或孔洞，造成渗漏通道所致。一般先采取基坑内局部回填后，在基坑外漏点位置注入双液浆或聚氨酯堵漏，并对围护墙作必要的加固。如果情况十分严重可在原围护墙后增加一道围护墙，在新围护墙与原围护墙间进行注浆或高压旋喷桩，新墙深度与原围护墙相同或适当加深，宽度应比渗透破坏范围宽3m～5m。

4. 邻近建筑与管线位移的控制

基坑开挖后，坑内大量土方挖去，土体平衡发生很大变化，对坑外建筑或地下管线往往也会引起较大的沉降或侧移，有时还会造成建筑的倾斜，并由此引起房屋裂缝，管线断裂、泄漏。基坑开挖时必须加强观察，当位移或沉降值达到报警值后，应立即采取措施。

对建筑物的沉降的控制一般可采用跟踪注浆的方法。根据基坑开挖进程，连续跟踪注浆。注浆孔布置可在围护墙背及建筑物前各布置一排。注浆深度应在地表至坑底以下2m～4m范围，具体可根据工程条件确定。此时注浆压力控制不宜过大，否则不仅对围护墙会造成较大侧压力，对建筑本身也不利。注浆量可根据支护墙的估算位移量及土的孔隙率来确定。采用跟踪注浆时，应严密观察建筑的沉降状况，防止由注浆引起土体搅动而加剧建筑物的沉降或将建筑物抬起。对沉降很大，而压密注浆又不能有效控制的建筑，如其基础是钢筋混凝土的，则可考虑采用锚杆静压桩的方法。

如果条件许可，在基坑开挖前对邻近建筑物下的地基或支护墙背土体先进行加固处理，如采用压密注浆、搅拌桩、锚杆静压桩等加固措施，此时施工较为方便，效果更佳。

对基坑周围管线保护的应急措施一般有两种方法：

（1）打设封闭桩或开挖隔离沟

对地下管线离开基坑较远，但开挖后引起的位移或沉降又较大的情况，可在管线靠基坑一侧设置封闭桩，为减小打桩挤土，封闭桩宜选用树根桩，也可采用钢板桩、槽钢等，施打时应控制打桩速率，封闭板桩离管线应保持一定距离，以免影响管线。

在管线边开挖隔离沟也对控制位移有一定作用，隔离沟应与管线有一定距离，其深度宜与管线埋深接近或略深，在靠管线一侧还应做出一定坡度。

（2）管线架空

对地下管线离基坑较近的情况，设置隔离桩或隔离沟既不易行也无明显效果，此时可采用管线架空的方法。管线架空后与围护墙后的土体基本分离，土体的位移与沉降对它影响很小，即使产生一定位移或沉降后，还可对支承架进行调整复位。

管线架空前应先将管线周围的土挖空，在其上设置支承架，支承架的搁置点应可靠牢固，能防止过大位移与沉降，并应便于调整其搁置位置。然后将管线悬挂于支承架上，如管线发生较大位移或沉降，可对支承架进行调整复位，以保证管线的安全。图15.20是某高层建筑边管道保护支承架的示意图。

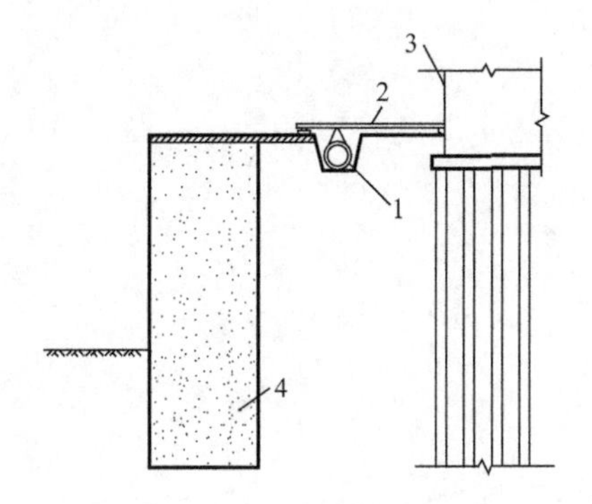

图15.20 管道保护支承架设图

1—管道；2—支承架；
3—临近高层建筑；4—支护结构

参考文献

[1] 刘国彬，王卫东．基坑工程手册（第二版）．北京：中国建筑工业出版社，2009.

[2] 基坑工程技术规范DG/TJ 08—61—2010，J 11577—2010 [S].

[3] 建筑施工手册（第四版）编写组．建筑施工手册（第四版）．北京：中国建筑工业出版社，2003.

[4] 刘建航，侯学渊．基坑工程手册．北京：中国建筑工业出版社，1997.

[5] 建筑基坑支护技术规程 JGJ 120—1999 [S]. 北京：中国建筑工业出版社，1999.
[6] 地基基础设计规范 DGJ 08—11—2010，J 11595—2010 [S].
[7] 高振峰. 土木工程施工机械实用手册. 山东：山东科学技术出版社，2005.
[8] 江正荣. 建筑地基与基础施工手册（第二版）. 北京：中国建筑工业出版社，2005.
[9] 赵志缙，应惠清. 简明深基坑工程设计施工手册. 北京：中国建筑工业出版社，1999.
[10] 湿陷性黄土地区建筑基坑工程安全技术规程 JGJ 167—2009 [S]. 北京：中国建筑工业出版社，2009.
[11] 爆破安全规程 GB 6722—2003 [S]. 北京：中国标准出版社，2003.
[12] 张志毅，王中黔. 交通土建工程爆破工程师手册 [M]. 北京：人民交通出版社，2002.
[13] 车永康. 简明爆破工程设计手册 [M]. 重庆：重庆大学出版社，1997.

第16章 工程监测

16.1 概述

16.1.1 监测内容

由于岩土体性质的复杂性、多变性及各种计算模型的局限性，仅依靠理论分析和经验估计很难准确地预测基坑支护结构和周围土体在施工过程中的变化。深基坑工程施工过程中如果出现异常，且这种异常又没有被及时发现并任其发展，后果将不堪设想。为保证工程安全顺利地进行，在基坑开挖及结构构筑期间开展严密的施工监测已成为工程建设必不可少的重要环节。深基坑工程监测是指在深基坑施工过程中，借助科学仪器、设备和手段对基坑本体和相邻环境的应力、位移、倾斜、沉降、开裂以及对地下水位的动态变化、土层孔隙水压力变化等进行的综合监测。

深基坑工程监测的内容主要分为两大部分，即支护结构本身（围护结构）的稳定性和相邻环境（周围环境）的变化。根据国家标准《建筑基坑工程监测技术规范》GB 50497—2009，基坑工程的监测项目应参照表16.1进行选择。表16.2为基坑工程中常用的仪器和元件。

基坑工程仪器监测项目表　　　　表16.1

基坑类别／监测项		一　级	二　级	三　级
（坡）顶水平位移		应测	应测	应测
墙（坡）顶竖向位移		应测	应测	应测
围护墙深层水平位移		应测	应测	宜测
土体深层水平位移		应测	应测	宜测
墙（桩）体内力		宜测	可测	可测
支撑内力		应测	宜测	可测
立柱竖向位移		应测	宜测	可测
锚杆、土钉拉力		应测	宜测	可测
坑底隆起	软土地区	宜测	可测	可测
	其他地区	可测	可测	可测
土压力		宜测	可测	可测
孔隙水压力		宜测	可测	可测
地下水位		应测	应测	宜测
土层分层竖向位移		宜测	可测	可测
墙后地表竖向位移		应测	应测	宜测
周围建（构）筑物变形	竖向位移	应测	应测	应测
	倾斜	应测	宜测	可测
	水平位移	宜测	可测	可测
	裂缝	应测	应测	应测
周围地下管线变形		应测	应测	应测

注：基坑类别的划分按照国家标准《建筑地基基础工程施工质量验收规范》GB 50202—2002执行。

基坑工程监测仪器和元件　　　　表16.2

序　号	监测对象	监测项目	监测元件与仪器
（一）	支护结构		
1	围护桩墙	桩墙顶水平位移桩墙顶沉降	经纬仪
			水准仪
		桩墙深层挠曲	测斜仪
		桩墙内力	钢筋应力计、频率仪
		桩墙上土压力，水压力	土压力盒、频率仪
			孔隙水压力计、频率仪

续表

序号	监测对象	监测项目	监测元件与仪器
2	水平支撑	支撑轴力（混凝土）	钢筋应力计或应变计、频率仪或应变仪
		支撑轴力（钢支撑）	钢筋应变计或应变片、轴力计、频率仪或应变仪
3	圈梁、围檩	内力	钢筋应力计或应变计、频率仪或应变仪
		水平位移	经纬仪
4	立柱	垂直沉降	水准仪
5	坑底土层	垂直隆起	水准仪、分层沉降仪
6	坑内地下水	水位	钢尺，或钢尺水位计和水位探测仪
（二）	相邻环境		
7	相邻地层	分层沉降	分层沉降仪
		水平位移	经纬仪
8	地下管线	垂直沉降	水准仪
		水平位移	经纬仪
9	相邻房屋	垂直沉降	水准仪
		倾斜	经纬仪
		裂缝	裂缝监测仪
10	坑外地下水	水位	钢尺，或钢尺水位计和水位探测仪
		分层水压	孔隙水压力计、频率仪

监测仪器、设备和元件应符合下列规定：

(1) 满足观测精度和量程的要求，且应具有良好的稳定性和可靠性。

(2) 应经过校准或标定，且校核记录和标定资料齐全，并应在规定的校准有效期内使用。

(3) 监测过程中应定期进行监测仪器、设备的维护保养、检测以及监测元件的检查。

16.1.2 监测程序和基本要求

监测工作的程序，应按照以下步骤进行：1）接受委托；2）现场踏勘，收集资料；3）制定监测方案，并报委托方及相关单位认可；4）展开前期准备工作，设置监测点、校验设备、仪器；5）设备、仪器、元件和监测点验收；6）现场监测；7）监测数据的计算、整理、分析及信息反馈；8）提交阶段性监测结果和报告；9）现场监测工作结束后，提交完整的监测资料和报告。

对同一监测项目，监测时宜符合下列要求：

(1) 采用相同的观测方法和观测路线；

(2) 使用同一监测仪器和设备；

(3) 固定观测人员；

(4) 在基本相同的环境和条件下工作。

监测分析人员应具有岩土工程、结构工程、工程测量的综合知识和工程实践经验，具有较强的综合分析能力，能及时提供可靠的综合分析报告。

现场测试人员应对监测数据的真实性负责，监测分析人员应对监测报告的可靠性负责，监测单位应对整个项目监测质量负责。监测记录和监测技术成果均应有有关责任人签字，监测技术成果应加盖成果章。

16.1.3 监测原则

监测工作是一项系统工程，监测工作的成败与监测方法的选取、监测仪器的选取、测点的布设与保护等有密切关系，应遵循以下基本原则：

1. 可靠性原则

可靠性原则是监测系统设计中所要考虑的最重要的原则。为了确保其可靠，必须做到：系统需要采用可靠的仪器；设计中采用的监测手段是已基本成熟的方法；应在监测期间内保护好测点。

一般而言，机测式的可靠性高于电测式仪器，所以如果使用电测式仪器，则通常要求具有目标系统或与其他机测式仪器互相校核。

2. 多层次监测原则

在监测仪器选型上以机测式仪器为主，辅以电测式仪器，同时为了保证监测的可靠性，监测系统还应采用多种原理不同的方法和仪器进行相互校核。在地表、坑周土体内部及邻近受影响的建筑物与设施内进行布点，形成具有一定测点覆盖率的监测网。在监测方法上以仪器监测为主，并辅以巡检的方法。在监测对象上以位移为主，但也考虑其他物理量监测。

3. 关键部位优先、兼顾全面的原则

对围护结构、支撑结构中相当敏感的区域加密测点数和项目，进行重点监测；对地质变化起伏较大的部位，施工过程中有异常的部位进行重点监测；除关键部位优先布设测点外，在系统性的基础上均匀布设监测点。

4. 与设计相结合原则

对设计中使用的关键参数进行监测，达到进一步优化设计的目的；对设计中有争议的方法、原理所涉及的受力部位及受力内容进行监测，作为反演分析的依据；依据设计计算情况和基坑工程的特点，确定围护结构、支撑结构的报警值。

5. 与施工相结合原则

结合施工方法确定测试方法、监测元件的种类、监测点的保护措施；结合施工实际调整监测点的布设位置，尽量减少与工程施工的交叉影响；结合施工进度和施工条件确定或调整监测频率。

6. 经济合理原则

监测方法的选择，在安全、可靠的前提下尽可能采用简易、直观、有效的方法；监测元件的选择，在确保可靠的基础上使用性价比较高的仪器设备；监测点的数量，在确保系统和安全的前提下，合理利用监测点之间的联系，尽量减少测点数量，以提高工作效率，降低成本。

16.1.4 监测意义

理论研究和工程实践表明，深基坑工程监测可以主要起到以下作用：

(1) 为施工及时提供监测结果和信息，使参建各方能够完全客观真实地把握工程质量，掌握工程各部分的关键性指标和所处的状态；

(2) 对可能发生危及基坑工程本体和周围环境安全的隐患进行及时、准确的预报，确保基坑结构和相邻环境的安全；

(3) 在施工过程中通过实测数据检验工程设计所采取的各种假设和参数的正确性，及时改进施工技术或调整设计参数以取得良好的工程效果，做好优化设计和信息化施工；

(4) 积累工程经验，为提高基坑工程的设计和施工整体水平提供基础数据支持；

(5) 将监测结果反馈设计，通过对监测结果同设计预估值的比较和分析，检验设计理论的正确性，并且可以为今后的设计提供依据。

16.2 监测方案

监测方案是指导监测工作的主要技术文件，监测方案的编制应依据工程合同、工程基础资料、设计资料、施工方案和组织资料，并参照国家现行规定、规范、条例等，同时还须与工程建设单位、施工单位、监理单位、设计单位以及管线主管单位和道路监察部门充分地协商。

监测方案根据不同需要会有不同内容，一般包括：监测目的和依据、工程概况（应包括场地岩土条件和周边环境状况，监测管理制度等）、监测内容和测点数量、各类测点布置平面图、各类测点布置剖面图、各项目监测周期和频率的确定、监测仪器设备的选用、监测人员的配备、各类报警值的确定、监测报告送达对象和时限、监测注意事项、费用预算等。

监测方案需按照一定的程序进行编制和审查，以保证监测方案的完整性，准确性和可实施性。基本程序如下：

1）监测单位接受建设单位、勘察设计单位、施工单位和监理单位等相关单位的交底；2）监测单位进行现场踏勘、资料收集及复核；3）监测单位根据监测合同职责要求独立编制完成监测方案；4）监测单位完成监测方案内审程序；5）监测单位将完成内审程序后的监测方案报送相关单位外审；6）业主单位组织专家评审，监测单位根据专家评审意见完成监测方案的修改优化；7）监测单位将优化修改后的监测方案报送业主单位和质量监督部门备案。

其中下列基坑工程的监测方案应进行专门论证：

（1）地质和环境条件复杂的基坑工程；

（2）邻近重要建筑和管线，以及历史文物、优秀近现代建筑、地铁、隧道等破坏后果很严重的基坑工程；

（3）已发生严重事故，重新组织施工的基坑工程；

（4）采用新技术、新工艺、新材料、新设备的一、二级基坑工程；

（5）其他需要论证的基坑工程。

工程实践中，对施工监测方案的优化和改进，对于基坑支护动态施工的顺利实现有较大的意义。除了参照上节所提到的几项主要原则进行监测方案优化外，还应遵循以下原则：监测项目的选择应有利于对基坑支护的稳定性和周围地层变形的安全性进行全面有效的分析；监测断面及其测点的设置应满足动态施工足够数量的分析断面和测试数据；仪器的安装、测读、数据分析和上报等不仅应保证监测数据的准确性，还应当简便和实用，以保证监测数据获取的及时和迅速，并实现信息反馈的高效性。

16.3 监测内容

16.3.1 引言

深基坑工程监测应以能获得定量数据的专门仪器测量或专用测试元件监测为主，以现场肉眼观测为辅。监测方法的选择应根据基坑等级、精度要求、设计要求、场地条件、地区经验和方法适用性等因素综合确定，并保证其合理易行。

16.3.2 墙顶位移（桩顶位移）

墙顶位移（桩顶位移）是深基坑工程中最直接的监测内容，包括墙顶的水平位移和竖向位移。通过监测墙顶位移，对反馈施工工序，以及决定是否采用辅助措施以确保支护结构和周围环境安全都具有重要意义，同时墙顶位移也是墙体测斜数据计算的起始依据。

对于围护墙顶水平位移，测特定方向上时可采用视准线法、小角度法、投点法等；测定监测点任意方向的水平位移时，可视监测点的分布情况，采用前方交会法、后方交会法、极坐标法等；当测点与基准点无法通视或距离较远时，可采用 GPS 测量法或三角、三边、边角测量与基准线法相结合的综合测量方法。墙顶竖向位移监测可采用几何水准或液体静力水准等方法，各监测点与水准基准点或工作基点应组成闭合环路或附合水准路线。

墙顶位移监测基准点应埋设在基坑开挖深度3倍范围以外不受施工影响的稳定区域，或利用已有稳定的施工控制点，不应埋设在低洼积水、湿陷、冻胀、胀缩等影响范围内；基坑每边不宜少于3点；基准点的埋设应符合国家现行标准《建筑变形测量规范》JGJ 8—2007的有关规定，设置有强制对中的观测墩，采用精密的光学对中装置，对中误差不宜大于0.5mm。墙顶位移观测点应设置在基坑边坡混凝土护顶或围护墙顶（冠梁）上，安装时采用铆钉枪打入铝钉，或钻孔埋深膨胀螺栓，涂上红漆作为标记，有利于观测点的保护和提高观测精度。

墙顶位移监测点应沿基坑周边布置，监测点水平间距不宜大于20m。一般基坑每边的中部、阳角处变形较大，所以中部、阳角处宜设测点。为便于监测，水平位移观测点宜同时作为垂直位移的观测点（图16.1）。

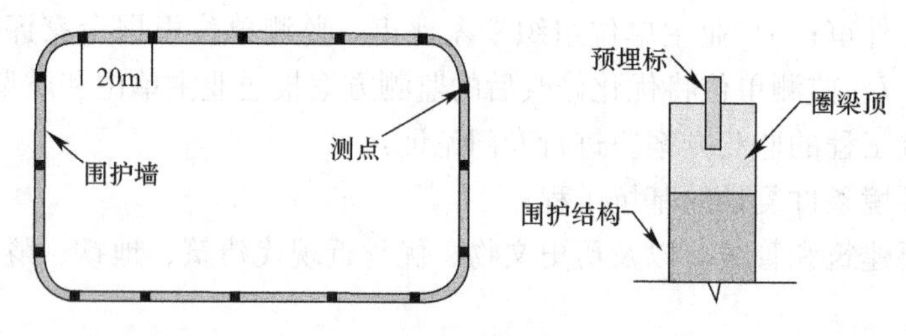

图16.1 墙顶位移点的布设

参照《建筑基坑工程监测技术规范》，基坑围护墙（边坡）顶部水平位移监测精度应根据围护墙（边坡）顶部水平位移报警值按表16.3确定；围护墙（边坡）顶部的竖向位移监测精度应根据竖向位移报警值按表16.4确定。

基坑围护墙（边坡）顶部水平位移监测精度要求（mm） 表16.3

水平位移报警值	累计值 D（mm）	$D<20$	$20\leqslant D<40$	$20\leqslant D\leqslant 60$	$D>60$
	变化速率 v_D（mm/d）	$v_D<2$	$2\leqslant v_D<4$	$4\leqslant v_D\leqslant 6$	$v_D>6$
监测点坐标中误差		$\leqslant 0.3$	$\leqslant 1.0$	$\leqslant 1.5$	$\leqslant 3.0$

注：1. 监测点坐标中误差，是指监测点相对测站点（如工作基点等）的坐标中误差，为点位中误差的$1/\sqrt{2}$；
2. 当根据累计值和变化速率选择的精度要求不一致时，水平位移监测精度优先按变化速率报警值的要求确定；
3. 本规范以中误差作为衡量精度的标准。

围护墙（边坡）顶的竖向位移监测精度要求（mm） 表16.4

竖向位移报警值	累计值 S（mm）	$S<20$	$20\leqslant S<40$	$20\leqslant S\leqslant 60$	$S>60$
	变化速率 v_S（mm/d）	$v_S<2$	$2\leqslant v_S<4$	$4\leqslant v_S\leqslant 6$	$v_S>6$
监测点测站高差中误差		$\leqslant 0.15$	$\leqslant 0.3$	$\leqslant 0.5$	$\leqslant 1.5$

注：监测点测站高差中误差是指相应精度与视距的几何水准测量单程一测站的高差中误差。

16.3.3 围护（土体）水平位移

围护桩墙或周围土体深层水平位移的监测是确定深基坑围护结构变形和受力的最重要的观测手段，通常采用测斜手段进行观测。

测斜的工作原理是利用重力摆锤始终保持铅直方向的性质，测得仪器中轴线与摆锤垂直线的倾角，倾角的变化导致电信号变化，经转化输出并在仪器上显示，从而可以知道被测构筑物的位移变化值（图16.2）。实际量测时，将测斜仪插入测斜管内，并沿管内导槽缓慢下滑，按取定的间距逐段测定各位置处管道与铅直线的相对倾角，假设桩墙（土体）与测斜管挠曲协调，就能得到被测体的深层水平位移，只要配备足够多的量测点（通常间隔0.5m），所绘制的曲线几乎是连续光滑的。

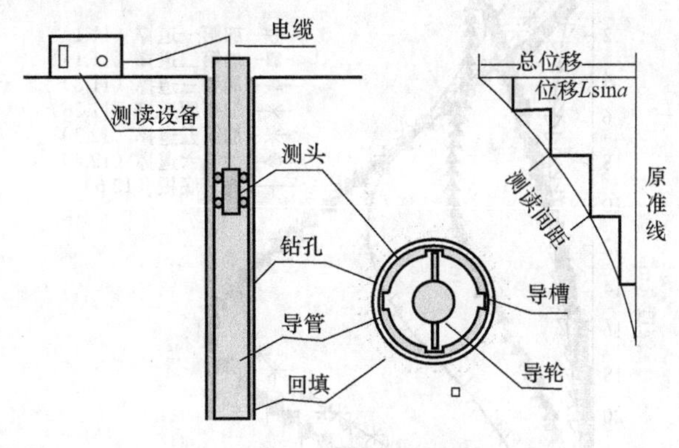

图 16.2 测斜原理图

测斜管埋设方式主要有钻孔埋设、绑扎埋设两种，如图 16.3 所示。一般测围护桩墙挠曲时采用绑扎埋设和预制埋设，测土体深层位移时采用钻孔埋设。

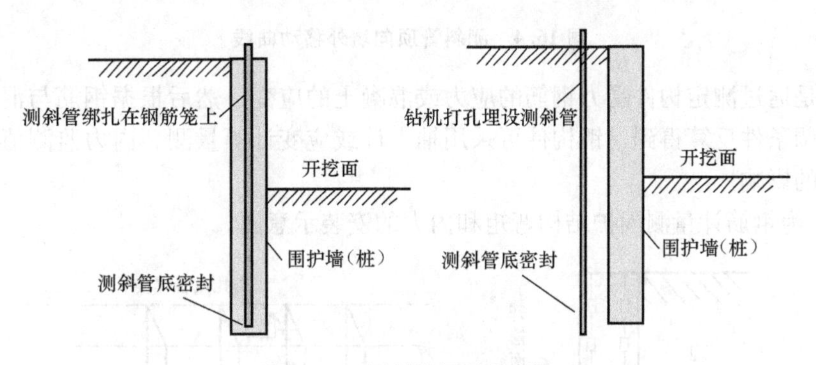

图 16.3 测斜管埋设示意图

测斜监测点一般布置在基坑平面上挠曲计算值最大的位置，监测点水平间距为 20m～50m，每边监测点数目不应少于 1 个。为了真实地反映围护墙的挠曲状况和地层位移情况，应保证测斜管的埋设深度，具体要求如下：设置在围护墙内的测斜管深度不宜小于围护墙的入土深度；设置在土体内的测斜管深度不宜小于基坑开挖深度的 1.5 倍，并大于围护墙入土深度。参照《建筑基坑工程监测技术规范》，测斜仪的系统精度不宜低于 0.25mm/m，分辨率不宜低于 0.02mm/500mm。

应当注意的是，测斜变形计算时需确定固定起算点，起算点位置的设定分管底和管顶两种情况。对于无支撑的自立式围护结构，一般入土深度较大，若测斜管埋设到底，则可将管底作为基准点，由下而上累计计算某一深度的变形值，直至管顶。对于单支撑或多支撑的围护结构，在进行支撑施做（或未达到设计强度）前的挖土时，围护结构的变形类似于自立式围护，仍可将管底作为基准点。当顶层支撑施做后，情况就发生了变化，此时管顶变形受到了限制，而原先作为基准点的管底随开挖深度的加大，将发生变形，因而应将基准点转至管顶，由上而下累计某一深度的变形值，直至开挖结束。按此方法测得的围护结构的挠曲曲线在开挖标高附近出现峰值，图 16.4 即是该类典型曲线。当测斜管基准点设在管顶，每次监测时均应测定管口的坐标变化情况并修正。不论基准点设在管顶或管底，一般规定计算累计变形值向基坑内侧变形为正，反之为负。

16.3.4 围护结构内力

围护结构内力监测是防止基坑支护结构发生强度破坏的一种较为可靠的监控措施，可采用安装在结构内部或表面的应变计或应力计进行量测。采用钢筋混凝土材料制作的围护桩，

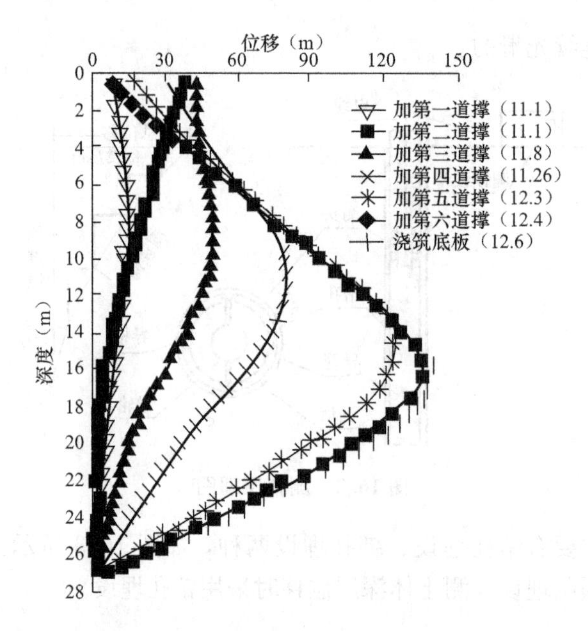

图 16.4　测斜管顶向坑外移动曲线

其内力通常是通过测定构件受力钢筋的应力或混凝土的应变、然后根据钢筋与混凝土共同作用、变形协调条件反算得到，钢构件可采用轴力计或应变计等量测。内力监测值宜考虑温度变化等因素的影响。

图 16.5 为钢筋计量测围护结构弯矩和内力的安装示意图。

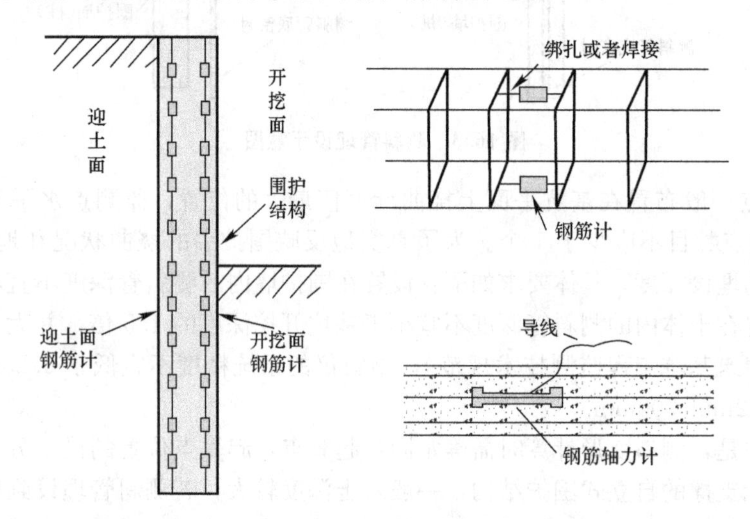

图 16.5　钢筋计量测围护结构弯矩和内力安装示意图

量测弯矩时，结构一侧受拉，一侧受压，相应的钢筋计一只受拉，另一只受压；测钢筋轴力时，两只钢筋计均轴向受拉或受压。由标定的钢筋应变值得出应力值，再核算成整个混凝土结构所受的弯矩或轴力。

弯矩：

$$M=\varphi(\sigma_1-\sigma_2)\times 10^{-5}=\frac{E_C}{E_S}\times\frac{I_C}{d}\times(\sigma_1-\sigma_2)\times 10^{-5} \tag{16.1}$$

轴力：

$$N=K\times\frac{\varepsilon_1+\varepsilon_2}{2}\times 10^{-3}=\frac{A_C}{A_S}\times\frac{E_C}{E_S}\times K_1\times\frac{\varepsilon_1+\varepsilon_2}{2}\times 10^{-3} \tag{16.2}$$

式中　M——弯矩（t・m/m）；

　　　N——轴力（t）；

σ_1、σ_2——开挖面、迎土面钢筋计应力（kg/cm²）；

I_C——结构断面惯性矩（cm⁴）；

d——开挖面、迎土面钢筋计之间的中心距离（cm）；

ε_1、ε_2——上、下端钢筋计应变（$\mu\varepsilon$）；

K_1——钢筋计标定系数（kg/$\mu\varepsilon$）；

E_C、A_C——混凝土结构的弹性模量（kg/cm²）、断面面积（cm²）；

E_S、A_S——钢筋计的弹性模量（kg/cm²）、断面面积（cm²）。

围护墙内力监测点应考虑围护墙内力计算图形，布置在围护墙出现弯矩极值的部位，监测点数量和横向间距视具体情况而定。平面上宜选择在围护墙相邻两支撑的跨中部位、开挖深度较大以及地面堆载较大的部位；竖直方向（监测断面）上监测点宜布置支撑处和相邻两层支撑的中间部位，间距宜为2m～4m。参照《建筑基坑工程监测技术规范》，应力计或应变计的量程宜为设计值的2倍，精度不宜低于0.5% F・S，分辨率不宜低于0.2% F・S。

16.3.5 支撑轴力

基坑外侧的侧向水土压力由围护墙及支撑体系所承担，当实际支撑轴力与支撑在平衡状态下应能承担的轴力（设计计算轴力）不一致时，将可能引起围护结构失稳。支撑内力的监测多根据支撑杆件采用的不同材料，选择不同的监测方法和监测传感器。对于混凝土支撑杆件，目前主要采用钢筋应力计或混凝土应变计（参见围护结构内力监测）；对于钢支撑杆件，多采用轴力计或表面应变计。支撑轴力中应力计或应变计的量程和精度同围护结构内力中的要求相同。

图16.6和图16.7是支撑轴力安装示意图，轴力布置应遵循以下原则：1）监测点宜设置在支撑内力较大或在整个支撑系统中起控制作用的杆件上；2）每层支撑的内力监测点不应少于3个，各层支撑的监测点位置宜在竖向保持一致；3）钢支撑的监测截面宜选择在两支点间1/3部位或支撑的端头；混凝土支撑的监测截面宜选择在两支点间1/3部位，并避开节点位置；4）每个监测点截面内传感器的设置数量及布置应满足不同传感器测试要求。

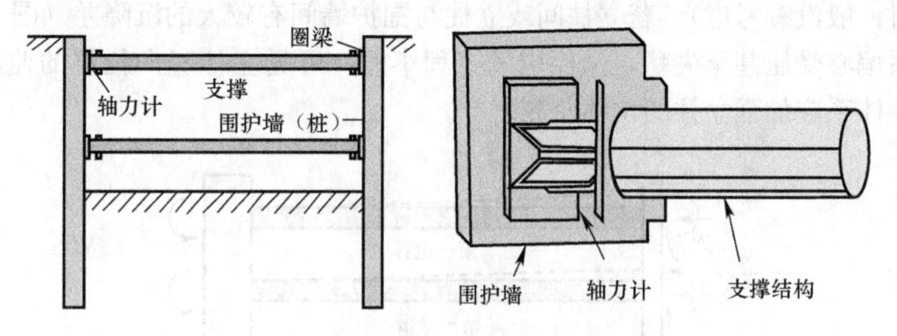

图16.6 钢支撑轴力计安装方法

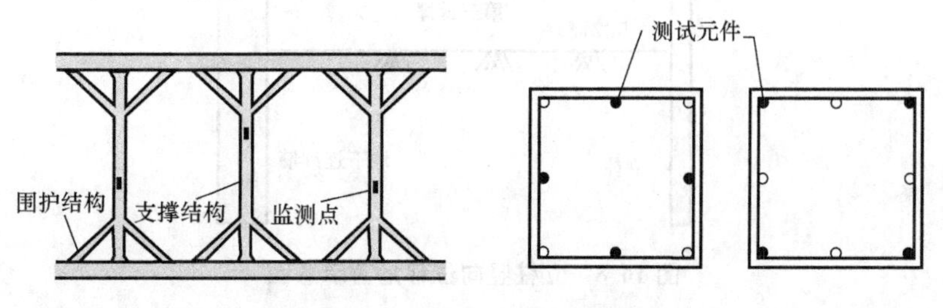

图16.7 混凝土支撑轴力安装方法

应当注意的是，支撑的内力不仅与监测计放置的截面位置有关，而且与所监测截面内的监测计的布置有关。其监测结果通常以“轴力（kN)”的形式表达，即把支撑杆监测截面内的测点应力平均后与支撑杆截面的乘积。显然，这与结构力学的轴力概念有所不同，它反映的仅是所监测截面的平均应力。

实测的支撑轴力时程曲线在有些工程比较有规律，呈现在当前工况支撑下挖方，支撑轴力增大；后续工况架设的支撑下挖土，先行工况的支撑轴力发生适当调整，后续工况支撑的轴力增长这种恰当的规律。

但这仅是基坑开挖时支撑杆的一种受力形式，在有些工程则出现挖方加深，支撑的实测轴力不仅未增加，反而降低的异常现象，或者实测支撑轴力时程曲线跳跃波动很大的现象。

实测的“轴力”值有的超过理论计算值 2 倍以上、或远超过支撑杆的容许承载力，但基坑却安全可靠。而有的工程实测的“轴力”不到理论计算值的几分之一却出现围护墙位移过大引起周边环境破坏。显然，这与支撑连接节点和支撑杆所受的弯、剪应力等因素有关，亦与监测结果计算方法方面存在的问题有关。

支撑系统的受力极其复杂，支撑杆的截面弯矩方向可随开挖工况进行而改变，而一般现场布置的监测截面和监测点数量较少。因此，只依据实测的“支撑轴力”有时不易判别清楚支撑系统的真实受力情况，甚至会导致相反的判断结果。建议的方法是选择代表性的支撑杆，既监测其截面应力，又监测支撑杆在立柱处和内力监测截面处等若干点的竖向位移，由此可以根据监测到的截面应力和竖向位移值由结构力学的方法对支撑系统的受力情况做出更加合理的综合判断。同时有必要对施工过程中围护墙、支撑杆及立柱之间耦合作用进行深入研究。

16.3.6 立柱竖向位移

在软土地区或对周围环境要求比较高的基坑大部分采用内支撑，支撑跨度较大时，一般都架设立柱桩。立柱的竖向位移（沉降或隆起）对支撑轴力的影响很大，有工程实践表明，立柱竖向位移 2cm～3cm，支撑轴力会变化约 1 倍。因为立柱竖向位移的不均匀会引起支撑体系各点在垂直面上与平面上的差异位移，最终引起支撑产生较大的次应力（这部分力在支撑结构设计时一般没有考虑）。若立柱间或立柱与围护墙间有较大的沉降差（图 16.8），就会导致支撑体系偏心受压甚至失稳，从而引发工程事故，可见立柱竖向位移的监测特别重要。因此对于支撑体系应加强立柱的位移监测。

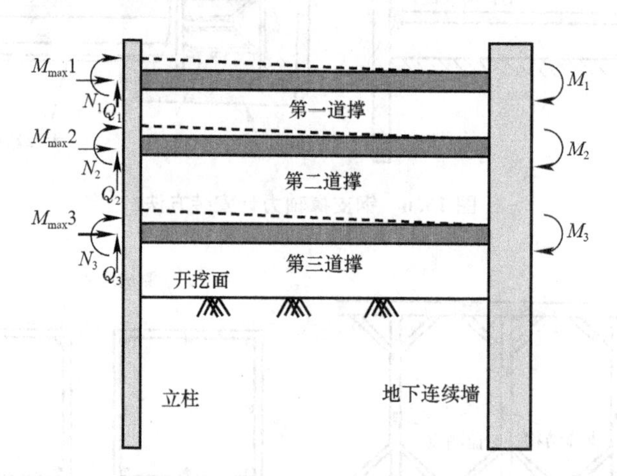

图 16.8　立柱竖向位移危害示意图

立柱监测点应布置在立柱受力、变形较大和容易发生差异沉降的部位，例如基坑中部、多根支撑交汇处、地质条件复杂处，见图 16.9。逆作法施工时，承担上部结构的立柱应加强监测。立柱监测点不应少于立柱总根数的 5%，逆作法施工的基坑不应少于 10%，且均不应少于3根。立柱与围护墙（边坡）顶部的竖向位移监测精度相同，按上表16.4确定。

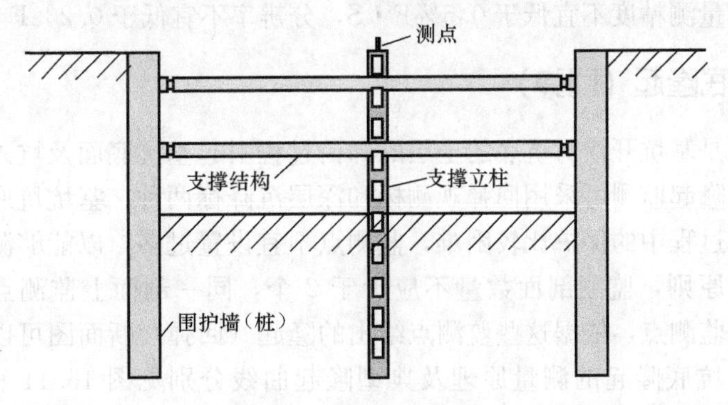

图16.9 立柱监测示意图

在影响立柱竖向位移的所有因素中，基坑坑底隆起与竖向荷载是最主要的两个方面。基坑内土方开挖会引起土层的隆起变形，坑底隆起引起立柱桩的上浮；而竖向荷载主要引起立柱桩的下沉。有时设计虽已考虑竖向荷载的作用，但立柱桩仍有向上位移，原因是施工过程中基坑的情况比较复杂，所采用的竖向荷载值及地质土层情况的实际变异性较大。当基坑开挖后，坑底应力释放，坑内土体回弹，桩身上部承受向上的摩擦力作用，立柱桩被抬升；而基坑深层土体阻止桩的上抬，对桩产生向下的摩阻力阻止桩上抬。桩的上抬也促使桩端土体应力释放，桩端土体也产生隆起，桩也随之上抬，但上部结构的不断加荷以及变异性较大的施工荷载会引起立柱的沉降，可见立柱竖向位移的机理比较复杂。因此要通过数值计算预测立柱桩最终是抬升还是沉降都比较困难，至于定量计算最终位移就更加困难了，只能通过监测实时控制与调整。

16.3.7 锚杆轴力（土钉内力）

锚杆及土钉内力监测的目的是掌握锚杆或土钉内力的变化，确认其工作性能。由于钢筋束内每根钢筋的初始拉紧程度不一样，所受的拉力与初始拉紧程度关系很大。锚杆拉力量测宜采用专用的锚杆测力计，钢筋锚杆可采用钢筋应力计或应变计，当使用钢筋束时应分别监测每根钢筋的受力。应在锚杆预应力施加前安装并取得初始值。根据质量要求，锚杆或土钉锚固体未达到足够强度不得进行下一层土方的开挖，为此一般应保证锚固体有3d的养护时间后才允许下一层土方开挖，取下一层土方开挖前连续2d获得的稳定测试数据的平均值作为其初始值。锚杆或土钉的内力监测点应选择在受力较大且有代表性的位置，基坑每边中部、阳角处和地质条件复杂的区段宜布置监测点。每层锚杆的内力监测点数量应为该层锚杆总数的1%～3%，并不应少于3根。各层监测点位置在竖向上宜保持一致。每根杆体上的测试点宜设置在锚头附近和受力有代表性的位置，见图16.10。

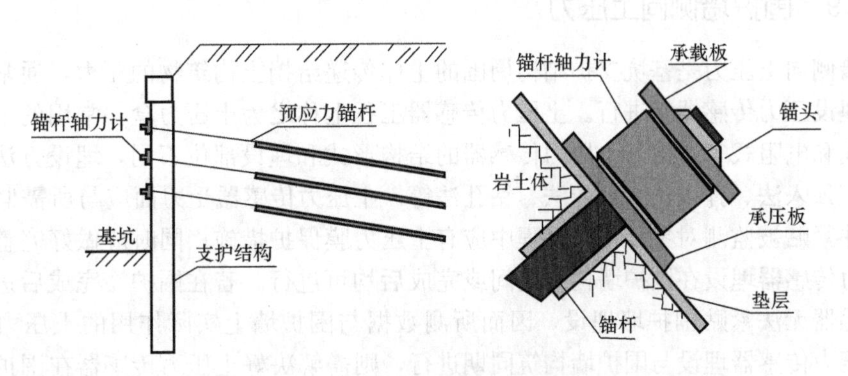

图16.10 锚杆轴力安装示意图

参照《建筑基坑工程监测技术规范》，专用测力计、钢筋应力计和应变计的量程宜为对应设计值的 2 倍，量测精度不宜低于 0.5%F·S，分辨率不宜低于 0.2%F·S。

16.3.8 坑底隆起（回弹）

基坑坑底隆起是基坑开挖对坑底的土层的卸荷过程引起基坑底面及坑外一定范围内土体的回弹变形，坑底隆起监测可采用回弹观测标和深层沉降标两种。基坑坑底隆起（回弹）监测点的埋设和施工过程中的保护比较困难，监测点不宜设置过多，以能够测出必要的基坑隆起（回弹）数据为原则，监测剖面数量不应少于 2 个，同一剖面上监测点数量不应少于 3 个，基坑中部宜设监测点，依据这些监测点绘出的隆起（回弹）断面图可以基本反映出坑底的变形变化规律。坑底隆起的测量原理及典型隆起曲线分别见图 16.11 和图 16.12。参照《建筑基坑工程监测技术规范》，坑底隆起（回弹）监测的精度应符合表 16.5 的要求。

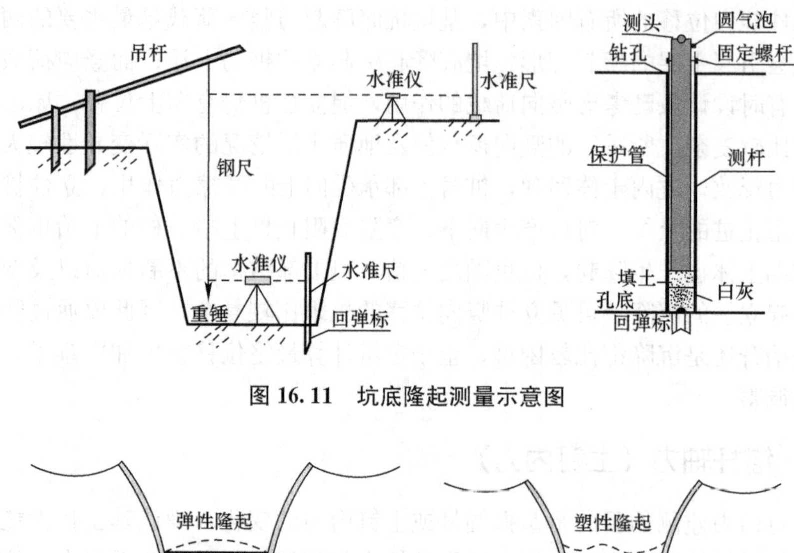

图 16.11 坑底隆起测量示意图

图 16.12 坑底隆起曲线

坑底隆起（回弹）监测的精度要求（mm） 表 16.5

坑底回弹（隆起）报警值	≤40	40～60	60～80
监测点测站高差中误差	≤1.0	≤2.0	≤3.0

16.3.9 围护墙侧向土压力

围护墙侧向土压力是基坑支护结构周围的土体传递给挡土构筑物的压力，通常采用在量测位置上埋设压力传感器来进行。土压力传感器工程上称之为土压力盒，常用的土压力传感器有钢弦式和电阻式等。由于土压力传感器的结构形式和埋设部位不同，埋设方法很多，例如挂布法、顶入法、弹入法、插入法、钻孔法等。土压力传感器受力面应与所需监测的压力方向垂直并紧贴被监测对象；埋设过程中应有土压力膜保护措施；同时应做好完整的埋设记录。土压力传感器埋设在围护墙构筑期间或完成后均可进行。若在围护墙完成后进行，由于土压力传感器无法紧贴围护墙埋设，因而所测数据与围护墙上实际作用的土压力有一定差别。若土压力传感器埋设与围护墙构筑同期进行，则需解决好土压力传感器在围护墙迎土面上的安装问题。在水下浇筑混凝土过程中，要防止混凝土将面向土层的土压力传感器表面钢膜包裹。图16.13、图16.14分别为顶入法和弹入法土压力传感器设置原理图。图16.15为钻孔法进行土压力测试时的仪器布置图。

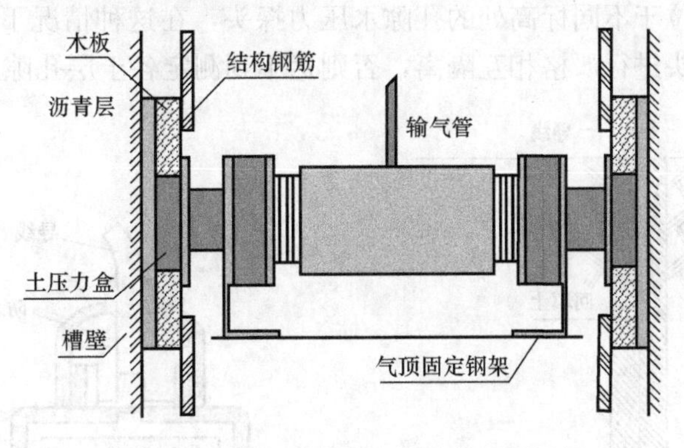

图16.13 顶入法进行土压力传感器设置

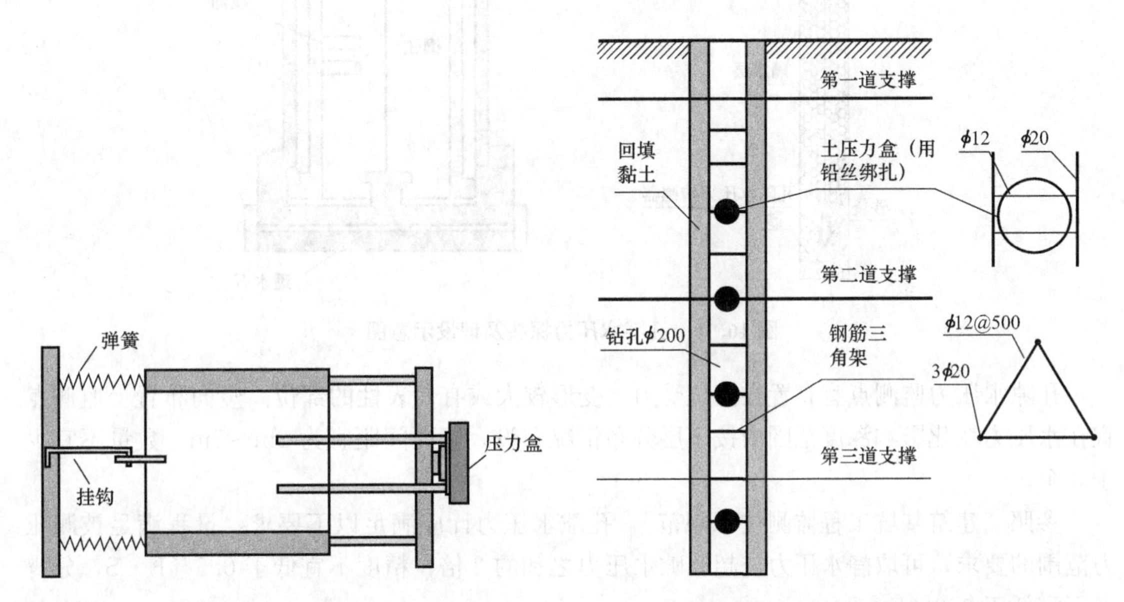

图16.14 弹入法进行土压力传感器埋设装置

图16.15 钻孔法进行土压力测量

围护墙侧向土压力监测点的布置应选择在受力、土质条件变化较大的部位，在平面上宜与深层水平位移监测点、围护墙内力监测点位置等匹配，这样监测数据之间可以相互验证，便于对监测项目的综合分析。在竖直方向（监测断面）上监测点应考虑土压力的计算图形、土层的分布以及与围护墙内力监测点位置的匹配。土压力计的量程应满足被测压力的要求，其上限可取设计压力的2倍，精度不宜低于0.5%F·S，分辨率不宜低于0.2%F·S。

16.3.10 孔隙水压力

目前主要采用孔隙水压力计和频率仪进行孔隙水压力的监测。孔隙水压力计的探头分为钢弦式、电阻式和气动式三种类型，探头均由金属壳体和多孔元件（如透水石）组成。其工作原理是把多孔元件放置在土中，使土中水连续通过元件的孔隙，把土体颗粒隔离在元件外面而只让水进入有感应膜的容器内，再测量容器中的水压力，即可测出孔隙水压力。

孔隙水压力探头埋设有压入法和钻孔法两种。压入法适用于较软土质，是将孔隙水压力计直接压入埋设深度；若有困难，可先钻孔至埋设深度以上1m处，再将孔隙水压力计压至埋设深度，用黏土球封孔至孔口。钻孔法是在埋设点采用钻机钻孔，达到要求的深度或标高后，先在孔底填入部分干净的砂，然后将探头放入，再在探头周围填砂，最后采用膨胀性黏土或干燥黏土球将钻孔上部封好，使得探头测得的是该标高土层的孔隙水压力。图16.16为孔隙水压力探头在土中的埋设情况，其技术关键在于保证探头周围垫砂渗水流畅，其次是断绝钻孔上部的向下渗漏。原则上一个钻孔只能埋设一个探头，但为了节省钻孔费用，也有在同一钻孔中埋设多个位于不同标高处的孔隙水压力探头，在这种情况下，需要采用干土球或膨胀性黏土将各个探头进行严格相互隔离，否则达不到测定各土层孔隙水压力变化的作用。

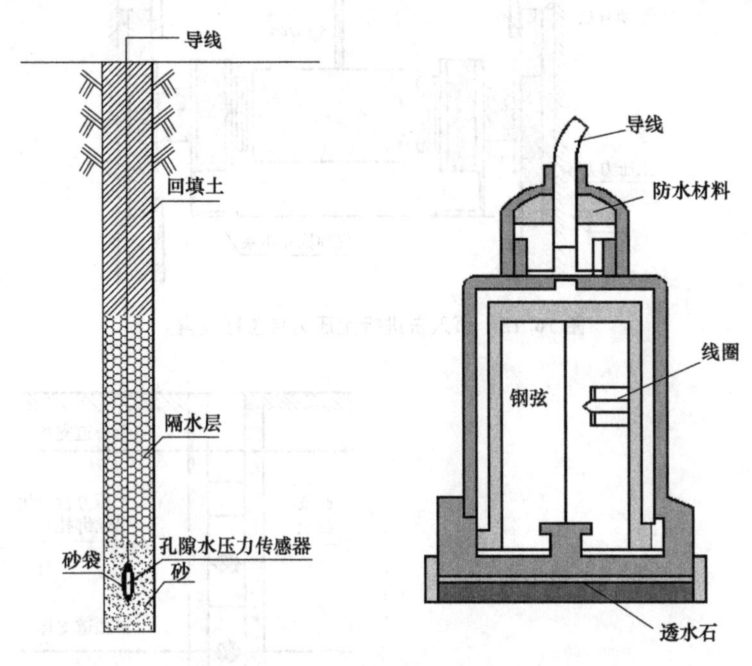

图 16.16 孔隙水压力探头及埋设示意图

孔隙水压力监测点宜布置在基坑受力、变形较大或有代表性的部位。竖向布置上监测点宜在水压力变化影响深度范围内按土层分布情况布设，竖向间距宜为 2m～5m，数量不宜少于 3 个。

参照《建筑基坑工程监测技术规范》，孔隙水压力计应满足以下要求：量程满足被测压力范围的要求，可取静水压力与超孔隙水压力之和的 2 倍；精度不宜低于 0.5%F・S，分辨率不宜低于 0.2%F・S。

16.3.11 地下水位和水头

深基坑工程地下水位和水头监测包含坑内、坑外水位和水头监测。通过水位观测可以控制基坑工程施工过程中周围地下水位下降的影响范围和程度，防止基坑周边水土流失；另外还可以检验降水井的降水效果，观测降水对周边环境的影响。当有多层含水层时，必须设置分层监测孔，对每层水的动态进行监测。

地下水位和水头监测宜通过孔内设置水位管，采用水位计等方法进行测量。潜水水位管应在基坑施工前埋设，滤管长度应满足测量要求；承压水头监测时被测含水层与其他含水层之间应采取有效的隔水措施。水位管埋设后，应逐日连续观测水位并取得稳定初始值。地下水位量测精度不宜低于 10mm。

地下水位监测点的布置应符合下列要求（水位监测布置示意图见图 16.17 和图 16.18）：

（1）基坑内地下水位当采用深井降水时，水位监测点宜布置在基坑中央和两相邻降水井的中间部位；当采用轻型井点、喷射井点降水时，水位监测点宜布置在基坑中央和周边拐角处，监测点数量应视具体情况确定。

（2）基坑外地下水位监测点应沿基坑、被保护对象的周边或在基坑与被保护对象之间布置，监测点间距宜为 20m～50m。相邻建筑、重要的管线或管线密集处应布置水位监测点；

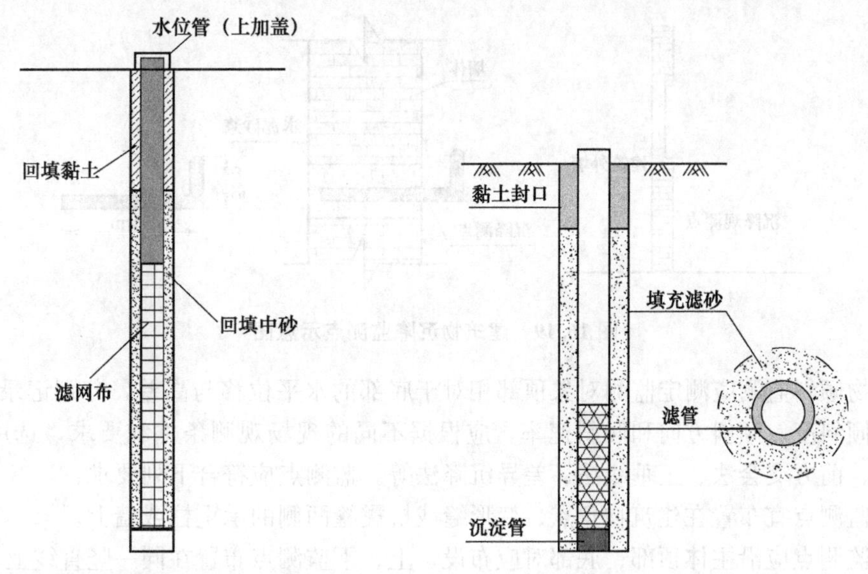

图 16.17　潜水水位监测示意图　　图 16.18　承压水水头监测示意图

当有止水帷幕时，宜布置在止水帷幕的外侧约 2m 处。

(3) 水位观测管的管底埋置深度应在最低设计水位或最低允许地下水位之下 3m～5m。承压水水头监测管的滤管应埋置在所测的承压含水层中。

(4) 回灌井点观测井应设置在回灌井点与被保护对象之间。

(5) 承压水的观测孔埋设深度应保证能反映承压水水头的变化，一般承压降水井可以兼作水头观测井。

16.3.12　周边建筑物变形

基坑工程的施工会引起周围地表的下沉，从而导致地面建筑物的沉降，这种沉降一般都是不均匀的，因此将造成地面建筑物的倾斜，甚至开裂破坏，应给以严格控制。根据规范，建筑物变形监测需进行沉降、倾斜、裂缝三种监测。监测范围宜从基坑边起至开挖深度约 (1～3) 倍的距离。

在建筑物变形观测前，必须收集和掌握以下资料：

(1) 建筑物结构和基础设计资料，如受力体系、基础类型、基础尺寸和埋深、结构物平面布置及其与基坑围护的相对位置等；

(2) 地质勘测资料，包括土层分布及各土层的物理力学性质、地下水分布等；

(3) 基坑工程的围护结构、施工计划、地基处理情况和坑内外降水方案等。

对以上资料的准确而详尽的掌握，才能合理的对监测点进行布置，观测到准确的变形信息。

建筑物沉降监测采用精密水准仪监测。测出观测点高程，从而计算沉降量，即：监测点本次高程减前次高程的差值为本次沉降量，本次高程减初始高程的差值为累计沉降量。建筑物监测点直接用电锤在建筑物外侧桩体上打洞，并将膨胀螺栓或道钉打入，或利用其原有沉降监测点。沉降监测点布置见图 16.19。建筑物的竖向位移监测点布置要符合下列要求：

(1) 建筑物四角、沿外墙每 10m～15m 处或每隔 2～3 根柱基上，且每边不少于 3 个监测点；

(2) 不同地基或基础的分界处；

(3) 建筑物不同结构的分界处；

(4) 变形缝、抗震缝或严重开裂处的两侧；

(5) 新、旧建筑物或高、低建筑物交接处的两侧；

(6) 烟囱、水塔和大型储仓罐等高耸构筑物基础轴线的对称部位，每一构筑物不少于 4 点。

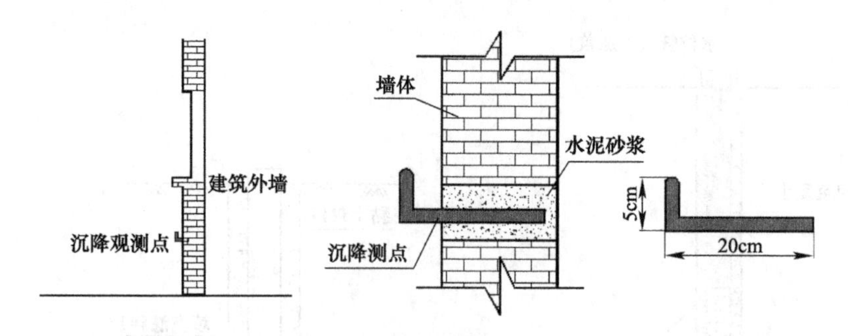

图 16.19 建筑物沉降监测点示意图

建筑物倾斜监测应测定监测对象顶部相对于底部的水平位移与高差，分别记录并计算监测对象的倾斜度、倾斜方向和倾斜速率。应根据不同的现场观测条件和要求，选用投点法、水平角法、前方交会法、正垂线法、差异沉降法等。监测点应符合下列要求：

（1）监测点宜布置在建筑物角点、变形缝或抗震缝两侧的承重柱或墙上。

（2）监测点应沿主体顶部、底部对应布设，上、下监测点布置在同一竖直线上。

建筑物裂缝监测应包括裂缝的位置、走向、长度、宽度及变化程度，需要时还应包括深度。裂缝监测数量根据需要确定，主要或变化较大的裂缝应进行监测。建筑物裂缝监测采用直接量测方法进行。将裂缝进行编号并划出测读位置，通过游标卡尺进行裂缝宽度测读。对裂缝深度量测：当裂缝深度较小时采用凿出法和单面接触超声波法监测；深度较大裂缝采用超声波法监测。监测点应选择有代表性的裂缝进行布置，在基坑施工期间当发现新裂缝或原有裂缝有增大趋势时，要及时增设监测点。每一条裂缝的测点至少设 2 组，裂缝的最宽处及裂缝末端宜设置测点。裂缝宽度量测精度不宜低于 0.1mm，裂缝长度和深度量测精度不宜低于 1mm。

在饱和含水地层中，尤其在砂层、粉砂层、砂质粉土或其他透水性较好的夹层中，止水帷幕或围护墙有可能产生开裂、空洞等不良现象，造成围护结构的止水效果不佳或止水结构失效，致使大量的地下水夹带砂粒涌入基坑，坑外产生水土流失。严重的水土流失可能导致支护结构失稳以及在基坑外侧发生严重的地面沉陷，周边环境监测点（地表沉降、房屋沉降、管线沉降）也随即产生较大变形。

16.3.13 周边管线监测

深基坑开挖引起周围地层移动，埋设于地下的管线亦随之移动。如果管线的变位过大或不均，将使管线挠曲变形而产生附加的变形及应力，若在允许范围内，则保持正常使用，否则将导致泄漏、通讯中断、管道断裂等恶性事故。为安全起见，在施工过程中，应根据地层条件和既有管线种类、形式及其使用年限，制定合理的控制标准，以保证施工影响范围内既有管线的安全和正常使用。管线的观测分为直接法和间接法。

当采用直接法时，常用的测点设置方法有抱箍法和套管法，如图 16.20 所示。

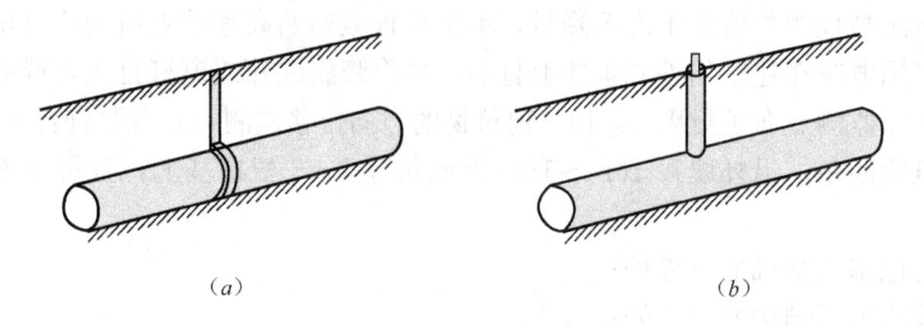

图 16.20 直接法测管线变形

(*a*) 抱箍式埋设方案；(*b*) 套筒式埋设方案

间接法就是不直接观测管线本身，而是通过观测管线周边的土体，分析管线的变形（图

16.21）。此法观测精度较低。当采用间接法时，常用的测点设置方法有：

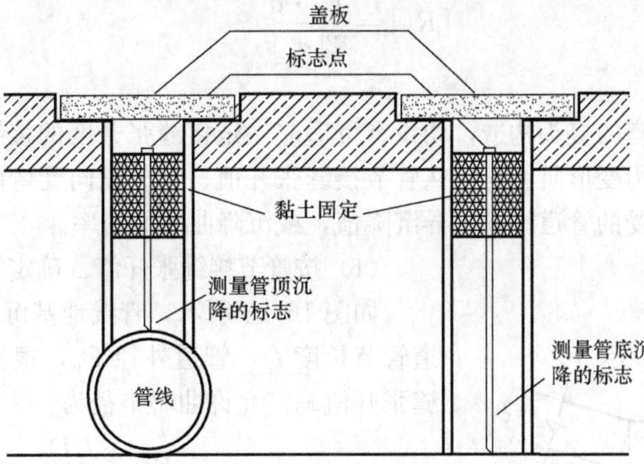

图 16.21　间接法监测管线变形

（1）底面观测

将测点设在靠近管线底面的土体中，观测底面的土体位移。此法常用于分析管道纵向弯曲受力状态或跟踪注浆、调整管道差异沉降。

（2）顶面观测

将测点设在管线轴线相对应的地表或管线的窨井盖上观测。由于测点与管线本身存在介质，因而观测精度较差，但可避免破土开挖，只有在设防标准较低的场合采用，一般情况下不宜采用。

管线监测点的布置应符合下列要求：

（1）应根据管线修建年份、类型、材料、尺寸及现状等情况，确定监测点设置；

（2）监测点宜布置在管线的节点、转角点和变形曲率较大的部位，监测点平面间距宜为15m～25m，并宜延伸至基坑边缘以外1～3倍基坑开挖深度范围内的管线；

（3）供水、煤气、暖气等压力管线宜设置直接监测点，在无法埋设直接监测点的部位，可设置间接监测点。

管线的破坏模式一般有两种情况：一是管段在附加拉应力作用下出现裂缝，甚至发生破裂而丧失工作能力；二是管段完好，但管段接头转角过大，接头不能保持封闭状态而发生渗漏。地下管线应按柔性管和刚性管分别进行考虑。

1. 刚性管道

对于采用焊接或机械连接的煤气管、上水管以及钢筋混凝土管保护的重要通讯电缆，有一定的刚度，一般均属刚性管道。当土体移动不大时，它们可以正常使用，但土体移动幅度超过一定极限时就发生断裂破坏。

按弹性地基梁的方法计算分析，因施工中引起管道地基沉陷而发生纵向弯曲应力 σ，如沉降超过预计幅度，管道中弯曲拉应力 $\sigma>$允许值 $[\sigma]$ 时，管道材料发生抗拉破坏。

计算时将管道视为弹性地基上的梁，如图 16.22 所示。

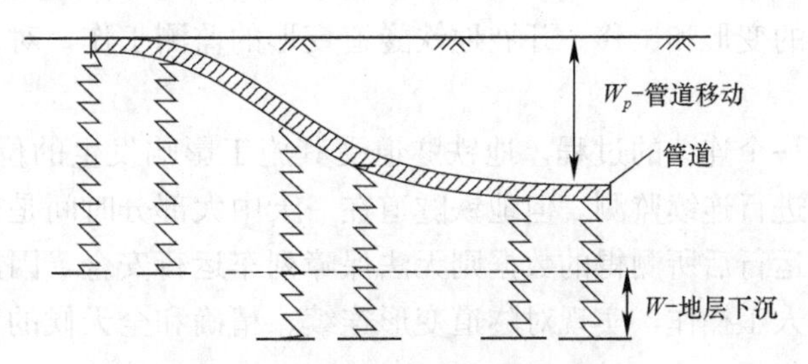

图 16.22　管道弹性地基梁计算模型

假定管道的允许应力为 $[\sigma_p]$，则管道的允许曲率半径为：

$$[R_p]=\frac{E_p\cdot d}{2[\sigma_p]} \tag{16.3}$$

2. 柔性管道

一般设有接头的管道的接头构造，均设有可适应一定接缝张开度的接缝填料。对于这类管道在地层下沉时的受力变形研究，可从管节接缝张开值、管节纵向受弯曲及横向受力等方面分析每节管道可能承受的管道地基差异沉降值，或沉降曲线的曲率。

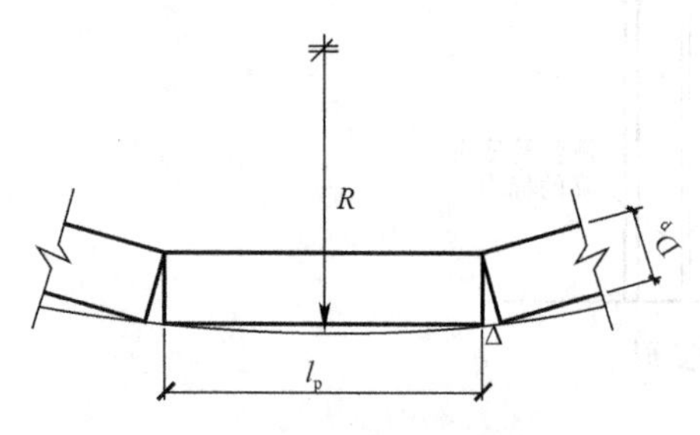

图 16.23 管节接缝张开值Δ与管线曲率半径几何关系

(1) 按管节接缝张开值Δ确定管线允许曲率半径

如图 16.23 所示，管线地基沉降曲率半径 R，管道管节长度 l_p，管道外径 D_p，根据几何关系，按接缝张开值确定允许曲率半径为：

$$R_p^{\Delta}=\frac{l_pD_p}{[\Delta]} \tag{16.4}$$

(2) 按管道纵向受弯应力 $[\sigma_p]$ 确定允许曲线半径

按管材允许应力确定的允许曲率半径：

$$[R_p^Z]=\frac{KD_pI_p^4}{384[\sigma_p]W_p} \tag{16.5}$$

式中 K——地基弹簧刚度；

W_p——管道抗弯截面模量；

$[\sigma_p]$ ——管道的允许应力，定义同上。

(3) 按管道横向受压时管壁允许应力 $[\sigma]$ 确定管线允许曲率半径

允许的曲率半径为：

$$[R_p^H]>\frac{1.5KD_p^2\cdot l_p^2}{64t^2[\sigma]m} \tag{16.6}$$

式中 K——地基弹簧刚度；

m——管龄系数，一般小于 0.3；

t——管道厚度。

综上所述，无论是刚性管道，还是柔性管道，我们都可以利用其允许曲率半径来判断管线的安全性。对刚性管道，按公式 (16.3) 确定其允许曲率半径 $[R_p]$；对于柔性管道，分别按管节接缝张开值及管道纵横向允许应力确定管线允许曲率半径，取其大者作为管线的允许曲率半径，即 $[R_p]=\text{Max}\{R_p^{\Delta}, R_p^Z, R_p^H\}$。

参照《建筑基坑工程监测技术规范》，管线水平位移监测的精度不宜低于 1.5mm；竖向位移监测精度不宜低于 0.5mm。

16.3.14 邻近基坑的运营地铁

由于受深基坑开挖所产生的卸载和基坑降水的影响，临近地铁隧道的受力条件将发生改变，会造成地铁隧道的变形和位移。开展地铁隧道变形的监测工作，对保证地铁运营安全至关重要。

由于基坑施工是一个连续的过程，地铁隧道受其施工影响发生的位置变化也是连续的，所以必须对隧道变形进行连续监测。但地铁隧道在一天中大部分时间是处于全封闭的运营状态，仅依靠地铁停止运行后所测得的数据则无法保障列车运行安全，因此要求在隧道内设置自动化监测系统代替人工操作，实现对隧道变形连续、精确和全天候的监测。运营地铁隧道变形的监测内容主要包括：

图 16.24 智能型电子全站仪

(1) 地铁隧道收敛变形，可采用基于智能型电子全站仪(测量机器人)的自动断面测量系统进行监测。智能型电子全站仪(图 16.24)是一种能代替人进行自动搜索、跟踪、辨识和精确照准目标并获取角度、距离、三维坐标以及影像等信息的新型全站仪，在地铁监测中实现对棱镜目标的自动识别与精确照准。基于智能型电子全站仪的自动断面测量系统是由一系列的软件和硬件构成，整个系统配置包括：智能型电子全站仪，棱镜，通讯电缆及供电电缆，计算机与专用软件。该监测系统可在几分钟内完成一个断面的扫描和计算，通过将实测断面与未发生变形前的原断面比较，即可求得整环的变形。该系统可在无需操作人员干预的条件下，实现自动观测、记录、处理、存储、报表编制、预警预报等功能。

(2) 地铁隧道沉降隆起，可采用基于电子水平尺或静力水准仪的自动化监测系统进行监测。

1) 电子水平尺的核心部分是一个电解质倾斜传感器。它是利用电解质来进行水平偏差(即倾斜角)测量的仪器，它的显著特点是测角的灵敏度很高，且有极好的稳定性。将上述电解质倾斜传感器(组件)安装在一支空心的直尺内，就构成了电子水平尺。使用时电子水平尺可以单支安装，也可以将多支电子水平尺的首尾相连，在监测区段内沿待测方向展开安装。

图 16.25 静力水准仪系统

2) 静力水准仪系统(图 16.25)是用于精密测定多个测点的垂直位移及相对沉降变化的仪器系统。它根据固定在监测点上众多单元的内液面相对变化来确定监测点的相对沉降或隆起，将待测区域的沉降隆起与基准点相比较即可得到施工影响区内的测点的绝对沉降隆起量。

进行监测时，电子水平尺或静力水准仪的输出信号汇接到数据自动采集器上，即可定时地自动完成数据采集；将此数据传送到计算机中，借助专用的处理程序，就可得监测对象的连续的变形曲线。

16.3.15 现场巡查

由于安装埋设的监测仪器和测点都只在监测对象的若干点上，能否代表或控制所有的情况是很难预料的，所以必须把现场巡查作为重要的监测内容。

现场巡查是不借助于任何量测仪器，用肉眼凭经验观察获得对判断基坑稳定和环境安全性有用的信息。其主要内容有：1) 支护结构成型质量；2) 冠梁、围檩、支撑有无裂缝出现；3) 支撑、立柱有无较大变形；4) 止水帷幕有无开裂、渗漏；5) 墙后土体有无裂缝、沉陷及滑移；6) 基坑有无涌土、流砂、管涌；7) 周边管道有无破损、泄漏情况；8) 周边建筑有无新增裂缝出现；9) 周边道路(地面)有无裂缝、沉陷；10) 邻近基坑及建筑的施工变化情况；11) 开挖后暴露的土质情况与岩土勘察报告有无差异；12) 基坑开挖分段长度、分层厚度及支锚设置是否与设计要求一致；13) 场地地表水、地下水排放状况是否正常，基坑降水、回灌设施是否运转正常；14) 基坑周边地面有无超载。

16.4 监测频率

深基坑工程监测应从基坑开挖前的准备工作开始，直至基坑土方回填完毕为止。工程施工过程中，监测频率不是一成不变的，应根据基坑开挖及地下工程的施工进程、施工工况以及其他外部环境影响因素的变化及时地做出调整。一般在基坑开挖期间，地基土处于卸荷阶段，支护体系处于逐渐加荷状态，应适当加密监测；当基坑开挖完后一段时间，监测值相对稳定时，可适当降低监测频率。对于应测项目，在无数据异常和事故征兆的情况下，开挖后仪器监测频率的确定可参照表 16.6。

现场仪器监测的监测频率（《建筑基坑工程监测技术规范》） 表 16.6

基坑类别	施工进程		基坑设计开挖深度（m）			
			≤5	5～10	10～15	>15
一级	开挖深度（m）	≤5	1次/1d	1次/2d	1次/2d	1次/2d
		5～10		1次/1d	1次/1d	1次/1d
		>10			2次/1d	2次/1d
	底板浇筑后时间（d）	≤7	1次/1d	1次/1d	2次/1d	2次/1d
		7～14	1次/3d	1次/2d	1次/1d	1次/1d
		14～28	1次/5d	1次/3d	1次/2d	1次/1d
		>28	1次/7d	1次/5d	1次/3d	1次/3d
二级	开挖深度（m）	≤5	1次/2d	1次/2d		
		5～10		1次/1d		
	底板浇筑后时间（d）	≤7	1次/2d	1次/2d		
		7～14	1次/3d	1次/3d		
		14～28	1次/7d	1次/5d		
		>28	1次/10d	1次/10d		

注：1. 有支撑的支护结构各道支撑开始拆除到拆除完成后 3d 内监测频率应为 1 次/1d；
2. 基坑工程施工至开挖前的监测频率视具体情况确定；
3. 当基坑类别为三级时，监测频率可视具体情况适当降低；
4. 宜测、可测项目的仪器监测频率可视具体情况适当降低。

当出现下列情况之一时，应加强监测，提高监测频率，并及时向委托方及相关单位报告监测结果：1）监测数据达到报警值；2）监测数据变化较大或者速率加快；3）存在勘察未发现的不良地质；4）超深、超长开挖或未及时加撑等未按设计工况施工；5）基坑及周边大量积水、长时间连续降雨、市政管道出现泄漏；6）基坑附近地面荷载突然增大或超过设计限值；7）支护结构出现开裂；8）周边地面突发较大沉降或出现严重开裂；9）邻近建筑突发较大沉降、不均匀沉降或出现严重开裂；10）基坑底部、侧壁出现管涌、渗漏或流砂等现象；11）基坑工程发生事故后重新组织施工；12）出现其他影响基坑及周边环境安全的异常情况。

16.5 监测数据整理与分析

16.5.1 监测数据整理

深基坑工程监测所得的大量数据，不能很直观地反映位移场和应力场的变化情况，必须对它们进行整理，加以分类，编制成图表和说明，使它们成为便于使用的成果。概况而言，对于监测资料，应进行以下整理工作：1）检查收集的资料是否齐全；2）对原始观测资料进行可靠性检验和误差分析，评判原始观测资料的可靠性，分析误差的大小、来源和类型，消除或削弱系统误差、剔除粗差，采取合理的方法对其进行处理和修正，如对缺失数据的补插和数据序列的修匀等；3）对间接资料进行转换计算；4）对各种需要修正的资料进行计算修正；5）审查平时分析的结论意见是否合理；6）考证核定可疑数据。

其中，查找错误数据和分析误差，主要是根据系统误差、过失误差和偶然误差在不同类型监测数据中的分布规律来判断。一般采用人工判断和计算机分析相结合的方法，通过下述两种手段相结合进行检验。

1. *对比检验方法*

对比检验方法包括一致性分析和相关性分析两个方面。

（1）一致性是指从时间概念出发来分析连续积累的资料在变化趋势上是否具有一致性，即分析：任一点本次测值与前一次（或前几次）观测值的变化关系；本次测值与某相应原因量之间关系和前几次情况是否一致；本次测值与前一次测值的差值是否与原因量变化相适应。

（2）相关性是从空间概念出发来检查一些有内在物理意义联系的效应量之间的相关关系，也就是分析原始测值变化与基坑的特点是否相适应，即：将某一效应量本测次的原始实测值与同一部位（或条件基本一致的邻近部位）的前、后、左、右、上、下邻近部位各测点的本测次同类效应量或有关效应量的相应原始实测值进行比较；将各种不同方法量测的同一效应量进行比较，视其是否符合物理力学关系。

对比检验方法是以仪器量测值的相互关系为基础的传统逻辑分析方法。一致性分析是从时间角度进行检验，相关性分析则从空间的角度来判断，然后使用数理统计方法对数据的误差类型进行检验，并进行误差分析处理。

2. *统计检验方法*

统计检验方法主要包括数据整理、数据的方差分析、数据的曲线拟合和插值法四个方面。

（1）数据整理。把原始数据通过一定的方法，如按大小排序，用频率分布的形式把一组数据的分布情况显示出来，进行数据的数字特征计算和离群数据的取舍。

（2）数据的方差分析。被测物理量按随机规律受到一种或几种不同因素的影响，通过方差分析的方法处理数据，确定哪些因素或哪种因素对被测物理量的影响最显著。

（3）数据的曲线拟合。数据拟合是根据实测的一系列数据，寻找一种能够较好反映数据变化规律和趋势的函数关系式，通常是用最小二乘法进行拟合。

（4）插值法。插值法是求导数据规律的函数近似表达式的一种方法。它是在实测数据的基础上，采用函数近似的方法，求得符合测量规律而又未实测到的数据。

由于监测数据需要保存的时间长、数据量大且使用频繁，如果完全采用人工处理与管理，不仅难度大，容易出错，而且很难实现及时、快速的反馈。监测数据整理和管理可以采用计算机辅助计算或应用数据库管理系统进行。

16.5.2 监测数据分析

由于各种可预见或不可预见的原因，现场监测所得的原始数据具有一定的离散性，需对深基坑工程各项监测数据进行综合性的定性和定量分析，找出其变化规律及发展趋势，以实现对基坑的工作状态做出评估、判断和预测，达到安全监测的目的，同时为进行科学研究、验证和提高深基坑工程设计理论和施工技术提供重要依据。这个阶段的工作可分为：

（1）成因分析（定性分析）。对工程本身（内因）与作用的荷载（外因）以及监测本身，加以分析、考虑，确定监测值变化的原因和规律性。

（2）统计分析。根据成因分析，对实测数据进行统计分析，从中寻找规律，并导出监测值与引起变化的有关因素之间的函数关系。

（3）对监测数据安全性趋势的判断。在成因分析和统计分析的基础上，可根据求得的监测值与引起变化因素之间的函数关系，预报未来监测值的范围和判断基坑工程的安全程度。

监测数据分析和据此进行的预测对调整施工参数、规避风险、优化设计以及指导施工方面具有重要的理论和实际价值。所采用的方法也多种多样，如监测曲线形态判断法、回归分析法、时间序列分析法、灰色系统理论法和人工神经网络法，这里将对常用的监测曲线形态判断法和回归分析法进行简单的介绍。

1. 曲线形态判断法

监测过程中，通常采用计算机或手工将监测对象的效应量（如位移、应变等监测值）做出随时间变化的曲线，一般将时间取横轴，效应量被标在纵轴上。当某段曲线接近水平时，说明该监测对象在该段时间内处于稳定或基本稳定状态；若曲线逐渐向上抬起或向下弯曲，则说明该监测对象有所变化，而且曲线变化越陡表示变化越剧烈。如果曲线发生突然变化，那么这一现象有可能是即将发生灾害的重要前兆。另外也可借助于曲线各点的斜率（即变化速率）及其变化趋势来进行预测。当多个测点的监测效应量绘制在同一图上时，可判断它们之间的变化规律是否相似，是否存在明显的不协调或异常状况；当不同监测效应量随时间的变化线绘制在同一图上时，还可判断这些效应量之间是否存在相互关系，以及相互关系的紧密程度。以上就是根据效应量与时间关系曲线进行监测信息分析和发展趋势的曲线形态判断法。

如图 16.26 所示，根据经验左边为正常的变形曲线，右边为反常的曲线，绘制的监测曲线图中，如果出现拐点，就需要提高警觉，及时向有关部门汇报，以便采取措施。

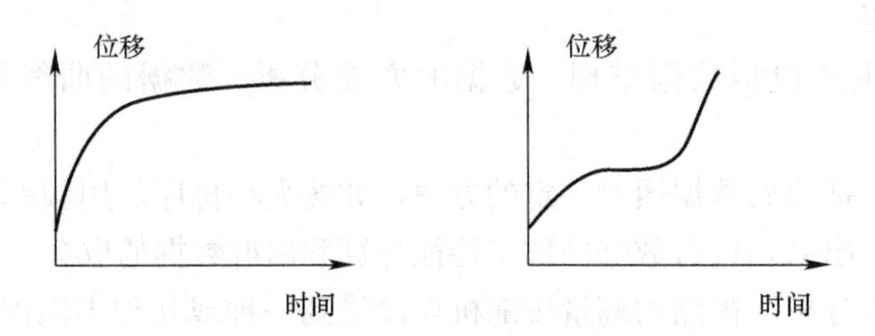

图 16.26 监测点变形正常曲线和反常曲线

2. 回归分析法

在对监测对象长期监测所获得的大量数据中，隐含着监测对象本身发生、发展的规律以及与外界因素之间的相互关系。如果仅以曲线形态判断法直观地考察这些数据，往往只能给人以模糊不清的印象或似是而非的感觉，最多也只能得到定性的认识，这对我们研究的目的来说是不够的。为了深化对监测数据规律性的认识，要从定性认识上升到定量的认识，具体地说，就是要从获取的数据中，通过数据处理的方法寻找监测对象变化的定量规律或与外因的定量关系。

回归分析就是用数理统计的方法，找出这种变量之间的相关关系的数学表达式，利用这些数学表达式以及对这些表达式的精度估计，可以对未知变量做出预测或检测其变化，或采取适当的对策。基坑工程中监测值的变化一般是由内外因素引起的，可以在大量的监测数据的基础上，通过回归分析的方法找出变量之间的内部规律，即统计上的回归关系。根据各应变量之间的不同关系，回归分析可分为线性回归分析和非线性回归分析等两类，常用的回归函数有幂函数、对数函数、多项式函数、指数函数和双曲函数等。

16.5.3 监测报告制度

监测成果是施工安排和调整的依据，对监测数据应随时进行计算处理和绘制各种过程线、相关线、等值线图，并及时向工程建设、监理等有关单位提交日报表或当期的监测技术报告。以下将对监测报表和监测报告做简要的介绍。

1. 监测报表

在基坑监测前要设计好各种记录表格和报表。监测报表一般形式有当日报表、周报表、阶段报表，其中当日报表最为重要，通常作为施工调整和安排的依据。当日报表应根据监测内容分成若干种类编制不同表格。报表由标题、监测数据、落款等三部分组成，标题应标明监测内容、测试日期与时间、报表编号等，其中，报表编号可按监测内容分别编制。监测数据是报表的主要部分，应提供测点编号、初始值、本次测试值、变化速率等。落款部分应标明监测单位、测试人员、填表人员、审核审定人员等。报表中应尽可能配备形象化的图形或曲线，以使工程施工管理人员能够一目了然。

当日报表应包括下列内容：1）当日的天气情况和施工现场的工况；2）仪器监测项目各监测点的本次测试值、单次变化值、变化速率以及累计值等，必要时绘制有关曲线图；3）巡视检查的记录；4）对监测项目应有正常或异常的判断性结论；5）达到或超过监测报警值的监测点应有报警标示，并有原因分析和建议；6）对巡视检查发现的异常情况应有详细描述，危险情况应有报警标示，并有原因分析和建议；7）其他相关说明。附表1为监测日报表的基本形式之一。

监测日报表应及时提交给施工、建设、监理、设计、管线与道路监察等相关单位，并另备一份经工程建设或现场监理工程师签字后返回存档，作为报表收到及监测工程量结算的依据。报表中提供的为各测点的原始读数，不得随意修改、删除，对有疑问或由人为和偶然因素引起的异常点应该在备注中说明。

周报表通常作为参加工程例会的书面文件，对一周的监测成果作简要的汇总，阶段报表作为某个基坑施工阶段监测数据的小结。

2. 监测报告

作为监测工作的回顾和总结，监测单位应在工程结束时提交完整的监测报告。监测报告主要包括如下几部分内容：工程概况；监测依据；监测项目；各测点的平面和立面布置图；所采用的仪器设备和监测方法；监测频率；监测报警值；监测数据处理方法；监测结果汇总表以及监测分析曲线；监测工作结论与建议等。

监测报告应标明工程名称、监测单位、整个监测工作的起止日期，并应有监测单位章及项目负责人、单位技术负责人、企业行政负责人签字。

报告中应对监测工作的实施情况做重点介绍，即通过与拟定的监测方案相对比，总结监测中在监测内容、监测仪器、测点布置、监测频率等方面所做的调整。

报告中的监测分析曲线主要包括：1）各监测项目时程曲线；2）各监测项目的速率时程曲线；3）各监测项目在各种不同工况和特殊日期变化发展的形象图（如围护墙顶、建筑物和管线的水平位移和沉降用平面图，深层侧向位移、深层沉降、围护墙内力、不同深度的孔隙水压力和土压力可用剖面图）。这些曲线不是在撰写监测报告时才绘制，而是在每日获取新的监测数据后及时制成的。对于特殊日期以及引起变化显著的原因应标在各种曲线和图上，以便较直观地看到各监测项目物理量变化的原因；应将报警值也画在图上，这样每日都可以看到数据的变化趋势和变化速度，以及接近报警值程度；对于变化率加快以及发生突变等情况须特别给予分析说明；在对监测曲线论述时应结合监测日记记录的施工进度、挖土部位、出土量多少、施工工况，天气和降雨等具体情况对数据进行分析，以实现对各监测项目全过程发展变化的分析及整体评述。

报告最后在对监测结果进行评价时，应根据对监测数据的分析和人工巡视得到的结果，对基坑设计的安全性、合理性和经济性进行综合评述，并对当前监测及资料管理工作中存在的问题提出改进意见和建议。

16.6 监测管理

为了使深基坑工程监测更好地为信息化施工和施工安全控制服务，并及时、有效地发现和规避风险，实现深基坑工程安全顺利施工，除了确保对监测对象进行及时监测和对监测信息进行整理分析以外，还应加强对日常监测的管理工作。监测管理可从以下方面开展：

（1）确保工程监测单位必须具有相关测量资质，并且承担监测工作的观测人员必须是有专业职称并具有相当工程经验的人员。监测单位人员应分工明确，职责、权限明确，以保证测量工作的正常进行。

（2）监测单位应当根据勘察报告、设计文件和施工组织设计等有关监测要求，制定科学合理、安全可靠的监测方案，提出各项报警限值，并经委托方审核后实施。

（3）监测数据的采集应严格按照监测元件和仪表的原理及监测方案规定的监测方法，坚持长期、连续、定人、定时、定仪器地进行采集，采用专用表格做好数据记录和整理，保留原始资料。每次数据汇总前，测量人、记录人、审核人、整理人签名应齐全。在发现量测数据异常时，应及时进行复测，并加密观测的次数，防止对可能出现的危险情况先兆的误报和漏报。当测量数据用人工录入计算机时，更应进行数据的二次校核，以确保数据汇总表和曲线图准确无误。

（4）对于不同的仪器和数据采集方法，应采用相应的检查和鉴定手段对仪器质量和采集质量进行控制：1）确定量测基准点的稳定性；2）定期检验校正仪器设备；3）保护好现场测点，注意对仪器的保养；4）严守仪器设备管理和操作规程；5）做好误差分析工作。

（5）测量频率应依据监测方案，并根据施工情况随时做出调整，确保监测、抽检、验收工作的及时进行。在达到报警值或遇雨、雪等不良天气时，加密观测，作好监测和相关特征状态记录，分析安全状态。

（6）应由现场项目负责人负责质量管理工作，进行质量监督检查，严格按照质量管理制度进行测量数据、记录、成果的质量管理和评定，质量管理考核工作应与绩效工资挂钩以进行奖惩。

（7）严格遵守工地现场的文明管理与安全管理规定，佩戴安全帽，佩戴防护措施，并为进入现场人员购买各种保险。应建立档案管理制度和文件收发制度，并由专人负责。

（8）监测单位应当及时向建设、施工、监理单位通报监测分析情况，提出合理建议。监测采集数据已达报警界限时，应当及时通知有关各方采取措施。工程结束后，监测单位应当及时向委托方提交监测报告。

为了从技术上和管理上更好的保证深基坑工程监测信息的真实性和及时性，许多工程的建设单位除实行施工监控量测外，还不同程度地开展了第三方监测工作。深基坑工程第三方监测是指在深基坑施工过程期间，建设单位委托独立于设计、施工和监理，且具有相应资质的监测单位，依据相应规程和条款对基坑本体以及施工影响区域内的建（构）筑物、道路、管线等周边环境实施独立、公正的监测数据和安全性评价的一项监测工作。

第三方监测不仅是技术方面的监测，更是对施工方监测的监督和管理，其在监测管理方面的职能主要包括：1）对施工监测单位和人员资质的审核，并提出书面审核意见；2）对工程承包商的监测方案进行审核，并提出书面审核意见；3）检查工程承包商拟用于本工程监测工作的预埋设备和仪器、原材料、成套设备的品质和标准试验情况，要求工程承包商定期进行监测设备的鉴定，并提出审核意见；4）指导与监督工程承包商对基坑监测点（设备）的埋设，对不符合要求的提出书面意见；5）随机抽查工程承包商的现场监测工作情况，并提出检查意见；6）审核由项目监理工程师提供的工程承包商监测成果，包括原始记录、数据处理与分析、日报表、阶段报告（含报表、技术总结及建议、相关图表），并提出书面审核意见；7）当现场发现地表及周边建（构）筑物出现裂缝或发生异常情况，要求工程承包商加强该区域的监测工作；8）完成业主和监理工程师交办的对工程承包商监测的其他管理工作。

16.7 监测的报警值

监测数据是工程的“体温表”，不论是安全状态还是风险状态，都会在监测数据上有所反映，而在工程隐患发展为工程事故之前，监测数据往往存在异常反应。监测报警值就是监测工作实施前，为确保监测对象安全而设定的各项监测指标的预估最大值。合理限定的报警值，可作为判断位移或受力状况是否会超过允许的范围，工程施工是否安全可靠，以及是否需调整施工步序或优化原设计方案的重要依据。

在工程监测中，应同时考虑各项监测内容的量值和变化速率，及其相应的实际变化曲线，结合观察到的结构、地层和周围环境状况等综合因素做出判定和预报。累计变化量反映的是监测对象即时状态与危险状态的关系，而变化速率反映的是监测对象发展变化的快慢。在确定监测报警值时应同时给出变化速率和累计变化量，当监测数据超过其中之一时即进入异常或危险状态，监测人员须及时报警。报警值的确定应根据下列原则：1）监测报警值必须在监测工作实施前，应由设计单位确定，必要时可由建设单位会同设计、施工、监理、监测、管线等相关单位共同商定，列入监测方案；2）有关结构安全的监测报警值应满足设计计算中对强度和刚度的要求，一般小于或等于设计值；3）有关环境保护的报警值，应考虑保护对象（如建筑物、管线等）主管部门所提出的确保其安全和正常使用的要求；4）在满足监控和环境安全的前提下，综合考虑工程质量、施工进度、技术措施和经济等因素；5）监测报警值应满足现行的相关设计、施工法规、规范和规程的要求；6）对一些目前尚未明确规定报警值的监测项目，可参照国内外相似工程的监测资料确定其报警值；7）在监测实施过程中，当某一量测值超越报警值时，除了及时报警外，还应与有关部门共同研究分析，必要时可对报警值进行调整。

目前，国家尚未颁布有关建立基坑工程确定预警值的办法与具体规定，实际工程中主要参照设计预估值、现行的相关规范和规程的规定值以及经验类比值这三个方面的数据。

1. 设计计算结果

基坑工程设计人员对于围护墙、支撑或锚杆的受力和变形、坑内外土层位移、建筑物变形等均进行过详尽的设计计算或分析，尽管计算中未能计入工程中的全部因素，亦对材料性质和边界条件等做了不少假定，但计算成果可以作为确定监测报警值的依据。

2. 相关规范标准的规定值以及有关部门的规定

随着地下工程经验的积累和增多，国家及各地区的工程管理部门陆续以地区规范、规程等形式对基坑工程的稳定判别标准做出了相应的规定。如附表2是1996年侯学渊提出的软土地区变形控制标准；国家《建筑基坑工程监测技术规范》中将基坑工程按破坏后果和工程复杂程度划分为三个等级，各级基坑变形的设计和控制值见附表3；附表4为国家《建筑基坑工程监测技术规范》对建筑基坑工程周边环境监测报警值的规定。需要指出的是，各地的标准是在总结了当地大量的工程经验而提出的定量化指标，在当地使用是可行的，亦可在地区外其他工程中参考，但切忌照搬。

3. 工程经验类比

深基坑工程的设计与施工中，工程经验起到十分重要的作用。参考已建类似工程项目的受力和变形规律，提出并确定本工程的基坑报警值，往往能取得较好的效果。如刘建航、刘国彬等人根据对上海地铁几百个车站基坑数据的统计和挖掘，提出了软土地铁车站基坑危险判别标准。

（1）基坑围护墙测斜：对于只存在基坑本身安全的测试，最大位移一般取 80mm，每天发展不超过 10mm。对于周围有需严格保护构筑物的基坑，应根据保护对象的需要来确定。比如上海市地铁一号线隧道，周围施工对其影响所造成的位移不得越过 20mm。

（2）煤气管线：沉降或水平位移均不得超过 10mm，每天发展不得超过 2mm。

（3）上水管线：沉降或水平位移均不得超过 30mm，每天发展不得超过 5mm。

（4）基坑外水位：坑内降水或基坑开挖引起坑外水位下降不得超过 1000mm，每天发展不得超过 500mm。

（5）立柱桩差异隆沉：基坑开挖中引起的立柱桩隆起或沉降不得超过 10mm，每天发展不超过 2mm。

（6）支护结构弯矩及轴力：根据设计计算书确定，一般将报警值定在 80%的设计允许最大值内。

（7）对于测斜、围护结构纵深弯矩等光滑的变化曲线，若曲线上出现明显的折点变化，也应做出报警处理。

当出现下列情况之一时，必须立即报警；若情况比较严重，应立即停止施工，并对基坑支护结构和周边的保护对象采取应急措施。

（1）当监测数据达到监测报警值的累计值。

（2）基坑支护结构或周边土体的位移突然明显增长或者基坑出现流砂、管涌、隆起、陷落或较严重的渗漏等。

（3）基坑支护结构的支撑或锚杆体系出现过大变形、压屈、断裂、松弛或拔出的迹象。

（4）周边建筑的结构部分、周边地面出现较严重的突发裂缝或危害结构的变形裂缝。

（5）周边管线变形突然明显增长或出现裂缝、泄漏等。

（6）根据当地工程经验判断，出现其他必须进行危险报警的情况。

16.8 远程监控系统

远程监控技术有机融合了计算机技术、通讯技术、岩土工程技术和工程管理技术，以解决基坑工程的安全风险管理问题。由远程监控技术构建的远程监控系统，是一个分布式的系统，延伸到基坑工程各参建单位、参建人员和工地的各个角落，由数据采集系统、传输系统、分析系统、管理系统、发布系统等组成，可以对当天工地现场实测数据进行处理、分析，并结合基坑围护结构设计参数、地质条件、周围环境以及当天施工工况等因素进行预警、报警、提出风险预案等，可以将后台的分析结果以多种形式发布，并通过网络、电脑或手机短信等方式将预警信息发送给相关责任人，达到施工全过程信息化监控，将工程隐患消灭在萌芽状态。图 16.27 为该远程监控系统的运转示意图，其主要有以下特点：

1. 远程监控系统通过构架在 Internet 上的分布式监控管理终端，把建筑工地和工程管理单位联系在一起，形成了高效方便的数字化信息网络。在这个网络里，借助于 Internet 快速、及时的信息传输通道，能够及时把建筑工地上的各种数据、工程文档、图像、视频等传送到需要了解建筑工地情况的工程管理单位那里，从而为工程管理单位及时了解工地的工程进展和所发生的问题提供了高效方便的途径，同时也为工程管理单位及时处理工地出现的问题提供了依据。使得工程管理更为现代化，工程事故反应更迅速，对工程问题的分析更全面。

2. 远程监控系统通过对计算机技术的运用，能够同时把正在施工的所有工地信息联系在一起，并实现对以上信息的采集、分析、查询以及跟踪等功能，从而方便了工程管理单位的管理，实现了分散工程集中管理和单位部门之间的信息、人力、物力资源的共享。真正改变了传统工程管理中出现的人力物力的重复投入以及人力物力的浪费现象，在节约成本的同时，提高了工程管理的水平。

3. 远程监控系统通过运用数据库技术，使得各种工程资料、工程文档的保存、查询变得极为便利。这对于工程进展情况的把握、工程问题的解决以及工程经验的总结等都无疑是极为有利的。

4. 远程监控系统具备对工程风险预警报警的功能，通过自定义的方式对监控工程进行报警指标的设定，并且通过系统自动识别和人员报警等方式对工程风险进行预报警。系统提供专业的短信系统，短信系统和安全预报警体系之间建立相互的数据接口，无论是自动报警信息，人工报警信息都可以通过短信方式进行报送。

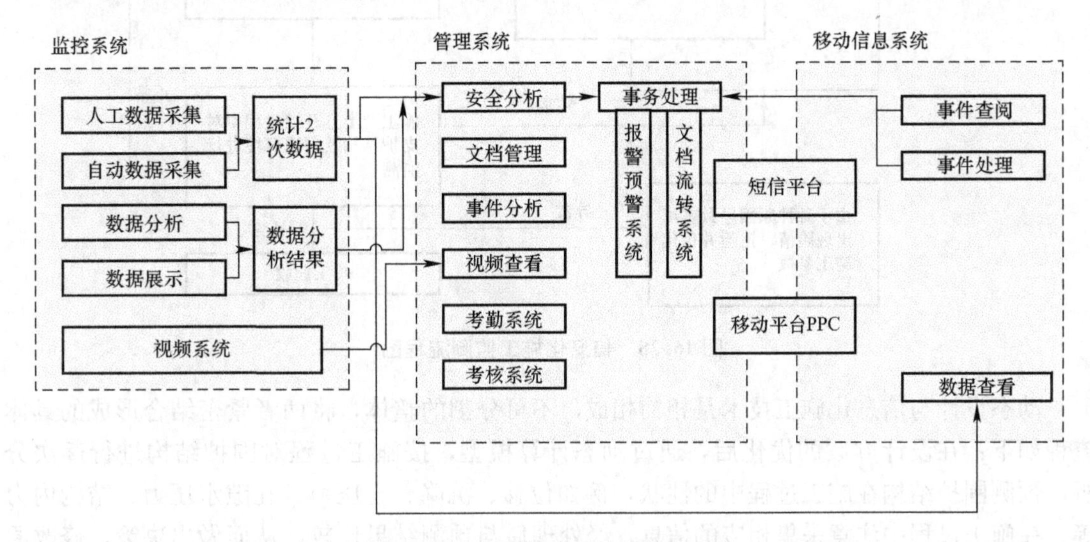

图 16.27 远程监控系统运转示意图

采用远程监控管理模式时，应设置远程监控中心。远程监控中心是负责远程监控工作的一个机构，协调和处理远程监控实施过程中的各项工作事宜，保证远程监控系统的正常运行。

16.9 动态设计与信息化施工

深基坑工程中，由于影响因素众多，现有计算理论尚不能全面反映工程的各种复杂变化，基坑支护结构设计时虽然进行了尽可能详尽的计算，但设计与施工的脱节仍不可避免。一方面由于设计理论所限，其计算工况模型还不能完全切实地反映施工时的具体状况；另一方面设计人员往往只是就常规假设工况进行计算，而工程进行中由于情况的复杂多变，也会使实际施工工况与原有设计并不相符。在这种情况下，就需要通过综合的现场监测来判断前一步施工是否符合预期要求，并确定和优化下一步工程的施工参数，实现动态设计与信息化施工。

动态设计是指利用现场监测资料的相关信息，借助反分析等研究手段，尽量真实的、动态的模拟岩土体和基坑结构的信息，并将这些信息反馈于设计和施工，以逐步调整设计参数和施工工艺，从而保证基坑的安全，降低工程造价的这一过程。动态设计通过施工信息反馈这一重要环节，将设计与施工过程密切结合起来，从而扩展了设计范畴，充实了设计内容，完善和提高了设计质量。

信息化施工是指充分利用前期基坑开挖监测到的岩土及结构体变位、行为等大量信息，通过与勘察、设计的比较与分析，在判断前期设计与施工合理性的基础上，反馈分析与修正岩土力学参数，预测后续工程可能出现新行为与新动态，进行施工设计与施工组织再优化，以指导后续施工方案、方法和过程。深基坑工程信息化施工中的监测流程见图 16.28。

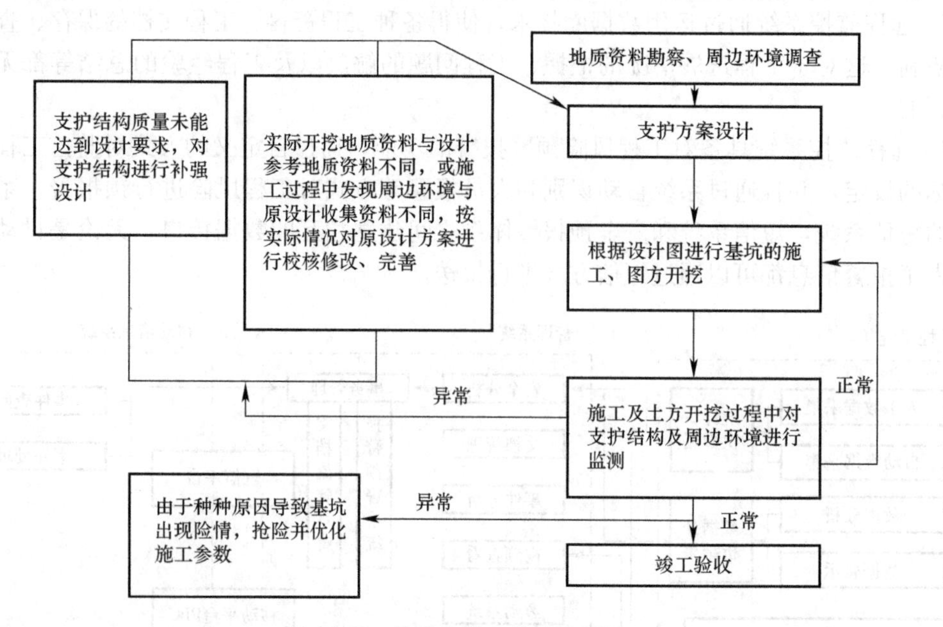

图 16.28 信息化施工监测流程图

动态设计与信息化施工技术是相辅相成，不可分割的整体，将两者紧密结合形成的具体流程如下：在设计方案的优化后，通过动态计算模型，按施工过程对围护结构进行逐次分析，预测围护结构在施工过程中的性状，例如位移、沉降、土压力、孔隙水压力、结构内力等，在施工过程中注意采集相应的信息，经处理后与预测结果比较，从而做出决策，修改原设计中不符合实际的部分。将所采集的信息作为已知量，通过反分析推求较符合实际的土质参数，并利用所推求的较符合实际的土质参数再次预测下一施工阶段围护结构及土体的性状，又采集下一施工阶段的相应信息。这样反复循环，不断采集信息，不断修改设计并指导施工，将设计置于动态过程中。通过分析预测指导施工，通过施工信息反馈修改设计，使设计及施工逐渐逼近实际。

参考文献

[1] 刘国彬，王卫东主编. 基坑工程手册（第二版）[M]. 北京：中国建筑工业出版社，2009.

[2] 建筑基坑工程监测技术规范 GB 50497—2009 [S]. 北京：中国计划出版社，2009.

[3] 刘招伟，赵运臣. 城市地下工程施工监测与信息反馈技术 [M]. 北京：科学出版社，2006.

[4] 吴睿，夏才初，陈峰等. 软土水利基坑工程的设计与应用 [M]. 北京：中国水利水电出版社，2002.

[5] 赵其华. 深基坑变形的神经网络多步预测与控制研究 [D]. 同济大学，2002.

[6] 徐伟，苏宏阳主编. 建筑工程分部分项施工手册（1）地基与基础工程 [M]. 北京：中国计划出版社，1999.

[7] 龚晓南主编. 深基坑工程设计施工手册 [M]. 北京：中国建筑工业出版社，1998.

[8] 林鸣，徐伟主编. 深基坑工程信息化施工技术 [M]. 北京：中国建筑工业出版社，

2006.
[9] 岳建平，田林亚主编. 普通高等教育21世纪优秀教材 变形监测技术与应用 [M]. 北京：中国建筑工业出版社，2006.
[10] 侯建国，王腾军主编. 变形监测理论与应用 [M]. 北京：测绘出版社，2008.
[11] 贺少辉，项彦勇，李兆平等. 高等学校教材 地下工程 [M]. 北京：清华大学出版社，2006.
[12] 黄声享，尹晖，蒋征等. 变形监测数据处理 [M]. 北京：武汉大学出版社，2003.
[13] 王如路，刘建航. 上海地铁监护实践 [J]. 地下工程与隧道. 2004，(1)：27-35.
[14] 王如路. 电子水平尺在地铁监护工程中的应用 [J]. 地下工程与隧道. 2003，(2)：30-32.
[15] 曹凌云. 地铁工程土建施工第三方监测 [J]. 工程建设. 2007，39 (2)：40-44.
[16] 宋臻，于明阳，成继宏. 现场监测技术及监测方案优化的研究 [J]. 科技情报开发与经济. 2007，17 (11)：206-208.
[17] 光辉. 基于GPS的基坑监测数据处理及可视化实现 [D]. 南京林业大学，2009.
[18] 岳建平，田林亚主编. 深基坑工程信息化施工技术 [M]. 北京：国防工业出版社，2007.
[19] 杨志法，齐俊修，刘大安等. 岩土工程监测技术及监测系统问题 [M]. 北京：海洋出版社，2004.

附录

监测日报表的基本形式（该表为建议表格） 附表 1

地下水位、周边地表竖向位移、坑底隆起监测日报表（ ）

第 页共 页

第 次

工程名称： 报表编号：

天气：

测试者： 计算者： 校核者：

测试日期： 年 月 日

组 号	点 号	初始高程（m）	本次高程（m）	上次高程（m）	本次变化量（mm）	累计变化量（mm）	变化速率（mm/d）	备 注
工况			当日监测的简要分析及判断性结论：					

工程负责人： 监测单位：

软土地区基坑变形控制标准（侯学渊等，1996） 附表 2

量测项目	安全或危险的判别内容	安全性判别			
		判别标准	危险	注意	安全
侧压力（水、土压力）	设计时应用的侧压力	$F_1=\frac{设计用侧压力}{实测侧压力（或预压力）}$	$F_1 \leqslant 0.8$	$0.8 \leqslant F_1 \leqslant 1.2$	$F_1>1.2$
墙体变位	墙体变位与开挖深度之比	$F_2=\frac{实测（或预测）变位}{开挖深度}$	$F_2>1.2\%$ $F_2>0.7\%$	$0.4\% \leqslant F_2 \leqslant 1.2\%$ $0.2 \leqslant F_2 \leqslant 0.7\%$	$F_2<0.4\%$ $F_2<0.2\%$
墙体应力	钢筋拉应力	$F_3=\frac{钢筋抗拉强度}{实测（或预测）拉应力}$	$F_3<0.8$	$0.8 \leqslant F_3 \leqslant 1.0$	$F_3>1.0$
	墙体弯矩	$F_4=\frac{墙体允许弯矩}{实测（或预测）弯矩}$	$F_4<0.8$	$0.8 \leqslant F_4 \leqslant 1.0$	$F_4>1.0$
支撑轴力	容许轴力	$F_5=\frac{容许轴力}{实测（或预测）轴力}$	$F_5<0.8$	$0.8 \leqslant F_5 \leqslant 1.0$	$F_5>1.0$
基底隆起	隆起量与开挖深度之比	$F_6=\frac{实测（或预测）隆起值}{开挖深度}$	$F_6>1.0\%$ $F_6>0.5\%$ $F_6>0.2\%$	$0.4\% \leqslant F_6 \leqslant 1.0\%$ $0.2\% \leqslant F_6 \leqslant 0.5\%$ $0.04\% \leqslant F_6 \leqslant 0.2\%$	$F_6<0.4\%$ $F_6<0.2\%$ $F_6<0.04\%$
地表沉降	沉降量与开挖深度之比	$F_7=\frac{实测（或预测）沉降值}{开挖深度}$	$F_7>1.2\%$ $F_7>0.7\%$ $F_7>0.2\%$	$0.4\% \leqslant F_7 \leqslant 1.2\%$ $0.2\% \leqslant F_7 \leqslant 0.7\%$ $0.04\% \leqslant F_7 \leqslant 0.2\%$	$F_7<0.4\%$ $F_7<0.2\%$ $F_7<0.04\%$

注：F_2 有两种判别标准，上行适用于基坑近旁无建筑物或地下管线，下行适用于基坑近旁有建筑物或地下管线；F_6、F_7 有三种判别标准，上、中行的适用情况同 F_2 的上、下行，而下行适用于对变形有特别严格要求的情况，一般对于中、下行都需要进行地基加固；支撑容许轴力为其在允许偏心下，极限轴力除以等于或大于 1.4 的安全系数。

基坑及支护结构监测报警值 附表3

序号	监测项目	支护结构类型	基坑类别								
			一级			二级			三级		
			累计值		变化速率(mm/d)	累计值(mm)		变化速率(mm/d)	累计值(mm)		变化速率(mm/d)
			绝对值(mm)	相对基坑深度(h)控制值		绝对值(mm)	相对基坑深度(h)控制值		绝对值(mm)	相对基坑深度(h)控制值	
1	围护墙(边坡)顶部水平位移	放坡、土钉墙、喷锚支护、水泥土墙	30～35	0.3%～0.4%	5～10	50～60	0.6%～0.8%	10～15	70～80	0.8%～1.0%	15～20
		钢板桩、灌注桩、型钢水泥土墙、地下连续墙	25～30	0.2%～0.3%	2～3	40～50	0.5%～0.7%	4～6	60～70	0.6%～0.8%	8～10
2	围护墙(边坡)顶部竖向位移	放坡、土钉墙、喷锚支护、水泥土墙	20～40	0.3%～0.4%	3～5	50～60	0.6%～0.8%	5～8	70～80	0.8%～1.0%	8～10
		钢板桩、灌注桩、型钢水泥土墙、地下连续墙	10～20	0.1%～0.2%	2～3	25～30	0.3%～0.5%	3～4	35～40	0.5%～0.6%	4～5
3	深层水平位移	水泥土墙	30～35	0.3%～0.4%	5～10	50～60	0.6%～0.8%	10～15	70～80	0.8%～1.0%	15～20
		钢板桩	50～60	0.6%～0.7%	2～3	80～85	0.7%～0.8%	4～6	90～100	0.9%～1.0%	8～10
		型钢水泥土墙	50～55	0.5%～0.6%		75～80	0.7%～0.8%		80～90	0.9%～1.0%	
		灌注桩	45～50	0.4%～0.5%		70～75	0.6%～0.7%		70～80	0.8%～0.9%	
		地下连续墙	40～50	0.4%～0.5%		70～75	0.7%～0.8%		80～90	0.9%～1.0%	
4	立柱竖向位移		25～35	—	2～3	35～45	—	4～6	55～65	—	8～10
5	基坑周边地表竖向位移		25～35	—	2～3	50～60	—	4～6	60～80	—	8～10
6	坑底隆起(回弹)		25～35	—	2～3	50～60	—	4～6	60～80	—	8～10
7	土压力		(60%～70%)f_1		—	(70%～80%)f_1		—	(70%～80%)f_1		—
8	孔隙水压力										
9	支撑内力		(60%～70%)f_2		—	(70%～80%)f_2		—	(70%～80%)f_2		—
10	围护墙内力										
11	立柱内力										
12	锚杆内力										

注：1. h为基坑设计开挖深度；f_1为荷载设计值；f_2为构件承载能力设计值；
2. 累计值取绝对值和相对基坑深度（h）控制值两者的小值；
3. 当监测项目的变化速率达到表中规定值或连续3d超过该值的70%，应报警；
4. 嵌岩的灌注桩或地下连续墙报警值宜按上表数值的50%取用。

建筑基坑工程周边环境监测报警值（《建筑基坑工程监测技术规范》） 附表4

监测对象＼项目				累计值(mm)	变化速率(mm/d)	备注
1	地下水位变化			1000	500	—
2	管线位移	刚性管道	压力	10～30	1～3	直接观察点数据
			非压力	10～40	3～5	
		柔性管线		10～40	3～5	—
3	邻近建筑位移			10～60	1～3	—
4	裂缝宽度	建筑		1.5～3	持续发展	—
		地表		10～15	持续发展	—

注：建筑整体倾斜度累计值达到2/1000或倾斜速度连续3d大于0.0001H/d（H为建筑承重结构高度）时报警。